风雨彩云南

——云南气象略论

解明恩　段　玮　编著

云南出版集团
YNK 云南科技出版社
·昆明·

图书在版编目（CIP）数据

风雨彩云南：云南气象略论 / 解明恩，段玮编著
. -- 昆明：云南科技出版社，2022.10
ISBN 978-7-5587-4275-0

Ⅰ. ①风… Ⅱ. ①解… ②段… Ⅲ. ①气象—工作—
云南 Ⅳ. ① P468.274

中国版本图书馆 CIP 数据核字 (2022) 第 093060 号

风雨彩云南——云南气象略论

FENGYU CAI YUNNAN——YUNNAN QIXIANG LÜELUN

解明恩　段　玮　编著

出 版 人： 温　翔
策　　划： 李　非
责任编辑： 吴　涯　吴　琼　杨　楠
助理编辑： 张翟贤
封面设计： 长策文化
责任校对： 张舒园
责任印制： 蒋丽芬

书　　号： ISBN 978-7-5587-4275-0
印　　刷： 昆明亮彩印务有限公司
开　　本： 787mm × 1092mm　1/16
印　　张： 31.75
字　　数： 600 千字
版　　次： 2022 年 10 月第 1 版
印　　次： 2022 年 10 月第 1 次印刷
定　　价： 98.00 元

出版发行： 云南出版集团　云南科技出版社
地　　址： 昆明市环城西路 609 号
电　　话： 0871-64190978

内容简介

本书以人文情怀，抒写云南气象。从气象的角度揭示了彩云之南的神奇魅力，从文献的视野揭秘了云南的独特气候，从科普的维度解读了深奥的气象现象，从历史的踪迹感悟了厚重的气象渊源。以通俗的手法，讲述了云南天气、气候、生态、环境、灾害、人文等百科知识，展现了云南气候、生态、物种、人文的多样性与独特性，提出了云南气象业态发展的新构想。

本书由10章110篇文章构成，内容丰富，资料翔实，是全面展示云南气象概貌及历程的综合性论著。本书可供从事气象科研、业务、服务的科技人员、管理人员和高等院校大气科学专业及相关专业师生学习参考，也可供地理、生态、环境、国土、水文、水利、农业、能源、旅游、规划等部门的相关人员参阅借鉴，还可供对云南、对气象、对生态感兴趣的朋友阅读赏析。

作者简介

解明恩

1966年生，云南通海人。1987年毕业于云南大学地球物理系气象学专业，2004年云南大学气象学研究生班毕业。2004年任正研（教授）级高级工程师。毕业后一直从事气象业务、科研、管理、服务工作，先后在省委讲师团昭通分团大关县一中、云南省气象台、文山州气象局、云南省气象局、云南省气象服务中心工作。曾在文山州气象局、云南省气象局业务发展处、观测与网络处、科技与预报处任职。1992年受国家科委派遣，作为访问学者赴泰国皇家气象厅执行中泰政府间科技合作项目。

参与组织“气象监测与灾害预警工程”“大理国家气候观象台”“香格里拉大气本底站”“山洪地质灾害防治气象保障工程”等重点工程项目。主持或参与国家自然科学基金3项、省部级课题12项，获省部级科技奖励5项。获云南省有突出贡献优秀专业技术人才、全国重大气象服务先进个人、中国气象局西部优秀年轻人才、全国气象科普先进工作者等荣誉称号。出版学术专著7部，参与编纂11部；发表科技论文105篇（核心期刊40篇）、科普46篇。

1979年生，云南昆明人。2001年本科和2006年硕士毕业于云南大学资源环境与地球科学学院气象学专业，毕业后一直在云南省气象科学研究所从事研究与开发工作。正研（教授）级高级工程师，云南省中青年学术和技术带头人。

段玮

主要从事青藏高原东南侧（云南）地区及南亚、东南亚气象研究与应用。主持完成国家自然科学基金2项（“冬季昆明准静止锋气候变化特征及其成因”“青藏高原东南侧春雨气候特征及其成因研究”）和重点基金项目课题1项（“青藏高原东南缘不同下垫面通量观测试验与分析”）；主持完成云南省科技惠民计划重点项目“云南省人工防雹作业条件预报技术研究与应用”等省部级项目6项；参与完成国家级、省部级项目10余项。发表70余篇科技论文，第一（通讯）作者核心期刊论文20余篇；参与学术专著编纂8部（2部为第一作者）；主持研发业务系统8个。相关科研成果获省部级科技奖励8项（二等奖和三等奖排名第一各1项，三等奖排名第二2项）。

前　言

《新纂云南通志》云："滇位边陲，西南屏障，地广山多，气候温和，物产丰富。文化晚开，中原人士，向鲜认识。"云南，大自然赋予了永恒的魅力。她像一块璀璨夺目的翡翠，镶嵌在祖国的西南边陲；她像一朵艳丽的山茶花，盛开在彩云之南。在这块39.4万平方千米的土地上，居住着26个民族，4720多万勤劳勇敢的人民。云南的风光，是那样的美丽；云南的人民，是那样的淳朴；云南的资源，是那样的丰富；云南的趣闻，是那样的神奇。在旅游者眼中，云南是一座旅游天堂；在艺术家眼里，云南是一幅五彩缤纷的画卷；在诗人眼里，云南是一首脍炙人口的诗章；在社会学家眼里，云南是人类发展的博物馆；在生物学家眼里，云南是一个动植物王国；在园艺学家眼里，云南是一个世界花园；在地质学家眼里，云南是一个有色金属王国；在电力专家眼里，云南是一块绿色能源开发宝地；在气象学家眼里，云南是一个气候王国……温暖如春的气候、瑰奇妩媚的山河、繁茂珍异的动植物、绚烂的山野、淳朴的民风、悠久的历史、神奇的文化，都在红土高原上完美展现。边疆、民族、山区、美丽，已成为新时代云南的新省情和靓丽名片。魅力云南，世界共享。

茫茫宇宙间，地球这颗蓝色的星球，是人类赖以生存的家园。它被大气紧紧包裹着，在太阳的驱动下，大气不停地运动和变化，像一幕幕戏剧在上演，变幻无穷，演绎出多姿多彩的天气气候，可谓气象万千。气候既为人类的繁衍生息提供了丰富的资源，也频繁发生着威胁人类生存的自然灾害，尤其是地处低纬高原的云南，更显突出。观云识天，认识气候，趋利避害，既是一部气象科技的发展史，也是人类文明的发展史。在云南，人们早已认识到"风调雨顺"有赖于季风能否按时到来，"等雨栽秧"是一种渴望，也是一种发明。滇文化中心几乎都集中在气候温暖、土地肥沃、水源充足的坝子之中……云南气候，得天独厚，犹如中国气候的一座大观园，五彩斑斓。有关云南气象的学术专著已多达数十部，可谓硕果累累，然而，也存在专业、深奥、晦涩、公式、图表、文绉等一些"通病"，应用受限。而集综合性、科学性、权威性、趣味性、通俗性于一体，有顿悟的气象科普读物却不多见，精品甚少。"槽来脊去"太过专业，"气象万千"乃为正道。科学普及与传播是科技工作者的职责和使命，这让我想起了两位堪称楷模的气象先贤。竺可桢，享中国气象学和地理学一代宗师之誉，研究地理风云，成果惠及后世，培养人才桃李满天下。他十分重视科学普及，认为科学研究和科学普及是科技事业之两翼，早在青年时代就投入科普写作，直到75岁高龄仍主持编写介绍世界著名科学家的传记。他一生撰写科普文章近160篇，是我国科普事业的开拓者和先行者之一；陈一得，非科班出身的滇籍气象学者，云南近代气象、天文、地震事业先驱，一生筚路蓝缕，阅历广博，著述颇丰，弟子无数，倾心自然科学在滇地的普及与传播。大师远去，再无大师；征途漫漫，惟有奋斗；弦歌不辍，砥砺前行。这也许是促使我要编写一本专业性与普及性相融合，纵横云南气象全貌的通适型和综合性图书的初衷吧，也算是拙著《云南气象研究概览》一书的姊妹篇，实现多年以来想编纂一本滇版高级气象科普书的夙愿。

癸亥年（1983年）秋，经高考拼搏，险胜过关，怀着憧憬之情，懵懂少年，迈入东陆，研习气象，恩师教诲，结下渊源。气象之门，博大精深，莘莘学子，略知点滴。寒窗四年，本科毕业，学业尚可，留于省城，纵览风云，气象生涯始此。服从调配，先后从事教育、预报、科研、管理、服务诸业。一路走来，勤于业务，钻研技术，略懂管理，基层历练，踏遍滇境，走出国门，交友东盟，奖励有加，点滴论著……然囿于情商低、太厚道、醒悟晚，辗转挫折，失望颇多。恰这也给我在忙碌之余，挤出难得的闲暇时光，涉猎广泛、习读百书、问道历史、钻研气象。也正是这些繁琐、磨难、辛苦、执着，成就了我一生的不敢懈怠，笃定前行，以业为乐。云南气候，气象万千，殊异中原，变幻莫测。生逢这个伟大的时代，赶上千载难逢的机遇，是我最大的荣幸。当提起笔来，欲将滇地之盛、气象之奇，全揽于文章，才感觉要把彩韵高原、气象风云、往事钩沉、从业感悟等付诸笔端，远非所想那样简单。思忖多日，始觉无瞩目成就，学养不精，治学乏术，愧对桑梓。从业三十余载，作为气象亲历者，倍感云南人吃苦耐劳的精神，深深影响了自己不喜浮华的态度，常告诫自己勿“装”忌“忽悠”，不盲目从众。得之坦然、失之淡然，在喧哗中做一个冷静思考的凡人。漫长的职业之路，也许是一份苦差事，但自己始终坚持踏踏实实、默默无闻地做一个正直和问心无愧的人。从获得一份养家糊口的职业，到有所追求的事业，归属与自豪同存。择一事终一生，终一生有所求。尽管众人最终都将归于寂寞平常，当转身离开团体和单位时，有人会感到诸多缺失感，这便是人生存在的价值。岁月不居，时节如流，暮年光阴，史迹科普，情有独钟。致力于乡邦文献和科普素材的发掘，虽不能“惊天动地”，但愿能“懂天知地”。这也许是我要编写《风雨彩云南：云南气象略论》一书的另一个缘由吧，也是对自己气象职业生涯的一种眷念和交代。

《典论》曰：“盖文章，经国之大业，不朽之盛事。”一部好作品，将是历久弥新的传世之作。明清以来，尤其是近现代，贤人君子和气象学人在红土高原上辛勤耕耘，共护云岭安澜，留下了诸多天气气候与自然地理的丰厚作品。近年来，在搜集、遴选、整理有关“云南气象”论著及本人作品的基础上，诚邀云南省气象科学研究所段玮先生一道，集思广益，悉心编纂《风雨彩云南：云南气象略论》一书。天道酬勤，力耕不欺，栉风沐雨，朝乾夕惕，赓续好云南气象的文脉。希望编就一本趣味横生的气象读物、一本生机盎然的科普读物、一本认知云南的史地读物。既有轻松易读的杂志风格，又有完整体系的图书架构，成为探索秘境云南、人与自然、纵横古今、防灾减灾的微型气象百科全书。

在编纂过程中，我们注意处理好以下几点：一是系统性。全面系统地反映云南奇特的地理、气候、生物、资源、环境、灾害等，具有较大的信息量；二是探索性。对云南天气气候的阐释，以历史文化为底蕴，以现代科学为依据，在研究基础上概括凝练；三是经典性。对材料的取舍和解释，经得起推敲和检验，不求面面俱到，但须重点突出；四是生动性。文字生动活泼，富有诗情画意，科学知识通俗化；五是地方性。既介绍气象地理知识，又重点突出云南风貌，具有边疆地域特色；六是继承性。在创作新题材的同时，借鉴前人已有之成果，一脉相承并发扬光大。总之，在编写中注重融科学性、权威性、知识性、趣味性于一体，力求选题新颖、诠释科学、妙趣横生、通俗易懂、飨及后进、启迪晚辈。

《风雨彩云南：云南气象略论》凝聚了作者、编辑和诸多无名之士的心血和智慧，才得以脱颖而出，奉献给读者。全书共10章110篇，卷帙浩繁，杀青不易，书稿既成，即将付印。在此，作者非常感谢给予我们无私帮助的老师、同事和朋友。本书引用了部分论著作者的资料，部分同仁和朋友提供了优质的插图照片，图文并茂，使本书增色颇多，作者致以深深的谢意和鞠躬。本书的出版，还得到了云南省科技惠民计划项目（2014RA002）的资助，特此致谢。

囿于本书涉及面广，年代久远，资料甚多，加之作者水平有限，错误纰漏之处在所难免，诚望读者不吝赐教，批评指正。

解明恩

2022年2月22日

目录
CONTENTS

独特天气 \\97

生态气象 \\143

环境气象 \\199

气象万千 \\245

气象趣闻 \\293

气象灾害 \\337

往事钩沉 \\391

气象随笔 \\455

参考文献 \\491

第一章
Chapter
1

彩云之南

三迤大地，惠风和畅，山横水颠，钟灵毓秀。“春风先到彩云南，花无月令开循环”。彩云之南，旅游天堂。是国内外嘉宾向往的旅游目的地，是人们心中神往的“香格里拉”。来云南，是最惬意的自然享受和可慰藉的心灵洗涤。

云南看云

云南有7种气候类型，几乎囊括了我国的各种气候带，成就了从热带雨林到雪山草甸的绚烂跨越，带来了春夏秋冬“四季有美景，一年皆可游”的多姿多彩。天赐云南的气候生态环境，低纬度灿烂的阳光，高原湛蓝的天空和纯洁的云朵，孕育了红土高原“恒春之都”的气候。“七彩云南，旅游天堂；魅力云南，世界共享”，神奇的云南，是国内外嘉宾向往的著名旅游目的地，是人们心中永远向往的“香格里拉”。来云南看云，是一种轻松惬意的自然享受和一次心灵深处的洗涤之旅。

· 彩云南现

古语说“一日长一丈，云南在天上”，无论是“彩云一片舞天鸡”的豪迈，还是“春风先到彩云南”的壮观，云南与云均有着不解之缘。从地名中就可见一斑，先不说云南有“彩云南现”“彩云之南”的美誉，云南不少的县、乡镇、村，还有一些山脉就直接以云命名，如“祥云县”“云县”“云龙县”；“云南驿镇”“云岭乡”“彩云镇”；“一朵云村”“白云村”“云顶村”；“云岭”“云峰山”“云雾山”等。临沧市的“云县”在明清时代曾称之为“云州”，就连保山市的民航机场也取名为“云瑞机场”。在全国的省级行政区中，“云南”两字是唯一包含了气象与地理方位关键词的名称。

“彩云南现”是充满诗情画意的一个美丽传说。元代著名诗人、学者李京在《云南志略》里描写到：“汉武元狩间（公元前122年），彩云现于南中，遣使迹之，云南之名始此。”意思是汉武帝在南中（古时四川、贵州、云南三省交界之地）见到美丽的彩云，派遣使者一路追逐，最后追到了今天的云南祥云县（古称白崖）一带，于是命名今天的祥云县为云南。明代进士谢肇淛在《滇略》中说：“汉武时，彩云见白崖，县在其南，故曰云南。”“彩云见白崖”，说的是古“云南”县，即今祥云、凤庆、弥渡、宾川等地之北，点苍山的彩云。清代《祥云县志》记载：“汉元狩元年，彩云现于白崖，遂置云南县。”直到元代，“云南”之名才正式成为省级区划的名称。1929年，“云南县”更名为“祥云县”。

优美、祥和的彩云传说，表达了人们的良好愿望。清代进士檀萃在《滇海虞衡志》中写道：“予居滇久，见滇云薄凑如鱼鳞，日光映之如霞，滇人辄相惊报以为彩云。”象征祥瑞的“五色云”“彩云”“绛云”“彤云”“祥云”“卿云”“庆云”等名称曾频繁出现在云南历代的多部地方志书中。“彩云丽天，天开云瑞”，无论是汉代的“云南县”，三国时代的“云南郡”，还是元明清时代的“云南省”，“云南”皆与云紧守相依，共济历史长河。

· 陈一得与《云南之云》

云南气象事业的开拓者和奠基人——陈一得先生（1886～1958年）早在20世纪30年代在编纂《新纂云南通志》——《气象考》时，就撰写了《云南之云》一文，是第一篇以近代眼光研究云南之云的科学论文。开篇就提及云南之云的特殊重要性，认为云南省以云为名非云岭之南的简称，而是祥云、彩云多见之地，“在全国各省中，云南一省独以‘云’得名。”他整理出了明代以来云南地方志书中关于“彩云”的记录：自明洪武十五年（1382年）到清宣统三年（1911年）间共记载出现彩云248次。500余年间，计125年出现彩云。全省有68个县出现彩云，其中河阳（今澄江）最多17次，邓川16次，云南（今祥云）11次，昆明10次，景东、云龙8次，楚雄、剑川、云州（今云县）7次，临安（今建水）、东川（今会泽）、南宁（今曲靖）、浪穹（今洱源）、他郎（今墨江）6次。

根据陈一得先生在昆明西郊太华山省立昆明气象测候所的观察，“云南彩云多现于日月附近二十五度，各层云之边缘，七色灿烂，备极美观。最多一个月内出现十日以上，连续出现四日以上，持续四小时以上或者一日叠见数次”。陈一得先生分析彩云形成的原因是：“此类云状成因同于日月晕华虹霓，多现于上层云之卷云、卷积云，或下层之层积云及碎积云之边缘，云与日月之位置距离，当二十五度内外，日光射入云中之水滴、冰针，光线曲折分散而现彩色。故彩云多绕日周围，有时贯日四出，或盖覆山巅，则为日月晕华虹霓之一部，皆由光之作用也。”

从昆明气象测候所的历史观察数据得知，昆明无月不有云，雨季月彩云少，干季月彩云多，7月彩云最少，10月最多，10月是云南从雨季进入干季的转换时节，彩云频度高达17%。云南各地每日都具有彩云出现的机会，晨昏时期最少，13～16时均多，14时最多。卷云、层积云和卷积云占全部彩云的8成左右，卷云与层积云因其呈纤细状或者排列稀疏，易于透射日光，进行分光作用。迤西（滇西）各县的彩云多，是因为地势高耸，云量稀薄。彩云的云向，统计多从西及西南方向来，即西南海洋气团初到云南，湿气尚未充分凝结的时候。陈一得夫人刘德芳女士曾描述过：“云南无月不有彩云，雨季晨昏较少，干季午后最多。”陈一得先生对观察数据进行分析后发现：“云南的特点是彩云很多，有时候是天气转变的征兆；高层云是两大气团交汇，导致降雨；云南干季云量少，主要被从西及西南方向来的气团控制，气候暖和；云南全年云动向最多的是在西方及西南方向，即被印度洋气团独霸的控制区域。”陈一得通过对丰富的云南之云的观察与分析，其结果以实测为基础，有近代气象科学分析的特征，超越了前人直觉和经验性的认知水平，是云南云研究的早期重要成果。

· 沈从文与《云南看云》

抗战时期，中国文化重心南移，文化界许多名家、大师云集昆明，声名赫赫，年仅36岁的青年作家沈从文就是其中的一位。抗日战争爆发后，沈从文离开北平，辗转来到昆明，任西南联大国文系教授。沈从文1938年4月到昆明，1946年7月离滇，在昆明工作、生活了8年多。这是沈从文生活困苦的8年，也是大师风采另样展示的8年。沈从文一生有4部重要的代表作，即《边城》《湘西散记》《湘西》和《长河》，前两部写于抗战前，后两部写于昆明时期。他既是大作家、名教授，也是对云南、对昆明一往情深的“外省人”。在昆明西南联大任教的沈从文先生于1940年12月12日在《大公报》上刊载了《云南看云》一文，该文是描写云南之云的优美散文。现将该文的部分精彩片段摘录如下：

“云南是因云而得名的，可是外省人到了云南一年半载后，一定会和本地人差不多，对于云南的云，除了只能从它变化上得到一点晴雨知识，就再也不会单纯的来欣赏它的美丽了”；“云南特点之一，就是天上的云变化得出奇。尤其是傍晚时候，云的颜色，云的形状，云的风度，实在动人”。

“云有云的地方性：中国北部的云厚重，人也同样那么厚重。南部的云活泼，人也同样那么活泼。海边的云幻异，渤海和南海云又各不相同，正如两处海边的人性情不同。河南河北的云一片黄，抓一把下来似乎就可以作窝窝头，云粗中有细，人亦粗中有细。湖湘的云一片灰，长年挂在天空一片灰，无性格可言，然而橘子辣子就在这种地方大量产生，在这种天气下成熟，却给湖南人增加了生命的发展性和进取精神。四川的云与湖南云虽相似而不尽相同，巫峡峨眉夹天耸立，高峰把云分割又加浓，云有了生命，人也有了生命”。

“云南的云给人印象大不相同，它的特点是素朴，影响到人性情，也应当是挚厚而单纯”；“云南的云似乎是用西藏高山的冰雪，和南海长年的热浪，两种原料经过一种神奇的手续完成的。色调出奇的单纯。惟其单纯反而见出伟大。尤以天时晴明的黄昏前后，光景异常动人。完全是水墨画，笔调超脱而大胆。天上一角有时黑得如一片漆，它的颜色虽然异样黑，给人感觉竟十分轻。在任何地方“乌云蔽天”照例是个沉重可怕的象征，云南傍晚的黑云，越黑反而越不碍事，且表示第二天天气必然顶好”。

“就在这么一个社会这么一种精神状态下，卢先生却来昆明展览他在云南的摄影，告给我们云南法币以外还有些什么值得注意。即以天空的云彩言，色彩单纯的云有多健美，多飘逸，多温柔，多崇高！观众人数多，批评好，正说明只要有人会看云，就能从云影中取得一种诗的感兴和热情，还可望将这种可贵的感情，转给另外一种人。换言之，就是云南的云即或不能直接教育人，还可望由一个艺术家的心与手，间接来教育人”。

在这篇散文里，大量运用了比喻、拟人、对比等修辞手法，把云南的云写得变化多端，把云美丽迷人、出神入化地描写了出来，并且在对云的赞美中寄寓了一种不平凡的人生哲理和对人生、对未来的思考。如果你有机会拜读沈先生的这篇经典之作，相信你也会时而抬起头来仰望天空，呼唤一片彩云吧！

• 文人笔下的云南之云

许多文人墨客对云南之云曾留下了许多赞美诗篇，其代表性作品有：明代状元杨慎“苍山嵯峨十九峰，暮霭朝岚如白虹；南中诗人有奇句，天将玉带封山公”；明代进士童轩“点苍山色何奇哉，芙蓉朵朵天边开”；清代进士赵士麟“彩云一片舞天鸡，五色光中望欲迷”；清代进士阮元“千岁梅花千尺潭，春风先到彩云南”“彩云连白濮，黑水下三危”；著名诗人、散文家、评论家徐迟在《云赞》中写到：“在云南，千万种花开放了，花固然好，云却也一样，花开得像云，云却美得像花。这儿的云既多得像走进花房，又像名贵花朵美丽夺目。”昆明诗词爱好者，网络署名“金筑子”的诗曰“天高云淡彩云归，滇池沿岸尽朝辉”……

昆明晚霞（唐跃军 摄）

地处滇西的大理，实属“彩云南现”的浓缩版和精华所在，也是文人墨客在云南看云的最佳境地。大理著名记者兼编辑王晓云女士曾在2013年7月22日《春城晚报》上撰文——《大理第五景 最名贵的云》，副标题为“风花雪月能代表大理的全部吗？那你可就不太了解这个美丽的地方了”。“云”已成为大理继“风花雪月”之后的第五景。整个大理州，仿佛就是一个云的博物馆：“大理有望夫云、玉带云、火把云、飞碟云，祥云有云南驿云，弥渡有太极顶云，宾川有鸡足山圣云，洱源有九龙云，剑川有鳌峰彩云，鹤庆有龙潭飞云，巍山有白塔绕云，南涧有山茶染云，云龙有天池会云。”难怪当代著名作家、《人民文学》副主编、全国优秀报告文学奖获得者肖复兴先生在《大理看云》中强力推荐：在中国看云，一定要到云南，到云南看云，一定要到大理。

云南的天很高、云很白、天很蓝，云南的天空是上帝的牧场，神在蓝天放牧懒散的羊群。飘游在清风中的白云，形如花椰菜的浓积云、蓬松得像长绒棉的毛卷云、滑腻得像河蚌足的淡积云、聚散如绵羊般的高积云，全都被曙光镀上了一层金边，宛如一幅云衣璀璨的油画。云南的云不仅姿态万千、变幻莫测，而且云量大、云朵厚、种类多，看上去是立体的云，每一朵都是流动之美。红土高原上的云，无论何时何地，无论哪一朵云，都是那么诱人，只看一眼，便心随之去了。在云南欣赏“高天流云”，是仔细品味唐代著名诗人王维在《终南别业》诗中所说的“行到水穷处，坐看云起时”的极佳人生感悟。

· 云南彩云何其多

云（cloud）是悬浮在大气中的小水滴、过冷水滴、冰晶或它们的混合物组成的可见聚合体，有时也包含一些较大的雨滴、冰粒和雪晶，底部不接触地面（底部接触地面的称为雾）。大气中水汽达到饱和后在云凝结核上凝结成大量细微水滴而形成云，空气上升膨胀冷却是水汽达到饱和凝结成云的主要过程。大范围空气辐合上升形成大片层状云；局地空气热对流形成垂直发展的对流云；大气中的波状运动和细胞对流形成波状云。

大理云龙七彩祥云（杨坤琳 摄）

由于空气温度、湿度、上升运动等的不同，云有多种多样的组成和外形。云的首次分类是由19世纪初英国业余气象学家卢克·霍华德（Luke Howard）提出的，他根据1801～1841年对伦敦地区的综合天气记录，确定了云的三大类别：积云、层云和卷云。目前全球气象观测中通用的云分类标准是世界气象组织（WMO）1956年在《国际云图》中公布的分类体系，2017年3月23日，世界气象日之际，WMO推出了新修订的《国际云图集》，是正确识别云的最权威的图集。我国以云的国际分类体系为基础，根据云的基本外形和云底高度，将云分为3族10属，即低云（积云Cu、积雨云Cb、层积云Sc、层云St、雨层云Ns），中云（高层云As、高积云Ac），高云（卷云Ci、卷层云Cs、卷积云Cc），再根据外形特色、排列情况、透光程度、演变情况等进一步分为29类。一句话，云的大家族中，有10属29个成员。可简单地作一比喻，积云是像棉花一样堆积起来的云，层云是像一层灰沙一样满布天空的云，卷云是像一缕缕卷发一样的云，雨云是像天空被熏黑一样的云。我国曾于1972年、1984年、2004年出版过三个版本的《中国云图》，精选的几百幅各类云天照片，透射出我国云天观测科学工作者的不懈追求和科学与艺术美妙结合的匠心。既满足气象观测规范的要求，又充分展示了图片的艺术性和可观赏性，其中有很大一部分精美照片就取自云南的红土高原。观测表明，在云南出现频率较高的几种云是积云、高层云、高积云、层积云、卷云等。

彩云，又称虹彩云，英文名为Iridescent Clouds，是指具有明亮彩色光条或光带的云，通常为薄的高积云、卷层云或卷积云。光带色彩鲜艳，一般呈红色或绿色，距太阳视角30°处甚至更远，它主要由比较均匀的云滴的衍射形成，是华环的一段或数段。彩云常见于具有微小云滴或冰晶的中、高云族中，如高积云、密卷云、卷积云等。

虹彩云，本质上讲是一种地方云中的光象。云南境内的山系、河流、湖泊多呈南北走向。中国最长、最宽和最典型的南北向山系，唯一兼有太平洋和印度洋水系的横断山脉，其主体及其余脉从川西就绵延到滇西北直至滇南一带。滇东北的乌蒙山及其余脉也呈准南北走向。云南九大高原湖泊中的滇池、洱海、抚仙湖、程海也呈南北走向。这些南北走向的山脉高度都在3000米以上。由于这些山脉的走向与云南盛行的偏西气流以垂直或者较大的角度相交，使这些山脉的下风方经常出现波状气流和背风波云。背风波云具有新生云的性质且位置少变，其云滴半径小而且均匀，具备产生衍射要求的云滴小且云滴密度大的条件，所以只要这类地形云与太阳的角半径小于25°，就有可能出现色彩艳丽的彩云。这与历史文献记载中云南彩云出现频率较高的区域基本上是一致的。其次是云南高原具备清洁、通透、宁静的大气介质条件，易在太阳光照射下，由大气分子、气溶胶和云粒子的反射、折射、衍射、散射和吸收等作用而形成彩云和朝晚霞。再次是云南地处西南季风和东亚季风结合部，是我国重要的水汽通道，水汽条件能满足成云的基本条件，加之平均海拔约2000米的高原地形，易形成对流层中大气流体的“狭管效应”，导致云层移动快，变化多端，云形多样。第四，在冬半年，云南经常有急流云系、南支槽云系、静止锋云系的出现，而夏半年则可偶遇切变线、冷锋、低涡、台风、孟加拉湾风暴、热带季风涌等云系的光临，影响云系种类多，加之受复杂地形的作用，是全国其他地方无法可比的。综上这些，也许就是彩云时常眷顾云南的主要原因。对比还发现，美国南北走向的落基山脉、阿巴拉契亚山脉的背风波云中也多出现虹彩现象，是否就是北半球南北向高大山脉下游形成的背风坡波状云孕育了美丽的虹彩之云，值得继续探索。

云南多彩云，无论是大理苍山的望夫云、玉带云、火把云、飞碟云，还是昆明滇池的朝晚霞，还是西双版纳的雷暴云，还是哀牢山系中的景迈云海、元阳云海、沧源云雾，还是轿子雪山的云瀑……此乃云南山地气候的一大奇观也。

• 结语

云是徜徉在天地间的精灵，它展露着丰富多彩的盛装和优美动人的舞姿，给人类带来四季变换的信息。云南之云更为妩媚多姿，五彩斑斓，或高或低、或亮或暗、或东或西、或多或少，无论哪个季节，总有悠悠白云悬浮于高原的蓝天。

云南是一块宁静、内敛而瑞凝之地。无论是陈一得先生对云南之云的科学诠释，还是沈从文先生对云南之云的拟人修饰，还是文人墨客对云南之云的神奇描绘，云南之云留给我们的是圣洁、飘逸、温柔、健美、崇高之感，能够从云影中取得诗兴、热情、灵感和安逸。云、诗和远方，喜欢哪个就去追寻哪个吧！云在云南尤多情，人在云南尤乐云！期待着更多的朋友到云南鉴赏彩云的神奇魅力！

本文发表于《气象知识》2018年第1期

云南的天气气候

云南地处中国西南边陲，地势由西北向东南呈阶梯状下降，北回归线横贯其中，国土面积39.4万平方千米，居全国第8位。云南地处低纬高原，北依广袤的亚洲大陆，南临辽阔的印度洋和太平洋，正好处在西南季风和东亚季风交汇区，同时又受青藏高原大地形的影响，气候复杂多样。特殊的地理区位、复杂的地形地貌、多样的立体气候、丰富的气候资源，造就了云南壮美多姿的自然生态和生物多样性，孕育了26个世居民族和古滇文明，支撑着云南经济社会可持续发展。

· 天气特点

1. 天气系统复杂。影响云南的天气系统种类繁多，主要有昆明准静止锋、冷锋、切变线、两高辐合区、南支槽、西南低涡、西行台风、孟加拉湾风暴、西太平洋副热带高压、南亚高压、季风低压、热带辐合带、东风波、中尺度对流复合体（MCC）、飑线等，几种不同天气系统往往可共同或交叉影响云南。

2. 灾害性天气种类多。云南灾害性天气种类多，除没有沙尘暴和台风的正面侵袭外，陆地上其他种类的灾害性天气都会在云南出现。云南主要的灾害性天气有干旱、暴雨、寒潮、大雪、霜冻、冰冻、冰雹、大风、大雾、雷暴、连阴雨、高温等。

3. 季节性突出。云南天气具有显著的季节性变化。季风气候的背景从总体上决定了云南各类天气出现的时间，如暴雨主要出现在雨季，寒潮发生在干季，大风和冰雹发生在春季和夏季、连阴雨出现在秋季。

4. 地域性明显。云南海拔落差大，山地湖盆相间，下垫面复杂，天气具有明显的地域性。以暴雨为例，云南暴雨频次总体上呈由南向北减少趋势，但时空分布极不均匀，高频发区主要集中在滇南和滇西边缘，暴雨多发于下午及夜晚，局地性特征明显。

5. 突发性显著。大部分灾害性天气时空尺度小，变化快，具有较强的突发性。天气现象更替频繁，天气的日变化特征明显。时而风和日丽、时而电闪雷鸣、时而艳阳高照、时而寒风凛冽。天气多变是高原天气的显著特征。

· 气候特征

云南气候复杂多样，兼具低纬气候、高原气候、季风气候特征。主要表现为四季温差小、日温差大、干湿季分明、气候类型多样、立体气候特征显著。

1. 干湿季分明的季风气候。云南西北倚青藏高原，南临热带海洋，地处南亚季风和东亚季风交叉影响的气候区。受热带季风和青藏高原大地形的影响，冬半年和夏半年影响云南的气团属性截然不同，形成冬干夏湿的季风气候。冬半年，云南既受来自西伯利亚寒冷而干燥的偏北季风和来自青藏高原的冬季风影响，又受来自西亚、南亚大陆干热气团的影响，天气晴朗干燥。青藏高原对冬季风的阻挡作用，使冷空气路径偏东，云南受强冷空气的影响较小。夏半年，云南主要受来自印度洋孟加拉湾的西南暖湿气流和来自太平洋南海的东南暖湿气流的影响，水汽充足，多雨湿润。云南雨季（5～10月）降水量约占全年的85%～95%，其中主汛期（6～8月）最为集中，约占全年的55%～65%。

2. 水平、垂直变化显著的立体气候。云南地势由西北向东南呈阶梯状下降，与纬度降低的方向一致，高纬度与高海拔结合，低纬度和低海拔相一致的特点，加剧了云南南北之间的气候差异。云南从南到北分布有北热带、南亚热带、中亚热带、北亚热带、南温带（暖温带）、中温带和高原气候区（北温带）共7个气候带，几乎囊括了我国的各种气候类型。哀牢山、高黎贡山、乌蒙山等山脉对西南暖湿气流和北方冷空气的阻挡，使云南气候呈现出明显的东部和西部差异。山高谷深，气候垂直差异明显，“一山分四季，十里不同天”在云南是常见的气候现象。显著的立体气候，导致光、热、水等农业气候资源地区差异大，农业生产垂直方向的差别明显，具有突出的“立体农业”“立体生态”特点，孕育了云南生态和生物的多样性。

3. 四季温差小、日温差大的低纬高原气候。云南全省处于北纬30度以南地区，形成了年温差和四季温差小，四季不分明的低纬气候，除河谷地带和南部少数低海拔地区外，大部地区“夏无酷暑”“冬无严寒”“四季如春”。由于云南地处云贵高原和横断山区，平均海拔约2000米，高原气候特征显著。光照好，太阳辐射强；气温日较差大，最大日温差超过20℃；早晚凉爽，中午燥热，一天之中可感受“春夏秋冬”四季的变化。云南独特的低纬高原气候，可形象的比喻为“冬暖夏凉”和“夜冬昼夏”。

玉溪元江那诺梯田云海（朱士同 摄）

灾害奇异

气象灾害是指气象因素引发的直接或间接灾害，是自然灾害中的原生灾害之一，主要包括天气灾害、气候灾害和气象衍生灾害。影响云南的主要气象灾害有干旱、暴雨（雪）、雷暴、冰雹、大风、大雾、高温、低温冷害、连阴雨、冰冻、霜冻等；主要气象衍生灾害有洪涝、滑坡、泥石流、崩塌、森林火灾、农作物病虫害、大气污染等。根据造成经济损失的严重程度，云南气象灾害的主要灾种有四类：旱灾、暴雨洪涝（滑坡、泥石流）、低温冷害、风雹。20世纪90年代以来，自然灾害对云南造成的直接经济损失约占GDP的2%～4%，而气象灾害所造成的经济损失占全省自然灾害总量的比例高达70%以上。云南气象灾害的主要特点如下：

1. 种类多、普遍性强。在中国气象局划分的全国16种主要气象灾害中，除沙尘暴外，其余气象灾害在云南均有出现，只是受灾的轻重程度不同，喻为“无灾不成年”。

2. 频率高、重叠交错。云南气象灾害每年频发于不同地区和不同季节，有时甚至是同一种灾害连续几年或一年内连续几次在同一地区发生，有时还会重叠交错发生多种气象灾害。

3. 分布广、插花性突出。云南气象灾害点多面广，多呈插花性分布，使得重灾区中有的区域轻灾甚至无灾，轻灾区中隐含重灾点。有时会在相隔几百公里的地方同时出现严重的灾害。大部分气象灾害可在全省范围内发生，每年均有几十个县甚至上百个县遭受不同程度的气象灾害。

4. 成灾面积小，累积损失大。由于云南山区面积广，除严重的干旱、低温冷害等灾害外，一般气象灾害的成灾面积多为几百公顷，很少出现成灾数千公顷的情况。但由于云南气象灾害发生频繁，灾点多发，小灾不断，大灾偶发，年度累积损失大。

5. 季节性、突发性、并发性和区域性显著。受季风气候的影响，云南的气象灾害都有其发生的主要季节和时段。如洪涝主要出现在夏秋季，寒潮主要发生在冬春季，冰雹大风多发生在春夏季，干旱主要发生在冬春季。除干旱外，其他气象灾害大部分有突发性的特点，如局地暴雨、大风、冰雹、雷电等，常常来势凶猛，危害极大。由于云南复杂的山地地形，多种气象灾害及其衍生灾害常常同时出现，多种灾害并存。同时，受特殊地形的影响，各类气象灾害又大都具有较强的地域性，故云南民间有“老旱区”“冷凉山”“蒸笼谷”“大风坝”“暴雨窝”“冰凌槽”“雹子线”等形象的地域词汇。

综上所述，云南的天气气候特征可简单地用一句话来概括：气候温和、天气多变、灾害奇异。

寻觅云南暴雨的踪迹

云南北依广袤的亚洲大陆，南临辽阔的印度洋和太平洋，正好处在西南季风和东亚季风的交汇区。地势自西北向东南呈阶梯状下降，同时又受青藏高原大地形的影响，兼有低纬气候、高原气候和季风气候的特征。概括地讲，就是四季温差小、日温差大、干湿季分明、雨量适中、雨热同期、气候类型多样、立体气候特征显著。

受云贵高原复杂山地地形的影响，同东部平原和沿海地区相比，云南暴雨有“三小”特征，即概率小、范围小、量级小。正因为小而显得金贵，云南暴雨的脾气经常难以捉摸，“局地短时强降水”是最多的，“暴风骤雨”的比喻更为恰当些。1天的暴雨甚至大暴雨就集中在2～3小时内从天而降，很少出现整天阴雨绵绵的“柔软暴雨”。在高原，阵雨是使用频率最高的一个气象预报用语，你可能会有机会分别感受到高原“小阵雨”的痛快和“大阵雨”的威猛。就连云南的暴雨预警信号，发布最多的也是蓝色，偶尔出现黄色、橙色预警，红色预警几乎没有。

高原暴雨来临的傍晚（刘猛 摄）

- 降水时空分布不均匀

全省125个气象台站多年雨量监测显示，全省各地平均降水量在564～2359毫米之间，最多为地处中越边境的金平县（2359毫米），最少为地处滇北金沙江流域的宾川县（564毫米），两者相差约4.2倍，雨水多寡分布差异如此悬殊，全国少见。全省年平均降水量1086毫米，雨量在全国尚称丰沛，可谓“滋润”的高原。但云南冬干夏湿的气候特征明显，雨季（5～10月）降水量约占全年的85%，主要集中在主汛期6～8月，约占全年的54%，干季（11月～次年4月）降水量约占全年的15%。干季，高原有“口渴”之感；雨季，高原似江南“多雨”。

翻看2017年新版的《云南省气候图集》，发现在云南境内有4个年雨量超过1500毫米的雨水富集区，分别是：滇南边境多雨区—河口、屏边、金平、绿春、江城、勐腊，其中金平、绿春、江城3县年雨量均超过2000毫米，金平县以年雨量2359毫米居全省之冠；滇西南及滇西边境多雨区—西盟、澜沧、沧源、镇康、龙陵、腾冲、盈江、芒市、陇川，龙陵县以年雨量2113毫米居滇西之首；滇西北怒江河谷北部多雨区—贡山、福贡，贡山县以年雨量1779毫米列滇西北之首；滇东多雨区—罗平，罗平县以年雨量1596毫米列滇东之首。云南年降水量分布呈现滇南、滇西、滇东多，滇中和滇北少的态势，有点四周包围“滇中”的感觉。

从年降水日数（日雨量≥0.1毫米）看，全省有5个年降水日数超过180天的地区。换言之，这些地方有半年的时间浸泡在雨水中，分别是：滇东北—威信、镇雄、盐津、大关，均超过200天，是全省雨日最多的地方；滇东—罗平；滇南—屏边、金平；滇西—龙陵、镇康；滇西北—贡山、福贡。

从年暴雨日数（日雨量≥50毫米）看，全省有5个年暴雨日数超过3天的地区，分别是：滇东—罗平；滇南—河口、屏边、金平、绿春、江城、宁洱、勐腊，其中金平县以7.6天居全省之冠；滇西南—西盟、澜沧、沧源；滇西—龙陵、芒市、梁河、盈江、陇川；滇北—华坪。上述地区在暴雨频繁的极端年份，一年中曾经历过8天甚至10天以上的暴雨日。

从大暴雨日数（日雨量≥100毫米）看，全省有7个年大暴雨日数超过0.3天的地区，分别是：滇东北—盐津；滇东—罗平；滇南—河口、金平、江城、思茅、勐腊；滇西南—西盟、沧源；滇西—龙陵；滇西—盈江；滇北—华坪。据1961～2015年累计55年观测值统计，大暴雨日数累计超过10天的地区有7个，分别是：滇东北—盐津（20天）、绥江、水富；滇东—罗平（20天）；滇南—河口（50天）、金平（20天）、江城（20天）、勐腊（20天）、屏边、绿春、思茅、景洪；滇西南—西盟（20天）、沧源；滇西—龙陵；滇西—盈江；滇北—华坪。可见，地处云南海拔最低处及中越边境的河口县是大暴雨最爱“眷顾”之地。

“暴雨窝子”是云南气象预报员对暴雨频发地的俗称，意为雨多而大的地方。按年均出现暴雨以上强降水天数统计，云南排名前20位“暴雨窝子”的县（市）分别是金平（7.6天）、江城（7.3天）、河口（6.7天）、绿春（6.0天）、龙陵（5.6天）、罗平（4.9天）、西盟（4.1天）、盈江（4.1天）、勐腊（3.8天）、芒市（3.8天）、屏边（3.8天）、华坪（3.4天）、宁洱（3.4天）、陇川（3.4天）、澜沧（3.3天）、沧源（3.2天）、梁河（3.1天）、思茅（3.1天）、盐津（2.9天）、贡山（2.9天）。在这里，遇到和感受“暴雨”，也许不再是一种奢望。

相关研究表明，云南各级别降水对总降水量的贡献排序依次是中雨35%、小雨28%、大雨26%、暴雨11%。可见，云南降水以中雨以下降水强度出现的概率最大，贡献最多，大雨贡献率是暴雨的2倍多，暴雨因少而贡献弱。云南的降水呈现多雨但量不大的特点，特别是日雨量超过150毫米的大暴雨，相比同纬度地区要少得多，这可能与云南地形多起伏容易激发产生降水并消耗水汽但又不容易维持降水有关。

一年之中，云南金平、江城两县是全国日雨量≥5毫米、≥10毫米天数最多的地方。日雨量≥25毫米的天数，金平为30.6天，江城27.8天，仅次于广西东兴31.6天，列全国第二和第三位。而日雨量≥50毫米的天数排行榜中，全国前10名中难觅云南台站的踪迹。换句话讲，与全国其他地区相比，云南极端多雨地区的降水以小到中雨和大雨量级为特色，暴雨以上强降水是小巫见大巫，在全国排不上号的。

云南暴雨的另一特点是暴雨极值小。云南有气象记录以来，曾发生过日最大降水量超过200毫米大暴雨的县城不多，仅有彝良、昭通、沾益、马龙、河口、江城、勐腊、罗平、宁蒗等县发生过。云南日雨量≥250毫米特大暴雨量级的降水仅在地处中越、中老边境的江城县出现过2次，分别是1987年6月2日的250.1毫米和2003年8月26日的250.7毫米，是截至目前云南气象台站的日最大降水纪录，远远小于华北“63·8”和河南“75·8”特大暴雨的日雨量极值，分别为950毫米和1055毫米，也小于2017年广州“5·7”特大暴雨的最大雨量纪录524.1毫米。

德宏山地气候风光（德宏州委宣传部供图）

· 云南新的多雨中心诞生

云南国土面积39.4万平方千米，山地约占84%，高原、丘陵约占10%，盆地、河谷约占6%；平均海拔2000米左右，最高海拔6740米，最低海拔76.4米。境内设有国家级地面气象站125个，近年来，随着气象现代化建设步伐的加快，乡镇级气象观测站网得到加强，全省建成3400余个加密自动气象站，自动站数量增加了27倍，平均站距由50千米缩短为11千米，织密了监测网络，提高了强对流天气及山洪地质灾害的气象监测能力，避免了常规气象观测网“大网捕小鱼，漏网之鱼过多”的尴尬和无奈。毫无疑问，在常规气象站网的基础上，因受地形地貌影响，将在更细的地理空间上涌现出一批降水量更大的监测站点。在某个县域范围内，数个甚至数十个乡镇观测点的资料，可将一场强降水天气过程的时空分布勾画得更加精准和直观，位于县城附近的气象站降水记录将不再成为“唯一”来源，极值纪录也许将会受到挑战或被改写。

据近年来全省乡镇自动站资料的初步统计，至少有10个监测站点的年雨量突破了3000毫米，最高达3663毫米。按年降水量大小排序，分别为：盈江昔马、绿春三猛、绿春骑马坝、河口薄竹箐、贡山独龙江、绿春平河、元阳大坪、绿春大坪掌、西盟娜妥坝、绿春巴东村。10个监测站点的年雨量均分别超出了金平县城多年平均2359毫米的全省冠军纪录。相应地，这些地区已“标注”成为云南降水最频繁的地区，也可算作新生代的小“暴雨窝子”。

乡镇自动站曾真实记录下云南近年来几次特大暴雨和山洪灾害的猛烈降水。2004年德宏“7·5”特大洪涝泥石流灾害，陇川户撒日雨量280毫米、盈江西部山区测点日雨量高达350.4毫米；2010年马龙县城“6·26”洪灾，12小时降雨量208.4毫米；2013

年永胜“7·19”特大洪灾，松坪乡24小时降雨量310毫米；2013年昆明“7·19”特大暴雨，昆明金星立交桥12小时降雨量190.6毫米，油管桥水文站降水更大，4小时降雨量214毫米；2015年华坪“9·16”特大洪灾，田坪村7小时降雨量282.4毫米；2015年昌宁“9·16”特大洪灾，漭水镇和田园镇12小时降雨量分别达238.9毫米和261.1毫米。

· 云南“天漏”之地——盈江昔马

昔马镇是祖国西南边境线上的一个高寒山区乡镇，地处云南德宏傣族景颇族自治州盈江县最西端，与缅甸克钦邦为邻，国境线长18.3千米，属铜壁关国家级自然保护区核心区之一，该保护区是唯一分布在中国境内伊洛瓦底江流域热带区域的自然保护区，是中国印—缅热带生物地理区系资源最集中最典型的区域。昔马自古为“南方丝绸之路”的出境通道，原名巨石关，为明代滇西八关之一。镇政府距盈江县城55千米，全镇人口1万余人，以汉族、傈僳族、景颇族3种民族为主体。与常驻人口相比，当地华侨可要多得多，与腾冲和顺镇并列为云南唯一的两个“侨乡”。昔马边远、宁静、温婉，这里或许是云南德宏的最后一个秘境之地。

盈江是云南的第七大坝子（盆地在云南当地称为坝子），而昔马是盈江县继盈江坝、盏西坝之后的第三大坝子。昔马镇内最高海拔2580米，最低海拔820米，镇政府所在地海拔1660米。昔马镇地形呈高山盆地，从东北向西南呈长方形，北部山梁隆起，西部深谷纵多，呈掌状分布。高强度的降雨形成后，很快就从西部分流而下，故而不会形成大的洪涝灾害。“昔马是个好地方，半年雨水半年霜”，形象地勾画了昔马的基本气候特征。据乡镇气象哨观测，昔马多年平均降水量为3911.1毫米，1998年雨量高达5146毫米，最少的1978年也有2958.5毫米，多年平均降水量是云南年雨量最多的金平县的1.6倍，仅次于西藏雅鲁藏布江下游河谷的巴昔卡（4495毫米）和台湾基隆南侧的火烧寮（6557.8毫米），为云南有长期观测记录的降水量之冠。降水主要集中在雨季5～10月，尤其是6～9月的季风雨更甚，占年雨量的75%，几乎天天有雨，日均雨量接近24毫米。1997年6月21日曾出现过日最大降水量359.4毫米的特大暴雨。

昔马一到雨季，几乎天无宁日，天好像漏了一样，整天淅淅沥沥地下个不停，整个坝子笼罩在烟雨之中，太阳像被天狗吃了一样。下暴雨时，手托洗脸盆伸到屋檐下，不一会便是满满一盆，强度之大极为罕见。在西南季风爆发的雨季，昔马出现连续数日的大到暴雨是家常便饭，小菜一碟。举个例子吧，2013年7月3～14日，昔马连续12天出现强降水天气，1天中雨、2天大雨、7天暴雨、2天大暴雨，累计雨量高达834.3毫米，相当于地处滇中干旱区楚雄一带的年降雨量。地处滇西边境的盈江县城平均降水量1545.3毫米，日雨量≥25毫米、50毫米、100毫米的天数分别为17.4天、4.1天和0.3天，属滇西高黎贡山西侧的多雨中心。然而，昔马镇虽距盈江县城直线距离仅24千米，但年雨量竟相差2.5倍，周边的那邦、卡场、铜壁关、太平等乡镇的年雨量也要比昔马少1100～1600毫米，昔马是云南降水量最多的地方。据统计，一年中，昔马日雨量≥25毫米、50毫米、100毫米的天数分别为46天、19天和8天，超过我国大陆上大雨、暴雨、大暴雨日数最多的广西东兴，其值分别为31.6天、14.9天、5.9天。四川雅安年雨量1805.4毫米，雨水多并下起来没完没了，素有“天漏”之称，与之相比，盈江昔马乃云南的“天漏”之地，并更甚于雅安。与昔马周边地区的气候相类似，滇西边境毗邻的缅北地区，也是亚洲著名的多雨区。距昔马镇直线距离约70千米的缅甸克钦邦首府密支那（Myitkyina），年雨量2197毫米；缅北小城葡萄（Putao），年雨量高达3667毫米。1942年6～8月中国远征军兵败缅北野人山的惨剧，便是在最可怕的雨季进入了最可怕的热带原始森林地区。该时段刚好是西南季风爆发及活跃期，雨季来临，持续不断的来自孟加拉湾的西南季风，导致缅北地区连日大雨瓢泼，泥石流冲刷、洪水泛滥，加之崇山峻岭、树木遮天蔽日、道路泥泞、野兽出没、蚊虫滋生、热带疾病肆虐、人烟稀少、筹粮困难，导致中国远征军在缅北茫茫原始森林中行军极为艰难，伤亡惨重。

本文发表于《气象知识》2018年第3期

昆明缘何“一雨便成冬”

唐代《括地志》描述云南“滇地山丛水狭，风烈土浮，冬春恒旸，夏秋多雨，终年少冰雪，四时卉木繁青”。明代状元杨慎将昆明气候描绘为“天气常如二三月，花枝不断四时春”。明代进士冯时可在《滇行纪略》中写云南“四季如春，日炙如夏，稍阴如秋，一雨成冬”。清康熙《云南府志》记载“昆明地濒大川，平原广衍，冬不祁寒，夏无褥暑，四时之气，和平如一，虽雨雪凝寒，晴明旋复暄燠”。古人对云南及昆明“四季如春，一雨成冬”气候的描述可谓点精之作。无论是久居的市民百姓，还是旅游、公务到此的匆匆过客，都能亲身感受到春城昆明“一雨便成冬”的凉爽乃至寒意。“四季无寒暑，一雨便成冬”似乎成为春城昆明的“标配”，究其成因，概括起来，大致包含以下4个方面。

一是四季温差小，昼夜温差大是低纬高原地区气候最显著的特征。昆明位于我国西南部，海拔1892米，地处北纬25度附近的云贵高原腹地，属低纬高原地区。昆明年平均气温14.9℃，年降水量1011毫米。最冷月的气温8.1℃，最热月的气温19.9℃，全年冷热差异为11.8℃，相当于北京3～5月的天气。根据气候学划分标准，气温在10℃以下为冬天，22℃以上为夏天，中间气温为春秋。昆明多年平均11月28日入冬，1月24日入春，一年之中昆明有长达三百多天的春秋天气，真可谓冬夏短促，春秋相连。我国大部分城市的气候是“春夏秋冬”的轮回播放模式，而高原之城昆明基本上是永奏“春天交响曲”。尽管昆明四季不分明，但却有“一天分四季”的奇观，气温的昼夜变化比冬夏变化还大。隆冬的1月，昆明午后最高气温平均15.8℃，有时甚至接近20℃，已经是和风怡人，可是清晨的最低温度平均只有1.7℃，接近冰点温度。4月午后最高平均气温24.8℃，已有夏意，但清晨的最低温度只有10.1℃，尚余冬寒。有时甚至一天之中的气温高低可相差18℃，一天之中还可能出现雾、雷电、降雨、蓝天白云、冰雹、降雪的“四季天气”奇景。昆明地处高原，海拔高、雨日多、气温低是“一雨便成冬”的主要诱因。

二是季风气候的影响。云南属典型的西部型季风气候区，干湿季分明。11月～次年4月属干季，晴天多、日照强、蒸发大、湿度小、降水少。5～10月是雨季，雨日多、日照少、蒸发小、湿度大、降水多，高温不足。在雨季，云南盛行西南气流，它是来自印度洋，经孟加拉湾、中南半岛的西南季风，西南季风温度高，水汽含量充沛，当它与南下的冷空气相遇或受地形阻挡而强迫抬升时，往往形成大量的低云和降水，使地面接收的太阳辐射量大为减少，而蒸发耗热却又增加，从而形成“一雨便成冬”或“一阴便成冬”的凉爽天气。在干季，云南主要受来自中东、西亚干燥地区，经巴基斯坦、印度北部，沿喜马拉雅山脉南麓进入云南的偏西干燥气流影响，湿度小、云量少。当其演变为向南弯曲的波动气流（南支槽）并与稳定在滇黔一带徘徊的昆明准静止锋相遇时，可造成云南冬春季的寒潮天气，使高原人真正体会到“冬雨”甚至“冬雪”的威猛力量。云南干湿两季形成鲜明的气候反差，导致所接收的太阳辐射受云层的影响极大，阴雨天，太阳辐射被云层遮蔽，温度降低，便成了凉爽甚至寒冷的“冬天”。2017年5月14～17日，云南出现了一次常见的降雨天气过程，昆明市民真正体验了“一雨便成冬”的感受。14～17日昆明平均气温分别为18.7℃、15.7℃、13.7℃和12.9℃，降温幅度为5.8℃；14～17日昆明最高气温分别为27.4℃、20.4℃、17.5℃和14.2℃，降温幅度高达13.2℃；14～17日昆明最低气温分别为14.8℃、12.4℃、12.1℃和12.1℃，降温幅度仅有2.7℃。印证了昆明的降温主要反映在最高温度的跌落而非最低气温的下降。而14～17日昆明降雨量并不算大，分别为0.0毫米、12.2毫米、8.5毫米和6.2毫米，按日雨量划分，仅为小到中雨的量级，但断断续续的阴雨天气维持时间长达72小时以上。14日还是艳阳高照，有入夏之感，到17日却竟有入冬的寒意，距离昆明不远的轿子雪山还飘起了漫天雪花，与盛开的高山杜鹃交相辉映，形成了一幅壮丽的高原南国雪原胜景。

三是青藏高原特殊大地形的屏障阻挡作用。被称为“世界屋脊”的青藏高原，位于云南之西北，与云贵高原相连。冬天由西伯利亚进入新疆的冷空气，因受高大的青藏高原阻挡，常沿河西走廊东南下影响我国东部地区，其西段则翻越秦岭进入四川盆地，再进入贵州直到南岭一带，其西端就在云南、贵州交界处停滞，这就形成了著名的昆明准静止锋。在冬春季节，云南与贵州交界处可见两侧天气截然不同。由于青藏大高原阻挡和云南高原本身的作用，只有相当强的冷空气才能爬上高原影响昆明，那时即使影响，势力也已削弱，使昆明冬春季受冷空气影响的机会大为减少。换句话说，昆明已有海拔高的降温，但因有青藏高原屏障，避免了因冷空气影响次数多而加剧更多的降温，故昆明冬天比同纬度的广西桂林要温暖得多，反过来也说明昆明的“一雨便成冬”是有限度的，时间不长，强度不大，不会出现北方地区奇冷难耐的严寒现象。

四是自然界普遍存在的“雨寒”和“风寒”效应的作用。“一雨成冬”，意思就是下雨的时候，就会觉得特别冷。人在淋雨或大量流汗造成衣服潮湿时，水不仅会把衣服上的暖空气层排挤掉，使其失去保温作用，保温层被破坏后，热传导作用会更快地从人体上吸收很多热量。同时，水汽蒸发作用会带走更多的热量，因此，人会感觉到比实际要冷，这就是水寒效应。据测算，当身体潮湿时，身体所散失体热的速度是身体干燥时的25倍。人的体温一般为37℃左右，在多数情况下会高于周围环境气温，在无风或微风情况下，人体周围的空气分子交换很弱，这就在人体和自然空气之间形成了一个较稳定的过渡层。由于空气是热的不良导体，这个过渡层就在贴近人体的表面起到了保暖作用。一旦空气流动较快时，人体周围的空气保温层便不断地被新来的冷空气所代替，并把热量带走造成降温，这就是风寒效应。风速越大，人体散失的热量越快越多，人就会越来越感到寒冷。试验表明，当气温在0℃以上时，风力每增加2级，人的寒冷感觉会下降3～5℃。昆明的阴雨天，尤其是秋、冬、春三季，一般都会伴有一定强度的偏北风，更加剧了人们对“寒冷”的切身感受。

昆明翠湖风光（唐跃军 摄）

其实，昆明的“一雨便成冬”是存在时间差异的。昆明雨季中雨日多，但并不是天天下雨、时时下雨，完全不同于江南地区的梅雨。终日不断的绵绵细雨是很少的，只少量出现在秋季后期的“土黄天”，大多是阵雨或雷阵雨，下得比较干脆利索。有时晚上下雨白天晴，有时一阵猛雨就雨过天晴，有时是影响不大的小阵雨和“太阳雨”，因其主要是受西南暖湿气流或局地热对流的影响，这时昆明的雨就不会有“一雨便成冬”的感受，有的是“清新凉爽”之快感。当伴随有冷空气入侵云南的“影子”时，昆明才会呈现“一雨便成冬”的天气，尤其在秋冬季节略为明显一些。

昆明冬季暖洋洋、春季风干物燥、夏季凉爽多雨、秋季天高云谈。从气候学的角度讲，昆明真正意义上的冬天极少，昆明年降雨日数有131天，大雨日数仅有9天，是否就可武断地推论出昆明一年约1/3的时间都浸泡在“冬天”中呢？不是的。更何况昆明既然是著名春城，肯定是春秋长住、冬夏短暂。确切地讲，昆明“一雨便成秋”比“一雨便成冬”还更符合实际一些，也更温和一些。但历史上的文人墨客和民间早已将昆明“一雨便成冬”流传久远而约定俗成，就此命名也就不足为怪了。

本文发表于《气象知识》2017年第4期

花开彩云南

花是植物的繁殖器官，卉是草的总称，花卉就是花花草草。狭义的花卉，仅指草本的观赏植物和观叶植物。广义的花卉，则指具有一定观赏价值并经过一定技艺栽培和养护的植物。云南位于低纬高原地区，地势北高南低，地跨寒温热三带，气候得天独厚，花卉丰富多彩。早在19世纪西方植物学家就发现了云南丰富的花卉资源，把云南誉为“园艺家的乐园”。云南不仅是中国的植物王国，也是北半球温带观赏植物最为丰富的地区，野生花卉资源有2500多种，数量居全国之冠。云南盛产奇花异卉和美叶良木，包含了寒带、温带、热带三大花卉类型。云南是一个花的世界，是一座天然的大花园，有山茶、杜鹃、百合等名花，不怪乎西欧人说：“没有云南的花便不成为花园”。这既是大自然留给云南的宝贵财富，也是全人类观赏花卉不可多得的种质基因库。在云南的高山峡谷和丛林草甸间，一年四季各类花卉争奇斗艳，花期不断，五彩斑斓。

· 云南——四季鲜花开不败

清道光一代名儒，云贵总督阮元在《滇南景物》一诗中写道：“人以缊袍兼伏腊，花无月令开循环；不是春秋亦佳日，别有天地非人间。”这首诗反映了云南四季如春的气候和花季不断的盛况，冬暖夏凉、气候温润、山花烂漫、民俗众多，云南乃一个神奇美丽的天堂，而非一般的人间世界。

1938年，著名女作家冰心一家颠沛流离从北平来到昆明，她在《摆龙门阵》中写道：“昆明近日楼一带就很像前门，闹哄哄地人来人往，近日楼前就是花市，早晨带一两块钱出去，随便你挑，茶花、杜鹃花、菊花……还有许多不知名的热带的鲜艳的花。抱着一大捆回来，可以把几间屋子摆满。”1982年，82岁高龄的冰心发表《忆昆明》：“四十年前，我在昆明住过两个春秋，对这座四季如春的城市，我的回忆永远是绚烂芬芳的！这里：天是蔚蓝的，山是碧青的，湖是湛绿的，花是绯红的，空气中永远充满着活跃的青春气息。”

1944年，在国难当头的的春城昆明，美军飞虎队军医为春城昆明拍摄并保留了一百多张难得的中国最早期的彩色照片，其中印象最深的一张是：“一位穿阴丹蓝旗袍的时尚女士，从几位席地而坐，用篓筐装着五颜六色鲜花叫卖的乡下人手中，购得三四个品种的十多枝鲜花，手捧鲜花满意而归。”这张悠久照片传递出了令人回味的民国信息——昆明盛产鲜花、昆明鲜花品种多、昆明有个花市、鲜花用篓筐挑着卖、乡下人开始有商品经济的头脑、昆明人懂生活会享受、昆明很安逸……。

的确，在云岭大地上，有一年赏不尽的美景，四季开不败的鲜花。只要说起云南，总绕不开如梦般的花海，它们各具特色，与众不同，是一个真正的“花花世界”。这里有罗平的油菜花海、香格里拉的杜鹃花海、个旧加级寨的万亩梨花、南涧无量山的樱花谷、丘北普者黑的万亩荷花、安宁螳螂川的向日葵花田、石林的波斯菊花海、昆明金殿的山茶花海、滇池湿地的郁金香花海、呈贡的薰衣草花海……这么多花海，你眼花了吗？事实上，云南的花不仅颜值高，更具“实力派”，从“野生花卉”“观赏花卉”“食用花卉”三者之中，你都可以找到满意的答案。

云南素有“植物王国”“世界花园”的美称。中国有种子植物约3万种，云南有约1.7万种，占全国的57%，其中花卉和观赏植物有2500余种，并以山茶、杜鹃、报春、龙胆、玉兰、百合、兰花、绿绒蒿等“八大名花”著称于世。在云南，无论春夏秋冬，总有鲜花绽放，美不胜收。明代著名地理学家、旅行家徐霞客在《滇中花木记》中曾写到：“滇中花木皆奇，而山茶、山鹃为最。山鹃一花具五色，花大如山茶，闻一路迤西，莫盛于大理、永昌境。”反映出滇中及滇西地区山茶花、杜鹃花的茂盛和奇特。云南是全球许多花卉和园艺植物的主要起源中心之一，云南特有的野生花卉，展现了云南丰富多彩的自然资源和物种多样性。中国有着让世界为之惊叹的植物资源，云南的野生花卉资源为中国花卉产业提供了雄厚的资源后盾。自古以来，云南人就有栽花、赏花的传统，用以陶冶情操，美化生活。除云南名花外，还有众多的观赏花卉，如云南樱花、冬樱花等闻名遐迩。近年来又将高山和热带地区的野生花卉进行引种栽培，不断培育新品种，使云南的花卉资源不断增加和完善。

如今，云花已成为邀请海内外游客到云南来的一张特别邀请函，“鲜花经济”已成为云南最具发展优势的绿色新兴产业，是云南打造世界一流“绿色食品牌”中的八大重点产业之一。从全省的田间地头到昆明斗南花卉拍卖交易中心，云南已拥有了完整的鲜切花产业链。经过30多年的发展，云南花卉产业呈现出了鲜切花和盆花优势凸显，种苗（种球）、绿化观赏苗木、地方特色花卉、加工花卉和花卉旅游欣欣向荣的良好态势，正朝着品类多样化和生产现代化的新业态迈进。云南是花的国度，从北到南，一路花开，姹紫嫣红。在高海拔的滇西北崇山峻岭，风信子、百合、郁金香等喜欢冷凉的球根类鲜花在寒风中绽放；在冬无严寒，夏无酷暑的滇中福地，一年四季鲜花盛开，是云南鲜切花的主产区；在低海拔的滇南热带雨林地区，红掌、鹤望兰、热带兰、非洲菊等热带花卉争奇斗艳。多姿多彩的鲜花，点缀着河谷，晕染着山川，照亮了彩云之南。

在云南，有着“一山分四季，十里不同天”的美景，也有着“一天吃四季，十餐不同味”的美食。花儿，也“逃”不过云南人的饕餮之心。每到花开时节，棠梨花、苦刺花、金雀花、油菜花、金针花、芭蕉花、石榴花、核桃花、玫瑰花……菜市场里琳琅满目的花朵，不仅仅是用来看的，也是可以作为食材的。云南各族人民自古就有用花入药、以花为宴的习俗，孕育出了“云南十八怪——鲜花当菜卖”的民间谚语。云南野生花卉资源中，可食用花卉就多达800余种。岁月如歌，变的是琳琅满目的“花膳”制作手法，不变的是人们对美好生活的向往和对大自然的敬畏。各种鲜花饼也成为云南出品的“网红”甜点，香袭全国，成为畅销旅游市场的时尚贵宠和馈赠亲朋好友的“拌手礼”。彩云之南，家园因花卉而五彩缤纷，生活因花卉而更加美好，农民因花卉而增收致富，云南因花卉而名扬四海。

・ 斗南——中国花卉方向标和晴雨表

斗南（Dounan），是云南省昆明市呈贡区下辖的一个街道办事处，坐落于滇池东岸，是中国最大的花卉种植基地和花卉产业发源地，因花而盛，被誉为“亚洲花都”。云南的花卉产业是由昆明市呈贡区斗南村农民在1980年代末自发开创的，这个天才的创举，既符合市场经济发展的需求，又符合云南得天独厚的自然优势，掀起了云岭大地花的浪潮，迅速形成生物产业，成为全国鲜花生产第一大省。从一个名不见经传的小村庄到举世瞩目的“亚洲花都”，斗南30多年间缔造的鲜花王国传奇，是春城昆明绽放的一朵奇葩。斗南所处的滇中地区，海拔1900米左右，年平均气温15.1℃，是世界上最适宜种植优质鲜切花的产区之一。斗南花卉交易市场成立之初，云南花卉种植面积不足万亩，在斗南花卉交易市场的带动下，云南花卉种植早已辐射全省。2018年，云南花卉种植面积171.4万亩，其中鲜切花种植面积22.7万亩，产量112.2亿枝，云南鲜切花面积和产量位居全球第一。

斗南花卉交易市场创办20多年来，已成为亚洲著名的花卉交易市场，连续20多年交易量位居全国第一，每年有60多亿枝鲜切花经斗南销往全国及世界各地，占有中国70%以上的市场份额，出口50多个国家和地区，全国4枝鲜切花就有3枝来自云南。在云南，玫瑰花只是众多鲜花中的一种，仅斗南花卉交易市场每天售卖的鲜花就有66个大类300多个品种600多万枝。康乃馨、腊梅、月季、百合、非洲菊、绣球花、洋桔梗、相思梅、满天星、情人草、勿忘我……品种繁多，琳琅满目，构成了一个五彩缤纷的世界。呈贡斗南花卉已稳坐亚洲的头把交椅，地位仅次于世界最大的花卉交易中心——荷兰阿尔斯梅尔鲜花市场。

云南花卉产业发展经历了三个重要时期。20世纪80年代末至1994年，花卉种植从农民小面积自发种植起步，向规模化迅速发展，从斗南逐步扩大至整个滇中地区，成为云南农业的新兴产业。1995年至2008年，云南先后出台了一系列推动花卉产业化发展的政策措施，启动建设拍市、园区、物流等一批重大项目，培育了一批花卉骨干企业，花卉生产覆盖至全省，鲜切花产销量位居全国第一，奠定了亚洲鲜切花中心的地位。2009年至今，云南花卉从数量型向质量型转变，在保持鲜切花优势地位的同时，盆花、绿化苗木、加工花卉发展迅速，云南成为全球三大新兴花卉产区之一和全球第二的鲜切花交易中心。2019年，随着云花集团的组建和云南（红河）现代花卉产业园的启动建设，云花产业开始步入4.0时代。

“斗南花卉”是国内第一个具有无形资产的花卉品牌、全国花卉类第一个中国驰名商标、全国著名的国家级花卉市场、农业产业化国家重点龙头企业……这些荣誉，彰显出斗南花卉的地位与份量。多年来，借助“斗南花卉”的品牌效应和市场优势，斗南已成为中国花卉的“市场风向标”和“价格晴雨表”，在全国和亚洲地区拥有产品定价权和市场话语权。昆明斗南国际花卉产业园占地1020亩，总建筑面积81万平方米。2015年，占地286亩，建筑面积28万平方米的一期项目“花花世界”落成并投入运营，同时斗南花卉拍卖交易系统上线运行。斗南正在以国际花卉产业园为主体，积极打造亚洲花卉产业基地和花卉小镇。

呈贡斗南，紧邻昆明城市主干道和城际高速，2条城市轨道交通穿越而过，高铁和国际铁路纵横交错，邻近昆明长水国际机场、昆明高铁站、新城码头，便利的交通条件，让斗南花卉特色旅游方兴未艾。观花、赏花、购花，徜徉在花海，娱乐在斗南，在这里可感受中国最大的花市交易盛况，体验浓郁的花卉文化和花街风情，真可谓："花正艳，香飘远，斗南盛放在世界的春天里。"

· 气候——云花种植的最大优势

云南花卉产业能取得今天令人瞩目的成绩，主要是云南具有花卉生产的独特发展优势。一是气候优势。除滇西北外，云南大部地区年平均温度15～20℃，年温差小、日温差大，降水丰沛，气候温润，干湿分明，全省大部地区一年四季就像大温室一样。冬暖夏凉，昼夏夜冬；冬无严寒，夏无酷暑，四季如春；一山分四季，十里不同天；无霜期长，少冰冻雪灾。云南特殊的地理和地形地貌，形成了多种不同的气候条件和复杂多样的自然环境，使云南植物资源异常丰富，仅野生花卉就有2500多种，与其他省区相比，具有物种资源的优势，誉为"天然花园"，是云南发展花卉产业的资源保障。独特的立体气候，可生产热带、温带、寒带三个气候带的多种花卉，一年四季此谢彼开，永不凋零。云南是全国植物种类最多的省份，热带、亚热带、温带、寒温带等植物类型都有分布，古老的、衍生的、外来的植物种类和类群都很多。云南在相同的时间段，各地区可提供不同种类的花卉，甚至全省境内全年可生产国际上几乎所有的花卉品种，具有花卉产品反季节生产的优势。二是日照优势。云南地处低纬高原地区，年日照时数1800～2400小时，年总辐射量4500～6000兆焦耳/平方米，仅次于青藏高原和内蒙古高原。高原日照时间长，阳光强烈，高原紫外线对鲜花香味和色素形成具有特殊的作用，使花卉长势茂盛，色彩鲜艳，非常适合鲜切花的栽种。云南种植的花卉不仅色彩艳丽，花朵大，有的甚至比原产地还好。引种的蝴蝶兰、康乃馨、玫瑰等花卉品种，栽培效果好于原产地，在花朵形态、色彩艳丽等方面甚至超过引进地。三是土壤水质好，土地劳动力成本较低，土壤品质及坡耕地适宜花卉种植。

昆明阳宗花海（杨植惟 摄）

“天气常如二三月，花枝不断四时春”，明代状元杨慎歌咏昆明的著名诗句以及清代云贵总督阮元领悟的“春风先到彩云南”，道出了云南花卉得天独厚的自然优势，即气候优势——热量、水分、光照三要素之间呈现出最佳的组合态：热量好、积温高、寒潮少、雨量丰、分配匀、旱季燥、晴天多、光照足、紫外线强。类型多样、四季如春、热量富集、雨热同季、光照充足、空气洁净是云南气候优势的真实写照。在云岭大地，烟花三月，十里春风吹醒了生机，花木得知春的气息，纷纷按捺不住，开始抽芽、吐蕊、开花，仿佛一夜间，草木繁茂盛，花飞若零雨。在云南，适宜的气候条件，花卉生产即使不采用温室和大棚技术，也能生产出大量的高品质花卉，在花卉种植成本上具有先天优势。因此，云南同非洲的肯尼亚，南美洲的哥伦比亚一道，被世界园艺界公认为最适合发展花卉生产的三个地方。

云南气候具有的四季恒温和立体多变的特征，导致花卉种植的气候适宜区广泛，使各种气候类型的花卉，无论是温带的，还是热带、亚热带的，甚至寒带的，都能在这里找到自己的适生地。尤其是以昆明、玉溪为中心的滇中地区，冬无严寒，夏无酷暑，世界上主要的鲜切花品种在这里都能实现周年规模化生产且品质尚佳。云南是中国花卉新品种选育和关键实用技术研发最强的省份，已累计育成花卉新品种560多个，制定花卉标准70余项，多项花卉栽培技术引领世界潮流。

概括起来讲，优越的气候条件、丰富的野生花卉资源、廉价的土地和劳动力、良好的产业化发展基础、广阔的市场前景、便捷的交通条件、较强的科研基础、优惠的政策支持、世界花卉产销异地化的趋势、亚太地区花卉消费热点增长……这些都是云南发展花卉产业的优势和机遇。花卉产业是云南最具发展潜力的绿色新兴产业，已作为云南打造世界一流“绿色食品牌、健康生活目的地牌”和高原特色现代农业的重点产业之一，加速发展，展翅高飞。难怪许多中外花卉专家考察云南后得出这样的一个共同结论：“云南是世界发展花卉产业的最后一块宝地，有条件成为世界级的花卉生产中心”。相信不远的将来，一个可与全球著名的荷兰花卉相媲美的“世界花都”，将在云岭大地上精彩绽放，香飘世界。

“昆明蓝”何其多

如果你第一次来到云南，踏进昆明，除了鲜花和彩云，往往会被那如洗的碧空所吸引。四季如春的昆明，天蓝水碧、树绿花红、风光旖旎、空气清新，行走在蓝天白云下，随手一拍都是大片。打开微信朋友圈，昆明之蓝经常被刷爆。对旅滇游客来说，到了昆明才发现原来天空可以这么蓝，空气可以这么清新，蓝天白云、清新空气已成为昆明一张靓丽的“金字招牌”。昆明这座城市独有的一种颜色就是蓝色，蓝得深邃，蓝得迷幻，蓝得沉醉。昆明的蓝天，无需修饰，无需渲染，犹如一张纯净的蓝画布，成为春城风光的布景，衬托着旖旎秀美的山河。最绝的是昆明冬日的蓝天，蓝得一尘不染，偶尔飘着几朵洁白的云，衬得天空的蓝更纯粹，画面分外美丽。

“满城山色半城湖，一年花开四季春”。在这座高原之城，碧空如洗的蓝天，温暖和煦的阳光，时刻欢迎着人们来近距离体验这一抹“昆明蓝”，享受高原碧空下的静谧悠然。

昆明月牙潭蓝天倒影（唐跃军 摄）

• 蔚蓝本是天空的底色

天空为什么是蓝色的呢？众所周知，太阳光是最重要的自然光源，它普照大地，使整个世界五彩缤纷。当太阳升起在地平线之上，经过大气层过滤照射到地球表面的太阳辐射，称为日光；当太阳辐射没有被云遮蔽，直接照射地面时，则称为阳光。太阳光谱是由不同波长组成的吸收光谱，分为可见光与不可见光。太空中充满了各种电磁辐射，只有当进入人眼的辐射为可见光时，才能被感知。可见光波长为400 ~ 760纳米，散射后分为红、橙、黄、绿、青、蓝、紫七色，集中起来为白光。不可见光为红外线（波长大于760纳米）和紫外线（波长290 ~ 400纳米）。天空能呈现蓝色，得益于大气中存在的“瑞利散射”，它是由19世纪英国著名物理学家瑞利发现的，即波长越短的光，散射越强。换句话讲，太阳可见光中波长较短的蓝光比波长较长的红光更易发生散射。紫、蓝、青光因波长短，所以当它们遇到大气分子、冰晶时最易发生散射，被散射的这3种光布满天空，而人视网膜中的视锥细胞中含有感受颜色的物质，其对红、绿、蓝3种颜色极其敏感，但对紫色不敏感，加之紫色光在散射的同时被大量吸收，于是，眼睛看到的天空便是蓝色的。

白天当日光经过大气层时，与空气分子发生瑞利散射，使天空呈现蓝色，太阳本身及其附近则为白色或黄色，是因为此时看到的是直射光而不是散射光，日光的白色基调未改变。当日落或日出时，直射光中的蓝光大量被散射，透射后剩下的光中颜色偏于波长较长的红橙光，这就是日落或日出时太阳附近呈现红色，而云也因反射太阳光而呈红色，但天空仍然是蓝色或蓝黑色的缘故。在雨天、阴天或尘埃雾粒较多时，天空呈现灰白色，是因较厚的云层和较大颗粒的尘埃对太阳光所表现出来的是反射而非散射的原因。

- 影响蓝天的气象因素

天穹色彩的变化是大气散射引起的光现象之一。清洁的大气使天穹呈现蓝色；当大气浑浊、大气中悬浮粒子增加时，天穹呈现青灰色，在天边甚至出现不透明的灰白色。能否看见湛蓝的天空，主要取决于云量的多少、云层的厚薄和大气的纯净。

雨天、阴天，自然就无缘目睹蓝天。其形成原因主要是受有利于成云致雨的天气系统过境影响，如高空槽、低涡、切变线、台风、锋面等。反过来，在冷高压、副热带高压、高空西北气流等控制下，盛行下沉气流，天气晴朗，看到蓝天的概率就高。在少云或无云状态下，能否看到湛蓝的天空，关键取决于大气污染物浓度，即环境空气质量的高低，就是PM2.5、PM10、O_3、SO_2、NO_2、CO这6项综合浓度的大小。若空气质量指数（AQI）高，表明污染重，看到的天空是灰蒙蒙的、模糊的、暗淡的；AQI低，表明污染轻，看到的天空是通透、明亮、湛蓝的。因此在碧空如洗或天高云淡时，能否看清湛蓝天空的理想状态是空气污染物浓度低，AQI低于50（优）以下，越低越好（AQI≤10）。一般而言，AQI浓度背景值维持在较低状态且气象条件又非常有利时，就易出现湛蓝的明净天空。

是否有利于大气污染物的产生、积累、扩散、稀释、清除，是影响空气质量指数高低的气象因素，主要表现在降水、冷空气、静稳天气、风、温度、湿度等诸多方面。降水对污染物有明显的湿沉降作用，可有效降低污染物浓度。冷空气活动频繁，持续出现较强偏北风，有利于污染物扩散，使得大气通透。静稳天气是在高低层大气的综合作用下形成的，有利于污染物和水汽在排放源附近和近地层累积，造成重污染和低能见度天气。静稳天气下，大气稳定度高，空气垂直对流弱，不利于污染物和水汽垂直扩散；风速较小，不利于污染物和水汽水平扩散，使得大气污染物易聚积在近地层，导致污染物浓度升高。频繁出现静风、小风、高湿、逆温等静稳天气，也非常不利于污染物的扩散。

大气中谁能带来“蓝天”福利呢？研究表明，风雨的共同作用可产生令人陶醉的蓝天白云。受冷空气和暖湿气流的共同影响，若某地连续多日出现降雨天气，降雨过后空气中PM2.5、PM10等细颗粒物随着雨水沉降到地面，稀释作用明显，大气得到清洗而变得纯净，使空气分子对蓝光散射增强。受频繁南下的冷空气偏北风或近地层强劲偏西风影响，PM2.5、PM10等细颗粒物易扩散，有利于AQI达优良级，可谓“风吹霾散”，稀释扩散作用显著。风不仅吹走了大气中的尘埃杂质微粒，还降低了空气湿度，提高了大气透明度。另外，高温干旱也会影响蓝天质量。高温少雨天气减少了对气溶胶颗粒物的洗刷作用，由于高温，太阳辐射增强，有利于近地层臭氧生成和颗粒物的二次转化，晴朗少云，气温上升，臭氧的光化学反应速率加快，会导致臭氧浓度升高而超标，若再叠加其他污染物，天空就会呈现出“灰蒙蒙”的景象。地理因素也会影响大气透明度和空气质量。在高原地区，因海拔高、空气稀薄、云量少、太阳辐射强、人类活动少、污染源弱、悬浮颗粒物少，所以大气透明度高，空气质量总体较好，一般AQI≤50甚至AQI≤20，蓝天白云更显明净。

• 湛蓝天空频现春之城

昆明这座高原之城的天，长着一副没被雾霾欺负过的“脸”，蓝天白云成了日常美景。中国天气网曾做过盘点，昆明一年之中有354天能“洗肺”，荣登全国“洗肺之城”前列。为何在云南“昆明蓝”能频霸人们的眼球呢？这主要得益于这里独特的地理、气候和洁净空气，颇多的晴天与洁净的空气共同孕育了常态化的“昆明蓝”，两者缺一不可。

昆明地处低纬高原，坐落于滇池湖滨盆地，气候适宜。昆明海拔1900米左右，是我国除拉萨、西宁外海拔高度位列第三的省会城市。年平均温度15℃，最热月平均气温19℃，最冷月平均气温8℃，年温差小、日温差大，夏天不热，冬天不冷，四季如春。相对于我国东部平原地区，昆明处于大气对流层中下部，平原地区处于大气边界层中，而大气边界层空气污染往往重于对流层，故高原山地普遍空气清新。同时高原地区也避免了平原地区因高温高湿而诱发臭氧超标，导致光化学反应剧烈形成的空气污染。滇池位于昆明西南，主导风的上游，对昆明空气质量起到了“过滤器”的作用。

昆明降水丰沛，干湿季分明，晴天多。昆明年降水量1011毫米，尚属丰沛，降水对细颗粒物的湿沉降作用显著。这里属典型的亚热带季风气候，干湿季分明，5～10月为雨季，降水量占总量的85%，11月～次年4月为干季，降水量仅占15%。季风气候使得环境空气质量具有明显的干湿季特征，雨季优于干季，可谓“雨过天晴分外明”。昆明年总云量为5.9成，年晴天日数为74天，阴天、降水日数只有130天，可见蓝天白云的日子一年之中有235天，约占全年的64%，其中31%的日子更是碧空如洗，属全国多晴天之地，冬春季尤为突出。

昆明空气洁净，环境空气质量的背景浓度值低。据统计，昆明主城区年均PM2.5浓度值为28微克/立方米、PM10为51微克/立方米、O_3为130微克/立方米、SO_2为13微克/立方米、NO_2为33微克/立方米、CO为1.2毫克/立方米，6项污染物浓度平均值均为全国较低水平，尤其是PM2.5、PM10浓度值仅为全国的60%和63%。按AQI指数评价，昆明空气质量优良天数361天，轻度污染4天，优良率达98.9%。在云南，海拔更高的滇西北地区，污染物浓度值更低，空气更清新。

昆明多风，静稳天气少，扩散条件好。风可以输送不同气团，使空气中的热量和水分得以交换。昆明年平均风速2.1米/秒，年大风日数7.2天，常年主导风向为西南风，属我国南部地区中风速较大的高原风区，尤其是春季，午后偏西风盛行。与东部地区相比，昆明近地层逆温主要出现在冬季，雾日少，全年静稳天气频率低，强度弱，污染物气象扩散条件好。

昆明日照强，大气透明度高。太阳辐射透过率随海拔高度增加而增大，昆明年均日照时数2197小时，年总辐射强度5500兆焦耳/平方米。与全国比较，昆明等滇中地区是我国南部地区光照最好和辐射最强的地区之一，冬春季强于夏秋季，干季以直接辐射为主，雨季以散射辐射为主。因海拔高、气溶胶浓度低、空气干燥洁净、雾霾少的缘故，昆明等滇中地区能见度好，是我国大气透明度高值区之一，仅次于青藏高原地区。

虽然如此，目前臭氧也超过PM2.5成为影响昆明空气质量的首要污染物，这主要源自汽车尾气排放。除了臭氧，因城市建设，扬尘是大气污染的主要因素，工地扬尘为主要污染源。昆明市政府加大力度管控污染源，进行环境整治，绿化美化环境，针对工业交通尾气和扬尘污染，持续开展大气污染防治行动并取得明显成效：空气优良率稳定趋好，森林覆盖率达49.6%，滇池水质得到改善，湖滨湿地成为“中国最美湿地”。

风和日丽、蓝天白云、青山碧水、空气清新，是市民百姓对美好环境的向往；碧空如洗，云蒸霞蔚是昆明永恒的记忆。空气质量的好坏，是一座宜居城市的硬指标。春城绿、滇池清、昆明蓝、四季花，已成为昆明的“标配”。坐拥一座园林城市，放眼一片蓝天白云，守护好“昆明蓝”，让“昆明蓝”越来越多，实现永久的“昆明蓝”，还需人与自然和谐共处。

本文发表于《气象知识》2021年第2期

低纬高原——世界春城的摇篮

春城是高原山城昆明的别称，它因群山环抱，阳光明媚，“万紫千红花不谢，冬暖夏凉四时春”而成为蜚声海内外的著名城市，是许多中外宾客向往的著名旅游胜地。

昆明海拔为1891.4米，昆明最冷的1月平均气温是7.6℃，比北京初春3月的平均温度5.0℃还要高，而最热的7月平均温度是19.7℃，也比北京晚春5月的平均温度20℃还低0.3℃。昆明年平均气温14.6℃，年温差为12.1℃，冬季昆明最低气温一般在0℃以上，夏季日最高气温很少突破30℃。昆明历史上极端日最高气温为31.5℃，极端日最低气温为-7.8℃。可见，昆明全年都处在类似北京等中纬度地区的春季天气之中，气温四季波动起伏较小，是名不虚传的著名“春城”。

那么，要形成春城需具备什么条件呢？我们知道，形成某地气候中最主要的两个因素是地理纬度和海拔高度。其地理组合表现为4种形式，即高纬度高海拔、高纬度低海拔、低纬度高海拔、低纬度低海拔。一般气温随纬度的增加而降低，因此，低纬地区的热量条件要优于高纬地区。换句话讲，要形成春城首先应是在低纬地区，一方面热量充足，另一方面气象要素的年变化小。其次，气温随海拔升高而降低，平均每升高100米气温下降0.6℃左右，所以，第二个条件必须有一定的海拔高度，这样两者交叉结合产生的特殊地理环境——低纬高原，就是易出春城的地方。而高纬度高海拔的地理组合，只会使气候更加寒冷；低纬度低海拔的地理组合，则会使气候更加炎热；高纬度低海拔的地理组合，会使气候的四季交替更加显著，春秋短暂；只有低纬度与高海拔巧妙的地理组合，才会使四季的气候温和，不冷不热，终年“恒温”少变，如春似秋。所以讲，要创造出四季温暖如春的气候，海拔高度和地理纬度均要适中才行。海拔太高和太低，纬度太高和太低，均不利于温和气候的形成。

春城昆明远眺（柏正尧 摄）

春城昆明老街（唐跃军 摄）

打开世界地形图，具备低纬（纬度在南北纬30度之间）和高原（海拔在1000米以上）双重身份的地区，全球主要有10个，即中国云贵高原，北美的墨西哥高原、南美的安第斯高原、巴西高原和圭亚那高原，非洲的埃塞俄比亚高原、东非高原和南非高原，印度的德干高原、阿拉伯半岛的希贾兹-阿西尔高原。在上述全球10大低纬高原地区中，可以找到许多与昆明气候相似的春城。例如，中美洲的哥斯达黎加就有“四季长春之国”的美誉，它同北美著名的春城——墨西哥城一样，皆得益于墨西哥高原的作用。

除昆明外，我们还可列举出全球20个著名的“春城”之都，即内罗毕（肯尼亚）、亚的斯亚贝巴（埃塞俄比亚）、墨西哥城（墨西哥）、基多（厄瓜多尔）、拉巴斯（玻利维亚）、波哥大（哥伦比亚）、圣何塞（哥斯达黎加）、危地马拉城（危地马拉）、比勒陀利亚（南非）、哈拉雷（津巴布韦）、温得和克（纳米比亚）、坎帕拉（乌干达）、基加利（卢旺达）、利隆圭（马拉维）、塔那那利佛（马达加斯加）、加德满都（尼泊尔）、巴西利亚（巴西）、加拉加斯（委内瑞拉）、利马（秘鲁）、姆巴巴内（斯威士兰）。就连昆明的友好城市，位于“高原之国”——玻利维亚中西部的著名旅游城市——科恰班巴（Cochabamba）也有“春城”的美称。它们的共同特征是地处低纬高原地区，气温年较差小，四季不分明（冬暖夏凉），年降雨量适中，但干湿季分明，气温日变化大，一天分四季（夜冬昼夏）。“四时无寒暑，一雨便成冬”是全球春城的形象比喻。可见，低纬高原是孕育世界“春城”的摇篮。

本文发表于1998年7月6日《春城晚报》第10版《科学天地》

春城与雪

春天是美丽的，是令人向往的。古代诗人对春天有许多美妙的诗句，如唐代孟浩然“春眠不觉晓，处处闻啼鸟。夜来风雨声，花落知多少”；宋代朱熹“等闲识得东风面，万紫千红总是春”；宋代叶绍翁“春色满园关不住，一枝红杏出墙来”；清代高鼎“草长莺飞二月天，拂堤杨柳醉春烟”。

雪花是洁白的，是令人眷恋的。古代诗人对雪景有诸多绝佳的诗句，如唐代白居易“夜深知雪重，时闻折竹声”；唐代宋之问“不知庭霰今朝落，疑是林花昨夜开”；唐代卢纶“路出寒云外，人归暮雪时”；宋代杨万里“最爱东山晴后雪，软红光里涌银山”；清代郑燮（郑板桥）“晨起开门雪满山，雪晴云淡日光寒”。

试问在中国，是否存在一个春天与雪景交融的善地呢？答案是肯定的，这个“春常在，雪光临”的地方，就在春城昆明。若放大一点来讲，就在彩云之南。不仅有春城冬雪，还有春城春雪、春城秋雪。

· 春的眷恋

人们对春天的向往，不仅在于气候宜人，暖凉适中，还在于此时正值万物复苏、花红柳绿、生机勃发、欣欣向荣。所以，我国有许多地名都含春字，并在春字前冠以长、永、恒之类的字眼。例如吉林的长春、福建的永春、台湾的恒春、江西的宜春等，以表达人们希望春天永驻人间的美好愿望。可是，这些地方的春天，不仅不永、不恒、甚至也不长。例如，按照我国的习惯，以五日平均气温高于10℃、低于22℃为春来看，那么长春的春长，一年只有58天，恒春48天，永春算长了，但也仅有102天。素有“春城”之誉的云南昆明，春秋季相连，春秋长达295天，难道不是四季如春，全年都是春季温度的地方吗？所以说，昆明，乃春城也。

昆明称得上“春城”是有道理的。一般来讲，一年之中，月平均气温在冬季不低于10℃，夏季不高于22℃，气候才能称得上是“春意盎然”。多年气象资料分析表明，昆明一年之中符合四季划分标准的春秋季天数就达295天，故昆明四季如春的“春城”之名，实至名归。其实在云南，这样的地方还很多，除滇中地区外，在滇西、滇西南、滇南地区还有几十个县城也是“四季如春”的。滇南的绿春、元阳（老县城）、永德、西盟等地，干脆就叫作“四季为春”或“天天是春”，气温差异更不明显，一年到头都是郁郁葱葱的好时节。不仅如此，北美的墨西哥高原、北非的埃塞俄比亚高原、南美的安第斯高原也有着相类似的气候条件。这些地方四季常青，是世界“春城”的源地，同时还有着多种多样的气象奇观，被气象学家称为“低纬高原气候”，也是世界气象科学研究的一个前沿课题。

昆明大观楼雪景（云南省气象局供图）

昆明是全球低纬高原气候类型中的一个典型而有趣的代表。冬天这里常常碧空如洗，艳阳高照，繁花似锦，鸥群蹁跹，1月平均气温8.1℃。来自西伯利亚的冷空气大多数时候都难以入侵云南，这是因为在其西北方矗立着青藏高原的崇山峻岭，东北面横亘着雄伟壮观的乌蒙山脉，给昆明造就了一个良好的“避风港湾”。另外，来自印度北部的平直干暖西风气流在高空的阻挡，寒风往往只能望而兴叹，横扫东部平原和沿海地区，直到南岭一带。因此冬季的昆明，远比相邻的川黔桂地区温暖得多。于是，每到冬季，从西伯利亚远道而来的红嘴鸥约会昆明，嬉戏于蓝天碧水之间。此时若立于滇池海埂之畔，波光粼粼，西山如睡姬般静卧，在“灵山多秀色，空水共氤氲”的背景下，在这些精灵的欢快鸣叫声里，让人瞬间感受到人与自然的和谐。

- 雪的魅力

冬季的云南，蓝天丽日，菜花金黄，鲜花竞放，常绿的树木，随风摇曳，无疑是一派色彩浓郁的春光。昆明，美丽的高原边城，虽地处低纬度高原地区，冬季气候却与广州、南宁、海口等低海拔热带城市不同，这些城市在历史曾有过落雪的纪录，尽管概率非常非常小但仍会有发生。与万象、曼谷、仰光、金边等中南半岛的热带城市相比，则气候差异就更大了，这些城市冬季从不可能飘雪，历史上也无降雪之记载。相比之下，昆明冬春季则会时不时偶有飘雪的景象，甚至不乏大雪和暴雪，出现“山下花开山上雪”的奇观。更有甚者，在昆明东北部的轿子雪山还会时有夏季“飞雪”的奇妙。对少雪的昆明来说，每到冬天，市民都会对下雪有一份隐约的期盼。

昆明植物园雪景（杨植惟 摄）

据史料记载，元至正二十七年（1367年），昆明“雪深七尺，人畜多毙”。1983年12月26日、1986年3月1日、1992年1月13日、1999年1月11日、2000年1月30日、2003年1月5日、2004年2月7日、2008年2月7日、2013年1月11日、2015年12月16日、2016年1月25日、2022年2月22日等昆明40年来十余次较大的雪花飞舞、白雪皑皑的大雪天气，给难得见到雪的昆明人带来了几分惊喜和满满回忆。有时突如其来的雪下得很大，雪花漫天飞舞，远处的高山，市内的树木、建筑物、绿地、花卉、车辆顶棚之上，在1小时内就披满了皑皑白雪，摆出各种各样的造型，对于昆明人来说，这是一片难得一见的冰雪世界。就连最近的2021年1月11日，预约好的昆明降雪，也下起了稀稀拉拉的“米雪”，好似头皮屑一样，虽量少但弥足珍贵。这次强降温天气，全省46个县（区）出现小雪或雨夹雪，79个县（区）达到寒潮天气标准，昆明主城最低气温-2℃，太华山达-6.8℃，雾淞使得昆明西山风景区银装素裹，在昆明城中，人们普遍感到寒气袭人。据资料统计，昆明多年平均降雪日数为3.1天，在20世纪60～80年代的降雪则还要比现在更为频繁一些。尽管在最近二十几年的暖冬里，昆明的天空中总会飘飞点点雪花，给冬暖的昆明带来丝丝寒意。但气象学家认为，短暂的雨雪天气并不能改变昆明“四季如春”的声誉，可谓“偶有一场雪，未掩春城名，最忆昆明下雪时。”冬无严寒，夏无酷暑，世界“春城”之名，仍旧名符其实。明代状元杨升庵称赞昆明“天气常如二三月，花枝不断四时春”的诗句是最恰当不过的了。在昆明，雪中鸥嬉，雪映鲜花，是一道独一无二的绝妙风景。

• 舒适惬意

大气无国界，云南也并非全球大气运动的“法外之地”，全球气候变暖对低纬高原地区也产生了少许影响。但昆明即使下了雪，昆明的最低气温也多在0℃上下徘徊，而不会出现北方地区零下数十度的极寒天气。偶尔的一场雨雪，犹如给农作物盖上了一床薄薄的“棉被”，可谓瑞雪兆丰年，风雨送春归。在温暖的高原南疆，“下雪了”，总是件让人欣喜若狂的事。而夏天的昆明，简直就像装了一部大空调一样凉爽。7～8月间当烈日“烤”得卫星云图上大江南北一片粉红时，昆明的上空却覆盖着一片淡淡的绿色。1891米左右的海拔高度，使昆明的7月盛夏平均气温只有19.8℃，比著名的避暑胜地江西庐山还要低4℃左右。夏季凉爽的天气，名副其实的“避暑”胜地，成为昆明乃至云南打造旅游强省的一张靓牌。

人们常说，云南高原的天空特别蓝，特别干净，看起来真的离“天国”很近。事实果真如此，在高原上，海拔适中，气压低，污染小，常年的劲风刮走了滞留的尘埃和暑气，留下了蓝天白云和绚丽的七彩祥云。加上滇池等星罗棋布的高原湖泊水体的调节，空气温润，雨量充沛，自然就会舒适宜人。在北纬25度线附近，在沙漠云集的全球副热带高压控制地区，唯有云南独独拥有一片葱葱绿洲。“天无三日晴，地无三尺平”说的是与云南邻近的贵州气候与地形，而“一山分四季，十里不同天”则说的是云南拥有丰富的立体气候资源和地形地貌景观。从冰雪皑皑的迪庆高原寒温带，到四季如春的滇中亚热带，再到炎热多雨的西双版纳热带雨林，全国所有的气候类型都可以在云南见到其“缩影”。正是由于云南气候的多样性，才孕育了云南“植物王国”“动物王国”“世界花园”的繁荣，也创造了绮丽多姿的少数民族人文景观。

云南的河流与湖泊

云南地处祖国西南边陲，位于北纬21°8′~29°15′，东经97°31′~106°11′之间，北回归线横贯滇南；跨越10个经度带和9个纬度带，平均海拔高度1500~2500米，国土总面积39.4万平方千米，居全国第8位。与中国广西、贵州、四川、西藏四省区为邻，同缅甸、老挝、越南三国接壤，陆地边界线总长4060千米。云南是一个以山地为主的低纬度高原内陆省份。

· 独特的地形地貌

云南84%为山地，高原占10%，盆地（坝子）占6%。全省地势从西北向东南倾斜。最高点位于滇藏交界的梅里雪山主峰（卡瓦格博），海拔6740米，最低点在与越南交界的河口县（南溪河与元江汇合处），海拔仅76.4米，高差竟达6663.6米。从滇东南到滇西北，平均每千米海拔升高6米，在全国乃至世界，这种垂直高度的水平差异之大是少见的。使云南形成了从海南岛到黑龙江的各种气候带类型，立体气候使云南成为大自然造化的“气候王国”。云南境内山地、高原、盆地相间分布，大致以元江谷地和云岭山脉南段宽谷为界，分为东西两大地形区，东部是滇东盆地山原区（云贵高原主体），西部为横断山系切割山地峡谷区。

· 六大水系汇两洋

云南特殊的地形地貌，孕育了800多条大小河流，主要河流180多条，流域面积在100平方千米以上的河流有672条。有大小湖泊40多个，为高原淡水湖泊。在高原地区有如此多的河流和湖泊，在世界范围内是罕见的。奔腾的河流，犹如美丽的玉带环绕在“彩云之南”，哺育了红土高原的万物，许多山间盆地和坝子因此而成为了高原的鱼米之乡。

云南众多的江河湖泊，按最后流入地点划分，属太平洋和印度洋两大水系。在中国乃至世界，仅云南和西藏是地跨两大洋水系的地区。云南南—北走向的山脉地形孕育了六大江河水系，在全国省区市中，水系之多是其他地方望尘莫及的。六大水系分别是金沙江水系（长江水系）、珠江水系、红河水系、澜沧江水系、怒江水系和伊洛瓦底江水系。6大河流中，除金沙江水系和珠江水系外，其余4条均属国际河流。太平洋水系流域面积占86.3%，印度洋水系流域面积占13.7%。云南是我国国际河流最多最集中的省份。

金沙江为长江上游，金沙江经西藏于滇西北德钦县进入云南，呈“W”型流向，在丽江石鼓镇突然折向北流，形成“万里长江第一湾”的奇观。下行35千米是世界闻名的“虎跳峡”，金沙江在云南境内有17条较大支流。澜沧江源于青海唐古拉山，经云南德钦县入境，流经云南17个县市，进入老挝、缅甸后称湄公河（Mekong River），云南境内长1247千米，呈南—北向奔驰于滇西横断山脉之间，是中国第5大河。怒江经云南贡山由西藏进入滇境，云南境内全长547千米，进入缅甸后称萨尔温江（Salween）。怒江在高黎贡山和碧罗雪山夹持下汹涌激荡地流向南方。金沙江、澜沧江、怒江3条大江在滇西北横断山脉纵谷区并流数百千米，三江间距最短处直线距离约85千米，其中怒江、澜沧江最近处只有18.6千米的碧罗雪山（怒山山脉）相隔，形成世上少见的“三江并流”奇观。

云南水能资源富集，蕴藏量为1.04亿千瓦，占全国的15.3%，居全国第3位，可开发的装机容量达0.9亿千瓦，占全国的18.7%，居全国第2位。其中85.2%的水能资源集中在金沙江、澜沧江和怒江三大水系。可建设大型和特大型电站比例高，开发目标单一，工程量小，技术经济指标优越。

昆明滇池湿地风光（杨丽红 摄）

• 璀璨的高原明珠

云南有大小湖泊40余个，为高原淡水湖泊。湖泊水面积约160万亩，集水面积约9000多平方千米，占全省土地面积的2.6%，总蓄水量290多亿立方米，属世界上多湖泊的高原地区之一，宛如镶嵌在红土高原上的颗颗明珠。其中较大的湖泊主要有滇池、洱海、抚仙湖、泸沽湖、星云湖、杞麓湖、异龙湖、阳宗海、程海等9个。滇池水面面积最大，抚仙湖最深，容积最大；湖泊分属金沙江、珠江、红河、澜沧江四大水系；按湖泊密集的地理位置，可分为滇中、滇西、滇南和滇东四大湖群。滇池位于昆明西南，是云南面积最大的高原湖泊，我国第6大淡水湖，南北长约40千米，东西宽约8千米，总面积约300平方千米，平均水深5米，蓄水量15.7亿立方米。洱海位于滇西大理，因形如人耳而得名，总面积250平方千米，平均水深10.5米，蓄水量约30亿立方米，是云南第2大湖泊和中国第7大淡水湖。抚仙湖位于滇中澄江，总面积约212平方千米，平均水深95米，最深达151.5米，是中国第2深水湖，蓄水量为185亿立方米，分别是滇池和洱海的12倍和6倍，湖水呈碧蓝色，透明度达7～8米，是著名的高原旅游胜地。

大理洱海风光（杨继培 摄）

・ 东方的多瑙河

属于太平洋水系的澜沧江—湄公河流经中国、缅甸、老挝、泰国、柬埔寨和越南6国，全长4880千米。按河长排序为世界第6大河，东南亚第1大河，中国第5大河，且具有内河、界河和多国国际河流的性质，属国际一级河流，被誉为"东方多瑙河"。这条河流的下游地区，历来被认为是东南亚文明发展的摇篮，被视为东南亚的母亲河。追溯历史，早在公元120年前，它就作为各流域国著名的民族文化走廊和天然通道而发挥着重要作用。下游流域人民语言相通，风俗相近，文化相互影响较深，经济上友好往来久远，在世界上一直被传为佳话。如今这条"黄金水道"也成为我国西南地区与东南亚各国发展经济、旅游、科技合作与友好往来的纽带。从云南景洪港和关累港出发，乘船可直达中南半岛诸国，且一年四季均可通航。1994年3月，经国务院批准，将澜沧江下游开发列为《中国21世纪议程》的优先项目。澜沧江—湄公河这条云南走向世界的便捷水上通道，将会在21世纪发出耀眼的光芒。

2014年11月在中国—东盟领导人会议上，中方提议建立澜沧江—湄公河合作（Lancang-Mekong Cooperation，LMC）机制，简称"澜湄合作"，获泰国、缅甸、越南、老挝、柬埔寨五国积极响应。2016年3月，澜湄合作首次领导人会议在海南三亚举行，全面启动澜湄合作进程。五年来，澜湄合作硕果累累，澜湄国家命运共同体取得重要进展。澜湄水资源合作中心、澜湄环境合作中心、澜湄农业合作中心、全球湄公河研究中心等纷纷成立并投入运营。中国于2020年11月率先开通澜湄水资源合作信息共享平台网站，向五国共享澜沧江水文信息。中国秉持发展为先、平等协商、务实高效、开放包容的澜湄精神，积极推动澜湄合作机制与三河流域（伊洛瓦底江—湄南河—湄公河）、大湄公河次区域经济合作（GMS）、湄公河委员会（MRC）等机制取长补短、相互促进。为打造澜湄流域经济发展带，建设澜湄国家命运共同体发挥积极作用。

原载《气象知识》1999年第3期，本文有删改

云南的气候资源

自然资源是大自然最宝贵的财富，是人类赖以生存和发展的基础。发现资源、认识资源、保护资源、利用资源的过程，构成了人类发展史的重要篇章。云南是一个资源大省，相对富足的资源，是云南最宝贵的财富和发展的巨大潜力。云南自然资源有五大优势：一是气候多样性，气候类型多样，造就了气候王国；二是生物多样性，生物资源丰富，造就了植物王国、动物王国和物种基因库；三是旅游资源品位高、种类全，造就了“七彩云南、旅游天堂”的美誉；四是水能资源富集，造就了“水电大省”的实力，以水电为主的绿色能源生产达到世界一流水平；五是矿产资源种类多、储量大，造就了有色金属王国。

气候资源是一种宝贵的自然资源，是指大气圈中光、热、水、风能和空气中的氧、氮以及负离子等可以通过开发利用转化为人类具有使用价值的资源。气候资源与其他自然资源一样，能够为人类生产与生活提供不可缺少的能量和物质。气候资源是基于环境本身在自然界中长期形成的特殊自然资源，涉及能源、水利、农业等行业或部门开发利用。气候资源的成分多种多样，表现形式也各不相同，其中主要包括风能资源、太阳能资源、降水资源、热量资源及其综合形成的农业气候资源、旅游气候资源等。气候资源是清洁的资源，气候资源是可以再生的资源，但开发利用气候资源存在一定的风险和挑战。

气候资源是一种周而复始、用之不竭的可再生资源。就一个地区而言，每年的积温、降水量、太阳辐射、风能等的数量又是有限的。若不开发利用就会白白“流失”，若利用不当，则可能造成灾害。云南地处低纬高原，气候暖热，雨量充沛，光照适宜，劲风萧萧。在农业生产和经济建设中，气候作为一种重要的可再生资源，提供了清洁的物质和能量保障。

· 云南气候资源特征

光能资源丰富，光合生产潜力大。云南省内绝大多数地区光能资源丰富，不仅太阳总辐射量多，辐射强度大，而且光照时数多，有利于植物和作物的光合作用，加之全年基本上都为生长季，光能资源可得到充分利用，因而光合生产潜力巨大。

热量资源充裕，作物生长季长。云南热量资源充裕，全省除少数高寒山区及滇东北部分地区外，各地全年日平均气温都在0℃以上，植物及作物全年都能生长。滇中以南多数地区以及金沙江河谷地区，全年大部分时间日平均气温都在10℃以上，喜温作物全年都可生长，这对增加复种指数、提高产量、发展高原特色农业十分有利。

高黎贡山风光（杜晓红 摄）

雨量充沛，年内季节变化大。云南受季风之惠，省内多数地区雨量充沛。正因如此，云南没有出现“回归沙漠带”的植被景观。冬夏半年由于控制云南的气团性质截然不同，使云南有明显的干季、雨季之别，降水年内季节变化大。干季降水较少，冬春干旱频发。雨季降水集中，尤以6～8月降水丰沛，有时会造成洪涝灾害和诱发滑坡、泥石流灾害。

雨热同季，夏温略嫌不足。云南水热资源以夏半年为最优。夏半年气温高，降水量多，雨热同季，匹配较好，使热量和水分能够在作物生长期内充分发挥作用，给农业生产创造了有利条件。但滇中及以北地区，夏季温度强度不高，甚至偶尔会有“夏季低温”的出现。

气候资源地区差异大，垂直变异显著。云南光、热、水资源充足，但地区差异大。光能资源金沙江河谷地带为全国高值区之一，滇东北北部为全国最少的地区。省内热量条件南北、东西之间差异较大，既有北热带气候，也有寒温带气候。水分资源地区差异悬殊大，多雨湿润地区和少雨干旱地区年降水量相差数倍之多。风能资源以滇中、滇东、滇西局部地区最为富集。云南气候资源的垂直差异突出。河谷地区海拔低，气温高，降水量少，光照多，风速小；山区海拔高，气温低，降水量多，光照少，风速大，“立体气候”特征明显。

气象灾害频繁，无灾不成年。云南由于地域广阔，地形复杂，加上季风气候的变异性，使气象灾害呈现出种类多、分布广、频率高、突发性强、成灾面积小、累积损失大的特点，对经济社会和生命财产有重大影响。云南气象灾害损失位列自然灾害之首，有“无灾不成年”之说。

• 云南气候资源优势

气候类型的多样性。云南从南到北，由低海拔到高海拔，依次出现热带、亚热带、温带、寒带等多种气候带。省内水分类型有湿润、半湿润、半干旱之差别，云南气候类型之多，在全国绝无仅有。

气候积温的有效性。云南多数地区全年均为生长季，无日平均气温小于0℃，使植物和作物停止生长的“死冬”存在，全年光能均可得到利用。云南大部分地区无效高温和有害低温较少出现，积温的有效性高。降水强度比我国东部地区小，降水能被植被和作物充分利用，降水的有效性高。

气候条件的适宜性。云南各地气候条件复杂多样，既有利于喜温作物生长，也适宜喜凉作物生长；既利于粮食作物生长，也利于经济作物生长；既利于种植业的发展，也利于林业、畜牧业的发展。寒带、温带、热带的各种作物和植物，在云南都可找到适生之地，气候条件适宜多种植物和作物生长，有其多宜性。

山区气候的多层性。云南山区地势高差大，立体层次分明。在不同高度上，往往山麓为热带或南亚热带气候类型，是主要的农作区；山腰为中亚热带、北亚热带气候类型，是农业、阔叶林、竹林和人工栽培的经济林产区；至山体上部为暖温带乃至北温带气候类型，是主要用材林和草坡带。山区气候的多层性，为农业、林业、畜牧业、旅游业分层布局和合理利用提供了有利条件。

季节间的不协调性。云南降水和温度年内季节变化大，对农业生产有不利的影响，冬春干旱对小春作物和经济作物影响大，同时也不利于充裕的光照资源的农业利用。春温较高加剧了春旱的危害程度，夏季降雨多，日照少，温度强度低，对大春作物生长不利。光热资源、水资源和风能资源季节间的不协调分配，对能源开发和农业发展有一定的影响。

气温强度的不足性。云南以滇中为代表的广大地区，冬季不冷，夏季不热，四季如春，这样的气候对于工作、学习、居住和旅游等无疑是十分优越的，但对农业生产而言，则有利有弊，有时甚至弊大于利。冬季不冷小春作物越冬条件好；冬温高霜雪少，不利于杀虫保墒，也缺乏作物所需的低温阶段；夏季不热，其后秋温又低，温度强度不足，对大春作物的高产稳产不利。

气候年际的多变性。云南季风气候的特点，给云南的降水、温度、光照等带来了年际间的多变性。各年之间气温、降水、日照等气象要素变化幅度较大，差异明显，甚至会有旱涝灾害和低温冷害发生，对农业生产和经济建设会造成一定的影响。

高原冬韵（胡堃 摄）

· 开发利用气候资源

气候资源的保护和开发利用，应当遵循自然生态规律，坚持保护优先、统筹规划、科学利用、合理开发、趋利避害的原则。如何开发利用好云南丰富的气候资源，《云南山地气候》一书给出了一些具体的措施建议，可供参考借鉴。

一是搞好土地综合利用规划，调整农林产业及生态系统保护布局，建立合理的高原特色农业生产结构；二是生物措施和工程措施相结合，建设现代农业良性生态系统；三是调整农作物布局，引种改制，提高复种指数，发展经济作物和粮食作物；四是建立畜牧业生产基地，适度发展畜牧业；五是因地制宜，发挥优势，长短结合，建立梯形经济结构；六是综合开发，综合利用，综合治理，资源开发与保护生态相结合；七是充分利用作物气候优势层，建立生产基地，提高经济效益；八是利用逆温暖带，提高喜温作物种植高度，利用冬暖优势发展冬季农业；九是充分利用热区气候资源，建立热作生产基地；十是利用山区夏凉气候，建立喜凉蔬菜基地；十一是利用河谷冬暖优势，建立冬早蔬菜基地；十二是开发利用气象绿色能源，大力发展水电，适度开发风电和太阳能；十三是挖掘山区旅游气候资源，发展气象景观旅游，建设半山酒店；十四是综合采取防灾、抗灾、救灾措施，尽量减少气象灾害造成的损失；十五是加强《云南省气候资源保护和开发利用条例》的宣传贯彻，增强气候意识，保护气候资源。

在云南气候资源开发利用中，有一些问题或特性也需要引起人们的关注。一是垂直层带性。山区水热气候条件随海拔增加发生有规律的递变，具有明显的层带性。但由于各地所处的大气候背景（大环境）不同，即所处的“基带”不同，这种垂直递变的层带结构（气候垂直带谱）亦有差异性。通常是纬度愈低，气候垂直带谱的结构愈复杂；二是立体多样性。山区错综复杂的地形，除了地形形状外，还有坡向、坡度、坡的不同部位的差异，构成了丰富多样的局地气候小环境。这些地形小环境与层带性的变化叠加在一起，就形成了立体多样的气候生态环境，为山区气候资源的开发利用提供了基本条件；三是空间整体性。山区的生态环境在空间上以及各个要素的联系都是一个统一的整体。例如山上、山下是一个整体，气候与植被是一个整体，植被与作物是一个整体，彼此互相影响、互相反馈。开发山区要形成“头戴帽、腰系带、脚穿鞋”的立体农业结构，创造良好的气候生态环境，建立良性的生态系统；四是环境脆弱性。气候资源是一种天赋资源，其最大特点是可循环再生，只要合理利用，永不枯竭。反之，利用不当或开发过度，则不易恢复，甚至形成逆转不能恢复，山区局地气候资源就会日益恶化。

云南丰富的气候资源，对于发展农业、发展经济、发展旅游、保护生态，都是十分优越的。只要合理开发利用，注意保护，按照气候规律办事，云南山区经济可持续发展之路将会越走越宽。云南山区必将成为更加美丽富饶的绿水青山，绿水青山就是金山银山，云南建成中国最美丽省份的愿景必将实现。

第二章

Chapter

2 洞天福地

海纳百川，大地天堂，天朗气清，宜居之邦。山川景色、立体气候、自然物种、民族风情，汇聚为一幅色彩斑斓的画卷，在时空流转中遇见不期而至的美好。在每个人心中都有一个云南梦，或早或晚都将登陆这块秘境之地。

魅力云南

当四季只剩下春天，当一片土地红得耀眼，当皑皑白雪铺满了高山，当烈风吹遍飘动的经幡，当彩云又在蓝天浮现，此刻，你已置身彩云之南。云南地处西南边陲，高原山地，气候温和，物产富饶，民风淳朴。但在很多外地人眼中，云南人总是不知不觉地被贴上了“家乡宝”的标签。因为他们见多了云南人离开高原，去到沿海、内地甚至国外，经济文化较发达的地区求学、工作、生活，明明拥有了更好的机会去发展自己的未来，最终却还是毅然决然的回到了阔别多年的家乡。当对云南人说出“家乡宝”这三个字的时候，或多或少都带有些“讽刺”的意味，觉得云南人目光短浅、没有闯劲、昏混度日、自我满足。但在地道云南人的骨子里，“家乡宝”可不是一个贬义词，有的是优越、自豪、温雅、闲暇。“家乡宝”是云南人的福气，也是云南人的底气。

· 缘何“家乡宝”

云南人说自己是“家乡宝”，大致有两层意思：一是云南人爱家乡，不管身在何处、不管走到哪里，都是家乡最美；二是云南有全球独一无二的舒适气候，冬暖夏凉是云南大部分地区的气候特点，因此云南成为了避暑和御寒的圣地。在这种自然条件下，云南人即便走出去了，也会念念不忘家乡，总要想方设法地跑回来。而外地人说云南人是“家乡宝”，也有两层意思：一是说云南人像井底之蛙，走不出大山，走不出高原，不出去了解外面的世界，还沾沾自喜；二是说云南人缺乏闯荡，做什么事情都出不了云南，固步自封，自娱自乐。云南人想家的理由总是比别人多，因为你再也找不到任何一个像云南这样的地方。在全国那么多省份里，只有云南人仅靠一己之力，创造了一个属于云南人的词汇——“家乡宝”。

“家乡宝”怎么了？云南国土面积39.4万平方千米，位居全国第八，自然资源富集，可谓得天独厚。云南人有成为“家乡宝”的资本，有安于现状的底气。常常有人在褒奖云南的时候，会说那么一句话：“中国有两个地方，一个是其他地方，一个是云南”。那么，云南的底气究竟有多大呢？

云南得苍天眷顾，有全球独一无二的舒适气候，终年不会太冷，也不会太热，四季如春。这里空气清新，惠风和畅，遍地奇花异卉，有充足的阳光、空气和水。在云南39.4万平方千米的土地上，可同时兼有寒、温、热三带气候。从北纬21°～29°，东经97°～106°，大跨度的地理经纬，使得云南具有多样性的自然生态，是中国生物多样性最丰富的省份，也是全球34个生物多样性热点地区之一。险峰峡谷纵横交错，江河溪流源远流长，湖泊温泉星罗棋布。热带雨林、高寒雪山、温润坝区、湖泊湿地、高山草甸、干热河谷……云南一地，足以让世人感受到大自然太多的绝美风光，可谓“大美云南”。

昆明滇池风光（李霞 摄）

云南人均水资源超过4000多立方米，是全国平均水平的四倍。这里有滇池、洱海、抚仙湖、阳宗海、星云湖、程海、泸沽湖、杞麓湖、异龙湖等九大高原湖泊，其中面积300平方千米的滇池，为西南地区最大湖泊，而平均水深95米的抚仙湖，则是我国蓄水量最大的淡水湖。1700多种脊椎动物，占全国总量将近一半的高等植物（全国约3.2万种高等植物，云南有1.5万种）。云南不仅是动物王国、植物王国、物种基因库，更是凭借占全球食用菌一半以上、中国食用菌三分之二的丰富野生菌品种，成为名副其实的菌类王国。云南还是花卉王国、药材王国、果蔬王国、有色金属王国、水电王国……可谓“资源大省”。

云南的灵魂和古滇文化紧密相依。绚丽的古滇文化神韵，生活大于皇权的滇文化精神，至今还在影响着滇人的生活方式。这里自古少战乱，平和安详，延续数百年的大理国，创造了中国历史上少见的禅让现象。自古以来，这里就是东亚、南亚、东南亚文化与文明的交汇地。26个民族“大杂居、小聚居”，民俗、宗教、艺术交相辉映，多元融合，创造了璀璨的边疆文化，可谓“民族文化大省”。

云南无疑是舒适的，是中国少有的“养人”之地。它和被笼罩在大范围雾霾阴影之中，呼吸系统疾病频发的地方不同；它和“九山半水半分田”，天灾不断的某些山区不同；它和土地贫瘠、荒漠戈壁、植被稀少的地方不同；它和经常遭受台风、狂风暴雨侵袭的地方不同；它和气候“极热”，夏季酷热难耐的地方不同；它和气候“极寒”，冬季冰冷刺骨的地方不同；它和常年阴雨寡照，霉变易腐的地方不同；它和海拔甚高，畏寒缺氧的地方不同……可谓“气候独到”。

云南傲人的气候，多样的地理生态，丰富的自然资源，品种繁多的物产，底蕴深厚的历史文化，多元包容的处世氛围，都是云南“养人”的资本，也是云南人懂得知足常乐的资本。这些资本惯着云南人，养成了云南人富足平和的气质，温吞厚道的性格。云南人总是“悠哉悠哉”地生活，与世无争，不急功近利，自给自足，因为他们身边拥有的一切已经足够。故有“云南都是家乡宝，只怪天气太美好”之说。

这样一来，云南人当然是“家乡宝”，当然可以安于现状。不必着急着担惊受怕，不必着急着成功，也不必着急着失败，不必着急着去要结果。如果你认为这是目光短浅，不求上进，昏昏欲睡，那你就错了。试想一下，那些每天须与周围恶劣环境与资源抗争，为了活下去都要拼命挣扎的人，谈何知足？谈何悠哉？谈何安于现状？云南人做事的心态和风格，是一种享受眼前和当下的福气，是一种让人甘愿安身安心的魅力，也是云南老派作风里独特的生活哲学。

· 多彩云南

远古神奇的喜马拉雅运动，导致了横断山脉的崛起。横断山脉造就了独龙江、怒江、澜沧江、金沙江、元江、南盘江6大江河水系的流向，最终导致了一个我们今天称为云南的地方。高山骈列，大河滚滚，峡谷深切，霞蔚云蒸，海拔高低错落，气候复杂多样，植被立体分布，其间散布着无数的湖泊、平原、坝子、河滩……当滇南的热带亚热带丛林蝴蝶裙子翩跹的时候，滇西北高原的群峰之上覆盖着白雪皑皑的积雪冰川。而滇北在同一时刻，高山草甸却大雾弥漫。如果向东去，越过金沙江进入东川、会泽一带，大地又是一番景象，荒凉的红土高地上梨花开得就像暴风雪……什么叫气象万千，气势磅礴？云南就是。也许除了大海，大地上有的，云南应有尽有，不在于规模，点到为止，但绝不小，大而不过。就是大海，在云南也可以感受得到，滇池、抚仙湖、洱海……这些高原湖泊都是古海洋的遗址。云南高原本就是古地中海之一部分，大海退去，云南诞生。云南气候温润，物种丰富，群山叠翠，江河纵横，这里有上苍恩赐的阳光和蓝天，这里有四季美奂的山川和风景。在这里，亲近历史脉搏；在这里，体验别样生活；在这里，品味民族风情；这里，就是七彩云南。

山河胜景，世外桃源，这里的地势西北高东南低，山地、高原地貌几乎覆盖全省。山岳壮阔，冰川雄奇，雨林温润，大河蜿蜒。梅里雪山——藏传佛教四大神山之一，当清晨第一缕阳光与她相遇，满目金光灿烂，震慑心魄。金沙江、澜沧江、怒江，裹挟青藏高原冰雪的清冽澄澈，奔涌穿行在崇山峻岭之中，三江并流，蔚为壮观。滇池、洱海、抚仙湖、程海、泸沽湖、杞麓湖、异龙湖、星云湖、阳宗海九大湖泊，如同一块块璀璨的碧玉，晶莹剔透，镶嵌在高原之上。香格里拉，藏语意为“心中的日月”，是多少人寻觅的世外桃源，原生态的景致洗涤世间铅华，独余内心空明与宁静。历经三亿年沧桑巨变，石林集中了全世界几乎一切喀斯特形态，阿诗玛的传说故事更为她披上妩媚面纱。在东川，土壤含铁、铝成分较多，原野呈现出一片炫目的红，春日的油菜花与洋芋花热烈绽放，绯红、鹅黄、嫩白……似一幅缤纷水彩。当初冬的霜露飘落五百里滇池，西伯利亚的红嘴鸥也如约而至，时而在碧水蓝天中翱翔，时而展翅于游人眼前，衔走抛向空中的美食。西双版纳的热带雨林，是憨厚的亚洲象乐园。原始的横断山脉里，有滇金丝猴的家……所以，自古以来，云南就拥有“彩云之南”“七彩云南”等诗意的别称。

多姿多彩的山川景色、立体气候、自然物种、民族风情，汇聚为一幅色彩斑斓的神奇而美丽的画卷，在时空流转中遇见不期而至的美好。在中国，在每个人心中，都有一个云南梦，或早或晚，他们都将登陆这块秘境之地。背上行囊，去昆明感受迎面扑来的习习清风；去西双版纳品尝新鲜的热带水果；去大理看变幻多端的天边云彩；去丽江享受夜晚古城的疯狂；去泸沽湖体验与世隔绝的宁静；去香格里拉独享美好与柔情；去腾冲感受古镇热海；去普洱品味茶的回甘生津；去瑞丽体验中缅胞波情谊；去沧源佤山体验司岗里狂欢；去丘北普者黑体验山水田园荷韵；去弥勒体验葡萄红酒花海；去屏边体验苗寨雨林云雾……云南，就是你的诗和远方。

大理三月好风光（袁爱忠 摄）

· 魅力云南

魅力云南是名不虚传的。云南历史悠久、文化厚重、山水瑰丽、资源富集、民族众多、人杰地灵，云南的美与魅是说不完的。这里引用中国外交部2017年云南全球推介活动中采用的四组关键词来赞叹三迤大地之美，是最恰当不过了。

七彩云南、旅游天堂。我国明代著名旅行家、探险家徐霞客一生钟爱云南，称赞云南“桃花流水，不出人间，云影苔痕，自成岁月”。云南旅游资源得天独厚，雪域高原、险峰峡谷、江河湖泊、幽谷密林、岩溶地貌、火山地热，还有古城古镇古村落，钟灵毓秀，应有尽有。东部是典型的喀斯特地貌，有世界自然遗产、“天下第一奇观”石林；北部分布着雄壮的雪山和冰川，有世界自然遗产“三江并流”、世界文化遗产丽江古城、浪漫而神秘的世外桃源香格里拉；西部有引人入胜的大理苍山洱海、风花雪月和规模庞大的腾冲地热火山群；南部有著名的世界农耕文化遗产元阳梯田和热带雨林西双版纳以及“边地江南”普者黑；中部有碧波荡漾的抚仙湖、五百里滇池和意大利著名旅行家马可·波罗笔下的“壮丽大城”花都昆明。

诗画云岭、文化瑰宝。云南具有地貌多样性、气候多样性、物种多样性、民族多样性、文化多样性五大显著特点，勾绘出一幅色彩斑斓、诗画云岭的迷人画卷。包括25个世居少数民族，15个独有少数民族在内的各兄弟民族守望相助、和谐包容、生生不息，生活在如诗如画的大自然中。从“苍山不墨千秋画，洱海无弦万古琴”的大理，到“绝壁千里险，连山四望高”的怒江、澜沧江，到“倒映群峰来镜里，雄吞万派入胸中”的滇池流域，都有着勤劳勇敢的各民族儿女生产生活于斯。他们共享着泼水节、火把节、目瑙纵歌节、赛装节等丰富多彩的文化传承。英国作家詹姆斯·希尔顿著名作品《消失的地平线》描绘的是香格里拉，但也浓缩了云岭大地人与人、人与自然、不同民族、不同宗教信仰之间的多元包容之美、和谐之美。云南也是人类文明重要发祥地之一，有距今170万年前的元谋人遗址。云南被誉为世界“民族文化活化石”“民族文化基因库”。云南少数民族文化是中华民族文化的重要瑰宝。在云南处处可见独特神奇的民族文化生态、绚丽夺目的民族文学艺术、多姿多彩的民族民俗风情。

休闲胜境、健康福地。云南健康养生资源富集，处处好山、好水、好空气、好生态。素有“动物王国”“植物王国”之称，脊椎动物达1700多种，森林覆盖率达60%，拥有热带雨林等多样化生态系统，湿地植被类型和物种均居全国之首，山水林田湖草等生态系统完整；随处可见“山色四时环翠屏”“喷出清流灌稻畦”“天气常如二三月，花枝不断四时春”的美景；空气清新，负氧离子含量高，是天然大氧吧；境内地热资源丰富，常年热泉涌流；云花、云茶、云蔬、云果、云药材、云咖啡等绿色、有机、生态农产品漂洋过海，成为云南的形象标签。云南正在大力发展大旅游、大健康产业，着力打造成为休闲胜境、健康福地、心灵驿站，让越来越多的人来到云南，回归自然，呼吸到新鲜的空气、喝到干净的水、品尝到“别样香鲜妙珍品”的“舌尖美味”、欣赏到优美秀丽的自然风光、享受“返璞归真”的田园生活。

开放前沿、辐射中心。云南与南亚东南亚国家山脉相连、江河同源，在中国对外交往历史上长期发挥着重要作用。大家所熟悉的南方丝绸之路，是由我国巴蜀为起点，经云南出缅甸、印度、巴基斯坦至中亚、西亚的交通古道。从云南出发，还有一条经过我国西藏，最终通往尼泊尔、印度等国家直到抵达西非红海海岸的茶马古道。在古老的丝绸之路和茶马古道上，不同民族、不同文化互通有无、互学互鉴。600多年前，世界著名航海家、云南人郑和七下西洋，写下了古代中国与各国交往的不朽华章。近代以来，每逢国家民族危难之时，云南人民总是万众一心、挺身而出、同仇敌忾、共赴国难，充分展示出这片土地开放担当、坚韧不拔、家国情怀、民族大义的精神内核。它来自历史、存于现实，也将延续于未来。魅力云南，世界共享。

古代先贤记载的云南气候

古人云：“云南跨温热两带，地广山多，物产丰富”。云南多部方志中曾记述了滇地先民在认识气候，开发气候资源方面的足迹，《南诏德化碑》《括地志》等有详细记载，《滇黔志略》还首辟气候专志。这些珍贵历史文献中，均有对云南气候独特性、多样性、复杂性的记载，阐明了云南是我国气候的最佳福地。

“四季如春，日炙如夏，稍阴如秋，一雨如冬”“天气常如二三月，花枝不断四时春”，是古代先贤们对云南气候的切身感受和真实写照，也是留世的点睛之笔和最佳妙语。

昆明夏日街景（杨植惟 摄）

· 云南志略

明万历《云南通志·地理志》载：“汉武元狩间，彩云见于南中，遣使迹之，云南之名始此。”地方志保存了大量地方性史料，是研究地区性政治、经济、军事、文化、民族、自然等问题的重要资料来源。据统计，云南现存的地方志总数约三百多种，包括省志、府州厅县志、乡土志、山水志等。云南现存较完整的古方志，以东晋常璩的《华阳国志·南中志》为最早，《华阳国志》是西南地区的一部古方志，其中《南中志》则是专记云南的古方志。唐宋时期，南诏、大理地方政权相继统治云南，完整保存下来的方志主要有樊绰的《蛮书》（又称《云南志》）。元代的云南方志，有任中顺的《云南图志》、李京的《云南志略》等数种。元代以前的云南地方志，均属私人撰写，体例不够完善，内容较简略。明清以后，云南修志有较大发展，首先是官修志书数量较多，成为方志的主体。其次是体例逐渐定型，资料较丰富，故有“云南有《志》，当自元李京《志略》始”之说。

明清云南省志保存至今，为治史者所资重者，明代有景泰《云南图经志书》、正德《云南志》、万历《云南通志》、万历《滇略》、天启《滇志》等五部。清代官修志有康熙《云南通志》、雍正《云南通志》、道光《云南通志稿》、光绪《云南通志》、光绪《续云南通志稿》等五部。在明清时期的10部云南省志中，公认较好的是明代谢肇淛的《滇略》和清代阮元的《道光云南通志稿》（简称道光《云南通志》）。除官修的省志外，清代还有一些私人撰写的具有省志性质的著作，如谢圣纶的《滇黔志略》、师范的《滇系》、王崧的《道光云南志钞》、刘慰三的《滇南志略》、吴大勛的《滇南闻见录》、檀萃的《滇海虞衡志》等。

· 远古时期的云南气候

西汉司马迁《史记·西南夷列传》："土热多霖雨，稻粟皆再熟。"

《汉书·地理志》："邪龙云南，其山如扶风太乙。上有冯河，周围万步。五月积雪浩然。"

东晋常璩《华阳国志·南中志》："云南郡，蜀建兴三年置。孔雀常以二月来翔，月馀而去。土地有稻田畜牧，但不蚕桑。"

晋代郭义恭《广志》："建宁郡，其气平，冬不极寒，夏不极暑。盛夏如五月，盛冬如九月。天下之异地，海内惟有此。"这里"建宁郡"指今昆明及附近地区。

唐代李泰《括地志》："滇地山丛水狭，风烈土浮，冬春恒旸，夏秋多雨，终年少冰雪，四时卉木繁青。"

唐代樊绰《蛮书》："从曲靖州已南，滇池已西，土俗唯业水田，种麻、豆、黍、稷不过町疃。水田每年一熟，从八月获稻至十一月十二月之交，便于稻田种大麦，三月四月即熟，收大麦后，还种粳稻。"这里的"曲靖州"不是今天的云南曲靖市，而指其北部的昭通市大关县和昭阳区一带。

唐代《南诏德化碑》："戹塞流潦，高原为稻黍之田。疏决陂池，下隰树园林之业。……建都镇塞，银生于墨觜之乡；候隙省方，驾憩于洞庭之野。盖由人杰地灵，物华气秀者也。……春云布而万物普润，霜风下而四海飒秋。"

宋代范成大《桂海杂志》："云南多无霜雪，草木皆不改柯易叶。"

宋代欧阳修《新唐书列传·南蛮上》："祁鲜山之西多瘴歊，地平，草冬不枯。自曲靖州至滇池，人水耕，食蚕以柘，蚕生阅二旬而茧，织锦缣精致。"

元代李京《云南志略》："冬夏无寒暑，四时花木不绝。多水田，谓五亩为一双。山水明秀，亚于江南。麻、麦、蔬、果颇同中国。"

以上所述，初步记载和反映了云南的气候特点和物产概况。

· 明清时期的云南气候

明景泰《云南图经志书》："昆明山川明秀，昆物阜昌，冬不祁寒，夏不剧暑，奇花异卉，四序不歇，风景熙熙，实坤维之胜区也。"

明代冯时可《滇行纪略》："四季如春，日炙如夏，稍阴如秋，一雨如冬"；"云南最为善地，六月如中秋，不用挟扇衣葛。严冬虽雪满山原，而寒不侵肤，不用围炉服裘。地气高爽，无霉湿。日月与星较中州倍大，望后至二、十月犹满。花木多异种，温泉随处皆有"；"滇地无日无风，春尤颠狂。凡风皆西南风，若东南风即媒雨。滇中多风，至大理风常寂寂，盖滇风常来自西北，城正当点苍西障，风为所捍耳"；"昆明乃云南最为善地，花木多异种，四季如春。”

明代朱孟震《西南夷风土记》：“其地蚤暮，雾霭薰蒸，烟霞掩映。夏秋多雨，春冬少雪，晴霰冰霜，则绝无矣。风常温而不清，月常昏而不朗，虽深冬雷不收声，电不藏光。风气四时皆热，五六月水如沸汤，石若烁金。三宣、蛮莫、迤西、木邦、茶山、黑麻，皆瘴疠毒恶。缅甸、八百、车里、老挝、摆古，虽无瘴而热尤甚。华人初至，亦多病，久而与之相习。……盖地气四时如春夏也。”

明代杨慎《滇候记序》：“远游子曰：千里不同风，百里不共雷。日月之阴，径寸而移，雨旸之地，隔垄而分，兹其细也。太明太蒙之野，戴斗戴日之域，或日中而无影，或深暝而见旭，或衔烛龙以为照，或煮羊脾而已曙。山川之隔阂，气候之不齐，其极也。是以有测景之圭，有书云之台，有相风之乌，有候风之律，海有星占，河有括象，以此知其不齐矣。故曰：不出户，知天下。天下诚难以不出户知也，非躬阅之其载籍乎。……余流放滇，越温暑毒草之地，鲜过从晤言之适，幽忧而屏居，流离而阅时，感其异候有殊中土，辄籍而记之。”杨慎《滇程记》：“望点苍山，山形耸拔，苍颜侵汉，积雪贯四序，云气恒带其翠微；到蒲缥，下潞江，若降深井，四序皆燠。赤地生烟，瘴气腾空，触人鼻如花气。”杨慎《群公四六序》：“滇云偏在万里，其地高燥，无梅雨之润，绝蟫蠹之缺，故藏书亦可久焉。”描绘了云南天气的特点，其归纳昆明天气的诗句，更是脍炙人口，耳熟能详，就是十二首《滇海曲》中的第十首：“蘋香波暖泛云津，渔枻樵歌曲水滨；天气常如二三月，花枝不断四时春。”

雨后的昆明东寺塔（唐跃军 摄）

明代徐霞客《滇游日记》：“榆城有风花雪月四大景，上关以此花著。……盖鹤庆以北多牦牛，顺宁以南多象，南北各有一异兽，惟中隔大理一郡，西抵永昌、腾越，其西渐狭，中皆人民，而异兽各不一产。”徐霞客《滇中花木记》：“滇中花木皆奇，而山茶、山鹃为最。山鹃一花具五色，花大如山茶，闻一路迤西，莫盛于大理、永昌境。”这里的“榆城”指大理古城，位居苍山脚下，始建于明洪武十五年（1382年），是全国首批历史文化名城之一。“顺宁”指今凤庆，“永昌”指今保山，“腾越”指今腾冲。“山鹃”指杜鹃花。迤西指滇西地区。

明代谢肇淛《滇略》：“滇中气候，最早腊月茶花已盛开，初春则柳舒，桃放烂漫山谷。雨水后则牡丹、芍药、杜鹃、梨、杏相继发花，民间自新年至二月，携壶觞赏花者无虚日。……迄春暮乃止，其最盛者会城及大理也。”“滇中气候，常暖如闽广。至永昌以西，热稍甚，岚瘴腾空触人鼻，如花气。腾越以西至于南甸、干崖，虽冬月衣葛汗犹雨下，其地有半个山，东即凉西即热，天所以限华夷也。”这里的“会城”指省城昆明。

明代冯应京《南北寒暑》：“南北寒暑以大河为界，不甚相远，独西南隅异。黔中多阴雨，滇中乍雨晴，粤中乍寒暖，滇中不寒不暖，黔中阴雨，以地在万山中，山川出云，故霁时少，谚曰‘天无三日晴，地无三里平’也。粤中土薄水浅，阳气尽泄，故倾时晴雨叠更。滇中夏不甚热，冬不甚寒，日则单夹，夜则枲絮，四时一也。”

明代刘文征《滇志》：“云南府气厚风和，君子道行之所系。盐池田渔之饶，金银畜产之富。人禀名山大泽之气，子弟多颖秀，科第显盛。”

明代王士性《泛舟昆池游历太华诸峰记》：“余以辛卯春入滇。滇迤东西，花事之胜，甲于中原，而春山茶尤胜。其在昆明者，城中园亡论，外则称太华兰若焉。余时余行滇中，惟金、澜二江横络，其他多积洼成海，如洱海、通海、杨林海，是不一海焉，非独滇也。惟滇流如倒囊，腹广而颈隘，且逆卤北流，故称滇云。”

明代唐尧官《山茶花赋》：“滇土繁花品，而山茶最奇，十月即放，盖中原所未有也。”明代诗僧但当《滇曲诗》：“道入滇南迥不同，一年天气半西风。杜鹃声里春犹浅，吹遍人家落叶红。”明代童轩《点苍山》：“点苍山色何奇哉，芙蓉朵朵天边开。嶙峋直上九千仞，俯视群岫皆蓓蕾。”这里的“滇南”泛指云南（下同）。

清代谢圣纶《滇黔志略》：“滇中气候与他省迥异，虽夏月不服纱葛。杨升庵句云：‘天气浑如三月里，花枝不断四时春’，两言敝之矣。”“滇地属坤母，辰介未申，气候和平，冬无严寒，夏无伏暑。故有‘四时皆春，一雨成冬’之谣。”“风从西南来者，盖西南为缅甸国，国外即大海，滇之多风，当由于此。惟是云南地高于黔而低于西藏，藏地夏秋亦雪，黔中则冬月严寒。云南地界贵州，西域之中，气候独四时皆春，此则理之不可测者。又南方皆春多雨、夏多晴，即贵州亦然，独滇中则春及四月多晴，五月中旬以后多雨，故民间多堰池塘以救秧苗，其祈雨亦率在春夏之交。田之无源泉者曰雷鸣田，谓非雷鸣则田无水以资灌溉也。”“维西界连西藏，余曾于夏中遇雪。盖地势极高，山巅积雪，虽盛暑不消，其气候风景又与滇南迥别也。”“南甸宣抚司，在腾越南半个山下。其山巅北多霜雪，南则炎瘴如蒸。干崖，僰人居之，东北接南甸，西接陇川，有平川。境内甚热，四时皆蚕，以其丝织五色土锦充贡。”谢圣纶在这里叙述了云南季风气候和高原气候的特征，突出了云南山地雷响田需“等雨栽秧”的无奈。

清代檀萃《滇海虞衡志》：“滇南气候，四时皆似秋爽，最可读书。一雨寒生，即欲挟纩。古人称：广东四时皆是夏，一雨便成秋；滇南四时皆是秋，一雨便成冬。”“雨于滇最不均，半年晴而半年雨，故滇农下秧以二月。秧针盈寸，即决水而干之，虽阅日久不起节。四月尾、五月初，雨大下，分秧栽之，可丰收。即六月初通雨犹可及，过时则无为矣。此滇农候雨蓄秧之法也。”“雪，滇山最多，不似闽粤两广，故丽江雪山，雪因冻凝结成白石，雪皆不化，其势则然。至于苍山，且卖六月之雪，而乌蒙山七八月即下雪。吹落于禄劝之撒甸，故其地种谷多不实，因异稗，稗亦往往不得收。”“风，滇南多大风。凡大风之起，自十一月至三四月，往往屋瓦皆飞，故例得用筒瓦如粤东。但粤滨海，海风之大有然，滇距海遥，何以风大亦同粤？盖滇处极高，高则多风。谚云‘云南高在天顶上。’故滇之多风，犹黔之多雨，地气使然。……故自此之起，即少雨泽，垂半年风息，而雨水始通。四月尾五月初，雨水行又半年。故滇南一岁，半在风中，半在雨中，气候良为不正。”“冰雹，滇南最多，大或如卵，细亦如棋。滇多龙池龙穴，龙起，天暴风雨，冰雹其常也。儿童争拾之以含于口，久之始化，谓能消热。”“省城遇冬有霜，且结薄冰，儿童取冰段为钲而嬉于市。或起大风，天作欲雪状，平地无雪，晓起则四山皆白，大雪也。”

清代吴大勋《滇南闻见录》：“滇中气候中和，夏不甚热，纱葛不用，惟三、四月干旱之时，稍觉燥热，五、六月雨多故凉爽，冬亦不甚冷，拥羊裘可以御寒。居滇既久，适他省殊不耐也。各郡惟普洱、元江为最热，热故多瘴，乃地气之恶劣，非关天时也。东北之东川、昭通，西北之丽江为最冷，冷则水土平和，无有瘴毒。”“云南多风，贵州多雨，此确说也。东南风多，西北风少，故能长养万物，生意常早，至冬草木不尽凋。风尤大于清明后，风虽大不甚凉。……三春无雨，小满以后农田需雨之时，则雨泽常沛，五、六、七月晴少雨多，虽当盛暑天气反凉爽，所谓一雨便成秋也。滇地山多，田塍间每有溪涧，泄泻颇易，雨虽多不至成潦。九月以后则长晴矣。我乡谚云：夏雨北风生。中暑雨必乘南风，天地之气运行，有不齐者如此。”“仲夏之月，雷乃发声，季秋之月，雷始收声，此常道也……雹，阴胁阳也，阳气暖，阴胁之不能入，则相博而成雹……滇中气候，南北悬殊，极南之普洱、永昌，其气偏燠，冬不见雪；至东北之东川、昭通，西北之丽江、永北，其气偏寒，雪早而大且多。丽江冬春时间有微雨，山上即成雪，中甸、维西冬月以后，雪大封山，行旅竟不能通。惟省城气候中和，冬间雪花飘洒，不甚堆积，偶有冰凌，亦微薄……霜雪之外，更有一种似霜非霜，似雪非雪者，其名为凌（注：冻雨，又称雨凇或冰凌）。纯是细小冰片，蓬松净白，极可玩，阴寒之气甚于霜雪。黔中多凌，迤东近黔之处常有之”。这里的“东川”即今会泽、“永北”即今永胜。

清代许缵曾《滇行纪程》：“自平彝而上，过滇南省城，历大理、永昌、腾越，地益高，气益热，四时草木不凋。花果皆先期一两月或两三月，至期复有之，如桃李，秋冬吐萼，腊月间花实并见，及春烂漫如故，诸草皆然。然边城属邑，瘴疠伤人，未尝不因气热之故，有舒无敛也。余九月抵任，具词致告关庙，见庙中蜀葵与木樨并开，以为甚异。及至馆舍，则蔷薇、木香、棉葵等花俱发。是月抵省后，则建兰、水仙、茉莉及红梅、桃李同时灿然。万里之外，物候之奇，触目惊心，类如斯矣。”许缵曾《滇行纪程续抄》：“冯时可《滇南纪事》云：滇中日月星辰视他处较大。余至此，见太白一星，光芒轮廓，果觉有异。又夜观北斗，讶其甚低。今考，北京北极出地四十度，江南北极出地三十二度，云南出地二十四度，则北斗之低也，宜矣。地高则风劲，故曰贵州无日不雨，云南无日无风。风多扬沙拔木，然风每从西南来，尚未解其故。谨识之，以问识者”。这里的“平彝”即今富源、“永昌”即今保山、“腾越”即今腾冲。

清康熙《云南府志》：“山川舒旷，形势高清，无积寒，无郁暑。虽各属之远近高低，其候略有不一，然地处适中，不湿不燥，和平之气，大概相同，两迤不及也。”“昆明地濒大川，平原广衍。冬不祁寒，夏无褥暑，四时之气，和平如一。虽雨雪凝寒，晴明旋复暄燠。”这里的“云南府”即今昆明。

清道光《云南通志》：“气候之殊，因乎地而其象则皆系乎天。景短多暑，景长多寒，景夕多风，景朝多阴。滇处西南陬，其地寒，暑皆少，四时如春。”“滇南地列坤隅，得土冲气，省会之区，地势开阔，四时协序，气候尤和。环拱之澄、武、楚、姚诸郡，无祁寒褥暑，大略相同。两迤迢隔，寒热各殊。北鄙风高，故丽江大寒，有长年不消之雪；南维地下，故元江大热，有一岁两获之禾。普洱、镇沅时有炎蒸瘴疠，鹤庆、永北亦多飞雪严霜。至迤东之曲靖、东川、昭通，较省会为寒。开化、临安、广南、广西较省会为热。迤西之顺宁、蒙化、景东则微热，大理、永昌则微寒。虽有不齐，非甚悬绝。谚云：四时多似夏，一雨便成冬。”这里的“澄、武、楚、姚诸郡”指今澄江、武定、楚雄、姚安；“永北”即今永胜；“东川”即今会泽；“开化”即今文山；“临安”即今建水；“广西”即今泸西；“顺宁”即今凤庆；“蒙化”即今巍山。

综上所述，历代先贤和古籍较全面地记载和反映了云南的天气气候特点、物产概况和自然风貌，丰富了人们对云南气候的早期认识。

本文发表于《云南气象》2019年第3期

春城昆明——文人笔下的气候福地（上）

昆明是一座春天的城市。古往今来，昆明的原住民、移居民，或者是文人墨客、商旅路人，如果要言说昆明的第一特征或第一印象，通常会拿这里的天气说事。明景泰《云南图经志书》载：“昆明山川明秀，昆物阜昌，冬不祁寒，夏不剧暑，奇花异卉，四序不歇，风景熙熙，实坤维之胜区也。”明代冯时可《滇行纪略》也称：“昆明乃云南最为善地，花木多异种，四季如春。”昆明这座“春城”不是评选出来的，而是自然禀赋与人文传奇的交相辉映。

昆明是一座有重要历史地位的都会，它曾作为滇国的中心、南诏与大理国五百多年的副都、明末永历政权的“滇都”、支撑抗战的重要基地和抗战决胜的桥头堡、闻名世界的“民主堡垒”。昆明城在明清两代称为云南府，清代《云南府志》绘有“云南府属舆地总图”，描绘的是当时云南府城所在地，也就是现在昆明老城区的核心范围，这是一幅较粗略的景观地图。雉堞状符号绘制的城墙，把古老的昆明城围合成一个近似正方形的封闭空间。城外群山环绕，河水蜿蜒。在城南，浩瀚的滇池交汇融合，形成外环的封闭空间。从城池选址看，昆明城乃三面环山、一面临水、坐北朝南之风水宝地。难怪诸多文杰瞻峦嘘唏，赞颂昆明“三面湖光抱城廓，四面山势锁烟霞。滇池岸边浑如锦，春城四季满鲜花。”

昆明四季如春，享“春城”之誉。不仅是当代人的记忆，更是曾经来过昆明的诸多名人的感受。他们喜欢昆明的温润四季，倾心漫步街角的舒适，热爱繁花盛开的美景，他们曾为昆明驻足停留，更在离开后想念。然后将它独特的美和对它的情感，一笔笔勾勒描绘出来。从古至今，这座城市独一无二的气候环境和人文风情，引得无数名师大家为其倾倒并著书留文。“春城”既是一种自然的气候，更是一种文化的气候、心灵的气候。

春城昆明远眺（琚建华 摄）

· 古代先贤对昆明的憧憬

昆明，自古以来就被视为“大地天堂，宜居之邦”。昆明，汉代置益州郡，三国时期称建宁郡，隋代称昆州；南诏国（唐代）建拓东城，公元765年成为昆明建城史的开始；大理国（宋代）扩为鄯阐城；元代置昆明千户所（中庆路），又称中庆城或押赤（鸭池）。1284年，意大利人马可·波罗来到昆明，站在山坡上看见滇池和古城，大喊一声，“壮丽的大城啊”，赞不绝口。明洪武十五年（1382年）设云南府，明将沐英废历代土城，修筑砖城墙，经8年苦心营造，昆明砖城终建成。它是一座精美的汉式城市，外形极像一只乌龟。城墙高二丈九尺二寸，约9.7米；城墙长九里三分，约4443米；城池方圆约4.65平方千米；城墙共开6门并修建6座城楼。南门（丽正门）是龟头，北门（保顺门）是龟尾，大东门（威和门）、小东门（永清门）、大西门（广远门）、小西门（洪润门）是龟的四足。从此，昆明步入明清两朝富有灵气的“龟城”时代。民国元年（1912年），废府存县。1922年开始拆除局部的南城墙，1951年城墙大部分被拆除。

元代大德年间，中原人李京来云南任乌撒乌蒙道（今云南昭通）宣慰副使，李京集其见闻所撰的《云南志略》，为元明以来云南志书之最早，故有“云南有《志》，当自元李京《志略》始”之说。李京刚到昆明，就被滇池风光、东西寺塔、乡土风俗所吸引，写下了著名的《初到滇池》诗篇：

嫩寒初褪雨初晴，人逐东风马足轻。

天际孤城烟外暗，云间双塔日边明。

未谙习俗人争笑，乍听侏离我亦惊。

珍重碧鸡山上月，相随万里更多情。

昆明东寺塔、西寺塔（简称双塔）始建于南诏国时期（唐代），位于昆明东寺街中段的东、西两侧，塔高40余米，两塔遥遥相对。在二月梅花和烟雨中，“双塔烟雨”是元代著名的“昆明八景”之一。这首七律，首、颔两联写李京初到昆明，雨过天晴时游览昆明城乡给他留下的美好印象；颈联写昆明与中原的风俗，语言差异较大，但淳朴的民风却很可爱；尾联感叹要珍重难得的边疆之行，隐隐约约又透露出淡淡的乡愁。也许是此时的昆明双塔，虽然与滇池拉开了距离，但是古代没有高大建筑的遮挡，还是被畅游滇池的宣慰使李京看到了。

明清时期，昆明的自然景色就美轮美奂，有著名的八大景观：“滇池夜月、云津夜市、螺峰叠翠、商山樵唱、龙泉古梅、官渡渔灯、灞桥烟柳、蚩山倒影”。明代状元杨慎流放云南，他想完了，这一生将要在一个穷乡僻壤白白虚度，令他没想到的是，在漫漫流放之途的尽头，等待着他的竟是一个天堂。在昆明，杨慎过着世外桃源般的生活，游览滇池，在盘龙江的云津桥畔，咏出了名扬天下的《滇海曲》著名诗句：

蘋香波暖泛云津，渔枻樵歌曲水滨。

天气常如二三月，花枝不断四时春。

特别是脍炙人口的后两句，十四个字写绝了昆明，成为春城昆明的代名词，可能这也是数百年来每说昆明引用最多、妇孺皆知、耳熟能详的两句诗。

李元阳，大理白族，明代进士，著名文学家，誉为云南“理学巨儒”。李元阳与杨慎、李贽等均有交谊，他醉心自然山水，看遍云南美景，犹如一个职业旅行家，在昆明写下了《高峣泛舟》的诗句：

不到昆明三十年，重来今日已皤然。

担头诗卷半挑酒，水上人家都种莲。

山色满湖能不醉？荷香十里欲登仙。

碧鸡岩畔堪题字，好把滇池取次镌。

这首诗是李元阳在三十年后重新来到省城游玩，却发现昆明的一切都充满了魅力，于是情不自禁用诗歌写出了赞美之情，表达自己对昆明池的惊喜与热爱。

明代著名白族学者（进士）杨士云对昆明西山龙门情有独钟，写下了《雨后望西山有作》的名句：

霁景初开爽气生，临风独立点峥嵘。
芙蓉出水天边秀，翠黛修眉云外横。
积暑流尘浑不动，夕阳飞鹭更分明。
何当跨得仙人鹤，飞上峰头看八瀛。

诗词的大意是：雨后初晴，夕阳西下，西山这位睡美人仿佛出水芙蓉，伫立在天边，青山如黛，像美人修长的眉毛，在晴岚外若隐若现。轻风拂去了暑意，细雨涤去了尘埃，落日余晖里，一只白鹭悠悠飞向天际。眼前的景象，就像一幅清新秀丽的彩墨。诗人多想跨上仙鹤，飞上山头，一览四周的美景。

明代著名才子，浙江杭州人平显在《忆滇春》中写道：

颗金螺贝马蹄盐，万井高甍截画檐。
比屋弦歌春皞皞，笼街灯火夜厌厌。
风花献媚熏青眼，雪絮飞香点紫髯。
记得赋诗滇海上，砚池影蘸碧鸡天。

诗人笔下的昆明，有着别样的风情。这里的人们用一颗颗金子，或是一串串海贝，还有马蹄形的盐巴进行交易。城里高屋相连，城外村邑相望。新春时节，一户户人家的屋子里弦歌不绝，其乐融融，晚上出游的人们提着灯笼、举着火把，灯火照亮了夜里的街道。诗人还为昆明奇特的风情和风景惊喜不已，冬天的雪花打湿了胡须，但此时竟然有绽放的鲜花，怎能不让人青眼相看。尤为难忘的，是那时泛舟滇池，饮酒赋诗，提起笔时，却看见砚池里碧鸡山的倒影。

明代地理学家、旅行家、文学家徐霞客，毕生从事旅游和地理考察，云南是徐霞客一生旅游和地理考察的终点。他的足迹遍及云南14个府，相当于现今的10个州市46个县区。云南是《徐霞客游记》记录份量最多的省，占全书的40%。徐霞客全面、真实、生动地把云南的大好河山介绍给了世人，让海内外的朋友羡慕、倾倒。在《滇游日记》中，徐霞客称赞昆明滇池草海："遥顾四围山色，掩映重波间，青蒲偃水，高柳潆堤，天然绝胜。但堤有柳而无花，桥有一二而无二六，不免令人转忆西陵耳。"赞美昆明海口一带的螳螂川："上下左右，皆危崖缀影，而澄川漾碧于前，远峰环翠于外。隔川茶埠，村庐缭绕，烟树堤花，若献影境中。而川中凫舫贾帆，鱼罾渡艇，出没波纹间。棹影躍浮岚，橹声摇半壁，恍然如坐画屏之上也。"

彩云之南，得天赐之福，春天来得比其他地方早。清道光年间，时任云贵总督阮元在昆明黑龙潭写下"千岁梅花千岁潭，春风先到彩云南"，铸就大美云南的风骨。另一位云贵总督林则徐，他曾两次在滇为官，他看到了昆明茶花，写下了著名诗句："滇中常见四时花，经冬犹喜红山茶。"

昆明大观楼始建于清康熙三十五年（1696年），与黄鹤楼、岳阳楼、滕王阁并称中国四大名楼。昆明大观楼虽地处祖国西南边陲，历史稍短，但因有清代孙髯翁所作的"天下第一长联"而驰誉九州。云南布衣名士孙髯翁所题的《大观楼长联》如下：

五百里滇池，奔来眼底。披襟岸帻，喜茫茫空阔无边！看东骧神骏，西翥灵仪，北走蜿蜒，南翔缟素。高人韵士，何妨选胜登临。趁蟹屿螺州，梳裹就风鬟雾鬓；更蘋天苇地，点缀些翠羽丹霞。莫辜负四周香稻，万顷晴沙，九夏芙蓉，三春杨柳。

数千年往事，注到心头。把酒凌虚，叹滚滚英雄谁在？想汉习楼船，唐标铁柱，宋挥玉斧，元跨革囊。伟烈丰功，费尽移山心力。尽珠帘画栋，卷不及暮雨朝云；便断碣残碑，都付与苍烟落照。只赢得几杵疏钟，半江渔火，两行秋雁，一枕清霜。

《大观楼长联》气势磅礴，全联180字，如一篇有声、有色、有情的骈文，妙语如珠，诵之朗朗上口。上联写滇池风物，似一篇滇池游记；下联记云南历史，似一篇读史随笔。该联想象丰富，感情充沛，一气呵成，被誉为海内外第一长联。尤其是长联描绘了昆明极佳的风光盛景——四周飘香的稻谷、波光万顷的浪涛、六月盛夏的荷花、三月春风的杨柳。清嘉庆进士宋湘也在大观楼撰联："千秋怀抱三杯酒，万里云山一水楼。"对孙髯翁的180字长联做了高度概括，上联对孙髯翁的"把酒凌虚叹滚滚英雄谁在"的无限感慨做了精辟的阐释，表明了历史上那些显赫一时的风云人物及他们的伟烈丰功都只不过是过眼云烟，这一切都在举杯感叹之中。下联告诉人们在这空旷寂寥的天地间，唯有这滇池、大观楼依然存在。

清末民初我国鸳鸯蝴蝶派主要作家之一，浙江钱塘才子陈栩园，在给他的神童女儿画家陈小翠的一封信中说："昆明天气真好，不寒不暖……人谓四时皆春，我则谓小春天气，非二三月之困人天也。……空中的色彩，似茄花一般，可爱得很，白云似丝绵胎扯开来时，软得可爱。只有西湖的伴云仙馆，在秋时有这样好景。"

除此之外，元代王昇的《滇池赋》、元代郭孟昭的《咏昆明池》、明代杨慎的《滇海曲》、明代徐霞客《滇游日记》、明代范汭的《滇中词》、清代檀萃的《滇海虞衡志》、清代周亮工的《竹枝词》、清代傅之城的《登大观楼》等作品，均有诸多涉及风光旖旎的昆明、滇池及周边地区的别致描绘，令人陶醉，令人憧憬。可见，古诗词里的昆明，江山如画，风情万般。

· 近代名士对昆明的眷念

昆明是一座拥有奇迹的城市，浩浩荡荡的五百里大湖，四季阳光明媚，鲜花不败。纵观中国的高原和内陆城市，实属难得。除此之外，80多年前西南联大的历史注解，又让这座城市烙上了教育皇冠和大师之印，赋予这座城市独特的精神内核。在中国教育颠沛流离之时，传承教育薪火，坚毅地撑起中华文化的命脉。昆明，碧空如洗，天赐之城，是最易让人动情的一座城邦。抗战时期，中国文化重心南移，文化界和科学界许多名家、大师、学子云集昆明。八年之间，西南联大及援华盟军，与云南人民同历战火，生死与共，结下深情厚谊。而云南的淳朴民风，自然风情，也让联大师生终生难忘。西南边陲的云南，已成为联大师生心中共同的第二故乡。他们与昆明，有着许多不易说完的话题和故事，可谓"最为怀念是昆明"。

抗战时期在昆明的8年，是冯至一生中最为重要的8年，他创作完成了诗集《十四行集》、散文集《山水》和小说《伍子胥》，奠定了其在中国现代文学史上的重要地位。著名诗人、作家冯至先生在《昆明往事》中动情地说："如果有人问我：你一生中最怀念的是什么地方？我会毫不迟疑地回答：是昆明。如果他继续问：在什么地方你的生活最苦，回想起来又最甜？在什么地方你常常生病，病后反而觉得更健康？什么地方书很缺乏，反而促使你读书更认真？什么地方你又读书又写作、又忙于柴米油盐，而不感到矛盾？我可以一连串地回答：都是在昆明。”

北大校长蒋梦麟先生在昆明完成了自传性著作《西潮》，其中诸多篇目涉及抗战时的昆明和西南联大。作为三校南迁和联大组建的总指挥之一，他的《大学逃难》用宏观的眼光，客观地记录了从平津到长沙再到昆明的前因后果。在《战时之昆明》中，他极少有对昆明评价性的文字，仅仅说了“昆明的气候非常理想”，可见蒋梦麟对昆明四季如春的气候相当满意。

1938年1月，著名女建筑师、诗人、作家林徽因一家自北平辗转流离到昆明工作生活，1940年11月随丈夫梁思成移居四川宜宾李庄。1946年2月，林徽因从重庆乘飞机再次回到昆明，住北门街唐家花园（民国云南都督唐继尧公馆），在给好友费慰梅的信中，她写道：“我终于又来到了昆明！我来这里是为了三件事，至少有一件总算彻底实现了。你知道，我是为了把病治好而来的，其次，是来看看这个天气晴朗、熏风和畅、遍地鲜花、五光十色的城市。最后，但并非最不重要的，是和我的老朋友们相聚，好好聊聊。”她把这次住的北门街唐家花园叫作“梦幻别墅”并称赞道：“昆明永远是那样美，不论是晴天还是下雨，我窗外的景色在雷雨前后显得特别动人。”

昆明滇池晚霞（李道贵 摄）

著名作家沈从文先生抗战期间在西南联大任教，来滇不久即对昆明印象极佳，在给大哥的信中说他住的地方（青云街）离北门较近，“一出城即朗敞原野，十分美观。云南地方虽高，但就城周光景来看，却平坦如江浙地方”。对地处昆明远郊的呈贡，则写下“乡下风景人情均极优美”。对于昆明山水，赞美有加，他在给大哥的信中说滇池如何“清澈照眼”，气候如何“四时如春，滇池边山树又极可观，若由外人建设经营，廿年后恐将成为第二个日内瓦。与青岛比较，尚觉高过一筹。将来若滇缅车通，滇川通车，国际国内旅客，久住暂居，当视为东方一理想地方”。1946年8月，沈从文在上海《大公报》发表《怀昆明》一文，对昆明流连忘返，溢于言表。沈从文还是一位天性善感，感情丰富的才子，1940年12月，他在《大公报》发表了《云南看云》的优美散文，这就是一种“看过云南的云，便觉天下无云”的真实写照。

> 云南的云似乎是用西藏高山的冰雪，和南海长年的热浪，两种原料经过一种神奇的手续完成的。色调出奇的单纯。惟其单纯反而见出伟大。尤以天时晴明的黄昏前后，光景异常动人。完全是水墨画，笔调超脱而大胆。云南的云白得如雪一般，再衬上那蓝得彻底的天，煞是好看。
>
> ——沈从文《云南看云》

著名历史学家、翻译家何兆武先生在口述《上学记》中谈道：

现在回想起来，我觉得最值得怀念的就是西南联大做学生的那七年了，那是我一生中最惬意的一段好时光。1939年秋天我到昆明西南联大报到，一来就感觉到昆明的天气美极了，真是碧空如洗，连北京都很少看见那么好的蓝天。在贵州，整天下雨没个完，几乎看不到晴天，云南虽然也下雨，可是雨过天晴，太阳出来非常漂亮，带着心情也美好极了。而且云南不像贵州穷山恶水，除了山就是山，云南有大片一望无际的平原，看着就让人开朗。

——何兆武《上学记》

1982年，82岁的著名作家冰心在《忆昆明》中写道："四十年前，我在昆明住过两个春秋。对这座四季如春的城市，我的记忆永远是绚烂芬芳的！这里，天是蔚蓝的，山是碧青的，湖是湛绿的，花是绯红的。空气里永远充满着活跃的青春气息。"抗战时期，著名作家冰心和丈夫吴文藻一家迁至昆明，居住在呈贡默庐（呈贡三台山）。在《默庐试笔》中，冰心记录下了这段时期的所见所感，其中有不少是对昆明呈贡风景的描述：

坐在书案前外望，眼前便是一幅绝妙的画图，近处是一方菜畦，畦外一道权杈的仙人掌短墙，墙外是一片青绒绒的草地。斜坡下去，是一簇松峦，掩映着几层零零落落的灰色黄色的屋瓦。再下去，城墙以外，是万顷的整齐的稻田，直伸到湖边。湖边还有一层丛树。湖水是有时明蓝，有时候深紫，匹练似的，拖过全窗。湖水之上，便是层峦叠翠的西山。西山之上，常常是万里无云的空碧的天。我只能说呈贡三台山上的一切，是朴素，静穆，美妙，庄严，好似华茨华斯的诗。

——冰心《默庐试笔（一）》

著名作家汪曾祺先生于1939年来到昆明入读西南联大，此后在昆明求学生活多年。他对昆明情感颇浓，无论是天气、花草、建筑，还是美食，都是他的"心头好"，他用清新细腻又带着幽默的笔调，记录下心中的昆明。汪曾祺爱昆明，了解昆明，青葱年少时的七年西南联大求学生涯，年近古稀时更千里迢迢拜访昆明，深厚的"昆明情节"已深深印在他的心中。在汪曾祺笔下，人间的茶、食、花、雨构成了乡土的昆明，尽管写作时间不在抗战时期，但全是旧时的满满记忆。在《觅我游踪五十年》中，汪曾祺评价自己和昆明的关系时说："我在昆明呆了七年。除了高邮、北京，在这里的时间最长，按居留次序说，昆明是我的第二故乡。"可以说，翠湖、鸡枞、茶铺、缅桂花，这些"昆明元素"已成为构成汪曾祺散文特色的重要因素。

莲花池外少行人，野店苔痕一寸深。浊酒一杯天过午，木香花湿雨沉沉。……昆明人家常于门头挂仙人掌一片以辟邪，仙人掌悬空倒挂尚能存活开花。于此可见仙人掌生命之顽强，亦可见昆明雨季空气之湿润。雨季则有青头菌、牛肝菌，味极鲜腴。我想念昆明的雨。我以前不知道有所谓雨季。"雨季"，是到昆明以后才有了具体感受的。我不记得昆明的雨季有多长，从几月到几月，好像是相当长的。但是并不使人厌烦。因为是下下停停、停停下下，不是连绵不断，下起来没完，而且并不使人气闷。我觉得昆明雨季气压不低，人很舒服。昆明的雨季是明亮的、丰满的，使人动情的。城春草木深，孟夏草木长。昆明的雨季，是浓绿的。

——汪曾祺《昆明的雨》

“秋尽江南草未凋”，昆明的树好像到了冬天也还是绿的。尤其是雨季，翠湖的柳树真是绿得好像要滴下来。湖水极清。

——汪曾祺《翠湖心影》

我在昆明住过7年，离开已40多年，忘不了昆明的菌子。干巴菌洗净后，与肥瘦相间的猪肉、青辣椒同炒，入口细嚼，半天说不出话来。只觉得：世界上还有这么好吃的东西？干巴菌，菌也，但有陈年宣威火腿香味、宁波曹白鱼鲞香味、苏州风鸡香味、南京鸭胗肝香味，且杂有松毛的清香气味。

——汪曾祺《昆明食菌》

著名作家老舍抗战时期迁至云南，其间大部分时间在昆明，发表了多篇《滇行短记》，对这段经历做了随笔描述，他赞美大观楼前稻谷飘香，滇池上风帆点点，碧波万顷，烟波缥缈，如诗如画……从中可看出，老舍先生十分喜爱四季如春的边城昆明。

昆明的建筑最似北平，虽然楼房比北平多，可是墙壁的坚厚，椽柱的雕饰，都似“京派”。花木则远胜北平。昆明终年如春，即使不精心培植，还是到处有花。昆明的树多且绿，而且树上时有松鼠跳动！入眼浓绿，使人心静。我时时立在楼上远望，老觉得昆明静秀可喜；其实呢，街上的车马并不比别处少。至于山水，北平也得有愧色，这里，四面是山，滇池五百里，北平的昆明湖才多么一点点呀！山土是红的，草木深绿，绿色盖不住的地方露出几块红来，显出一些什么深厚的力量，教昆明城外到处人感到一种有力的静美。

——老舍《滇行短记（四）》

冬天，我还没有打好主意，香港很暖和，适于我这贫血怕冷的人去住，但是“洋味”太重，我不高兴去。广州，我没有到过，无从判断。成都或者相当的合适，虽然并不怎样和暖，可是为了水仙，素心腊梅，各色的茶花，与红梅绿梅，仿佛就受一点寒冷，也颇值得去了。昆明的花也多，而且天气比成都好，可是旧书铺与精美而便宜的小吃食远不及成都的那么多，专看花而没有书读似乎也差点事。好吧，就暂时这么规定：冬天不住成都便住昆明吧。

——老舍《住的梦》

著名散文家黄裳1944年被征调往昆明、贵阳、印度等地任美军译员，1946年出版第一本散文集《锦帆集》，他学识丰富，文笔朴素平实而富有真情。黄裳先生对昆明西山、滇池、翠湖和众多古迹有着很深很美的印象，昆明无异于他梦想中的“理想国”，他在《昆明杂记》中写道：“过了双十节，在北方已经是相当冷的天气了，这里却整天有好好的太阳，从古老的柏树枝柯里漏下来，照在人的脸上、身上，是那么舒服。”他在另一篇《“江湖”后记》中写道：“早晨的寒冷如深秋时节的阴寒，只要太阳一出来，就完全给解除了。太阳照在身上，好像小电炉一般。”因此，他忍不住发出了由衷的赞叹：“昆明的确是个好地方！如果将来发了财，颇想在这里盖一所房子，一年来住他几个月。……能够悠闲地住在昆明，可谓有‘福气’矣。”

鹿桥，著名华裔作家、学者，本名吴讷孙，先后就读于西南联大、耶鲁大学，系美术史专业博士，著有《未央歌》《人子》《忏情书》等文学作品。《未央歌》于1945年完成，1967年在台湾由商务印书馆发行，喻为新文学的代表作之一。《未央歌》以抗战时期的西南联大、云南和昆明的风光为小说背景，故事的主角是一群天真年轻的大学生，在烽火连天的岁月里，在平静纯洁的象牙塔内，他们彼此交织发展出一段属于青春和校园的爱情故事。就让我们一起目睹鹿桥《未央歌》《昆明雨季的雨》的部分片段，感受一下他笔下的昆明风韵吧！

昆明这个坝子可以算是难得的一片平地了。虽然面积不大，三分寺这一带已到了平地的北端。可是想想这里是层峰叠峦的山国啊！……昆明的气候就是这样，早上天初明时，夜晚日刚落后，不管白天是多热的天气，这一早一晚，都是清凉凉的。这两道寒风的关口，正像是出入梦境的两扇大门。人们竟会弄不清，到底白天还是夜晚，他们是生活在梦幻里！

——鹿桥《未央歌》

昆明雨季的雨真是和游戏一样，跑过来惹你一下，等你发现了她，伸手去招呼她时，她又溜掉了。……四季里，就数夏天的雨最有灵性。它总愿意去招惹人间的烟火。一会儿替农忙的人洗刷炎热，一会儿又把一地的粮食冲散进沟壑；刚是黑滚滚地压上一大块云，吓唬人似地砸下豆粒大的雨，转眼就又驾着彩虹逃遁了。夏天的雨，滋润着生命走向葱郁，也牵引着心绪，走向宁静。

——鹿桥《昆明雨季的雨》

穆旦，原名查良铮，曾用笔名梁真，现代主义诗人、翻译家。1940年西南联大毕业后留校任教。穆旦是西南联大具有代表性的重要诗人之一，40年代出版了《探险队》《穆旦诗集（1939～1945）》《旗》三部诗集，是“九叶诗派”的代表性诗人。主要译作有俄国普希金的《青铜骑士》、英国雪莱的《云雀》、英国拜伦的《唐璜》等。穆旦很少写散文，尤其是自述性文章不多。《怀念昆明》则记录了穆旦对昆明生活的回忆和感受，带有诗人自己最直接的情绪流露，从某种程度上也反映了他在西南联大时期对学院内外环境的真实感受。1946年3月22日，穆旦赴沈阳编辑《新报》，6月20日在沈阳写下《怀念昆明》，7月14日刊载于昆明《中央日报》副刊“新天地”上。

自从去年十一月间离开昆明，到现在已经过了半年了。和一个住了七八年的城市骤然作别，心中自然不能没有它的影子。在过去三四个月的旅途中，每到一个新地方，就不由得要把它来和旧识的昆明作比，“这条街不是很像昆明吗？”或者，“这里和文明街差不多了”。昆明、昆明，仿佛已经成了不少离去人们的第二故乡。……沈阳和昆明是迥乎不同的。在昆明住惯的人，第一先不惯于沈阳的天气。沈阳就在春天，还是可以穿上皮大衣，前十多天枯干的树枝才披上红花，绿柳也垂下细腰下来。依气温来说，沈阳的春要比昆明迟两个月。其次，沈阳的街道太宽太长，距离太远。记得在昆明的时候，坐在屋中想起找什么人的时候，起身就去找了，毫不迟疑。可是在沈阳，出门成了苦事情。……最近有一位长辈亲戚，由昆明调来东北，又改调回昆明去就职了。我实在羡慕他。在看了这边的民生疾苦后，他一定更喜爱昆明的那“独处世外”似的平静。但这也许终于不过是我的空想而已。昆明究竟如何？物价是否仍旧高涨？我的朋友们还都是照老样子过日子吗？迢迢万里之外，尤其是在现时的中国，再想回看一下“金马”“碧鸡”，实在不是容易的事情，我只有向他们遥遥祝福。向担了八年抗战的责的昆明祝福。

——穆旦《怀念昆明》

李长之，原名李长治、李长植，笔名何逢，著名作家、文学评论家、文学史家。1938年5月在《宇宙风》第六十七期上发表《昆明杂记》：

我每逢一到郊外，我就对昆明的估价高了一等。我不是说昆明有水牛和耕牛吗？一到城外，就更多起来。在北方所常见的黄色耕牛和在南方所常见的黑色水牛，在这里是兼而有之，这也便恰恰说明了昆明的风景，原来它正是兼南北之长的。因此，任何游人，都在这里发现和家乡相似的部分。城里的翠湖吧，很有点像济南的大明湖；筇竹寺就颇像长清的灵岩；这里的大观楼和草海，令人想到西湖；这里也有西山，令人马上想着北平的西山；有人说这些山是很像桂林的，但是，在从草海里去划船，划到西山的脚下的时候，见那茂盛的棕榈，那风光却又纯然像热带了。我喜欢郊外，是在它的一点纯朴和野趣。

——李长之《昆明杂记》

西南联大物理系学生、著名物理学家、诺贝尔奖获得者杨振宁教授在离开昆明数十年后，曾谈及对这座城市的切身感受：“我们是1938年3月到昆明的。那个时候到联大的人很多，老师跟学生加起来不止一千人。大家对云南的印象很好，有好几个道理：一是昆明的天气很好；二是云南民风淳朴，事实的确如此，一般的云南人都是很老老实实的；三是一个法币可抵换十个滇票，所以外来的人忽然变得很有钱了。”

作为当时北京大学文法学院的学生，钱能欣参加了1938年2～4月西南联大著名的“湘黔滇旅行团”，近300名师生由湖南长沙徒步到云南昆明，行程3000余里。他是步行团的积极分子，把行程70天沿途所见所闻据实记录，到昆明后整理成书，托同乡在香港商务印书馆出版，书名为《西南三千五百里》，对云南、对昆明曾有如下的纪录：

云南如华北，我们一入胜境关，看见大片平地，大片豆麦，大片阳光，便有这个印象。……在途中尽量幻想昆明，是怎样美丽的一个城市，可是昆明的美丽还是出乎我们意料。一楼一阁，以及小胡同里的矮矮的墙门，都叫我们怀念故都。城西有翠湖，大可数百亩，中间有堤、有“半岛”，四周树木盛茂，傍晚阳光倾斜，清风徐来，远望圆通山上的方亭，正如在北海望景山。

——钱能欣《西南三千五百里》

吴宓，字雨僧、玉衡，笔名余生，陕西泾阳人，中国现代著名西洋文学家、国学大师、诗人。清华大学国学院创办人之一，被称为中国比较文学之父。吴宓与陈寅恪、汤用彤并称“哈佛三杰”。著作有《吴宓诗集》《文学与人生》《吴宓日记》等。1938年4月，时任清华大学外文系的吴宓教授，由滇越铁路乘火车自越南海防到云南昆明的西南联大任职，一路领略了滇南河口到省城昆明的自然风光，他在日记中写到：“见云日晴丽，花树缤纷，稻田广布，溪水交流。其妖娆殷阜情形，甚似江南。而上下四望，红黄碧绿，色彩之富艳，尤似意大利焉。”

抗战时期，来自美国陆军172医院的副院长克林顿·米勒中校，用世界上第一批柯达彩色胶卷，拍摄的关于昆明在1944～1945年的山水人文图像，那是一个最友好、最温情、最浪漫、最真诚的外国朋友眼中的“昆明”。米勒中校是在中国人民正在火热抗日的时候来到昆明，帮助中国医治伤员的。他非常喜欢这个地方，喜欢这座千年古城。他在给他的妻子玛特和孩子们的信中说：“这里现在是夏天，已进入雨季。我们所在的地方纬度很偏南，但海拔超过6000英尺，所以全年都气候宜人，四季如春，夏天凉爽，冬天的气温再冷也在华氏50度以上。所以这里的气候真是完美，也许是全世界气候最好的地方之一，我相信如此。”在另一封家信中，他又说：“这真是一个可爱的地方，幸运之神非常关照我，在这个战火纷飞的年代，我居然能到这样一个风景如画的国度来任职。”

除上述散文和回忆外，还可搜集到若干篇关于抗战时期昆明的优美杂文，因篇幅所限，不再一一叙述，仅列标题，以示怀念。主要有薛绍铭的《昆明鸟瞰》（1937年）、吴黎羽的《新中国的西便门》（1939年）、帅雨苍的《昆明漫记》（1939年）、班公的《昆明的茶馆》（1940年）、巴金的《寂静的园子》（1940年）、凤子的《忆昆明》（1940年）、费孝通的《在滇池东岸看西山》（1942年）等。

本文发表于《云南气象》2020年第2期

春城昆明——文人笔下的气候福地（下）

昆明，中国西南名城，四季如春，鲜花不断，是一座来过就不愿离去，离去后便惦记不已的恒春之都。每一座城市都有它的气质和个性，如重庆的热辣浓烈、苏州的儒雅传世、成都的闲散浪漫、广州的清逸开放。但并不是每一座城市都能拥有奇迹的，昆明却是一个拥有奇迹的边地之城、高原之城、宜居之城、安逸之城、鲜花之城、健康之城。这座城市，一年四季阳光明媚、碧空如洗、白云悠悠、绿树成荫、花香四溢。作为昆明人，有幸生活在蓝天白云、春光似海的春城，沉浸在《大观楼长联》描写的田园风光里，陶醉在《花潮》描写的诗情画意中，颇有几分自豪、幸福、满足和眷念。正如《昆明行记》所写的那样，“波光潋滟三千顷，莽莽群山抱古城；四季看花花不老，一江春月是昆明。”昆明灵秀迷人，三面环山，南临滇池，湖光山色，天然成趣，鲜花常开，风光绮丽。

昆明，古老而厚重，温柔而刚烈，开放而时尚。这座历史名城，诱惑的是所有想来昆明的旅人，以及那些尽管在此居住多年，却从没认真打量过它的人。“天气常如二三月，花枝不断四时春”，昆明得上天的恩赐，常年气候温润，成了一座升腾于高山，悬挂在太阳与彩云之下的花园。常常能得到春天眷顾的地方，必有其天真烂漫的气质。在这界于圣洁和世俗的彩云之南，昆明彰显出大地和天空的本质——朴素、纯粹、美丽。昆明没有寒冬，亦无酷暑，只有和煦的阳光。在中国，它不是叱咤风云的经济重镇，也非纸醉金迷的水泥丛林，它只是一方田园牧歌式的栖居地。与现代化大都市相比，昆明像是一座偏安一隅的美丽寓所。昆明是一座“来了不想走，走了还想来”的休闲宜居之城，多少文人骚客倾情于此。

昆明大观河秋景（杨丽红 摄）

云南著名诗人于坚说过：“昆明的伟大，不是历史的恩赐，而是大地的恩赐。昆明的显赫，不是文明和历史的显赫，而是大地和存在的显赫。它奉献给世界的是单纯朴素的阳光、蓝天、白云、鲜花、空气、春天、大地和有益于生命的日常生活。”昆明，无愧于“春城”的雅称，无论从哪个角度看昆明，一定是春光明媚，天空碧蓝高远，仿佛是透明似的。昆明有着太多的故事，陌上花开，携一抹余香，在这座充满生活气息的城里走走停停，多一刻逗留，多一分感受。

• 当代雅士对昆明的感悟

昆明，位于祖国之边陲，地界东南亚之内缘。古之名邦，今之重镇；地理优异，得天独厚。清晨天高云淡，晴空如洗；傍晚彩霞漫天，霓虹映空；岁寒有不凋之鲜花，四季有碧绿之芳草。昆明的美与好，从名人的笔下流转至世人的眼中，但只有亲眼见过，才能懂得一座城市的美好，必须亲身体会才得以铭记在心。翻开文人雅士们对于昆明的描摹，在过往的记忆中与如今对照，你会发现，原来昆明的美一直如此，甚至随着时间的积淀，显得更加厚重。

徐迟，原名商寿，浙江湖州人，著名诗人、散文家、评论家、报告文学家，主要代表作有《哥德巴赫猜想》《地质之光》《祁连山下》《生命之树常绿》等。1956年6月，著名报告文学家徐迟先生来到云南，动情地写下了一篇《云赞》：

> 你眼前是一座美术展览馆，悬挂着大幅大幅的云彩，大朵大朵的云彩这样美丽，你才恍然你身在云彩中。云彩是这样洁白，丰满，多姿，更为了衬托那缓缓的飞翔，后面有着深蓝色的天幕，便像那云彩的舞剧“天鹅湖”。在这四季如春的土地上，在云南，千万种花开放了，花固然好，云也一样，花开得像云，云却美得像花。这儿云既多得像走进花房，又像名贵花朵美丽夺目。这天空是云彩的玻璃暖房，这儿可见到品种最名贵的云。……在这花枝招展的土地上，到了深冬也看不见白雪，你是会忽然觉得云多么像雪，多么像高高连绵的雪山。太阳像射上了雪一样耀眼，云是阳光最喜欢的娱乐场，云是一个光明的居住处，你跟我到云里去承受光明。
>
> ——徐迟《云赞》

吴祖光，江苏常州人，著名学者、戏剧家、书法家，主要代表作有话剧《凤凰城》《正气歌》《风雪夜归人》，评剧《花为媒》等。1956年10月，因拍摄彩色风景片《春城秋色》首次到昆明，就被这里舒适的气候和迷人的景色所吸引，写下了著名的《寻春小记》，收录入1982年江苏版的《吴祖光散文选》。

> 我们必须要找到秋天里的春天。找啊!找啊!于是我们就找到了昆明。我过去没有来过昆明，虽然我早就听说昆明是四季如春的城市。经验多了，就知道光“听说”不算，必得要“眼见为实”。在这一点上，可爱的昆明可真不教人失望：飞机还没有降落，刚掠过滇池的晶莹绿水，飞机场上的一大片粉红色夹着白色的波斯菊就把人给吸引住了。这里简直就是一片花海。走进花丛望不见边。把人都给埋在花里了。……作为季节说来，昆明的春天自然也是过去了。昆明的茶花、杜鹃、樱花、梅花、桃、李亦早开罢了。可是秋天的昆明仍是彩色缤纷，花团锦簇。使我们的摄影师见此光景，笑逐颜开。
>
> ——吴祖光《寻春小记》

山茶花是昆明的市花，在云南“八大名花”中负有盛名。古往今来，多少文人墨客为茶花而倾倒，歌颂茶花的名诗、名篇数不胜数，著名作家杨朔的《茶花赋》就是众多佳作中的一篇。《茶花赋》写于1961年2月，赞美了茶花的美丽姿色和顽强生命力，作为北方人，昆明早到的春天让杨朔先生“心都醉了”。

> 今年二月，我从海外回来，一脚踏进昆明，心都醉了。我是北方人，论季节，北方也许正是搅天风雪，水瘦山寒，云南的春天却脚步儿勤，来得快，到处早像摧生婆似的正在摧动花事。……不见茶花，你是不容易懂得“春深似海”这句诗的妙处的。……翠湖的茶花多，开得也好，红彤彤的一大片，简直就是那一段彩云落到湖岸上。
>
> ——杨朔《茶花赋》

郭沫若，著名诗人、学者、文学家、历史学家、社会活动家。1961年1月，郭沫若先生游览昆明大观楼公园，抒发情怀，题《登楼即事》诗：“果然一大观，山水唤凭栏。睡佛云中逸，滇池海样宽。长联犹在壁，巨笔信如椽。我亦披襟久，雄心溢两间。”1963年春天，时任中国科学院院长的郭沫若先生来到昆明植物园，为山茶花之美所倾倒，诗赞山茶花：“艳说茶花是省花，今来始见满城霞。人人都道牡丹好，我道牡丹不及茶。”

著名散文家李广田先生于1963年发表在《人民日报》上的散文《花潮》，留下了“春光似海，盛世如花”的名句，使“圆通花潮”享誉海内外，“圆通花潮”也成为现代昆明“十八景”之一。“喷云吹雾花无数，一条锦绣游人路”。三月，昆明成了花的海洋，公园、景区繁花盛开，城市道路花团锦簇，《花潮》中的花海、花街、花巷正逐渐呈现在你的眼前。

> 昆明有个圆通寺。寺后就是圆通山。从前是一座荒山，现在是一个公园，就叫圆通公园。公园在山上。有亭，有台，有池，有榭，有花，有树，有鸟，有兽。后山沿路，有一大片海棠，平时枯枝瘦叶，并不惹人注意，一到二、四月间，其是花团锦簇，变成一个花世界。这几天天气特利好，花开得也正好，看花的人也就最多。“紫陌红尘拂面来，无人不道看花回”。一时之间，几乎形成一种空气，甚至是一种压力，一种诱惑，如果谁没有到圆通山看花，就好像是一大憾事，不得不挤点时间，去凑个热闹。……人们坐在花下，走在路上，既望不见花外的青天，也看不见花外还有别的世界。花开得正盛，来早了，还未开好，来晚了已经开败，“千朵万朵压枝低”，每棵树都炫耀自己的鼎盛时代，每一朵花都在微风中枝头上颤抖着说出自己的喜悦。“喷云吹雾花无数，一条锦绣游人路”，是的，是一条花巷，一条花街，上天下地都是花，可谓花天花地。可是，这些说法都不行，都不足以说出花的动态，“四厢花影怒于潮”，“四山花影下如潮”，还是“花潮”好。……昆明四季如春，四季有花，可是不管山茶也罢，报春也罢，梅花也罢，杜鹃也罢，都没有海棠这样幸运，有这么多人，这样热热闹闹地来访它，来赏它，这样兴致勃勃地来赶这个开花的季节。……在这圆通山头，可以看西山和滇池，可以看平林和原野，可是这时候，大家都在看花，什么也顾不得了。……春光似海，盛世如花。
>
> ——李广田《花潮》

季羡林，山东聊城人，国际著名东方学大师、语言学家、文学家、国学家、佛学家、史学家、教育家，北大终身教授。季羡林先生曾多次到过春城昆明，1979年3月2日，为了怀念好友，冤死的原云南大学校长李广田教授，故地重游之余写下了《春城忆广田》一文，收录于1986年北大出版的《季羡林散文集》中：

> 昆明素有春城之称。这个称号真正是名副其实的。哪一个从外地来到这里的人，一下飞机，一下火车，不立刻就感到这里是春意盎然，春光无限呢？我们读旧小说，常常遇到“四时不谢之花，八节长春之草”之类的句子。我从前总以为，这是小说家言，不足信的；这只是用来描绘他们心目中的阆苑仙境的。然而，到了昆明以后，才知道，这并非幻想，而是事实。如果人世间真有阆苑仙境的话，那么昆明就是一个。……现在看到的昆明是一座充满了阳光、花朵、诗情、画意的春城，同全国各地一样，昆明在经过了一番磨炼之后，现在不是磨倒，而是磨炼得更美丽、更明朗、更生动、更清新。我感到在这里太阳特别明亮，天空特别蔚蓝，空气特别新鲜，微风特别宜人，树木特别浓绿，花朵特别红艳。
>
> ——季羡林《春城忆广田》

1985年冬天，可爱的红嘴鸥第一次飞临昆明，为这座美丽的城市增添了一道靓丽的风景，红嘴鸥从此成为昆明的一张名片，命运相连。昆明世称春城，一般很难见到下雪，春雪就更难觅踪迹了。中国当代著名作家肖复兴先生在1994年第6期《中国作家》上发表了优美散文《昆明雪与鸟》：

> 八年前的三月初，我第一次到昆明，迎接我的是鹅毛大雪纷纷扬扬飘来。都说昆明一年四季如春，好家伙，雪下的比北京那一年最大的雪还要猛。……大片大片的雪花小刀片一样，故意往人脖领子里钻。……那一年昆明的奇事特别多，数九隆冬，突然成千上万只白色的鸥鸟飞落昆明，尤以翠湖居多。……昆明是我小时候就向往的地方，那时，昆明令我神往，特别想去看看，却觉得那么远，远得像一个非常不现实的、遥不可及的梦。说来那时极可笑，昆明让我想象得出的全是长联中形容的五百里滇池的暮雨朝云、萍天苇地，以及四围香稻、万顷晴沙、两行秋雁、一枕清霜这类，我的想象力实在不够丰富。……美，永远需要对应的参照物，正如昆明的朋友讲的，如果鸥鸟不是在大冬天飞落、大雪不是在开春季节飘落，雪和鸟还会让昆明人感到那么奇特般的美好吗？……一座城市一下子就拥有成千上万只如此多的吉祥鸟，也实在是奇迹！我被他们紧紧簇拥着。那一刻，真的觉得整座昆明城和我自己都长上了鸟的一双洁白翅膀。
>
> ——肖复兴《昆明雪与鸟》

• 桑梓名士对昆明的点赞

昆明是1982年国务院首批公布的中国24座历史文化名城之一。出于对所居住城市的喜爱，在我的书柜中，收集摆放着几本近年来云南本土作家出版的作品，而非一般常识性介绍的旅游指南。如魏汝昌等主编的《中国城市百科丛书：昆明市》（1992

年）；李江等主编的《中国城市综合实力五十强丛书：昆明市》（1997年）；于坚的《老昆明：金马碧鸡》（2000年）、《昆明记：我的故乡，我的城市》（2015年）；杨杨的《昆明往事》（2010年）；海男的《新昆明传》（2011年）；冉隆中的《昆明的眼睛》（2011年）、《昆明读城记》（2014年）；金幼和的《文化昆明》（2019年）；熊瑞丽的《昆明读本》（2019年）等。我在闲暇之余，经常慢慢品味，他们的作品可谓"功在桑梓"，审读之后，升华了对昆明自然风土、历史文化、民俗民生的一些理解和积淀。……文不尽言，珠海数粒，足以令人心驰神往了。

周善甫（1914—1998年），云南丽江人，纳西族，长期从事教育工作，晚年系统精研国学，是一代博古通今的国学大家，著有《大道之行》。周善甫先生1987年亲笔书写的21米简草书体长卷《春城赋》，体现了其一生的书法艺术和国学功底的最高成就。《春城赋》发表于1988年4月7日的《云南日报》，全文1259字，堪称古今歌咏昆明的赋中精品。《春城赋》讲昆明的历史、文化、风物，如数家珍，信手拈来，驰骋自得。《春城赋》在昆明，在云南，普遍公认是一篇能与《大观楼长联》媲美的佳作。云南文化名人马曜先生曾评价该赋"立意高远，构思缜密，思想深刻，言语精湛而清新，是继《大观楼长联》之后又一篇颂扬昆明风光、历史和文化的文学名篇和辞赋华章。"《大观楼长联》的作者孙髯翁是清代的一介布衣，而写《春城赋》的周善甫先生也是布衣学者。如果说孙髯翁的《大观楼长联》是一朵璀璨的山茶花，那么，周善甫的《春城赋》则是一株开满云岭山川的杜鹃花。可谓"一叶可以知秋，一赋亦可知城。"

> 美哉昆明，爽适无伦！
> 山横水颠，开川原之奇局；钟灵毓秀，见先民于鸿钧。
> 南近回归，朔漠之寒流弗届；高拔千九，亚热之蒸暑不巡。
> 四季无非艳阳；湖山莫不长春。
> 况乃舒澄湖于高原，千顷似鉴；展绿野于山国，极目如茵。
> 秀嶂环拱，爱雨林之畅茂；甘泉交注，喜物类之咸臻。
> …… ……
> …… ……
> 杜鹃遍林壑；报春漫天涯。
> 名园幽圃，固争奇以斗艳；小廊高槛，亦随意而堪夸。
> 寻常无非胜慨；四时相继繁花。
> 蝶追轮后芳躅；人醉杯中流霞。
> 时际盛世有据；世称"春城"不差。
> 漪欤兮，美哉昆明，爽适无伦！
>
> ——周善甫《春城赋》

云南著名诗人、作家于坚在2015年出版的《昆明记》中，以充沛的情感、动人的文笔，描写了故乡昆明的山水花木、蔬果小吃、市井街道等自然景观和人文风貌。2019年11月10日，初冬的昆明还有些冷，但东方书店内温馨热闹，《于坚诗集》昆明首发式在这里举行，于坚坦言："这么多年来，我从未离开过昆明，我觉得昆明是一个可以滋养诗人的城市，只有在昆明，我才可以感觉到什么是诗，这里有蓝天、白云、阳光，有漫长的晴天。在中国，昆明是越来越少的有诗意存在的城市之一。”

在中国，昆明得天独厚，它虽然成为城市，却依然与大地保持着密切的关系，它其实只是从大地升华成了一个花园。落日时分，当中国的城市从北方的平原上开始，一座一座沉入黑暗之后，南方高原之上的昆明依然处于白昼的光芒中。这座古老的城邦接近太阳，阳光要在中国大多数都市都沦入黑暗之后，才从这个城市暗下去。因此这个城市永远有金色的黄昏，光辉的街道。

——于坚《昆明记》

昆明在高原之上，“彩云”以南，中国的西南部，不是传统所谓的“江南”之南，而是“南蛮”之南，“春风先到彩云南”的南。这个城市海拔平均1900米，在中国版图的高处。除了位于它北方的圣城拉萨，它就是中国海拔最高的城市了。西藏和云南都是离天很近的地方，西藏的云是圣洁之云，云南的云是彩云，云南以下就是天高云淡了。如果从西藏这个高处向下走，那么云南位于神圣生活和世俗生活之间。……我从小一直以为世界就是如此，以为故乡的云好看，世界的云也是一样的。后来长大了到世界上去看，才发现“彩云南现”、“春风先到彩云南”并不是到处都有的。其实不独昆明的云，在中国，昆明得天独厚，它虽然成为城市，却依然与大地保持着密切的关系，它其实只是从大地升华成了一个花园。从大自然的角度讲，昆明乃是伊甸园。它地处高原，受印度洋和季风的影响，加上滇池湖水的调节，滇东北的乌蒙山又挡住北来的冷空气，致使昆明平均温度在10～20℃之间，“天气常如二三月，花枝不断四时春”。

——于坚《老昆明》

云南著名作家杨杨2010年出版《昆明往事》，该书封面配发的推广词是这样写的：“一次发掘老昆明的发现之旅、一场怀旧老昆明的记忆盛宴、一册品味老昆明的深度指南。”书中多处谈及了作者对春城昆明的依依眷念：

我作为一个漫游在云南大地上的写作者，多年来，对昆明历史与现时中的光与影，异常着迷。……许多年前的一天，我游走在昆明的大街小巷，我像那些“迷失”在昆明大观楼、翠湖、西山、盘龙江畔的来自别处的游客一样，完全忘记或忽视了昆明的地理“高度”，而对这里的阳光情有独钟，甚至铭记终生。我只觉得似乎昆明的天空中一直存在着某种不争的事实—此处的阳光与别的城市的阳光有着许多不同之处。好像这座古老的城邦与太阳签订了某种协约，让阳光以一种独特的姿态、色彩、温度和力量，来亲和自己的肌肤，让每个有机会进入这座城邦的男女老少，都能产生种种难以形容的美妙感觉，而且没有人会对自己的感觉无动于衷。那就是，大家都会深深爱上了这座城市。

——杨杨《昆明往事》

昆明的水土和气候中仿佛暗藏着某种不为人知的“定律”，一年四季严格按照预定的时刻为我们捧出万紫千红的花朵，使花的形象、色彩、气味、品质与昆明城邦宿命般地联系在一起，人们也宿命般地被这座城邦所吸引。

在昆明，随时有鲜花陪伴和环绕着我们，我们几乎时刻可以感受到鲜花的存在，这里的万事万物仿佛浸泡在永恒的春天里，花气十足。……昆明宁静、散漫、温馨的气息，无处不在，真切可触。昆明真是一座边缘而高高在上的不可思议的城市。对这个温柔的“地狱”，舒适得像天堂一样的地方，如果要细细琢磨，还真煞费心神。

—杨杨《昆明往事》

云南著名川籍作家范稳先生，从“天府之国”的成都平原来到昆明，把云南视为他最重要的生活和写作之地，他曾于2008年写过一篇专为《北京晚报》解读奥运圣火所到之城的优美散文—《在昆明烤太阳》：

冬日的阳光尤其让这个城市明媚温暖，也让它显得慵懒闲适。昆明话不说“晒太阳”，而说“烤太阳”，就像北方人说烤火一样，足见昆明太阳的热力。“烤太阳”是昆明市井生活的特有专利，北方的城市冬天里即便有太阳，也是形同虚设，跟月亮的光芒没有什么两样；南方的许多城市冬天里天空总是很低，太阳要出来就像过节一样。只有昆明冬日温热的阳光，烤在人身上让你真切地感到它的质感，让你想到爱，感到人与阳光的肤肌相亲，让你有一种被温暖拥抱的感觉。……而昆明的夏天则更令人舒适。这是一座没有汗水的城市，是一座不需要空调的城市。时逢雨季来临，城市湿漉漉的、充满凉意。

——范稳《在昆明烤太阳》

云南著名作家海男曾通过她的写作行为和感性文字来揭示昆明的气候，她坦言：“昆明的气候依然呈现出春天容颜，我每天在写作时，都在仰头看看窗外的气候，天气影响着我们身体中的语言，简言之，天气与我们的灵魂融为一体时，语言才会显得富有生机。”2011年海男出版《新昆明传》，她在书中曾写到：

一个国家地图中出现的昆明，以“春风先到彩云南”而充满了永恒的城的风韵。一年中的春风，是每个昆明人和这座城池率先体会到的魔力。……最早的春风从一个国家的地理纬度中率先到达这座城市，让一座城市的绿色、花朵、嫩芽们率先举行每年一次的春之庆典。于是，春风可以替代昆明证明着它独异的气质，春风可以荡开一座城市著名的元素。所以，这座城市拥有着一个理想居住地的城市风格。

——海男《新昆明传》

云南作家半夏曾在2002年第8期《今日中国（中文版）》上发表《昆明：一座可以分享的城》的优美散文：

昆明当然还是常年气温温和的一座宜人的城市，可是住在昆明城的人或偶尔来昆明城的人，其实更愿意为昆明下个新的定义：昆明是一座可以分享的城市。分享昆明的什么？分享它的阳光、蓝天、白云、鲜花、闲适、自在。……昆明人在昆明呆着就闲闲的懒懒的不与人争，自足自满得很。也许只有老天给昆明人一个恶劣的气候，他们才晓得不是任何地方都是一年四季春常在，才会有危机感，昆明人的日子是慢悠悠地要靠打发才捱过去的，外地人因此觉得昆明人太奢侈。……在昆明的温和中要寻找到热烈，便是昆明之春里圆通山怒放的樱，黑龙潭的梅，昙华寺的杜鹃、玉兰和木瓜花，翠湖的郁金香，西华园的兰，她们的娇、艳、色、姿、香堆聚成一浪一浪的花潮扑面而来，醉熏游人。……昆明人的生活方式生活状态打动了想过幸福生活的人，中国南方的昆明，一座人人可以分享憧憬的城。

——半夏《昆明：一座可以分享的城》

云南著名作家冉隆中先生2011年主编的《昆明的眼睛》，通过名家写昆明，名篇咏昆明，让人从文学审美的角度，欣赏昆明之美，理解昆明之魅。这本书所选的很多作品，原本就是名篇佳作，又经过时光淘洗，能够流传下来，本身也证明了这些作品的价值。选编这样一本书（共辑录72篇），一册在手，就可以欣赏到近现代以来抒写昆明的许多名篇佳作。《昆明的眼睛》里，不同时期的作家，看到的昆明也是不同的。但总的来说，他们表达了对昆明独特的高原风光之美、历史文化之美、民族风情之美、都市时尚之美的发现和赞叹，值得慢慢阅读和品味。对于编写该书的初衷，冉隆中先生曾说道："要走进一座城市的岁月深处，要认识一座城市的文化性格，最好的办法之一，就是从名篇中读城，借助名家眼光来读城。不同时期的文学名家，对昆明的城市个性和文化特征，都有哪些诠释和解读、刻画和抒写？每一个在昆明工作的同志、每一个关心和热爱昆明的朋友、每一个到过昆明和云南的旅人，都会对这个问题感兴趣。那就编一本这样的书吧。……我与晓雪、余斌先生和黄毅等几位编选者，从浩如烟海的各种文献中采英集萃，编成了这本散文集。书编好了，书名叫什么呢？突然就想起汪曾祺在《翠湖心影》里，写了这样一句话：'翠湖就好比昆明的眼睛。'那就叫《昆明的眼睛》吧，多好！"

昆明翠湖冬景（唐跃军 摄）

中国著名探险家金飞豹先生是昆明人，他是世界上第一个把奥运旗帜带上珠峰的人，曾用18个月攀登七大洲最高峰，并徒步到达南、北两极极点，完成了中国人首次穿越撒哈拉大沙漠及格陵兰的探险活动。他也是世界上第一个攀登过七大洲最高峰又跑过七大洲极限马拉松的探险家。2018年，金飞豹在云南发起了“七彩云南·秘境百马”美丽乡村马拉松挑战活动，全程领跑了100天100场马拉松比赛。这些经历，令他终生难忘。作为一个土生土长的昆明人，金飞豹最怀念的还是昆明春天里那些浓烈的色彩。他曾坦言：“我是一个昆明人，我走过世界各地100多个国家和地区，走遍世界七大洲。但我每次回到昆明，都感觉到昆明的独特和宜居。昆明有世界上最好的气候，我经常向外国友人推荐昆明。在昆明生活，我觉得幸福。……春天在北方尤其珍贵，但这只是昆明的日常。别处春天就几个月，昆明天天是春天。从春寒料峭的梅花，到圆通山的樱花、金殿的山茶，到市区周边大片的油菜花、梨花，感觉每个月份都是不重样的。”

建国70年，尤其是改革开放40年以来，除上述的专著、散文和回忆外，也还有许多论述和探讨昆明的优美文章，篇幅所限，仅列标题，若感兴趣，一睹为快。主要作品有汪曾祺的《泡茶馆》《跑警报》《昆明的花》（1984～1985）、汤世杰的《昆明的文化地图》（2003年）、吴清泉的《温情昆明——对一个城市的善意批判》（2003年）、李秀儿的《昆明这座城》（2010年）、冉隆中的《对一座城市的深情回望》（2011年）、欣然的《昆明：春之城 移民之城 文化之城》（2012年）、丹增的《昆明印象》（2012年）、周智琛的《昆明：矛盾之城》（2013年）、于坚的《昆明这个窝》（2013年）、汪曾祺的《我在西南联大的日子——汪曾祺散文27篇》（2018年）等。

本文发表于《云南气象》2020年第3期

春城昆明的来龙去脉

春城，在《辞海》中无解释，仅有“昆明市”的词条：“中国云南省省会，别称春城。……气候温和，四季如春。”1994年版《大气科学辞典》载有“春城”词条：“春城（spring city），昆明的别称，由昆明‘四季如春’的气候特点及繁花茂盛而得名。……从月平均温度来说，昆明全年都处在类似北京等中纬度地区的春季天气之中，是名不虚传的春城。”昆明地处云贵高原中部，地理位置为东经120°45′、北纬25°2′，平均海拔1891米。南濒滇池，三面环山，“城枕群山廓面湖，山川风景堪画图”。昆明属于低纬高原山地季风气候，由于受印度洋西南暖湿气流的影响，日照长，霜期短，年平均气温14.9℃，1月平均气温8.1℃，7月平均气温19.8℃，年平均降雨量1011毫米。

昆明气候温和，夏无酷暑，冬无严寒，四季如春，是蜚声海内外的著名“春”之城。这里群山环抱、阳光明媚、叶绿四射、花开不败，有“万紫千红花不谢，冬暖夏凉四时春”之誉。昆明的山茶、杜鹃、报春、玉兰四大名花，令人陶醉。昆明的宜人气候，很早就载入史册。晋朝郭义恭《广志》记载：“建宁郡，其气平，冬不极寒，夏不极暑。天下之异地，海内惟有此。”这里的建宁郡就指昆明。唐朝李泰《括地志》中有：“滇地山丛水狭，风烈土浮，冬春恒旸，夏秋多雨，终年少冰雪，四时卉木繁青。”明朝冯时可《滇行纪略》：“四季如春，日炙如夏，稍阴如秋，一雨如冬。”清康熙《云南府志》：“昆明地濒大川，平原广衍。冬不祁寒，夏无褥暑，四时之气，和平如一。”近代云南气象先驱陈一得先生将昆明气候描述为：“夏无酷暑，冬无严寒，温和甲于各省。全年气候，无夏少冬，是皆春秋佳日。”

· 谁为昆明赠“春”名

上述史料虽记载了昆明四季如春的气候特点，但并没有直接使用“春城”二字称呼昆明。那么，到底是谁最早把昆明称为“春城”的？此人首先必广闻博见，对我国各地风物，特别是气候差异有较深的体会；其次，要在文化方面有较高成就，所创作的诗词歌赋普遍流传。他，便是明代状元，在云南传播中原文化的著名学者、文学家、诗人杨慎。

杨慎（1488～1559年），字用修，号升庵，四川新都人，明朝著名文学家，明代三才子之首。杨慎于正德六年（1511年）状元及第，官翰林院修撰。嘉靖三年（1524年），因“大礼议”受廷杖销籍，谪戍云南永昌（今保山）。《明史·杨慎传》称：“明世记诵之博，考据之精，著作之富，推慎为第一。”杨慎一生著述等身，影响深远，他在滇30余年，云南是他的第二故乡。杨状元流放云南期间，足迹几乎踏遍半个滇省，他居昆明，游大理，至保山，赴建水……所到之处几乎都留下了传世之作，写昆明的佳句尤多。杨慎初到昆明，远离亲友，仕途绝望，情绪低落。幸好，同因“大礼议”事件而致死的毛玉是昆明人，其子毛沂就居住在昆明西山脚下的高峣。毛沂把杨慎视为至亲，后来还为杨慎盖了称为“碧峣精舍”的房屋（今尚在）。高峣成了杨慎在昆明的落脚之处，也成了他的讲学交友之地。毛沂担心杨慎闷出病来，常约他游西山逛滇池。一天他与杨慎乘船出游，一路上风和日丽，帆影波光，渔歌悠扬，岸边野花争艳。两人谈古论今，虽未把心中凄凉一扫而光，倒也增了不少快意。船至盘龙江云津桥（今得胜桥），此桥元代就有“云津桥畔货船云集”之记载，此时只见船夫上身赤裸，往来搬货，汗流浃背。杨慎十分奇异，便问毛沂道：“今日已立冬第十日，如我未记错，这节气确有些怪了！”杨慎的话倒让毛沂觉得有些奇怪，便说：“世叔，若说这滇中之节气，却与京城大不相同，就是再过月余也不致太冷。此乃福地，要赏花随时可见，要玩雪则数载难逢。”杨慎忆起入滇不久即逢盛夏，一个夏天过完也不见酷暑之象，联想到此时的京城已天寒地冻，而昆明的码头却热气腾腾，水草青青，连河水都是暖的，鲜花盛开，一派诗情画意，一派春光。想到此，他不觉诗兴大发，第一个吟出了对昆明四季如春的感受：“蘋香波暖泛云津，渔枻樵歌曲水滨。天气常如二三月，花枝不断四时春。”此诗是杨慎著名的《滇海曲十二首》之一。如果说杨慎第一次捕捉到昆明四季如春这一特色带有偶然性的话，那么他谪滇多年后，在《春望三绝》等诗词中所用的“春城”一词，就是深思熟虑的产物了。这也是对昆明“春城”的正式“命名”！

杨慎以其阅历、学识和才干，在作品中多处刻画和吟咏多姿多彩的云南，尤其对昆明气候倍加赞叹和钟爱，“春城”之称出现在其诸多名篇佳句中。据统计，在杨慎的众多诗词作品中，直接雅称昆明为“春城”的就多达8句：

春城风物近元宵，柳亚帘拢花覆桥——《春望三绝》；

君侯载酒过春城，画戟清香绛烛明——《席上漫兴重赠罗果齐》；

东台北道苦相留，花月春城夜色悠——《二月八日留别》；

半夜风声似水声，五更春雨遍春城——《春夕闻雨坐至晓寄熊南沙》；

明年早遂联镳约，要及春城桃李期——《送雷时若还蜀兼寄刘参之》；

归骑春城晚，风吹满路花——《玉台体 其三》；

娥月隐春城，仙云飘六霙——《元宵雪》；

冰雪残腊路，花柳上春城——《早发解州》。

《春望三绝》中的：“春城风物近元宵，柳亚帘拢花覆桥。”写的是昆明地区元宵节前的风物和风俗。在《春望三绝》另一首中，有“唱到梁州乡思多”之句，梁州是古昆明之地，听到梁州曲而怀念家乡，知为在滇中所作，故“春城风物近元宵”句中的“春城”，当指的是昆明。此外，在百花凋零的元宵节前，若不在“花枝不断四时春”的昆明，是难以看到鲜花遍地遮蔽了桥梁这一景致的。《席上漫兴重赠罗果齐》中有：“君侯载酒过春城，画戟幽香绛烛明”之句，是杨慎暮年居住昆明西山高峣时所作的。时任嵩明太守的罗果齐，到杨慎居留地高峣看望他，由嵩明县城至西山高峣，昆明是中间的必经之地，因此“君侯载酒过春城”句中的“春城”，指的就是昆明。由此可见，直接用“春城”指代昆明，是杨慎460多年前提出的，他是雅称昆明为“春城”的第一人。可以说，是杨慎让“春城”二字永恒地刻写在了昆明的历史上。也许作为一代才子和外乡人，与本地的骚人墨客相比，他对昆明气候的洞悉和感受要更为真切一些吧，故而诗赋“春城”就不足为奇了。作为一个落难的外乡状元，他指出的“春城”美名，明显早于清康熙进士，曾任翰林院侍读的昆明诗人王思训《野园歌》中“浮云渺忽春城限”的描述。

正因为杨慎久居京城，谪滇后主要居住在昆明安宁和西山高峣，对这里四季如春的气候感触颇深，惬意舒畅，才第一次将“春城”的美称赋予了这座高原城市。“天气常如二三月，花枝不断四时春”成为了春城昆明的标配，亦能让读者体味到杨慎对春城昆明的喜爱和依恋。现在，“春城”二字对昆明的价值不仅仅体现在对旅游业的影响上，也对房地产、康养、文化、会展等诸多产业影响巨大。从这个意义上说，仅仅“春城”二字带给昆明、带给云南的巨大价值，就足以让杨慎成为云南历史上的文化名人。在他写下的诸多诗词中，有数百首涉及吟咏春光、春物、春信、春花、春山、春水、春兴等，称杨慎是一位“春城夫子”也不为过。

· 不易留住的“春城”之名

当然，史上城池被称为“春城”二字也并不是杨慎的首创，此前就曾有多位文人在诗词中吟诵“春城”二字。信手拈来就有南北朝谢朓的“春城丽白日，阿阁跨层楼。”（《和江丞北戍琅邪城》）；南北朝吴迈远的“绿树摇云光，春城起风色。”（《阳春歌》）；唐代杜甫的“望极春城上，开筵近鸟巢。”（《题新津北桥楼》）以及“江浦雷声喧昨夜，春城雨色动微寒。”（《遣闷戏呈路十九曹长》）；唐代王维的

“晚钟鸣上苑，疏雨过春城。”（《待储光羲不至》）；唐代韩翃的“春城无处不飞花，寒食东风御柳斜。”（《寒食》）；唐代钱起的“二月黄莺飞上林，春城紫禁晓阴阴。”（《赠阙下裴舍人》）；宋代王令的“春城儿女纵春游，醉倚层台笑上楼。”（《春游》）。在这8首诗词中，“春城”均是泛指“春天时节的城市”而不是专门描写或指代某个城市，更不是指云南昆明，这7位诗人也从未游历过边陲昆明。其中谢朓描述的是京都建康（今南京）的景象，吴迈远写的是陕西咸阳的春色，杜甫说的是春天的四川新津和夔州（今重庆奉节），王维和韩翃谈的是春天的陕西长安，钱起讲的是陕西长安皇宫的春色，王令吟咏的是春天的江苏扬州。另外，宋代苏东坡有《食荔枝》的名篇佳句：“罗浮山下四时春，卢橘杨梅次第新。日啖荔枝三百颗，不辞长作岭南人。”这里描述了苏东坡因罪被贬岭南而流连风景、体察风物的意境，反映的是被誉为“岭南第一山”的广东惠州罗浮山的山地气候特征。

这些“春城”或“春地”，随着岁月的尘封，仅能作为古代诗人笔下的美好愿景而昙花一现，并没有留住“春城”之名。反过来，唐代韩翃描写陕西古都长安盛景的“春城无处不飞花”这一千古名句却又被后人赐予了昆明，恰如其分，为春城昆明“花都”增了辉添了彩。

• “春城”昆明风光无限好

“天气常如二三月，花枝不断四时春”，这是明代诗人杨慎笔下的昆明，湖光山色，天然成趣。昆明，这座花开不败的高原春城，天蓝、地绿、水清，四季都有温暖的阳光，每天都有清新的空气，处处都是盛开的鲜花。今天的昆明，清代孙髯翁《大观楼长联》描绘滇池周边的“四围香稻，万顷晴沙，九夏芙蓉，三春杨柳”的美景正在恢复，城乡“春观花、夏纳凉、秋赏叶、冬显绿”的生态景观正在形成，公众的幸福感正在提升。昆明是一座四季让人身心舒坦的城市，在四季如春、气候宜人、山清水秀、空气清新、食材多样、山水如画、美食诱人的昆明度假或居住，乃人生之一大惬意也。

昆明花漫云巅景区（郭荣芬 摄）

近年来，昆明先后摘得“国际花园城市”“中国最美丽城市”“最佳优质旅游城市”“中国康养城市”“中国最美湿地”等多项荣誉称号。城市规划建设中注重突显“春天”的宜人，展现避寒避暑之地的元素；突显“春天”的色彩，展现四季常青、鸟语花香的元素；突显“春天”的气息，展现朝气蓬勃、奋发向上的元素；突显“春天”的意境，展现包容万物、百花齐放的元素。“江南千条水，云贵万重山。五百年后看，云贵胜江南。”明代刘伯温的预言，如今正成为现实。昆明生机盎然，活力无限，正成为海内外朋友心之所向的健康生活目的地。在迈向区域性国际中心城市的征程中，一座“蓝天永驻、碧水长流、绿润山野、花香满城”的世界春城花都正在精彩绽放，不是江南，胜似江南。

本文发表于《气象知识》2020年第3期

春夏秋冬四季并存的地方

云南是一个神奇、美丽、富饶的地方，山川隽秀、植被葱郁、花香四季、物产丰腴。她以绚丽独特的高原风光，神秘原始的生态景观，多种多样的生物资源，多姿多彩的民族风情，源远流长的历史遗迹，博大精深的古滇文化而闻名于世。云南地处祖国西南边陲，集边疆、民族、山区、美丽于一体，有“动物王国、植物王国、物种基因库、世界花园、药材王国”的美誉。东部广袤的红土高原连绵起伏，西部横断山脉纵贯南北，境内山高谷深、地形复杂、海拔悬殊、气候多样、风光无限。

云南，冬无严寒、夏无酷暑、四季如春、蓝天白云，是一块地球上适合闲暇、旅游、居住、康养的风水宝地，是春夏秋冬四季并存的地方，是人们向往的秘境之地。

· 气候王国

云南位于欧亚大陆东南部，西北靠青藏高原，南部临近热带海洋。全省位于北纬30°以南，北回归线贯穿南部，平均海拔2000米，属低纬高原地区。受印度洋西南季风和太平洋东南季风以及青藏高原大地形的影响，形成了独特的亚热带高原季风气候，兼具低纬气候、季风气候和高原气候的特征，有北热带、南亚热带、中亚热带、北亚热带、南温带（暖温带）、中温带、北温带（高原气候区）七大气候类型，几乎拥有地球从赤道到极地的相对完整的气候带类型，相当于我国从海南岛到东北大兴安岭的气候类型，气候类型“品种”齐全，成为典型的“气候王国”，是全国乃至全球气候类型多样性的一个缩影，造就了云南“避寒避暑”的双料胜地。

这个“气候王国”受到山脉、河流、坝子（盆地）、湖泊等错综复杂的地形地貌制约，各气候带并非规整地按纬度呈带状分布，而是犬牙交错，相互穿插，甚至“飞地”不断，差异极大。云南地势西北高东南低，众多高山河谷贯穿南北，夏季暖湿气流沿河谷北上，把热带的地理界限向北推进，热带北缘向北延伸扩展，于是西双版纳出现了赤道地区才有的热带雨林；冬季寒冷气流沿河谷南下，又把寒带温带的地理界限向南推移，在滇西北形成了北半球距赤道最近的永久雪山群（梅里雪山、白马雪山、巴拉格宗雪山、哈巴雪山、玉龙雪山等）；在稍南的北纬26°附近出现了轿子雪山、点苍山；在更南的北纬24°及北回归线附近则出现了永德大雪山、临沧大雪山、双江大雪山等。这些雪山，冬季银装素裹，暮春初夏时节甚至也会高山飘雪。受季风影响，云南干湿季分明，每年5～10月为雨季，集中了全年80%～90%的降水量，11月～次年4月为干季，降水量仅占全年的10%～20%甚至更少。金沙江河谷地区年降水量仅有500毫米左右，是云南的“老旱区”，而德宏西部、红河南部、普洱西部和东南部年降水量可达2000毫米以上，是云南的“湿润区”。在滇西北的“三江并流”地区，一山之隔，往往是“东坡日出西坡雨”，尤其在金沙江奔子栏镇和澜沧江云岭乡附近最显突出，形成典型的“立体气候”。

云南迪庆高原秋韵（和春荣 摄）

云南属低纬度地区，全省地形北高南低，高低差异悬殊，高纬度与高海拔重合，低纬度与低海拔叠加，加剧了南北之间气温随纬度和海拔变化的梯度。年平均温度呈南高北低分布，最热的元江年气温23.7℃，最冷的德钦年气温5.4℃，相差达18.3℃。南北季节起止时间相差达5个月以上。每年3～4月，滇南的西双版纳已进入炎炎夏日，滇中的昆明正在享受温暖的春天，滇西北的香格里拉却还是冰天雪地的冬季。春、夏、秋、冬四季同时现身于云南，又是一种“立体气候”。事实上，在云南，四季同现的自然气候奇观，可出现在全年的任何季节里，尤其在盛夏7月和隆冬1月，就更为神奇了。

如果云南的“北凉南热”撞上南北走向的干热河谷，情况就会发生逆转。在金沙江、澜沧江、元江、南盘江等河谷地区，由于河流切割、峡谷深陷、地形封闭、峡风循环、气流上升、湿度增加、气温下降，暖湿气流“横来”翻山时遇冷，湿气化作地形雨，待沉入峡谷时，已变为“干气”，而每下降100米，温度就升高0.6℃。几千米的相对高度，足以让“干气”温度猛升一二十度，化作让人闻声色变的“焚风”，造成了一条条高温少雨的干热河谷。仙人掌遍布，热带花卉水果飘香，颇有“热带沙漠气候”的味道。北部的金沙江干热河谷地区（元谋、巧家、东川、宾川、华坪等县区）最为典型，干季气温往往比滇南热带亚热带地区还要高，是云南著名的热带“飞地”，是云南温凉气候中的“热带和亚热带”，造成了一种“北热南凉”倒置的“立体气候”。

在“三江并流”的大峡谷中，谷底酷热如蒸笼，山腰正好清爽宜人，山顶却终年冰雪覆盖。在垂直几千米的高差之间，春夏秋冬四季气候交替出现，温差近20℃，比从广州到哈尔滨的温差还要大。民谚有“山腰百花山顶雪，河谷炎热穿单衣”之说，真正体现了“河谷盛夏山区春，高原艳秋雪山冬”的气候特点，说的正是这种山地垂直方向的“立体气候”。云南山地垂直气候带不仅是普遍现象，而且层次结构各异。如昆明市东川区的新村、汤丹、落雪三地，直线距离仅20千米左右，气候差异极大。新村海拔1254米，年均温20.1℃，年降水量704毫米，属南亚热带气候；汤丹海拔2254米，年均温13.1℃，年降水量844毫米，属南温带气候；落雪海拔3228米，年均温7.0℃，年降水量1139毫米，属北温带气候。云南垂直气候层次最多的带谱结构，出现在滇西北横断山区，由亚热带一直到高山冰雪带，为我国亚热带地区所少见。“一山分四季，十里不同天”是云南立体气候的最好写照。

云南地处低纬高原，季风气候突出，旱季干燥少雨，湿季温润多雨。全省大部地区年平均温度在14～19℃之间，大部分地区四季如春，特别适于人类居住。云南气温变化受太阳高度角和地球自转影响，具有年较差小日较差大的特征。滇中等大部地区年温差小，约为11～13℃，是全国最小的地区之一。但气温的日温差大，可达14～20℃，体现了“四季不分明，一天分四季”的高原特色，可谓“夜冬昼夏”。白天热，有利于光合作用；晚上冷，有利于物质积累。云南的果蔬特别甜，花卉特别艳，其中的秘密就在于此。在云南，夏季遇雨，温度会骤降10多度，民谣称之为“四季无寒暑，一雨便成冬”。事实上，在云南，不单气温在一天之中可表现出春夏秋冬四季的变化，有时甚至连天气现象也会出现四季变化景观（风、雷、雨、雹、雪、晴、霜等天气可在一天之内出现），云南十八怪之一的“四季服装同穿戴”，反映的就是云南天气的多变性、易变性，可谓奇怪也，这又是另一种“立体气候”。

云南虽地处高原，但并非完整平坦的高原面，除局部少量坝子（盆地）和河谷外，更多的是连绵起伏、横亘南北的朦朦山峦。云南是我国受高原、山地、季风影响最显著的地区之一，故地理学家、气象学家、生态学家称赞云南是一个“气候博物馆”。

• 宜居春城

相对而言，春秋季气候对人类的生活是特别适宜的，大自然对云南、对昆明是慷慨的，也是眷顾的。昆明年平均气温14.9℃，它就让昆明“天气常如二三月，花枝不断四时春”；人的正常体温大约维持在37℃，人体感觉最舒适的气温是夏季18～24℃，冬季12～22℃，它就让15～20℃的日平均气温在昆明保持了7个月；让10～22℃的日均温在昆明呆足了295天，其余70天的日均温也非常接近10℃。按气象学的四季划分标准（候平均气温大于22℃为夏季，小于10℃为冬季，介于两者之间为春秋季，5天为1候），多年平均而言，昆明春季始于2月9日，止于6月28日（计140天）；秋季始于6月29日，止于11月30日（计155天）；冬季始于12月1日，止于2月8日（计70天）。春秋相连（占全年81%），冬季短促（占全年19%），秋长于春，夏季无踪。

在我国省会城市中，昆明的春天最长，几乎是北京的两倍；云南昆明、青海西宁、西藏拉萨三座高原之城没有夏天，只有春秋冬三季。大自然还特意把昆明安排为湿润地区，年均降水量1011毫米，为人类量身打造了这座宜居的温润春城，使这里常年天朗气清，惠风和畅。昆明，这座春天之城、这座高原之城、这座历史文化名城，依傍大湖而兴，独得自然眷顾，高原风光、人文风采、边疆风情集于一城，可谓“波光潋滟三千顷，莽莽群山抱古城”。

昆明之“春”，得益于这方土地的得天独厚。首先是海拔高度适中，昆明海拔1891米左右，“大气被子”薄，厚度仅有海平面的80%，地高暑自消，四季既无暑热也无寒凉，相当于仲春之温。其次是滇西北横断山脉、滇东北乌蒙山脉突兀隆起，冬季隔断了北来的西伯利亚寒流，绝大多数日子处于“准静止锋”的前部，免受了寒潮降温和冰雪之苦，使得滇池坝子安然自得，阳光普照。夏天正值雨季，南来的印度洋和太平洋暖湿气流赶来高原做客。最高气温28℃左右的“高温暑热”刚刚降临，它马上给你一阵“凉阴阴”的清雨，于是当南国如坐蒸笼之时，这里却天高云淡，清风宜人。冬天是旱季，来自西亚热带沙漠的干暖气流绕过青藏高原南侧适时赶到，虽此时寒意也姗姗而至，但它立即给你一个热烘烘的太阳，于是当北国千里冰封之时，这里却碧空如洗，阳光灿烂。第三是五百里的高原大湖—滇池，静静地躺在昆明城的西南角，默默地调节着昆明的气候，独特的高原“湖陆风”和“冷热源”效应，加剧了昆明的冬暖夏凉。

昆明是一块福地，云南人真是好福气，以昆明为代表的滇中、滇西、滇南中海拔地区，春长在，秋长驻。冬无严寒，夏无酷暑，气候温和，四季如春，空气清新，阳光灿烂，昆明成为北纬25°线上的一个地理奇迹和人类的宜居之地。随着全球气候变暖，在世界多地饱受雾霾沙尘和极端天气折磨的今天，“四季如春”的昆明，既无高温热浪的煎熬，也少寒流冰雪的侵袭，也无台风海啸的恐怖，更无雾霾沙尘的惊扰。犹如一个世外桃源，显得格外金贵，成为著名的山地春城，位列“世界春城”榜首，享誉全球。

· 三种气候类型

凡进入云南的旅行者、科学家和探险家，感受最深的莫过于气候的多样性和独特性。以昆明为中心，如果你乘车向南至西双版纳或河口，一路上你会感到越往南气候越热；如果由昆明往西北至丽江或香格里拉，你会感到越往北气候越冷。反映出气候类型在水平方向上变化的多样性，可谓“十里不同天”。如果以河谷或盆地为基准面，向河谷两侧或坝子四周山地往上爬，你会感到越往上走气候越冷。反之，由山上往河谷或坝子走，你会感到越走越热。表明了气候类型在垂直方向上变化的多样性，称为“一山分四季”。

云南气候的多样性和特殊性，主要表现为以下三种气候类型。

四季如春型。云南大部分地区具有的气候特征，主要分布于昆明、曲靖、红河、玉溪、楚雄、大理、保山、普洱、临沧等州市，海拔1500～2000米之间的地区属“四季如春型”或“春秋型”气候，其中以昆明最具代表性，素有“春城”之美誉。据资料分析，昆明比南京的地理纬度稍偏南一些，但两者的年平均气温在15℃左右。昆明最热月7月，平均气温为19.9℃，比南京低8.2℃，甚至比哈尔滨还低3.2℃，表明昆明夏季比哈尔滨盛夏还要凉爽。昆明最冷月1月，平均气温8.1℃，比北京高11.2℃，比江南的杭州、苏州、南京也高4～6℃，与华南的桂林相近。再就各地的最热月的平均气温与最冷月的平均气温差额（年较差）看，昆明12℃左右，比北京（30℃）、桂林（20℃）都要小得多，表明昆明四季温差不大，“万紫千红花不谢，冬暖夏凉四时春”是昆明气候的最好写照。按气候四季的划分标准，该区域全年基本无夏，冬季短暂，春秋相连，连续长达8～10个月。若以云南16个州市所在地为代表，历年春秋季合计日数按从大到小的排序，分别是临沧（357天）、玉溪（320天）、楚雄（319天）、保山（316天）、昆明（295天）、曲靖（290天）、大理（290天）、普洱（264天）、丽江（245天）、文山（244天）、蒙自（225天）、昭通（222天）、泸水（207天）、芒市（198天）、景洪（136天）、香格里拉（135天）。临沧、保山、普洱、红河、玉溪、昆明、楚雄、大理等州市的多数县（区），春秋季接近或超过10个月，是云南典型的“四季如春”之地，其中永德、临沧、凤庆、沧源、保山、腾冲、楚雄、大姚、牟定、双柏、新平、峨山、玉溪、华宁、通海、澄江、西盟、绿春、金平、屏边、个旧、马关、西畴、砚山、石林、宜良等26个县市的春秋日数超过300天。尤为称奇的是永德、西盟、绿春、金平4个县，竟然全年365天，天天皆为春秋日，不仅是在云南，在全国乃至全球都属响当当的真正春城，可谓“四季恒春”或“四季长春”。事实上，滇中、滇南、滇西海拔1500～2000米的地区，几乎所有的县级城镇都享有“春城”的美誉，其中尤以滇西南地区为甚。

长冬无夏型。主要分布在滇西北的迪庆、丽江以及滇东北的昭通等州市，海拔2800米以上的地区属“长冬无夏，春秋短暂”的气候类型。全年春秋季仅2～4个月，冬季长达8～10个月。云南海拔最高的德饮县，冬季始于9月27日，止于5月20日，持续236天，而春秋季只有129天，仅占全年的三分之一，比中国东北地区的冬季还长，且冬季持续时间长，气温也比较低，一年中有3～4个月平均气温在0℃以下。如香格里拉市，12月至次年2月的月平均气温分别为–2.3℃、–3.2℃、–0.9℃，极端最低气温曾达–27.4℃（1982年12月27日），这也是云南最低气温的极值纪录。若按年冬天日数的多少排序，云南排前10位的县（市、区）分别是：德钦（236天）、香格里拉（230天）、维西（159天）、兰坪（155天）、镇雄（148天）、昭通（143天）、威信（131天）、宁蒗（130天）、剑川（130天）、鲁甸（124天）。

长夏无冬型。主要分布在滇南的河口、元江、元阳、景洪、勐腊、江城、景谷、孟连、双江、耿马、盈江、瑞丽以及滇北的元谋、宾川、华坪等地，海拔在800米以下的河谷地区属“长夏无冬，春秋相连”的气候类型。这些地区春秋季有4～5个月，夏季有7～8个月。如元江县，从3月11日开始进入夏季，直到11月1日才结束，长达236天，是中国大陆最早进入夏季，持续时间最长的地方。景洪市，夏季从3月13日开始，至10月27日结束，长达229天。河口县，夏季从3月28日开始，至11月1日结束，长达219天。地处金沙江流域的元谋县，夏季也长达212天，始自3月19日，止于10月16日。若按年夏天日数的多少排序，云南前10位的县（市、区）分别是：元江（236天）、元阳（230天）、景洪（229天）、河口（219天）、元谋（212天）、勐腊（207天）、瑞丽（195天）、景谷（187天）、巧家（180天）、双江（171天）。

云南西双版纳热带风光（杨植惟 摄）

在云南，随着每年四季的轮回更替，景色千姿百态，美轮美奂。在任何季节、任何时候，在云南都可以发现“四季”之地，体验“四季”之美。云南，是一个春夏秋冬四季并存的秘境之地。

云南的旅游气候

云南，美丽的家园，可爱的地方。她像一块璀璨夺目的翡翠，镶嵌在祖国的西南边陲；她像一朵艳丽的山茶花，盛开在彩云之南。在这块39.4万平方千米的土地上，居住着26个民族，4720万勤劳勇敢的人民。云南的风光是那样的美丽，云南的人民是那样的淳朴，云南的资源是那样的丰富，云南的趣闻是那样的神奇，云南的热土是多么令人神往。在旅游者眼中，云南是一个旅游天堂；在诗人眼里，云南是一首脍炙人口的诗章；在画家眼里，云南是一幅五彩缤纷的画卷；在社会学家眼里，云南是人类社会发展史的博物馆；在生物学家眼里，云南是一个植物王国、动物王国；在地质学家眼里，云南是一个有色金属王国；在气象学家眼里，云南是一个气候王国……不同年龄结构、不同知识层次、不同兴趣爱好的人，来到云南，都可以找到他情有独钟的东西和感悟。云南是世人心目中“诗的远方、梦的故乡”。

旅游，简单地讲就是旅行游览。“旅”是旅行与外出，即为了实现某一目的而在空间上从甲地到乙地的行进过程；“游”是外出游览、观光、娱乐，即为达到这些目的所作的旅行，二者合起来即为旅游。所以，旅行偏重于行，旅游不但有“行”，且有观光、娱乐的含义。“吃、住、行、游、购、娱”构成了现代旅游业的六个基本要素，是发展旅游业的根本遵循，是指导旅游业行为规范和衡量旅游业水平的重要指标。旅游资源是一个非常宽泛而又不确定的概念，一般而言，凡具有美感，在一定条件下可供人观赏、游览或举行科学文化活动，得到审美体验者，都可称为旅游资源。旅游气候资源作为旅游资源的一种，指的是在当前经济技术水平条件下对旅游事业可能应用的气候资源。在低纬高原山地季风气候条件下，云南资源富集，旅游气候资源在全国乃至全球都具有独到之处，多样性与独特性兼而有之。

昆明滇池湖畔风光（杨植惟 摄）

• 云南好风光

云南是一个来了就不想走的地方。云南可以用5组关键词来高度概括：一是钟灵毓秀。云南旅游资源得天独厚，雪域高原、险峰峡谷、江河湖泊、幽谷密林、岩溶地貌、火山地热，还有古城古镇古村落，应有尽有；二是多姿多彩。云南具有地貌多样性、气候多样性、物种多样性、民族多样性、文化多样性五大显著特点，“一山分四季、十里不同天”，蕴育了如诗如画的自然风光和多姿多彩的民俗风情；三是康养天堂。云南健康养生资源富集，处处好山、好水、好空气、好生态。随处可见“山色四时环翠屏”“喷出清流灌稻畦”“天气常如二三月，花枝不断四时春”的美景；四是开放前沿。云南具有“东连黔桂通沿海，北经川渝进中原，南下越老达泰柬，西接缅甸连印巴”的独特区位优势，是我国面向南亚东南亚的辐射中心；五是底蕴厚重。云南有悠久的古滇历史、南昭大理文化，是护国运动策源地、红军长征征战地、抗日战争重要战场、西南联大诞生地，红色历史塑造了云南人民感党恩、听党话、跟党走的红色意志，各族人民心向党、听党话、跟党走，开创了民族和睦相处、和衷共济、和谐发展的良好局面。

· 旅游善地

宋代词人黄庭坚《清平乐·春归何处》曾这样写到：

春归何处？寂寞无行路。

若有人知春去处，唤取归来同住。

春无踪迹谁知？除非问取黄鹂。

百啭无人能解，因风飞过蔷薇。

此词为古人表现惜春、恋春情怀的经典佳作，作者近乎口语的质朴语言中，寄寓了深厚的感情。然而，词人所向往的春光长驻之地是存在的，他应当来彩云之南踏寻，而非仅在春天中苦苦寻觅。

气象学上以10℃为“冷暖分界度”，22℃为“暖热分界度”。当候平均温度在10℃以下时为冬天，高于22℃为夏天，介乎二者之间为春天和秋天。位于滇中的昆明，正是冬暖夏凉，四季如春的地方，以“春城”的美名播誉海内外。云南为低纬度高海拔地区，其气候类型可分为北热带、南亚热带、中亚热带、北亚热带、南温带（暖温带）、中温带、北温带（高原气候区），在这39.4万平方千米的大地上，何止昆明一处是春城！地处西南部和南部边陲的临沧、普洱、勐海、绿春、金平等地，不也是春城吗？事实上，它们比昆明还更为温凉宜人。临沧恰好处于夏至线（北回归线）上，气温最低在12月、1月，月平均温度为11.2～11.4℃，最高气温在6、7、8三个月，月平均温度为21.4～21.6℃。普洱最冷月平均气温为12.5℃，最热月平均气温为22.3℃；勐海最冷月平均气温为12.2℃，最热月平均气温为22.8℃；绿春最冷月平均气温为11.3℃，最热月平均气温为20.1℃；金平最冷月平均气温为12.4℃，最热月平均气温为21.7℃。这些地方最冷月也才相当于长江中下游凉爽的秋季温度，被誉为“没有冬天的乐土”。这是由于它们均处在亚热带低纬度山地季风气候带的缘故，因而冬无严寒，夏无酷暑，春秋常驻。云南大部分地区寒暑适中，阳光明媚，居之怡然，是冬日避寒，夏日避暑的旅游胜地，真可谓“七彩云南，旅游天堂”。

对此，云南地方文献上也不乏记载。明代冯时可《滇行纪略》：“云南最为善地，六月如中秋，不用挟扇衣葛。严冬虽雪满山原，而寒不侵肤，不用围炉服裘。”前人的竹枝词曾写道：“昆明腊月可无裘，三伏轻棉汗不流。梅绽隆冬香放满，柳舒新岁叶将稠。”明代状元杨慎《滇海曲》：“天气常如二三月，花枝不断四时春”更是脍炙人口。在现代昆明，则可春赏花、夏观云、秋赏叶、冬嬉鸥。

· 避暑避寒

云南全省年平均气温约为15℃，大多数月份月平均气温在10～22℃，这种气候在旅游上表现为旅游期长的优势，全省大部地区为全年旅游区，可谓“全天候”旅游，不存在气候学意义上的“淡季”与“旺季”之分。冬暖，避寒良所；夏凉，消暑胜地。明代进士杨士云在《苍洱图说》中曾写过：“四时之气，常如初春，寒止于凉，暑止于温。……此则诸方皆不及也”。事实也是这样的，就拿避暑来说，昆明最热月平均气温为19.9℃，比全国有名的避暑胜地庐山（22.5℃）、衡山（21.6℃）、大连（23.9℃）、承德（24.4℃）、青岛（25.1℃）还凉快，可与巴黎（19.8℃）、维也纳（19.9℃）相媲美。就避寒而言，昆明最冷月平均气温8.1℃，与全国避寒胜地广州（13.9℃）、海口（18.0℃）、南宁（12.9℃）、福州（11.2℃）相比，气温略为逊色一些，但昆明冬季气温日较差大，清晨可寒冷刺骨，午后却暖阳如夏。昆明确系“天下之异地，海内惟有此”的好地方。冬可避寒，夏可避暑。

腾冲秋日的银杏村（杨家康 摄）

若冬季你能到云南的热区旅游观光，感觉则会大不一样。西双版纳景洪最冷月平均气温16.5℃、勐腊15.9℃、元江16.9℃、河口16.0℃、瑞丽13.0℃、芒市12.3℃、盈江11.8℃、富宁11.4℃，这些地方的冬季气温可与全国避寒胜地媲美，甚至略胜一筹，热带风情浓郁。就连地处滇北的金沙江干热河谷地区的元谋，1月平均气温也高达13.8℃，华坪11.8℃，热带、亚热带风光旖旎，同样是理想的冬季避寒之地。

- 类型众多

云南气候，因纬度变化同北高南低的地势相结合，扩大了气候变幅，形成了包括北热带北缘到寒温带所有的气候类型，谚曰：“云南本是温和乡，冷热不同在双江”。北部“丽江大寒，有长年不化之雪”，南部“元江大热，有一岁两获之禾”。这种南热北寒的分布再加上东、西两大地貌单元的烙印后，又叠加上具体地段上的垂直气候——气候急剧变化：气温随海拔上升而下降，降水在一定高度下随海拔上升而增加，以及逆温、坡向等。因此，全省气候类型众多而复杂，分布区小而分散。

云南7种气候类型几乎囊括了我国各种气候类型，成就了从热带雨林到雪山草甸的绚烂跨越，带来了春夏秋冬“四季有美景，一年皆可游”的多姿多彩，加之立体气候影响，“一山分四季，四季景迥异”。湛蓝天空、蓝天白云、天高云淡、七彩祥云、虹霓霞光、云遮雾绕、波光粼粼、秋风送爽、风花雪月、梯田云海、高山云瀑、雪花飘舞……这些别致的气象景象，都能轻松地在云南寻到答案。

· 光照充足

昆明年平均日照时数为2328小时，在全国比著名的旅游城市南京（2155小时）、上海（2014小时）、杭州（1904小时）、武汉（2058小时）、广州（1906小时）、成都（1208小时）、西安（2038小时）多。干季，表现尤甚，往往蓝天白云甚至碧空如洗，可全天候游；雨季，连阴雨不多，常常阳光和煦或雨过天晴，给人舒服甚佳之感。清代进士吴自肃自黔入滇时曾写过：“才入滇南境，双眸分外明。诸峦环秀色，芳树带文情”，表达了云南阳光明媚的灿烂。

云南是我国南方各省区中阳光最充足的省份，除怒江北部、昭通北部外，全省年均日照时数在2000小时以上，明显多于相邻的黔、蜀、桂三地。彩云之南，阳光普照。

· 物奇候异

云南气候的区域性和多样性，在空间分布上表现为各种气候类型区的镶嵌分布，受气候制约的动物、植物、粮食作物、经济作物、名特优农产品等也被打上“气候好产品”的烙印，故有“植物王国”“动物王国”“药物宝库”“香料之乡”“世界花园”的美誉。但气候分布区多而小，个体小而散，亦系旅游业发展的条件和优势，多样性与脆弱性并存。清代进士许缵曾在《滇行纪程》中写道：“……余九月抵任，……见蜀葵与木樨并开，……蔷薇、木香……俱发，……建兰、水仙、茉莉及红梅、桃李同时灿然，……物候之奇，触目惊心，类如斯矣”。彩云之南，山花烂漫，物奇候异，宁静富饶。

昆明冬季暖洋洋

古人云：“滇地山丛水狭，风烈土浮，冬春恒旸，夏秋多雨，终年少冰雪，四时卉木繁青。”点滴精辟之言，道出了云南气候的特点，昆明以“冬暖夏凉四时春”而闻名，是大自然赋予人类的天然大温室。

昆明冬日碧空如洗，天空湛蓝，是全国能见度及大气透明度极佳的高原城市。空气清新，阳光明媚，温暖如春，在全国绝大多数地方正经历天寒地冻的数九寒冬之时，昆明仍呈现一派暖洋洋的春天气息。从气候条件讲，昆明当推为我国首选的全年可旅游的名城。

昆明最冷的1月平均气温为8.1℃，日照时数232小时（平均每天日照有7～8小时），而北京却为-4.6℃、哈尔滨-19.4℃、乌鲁木齐-15.4℃、兰州-6.9℃、上海3.5℃、郑州-0.3℃、武汉3.0℃、拉萨-2.3℃、长沙4.7℃、广州13.3℃、香港15.8℃、海口17.2℃。在全国所有的省会城市中，除华南沿海平原地区的冬季气温高于昆明外，其余的均比昆明低。可见，昆明虽地处高原，但冬季并不寒冷。冬天在昆明“烤太阳”，是一种惬意的生活享受，是最普惠的阳光“福利”。

昆明翠湖冬日的海鸥（唐跃军 摄）

形成昆明冬暖的原因有4点。第一是高原阻挡作用，云贵高原属“世界屋脊”——青藏高原的东南延伸部分，处于西北气流的背风坡，青藏高原大地形对西伯利亚寒流有巨大的阻挡作用使其绕流东移，冷空气不易翻越青藏高原。第二是山脉阻挡作用，云贵高原平均海拔1500～2000米且多南—北走向的山脉，绕流东移的冷空气只能从东部平原和四川盆地缓慢爬上云贵高原后从滇东北向西南移，入侵昆明，滇东山脉对冷空气有较大的阻挡作用，一般强度的冷空气不易影响滇中地区。第三是高空干暖气流影响，云南冬季上空盛行来自西亚和南亚平直的干暖西风气流，且气流较强，在1万米高空有全球最强的西风急流带存在，干暖气团对冷空气在空中形成拦截之势。第四是锋面影响，在云贵交界之间冬季有“昆明准静止锋”活动，维持时间长，处于锋前的昆明阳光灿烂，锋后的贵阳阴雨绵绵。所以，大家晚上在观看中央电视台的《天气预报》节目中会发现，当预报全国将出现大范围的强降温雨雪天气时，云南经常是被“圈”在影响范围之外的，昆明及云南仍然是艳阳当空，风和日丽。

尽管昆明冬季暖和，但昼夜温差却很大，有“一天分四季”之感。1月白天平均最高气温为15.1℃，极端可高达22.4℃，受高原辐射冷却影响，夜间平均最低气温仅为1.5℃，接近冰点的门槛，极端则可低至-7.4℃，一天之中气温变幅达14℃左右。忽冷忽热是昆明冬季的一大特色，加之湿度小，气候干燥，是冬季感冒等流行病易发的主要原因。

昆明并非整个冬季天天都是晴空万里，偶尔也会受到西伯利亚寒潮的侵袭，平均每年大约有3～4次，若有暖湿气流配合，春城仍可降大雪。1974年3月、1983年12月、1986年3月、1999年1月和2000年1月的几场大雪给春城人带来了难得见到的北国风光。

昆明年平均降雪日数为3～4天，最早在11月就可见雪飘，最晚阳春4月仍可有落雪。一般冷空气滞留滇中的时间为2～3天，长的可达4～5天，随后转为上午阴冷，中午以后晴空万里的静止锋天气。

昆明冬季的山野风光（李道贵 摄）

自1987年后，随着全球气候变暖和厄尔尼诺现象的影响，云南频繁出现暖冬天气，更加剧了云南人对冬暖的亲身感受，仿佛冬季的寒冷离我们越来越远了。1997年、1998年冬季出现了云南有气象记录以来最强的暖冬，昆明冬季气温较常年偏高2.8℃和3.2℃。

2000年入冬以来，昆明气温起伏波动明显。11月上、中旬气温偏低，11月下旬至12月26日气温明显偏高，较历年同期偏高2℃。但在此期间先后受到5次冷空气影响，天气转阴冷，其中11月20日降温最剧烈，最低气温仅为0.5℃，出现了雨夹雪天气，是20世纪90年代以来昆明降雪最早的冬季，但是冷空气维持时间不长，1～2天即告结束。11月下旬以来，昆明最高气温在20℃以上的日数达7天，表现出前冬偏暖的迹象。1月是一年中最冷的月份，由于受海洋和大气环流调整的影响，我们要随时注意后期在暖背景下可能出现的降雪和霜冻天气，尽量减轻因冻害而造成的经济损失，警惕冬暖潜伏的危机。

本文发表于2001年1月11日《春城晚报》第27版《科学天地》

云南的山山水水

云南是我国集边疆、民族、山区、美丽为一体的西部省份，山区与高原占全省国土面积的94%，地形地貌复杂，山地与高原是云南最大的省情。在地质构造和地貌发育的影响下，在三迤大地上孕育了神奇的六大水系和众多的高原湖泊，宛如飘逸在彩云之南的条条“玉带”和撒落在古滇王国的粒粒“珍珠”。在云南的崇山峻岭与涓涓溪流之间，分布着世居的少数民族、珍稀的野生动植物、奇特的自然景观，令人向往，令人陶醉。

· 独特的地理区位——六大特征

云南地处我国西南边陲，自然地理复杂多样，地理区位独特，具有六大特征。一是内陆性。云南地处内陆，位于青藏高原、中南半岛、横断山区、四川盆地、贵州山地之间，虽与两大海洋有一定的距离，但距海较近；二是边远性。地处边疆，远离中国政治、经济、文化中心。与云南接壤的缅甸、老挝、越南三国北部地区，均属欠发达地区；三是过渡性。由于云南地处青藏高原与中南半岛间的过渡地带，又是南亚次大陆与亚洲东部的中间地带，地质、地貌、气候、生物区系及其自然带等具有明显的从北向南和自西向东的过渡性质。云南处于中原汉文化、青藏高原藏文化和东南亚佛教文化的交汇地带，其区位过渡性主要表现在地质、地貌、气候、生物、民族、人文等六个方面；四是封闭性。云南地势起伏巨大，河流切割强烈，被分割成一个个相对封闭的、独立的、立体的小型自然生态区（盆地和河谷），与外界处于半封闭状态，与外界的联系受到地形的阻隔；五是通道性。云南是我国与中南半岛和南亚诸国进行友好往来和边境贸易的重要通道，是中国通向南亚和东南亚地区最优陆上通道。滇西属“纵向岭谷”区，具有面向亚洲南部地区开放的天然优势，是中国面向南亚、东南亚开放大通道；六是变化性。云南地处中国西南边境，与缅甸、老挝、越南三国接壤，陆地边界长达4060千米，地理区位受地缘政治、国际合作、周边国家发展、中国发展战略和区域开发方向变化的影响，其地理区位处于不断变化之中，经济地理区位的变化尤其显著。

· 复杂的地形地貌——高原山地

云南是一个高原山地省份，属青藏高原东南延部分。地形一般以元江谷地和云岭山脉南段的宽谷为界，分为东西两大地形区。东部为滇东、滇中高原，称云南高原，系云贵高原的组成部分，平均海拔2000米，地形表现为波状起伏和缓的低山和浑圆丘陵，发育着各种类型的岩溶地形；西部为横断山脉纵谷区，高山深谷相间，相对高差较大，地势险峻；南部海拔一般在1500～2200米；北部在3000～4000米；在西南部边境地区，地势渐趋和缓，河谷开阔，一般海拔在800～1000米，个别地区下降至500米以下，是云南主要的热带、亚热带地区。全省整个地势从西北向东南倾斜，江河顺着地势，成扇形分别向东、向东南、向南流去。全省海拔相差极大，最高点为滇藏交界的德钦县怒山山脉梅里雪山主峰卡瓦格博峰，海拔6740米；最低点在与越南交界的河口县境内南溪河与元江汇合处，海拔仅76.4米。两地直线距离约900千米，高低相差达6000多米。

据统计，云南境内海拔超过2500米的主要山峰就有数百座之多，是全国高山最多的省区之一。高耸的山岳，挺拔于云岭大地，蔚为壮观。大家熟知的著名山峰就有梅里雪山（6740米）、玉龙雪山（5596米）、哈巴雪山（5396米）、轿子雪山（4223米）、碧罗雪山（4141米）、点苍山（4122米）、拱王山（3677米）、大雪山（3504

米）、高黎贡山（3374米）、无量山（3291米）、哀牢山（3166米）等，其中高黎贡山和哀牢山两条南北走向的山脉，是云南重要的天气气候分界线。

云南的地貌有五个特征：一是高原呈波涛状。全省相对平缓的地区只占总面积的10%左右，大面积的土地高低参差，纵横起伏，但在一定范围内又有起伏和缓的高原面；二是高山峡谷相间。这在滇西北尤为突出，滇西北是云南主要山脉的策源地，形成著名的滇西纵谷区。高黎贡山为缅甸伊洛瓦底江的上游恩梅开江与缅甸萨尔温江的上游怒江的分水岭，怒山（碧罗雪山）为怒江与湄公河的上游澜沧江的分水岭，云岭自德钦至大理为澜沧江与长江上游金沙江的分水岭，各江强烈下切，形成了极其雄伟壮观的山川骈列、高山峡谷相间的地貌形态。其中的怒江峡谷、澜沧江峡谷和金沙江峡谷，气势磅礴，山岭和峡谷的相对高差超过1000米。怒江峡谷是世界上最负盛名的大峡谷之一。金沙江虎跳峡峡谷，在玉龙雪山与哈巴雪山之间，两侧山岭矗立于江面之上，相对高差达3000余米，也是世界著名峡谷之一。横亘于澜沧江上的西当铁索桥，海拔1980米，从桥面至江边的卡瓦格博峰顶端，直线距离约12千米，高差达4760米。在三大峡谷中，谷底是亚热带干燥气候，酷热如暑，山腰则清爽宜人，山顶却终年冰雪覆盖。在海拔5000米以上的高山顶部，形成奇异、雄伟的山岳冰川地貌；三是全省地势自西北向东南分三大阶梯递降。滇西北德钦、香格里拉一带是地势最高的第一级梯层，滇中高原为第二梯层，南部、东南和西南部为第三梯层，平均每公里递降6米。在这三个大的转折地势中，每一梯层内的地形地貌都十分复杂，高原面上不仅有丘状高原面、分割高原面，以及大小不等的山间盆地，而且还有巍然耸立的巨大山体和深切的河谷，这种分割层次同从北到南的三级梯层相结合，纵横交织，把地带性分布规律变得更加错综复杂；四是断陷盆地星罗棋布。盆地及高原台地，在云南习称“坝子”。在云南，山坝交错的情况随处可见。坝子地势平坦，且常有河流蜿蜒其中，是城镇所在地及农业生产发达地区。全省面积在1平方千米以上的大小坝子共有1442个，面积在100平方千米以上的坝子有49个。面积最大的是陆良坝子，按面积大小，前15名的坝子分别为陆良、昆明、大理、昭鲁、曲靖、固东、嵩明、平远街、蒙自、盈江、祥云、宾川、澄江、宣威、建水；五是山川湖泊纵横。云南不仅山多，河流湖泊也多，构成了山岭纵横、水系交织、河谷渊深、湖泊棋布的特点。天然湖泊分布在滇中高原盆区较多，属高海拔的淡水湖泊，像颗颗明珠点缀在高原上，显得格外瑰丽晶莹。

云南是一个多山的省份，但由于盆地、河谷、丘陵、低山、中山、高山、山原、高原相间分布，各类地貌之间条件差异极大，类型多而复杂。全省土地面积，按地形看，山地占84%，高原、丘陵占10%，坝子（盆地、河谷）仅占6%。

• “亚洲水管”的别称——高原水系

水系泛指流域内各种水体构成脉络相通的系统，又称河系或河网。云南河流众多，流域面积在100平方千米以上的河流有672条，分属伊洛瓦底江、怒江、澜沧江、金沙江、红河、珠江六大水系。南盘江—珠江、元江—红河发源于云南境内，其余河流发源于青藏高原。独龙江、大盈江、瑞丽江—伊洛瓦底江和怒江—萨尔温江、澜沧江—湄公河、元江—红河均为国际河流；伊洛瓦底江、怒江流入印度洋，澜沧江、金沙江、红河、珠江注入太平洋。如此复杂的水系组合是其他省区所没有的。在云南，仅流域面积在10000平方千米的河流就有10条，即金沙江、澜沧江、怒江、南盘江、红河、普渡河、横江、牛栏江、李仙江、黑惠江。发源于青藏高原的众多河流，在进入云南后，除金沙江在丽江石鼓镇突然以V字形转弯向东北流去（堪称万里长江第一湾），成为孕育中华文明的母亲河（长江），其余继续一路向南奔向辽阔的大海。云南的六大江河对我国华东、华南及东南亚地区供水起到了重要作用，故有人将青藏高原誉为“亚洲水塔”，喻为亚洲众多河流之源，而将云南誉为一根不折不扣的“亚洲水管”，起到了保障整个亚洲东南部地区江水输送的作用。

滇西北是最为世人所熟知的地理符号，是被联合国教科文组织评为世界自然遗产地的“三江并流”核心区所在地。“三江并流”地区属金沙江（长江）、澜沧江（湄公河）、怒江（萨尔温江）3条亚洲著名大江的上游地区。在东西150千米内排列着高黎贡山、碧罗雪山、云岭、哈巴雪山4条山脉和怒江、澜沧江、金沙江3条大江，形成了横断山脉西段地区的主体。怒江、澜沧江、金沙江在云南境内自北向南并行奔流170多千米，互相竞速，让人感到心潮澎湃。形成了世界上罕见的“江水并流而不交汇”的奇特自然地理景观，其间澜沧江与金沙江最短直线距离为66千米，澜沧江与怒江最短直线距离不到19千米。事实上，属于同一地理单元结构，滇西北位置最西的、夹持在但当力卡山与高黎贡山之间、向南流向缅甸的独龙江（出境后称恩梅开江，属伊洛瓦底江上游）并没有被遗忘，早也被人们纳入“三江”水系的行列，让传统的“三江并流”升级成为了“四江并流”的奇观。这种独特的地理环境与南北山脉走向，使得横断山区的东西部，分别受太平洋和印度洋的季风影响。在强劲的西南季风影响下，山脉西侧一带多地形雨，东侧背风坡则较为干旱。南北走向的河谷使得西南季风得以将此作为北上的通道，让地表植被从南到北依气候和地势，分别呈现出了热带季雨林—亚热带常绿阔叶林—温带针阔叶林—温寒带高山森林草甸的鲜明而复杂的生态格局。

丽江境内的金沙江（金振辉 摄）

四江并列南流，各大河之间分水岭狭窄，干流下切较深，两侧支流短促，与干流组合成羽状水系。北纬25°30′一线以南，随着构造线散开，各大河向东、东南、西南散开，形成“帚状”水系的格局，支流发育则呈“树枝状”水系。江河在群山之间，劈削出中国最为壮观的高山峡谷群，包括金沙江虎跳峡、澜沧江大峡谷、怒江大峡谷、独龙江峡谷等以及金沙江奔子栏大拐弯、万里长江第一湾、怒江第一湾、澜沧江大拐弯等各种大拐弯地貌。

鸟瞰云南的水系布局，六大水系呈现出“二江春水向东流”和“四江春水往南奔”的险峻格局。云南境内弯曲东流的金沙江和南盘江，作为干流融入了长江和珠江，助推了长江流域和珠江流域的现代文明和快速发展。而伊洛瓦底江（云南境内为独龙江、大盈江、瑞丽江）、怒江（萨尔温江）、澜沧江（湄公河）、元江（红河）这四条河流里的每一条，都是东南亚民族的母亲河。云南的六大水系除承接了青藏高原“亚洲水塔”汇入的一部分水资源外，同时也自产了许多水资源，为我国华东、华南地区及东南亚国家输送了大量水资源，故被称为“亚洲水管”是名副其实的。

· 星罗棋布的珍珠——高原湖泊

湖泊指陆地表面洼地积水、水体缓慢流动的水域，又称湖盆。云南高原湖泊众多，是我国湖泊较多的省份之一，均为高原淡水湖泊。全省天然湖泊40余个，总蓄水量约300亿立方米。湖泊分属金沙江、珠江、红河、澜沧江四大水系。云南湖泊大多分布在海拔1280～3266米的高原面上，湖泊多在断裂陷落基础上经溶蚀、流水侵蚀或冰川等外力作用影响下形成。云南湖泊主要由周围河流、降水及地下水补给，多位于盆地之中，河流源近流短，汇水面积小，入湖径流少。

滇中地区主要湖泊有滇池、抚仙湖、阳宗海、星云湖、杞麓湖等；滇西主要有洱海、泸沽湖、程海、剑湖、茈碧湖、纳帕海、碧塔海等；滇南主要有异龙湖、长桥海、大屯海等；滇东主要有者海、遮谷海、浴仙湖等。湖泊中滇池面积最大，为306.3平方千米；洱海次之，面积250平方千米。抚仙湖深度第一，最深处为151.5米；泸沽湖次之，最深处73.2米。按容量计，超过20亿立方米的有抚仙湖、洱海、程海、泸沽湖。从平均水深看，超过20米的有抚仙湖、泸沽湖、阳宗海。以面积而论，超过200平方千米的有滇池、洱海、抚仙湖。滇池是云南湖面最大的湖泊，名列全国第六，抚仙湖是全国第二深的淡水湖。在云南，习惯上将滇池、洱海、抚仙湖、阳宗海、星云湖、杞麓湖、异龙湖、泸沽湖、程海称为九大高原湖泊，誉为镶嵌在云岭大地上的九颗“高原明珠”。

云南湖泊多位于崇山峻岭之中或高山之巅，似颗颗高原明珠，像块块山间碧玉。它们山环水映，景色秀美，风光如画，是云南壮丽自然景观的重要组成部分。许多湖泊驰名中外，其中最著名的有滇池、洱海、抚仙湖、泸沽湖等。

滇池是云贵高原水面最大的淡水湖泊，国家三大重点保护湖泊之一。地处金沙江、红河、珠江三大水系分水岭，位于普渡河上游，昆明市西南面。古称滇南泽、昆明湖。《华阳国志》载：“滇池县，郡治，故滇国也。有泽水，周回二百里所出深广，下流浅狭如倒流，故曰滇池。”滇池为新生代形成的构造断陷湖，状如弓形。湖面海拔1886.3米，面积306.3平方千米，平均水深5米，蓄水量15.7亿立方米。湖体北部有横亘东西的海埂，将湖体分为内外两部分。海埂以南称外海，是滇池的主体部分；海埂以北称内海，又名草海，面积约10平方千米。海口河是滇池唯一的出湖河流，北流经安宁市后改称螳螂川，在富民县注入普渡河，在禄劝县汇入金沙江。

洱海古称叶榆泽、昆弥川。湖泊外貌狭长而弯曲形似人耳，故称洱海。洱海是云南第二大湖泊，地处金沙江、澜沧江、红河三大水系的分水岭地带，属澜沧江水系，为构造断陷湖，位于大理市和洱源县境内。洱海湖面面积250平方千米，湖面海拔高度1974米，平均水深10.5米，蓄水量30亿立方米。位于西南的西洱河，是洱海的唯一出湖河流，流入漾濞江，最后汇入澜沧江。从空中往下看，洱海宛如一轮新月，静静地依卧在苍山和大理坝子之间，湖水清澈见底，透明度高，被称作“群山间的无瑕美玉”。苍山白雪皑皑，洱海碧波粼粼，湖光山色，相映成辉，构成了大理“银苍玉洱”“风花雪月”的美丽画卷。

抚仙湖是云南最深的湖泊，是仅次于吉林长白山天池的中国第二深水湖。唐代称大池，宋代为罗伽湖，明代称抚仙湖。古人称为“琉璃万顷”，地处南盘江支流海口河上游，在玉溪市澄江、江川、华宁三县（区、市）之间，为构造断陷湖，属珠江水系。湖面面积212平方千米，海拔1720米，平均水深95米，蓄水量185亿立方米。抚仙湖景色优美，别具一格，湖面碧波荡漾，奇丽美妙，变幻万千。明代旅行家徐霞客《滇游日记》载：“滇山惟多土，故多壅流而成海，而流多浑浊，惟抚仙湖最清。”明代状元杨慎诗云：“澄江色似碧醍醐，万倾烟波际绿芜。只少楼台相掩映，天然图画胜西湖。”抚仙湖，不愧是云贵高原上一颗耀眼的璀璨明珠，是著名的旅游胜地。

泸沽湖位于云南丽江市宁蒗县与四川凉山州盐源县交界处，是川滇界湖。云南第二深水湖，属构造断陷喀斯特湖。古名鲁窟海子、澄潭，摩梭人称左所海、永宁海、勒得海子，摩梭语以山沟里的湖为“泸沽”，故名。泸沽湖由西部亮海和东部草海两部分组成，面积51.8平方千米，湖面海拔2685米，平均水深40米，蓄水量20.7亿立方米。地表无明显排水口，以地下水方式在四川盐源县境内排泄，经海门河流入雅砻江，最后汇入金沙江。湖水最大透明度12米，湖中有6个小岛、4个半岛，湖周群山环抱，格姆女神山高居湖畔，后龙山楔入湖心。优美的湖光山色和浓郁的摩梭风情，吸引着越来越多的中外游客前往寻幽探奇。

· 多彩的“地球之肾”——高原湿地

人们一般认为，湿地是陆地与水域的过渡地带。湿地、森林、海洋，称为地球的三大生态系统。湿地覆盖地球表面虽仅占6%，却为地球上20%的物种提供了生存环境，因此，湿地享有“地球之肾”的美誉。“云贵高原湿地”属于中国八大湿地群之一。据2009年第二次全国湿地资源调查，云南湿地面积56.35万公顷，占国土面积的1.47%。2018年云南湿地面积60.68万公顷，湿地保护率达46.5%。云南湿地资源具有生态区位重要、生态功能突出、生物物种丰富、湿地类型多样、生态系统脆弱、生态景观壮丽等六大特征。

目前，云南有红河哈尼梯田、普者黑喀斯特、洱源西湖、普洱五湖、晋宁南滇池、盈江、鹤庆东草海、蒙自长桥海、石屏异龙湖、通海杞麓湖、沾益西河等国家湿地公园（含试点）18个，占全国总数的2%。滇池及昆明周边的湿地公园多达10余处，像捞渔河、斗南、五甲塘、东大河、西华、海东、宝丰、古滇、南滇池、海洪、草海、白鱼河河口、嘉丽泽等湿地，景色优美。目前云南有4个国际重要湿地：大山包（昭通市昭阳区）、拉市海（丽江市玉龙县）、碧塔海（迪庆州香格里拉市）、纳帕海（迪庆州香格里拉市）。根据发展规划，到2025年全省将建成各级湿地公园322个，其中国家级18个、省级154个、州市县级150个。

滇池湿地公园（宋光旭 摄）

在云南，滇西及滇西北湿地是全球生物多样性保护的热点区域。滇东北湿地是珍稀水禽黑颈鹤完整生活史不可或缺的停歇地，大山包国际重要湿地的越冬黑颈鹤单位面积种群数量全球最高。滇中、滇东湿地与城市发展依存共荣。滇东南喀斯特干旱区湿地构造了和谐的山水田园。滇南湿地河流纵横，水润万物。滇西南湿地雨量充沛，物种丰富。大山包、拉市海、碧塔海、纳帕海等国际重要湿地，滇池、抚仙湖、洱海、泸沽湖、异龙湖等国家重要湿地，已成为云南靓丽的名片。

• 水资源的开发利用——电站与水库

水能资源是指可提供动力的水资源，是重要的绿色清洁能源。云南水能资源理论蕴藏量为1.04亿千瓦，居全国第三位，占全国水能资源总量的1/7。可开发装机容量约0.9亿千瓦，仅次于四川，居全国第二位。云南水能资源主要集中于金沙江、澜沧江、怒江三大水系。云南境内的金沙江水电基地、澜沧江水电基地等位列“中国十三大水电基地”规划蓝图，其中金沙江是全国最大的水电能源基地，排中国水电基地之首。随着云南水电开发及水库建设的有序推进，云岭大地将呈现出无数个“高峡出平湖”的胜境，空中俯瞰则犹如珍珠般美丽。石龙坝水电站是中国第一座水电站，位于昆明市郊的海口螳螂川上，修建于清宣统二年（1910年），目前这座具有百年历史的水电站，发电机组的马达依然在轰鸣中。

澜沧江在云南境内长1247千米，落差1780米。澜沧江在云南境内共规划拟建15个梯级电站（古水、乌弄龙、里底、托巴、黄登、大华侨、苗尾、功果桥、小湾、漫湾、大朝山、糯扎渡、景洪、橄榄坝、勐松），总装机容量2580万千瓦，相当于1.4个三峡电站。目前，漫湾、大朝山、小湾、糯扎渡、景洪、功果桥等6座电站已建成发电，其余电站正在建设或规划筹建中。

金沙江分为上、中、下游三个河段，云南丽江石鼓镇以上为上游，石鼓至四川攀枝花为中游，攀枝花至四川宜宾为下游。金沙江自四川、西藏、云南三省（区）交界至宜宾河段，可开发水电总装机容量约6338万千瓦。金沙江在云南省内流经迪庆、丽江、大理、楚雄、昆明、曲靖、昭通7个州（市），干流长度1650千米。拟在金沙江中游和下游河段规划建设12座大型（巨型）水电站（中游8座——龙盘、两家人、梨园、阿海、金安桥、龙开口、鲁地拉、观音岩，规划总装机容量2096万千瓦；下游4座——乌东德、白鹤滩、溪洛渡、向家坝，规划总装机容量4646万千瓦）。目前，阿海、金安桥、观音岩、乌东德、白鹤滩、溪洛渡、向家坝等电站已建成投产，其余电站正在建设或筹建之中。白鹤滩水电站位于云南巧家县与四川宁南县交界的金沙江峡谷，水库正常蓄水位825米，库容206亿立方米，总装机容量1600万千瓦。2021年6月，首批机组发电，2022年工程全面完工后，白鹤滩水电站将成为仅次于三峡水电站的中国第二大水电站（世界第三大水电站）。

云南水资源总量约2210亿立方米，排全国第四位，人均水资源量约4588立方米。云南水资源有其独特性：一是由于山脉深度切割，高差悬殊，“人在高处住，水在低处流”，水资源总量丰沛但开发利用难度大、成本高；二是水资源与人口、耕地等要素极不匹配，占全省面积6%的坝区，集中了2/3的人口和1/3的耕地，但水资源量却只有全省的5%，尤其滇中地区人均水资源量仅为700立方米左右；三是水资源时空分布极不均匀，雨季降水量占全年的80%以上，干季仅占20%。无雨就旱、有雨则涝、旱涝急转、旱中有涝、涝中有旱的现象较为突出；四是水生态环境脆弱，水环境承载能力低，防污治污任务重。云南水利建设受投资不足的制约，水源工程底子薄、基础差、欠账多，工程性缺水、资源性缺水、水质性缺水并存，尤以工程性缺水最为突出。

云南正在着力构建以滇中引水工程为骨干、大中型水源工程为支撑、水电站水资源综合利用及水系连通工程为补充的“河湖连通、西水东调、多源互补、区域互济”的立体性、综合型、多功能的云南特色水安全保障网，目前已全面完成牛栏江—滇池补水工程。滇中引水、德厚水库、阿岗水库、车马碧水库、柴石滩水库大型灌区、麻栗坝水库大型灌区等国家级重点水利工程项目已开工建设。全省已建成各型水库及坝塘6000余座，总库容125亿立方米，其中云龙、松华坝、柴石滩、渔洞、独木、毛家村、德泽、小中甸、清水海、麻栗坝、景洪电站等11座属大型水库，中型水库235座，遍及16个州市，全省生产生活用水条件得到了显著改善。云龙水库位于金沙江水系二级支流掌鸠河中上游，地处昆明市禄劝县云龙乡。水库设计库容4.84亿立方米，水域面积20.66平方千米，每年输水量占昆明城市供水总量的80%，有云南“小千岛湖”的美称。

滇中地区是云南经济社会发展的核心区域，资源性缺水与工程性缺水并存。为解决滇中地区的缺水问题，国务院已批复修建云南特大型跨流域调水工程——滇中引水工程，该项目是云南有史以来投资最大的水利工程，于2018年10月正式开工建设。工程包括一期工程和二期工程，一期工程由提水工程和地下输水洞室工程组成，输水总洞渠长664千米，其中隧洞长612千米（占比92%）；二期工程共布置各级干支渠157条，线路全长1840千米。工程受水区为干渠沿线的丽江、大理、楚雄、昆明、玉溪、红河等6州（市）35县（市、区）。不久的将来，一条壮丽的人工“大河”将镶嵌在彩云之南，金沙江之水将惠及滇中各地。

本文发表于《云南气象》2019年科普专集

泼水节与气候

泼水节，英文名为Water-Splashing Festival，国外称宋干节。泼水节是傣族最隆重的传统节日，也是云南少数民族中影响最大，参加人数最多的节日之一。1990年出版的《中国风俗辞典·泼水节》写到：此节日起源于印度，后随小乘佛教传播，经缅甸、泰国和老挝传入我国傣族地区，故又称“浴佛节”。

泼水节是中国傣族、阿昌族、布朗族、佤族、德昂族等少数民族和中南半岛泰老缅等民族的新年节日。为傣族一年中最盛大的传统节日。泼水节是展现傣族水文化、音乐舞蹈文化、饮食文化、服饰文化、民间崇尚等传统文化的综合舞台，是研究傣族历史的重要窗口，具有较高的学术价值。

· 泼水节的由来

泼水节，亦称“浴佛节”，傣语又称“楞贺尚罕”，是云南傣族、阿昌族、布朗族、佤族、德昂族以及泰语民族和中南半岛地区的传统节日。节日当天，云南西双版纳、德宏等地以及泰国、老挝、缅甸、柬埔寨等信奉小乘佛教的人们清早起来便沐浴礼佛，之后便开始连续数日的庆祝活动，期间大家用纯净的清水相互泼洒，祈求洗去过去一年的不顺。泼水节是傣族的新年，相当于公历的4月中旬，一般持续3～5天。泼水节展示的章哈、白象舞等艺术表演，有助于了解傣族感悟自然、爱水敬佛、温婉沉静的民族特性。2006年5月20日，该民俗被列入中国第一批国家级非物质文化遗产名录。

傣族泼水节一般在傣历6月中旬（即农历清明节后10天左右）举行，一般在公历4月13～17日，节日持续3～5天时间。泼水节是傣族最盛大的传统节日，在这万物争春的佳节里，傣族男女老少都要穿上节日的盛装赶大“摆”，举行浴佛和互相泼水祝福。白天城乡各地处处吉祥，水花飞舞，笑语连天，一片欢腾，晚上村村寨寨唱傣戏，跳嘎秧舞，放孔明灯，彻夜不眠。一些傣族地区的泼水节尚有“大泼三天，小泼七天”的规矩。泼水节源于印度，是古婆罗门教的一种仪式，后为佛教所吸收，约在公元12世纪末至13世纪初经缅甸随佛教传入中国云南傣族地区（西双版纳、德宏、普洱、临沧、红河等地）。随着佛教在傣族地区影响的加深，泼水节成为一种民族习俗流传下来，至今已数百年。泼水节第一天为麦日，类似于农历除夕，傣语叫“宛多尚罕”，意思是送旧。清晨，虔诚的佛教徒沐浴更衣，在佛寺院中用沙堆成宝塔，围坐在宝塔四周听僧侣诵经布道，祈祷丰年，然后全村寨的群众各挑水一担，泼在佛像身上，为佛洗尘。浴佛后，人们便从四面八方敲着铓锣，打着象脚鼓涌向街头，洋溢着节日的欢声笑语。伴随着“水、水、水”（傣语“好”的意思）的欢呼声，把一盆盆圣洁的水泼向对方，以表示美好的祝愿，可以消灾除病，直至人人全身湿透。泼水节期间，还要赛龙舟、跳孔雀舞，青年男女趁过节“丢包”定情。到了夜晚，广场上燃放起五颜六色的烟花，大家围着熊熊的篝火，载歌载舞，放高升，放孔明灯，欢闹通宵。在泼水节中，谁被泼的水越多，象征着谁最幸福，泼得越多，越能表示热情。傣家人希望用圣洁的水冲走疾病和灾难，换来美好幸福的生活。“水花放，傣家旺”；“泼湿一身、幸福终身”。象征着吉祥、幸福、健康的一朵朵水花在空中盛开，人们尽情地泼尽情地洒，笑声朗朗，全身湿透，兴致弥高。

西双版纳傣族泼水节（西双版纳州委宣传部供图）

- 泼水节的气候渊源

每年4月中旬，我国大多数地区仍然是春寒料峭，北国冰雪正在融化，春天悄然而至之时，地处北回归线以南，北纬22°附近炎热的西双版纳州景洪市的澜沧江畔，一年一度的傣族泼水节正如火如荼地进行着。每到泼水节，走进西双版纳绿色的原始丛林深处，只见傣家村寨的男女老少，将满瓢满盆的水泼到了拥挤的人群当中。尽管这样，欢乐的人们却不会因全身湿透而感冒，因为这是云南傣族主要居住地——西双版纳一年中最热的时候。西双版纳位于云南南部，低纬度、低海拔、河谷、盆地是其主要的地理特征，而“炎热”是其气候的一大特色。以西双版纳州首府所在地景洪市为例，海拔582米，年平均气温22.4℃，最冷月（1月）平均气温16.6℃，最热月（5月）平均气温25.8℃。一年气候“长夏无冬，春去夏来”，是云南乃至全国著名的“避寒”胜地。

这种炎热的气候从傣族历法中也可见一斑。我国传统的历法是根据气候的冷热变化将一年分为春夏秋冬四个季节，而傣族由于常年居住在高温高湿的热带地区，故他们的季节与中南半岛国家类似，一年之中分为凉季、热季、雨季三个季节，属典型的热带季风气候。傣历1～4月（公历11月至次年2月）为凉季（冷季），此季气候寒冷、干燥，易感风寒，易发感冒，常见筋骨麻木疼痛、咳嗽等疾病；傣历5～8月（公历3～6月）为热季，此季气候炎热，湿热熏蒸，常见肠道传染病、疟疾以及其他热性病；傣历9～12月（公历7～10月）为雨季，此季雨水多，湿度大，水源易被污染，食物易霉变，常见腹泻、呕吐，并易患湿热癣疹、疮痒肿毒等疾病。从月份数据看，傣历时间较公历约早2个月，反映出气候炎热的特点。傣历的季节更替除有热量的变化外，干湿变化特征也十分显著。

傣历的夏季，正是云南大部地区的雨季，从孟加拉湾、南海等热带海域而来的暖湿气流，带来了丰沛的降水，6个多月的时间，西双版纳的降雨量就达1000多毫米，占全年的86%。且西双版纳在汛期几乎每天都有降雨，雨日多，多为热带对流性降水，此时西双版纳的月平均气温大都维持在25℃以上。作为我国较早种植水稻的民族之一，西双版纳高温高湿的气候条件，为傣族人赖以生存的水稻生长提供了水分和阳光。因而，在他们的原始宗教中，水是傣族人的生命之源，以水为贵，张扬水、崇拜水。这从傣族人的日常生活中也可见一斑，每天傍晚，傣族女性都要到村落附近的小河中沐浴，用清凉的水祛除身体的热量和灰尘。水的灵性培育了傣族人灵秀、纤美的民族气质。

傣历的凉季及热季，正处于云南的干季，西南季风尚未爆发，风从亚洲西南部的热带沙漠等干旱大陆吹来，半年时间里，西双版纳的降雨量仅占全年的15%，为100毫米左右，每月平均气温却在20℃。近半年晴朗少云的天气，使整个傣乡笼罩在少雨、干旱、高温的氛围里。这样的天气可一直持续到4月甚至5月，仍没有降雨，但空气中和江河中的水汽仍在蒸发，这时的空气湿度降到了一年中的最低值，仅为60%甚至50%。和焦渴的傣家人一样，渴望着饱饮雨水的土地迎来了西双版纳一年最热的时候，气温迅速攀升到了37℃以上。而此时西双版纳正处于水稻栽插时节，生产中需要大量水源。于是，这个崇拜水的民族热切地盼望着一场甘霖的滋润。雨来了，不仅消除了空气中流动的热气，散发了身体的暑气，浇湿了干涸的土地，更重要的是它给傣族人民带来了一年生活的希望。所以说，西双版纳干热少雨的春季气候和傣族人对水的极度张扬，导致了傣族泼水节的产生。

• 西双版纳的气候

西双版纳州处于北回归线以南，一年中太阳两次直射地面，日照充足，年总辐射接近雷州半岛，但冬季的太阳辐射比雷州半岛多。西双版纳地处低纬度高原，北有哀牢山、无量山屏障，气候具有大陆性气候兼海洋性气候交叉影响的特点。

西双版纳濒临北部湾和孟加拉湾，深受太平洋东南暖湿气流和印度洋西南暖湿气流影响，处于东亚季风和南亚季风的前沿交汇地带，比同纬度东部地区冬季热量好，比同纬度西部地区夏季降水量多，又位于内陆高原静风区，无台风登陆危害，形成了优势独特的热带雨林气候环境，大部地区属于西部型热带边缘山地季风气候，气候类型以北热带和南亚热带为主。西部地区（勐海县）气候与缅甸东北部掸邦类似，中东部地区（景洪市、勐腊县）气候与老挝北部的丰沙里省、乌多姆赛省、琅南塔省相近。

四季温差小的低纬气候。西双版纳州除勐海外，最热月均温24.9～25.8℃，最冷月均温15.4～16.1℃，年温差9.3～9.9℃，比滇西北（香格里拉）、滇东北（昭通）小7～8℃，较滇中和滇西地区小3～4℃。候平均气温终年≥10℃，有7个月以上时间的候平均气温≥22℃，可谓长夏无冬，秋去春来。农作物可全年生长，典型热带作物有橡胶树、香蕉、菠萝等，满山遍野，郁郁葱葱，生机盎然。勐海（海拔1176米）等较高海拔地区，最热月均温22℃，最冷月均温12℃，年温差10℃左右，气候较景洪、勐腊凉爽，可谓“四季无寒暑，日日皆是春”。勐海被誉为“西双版纳的春城”。

西双版纳勐仑植物园（杨植惟 摄）

干湿季分明的季风气候。西双版纳州南临热带海洋，北倚青藏高原，冬、夏半年控制全州的气团性质截然不同，形成了冬干夏雨、干湿分明的季风气候。干季（11月～次年4月）受热带大陆气团控制，降水稀少，干季降水量仅占全年降水量的14%～17%。雨季（5～10月）受热带海洋气团控制，在西南和东南两支暖湿气流影响下，降水量集中，占全年降水量的83%～86%，雨季中降水日数也较多，一般占全年雨日的71%～76%。

垂直变异显著的山原气候。西双版纳州地形地貌复杂，海拔高差悬殊（最高点海拔2430米，最低点海拔447米），使气候的垂直变异显著。景洪与勐海两地的水平距离仅几十千米，海拔高差624米，年均温相差3.8℃，以此气温递减率（0.6℃/100米）计算，全州各地年均温在10.9～22.6℃之间，“一山分四季，十里不同天”，在一座山中就有几个气候带的差异。

丰富多彩的气候类型，使西双版纳的生物种类繁多，种质资源丰富。西双版纳独特的气候条件，更多的是造就了旖旎迷人的热带自然风光和多姿多彩的民族风情。人们一般将云南称为“植物王国、动物王国、世界花园、物种基因库”，西双版纳则可誉为“生物王国皇冠上的绿宝石”。

第三章

Chapter

3 独特天气

天气气候，殊异中原，别具一格，变幻莫测。“山高日烈彩云乡，四季如春一雨凉”。南支槽、静止锋、西南涡、切变线、台风、副热带高压等天气系统琳琅满目，轮番登场，孕育了彩云、烈风、火炉、花汛、春雷、夏雹、秋雨、冬雪。

怒江"桃花汛"

怒江是中国西南地区的一条重要国际河流，发源于青藏高原唐古拉山南麓。怒江流经中国西藏、云南，流入缅甸后称萨尔温江（Salween），最后注入印度洋的安达曼海，中国境内长2013千米，云南段长650千米。

云南怒江河谷位于祖国美丽的西南边陲，自北向南纵贯云南西部的怒江州、保山市和德宏州。地处热带、亚热带纬度，地势北高南低，两岸高山矗立，垂直高差可达2500～3000米以上，河流湍急，峡谷幽深，为典型的高山峡谷地貌，气候垂直变化非常显著。往往河谷是热带，山腰是温带，高山之顶已属寒带，甚至是终年积雪了。农作物、经济作物和植被也都随着海拔高度的升高而变化，形成独特的立体气候自然景观。从海拔900米以下的热带，升到3500米以上的寒带，相当于我国东部地区从海南岛跨越数十个纬度、数千公里，到达气候寒冷的黑龙江大兴安岭地区所经过的气候、植被和自然景观带的变化，可谓"山高一丈，大不一样"。"两山、一江、三气候，山高坡陡一线天"是怒江自然地理环境的真实写照。由此形成了怒江横断山区丰富的动植物区系，种类之多，举世瞩目，吸引着许多中外科学家到此考察，而这一切都要归功于大自然造化的特殊气候。

翻开云南降水量分布图，可惊异地发现，在滇西北横断山脉干旱雨影区的大背景下，怒江北部贡山、福贡、碧江一带却出现了一块范围不大，气候与周围大相径庭的多雨"飞地"，平均年雨量达1400～1700毫米，极端可达1900～2300毫米，而周围地区却仅有600～800毫米，是周围少雨区（大理、迪庆、丽江）的2～3倍。怒江北部的多雨是由于"双雨季"现象造成的，是云南乃至全国少有的气候奇观。云南是中国季风气候特点显著的省份，干湿季分明，5～10月为雨季，11月～次年4月为旱季，而在怒江州从碧江到贡山约200多千米的怒江河谷地段的气候特点，却与周围地区大相径庭。一年里有两个雨季，2～4月是第一个雨季，此时正值春季，桃花盛开，在当地称为"桃花汛"或"春汛"，在北部地区还是全年的主要雨季，贡山和福贡两县2～4月雨量平均达560～611毫米，占全年雨量的32%～43%，高峰时达900～1100毫米，有时仅一个月降雨量就可高达600毫米，春雨如注。这里同西藏的察隅地区，并列为全国雨季开始最早、春雨最多的"特区"。而在这个局地小范围以东、以北和以南的广大地区，每年都只有一个降水高峰值，一般6月上旬雨季才开始，而6月怒江河谷已开始进入第二个雨季。从降水月际分布来看，怒江州全年的最大降水出现在3～4月，月雨量达200多毫米，这时云南大部地区却是蓝天白云天气，俗称"春雨贵如油"，月雨量仅为20毫米左右，普遍存在春旱现象。云南最大月降水多出现在夏季风最盛行期的6～9月，而怒江州则属例外，反而是出现在春季3～4月，全年60%的大雨、暴雨均出现在春季。5月是怒江河谷由春雨向夏雨转换的一个宁静期和间歇期，雨水较少。6月随着印度洋西南季风的爆发和大举入侵，怒江河谷开始步入第二个雨季，也就是整个南亚和东南亚地区的大范围季风雨季，直到11月初才结束。云南雨季一般为6个月，而怒江河谷则长达9个月。

贡山丙中洛自然风光（陈超 摄）

2～4月，随着气温的逐渐回暖，整个怒江两岸芳草嫩绿，到处是盛开的桃花、梨花、油菜花……，河谷间铺满了明媚的春色，此时本应是怒江河谷最干燥的季节，而此时却偏偏迎来的是一种与江南水乡类似的“清明时节雨纷纷”的另外一种潮湿阴雨天气，且有时降雨之大可与盛夏相媲美，甚至超过，偶尔还会引发山洪暴发和滑坡、泥石流等灾害，故当地群众把这种在春季出现的特殊天气现象赋予一个美妙的名字——“桃花汛”，与江南梅子成熟时的“梅雨”有相仿的意思。2～4月怒江北部河谷的雨日每月均有15～22天，每月平均要降2～3次大雨，甚至暴雨。大雨、暴雨日数占全年的60%，最多时月雨量可达400毫米。每天日照少于3小时，月均日照时数不足100小时，阴雨寡照，而云南其他地区均为200多小时。月均日照百分率仅为20%～30%，云南其他地区则为60%～70%，此时云南大部地区春光明媚甚至饱受烈日的煎晒，而怒江河谷则阴雨连绵，形成极大的气候反差。

怒江“桃花汛”是云南旱季中一枝独秀的“雨季”，云南的“春雨贵如油”在这里无法显灵，是云南独有的类似于海洋性气候的秘境之地。由于桃花汛的存在，怒江河谷多增了一个雨季，使得以干热河谷著称的怒江在北部这一段地区显得十分湿润，为作物生长提供了充足的水分；但物极必反，雨量太多，雨日太长，这又是使当地百姓伤脑筋的事。2～4月正是冬小麦抽穗扬花期，阴雨使小麦授粉不好，空粒严重，加之气候潮湿，锈病蔓延，人到田里一走，裤腿上就染上黄色，因此，小麦产量很低，现在人们已改种油菜和其他作物。由于冬春空气潮湿，衣服若10多天不穿，就会长一层厚厚的霉，就连新买的皮鞋也要几天擦一次油才能延长寿命。由于香烟易受潮发霉，加之烟价贵，故当地人称它为“玫（霉）瑰（贵）烟”。更有趣的是田里杂草生长十分迅速，往往比庄稼还高。由于多雨，这里的土豆（马铃薯）一般也长不大，人称“珍珠土豆”。对生活在怒江北部河谷的人来说，不怕缺水，只盼天晴。若晴天多，则是一个丰收年景。

究竟是什么原因造成怒江河谷的“桃花汛”，长期以来一直是一个不解之谜，同时也是气象科技工作者不断探索的目标。经过多年的研究，现逐渐有了一个令人满意的答案。它是特殊的地理环境、大气环流、季风和大气稳定度等诸多因素综合作用的结果。出现春汛的地区，在地图上集中于北纬26.8°—28.7°，东经98.8°—99.6°这一狭长的小块长方形范围内（包括迪庆州西部，春雨时节迎来的是雪花纷飞的北国风光），处于“世界屋脊”——青藏高原的东南角，是北半球大气流体绕高原南缘流动的涡旋发生区和气流汇集区，易产生上升运动成云致雨；怒江河谷两侧是南北向的高黎贡山和碧罗雪山，它是南方湿润气流北上和青藏高原冷空气南下的通道，但山体却屏障了东西向水汽的进入，大范围东西向运动气流与南北向笔直山脉近似成90度的夹角，加剧了上升运动的强度；再一个是缅甸的那加山脉，不仅与东西向的喜马拉雅山脉构成了朝西南方开口的雅鲁藏布江大峡谷—布拉马普特拉河河谷（简称雅—布河谷）地形，形成空中水汽通道，使得印度阿萨姆邦和藏东南降水丰沛，同时与南北向的高黎贡山构成了朝南开口的马蹄形地形，迫使西南气流迎坡辐合上升，由于西侧的高黎贡山山势略缓，并有若干低平垭口为来自孟加拉湾的西南气流打开通道，而东侧碧罗雪山尤为陡峭，成为西南气流难以逾越的屏障，故当气流翻过高黎贡山之后，往往受阻于碧罗雪山以西的怒江河谷，使其降水丰沛。自1月份以后，青藏高原南侧的南支西风气流不断加强，由于青藏高原大地形的作用，经常在东经90°附近形成南支槽（印缅槽），大气稳定度不断减小。同时，春季在喜马拉雅山脉南缘有一个狭窄的低压带存在，卫星云图上多小云团（人称雅—布河谷云团）活动，流场上刚好在雅—布河谷到怒江州北部形成明显的气旋性弯曲，怒江州正好处于槽前西南气流输送水汽和沿横断山脉的爬坡抬升作用以及沿青藏高原的偏北气流带下的冷空气交汇之处，故春季多雨，形成“桃花汛”。这也许正是有人提出春季在印度阿萨姆邦、藏东南、缅北和怒江北部一带存在所谓“小季风”的一个很好佐证。

近年来的国家自然科学基金项目研究表明，青藏高原春雨区实际上包括了藏东南、滇西北、印度东北部和缅甸北部地区，怒江“桃花汛”升级成为了亚洲春季降水中心，从怒江州北部的局部地区扩展到了青藏高原东南缘区域。大气低层的偏西气流与喜马拉雅山脉—横断山脉组合导致的地形辐合，是青藏高原东南侧春雨形成的直接原因，青藏高原大地形绕流作用和海陆热力差异起到了辅助作用。

原载《气象知识》1999年第2期，本文有删改

昆明准静止锋

锋面是指空气密度不同的气团之间的狭窄过渡带，通俗地讲就是冷暖气团的过渡带，亦称锋或锋区。锋面是风的水平气旋性切变最强，温度、湿度等气象要素水平梯度大的区域，其斜压性强，有利于垂直环流的发展和能量转换，锋面附近常常伴有剧烈的天气发生。锋面长度从数百到数千米，宽度在近地面层数十千米，在高层有数百千米。随着高度的增加，锋向冷空气方面倾斜，暖空气在上，冷空气在下。由于锋的水平宽度远比气团范围小，可近似地把锋看作一个几何面，所以锋也通称为锋面。根据锋面在移动过程中冷、暖气团所占的主次地位，可将锋面分为冷锋、暖锋、准静止锋、锢囚锋四种类型。当冷、暖气团的势力相当时，锋面的移动十分缓慢或相对静止，这种锋面称为准静止锋。事实上，绝对的静止是没有的。在这期间，冷暖气团同样是互相斗争着，有时冷气团占主导地位，有时暖气团占主导地位，使锋面来回摆动。实际工作中，经常将6小时间隔内，位置变化小于一个纬距的锋面定为准静止锋。在中国，准静止锋常出现在华南南岭地区、云贵高原、新疆天山地区和江淮流域，分别称为华南准静止锋、昆明准静止锋、天山准静止锋、江淮准静止锋（梅雨锋）。

昆明准静止锋是在东亚冷空气爆发并向南扩展时，受云贵高原地形阻挡形成的一种独特的锋面系统。在北美等地虽然也有类似现象，但昆明准静止锋在形成原因、活动规律和天气影响上都十分不同。在青藏高原大地形、低纬高原和横断山脉的作用下，昆明准静止锋沿地形呈准南北走向，具有东西摆动和跳跃式西进的独特活动规律。若静止锋转变成冷锋西进，往往伴随着西南地区寒潮等转折性天气出现；若静止锋长期稳定维持，不仅在冬季会造成冻雨等灾害性天气，还会在春季带来雷暴、冰雹、大风等强对流天气。

· 昆明准静止锋

昆明准静止锋（Kunming Quasi-Stationary Front，KQSF）主要是由变性的极地大陆气团和西南气流受云贵高原地形阻滞演变而形成的，又称西南准静止锋、云贵准静止锋、滇黔准静止锋。昆明准静止锋是中国西南地区东部云贵高原上一个经常出现的天气系统，通常位于四川宜宾、贵州兴仁、云南广南一线，呈准南北向。它不仅导致云南、贵州、四川以及广西等地较大的气候差异，而且随着准静止锋的东西向摆动，常造成锋面东侧区域的大范围冰冻雨雪天气（冬春季）和其附近的大暴雨、强对流天气（夏秋季）。昆明准静止锋是云贵高原阻挡冷空气向西移动的产物，它的维持、增强西进和减弱东退，除了与地形阻挡因素外，还与锋后冷空气的厚度、锋前暖气团的强度等有关。

昆明准静止锋锋区位置多在贵阳与昆明之间，地面图上，蒙古为一强大的冷高压，云南西南部为一热低压，地面锋线略呈西北—东南向。如冷空气势力较强，锋面可位于昆明以西；冷空气活动范围广时，其东南部可与华南准静止锋相连。如冷空气势力弱，准静止锋也可位于贵阳以北。昆明准静止锋的活动有明显的季节特征，主要出现在每年的11月～次年4月，常可连续维持10～15天。其中12月～次年2月，约有一半以上的日子均可出现；4月、5月、10月和11月出现次数稍少，每月在10～12天；盛夏7～8月冷空气势力大为减弱，活动位置偏北，云贵地区受赤道气团和热带气团控制，因而极少出现，仅3天左右。全年中1月活动频数最高，4月次之，10月较少，7月基本不出现。昆明准静止锋锋面坡度很小，覆盖面较广，锋面两侧的气温、日照、风、湿度等气象要素都存在着明显的不连续，天气特点也迥然不同。处于锋面西南侧的云南大部分地区因受单一暖气团控制，碧空万里，阳光灿烂，气温较高，如昆明1月平均气温8.1℃，冬无严寒；锋后的四川凉山州东部、云南东北部和贵州大部地区，因位于冷空气一侧，风向偏北，气温低，如贵阳1月平均气温4.9℃，阴雨连绵，每月≥0.1毫米降水日数均在10～15天以上，有“天无三日晴”之谚。当冷空气势力强盛，锋面位于昆明以西时，云南中东部地区处在静止锋控制下，气温骤降，天气阴冷或有小雨，故在云南有“四季无寒暑，一雨便成冬”之说。

俯瞰昆明准静止锋云系（图源：视觉中国）

影响云南的冷空气一般要在四川盆地或贵州有一个堆积的过程，云南预报员称之为冷空气的“铺垫”过程。只有当冷空气“铺垫”到一定厚度时，再加入新的冷空气，哪怕是很弱的冷空气，才会使之翻越大、小凉山和乌蒙山进入云南滇中地区，这也是成就“浩浩荡荡的冷空气往往不会影响，而偷偷摸摸的冷空气却造成云南寒潮”的独特天气现象。入侵云南的寒潮冷空气大致可分为三路，除了从青藏高原直接南下的冷空气外，东北路、东路冷空气加强时都会推动昆明准静止锋移向滇中，给昆明等地带来阴冷雨雪天气。故，人们常说昆明准静止锋是昆明的晴雨锋。研究表明，西北路径的冷空气来自青藏高原，当冷空气南下时冷气团受到大地形作用产生动力下沉，造成剧烈的辐散，不会形成准静止锋。东北和偏东路径的冷空气，当冷空气不太强或影响云南的强冷空气减弱东退时，受云贵高原地形阻挡，极易形成昆明准静止锋。

我们可初步得到这样的昆明准静止锋概念模型。冬半年，由于青藏高原的动力作用，西风气流分为南北两支，南支西风到达孟加拉湾使南支槽形成和维持，北支冷空气从高原东侧南下与南支槽前干暖空气相遇形成“干型”准静止锋。若南支槽加深发展或副热带高压外围有西南暖湿气流输送，则为“湿型”准静止锋。夏半年，西南季风北上受青藏高原阻挡形成季风槽，槽前西南暖湿气流与南下冷空气相遇，形成“湿型”准静止锋。

· 昆明准静止锋的发现

中国高空气象观测始于1930年。1935年，朱炳海提出研究天气演变机理应从分析气团入手。赵九章、黄厦千、涂长望等学者开展了东亚气团及其对天气影响的研究，揭示了中国天气的独有特征。第二次世界大战期间，随着高空测候站增加并扩展到我国西南地区，获得的高空气象信息受到了高仕功、涂长望、吕炯、卢鋈、张丙辰等气象学者的关注。张丙辰将中国气团分为五大类，进而论及不同气团间所发生的交绥作用，与其相因而生的天气现象，由此发现中国气团之交绥，可分昆明准静止锋等六大类型。据1982年《中国科学家辞典》记载：“张丙辰在大学读书时，曾听过吕炯《巴山夜雨》的报告，引起他对西南地区天气的浓厚兴趣。他积三年搜集、整理的资料，于1946年写成《昆明准静止锋》一文，得到原大学老师涂长望教授的赞许，至今国内天气学教材中涉及此锋，其名即自彼时始。”1947年，《科学》杂志刊登了张丙辰“吾国西南之气团及准静止面”的论文提要。1949年，《科学》又刊登了张丙辰《昆明准静止锋面之再探讨》等3篇论文提要。1950年，他的英文论文“The Kunming quasi-stationary front（昆明准静止锋）”在Journal of the Chinese Geophysical Society（《中国地球物理学报》）上发表。可见，张丙辰先生是我国最早系统地研究和总结昆明准静止锋的学者。1956年，樊平先生根据昆明气象台的经验和多次昆渝航线飞机报告，提出昆明准静止锋垂直结构的五个指标、锋面分析原则和预报经验，在1956年《天气月刊》第3期（附刊）上发表“昆明准静止锋”一文。至此，在新中国第一代气象工作者的努力下，昆明准静止锋终于从一个概念模型成为了天气图上实实在在的天气系统，预报技巧得到了提升，一些指标仍沿用至今。1959年，夏平在《天气月刊》总结我国解放十年来在锋面系统的分析研究中取得的成就时，肯定了张丙辰和樊平两位先生对昆明准静止锋的发现所做出的贡献。另外，顾震潮、赵恕、罗四维、徐裕华、丁一汇等气象学者也对昆明准静止锋进行过研究。

1997年，秦剑等的《低纬高原天气气候》一书问世，昆明准静止锋作为影响该地区的十大主要天气系统之一首次得到详述。2017年，段旭等的《昆明准静止锋》专著出版，进一步丰富了其研究成果。昆明准静止锋的发现至今已有70余年，取得了很多开创性的成果，大大丰富了挪威学派的经典锋面理论，对中国天气学也是一个极大的贡献。

· 昆明准静止锋天气

昆明准静止锋两侧的天气气候迥然不同，准静止锋活动频繁是西南地区冬春季天气的重要特色。昆明准静止锋往往造成在冷空气一侧的贵州“天无三日晴”，暖空气一侧的云南“阳光明媚”，一旦准静止锋西进南下，云南便会“一雨成冬”。昆明及锋面以西地区，在暖气团控制之下天气晴朗、温暖、明亮和舒适，而贵州、四川东部、重庆等地正好处于锋面冷气团影响之下，天气阴暗、潮湿和寒冷，覆盖着层状云，时有夜雨。如有新的冷空气补充，天气会变得阴沉，甚至降雪。昆明准静止锋是滇黔两省之间的气候锋，经过高度订正后的平均最高气温、最多风向和年平均总云量等气候要素的显著不连续，是这条气候锋存在的真实反映。昆明准静止锋的存在，使该地区气候出现明显的东西部差异，尤其在冬季，昆明与贵阳两地的天气迥然不同。表现为贵阳多阴雨，日照较少，有时偶感阴冷。而昆明却是别有洞天，阴雨极少，天空蔚蓝，阳光灿烂，白云悠悠，风和气暖。资料统计表明，昆明冬季（12月～次年2月）日照时数为643小时，较贵阳同期的179小时多464小时，昆明比贵阳多近4倍；昆明阴天日数为13天，比贵阳63天要少50天，贵阳比昆明多近5倍；昆明降水日数为14天，比贵阳39天要少25天，贵阳比昆明多近3倍。不怪乎到过云贵高原旅游的人说，昆明四季如春，确实名副其实，贵阳亦然。但与昆明相比，略显逊色，冬天多阴沉天气，有时甚至感到有些湿冷。

受昆明准静止锋和华南准静止锋影响，贵州、湖南一带常形成地方性冻雨天气。贵州冻雨次数多、持续时间长、影响范围广、灾害程度重，是我国冻雨发生最频繁的省份，而云南仅在滇东北的昭通市、滇东的曲靖市和滇东南文山州的东北部地区出现，滇中以西以南地区则很少出现。

冬半年，昆明准静止锋位于干湿交界处，干区位于暖空气一侧，湿区位于冷空气一侧。云系主要在锋下冷空气里，由雨层云和层积云组成，受其影响，多为阴天、冷性濛雨天气（克拉香天气，Crachin）；夏半年，准静止锋天气有较大不同，天气较不稳定，锋线附近经常有雷阵雨产生，冷空气一侧为小阵雨天气，主要原因是暖空气性质发生了较大变化，即由原来冬半年的干暖空气变成夏半年的暖湿空气，即使有不大的垂直运动，也可产生不稳定性天气。

单一的准静止锋天气比较稳定，如与南支槽等其他天气系统结合，极易产生剧烈的天气，造成冬季强降水或大—暴雪，还有春季的暴雨、冰雹和大风天气。昆明准静止锋作为地形的产物，一般只在其平均位置附近摆动。当静止锋转为冷锋向西南移动，常会引起锋前天气突变，带来降温、降雨等转折性天气，云南的寒潮和倒春寒天气多与昆明准静止锋增强西进有关。当静止锋转变为暖锋向东北移动，锋面东侧出现大片降压区，雨区会突然加强北扩。昆明准静止锋天气的最显著特点是锋前天气晴朗，锋后阴绵有雨；锋面白天东北退，夜间西南进；锋面愈弱，这种日变化特征愈明显。

• 穿越昆明准静止锋的感受

在古代，云南称为“滇南”，“滇”就是云南的简称，“南”则指中国南部。笔者在1990年代冬春季曾因公多次乘火车往来于昆明与贵阳之间，见识了“昆明准静止锋”影响下，贵州天气的阴沉压抑和云南天气的阳光明媚，感悟了大自然的神奇和巧夺天工。嘉靖三年（1524年），明代状元杨慎经湘西入贵州到云南，这是他首次入滇，也是他第一次领略云贵高原的奇山异水。他在《滇候记序》中写道：“千里不同风，百里不共雷。日月之阴，径寸而移，雨旸之地，隔垄而分。”在《滇程记》中谈到：“入滇境多海风，蜚大屋，人骑辟易。贵之雨，云之风，天地之偏气也……西望则山平天豁，还观则箐雾瘴云，此天限二方也。”形象地描绘了滇黔两省交界处——云南平彝（今富源）胜境关（滇南胜境坊）一带的气候差异，云南多风，贵州多雨。按现代气候学讲，杨状元身临其境体验了一次穿越“昆明准静止锋”，感悟了以天为界、以雨为界、以地为界的奇特景观。

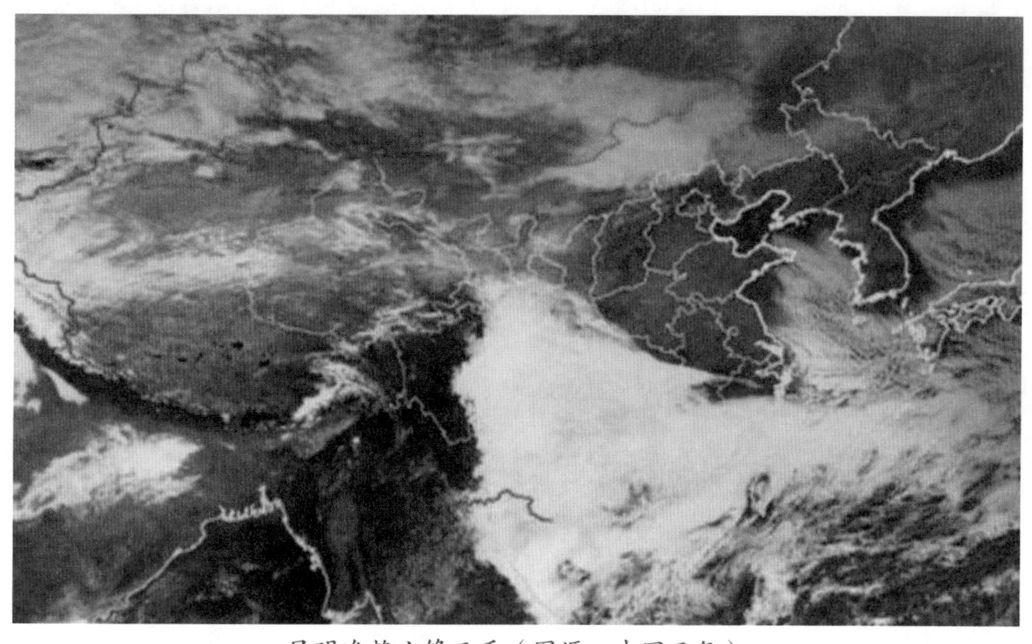

昆明准静止锋云系（图源：中国天气）

清康熙年间进士吴自肃，山东人，纂修过《云南通志》，曾有过从阴雨贵州进入晴朗云南的切身体验，入滇境就感到阳光和煦，异常舒服。他在《滇境》一诗中写道：“才入滇南境，双眸分外明。诸峦环秀色，芳树带文情。”在民族危亡时刻，1938年2～4月西南联大约300人师生组成的“湘黔滇旅行团”，由湖南长沙西迁云南昆明的“知识界长征”徒步路线，也是一次穿越“昆明准静止锋”的苦难之旅。从常德开始的三千余里的跋山涉水，经常德—沅陵—玉屏—贵定—贵阳—安顺—盘县—富源—马龙—嵩明，一路徒步走到昆明。经由云遮雾罩、阴雨弥蒙的贵州，来到阳光灿烂、温暖干燥的昆明。在西南联大师生的旅滇日记中，可找寻到道路崎岖艰辛和天气阴晴多变的诸多痕迹。清华大学生物系学生吴征镒（后成为中国著名植物学家，中国科学院资深院士，国家最高科学技术奖获得者）曾记述过胜境关古道一带的情形：“一路各色杜鹃盛开，气象与黔省迥然不同”。

古代从黔入滇，必经素有“滇黔锁钥”之称的“胜境关”。胜境关是元代以来，中原内地进入云南最重要的通道之一，被称作“入滇第一关”。“胜境关”之“胜境”有三意：首先是省界，它划分了云南和贵州的行政范围；其二是天界，关口立有一座界坊——“滇南胜境坊”，始建于明景泰年间，界坊西边朝向云南的楹柱长年干燥，并有黄尘，东边朝向贵州的楹柱则潮湿滑腻，长满青苔。在牌坊的东西两侧，各有一对历尽沧桑的石狮子，东面迎向贵州的一对石狮子，身覆青苔，而西面朝向云南的一对石狮子却是一身黄土。充分展现了贵州潮湿多雨，云南干燥多风的气候特征；其三是地界，胜境关附近有条小溪，以溪为界，一边是云南的红壤，一边是贵州的紫壤。历史上界坊旁边的关帝庙内挂着这样一副对联：“咫尺辨阴晴，足见人情真冷暖！滇黔原唇齿，何须省界太分明?”现在，界坊的“滇南胜境”这一侧为云南方向，两侧门上写有“滇界风霜”和“晴空万里”。而界坊的“固若金汤”这一侧为贵州方向，两侧门上写有“滇黔锁钥”和“黔江阴雨”，对联正好形象地说明了滇黔两省的天气特点和差异。“雨师好黔，风伯好滇”“黔疆烟雨，滇界风霜”，数百年来，过往胜境关的文人墨客都有这样的感叹。明代吏部侍郎赵士濂《滇南胜境》云：“天开胜境彩云生，金碧由来独擅名。唐代车书通诏外，汉家台沼逼昆明。四时草木无霜暑，万户桑麻绝战争”。眼前梦幻般的彩云和青绿山水构成了一幅自然造化的胜景，雄扼滇黔的胜境关作为沟通滇南与中原的主要通道，在历史上发挥了重要作用。

今天的胜境关，位于云南省曲靖市富源县城东南约8千米滇黔交界的山脊上，历史上胜境关曾多次被损毁和修缮，现在的界坊，已不是80多年前西南联大“湘黔滇旅行团”经过时的界坊了。胜境关，可谓是一座“山界滇域，岭划黔疆”“风雨判云贵”的雄奇界关。往返于云贵两省之间，也许你数次经过胜境关，也从不曾来到过胜境坊前，这个昔日的“入滇第一关”，如今已被现代化的高铁动车和高速公路无情地“抛弃”，仿佛一个退隐的老人，静静地享受着孤寂的时光。站在胜境关城门楼上，回看云南一侧的古道，狭窄弯曲，渐没于草木之中，一公里多外是繁忙的沪昆高速，而这曾经的入滇“国道”，静静地藏于并不高大却浓密的灌木丛中，不再为众人所知，只迎接着寻味历史而来的人群；东望是贵州一侧，一去山路漫漫。从这里，曾经走来了傅友德、蓝玉、沐英，走来了杨慎，走来了徐霞客，走来了林则徐，走来了中国工农红军二、六军团，走来了西南联大徒步旅行团，走来了中国人民解放军西南服务团云南支队……毛泽东著名诗词《七律·长征》中的“乌蒙磅礴走泥丸，金沙水拍云崖暖”，描写的是乌蒙山脉的磅礴气势和烟雨泥泞，金沙江畔的蓝天白云和暖阳高照，其实也就是“昆明准静止锋”影响下滇黔两省天气气候悬殊差异的真实写照。

神秘的孟加拉湾风暴

我国气象工作者常常把在印度洋孟加拉湾海域形成的热带气旋叫作孟加拉湾风暴或孟加拉湾台风，它与西北太平洋台风有很大的区别。孟加拉湾风暴对孟加拉国、缅甸、印度、斯里兰卡等南亚东南亚国家的影响和危害极大，有时甚至会酿成惨剧。北上登陆以后的孟加拉湾风暴，与青藏高原南部的西风槽相配合，对我国云南、西藏等地的降水会产生较大的影响，是初夏和秋季产生云南强降水的重要天气系统。

· 孟加拉湾是易孕育风暴之地

2019年，世界气象组织（WMO）公布了近20年（1998～2017年）全球10种自然灾害损失影响的最新比例，90.6%与天气气候有关。其中排名前3位的分别是洪水（Flood，43.4%）、风暴（Storm，28.2%）、地震（Earthquake，7.8%），风暴居造成死亡人数最多的自然灾害之首。广义上的风暴是指大气扰动，特别是影响地面并造成灾害性天气的大气扰动，风暴在尺度上包括了从龙卷、雷暴到热带气旋，再到大范围的温带气旋几种，这里所说的风暴就是特指热带气旋。故热带气旋又称热带风暴，是热带海洋大气中形成的中心高温、低压的强烈涡旋的统称，其水平环流半径一般为数百公里，垂直环流高度约10千米，达到对流层上部。在对流层中下层，涡旋运动由外向内迅速加强，狂风、暴雨、巨浪出现在距气旋中心约几百公里到几十公里的环行范围内。在离中心几十公里以内的区域，反而风平浪静、雨歇云消，形成热带气旋特有的“眼”现象。

热带气旋在全球不同的地方有着各不相同的名称。在亚洲东部的中国、韩国、朝鲜和日本，叫台风；在菲律宾，叫碧瑶风；在北美洲，叫飓风；在南亚，叫气旋性风暴；在南半球，叫气旋。但是，不管何种称呼，都是热带海洋上形成的强烈涡旋，本质上都是风暴，这是不容置疑的。强烈的风暴在陆地上很少见，多发生在海上。当风速达到15～18米/秒时，就会折断树枝，使人觉得前行困难。强烈的风暴气流形成旋涡时具有阵性的特征，风力越强阵性越大。阵风速度要比平均风速大得多，因而它的破坏力相当惊人。它吹越海面时，当风速达到每小时120多千米时，可掀起10多米高的巨浪，最高可达30多米高。汹涌上岸，席卷一切，可使沿海地区顿时满目疮痍。国际上一般根据中心附近地面最大风力，将热带气旋分为四个强度等级，即热带低压、热带风暴、强热带风暴、台风（飓风）。根据《全球热带气旋等级》（GB/T32935—2016）的划分标准，北印度洋（阿拉伯海和孟加拉湾）的热带气旋共划分为六个强度等级，即低压（Depression）、深低压（Deep Depression）、气旋风暴（Cyclonic

Storm）、强气旋风暴（Severe Cyclonic Storm）、特强气旋风暴（Very Severe Cyclonic Storm）、超级气旋风暴（Super Cyclonic Storm）。

孟加拉湾（Bay of Bengal）位于印度洋北部，是世界上最大的海湾。它西临印度半岛，东临中南半岛和安达曼群岛–尼科巴群岛，北临缅甸和孟加拉国，南在斯里兰卡至苏门答腊岛一线（北纬5°）与印度洋本体相交，通过马六甲海峡与泰国湾和中国南海相连，是太平洋与印度洋之间的重要水上通道。孟加拉湾宽约1600千米，面积217万平方千米，水深2000～4000米，南部较深，海水盐度30‰～34‰。根据美国关岛联合台风警报中心（JTWC）和环北印度洋各国（印度、孟加拉国、缅甸、斯里兰卡、泰国等）对热带气旋（TC）的习惯提法，一般将孟加拉湾地区出现的中心附近地面最大平均风速大于34海里/小时（17.5米/秒）的TC统称为孟加拉湾风暴。根据WMO有关热带气旋预警责任区域的划分，印度气象局（IMD）负责孟加拉湾和阿拉伯海两大海域的热带气旋监测预警与命名发布工作。

全球的热带海洋地区是易产生热带气旋的区域，全球有8大著名的热带气旋易发生区。全球平均每年生成热带气旋约84个，其中45个可达到台风（飓风）级别，西北太平洋是全球台风最活跃的区域，生成的台风数占全球的1/3。与热带太平洋、热带大西洋相比，热带印度洋总体上属热带风暴出现频率较低的大洋，但每年地处北印度洋的孟加拉湾地区，热带风暴以上级别的热带气旋生成个数平均为3.4个，多的年份可达7个，占全球的7%左右，属全球8大热带气旋多发区之一。孟加拉湾可谓印度洋“冷门”地区中的“热点”区域，是印度洋易孕育热带风暴的海域（海湾）。

• 威力无比的孟加拉湾风暴

在孟加拉湾发生的热带风暴，实际上是孟加拉湾海面形成的一股强大的空气旋涡，它一面不停旋转，一面迅速移动，是一种破坏力极强的自然灾害。热带风暴在海上形成之初，只是热带海洋一股低压带暖空气向那里汇流聚集并不断上升，形成巨大的气柱。这股巨大的气柱在上升过程中不断地冷凝成云致雨，从而释放出大量的热能，使这股气流上升更快。强烈的空气旋涡不断旋转并迅速移动，便形成了强烈的热带风暴。据估计，一个热带风暴从海洋中卷走的水汽可达25万吨，这些水在冷凝过程中释放出来的总能量，相当于130颗核弹爆炸的能量。当受热的空气上升越来越快时，新的空气不断聚集于风暴中心，这样又形成了速度更加猛烈的风暴。

相对于中国南海地区，孟加拉湾风暴发生频率虽然低，但其影响不可小觑，出来一个就不得了，世界上最严重的热带气旋灾害就发生在孟加拉湾沿岸国家。1970年11月12日，在孟加拉国恒河三角洲东侧吉大港哈提亚登陆的超强气旋性风暴“Bhola”，造成50万人死亡，28万头牲畜淹死，这是20世纪全球造成死亡人数最多的一个热带风暴。孟湾风暴如此惊人的破坏力并非一次两次，而是时有发生。1876年10月，孟加拉湾热带风暴在吉大港登陆，造成10多万人死亡；1991年4月29日，登陆孟加拉国的强热带风暴（北印度洋第2号热带气旋）造成13.88万人丧生；2007年11月16日，超级气旋风暴“Sidr”给孟加拉国南部沿海地区造成重创，导致3406人死亡；2008年5月2日，特强气旋风暴“Nargis”登陆缅甸伊洛瓦底江三角洲地区，造成13.8万人死亡和失踪；2020年5月20日，孟加拉国及印度东部遭强气旋风暴“Amphan”袭击，印度和孟加拉国紧急撤离沿岸300多万人，风暴造成95人死亡，1000万人受影响，约50万人流离失所。

· 行踪诡异的孟加拉湾风暴

当孟加拉湾上空形成的强大气旋登陆侵袭之时，它会给沿海地区及周围岛屿造成强烈的灾害性破坏。这种破坏力往往主要由三方面组成：首先是强风，然后是暴雨，接着是风暴潮。如是三次洗劫，往往厄运难逃。当发源于孟加拉湾海面的强烈旋转的暖性气旋形成之后，其中心气压极低，而向外的气压迅速增大，到气旋外围与周围大气相接近。而孟湾风暴的气旋范围直径可达400千米左右，这样一来，气旋内外形成了极大的气压差。由这种气压差形成的强大风暴，其瞬时风速可达40～60米/秒，甚至60～80米/秒。在如此强大的风力袭击下，海洋里的船只，岸边的房屋、建筑物，都会受到威胁和破坏。在强烈风暴侵袭的同时，还伴随着暴雨。在短时间内降雨量可达150～300毫米甚至更多，致使河道水位暴涨，引起洪水泛滥，造成大面积水灾的发生。这种破坏力要比强风本身大得多，因此在热带风暴所过之处，整个孟加拉国南部地区顿时变成茫茫泽国。与强风、暴雨结伴而来的还有灾害性的风暴潮。热带风暴是一股强大的涡旋，它在海面上掀起了滔天巨浪，这种巨浪被称为风暴浪。当风暴由海面向岸边移动时，便产生了强烈的风暴潮，这种风暴潮在瞬间可使水位增加5米之上。由于风暴中心气压较低，在移动过程中会引起海潮上涨。当潮水被挤进一个狭窄通道时，便形成了一道高高的水墙，铺天盖地而下，冲击着河堤、桥梁、房屋、树木等。强风、暴雨、风暴潮一起来到孟加拉国沿岸，汹涌地进入恒河的喇叭状海岸，风急浪高，层层叠加，涌浪高达近10米，排山倒海般地扫荡着沿海港口、乡村、城镇及其附近岛屿，造成极大的毁坏，同时海水涌入陆地，酿成大面积的灾难。所以，孟加拉国南部沿海地区是世界上遭受热带风暴、洪水和风暴潮袭击最为严重的地方。

孟加拉湾风暴云图（图源：中国台风网）

孟加拉湾地区多热带风暴活动，与该地区的地理纬度、海水温度、印度洋偶极子、垂直风结构、季风爆发与撤退、喇叭口海湾地貌等影响因素密切相关。全球热带风暴一般在盛夏为发生高峰期，而孟加拉湾风暴的发生峰值却恰恰相反，在盛夏为发生的低谷期，而高峰期却出现在春末（4~5月）和秋末（10~11月），呈双峰型分布。由于孟加拉湾成喇叭口地形，原地生成或移入的热带风暴易在该区域的沿岸国家迅速短距离登陆。据统计，孟湾风暴形成后主要有四种运动方式，即东北移登陆（44.7%）、西北移登陆（17.5%）、西行登陆（25.5%）、回旋少动不登陆（12.3%）。孟湾风暴最喜爱沿偏北和东北路径登陆孟加拉国和缅甸，其次是西行登陆印度和斯里兰卡。孟湾风暴的生命史一般不长，平均维持时间（强度从TS到TD）为57小时，最长可达222小时，最短仅维持6小时即登陆减弱或在海上迅速减弱为热带低压（TD）。孟湾风暴登陆后减弱消失非常迅速，登陆后的平均维持时间仅为11小时左右。另外，孟湾风暴的总体强度偏弱，约2／3的气旋是热带风暴TS级别，只有1／3的气旋可达台风（飓风）强度。所以，孟湾风暴是典型的“短命、孱弱、近岸”气旋，风暴行踪诡异，登陆突然，威力相当，预警困难，危害严重。

为何孟加拉国会频频遭受热带风暴的重创呢？这与其特殊的地理位置和地形条件有关。孟加拉湾是印度洋热带气旋易孕育的地方，而孟加拉国又地处孟加拉湾的海湾凹处，85%的地区为低平的恒河三角洲冲积平原，平均海拔低于10米，水系丰富，河网密集，当风暴潮和暴雨袭来时，往往会引起大面积洪水泛滥。从气候学上说，每年的4~5月和10~11月，是孟加拉湾地区西南季风的转换期，热带风暴活动频繁。另外，孟加拉国基础设施薄弱，监测预警能力不足，防灾抗灾救灾能力低，也是导致伤亡人数多的重要原因之一。

• 孟加拉湾风暴对云南的影响

孟湾风暴影响的范围广，不仅影响孟加拉湾周边国家，如孟加拉国、印度、斯里兰卡、缅甸以及中南半岛诸国，还会影响到中国西南及青藏高原地区，使得藏东南和滇西北高海拔地区出现罕见的台风暴雪天气。当孟湾风暴与南支槽相互作用时，风暴所携带的水汽甚至可输送到我国的长江中下游地区。青藏高原和云贵高原地形对孟湾风暴降水会产生一定的增强作用。孟湾风暴是一个携带着丰沛水汽和高能量的低压系统，其自身的旋转上升运动可产生大量降水，同时孟湾风暴又是一个运动性低压系统，它的活动区域和移动路径直接影响着强降水分布。孟湾风暴是影响低纬高原地区的重要天气系统，主要发生在初夏和秋季。初夏孟湾风暴活跃与否，是云南雨季开始早迟的重要标志之一；云南秋季暴雨与强连阴雨天气过程的发生，大部分均与孟湾风暴有关。

据统计，云南初夏5月71%的暴雨与孟湾风暴的活动有关，秋季10~11月受孟湾风暴影响的暴雨占57%左右。孟湾风暴前西南低空急流对云南强降水的形成具有重要的作用，它一方面起着输送水汽和能量的作用，另一方面又有助于维持必要的动力学条件。孟湾风暴是初夏和秋季造成云南强降水的重要天气系统。在初夏，孟湾风暴活动频繁常造成云南雨季的提早开始，如2004年5月中旬、2006年4月底、2007年5月中旬，也是影响5月雨量多少的重要因素；在秋季，孟湾风暴常造成云南秋季强降水和连阴雨天气，如1999年10月下旬、2006年10月上旬，成为影响云南后汛期水库科学蓄水的关键。

洒向大地的朦胧余光（唐跃军 摄）

不同登陆路径的孟湾风暴对云南降水的影响存在一定的差异，东北路径登陆风暴对云南的影响最大，西北路径影响次之，偏西路径影响最小。东北路径登陆风暴最易造成云南出现强降水天气，平均而言，会造成约14个县的大-暴雨，约90个县的小-中雨。孟湾风暴影响云南时，滇西、滇西南地区发生强降水的概率最大，危害也最重。云南除东部边缘地区外，大部地区均可受到孟湾风暴的影响，当有冷空气配合时，云南大-暴雨的范围更广，强度更盛。云南有完整气象记录以来，历史上孟湾风暴导致的云南最强降水过程主要有4次。首先是1997年9月25～28日，连续4天出现大到暴雨，大-暴雨站数分别为38、65、23、22站；其次是2004年5月18～20日，连续3天出现大到暴雨，大-暴雨站数分别为69、66、33站；再次是1983年11月9～11日和1999年10月30日～11月1日，连续3天出现大-暴雨。

西行台风对云南的影响

在全球10种主要自然灾害中，台风是造成死亡人数最多，对人类危害最为猛烈的灾种之一。云南地处我国大陆西南端，由于低纬高原的特殊地理位置，南接中南半岛，西南和东南分别临近孟加拉湾和南海，因此，云南不但会受到来自西北太平洋（南海）台风的影响，而且还会受到北印度洋（孟加拉湾）风暴的袭击，是我国同时遭受太平洋台风和印度洋风暴两种热带气旋影响的地区。虽然云南不受登陆台风的直接正面袭击，但南海登陆台风西行，对云南降水的影响却非常显著，西行台风是引发云南夏秋季强降水过程的主要天气系统之一。

· 初识台风

热带气旋（Tropical Cyclone，简称TC）是指发生在热带洋面上的气旋性涡旋，其能量来自水汽凝结所释放的潜热。涡旋是什么呢？你盛半杯水，快速地旋转杯子，杯子里的水也就旋转起来了，水的这种运动所形成的状态就是涡旋。热带气旋也是这样的涡旋，只不过它是大气中的，而且其尺度非常大，平均直径达500千米。气象学上规定，涡旋中心附近最大风力达到6级（风速为10.8～13.8米/秒）或以上的称为热带气旋。这是一个统称，不同海域、不同强度有不同名称。西北太平洋热带气旋中心附近最大风速达到32.7米/秒（风力12级）的才称作“台风”（Typhoon，简称TY）。一个完整的台风生长过程大致包括“孕育—增强—鼎盛—衰减—消亡”五个阶段。台风的初始阶段为热带低压，从最初的低压环流到附近最大平均风力达到8级，一般需要2天左右，慢的需要3～4天，快的只要几个小时。在发展阶段，台风不断吸取能量，直到中心气压达到最低值，风速达到最大值。而台风登陆陆地后，受到地面摩擦和能量供应不足的共同影响，台风会迅速减弱消亡。台风的生命史一般为1周左右，短的仅有2～3天。台风大多发生在北纬5°～20°，海面温度较高的热带洋面上，西北太平洋及南海地区是全球热带气旋发生最为频繁的海域，全年平均发生率约占全球的33%。

2014年威马逊台风云图（图源：中国天气）

台风是一个深厚的低气压系统，中心气压很低。在低层，有显著向中心辐合的气流，在台风顶部，气流向外辐散。台风眼区由于有下沉气流，通常是云淡风轻的好天气。台风眼壁（云墙）则有强烈的上升气流，云墙下经常出现狂风暴雨，这是台风内天气最恶劣的区域。我国将西北太平洋上的热带气旋，按其底层中心附近最大平均风力大小，划分为六个等级（《热带气旋等级》GB/T19201—2006）：

1. 热带低压（TD）：风力6～7级，风速10.8～17.1米/秒。

2. 热带风暴（TS）：风力8～9级，风速17.2～24.4米/秒。

3. 强热带风暴（STS）：风力10～11级，风速24.5～32.6米/秒。

4. 台风（TY）：风力12～13级，风速32.7～41.4米/秒。

5. 强台风（STY）：风力14～15级，风速41.5～50.9米/秒。

6. 超强台风（Super TY）：风力≥16级，风速≥51米/秒。

台风登陆时带来的危害主要体现在三大帮凶上，即强风、暴雨和风暴潮。台风是一个巨大的能量库，其风速都在17米/秒以上，甚至在60米/秒以上。据测定，当风力达到12级时，垂直于风向平面上的风压高达230千克/平方米。台风是非常强的降雨系统，一次台风登陆，降雨中心一天之中可降下100～300毫米的大暴雨，甚至可达500～800毫米。台风暴雨造成的洪涝是最具有危险性的气象灾害。台风暴雨强度大，洪水出现频率高，波及范围广，来势凶猛，破坏性极大。风暴潮就是当台风移向陆地时，由于台风的强风和低气压的作用，使海水向海岸方向强力堆积，潮位猛涨，水浪排山倒海般向海岸压去。强台风的风暴潮能使沿海水位上涨5～6米，若再遇到天文大潮期或河口三角洲地形，水位上升更厉害。

· 西行台风对云南的影响

影响中国的台风基本路径主要有三类：西移路径、西北移路径和转向路径。西移路径一般是台风自菲律宾或巴士海峡以东洋面向偏西方向移动，穿过南海北部，在我国广东沿海、海南岛或越南北部沿海登陆。云南几乎每年都会受到太平洋西行台风的影响，年均3个左右，最多年可达7个（1989年），有的年份又难觅台风踪影（1999年）；西行台风影响云南的时段主要集中在6～10月，其中7月下旬～8月下旬是高频活跃期；西行台风对云南降水的影响可波及全省大部地区，影响较大的区域集中在文山州、红河州、西双版纳州、普洱市、临沧市等滇南地区；影响云南降水的西行台风主要起源于菲律宾以东的加罗林群岛附近洋面以及南海中部和北部；一般来讲，登陆广东阳江以西地区和海南岛后继续西行或西北行的台风，多数会进入北部湾，再次在广西沿海或越南北部登陆西北移，对云南造成影响。在北纬18°以南地区登陆越南西移的台风对云南的影响较小。

西行登陆台风影响云南一般有两条路径：一是台风在广西或广东登陆后减弱成热带低气压继续西行，对云南的东部、中部和南部造成影响；二是南海台风西行进入北部湾后在越南北部登陆，主要对云南的南部造成影响。影响云南降水的TC中，中等以上的台风、强台风和超强台风合计占比达68%，其中73%会产生全省性的强降水天气过程。换句话讲，西行台风强度越大，影响云南的降水过程越盛。西部型南亚高压及稳定强盛的西太平洋副热带高压是台风登陆西行的环流背景。

云南地处我国大陆的西南端，属低纬高原内陆地带。虽然不受台风的正面直接影响，但天气事实和云南气象工作者的预报实践表明，登陆西行台风对云南降水的影响十分显著。简要地讲，台风对云南的影响主要体现在降水的增强和范围的扩大，具体可分为直接影响和间接影响两种。所谓间接影响，是指西行台风尚未登陆前，在海南岛附近海域活动过程中，通过大气环流系统间的相互作用，间接地对云南降水带来影响。直接影响则是减弱西行的台风中心移入云南境内，台风云系影响滇东南、滇中、滇西南地区；或者减弱的台风中心在越南北部、老挝北部境内，主体云系在境外，而外围云系影响滇南地区，且多以减弱不编号的台风低压外围云系的方式影响云南。台风影响云南时，主要以大—暴雨天气为主，其次是风灾。据统计，云南日雨量150毫米以上的大暴雨天气中，53%与西行台风有关。

· 几次著名的台风暴雨

云南历史上几次较大的著名暴雨天气过程，大多数是由台风低压西行造成的。1969年，受第5号超强台风（Viola）影响，云南连续3天出现强降水过程，累计暴雨42站，日最大降水165.7毫米（西盟）；云南影响范围广、降水强度大的一次是1986年的7号强台风（Peggy），除迪庆州外，全省15个州（市）受到影响，且11个州（市）的台风降水历史极大值均出现在该次台风影响过程中；再一次是1985年的15号台风（Tess），造成滇中以南地区普降暴雨，其中文山南部和红河南部地区24小时雨量超过100毫米。

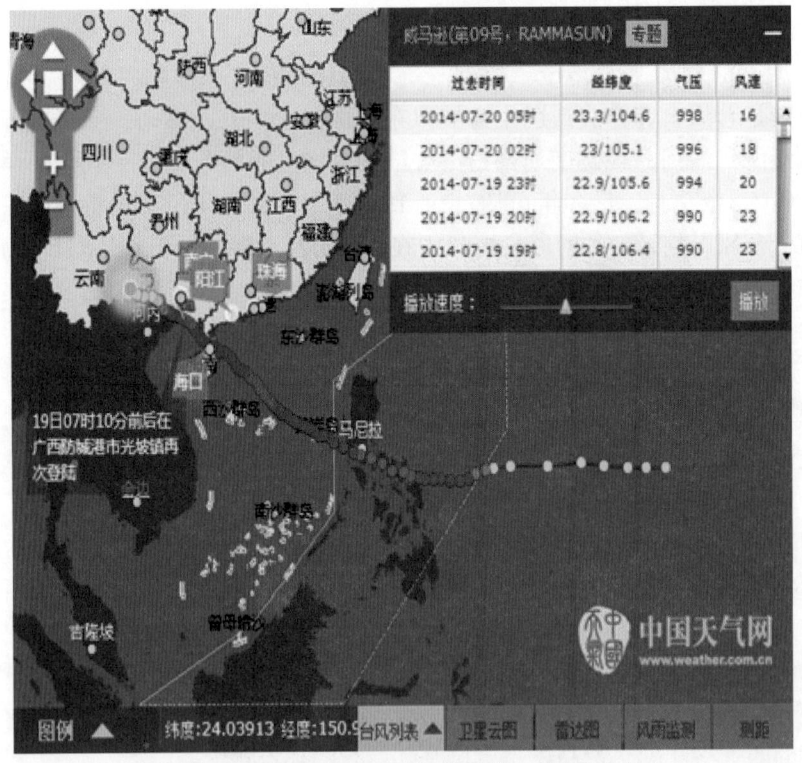

2014年威马逊台风路径图（图源：中国天气）

2014年，第9号强台风“威马逊”（Rammasun）和第15号台风“海鸥”（Kalmaegi）是近年来影响云南最严重的2次西行台风。“威马逊”强台风带来的强降水影响范围广，给云南造成了较大的气象灾害，主要是强降水引发的城镇内涝、农田渍涝、山洪地质灾害，其次是冰雹、大风、雷电等强对流天气。“威马逊”台风共造成普洱、曲靖、临沧、红河、文山、玉溪、德宏、版纳、保山共9个州市54个县170.4万人受灾、37人死亡、9人失踪、2.8万人紧急转移安置；农作物受灾100.2千公顷、绝收18.6千公顷；房屋倒塌2705间，直接经济损失26.6亿元。7月19日20时至22日20时，“威马逊”台风造成云南连续3天出现暴雨天气过程。20日出现大暴雨2站、暴雨8站、大雨25站；21日出现大暴雨5站、暴雨16站、大雨24站；22日出现大暴雨1站、暴雨10站、大雨13站。滇中以西以南地区连续出现暴雨—大暴雨天气，21日屏边、宁洱日雨量突破历史极值。

• 那些曾光临过云南的西行台风

云南地处低纬高原的内陆地区，每年西行的西太平洋和南海台风中，有一部分台风的最终目的地就是直奔“彩云之南”而来的，给云南尤其是滇南地区带来风雨的同时，也带来了洪涝和滑坡泥石流灾害。自2000年实行新的台风命名规则以来，2000～2020年的21年间，共有19个台风到访过云南，平均每年约1个。台风在云南的大山之中徘徊、转悠之后，慢慢地消失在茫茫群山中，好似“在山里转丢了”一样。按台风“到访”云南的先后顺序，它们分别是2001年的“榴莲”和“尤特”；2003年的“天鹅”“伊布都”“科罗旺”；2006年的“碧利斯”“派比安”；2007年的“桃芝”“圣帕”；2008年的“黑格比”；2010年的“灿都”；2011年的“纳沙”；2012年的“韦森特”“启德”；2014年的“威马逊”“海鸥”；2015年的“鲸鱼”；2017年的“天鸽”；2018年的“山竹”。2001年“泰国籍”的“榴莲”台风和“美国籍”的尤特台风成为新命名体制后首位和第二位光临云南的西行台风。一般而言，西行台风到访云南的时间主要集中在7～8月，其中最早光临的2015年“鲸鱼”（Kujira）台风，6月25日就提前报到了，姗姗来迟的2014年“海鸥”（Kalmaegi）台风和2018年“山竹”（Mangkhut）台风，9月17日才光临滇境。留给人们记忆最深的“入滇”台风是2014年的“威马逊”和“海鸥”，路径稳定，风雨交加，损失较重。

另外，有一部分西行台风犹如大家闺秀一般，迟迟不肯跨入高原来领略“彩云之南”的锦绣河山，在云南周边的广西西部、越南北部、老挝北部、缅甸东北部地区徘徊直至减弱消亡。虽然这些台风的主体未入滇境，但它们庞大的外围云系却对文山、红河、西双版纳、普洱、临沧、德宏等滇南地区造成了影响，台风雨同样滋润了这片高原热土。对云南而言，这些西行台风可称为“擦边”台风。查阅历史资料，它们活动的轨迹依然有据可寻，2000～2021年的22年间，约有24个这样的台风在云南的周边地区“游荡过、存在过、威猛过”，平均每年约1个。如2005年的“天鹰”、“韦森特”“达维”“启德”；2007年的“范高斯”；2008年的“北冕”；2009年的“苏迪罗”“彩虹”“芭玛”；2010年的“康森”“蒲公英”；2013年的“天兔”；2015年的“彩虹”；2016年的“银河”“电母”；2017年的“帕卡”“杜苏芮”；2018年的“百里嘉”；2019年的“木恩”“韦帕”；2020年的“森拉克”“浪卡”；2021年10月11～14日，短短

4天之内云南先后受到2个登陆越南北部而西行的“擦边”台风“狮子山”（Lionrock）和“圆规”（Kompasu）的影响，给秋季的滇中及以南地区带来了降水。

这些“入滇”台风和“擦边”台风一道，共同组成了影响云南夏秋季强降水的西行台风簇，是云南虽深居高原内陆，仍能得到热带天气系统眷顾的最好佐证。

南支槽与云南天气

在气象学上，槽（trough）又称低压槽，简称低槽，是指从低气压区中延伸出来的狭长区域。在相同高度上，低槽区是气压值低于其毗邻两侧的区域。在低槽中，等压线或等高线的气旋性（逆时针旋转）曲率最大值各点的连线称为“槽线”（trough line）。通常以槽线的位置代表槽的位置，以槽线的移动代表槽的移动。低槽中等压线或等高线的气旋性曲率的大小代表槽的强度（深度）。槽线将低槽分为两部分，低压槽前进方向一侧为“槽前”，另一侧为“槽后”。低压槽区内气流辐合产生上升运动，天气常呈阴沉多雨。但低槽的槽前和槽后天气往往不同，槽前上升运动，常产生降水；槽后为下沉气流，云消雨歇。在槽线的两侧通常有明显的温度差异和风向的转变。如果在某一地区范围内，只有风的转变，没有明显的温度差异，这就叫“切变线”。低压槽多在高空出现，故又常有“高空槽”的统称。在北半球西风带中，低槽往往是向东移动的，所以亦把此类低槽称为“西风槽”。根据高空槽的各种形态，有多种不同称谓，如竖槽、横槽、倒槽、后倾槽、前倾槽等；根据大气波动的尺度大小，高空槽也有不同称谓，如长波槽、短波槽、南支槽、北支槽、东亚大槽、北美大槽、季风槽、锚槽等。

“南支槽”（The Southern Branch Westerly Trough）这个气象词汇是云南及中国南方地区天气预报员耳熟能详，使用频率较高的专业名称，是冬半年影响云南及我国的重要天气系统。冬春季它经常与南方地区降水相伴出现，能否准确预测南支槽的强弱和过境时间，是云南气象预报员冬半年经常思考的命题，也是衡量一个气象预报员是否成熟的标志之一。

• 南支槽为何物

在天气学上，受青藏高原大地形影响，西风带气流发生分支，高原南侧低纬度地区有“南支槽”，北侧有“北支槽”的产生。南支槽因其处于高原南支气流之中以及槽底（即槽的南端）可向南伸展低达北纬17°～18°附近而得名。一般它从西风槽底中分裂东移，或在印度、孟加拉湾一带的短波槽发展东移影响中国东部地区，所以南支槽也常被称为“印缅槽”。南支槽的槽前，西南气流加强和位势不稳定度加大，并向中国东部输送大量水汽，是华南前汛期产生暴雨的重要天气系统之一。北支槽是北支西风急流上出现的西风槽。冬季平均活动位置位于北纬45°～50°附近，当发展较深的北支槽伴随南下的极涡影响中国北方地区，往往给中国东北、西北和华北地区带来大风降温，甚至降雪天气。春季由于大陆升温较快，环流形势开始向夏季转变，使得北支槽最终与南支槽合并。秋季大陆降温较快，北支槽活动加强，影响纬度也开始降低，最终活动稳定于北纬50°附近。

昆明日落风光（唐跃军 摄）

南支槽是一种天气系统，是在低纬度地区活动的西风带低槽。南支槽也称副热带西风槽，是冬春季影响南亚、东南亚、东亚地区的主要天气系统。一般是指500百帕南支西风气流上的短波槽，是副热带系统减弱南退、西风带系统建立并维持的产物，它与西风带低压槽东移受青藏高原大地形阻挡形成的南支系统关系密切。从形成机理看，南支槽是冬半年副热带南支西风气流在青藏高原南侧孟加拉湾地区产生的半永久性低压槽。南支槽10月就在孟加拉湾北部建立，冬季（11月～次年2月）加强，春季（3～5月）活跃，6月消失并转换为孟加拉湾季风槽。南支槽前对应有辐合上升运动和降水区，槽后则对应辐散下沉气流，天气晴朗。它往往是我国冬春季降水，尤其是南方降水的关键影响系统。由于南支槽系统易将孟加拉湾地区的暖湿水汽向云南方向输送，因此，对于冬半年受西风带干燥气流控制的云南而言，南支槽是产生降水、大风、冰雹天气的主要天气系统。

南支槽一年四季均有出现，但季节变化明显。年均约19次，尤以冬半年（11月～次年5月）出现最为频繁，平均5～6天就有一次南支槽过程，可造成大雨、暴雨、雷暴、冰雹、大风等天气。夏半年的南支槽，无论强度和次数都远远小于冬半年，甚至减弱消失，主要是由于夏半年印度洋西南季风爆发后，西南季风活跃，西风带北缩，西风槽不易南伸到低纬地区所致，取而代之的则是季风槽。

· 南支槽的来源

南支槽是冬春季影响南亚和东亚地区的主要天气系统。早在20世纪50年代初，顾震潮、叶笃正就发现了青藏高原对大气环流的分支作用，指出西藏高原是西风带中最大的障碍，足以使西风带产生极大的扰动，引起分支、汇合、屏障及跳跃现象。当西风带处于西藏高原的纬度带时，对流层下部的西风分成南北两支，在高原北边生成高压脊，南部生成低压槽。杨鉴初（1960年）指出，冬半年青藏高原对西风有分支及汇合作用，迫使高原北边的西风形成动力性高脊，而南支西风形成动力性低槽。南支西风自中亚细亚，沿喜马拉雅山南麓流经印度、缅甸、泰国和中国西南，流向日本南部，并在青藏高原东南部形成动力低压槽。

研究表明，冬春季南支槽大体上有5类来源：第一类是原来在地中海到北非的副热带西风槽，沿着副热带急流东移过来的；第二类是由于上游的地中海到北非地区的槽脊发展，引起下游东经70°附近或东经90°附近的小槽发生而产生的；第三类是因为中纬度西风槽向南发展，在副热带西风带上的东经70°附近诱生出一个小扰动，随后由于中纬度西风槽沿青藏高原北侧较快地东移，小扰动槽在高原南侧移速较慢，从而发展形成一个独立的南支槽；第四类是位置偏南（北纬15°～25°），对流层上部从北非移来或阿拉伯海附近产生的副热带西风槽。它移过南亚次大陆时，500百帕及以下各层均无反应，只有当其移至中南半岛—南海地区时，才对那里的天气产生影响；第五类是西风大槽东移遇到青藏高原，因地形阻挡被分为南北两支，北支沿高原北侧快速东移，南支绕高原南侧东移而被称为南支槽。

· 南支槽对我国天气的影响

南支槽是冬半年影响我国南方地区的重要天气系统，它不仅带来降水，还时常造成暴雨、暴雪、冰雹、大风等灾害性天气。2008年，我国南方发生的严重雨雪冰冻天气就与南支槽活跃有关。南支槽的活动主要影响冬春季的水汽输送，由于南支槽位于孟加拉湾附近地区，槽前西南气流可将孟加拉湾的暖湿气流输送至我国西南、华南等地区，在冬季水汽较少的背景下，可为强降水天气提供水汽来源。南支槽位置不同时，水汽输送的区域不同，从而导致雨雪天气发生的地区也不同。

昆明气象站施放探空气球（王卫国 摄）

当南支槽偏西时，最大水汽输送异常中心在孟加拉湾北部地区，西部地区处于偏南水汽输送异常区，西藏东部地区和云南西北部地区处于西南水汽输送异常区，对喜马拉雅山脉南麓地区降水最为有利；当南支槽位于中部时，水汽输送异常中心随之东移，最大异常水汽输送带自孟加拉湾东部延伸至西藏东南部、云南一带，西藏西部地区为偏东水汽输送异常，东部为偏南水汽异常，云南、四川南部、贵州等地位于水汽输送异常大值带上，在冷空气的配合下可产生较大的降水；当南支槽偏东时，气旋式涡旋中心位于孟加拉湾北部，最大异常水汽输送带自孟加拉湾东南部经中南半岛延伸至云南东南部、贵州，到达广西、广东东部和湖南、江西等地区，给华南和江南地区带来降水。

· 南支槽与云南天气

气象预报员通过对1980～2008年544个南支槽系统影响云南的统计分析发现，98个南支槽系统基本上没有产生降水过程，占总数的18%；117个南支槽系统产生弱降水过程，占总数的21%；263个南支槽系统产生小雨过程，占总数的49%；34个南支槽系统产生中雨过程，占总数的6%；18个南支槽系统产生大雨过程，占总数的3%；14个南支槽系统产生暴雨过程，占总数的3%。可见，多数南支槽系统影响云南时可造成降水天气，少数产生大—暴雨。另外，有94个南支槽系统产生冰雹天气过程，占总数的17%。在统计的544个南支槽系统中，489个自西向东移过东经100°，云南平均出现8.2站次大雨以上降水，占总数的90%；44个在东经90°～100°减弱消失，云南平均出现9.1站次大雨以上降水，占总数的8%；11个在东经90°以西消失，云南平均出现1.8站次大雨以上降水，占总数的2%。由此可知，东移过东经90°的南支槽系统对云南天气的影响较大。

在长期的预报实践中，云南预报员归纳总结出了南支槽影响云南的四种概念模型，即西风槽分裂型、强对流天气型、“干槽”型、孟加拉湾风暴型（初夏和秋末）。预报员根据水汽条件，将南支槽分为“干槽”和“湿槽”两类，一般而言，“干槽”移动快、强度弱（槽浅）、位置偏北、无低空急流、水汽差、南部为高压环流，而“湿槽”则与之相反。“干槽”影响时，云南基本无雨或仅有弱的降水，“湿槽”影响时，则可产生云南冬春季强降水。若刚好与寒潮在云南碰头相遇，则会出现“槽潮”天气，表现为大—暴雨或大—暴雪，例如2003年1月5日08时～6日08时，云南出现的南支槽暴雨天气过程，就是一次典型的“湿槽”及“槽潮”天气过程。出现12站暴雨、35站大雨，暴雨中心位于江城县，24小时降雨量达90.6毫米。滇中及以东地区出现了中—大雪，积雪深度在15厘米以上的有9站，马龙积雪深度达29厘米。从降水分布看，大—暴雨集中在红河、文山、普洱、版纳、曲靖、昆明、玉溪等地。由于有冷空气入侵，在出现强降水的同时，出现了大范围强降温，滇中和滇东南部分地区48小时降温幅度超过6℃。另外，1962年1月底、1977年2月上旬末、1983年12月下旬、2016年1月中旬等云南出现的几次罕见的强降温暴雨（雪）天气，均是南支槽与寒潮相遇交绥的结果——槽潮天气。

一般而言，云南干季强降水和强对流天气均是由南支槽东移过境引发的，空气湿度愈大，降水愈强，雷声隆隆，偶伴风雹。

西南低涡与云南暴雨

西南低涡（Southwest Vortex），简称西南涡，是青藏高原东侧背风坡形成的具有气旋式环流的闭合低压涡旋系统。西南低涡被认为是我国最强烈的暴雨系统之一，就它所造成的暴雨天气的强度、频数和范围而言，可以说其重要性是仅次于台风及残余低压而位居第二的暴雨系统。

夏半年，青藏高原位于副热带高压带中，100百帕高空盛行强大而稳定的南亚高压（又称青藏高压），它是比北美落基山上空的高压更为强大的全球大气活动中心之一。在青藏高原中部500百帕层，夏季常出现高原低涡和东西向的高原切变线，高原上空呈现“上高下低”的气压场配置。受高原主体和四周局地山系的地形强迫作用，低层的西风气流在高原西坡出现分支，从南北两侧绕流，在高原东坡汇合。因而在青藏高原南（北）侧形成常定的正（负）涡度带，有利于在高原北侧产生南疆和河西高压（又称兰州高压），在高原东坡产生西南低涡，从而形成极具高原特色的天气系统。青藏高原天气系统主要包括：高原低涡（主要位于500百帕高原主体，简称高原涡）、西南低涡（主要位于700百帕青藏高原东坡及四川盆地，简称西南涡）、柴达木盆地低涡、高原切变线、高原低槽（主要指南支槽或称印缅槽）、高原中尺度对流系统和南亚高压（青藏高压）。西南低涡是影响我国西南地区及中东部地区的重要天气系统。

· 西南低涡源地与结构

西南低涡是青藏高原东侧背风坡地形、加热与大气环流相互作用下，在我国西南地区东经100°～108°，北纬26°～33°范围内形成的具有气旋式环流的α中尺度闭合低压涡旋系统。它是青藏高原大地形和川西高原中尺度地形共同影响下的产物，一般出现在700～850百帕等压面上，尤以700百帕等压面最为清楚。其水平尺度约300～500千米，生成初期多为浅薄系统和暖性结构，生命史一般不超过48小时。西南低涡降水具有明显的中尺度特征，其持续时间为4～5小时。西南低涡主要集中发生在以川西高原（九龙、小金、康定、德钦、巴塘）和川渝盆地为中心的两个区域内，主要集中于九龙、小金和四川盆地附近，故又有“九龙涡”“小金涡”和“盆地涡”之分。其移动路径主要有三条：偏东路径（沿长江流域、黄淮流域东移入海）、东南路径（经贵州、湖南、江西、福建出海，有时会影响到广西、广东）、东北路径（经陕西南部、华北、山东出海，有时可进入东北地区），这三条路径中又以偏东路径为主。

昆明夏季的雷暴云（郭荣芬 摄）

西南低涡的定义最早有两重含义：一是在700百帕等压面上在川西附近有一个气旋式的低涡；二是在地面图上与低涡对应的地区24小时变压为负变压。根据低涡与500百帕形势及地面温压场的配置关系，可将低涡分为“冷涡”和“暖涡”。根据低涡性质及移速，可将低涡分为“移动类”和“少移动类”两种。西南低涡是一个深厚系统，其正涡度可伸展到100百帕以上，低涡中心轴线接近于垂直；流场和高度场表现为贯穿对流层的中尺度气旋和低压；涡区内动量、层结、上升运动等呈非对称分布，是一个准圆形而非对称的中尺度系统；受冷空气影响，减弱阶段的西南低涡，则是一个斜压浅薄系统。

西南低涡在全年各月均有出现，以4～9月居多（其中尤以5～7月为最多），是夏半年造成我国西南地区重大降水过程的主要天气系统。在有利的大尺度环流形势配合下，一部分西南低涡会强烈发展、东移或与其他天气系统（如高原涡、南支槽、西南低空急流、梅雨锋、台风等）发生相互作用，演变为时间尺度可达6～7天的长生命史天气系统，能够给下游大范围地区造成持续性强降水、强对流等气象灾害及次生灾害（山洪、崩塌、滑坡、泥石流等地质灾害及城市内涝）。西南低涡发展东移，往往会引发下游地区大范围的暴雨、雷暴等高影响天气。在我国许多重大暴雨洪涝灾害的影响系统中，西南低涡都扮演了非常重要的角色。在气象预报业务中，人们一般习惯将卫星云图、雷达回波、探空、天气图、物理量诊断、数值产品等资料相结合来综合分析西南低涡的活动特征。

• 西南低涡研究简史

西南低涡及其带来的暴雨，一直是高原天气学研究的重点和难点，竺可桢先生早在1916年就注意到了中国夏半年降水与西南低涡密切相关。西南低涡的研究历史悠久，至今已有70余年。根据文献检索，最早见诸文献报道研究西南低涡（时称西南低气压）的是顾震潮先生，他于1949年在《气象学报》发表了《中国西南低气压形成时期之分析举例》。随后顾震潮、叶笃正、杨鉴初、陶诗言、高由禧、罗四维、王彬华、彭究成等老一辈气象学家，在20世纪50年代中期开始较多地关注西藏高原影响下的西南低涡。在第一次青藏高原气象科学实验和第二次青藏高原大气科学试验的推动，以及四川盆地"81·7"特大暴雨造成的严重灾情引起全球关注下，国内外气象工作者对以西南低涡为代表的高原低值天气系统做了许多研究，加深了对高原天气系统的认识，其代表性著作有《西藏高原气象学》（1960年）、《西南低涡的研究》（油印本，1964年）、《青藏高原气象论文选编》（1974年）、《青藏高原气象论文集（1975～1976年）》（1977年）、《青藏高原气象科研的新进展》（油印本，1978年）、《青藏高原气象学》（1979年）、《青藏高原气象科学实验文集》（1987年）、《青藏高原及其邻近地区几类天气系统的研究》（1992年）、《第二次青藏高原大气科学试验理论研究进展（一、二、三）》（1999年、2000年）等。此后章基嘉、丁一汇、徐祥德、卢敬华、乔全明、徐裕华、李国平、陈忠明、李跃清等一批气象工作者对西南低涡进行了较系统的研究，取得了一批重要成果。先后有《西南低涡概论》（1986年）、《青藏高原气象学进展》（1988年）、《西南气候》（1991年）、《青藏高原天气学》（1994年）、《青藏高原动力气象学》（2002年）、《青藏高原气象学研究文集》（2004年）、《青藏高原影响与动力学探讨》（2015年）、《低涡降水学》（2016年）等代表性专著问世。其中李国平的《低涡降水学》一书，全面阐述了青藏高原及周边地区主要由高原低涡、西南低涡等天气系统引发的降水特别是强降水（暴雨）理论研究与应用技术的现状和最新发展，内容包括低涡降水观测、低涡动力学理论、低涡暴雨诊断分析、低涡暴雨数值模拟、低涡耦合与相互作用、低涡统计与气候学特征等，是我国第一本系统性专门论述低涡降水科学的学术专著。

近30年来，国内外学者从天气学、动力学、数值模拟三个主要方面，对西南低涡开展了大量研究。在西南低涡天气事实统计（10～30年，涡源、成因、性质、移动路径、天气影响等）、影响因子研究（地形、感热、潜热、边界层、水汽）、结构与环流背景场分析、诊断计算（非热成风涡度、重力波指数、GPS/西南涡试验）、数值模拟、动力学机制（倾斜涡度发展，非平衡动力强迫）、时空分布的气候特征与天气影响的变化等方面取得了重要进展。

自2010年起，每年6月21日～7月31日中国气象局成都高原气象研究所牵头组织开展西南涡的外场观测试验。西南涡外场观测试验是在四川现有高空业务观测网（7站）基础上，在关键地区增布移动观测站（4站），同时提高整个观测网络的观测频次（除常规08、20时外，增加02、14时观测），获取高时空分辨率探测资料，这对于揭示西南涡的结构特征及其演变机理，促进西南涡的精细化研究及预报技术的发展非常必要且意义重大。

西南低涡是影响我国灾害性天气的重要天气系统。中国气象局成都高原气象研究所自2012年开始组织编纂《西南低涡年鉴》，由科学出版社出版发行，已出版了2012～2020年的年鉴。根据对每一年度西南低涡的系统分析，得出该年度西南低涡的编号、名称、日期对照表、概况、影响简表、影响地区分布表、中心位置资料表及活动路径图，计算得出该年西南低涡影响降水的各次西南低涡过程的总降水量图、总降水日数图等。《西南低涡年鉴》是我国自《台风年鉴》《寒潮年鉴》《沙尘年鉴》《暴雨年鉴》《东亚季风年鉴》等之后的又一重要资料性文献。

昆明夏季的积雨云（何新闻 摄）

西南低涡与云南暴雨

早在1974年，云南大学的沈如桂等就曾发表了《西南低涡形成及其涡源问题的初步研究》。1997年秦剑等编著的《低纬高原天气气候》一书将西南低涡列为影响低纬高原地区的十大主要天气系统之一，是产生云南暴雨天气的重要系统。2011年出版的《云南省天气预报员手册》也将西南涡列为影响云南的主要天气系统之一。影响云南的西南涡主要产生于西风槽、切变线和两高辐合区之中。

西南低涡是影响云南的重要天气系统。据统计，云南约28%的大到暴雨天气是由西南低涡造成的。1980～2008年的331次云南暴雨过程中，西南涡型暴雨出现43次，占总次数的12.9%，其中66次全省性暴雨过程出现西南涡型6次，占全省性暴雨过程总次数的9%。43次西南涡型暴雨的累计次数分布表明，西南涡暴雨区主要分布在大理苍山—哀牢山一线以东地区，有2个主要的发生高频区：一个位于丽江东部—楚雄北部—昆明—曲靖东南部—文山东南部一带；另一个位于昭通市，尤其是昭通北部和东部地区。研究表明，由川西高原九龙附近向东南方向移出的西南涡，是造成云南暴雨的重要天气系统，暴雨主要出现在西南涡的西南象限的中尺度辐合线、变形场和气旋流场之中。造成云南暴雨的西南涡是比较深厚的中尺度天气系统，其正涡度区在垂直方向通常可达300～400百帕。这种西南涡不仅具有动力性作用，且其后部常伴有较强的冷空气活动。正是西南涡的动力扰动、冷空气活动和偏南暖湿气流的爬坡抬升，共同导致了低涡暴雨的发生。

研究发现，约1/8～1/7的西南低涡能够移出四川并影响到云南。影响云南的西南低涡初生涡源区主要集中在九龙和四川盆地，东南路径最多，西南和偏南路径次之，受地形影响，西南低涡一般影响不到滇西边缘和滇西南地区；春末和夏季西南低涡移出影响云南的频数最多，秋末和冬季最少；西南低涡开始影响云南的时间表现出明显的日变化特征，白天的影响几率约为62%，其生命史呈指数衰减，大多不超过1天；西南低涡移出源地后，约有14%的低涡会影响云南并出现全省性强降水过程；偏南路径西南低涡造成的强降水主要分布在哀牢山以西地区，东南路径的主要暴雨中心位于滇中和滇东南，西南路径的强降水主要分布在滇东地区；低涡移动的西南路径，大到暴雨的出现频率最高、强度最盛。若西南涡与川滇切变线相伴出现并南移，那么大—暴雨的范围会更广、中心降水会更强、危害也更严重。

可见，云南虽地处高原，但低涡暴雨猛烈，短时强降水就可形成“大水漫灌”。移入云南的西南涡或在云南生成的西南涡，可形象地称之为高原“土台风”或“陆地小台风”，低涡暴雨是云南须重点防范的灾害性天气。

秋季连阴雨

秋季是一年四季中从夏季到冬季的过渡季节，气象学上一般指9～11月。在云南，秋季天高气爽、风和日丽，常给人惬意的舒适感。南宋著名诗人陆游的诗句“四时俱可喜，最好新秋时”，即是这种天气的最好写照。但在云南雨季即将结束之际，也会时常出现秋雨绵绵的连阴雨天气。秋季连阴雨是云南的灾害性天气之一，由此带来的阴雨低温寡照，往往会给农业生产带来较大的危害，有些年份，由于降水多、雨量大、持续时间长，常造成洪涝和滑坡泥石流灾害。

云南9～11月出现的秋季连阴雨，其实就是大家耳熟能详的“华西秋雨”在云贵高原舞台上的表演。因地处青藏高原东侧，同时兼具低纬高原，与四川盆地和川西高原不同，云南秋季连阴雨既有“华西秋雨”的共性特征，又有其自身的独到之处。

· 华西秋雨

华西秋雨（Autumn rain of West China）是指中国西部地区在进入秋季后，常常出现细雨霏霏、阴雨绵绵的特殊天气，是四川、贵州、云南、甘肃东南部、陕西南部、湖南西部、湖北西部一带的重要气候现象，其中尤以四川盆地、川西南、滇东北、黔西北最为常见。华西秋雨作为我国秋季主要的气候特征之一，对水库蓄水、秋收、秋播、生产及生活有着重要的影响，因此，一直倍受我国气象学者的关注，早在1958年就对其进行了研究。华西秋雨每年可从9月持续到11月，持续时间长是其最鲜明的特点。最早出现日期有时可从8月下旬开始，最晚在11月下旬才结束。不过由于秋季暖湿气流通常不及盛夏，因而降雨强度并不是特别大，显得比较缠绵。

华西秋雨的主要降雨时段在9～10月。华西秋雨的主要特点是雨日多，另一特点是以绵绵细雨为主，故雨日虽多，但雨量不大，一般比夏季少，强度也弱。平均而言，华西秋雨的降雨量多于春季，次于夏季，在水文上表现为显著的“秋汛”特征。华西秋雨的年际变化较大，有的年份不明显，有的年份则阴雨连绵，持续时间长达一月之久。华西秋雨是四川盆地及周边地区的一个显著气候特色。四川盆地，秋季平均每月的雨日数大约在13～20天，即平均每三天有一天半到两天有雨，较同时期我国其他地区明显偏多，但盆地里秋季降水的强度在一年四季里是最小的。也就是说，秋季降水以小雨为主，是典型的绵绵秋雨。从古至今，四川盆地的绵绵秋雨就十分引人注目。唐代文学家柳宗元曾用“恒雨少日，日出则犬吠”来形容四川盆地阴雨多、日照少的气候特色，后逐渐演变成了著名成语“蜀犬吠日”，喻为少见多怪。

昆明盘龙区滇源镇甸尾村秋韵（李道贵 摄）

位于滇东北的昭通市，地处云贵川三省结合部的乌蒙山区腹地，是云南文化的

"三大发祥地"之一，有"秋城"的美誉。是云南最易出现与四川盆地类似的"华西秋雨"的地方，尤其是北部和东部地区。当强大的西南暖湿气流与西风槽引导的冷空气剧烈交绥，加之云贵高原对南下的冷空气有明显的阻挡作用，尤多准静止锋活动，在准静止锋滞留期间，锋面降水出现在夜间和清晨的次数占相当大的比重，夜雨率高。故唐代诗人李商隐《夜雨寄北》中的一句"巴山夜雨涨秋池"，是对"华西秋雨"及"云南秋雨"期间，夜间西南山地多雨的形象比喻。

中国气候的地理分布深受季风的影响，夏末秋初之际，夏季风系统迅速南撤，西太平洋副热带高压南退并控制我国东部大部分地区，使之上空盛行下沉气流，因而入秋后往往以晴朗天气为主，即秋高气爽。然而位于青藏高原以东，东经115°以西的华西地区，却常有连绵的阴雨天气，出现一年中降雨的次峰值，即华西秋雨。华西秋雨的形成与大气环流的由夏入秋，由盛行夏季风转向冬季风这一过渡阶段的转变关系密切。华西秋雨天气的形成，无疑是冷暖空气相互作用的结果。每年进入9月以后，华西地区在5500米上空，处在西太平洋副热带高压和伊朗高压之间的低气压区内。西太平洋副热带高压西侧或西北侧的西南气流，将南海和印度洋上的暖湿空气源源不断地输送到这一带地区，使这一带地区具备了比较丰沛的水汽条件。同时随着冷空气不断从青藏高原北侧东移或从我国东部地区向西部地区倒灌，冷暖空气在我国西部地区频频交汇，于是便形成了华西秋雨。秋季频繁南下的冷空气与滞留在该地区的暖湿空气相遇，使得昆明准静止锋活动加剧，从而产生较长时间的连绵阴雨。当冷空气势力较强时，冷暖空气交绥激烈，降雨强度则会随之增大，可造成严重的洪涝灾害。

西太平洋副热带高压、印缅槽（南支槽）、贝加尔湖低槽是华西秋雨的主要影响系统。当贝加尔湖低槽、印缅槽深且副热带高压强盛时，有利于华西多秋雨；反之，则秋雨不明显。研究表明，云南秋季旱涝主要与孟加拉湾、中南半岛至云南的偏南风水汽通量输送异常有关。

• 连阴雨的影响

秋季连阴雨的雨日多，时间长，以绵绵细雨、低温寡照为主。阴雨天气往往会导致气温下降，对农作物和经济作物生产带来不利影响。成熟的秋粮易发芽霉变，未成熟的秋作物生长期延缓，易遭受冷害。一般来说，持续连阴雨的天数越长，对农作物和经济作物的危害越大。秋天是收获的季节，也是冬作物播种、移栽的季节。绵绵细雨阻挡了阳光，带来了低温，不利于玉米、红薯、晚稻、棉花等农作物的收获和小麦播种、油菜移栽。它可造成晚稻抽穗扬花期的冷害，空秕率的增加；也可使棉花烂桃，裂铃吐絮不畅；秋雨多的年份，还可使已成熟的作物发芽、霉烂，以至减产甚至失收；秋绵雨不仅影响当年作物的收成，也会影响次年作物的产量。

另外，秋季连阴雨虽然没有台风、暴雨所造成的灾害来得那样猛烈，但降水总量加起来却一点也不少，暗藏的威力不容小觑，它同样会给农业生产和国民经济建设带来较大的损失。然而秋雨多，则有利于水库、坝塘及冬水田蓄水，预防来年的春旱。特别是对常年较干旱的地区来说，这时地温较高，土质结构较疏松，秋雨可较深地渗透到土壤中，可保证冬小麦、油菜、蚕豆等的播种和出苗，同时土壤的蓄水保墒，也可减轻次年春旱对各种农作物的威胁。云南多山地，山体能承载的降水量是有限度的，而且在吸收水分后会变得松软脆弱，需要一定的时间才能恢复到正常状态，故秋季长时间的连阴雨后，极易引发滑坡、泥石流等地质灾害，须提高防范意识和措施。

• 云南秋季连阴雨

在云南气象业务上对秋季连阴雨天气有较严格的统计标准，以突出“连续、寡照、量小”的降雨天气特点。连阴雨标准对单站而言，就是9～11月连续降雨日数≥7天，对应天数的平均每日日照时数≤3小时，连续降水日平均日雨量≥4毫米；对全省而言，就是9～11月125个气象站中有1/3站连续降雨日数≥7天，对应天数的平均每日日照时数≤3小时。1970～2008年的资料统计表明，昭通、曲靖、昆明、怒江、保山、德宏、临沧、普洱西部、红河南部等地是云南最易出现秋季连阴雨的地方，这与昆明准静止锋和南支槽（季风槽）的活动有关，在静止锋活跃和南支槽影响频繁区域，易出现连阴雨天气。在统计的39年中，有28年出现了连阴雨天气过程，比例为72%；有些年份，会出现1～2次甚至2～3次连阴雨，39年中全省共计出现了35次连阴雨天气过程，概率高达90%。换句话讲，在云南出现秋季连阴雨是一种大概率的气候事件，“华西秋雨”在云南的表现特征是显著的，只不过与四川盆地相比，秋雨长度要逊色一些而已。

在云南历史上的35次连阴雨过程中，开始日期出现在9月上、中旬的有8次，占总数的23%；9月下旬～10月下旬的有21次，占总数的60%；11月的有6次（其中11月上旬有4次），占总数的17%，因此，9月下旬～10月下旬是云南秋季连阴雨的主要出现时段。若将连续14天以上连阴雨天气或一年之中有3次以上连阴雨天气过程的年份，定为强秋季连阴雨天气年，则1973年、1980年、1984年、1986年、1987年、1989年、1990年、1991年、2007年、2008年为强连阴雨年。在35次连阴雨天气过程中，有21次连阴雨天气期间出现了45次全省性大雨过程和14次全省性暴雨过程。其中1999年10月26日～11月4日连阴雨天气中，出现3次全省性暴雨过程和2次全省性大雨过程；2006年10月4～13日连阴雨期间，出现3次全省性暴雨过程和1次全省性大雨过程；1986年9月27日～10月13日连阴雨期间，出现2次全省性暴雨过程和2次全省性大雨过程；2020年秋季云南出现大范围持续性连阴雨天气，雨日偏多，日照偏少，平均寡照日数为28天，28个站点破历史同期最多纪录。全省累计有73个站点出现秋季连阴雨，其中20个站点出现2次以上连阴雨，10个站点连阴雨日数超过20天，范围和强度在近10年中仅次于2013年。可见，与“华西秋雨”的绵绵细雨相比，云南秋季连阴雨的威力更猛烈一些，不乏大雨、暴雨、大暴雨的身影，带来的危害有时甚至超过夏季强降水，可以说，多“秋涝”是云南“秋雨”的重要标志之一。

以2006年、2007年的连阴雨天气过程为例，2006年10月3日20时～13日20时连阴雨天气过程，滇中及以南地区10天累计雨量在100毫米以上，滇西南达200毫米，10天连阴雨天气125个气象站出现暴雨46站次、大雨147站次、中雨301站次。此次连阴雨天气的特点是降水集中、强度大、灾害重，6日20时～10日20时连续4天出现全省性大到暴雨天气过程，造成昆明、玉溪、红河、普洱、临沧、保山等州市发生洪涝、滑坡、泥石流灾害。2007年10月7日20时～22日20时连阴雨天气过程，累计雨量在100毫米以上的区域集中出现在滇西地区，迪庆、文山、红河的过程雨量小于15毫米，15天中125个气象站只出现暴雨6站次、大雨48站次、中雨169站次。此次连阴雨天气的特点是降水量偏小、阴雨寡照日数多，给大春作物收割和小春作物播种带来了不利影响。

一般来说，云南秋季出现长时间的连阴雨天气，高空的环流形势是较稳定的，不断有北方冷空气补充南下进入云南，有利于连阴雨天气的形成和维持。连阴雨天气期间，有南支槽或季风槽在孟加拉湾加深东移，或有孟加拉湾风暴活动，低空急流、切变线、西南涡、地面冷锋等低值系统活跃，则会在连绵阴雨中伴随有大到暴雨天气的出现。

丽江秋日风光（金振辉 摄）

事实上，云南秋季出现的连阴雨就是古籍中普遍记载的“霪雨”现象。“霪雨”在词典中的解释之意为“久雨”或“连绵不停的过量的雨”。“霪潦”则指“久雨成涝”，故宋代诗人对秋季连阴雨有“霪雨菲菲，连月不开”的诗句。在云南历史上，明景泰元年（1450年）秋，澄江“霪雨害稼，斗米银四钱”；清康熙五十一年（1712年）秋，姚州“霪雨，民多饥”；清光绪十八年（1892年）秋，昭通“霪雨为灾”；清宣统三年（1911年）秋，富源、牟定“大水伤稼，岁歉”。昭通、鲁甸、大关、盐津、绥江、永善“霪雨为灾，禾稼不收”；民国十一年（1922年）农历八月，丽江“霪雨兼旬，伤禾稼，喇是里海（今拉市海）水涨”。可见，云南秋季的连绵阴雨，自古有之，是秋季一种常见的自然现象。

云南气象先驱陈一得先生曾在民国《新纂云南通志》中谈到：“云南霪雨多降于秋季，与长江下游夏季之梅雨不同。盖云南密迩印度，每年低气压发生，随季风经缅甸而入滇境，气流之温度、湿度俱甚高，遇寒冷地形，时成偶雨。夏秋雨季，低气压中心常三五成群，前后相继，状若连珠，进趋东北，若遇北太平洋或西伯利亚之高气压秋季进展至中国内部，阻碍低气压之进行，使其逗留于西南，则境内阴雨连绵，日久为灾。在云岭迤西各地，霪雨较多于迤东者，气流方向之关系也。”

就连云南民间所谓的“土黄天”（指公历10月“霜降”节令前3天加上“霜降”节令的15天，共计18天），刚好是云南从雨季转为干季的过渡关键期，降水量也有多寡之别。若“土黄天”期间阴雨绵绵，民间称之为“烂土黄”，否则称为“干土黄”。在云南秋季，“烂土黄”多于“干土黄”，也是云南秋季多连阴雨的真实写照。遇上“烂土黄”的年份，一般会造成农业生产和收成两头亏，一方面影响秋收粮作的晾晒入库，轻者造成部分霉变，重者将直接造成秋收粮作霉烂、变质等；同时，也将不同程度地影响秋种，轻者造成缺苗、部分延时下种，造成来年的部分减产，重者将造成秋种作物如蚕豆烂种、成片渍水推迟播种期等，错过秋种最佳节令，势必将影响来年的收成。

干热河谷气候

干热河谷（Dry-hot Valley）是横断山脉地区由于河谷深切和山脉对气流的阻挡而形成的特殊地貌和气候类型，是我国西南横断山脉地区特有的典型生态脆弱区，其特点是热量富集，降水不足。由于气候条件以及高山峡谷地形地貌的影响和人为干扰，植被和土壤退化，水热平衡失调，环境炎热干燥，生态十分脆弱，旱、风、虫、草、火等自然灾害突出，植被恢复和生态治理难度大。干热河谷地区是我国植树造林极端困难的地区之一。

在我国西南横断山区的高山峡谷区，存在不少热量偏高、降雨偏少的河谷盆地，这些地区气候炎热干旱，植被稀少，常被当地人称为“干坝子”“旱坝子”“干热坝子”“干热河谷”。“干热”是指水分条件与热量条件的配合，所谓“干”是指干燥度达到半干旱气候的标准，所谓“热”是指热量具有北热带的温度条件，而“河谷”则为地貌地形条件。干热河谷是对具备干、热两个基本属性的河谷带状区域的总称，在地理学上是一种常见的自然景观。过去学术界对于干热河谷的认识，只是一种与同地带气候和植被景观比较而言的相对概念，没有明确的定义。目前“干热河谷”已不再是一个单纯对西南地区干热环境的笼统称谓了，而是被赋予了具体明确的气候指标。干热河谷是指高温、低湿河谷地带，在这种气候环境下所形成的独特的植被景观及其土壤类型，大多分布于热带和亚热带地区。干热河谷区自然植被稀少，覆盖率低下，多以禾本科植物为主，间有灌木树种植物群落。土壤发育差，地表板结，降水入渗浅，蒸发量大，水土流失严重。

• 干热河谷的地理分布

中国西南横断山区干热河谷主要分布于北纬23°00′～27°21′、东经98°49′～103°23′

的金沙江、元江、澜沧江、怒江流域。金沙江流域的干热河谷主要分布在云南省大理州鹤庆县中江乡至四川省凉山州金阳县对坪镇之间，全长约850千米，河谷底部海拔700～1200米，海拔上限1600米。元江流域的干热河谷主要分布在云南省玉溪市新平县嘎洒镇至红河州个旧市蛮耗镇之间的干流和几个主要支流河段，全长约260千米，河谷底部海拔300～400米，海拔上限800米。但在中游的主要支流——绿汁江流域两岸也有少量分布，该地区河谷谷底海拔550～600米，海拔上限800米，河段全长约40千米。澜沧江流域的干热河谷主要分布于大理州南涧县与临沧市凤庆县接壤的澜沧江主干流河段两侧山地，全长约50千米，河谷底部海拔约800～900米，海拔上限1300米。怒江流域的干热河谷区域包括怒江州泸水市六库镇至保山市龙陵县勐兴镇之间的主干流河段，海拔1000米以下地区，全长约220千米。其核心主体位于保山市的潞江坝段，南至新寨子，北抵西亚附近，全长约110千米，河谷底部海拔500～700米，海拔上限约1000米。

若按江河流域所处的行政区域划分，元江干热河谷涉及蒙自、红河、元阳、个旧、建水、石屏、元江、新平、双柏、景东、楚雄、易门、南涧等县（市）；怒江干热河谷涉及泸水、隆阳、龙陵、施甸、永德、镇康等县（区）；澜沧江干热河谷涉及南涧、凤庆、昌宁、永平、隆阳等县（区）；金沙江干热河谷涉及云南永善、巧家、会泽、东川、禄劝、武定、元谋、永仁、华坪、永胜、玉龙、大姚、宾川、鹤庆等县（区）以及四川金阳、宁南、会东、会理、攀枝花、米易、盐边等县（市）。云南的干热河谷区，最典型江段是元江河谷，金沙江德钦奔子栏河谷、元谋龙川江河谷、东川小江河谷，澜沧江德钦云岭河谷等。在滇西北“三江并流”核心区的德钦县奔子栏镇（金沙江）和云岭乡（澜沧江）附近，可看见宏伟壮观的金沙江和澜沧江干热河谷土壤与植被景观。

· 干热河谷气候特征

我国干热河谷跨南亚热带至北热带气候带，受高原季风、东亚季风和西南季风的影响，其气候类型为季风型河谷干热气候。1992年，张荣祖等提出了西南横断山区干热河谷的具体气候指标，即最冷月平均气温＞12℃，最暖月平均气温24～28℃，日均温≥10℃，年平均积温＞7000℃，持续天数＞350天；全年基本没有霜日；年平均降雨量600～800毫米，年平均蒸发量2750～3850毫米，年均干燥度2.0以上。不同流域的干热河谷气候可能存在一定的差异性，但干热河谷区具有以下一些共性的基本气候特征。

1. 干湿季节分明。每年6～10月为雨季，11月～次年5月为干季。雨季降雨集中，雨量大，空气湿度增加，日温差小，焚风效应显著；干季降雨稀少，局地干热风频繁发生，风力大，土壤和大气干旱严重，日温差大。

2. 气候炎热干燥。干热河谷无四季之分，不仅夏秋气温高，冬春季气温也高。由于降雨少，蒸发大，区域气候尤显炎热干燥。极端最高气温普遍可达40℃以上，地温则更高，尤其在旱季后期，极端最高地面温度在70℃以上。

3. 气温年较差小。因地处我国西南低纬度地区，冬春季主要受西风气流控制，年内各月的太阳辐射能量收入相差不大，最大辐射出现在3～4月，冬春低温期又受局地干热风强烈影响，造成年内气温较差小。

4. 气候垂直变化大。在横断山脉的河谷地区，自低向高热量呈递减趋势，降雨量却随之增加，且气候条件垂直变化的局部差异较大，东坡与西坡不同部位气温垂直递减率不同。由于河谷盆地的低凹和封闭地形，冬春季因强烈的辐射降温和冷空气下沉，12月~次年3月，干热河谷多有300~400米的逆温层存在。

5. 热量资源丰富。干热河谷光照充足，热量资源丰富，对开发利用生物资源具有重要意义。如元江坝、潞江坝、元谋坝三地的年日照时数分别为2341小时、2334小时、2653小时，年总辐射量分别为5365兆焦耳/平方米、5787兆焦耳/平方米、6387兆焦耳/平方米，年均温分别为23.7℃、21.5℃、21.8℃，≥10℃的年平均积温超过或接近8000℃。

金沙江干热河谷（杨家康 摄）

干热河谷气候的本质特征主要表现在干、热两个方面。第一是干，即季节性干旱。干热河谷在热带大陆季风和西南暖湿气流双重影响下，季节性干旱突出，气象干旱的季节性差异大。如元江坝旱季平均干燥度为4.5，而雨季干燥度仅为1.3；潞江坝旱季干燥度4.6，雨季干燥度1.4；元谋坝旱季干燥度16.2，雨季干燥度1.7，相差近10倍。根据干旱区划指标，在雨季只有金沙江干热河谷可划为半干旱区，元江、怒江、澜沧江干热河谷可划为半湿润区；但在旱季，则所有干热河谷均达到或超过干旱或半干旱区划指标。云南主要受西部型热带季风气候影响，夏秋季干热河谷处于西南暖湿气流控制之下，降水较丰富（600~800毫米），天气闷热潮湿；冬春季则受热带大陆气团控制，天气晴朗干燥，冬暖特征明显。由于蒸发量很高，不少地区不仅旱季干旱，雨季也会出现间歇性的水分亏缺现象，如元江和元谋干热河谷的蒸发量分别是降雨量的3.4倍和6.1倍，同时具有规律性的年周期性发生特点。干热河谷的干旱，虽与低纬地区"夏湿冬干"的干旱性质相同，但热量与干旱强度远大于后者。第二是热，即热带性。在植物学上，热带是以热带种属和热带植被群落等为主要标志的。调查表明，云南干热河谷种子植物区系具有以热带性质为主的特点，其植被主要是热带性的半稀树草原和多刺灌丛，植物区系总体上偏热带性质。金沙江干热河谷由于纬度偏北，海拔较高，植物区系性质趋向亚热带偏热带；元江、怒江、澜沧江等干热河谷则由于纬度偏南，海拔较低，所分布的植物区系明显地以热带成分为主。

云南干热河谷的热量条件及植物区系成分以热带为主的特点，表明干热河谷在气候上属于北热带气候类型区，只是由于大气环流和自然地理等因素影响，导致其水分条件分异而形成了北热带干热气候亚型。对于旅游者而言，“夏天上山纳凉，冬天山下避寒”是对干热河谷气候资源的形象描述。

• 干热河谷气候成因

导致西南地区干热河谷气候形成的主要因素，可归纳为地理位置和大气环流、山脉阻挡和焚风效应、地质土壤植被、人为因素等。

1. 地貌因素：干热河谷区地跨我国第一、第二级地形阶梯，主要由一系列近似南北向的崇山峻岭（西部横断山脉）和金沙江、澜沧江、怒江等巨流大川相间排列而成，是举世闻名的高山峡谷区，也是青藏高原东南缘过渡带，区内地势起伏大，“V”型河谷众多，河谷深切，焚风作用明显。受印度洋西南季风、太平洋东南季风以及高原季风的交替影响，加之北高南低的地势和错综复杂的地形，形成了四季不分明而干湿季明显的高原季风气候。

2. 大气环流因素：大气环流对干热河谷的影响是由于来自大西洋、地中海和印度洋的气流，在越过青藏高原东南缘后下沉至河谷必然产生增温作用。此外，由于青藏高原的动力和热力作用，大气环流在这一地区形成独特的高原季风。夏季高原四周的风向高原辐合，冬季从高原向外辐散，破坏了对流层中部的行星气压带和行星环流系统，导致冬季产生高原冬季风和青藏冷高压，夏季产生高原夏季风和青藏热低压，他们的厚度都不大，但在某一范围内足以改变高原地区的环流结构。

3. 地形及焚风因素：横断山区的山脉对湿润气流的阻挡作用，对干热河谷的形成有明显影响。当气流来向与河谷走向交角不大时，河谷就较湿润；当河段与西南暖湿气流垂直相交，则以干热著称。至于金沙江、澜沧江和怒江上游的“三江并流”峡谷段，则因地处腹地，四周崇山环绕，地形闭塞，湿润气流难以进入，因而四周发育成典型的干热河谷。当然，干热河谷地区海拔1500米以上相对高差的深切河谷，背风坡的焚风效应在干热河谷中起了更重要的作用。

4. 山谷风因素：山谷风局地环流也是形成干热河谷的重要原因。白天，山坡上的空气受热大于河谷底层的大气，产生上升运动，谷底空气沿坡地上升形成谷风；夜间，山坡上部的冷空气冷却下沉至谷底成为山风。白天，局地强烈向上的谷地气流与部分向深陷谷地下沉的气流汇合，在两侧山地的一定高度上形成云雾带，使下沉气流增温减湿，则加强了谷底的干旱程度。

5. 人为因素：人类不合理的社会经济活动，如随人口过度增长，进行过度垦殖、过度放牧、过度开矿、乱砍滥伐等，使土地超过了其承载力，造成了草被和森林破坏，加大了雨水对地表的冲刷，形成了较为严重的水土流失和土地退化。在生态环境脆弱的干热河谷地区，一旦人为活动破坏了原始植被，造成了土地退化便很难恢复，并进而导致河谷干旱及其衍生灾害的发生发展甚至加剧。

云南的“五大火炉”

火洲，是中国新疆吐鲁番盆地的别称，该地是我国海拔高度最低，气温最高的地方，因气候炎热而得名。该地夏季漫长，日照时间长，太阳辐射强，整个夏季6～8月月平均气温均高于30℃，月平均最高气温均高于38℃，极端最高气温达48.3℃，炎热、风沙、干旱是吐鲁番的气候特征。故，有时人们又将“火洲”一词用来泛指我国气候炎热的南方地区。在地处高原的彩云之南，也有“火洲”的踪迹，只不过要逊色一些而已。

• 中国“火炉城市”

每年夏季，我国中东部地区的长江流域一带，酷热难当，人们常用“火炉”来形容暑热的威猛。“火炉城市”（stove city）是中国对夏季天气酷热大城市的夸张称呼，最早出现“火炉城市”这一说法是在民国时期。那时媒体就有中国“三大火炉”之说，即重庆、武汉、南京，三者都是长江沿线的著名大城市，分别居于长江的上游、中游、下游地区，因夏季气温高、气候炎热难耐，被媒体夸张地称为“火炉”之地。中华人民共和国成立后，又有了“四大火炉”之说，即武汉、南京、重庆、南昌，另一说法则是武汉、南京、重庆、长沙。上述两种组合认可的人较多，我国人教版地理教材采用第一种组合。“火炉”这个说法最早反映的是公众的直观感受，长期以来没有明确的定义和标准。21世纪后，“火炉城市”开始以炎热指数、高温日数、连续高温日数、夏季平均最高气温和最低气温等作为评判的考虑因素。综合分析表明，我国夏季炎热程度靠前的10个省会级城市分别是：重庆、福州、杭州、南昌、长沙、武汉、西安、南京、合肥、南宁，可谓“十大火炉”也。诚然，随着全球气候变暖、城市规模扩大、极端气候异常、气象站点迁移等因素的影响，炎热城市榜单也会发生“动态性”的调整改变。

• 云南“四大火炉”

云南的气候类型以“四季如春”为主，但因地形地貌复杂，气候类型又呈现出多样性。俗话说“云南本是温和乡，气候不同在双江”。这里的“双江”不是指临沧市的双江县，而是指云南的两条大江——金沙江和元江（红河），这两条江的河谷盆地，催生了云南多座炎热之地和天然温室，当然，也可将它们形象地称为云南的“火炉”。在云南，人们习惯上将元江、河口、景洪、元谋四城称作“四大火炉”。云南火炉之地，夏季开始早、持续时间长、极端气温高。元江、河口、景洪、元谋四地的年平均气温分别为23.9℃、23.3℃、22.6℃、21.4℃。元江年极端最高气温43.1℃（2019

年）、河口42.9℃（1994年）、景洪41.3℃（2019年）、元谋42.4℃（2014年），比长江流域的重庆、武汉、南京“三大火炉”还要高，三地的年极端最高气温分别为43.0℃、39.7℃、40.7℃。云南“四大火炉”夏季开始时间比长江流域“三大火炉”要早2～3个月，持续时间也要长2～4个月。元江、河口、景洪、元谋等四地日最高气温≥35℃年的炎热日数（高温热浪）分别为88天、34天、26天、27天，比长江流域“三大火炉”要多得多，故云南“四大火炉”的炎热程度并不比长江流域“三大火炉”逊色，但二者之热是有所区别的。

美丽的元江县城（邓忠权 摄）

云南的“火炉”以干热为主，湿度小，昼夜温差大，微风，散热快，属干蒸型（烘烤型）的燥热；而长江流域的“火炉”以湿热为主，湿度大，昼夜温差小，静风，散热慢，属蒸笼型（桑拿型）的湿热，使人觉得更加闷热难受。气温和相对湿度对人体的舒适状况有显著影响，炎热指数越大，人体感觉越不舒适。在高温条件下，如果空气干燥，可通过出汗和汗液的蒸发来散热，但若空气湿度太大，人体散热系统的效率就会降低，汗液无法蒸发散去，人就会感到极不舒服。长江流域和江南城市在夏季常如火炉般闷热，主要是由于夏季受西太平洋副热带高压控制，维持较长时间的高温高湿天气。而云南的火炉城市，则主要是受干热河谷焚风效应、封闭的盆地地形和雨季开始前的干暖西风气流影响，当西南季风爆发后，高温则会有所收敛，甚至消退。故，长江流域的高温闷热主要出现在盛夏时节，而云南的高温干热则主要出现在春末夏初时节。

· 云南“新晋火炉”

元阳县南沙镇地处滇南的元江（红河）河谷，是云南省红河州元阳县人民政府驻地。1992年，元阳老县城新街镇因大面积滑坡，经国务院批准同意实施县城搬迁。1999年，元阳县城整体从海拔1543米的新街镇搬迁至海拔257米的南沙镇，两者海拔高差1286米。南沙镇海拔高度位列云南129个县城海拔高度的倒数第二位，仅次于河口县城，是云南第二低的县城。元阳老县城新街镇，年降水量1405毫米，年均温16.5℃，年雾日190天，是云南有名的“春城”和“雾都”；新县城南沙镇，这是一座由山地“春城”演变而来的“高温”新城，从此，云南“火炉”家族中又添新丁。其温度之高，可与元江县城媲美，年气温达24.4℃，超过元江县城的23.9℃，日最高气温≥35℃

的年高温日数达41天，还曾创下云南44.5℃的极端最高气温纪录（2014年5月18日）。至此，云南“四大火炉”变成了“五大火炉”，相应座次变更为元江、元阳、河口、景洪、元谋，也就不足为怪了。另外，也许是古人的高见或名称巧合的缘故，在云南“五大火炉”中，有三个地名（元江、元阳、元谋）中就带有“元”字，“元”表示天地万物的本源，含有根本之意。故，在云南，“三元火炉”的知名度更高一些，也更容易让人记住。

在某些年份或某些时段，元江、元阳两地的云南“火炉王”的座次排位，可能还会出现“轮流坐庄”的有趣现象。2019年，元江、元阳两地≥35℃高温日数均超过100天，也显示了元江（红河）干热河谷高温威力在云南乃至全国的狂飙，该地曾创下≥35℃高温日数达136天的全国最高纪录，超过新疆吐鲁番121天的极值。所以说，元阳这个云南的“新晋火炉”，可谓“后来居上，后生可畏”。客观地讲，云南这五个高温炎热之地，在春、夏、秋季是“火炉”，在冬季则是“温室”，是云南冬天最佳的避寒胜地。

· 云南“小火炉”

除上述五地在春季4～5月和夏季气温特别高外，在云南也还有一些地方（县城），在晚春时节和夏季气温也很高，如巧家、盐津、彝良、东川、华坪、宾川、富宁、景谷、勐腊、泸水、瑞丽、盈江、双江、耿马等县（市、区）。甚至在一些低海拔坝区和河谷地带的乡镇也炎热难耐，如保山潞江坝、耿马孟定、麻栗坡天保、个旧蛮耗、河口莲花滩、金平勐拉、弥勒江边、绿春半坡、新平漠沙、新平戛洒、墨江泗南江、江城曲水、峨山化念等乡镇，这些地区可形象地将其喻为“热谷”或“热区”，也就是插花分布于云岭高原，名声稍逊一些的“小火炉”之地罢了。

云南规模不等的“火炉”和“热区”城镇，主要分布在六大江河流域的低海拔河谷地区，遍及全省各地。其踪迹分别是金沙江流域，含金沙江、横江（关河、洛泽河、白水江）、小江、牛栏江、普渡河、龙川江、渔泡江、宾居河等；珠江流域，含南盘江、甸溪河、临安河、清水江、西洋河、驮娘江等；元江（红河）流域，含元江（石羊江、绿汁江）、马龙河、河底河、李仙江（把边江、阿墨江）、勐拉河、南溪河、南温河、南利河等；澜沧江流域，包括澜沧江、罗扎河、小黑江（威远江、小黑江，属普洱市）、小黑江（南皮河、勐库大河，属临沧市）、黑河、罗梭江、南阿河、南览江、南垒河等；怒江流域，包括怒江、湾甸河（枯柯河）、南汀河、南卡江等；伊洛瓦底江流域，包括大盈江（槟榔江、南底河）、瑞丽江（龙川江）、南碗江等。

云南“火炉”地区主要属于北热带和南亚热带气候类型，热带、亚热带风光旖旎，物产丰饶。事实上，在云南，海拔600米以下的盆地和河谷区域，是最容易出“火炉”和“温室”的地方，是热量资源最富集的地方，是热带风情最浓郁的地方，是冬季农业开发的重点地区，是冬季的避寒旅游天堂。

云南的干季

《气象学词典》载："干季是指降水比较少的干燥少雨季节。多用于低纬度地区，如印度、缅甸、老挝、泰国、越南等国中的热带冬干气候区。冬季在干燥热带大陆气团控制下，几乎没有降水，成为这一带的干季。但在降水季节分配比较不均的其他地区，经常把降水较少的季节也称为干季。"

云南属我国典型的西部型亚热带季风气候。干湿季分明，5～10月为雨季，降水集中；11月～次年4月为干季，降水稀少。云南冬干夏湿的气候特征非常显著，冬半年存在与印度半岛、中南半岛相类似的少雨季节——干季。

昆明大观楼冬日的海鸥（图源：视觉中国）

· 何谓干季

季节是根据对人类生产和生活最有影响的两个重要气象要素——温度和雨量在一年里的变化情况来划分的。我国多数省份，特别是长江、淮河、黄河中下域一带，一年中温度变化比较明显，有"夏日炎炎似火烧，冬天冰封大雪飘"的说法。这些地方，季节的划分是以温度为主，雨量为辅的，一年四季的区分比较明显，可谓春夏秋冬，四季分明。而以滇中地区为代表的云南气候，却有两个明显不同于外省的主要特点。一是温度的年变化并不明显，即气温年较差小，有"四季如春"之称；二是雨量的年内季节变化很明显，从11月～次年4月止，六个月的降水总量仅达另外半年的一成多一些。所以，云南的季节划分就不得不以降水为主，温度为次，从而分出"干"和"雨"为名的两个季节。

在云南，人们早已习惯于把11月初左右起到次年5月上半月左右止的一段时间称为干季，其他时间称为雨季，反而对“冬季”和“夏季”的称谓有些陌生了。“干季”实质上就是“旱季”，少雨甚至无雨，是冬半年印度半岛、中南半岛等热带季风影响地区的典型气候特征。干季，可谓云南气候的一大特色。

· 干季气候特点

1. 干季结束和开始雨量转换激烈，干季雨量稀少。从多年平均情况来看，从11月~次年4月，昆明仅有降水量107毫米左右，约占全年雨量的10%；而贵阳有275毫米左右，占年雨量的22%；和昆明同纬度的广西桂林，这段时间降水总量可达697毫米左右，占年雨量的34%。可见，云南干季中降水量稀少是突出的。到了3月和4月，一般南方省份雨量就会逐步增大，有“清明时节雨纷纷”之感。如贵阳3月降水量47毫米，4月增加到112毫米；桂林3月为155毫米，4月达280毫米；但云南几乎无所增长，昆明3月仅19毫米，4月也只有25毫米。云南干季中降水的另一个特点是：干季结束和开始的过渡期，雨量转换激烈。昆明5月下旬的雨量几乎为4月份全月的三倍，而且比5月上中旬的总和还多65%。昆明10月的雨量又为11月的三倍。变化这样激烈，在外省（区）是没有的。

2. 晴天多，寒潮少，西南风多，东北风少。干季中的云南天气有三个特点：

一是晴天日数多，降水日数少。从11月~次年4月，贵阳降水日数为86天，桂林为85天，成都为50天，而昆明仅有21天；阴天日数的差别就更明显了，四川盆地和贵州的冬天，阴雨寡照，难得见到太阳，有“蜀犬吠日”之感；而云南却多是蓝天白云，艳阳当空。

二是冷空气影响次数少。发源于西伯利亚的冬季冷空气，往往每隔5~7天，就会南下一次。这些冷空气多数是从新疆经过河西走廊，翻过秦岭进入四川盆地，再沿贵州、湖南向西南下。所以四川盆地和贵州，几乎是每次冷空气的必经之路，但对云南来说，除了少数比较强的冷空气或寒潮，能侵入云南大多数的地方外，一般的冷空气只擦过东北部的边缘，在滇黔之间来回摆动形成“昆明准静止锋”。

三是盛行西南风，午后风速大。在冬季半年里，几乎全国各地都盛行偏北风。北京、成都、贵阳、桂林皆吹北风或东北风，重庆为西北风，而云南却多是偏南风或西南风。云南干季风速较大，为南方各省少见。以3月份来作比较，风速≥15米/秒的日数成都为0.3天，拉萨1天，广州0.6天，而昆明却有5.5天。云南冬春季风速虽大，但多是午后干暖的西南风，和北方寒潮侵入时的刺骨大风不一样。

3. 气温高，日较差大。云南干季在气温方面也有三个特点：

一是温度比邻省（区）高。以平均气温最低的1月来说，贵阳为4.9℃，成都5.5℃，与昆明同纬度而海拔低得多的广西桂林为7.8℃，而昆明却高至8.1℃。2、3月份的趋势也是这样的。

二是气温日较差（即一日中最高气温和最低气温之差）大。把1、2、3月的平均气温日较差加以平均来看，成都为5.7℃，贵阳为8.1℃，桂林为8.7℃，而昆明却为10.8℃，故在云南干季，昼夜温差较大，有“昼夏夜冬”之感。

三是年极端最高气温在干季末出现。全国所有省份，年极端最高气温一般是在7月或8月出现，而云南却往往是在4月底到5月上半月这一段时间内出现。所以全国其他地区是出现夏季高温，而云南却是出现春季高温。

昆明安宁螳螂川油菜花海（琚建华 摄）

· 干季气候成因

云南的干季之所以有这些独特的气候特点，是与云南的地理、地形条件以及高空大范围空气流动的条件分不开的。

1. 云南上空有三种空气团，影响云南干季气候的基本上是这三种气团。

第一种是来自亚洲西南部，经过巴基斯坦、印度、缅甸北部而进入云南的空气。这种空气温度高、水汽少，是影响云南气候的主要高空气流，也是干季中云南干而暖的主要原因。

第二种空气来自孟加拉湾，经滇西南而控制我省。这种空气性质潮湿稍冷，云南春雨好不好，决定于这种空气来得多或少。

第三种空气发源于西伯利亚，经四川盆地由滇东北侵入我省。空气性质冷而干燥，也就是常说的冷空气和寒潮，这种空气可造成阴冷天气或有微量降水。当它和孟加拉湾暖湿空气相遇时，就会下雪或下大雨。

这三种空气团中，以第一种较强大，而且较为稳定。第二种和第三种，只有当它们足够强大时，才能取第一种空气而代之，但为时不久，却又为第一种空气所控制。这样，就基本上造成了云南干季中晴天多、降水少、气温高、寒潮少的特点。

2. 纬度低吸收热量多。

云南纬度偏低，北回归线贯穿南部地区，在地理上属热带和亚热带地区，故吸收太阳热量多，气温偏高。另外，由于纬度低，气温年较差不大，所以四季不太明显。

3. 海拔高抵制了冷空气的入侵。

在地势上，云南是我国的第二阶梯，属云贵高原地区，且西北部有更高的青藏高原。由于海拔高，抵消了一部分夏天的热量，所以夏天气温不高；冬天，海拔高的因素却又有效地抵制了不少冷空气的入侵，这就是说，用较少的海拔降温来避免由于冷空气侵袭的更大降温。昆明和桂林属同纬度，昆明海拔高，而气温却比桂林高就是这个原因。尤其是云南境内多南北走向的山脉，更增加了对冷空气入侵的阻挡作用。

云南的风

风是指空气的流动现象。气象学中常指空气相对于地面的水平运动，它是一个矢量，用风向和风速表示。气象上用一些特定名称的风，标明其形成的原因和形式。如梯度风、摩擦风、地转风、热成风、山谷风、海陆风、季风、信风、阵风、龙卷风、焚风等。

风是一种自然现象。在云南，一年四季差不多没有一天不刮风，尤其在冬春季，云南的风特别强劲甚至有些震撼，常占据云南天气的C位。唐代李泰在《括地志》中记述的“风烈土浮”，讲的就是云南风的猛烈；清代谢圣纶在《滇黔志略》中写到“地高则风劲”“风多扬沙拔木”；檀萃的《滇海虞衡志》将“滇南多大风”作为云南气候的特点之一，记载了“滇之多风、犹黔之多雨”。据史料记载，明嘉靖三十九年，通海“正月大风拔木百株”；清乾隆四十三年十二月，昆明“昼晦大风，民居颠仆”；清道光七年三月，昆明“大风拔木”。春季大风来袭时，风力往往大于8级（17米／秒），威力极大，有时甚至可吹翻建筑物和行人，拔起大树，引发沙尘、林火等灾害。春季频发大风预警，已成为云南气象预警的一种“常态”。

• 为什么会刮风

地球表面上有陆地，有海洋，有森林，也有沙漠，由于它们吸收太阳热和放出热的能力各有不同，所以热的程度也就各不相同。热的地方温度高，空气密度小（气压低），空气就往上升；冷的地方温度低，空气密度大（气压高），空气就会下沉。于是冷地方的空气就流向暖地区填补，这就产生了空气的流动——风。另外，太阳对纬度低的地方是几乎直射的，这个地方得到的热量就多；对纬度较高的地方是斜射的，这个地方得到的热量就少，这也是造成各地的冷热程度不同，而形成空气流动的原因。总之，风是由于空气密度分布不均匀造成的水平流动，由高气压区流向低气压区。

云南干季的大风，多是高空偏西干暖气流动量下传，同特殊地形相结合而产生的；少数冷空气、南支槽等同局地地形相配，也可形成大风；雨季的大风，主要同冷空气、切变线、西南涡等相关联，有时也同西行台风、孟加拉湾风暴入境有关，偶尔还会产生局地中尺度强风暴——飑线，甚至龙卷风。此外，在云南复杂的地形条件下，还产生了一些特定的地形性大风，如大理“下关风”等。

• 风的季节性

水总是从高处向低处流，两地高度相差愈大，水流愈急。空气流动也像水一样，两地冷热相差愈大，空气流动也愈快，风也就愈大。两地冷热相差小，空气流动慢，风也就小。从云南各地区各季的冷热情况来看，在夏秋季，北部地区温度一般平均在11℃左右，而南部地区平均在26℃左右，南北相差15℃左右；夏季温度相差就更小了，仅12℃左右。在冬春季，北部地区温度平均在1℃左右，而南部地区温度平均在18℃左右，南北温度相差17℃左右；春季相差就更大了，相差20℃左右。可见，云南夏秋季南北温差小，春冬季南北温差最大。因此，云南夏秋季风小，夏季最小；冬春季风大，春季最大，并有“风季”之称。

此外，在一个地区，由于所处高度和地形的不同，对风的大小也有很大的影响，特别是云南省地形复杂，往往在一个相距不远的地方，风力的大小就有很大的差别。如滇西大理下关的风，无论在白天、夜晚都比全省其他坝区的大，故有“风下关”之称，但是离城区一二公里到洱海附近，风就较小，这主要是受地形影响所致。因为下关城区正处在点苍山与者磨山的隘口（风口）处，“狭管效应”显著，故风大；而大理古城及洱海附近地区，正处于背西风面（西面为点苍山），属背风坡，因此，风就较小，所以有“洱海长风，春冬更烈”之说。另外，在云南复杂山地情况下，风受地形的影响，其变化也具有一定的规律性。海拔高的地方风大，海拔低的地方风小；开阔地形风大，闭塞地形风小；山区“山谷风”突出，湖滨“湖陆风”显著。

华宁磨豆山风电场晨曦（解仕强 摄）

风的日变化

在云南，人们普遍都有这样的感觉，特别是在冬春季，一般从上午10时后起，风就开始逐渐增强，午后1～3时最大，以后逐渐减弱，夜间较微，黎明前后最小或没有风。风的这种变化，与一天之中的寒暖变化相类似。一天之中风的变化大小（最大风速与最小风速之差），又是春季变化大、夏秋季变化小，且随一天的天气情况而不同，即天空云多时（阴天），风的变化小，云少时（晴天）变化大。

出现上述情况，主要是由于各处地面吸收太阳热量程度不同的结果。就拿昆明市区来说，有陆地、有湖泊，陆地增热快，湖泊增热慢；同时，市区与郊区、坝区与山区，地面受热程度也不相同。由于地面受热程度不同，空气除产生水平流动外，还产生上升、下沉运动，这样就易引起上、下空气层的交换。我们知道，高空气层风速大，低层风速小，高层较大的风速，由于空气上下交换传到低层（称为高层空气的动量下传）。午后1～3时左右是一天之中温度最高的时刻，空气上升、下降也更为强烈，因此，午后风大。傍晚时，由于土壤和低层空气层的温度降低，上升和下降空气运动逐渐停息，交换也因之而减弱，风也逐渐减小，最后，高低气层间交换渐停止，地面风也就平静下来了。为什么春季的风在一天之内变化大，而在夏秋季节变化小呢？这主要是春季晴天较其他季节为多，太阳直接照射到地面的机会也多；同时，地面较为干燥，受热放热都快，昆明的冬春季常常是中午热、早晚冷，就是这个道理。冬春季风的日间变化较其他季节显著，中午的风也较其他季节大，也是这个道理。

• 云南的风季

在云南的气候特征中，干湿季分明的季风气候是最典型、最突出的。一般来说，5～10月为雨季，11月～次年4月为干季。雨季风速小，干季风速大。这是因为9月中下旬入秋后，随着太阳直射点向南半球移动，西风带系统逐渐增强并向南扩展，到10月下旬，南支西风急流带就已在青藏高原南部建立。因云南为高原山地，境内大部地区海拔高，且省内重要山系此时恰好与南支西风急流带呈相交之势，因此高空的强西风急流动量下传，造成近地面风速增大；冬季时南支西风达到最强，但由于动量下传有一定的时间滞后性，致使春季时的地面风速进一步加大；随着季节的变换，南支西风在5月逐渐减弱，约在6月上中旬消失，云南进入雨季，地面风速逐渐减弱到最小。因此，一般将包含冬春季节的12月～次年5月称为云南的风季。以昆明为例，年平均风速2.1米／秒，年大风日数7.2天，2～4月平均风速2.8米／秒，大风日数6.1天，春季大风占比高达85%。故，云南的“干季”基本上也就是“风季”，从侧面也印证了民间所说的冬春季“雨师好黔、风伯好滇、贵州多雨、云南多风”的气候特征。更有甚者，有人将云南的“风季”喻为“疯季”，形象地说明了云南春季风多、风悍、风乱、风燥的特点。有人甚至还把机场上的风向标识物风袋的用途说成是用来“装风”的。

造成云南冬暖，也有风的贡献。云南东有乌蒙山等高大山脉屏障了从北方南下然后西进的西伯利亚冷空气，云南上空冬春季盛行从西南亚来的干暖偏西风气流。这种气流愈高愈强，高空还有西风急流的存在。因此，这种山脉下堵，气流上阻，天地合力，把冷空气拒于云南高原之东，云南大部地区冬春季中经常沐浴于温暖的西风气流之中，自然就温暖如春了，真可谓“春风先到彩云南”。所以，云南冬春季的“干暖”气候，也是云南风季的一大特点。

第四章

Chapter

4 生态气象

气候王国，七彩斑斓，恒春故里，天然氧吧。著名的避寒、避暑、避霾目的地和生物多样性集聚区。动植物王国、世界花园，物种基因库蜚声海内外。光照优质，空气洁净，生态良好，植被茂密，“生之者地也，养之者天也”。

秘境云南

朋友，若把地球仪的亚洲版图正对你的眼睛，你会看到整个亚洲的中心在哪里？把亚洲甚至全球地形最复杂，受板块挤压最严重的地方找出来，在哪里？地球上发现的寒武纪生命大爆发例证地在何处？人类原始祖先在哪里发现的？中国同时距太平洋和印度洋最近的地方在哪里？中国的低纬度高原是哪里？令人神往的香格里拉在何方？中国生物多样性富集地在哪里……没错，这些都在云南。

· 七彩斑斓

云南与众不同都在名字里，云南是国内省市区名字中颇有诗意的一个省，其他省份多以“山河湖泊”作为标识物，但云南不是这样的。是以天上的云霞作为标识的，故有“彩云之南”“七彩云南”的美誉。换言之，七彩斑斓，就是云南。在云南，你随处可领略到“赤橙黄绿青蓝紫”的旖旎风光。

首先是“赤”，东北有黑土地，西北有黄土地，云南则有红土地。昆明市东川区新田乡有一处颇有名气的“东川红土地景区”。因土壤中富含铁、铝等金属元素，经高温多雨的氧化作用后，土壤颜色看起来呈深红色、土红色、砖红色等深浅不一的红色调，新田乡有方圆近百里的红土地，视觉体验感极佳，喻为“上帝打翻在人间的调色板”。每当阳光照落在大地上，整个东川红土地就像是一块精致得让人心动的腮红。事实上，在滇中、滇东的高原山地，在多喀斯特地貌的同时，红色土壤广袤，故云南高原又有“红土高原”之说。

其次是“橙”，在秋天丰收的季节，在玉溪新平哀牢山褚橙庄园、华宁盘溪等地，漫山遍野的冰糖橙（橙黄色）和柑橘（橙色）挂满树枝，蔚为壮观。在云南，一般在雨过天晴的傍晚，都会有大片的橙色晚霞登场，映照得四周树木花草都变成橙色，非常美丽。橙色本身代表着明亮、健康、温暖，在云南，除汉族外，还有彝、白、傣、佤、苗、壮、哈尼、独龙、景颇等25个少数民族世居于此，少数民族能歌善舞，用美人如画代表云南的人文“橙”色，也是贴切恰当的。

再者是“黄”，云南的黄是哈尼梯田的黄。在云南元江（红河）流域的元阳、红河、绿春、金平、元江等县，有大片颇为壮观秀丽的梯田。哈尼梯田有着数万亩土地，长期生活在此的哈尼族人，凭山势开荒，世代辛苦劳作，秋收时候，满山满田是丰收的金黄，壮观宏伟、气势磅礴。在云南，除了秋天著名的哈尼梯田稻谷黄、广南八宝稻谷黄、芒市遮放稻谷黄外，还有春天罗平的油菜花黄，秋天腾冲的银杏叶黄，秋天安宁螳螂川的向日葵黄等，缤纷靓丽，让人流连忘返。

第四是“绿”，云南是中国乃至世界生物多样性集聚区和物种遗传基因库，森林覆盖率高达65.04%。云南有着北半球北回归线以南最大最密的一片“绿洲”，走进普洱、临沧、版纳、德宏等地区，犹如走进了森林的海洋，树木四季葱茏，放眼望去满眼都是绿色。大象、孔雀、植物园、凤尾竹、芭蕉叶、热带雨林、橡胶树，编织成了西双版纳绿色的梦，就像一块镶嵌在皇冠上的绿宝石，格外耀眼。

第五是“青”，青色是一种特有的颜色，兼具坚强和宁静。云南典型的青色非香格里拉莫属，香格里拉有许多高山湖泊，四处可见伴水而生的青色水草。在香格里拉的纳帕海，你可看见大片的青色，看到牛羊成群。云南有九大高原湖泊，在抚仙湖、洱海、泸沽湖畔，极目远望，湖天一色，湖水湛青，清澈湾湾。除此之外，在云南，你还可看到青色翡翠和缅玉，青色的芒果、柠檬、香蕉、坚果等。

第六是“蓝”，蓝色可以说是云南的主色调，云南气候兼具了低纬、季风和高原的特点，降水充沛，光照充足，大气透明度高，到处是蓝天白云，微风习习，尤其是秋冬季，蓝天白云几乎承包了云南的天幕。无论是在湖泊湿地，还是在高山之巅、干热河谷、空旷坝子，你都无法忽视云南的天之蓝。到了云南，才知道云南的白云可以那么剔透，云南的天空可以那么湛蓝。

第七是“紫”，薰衣草紫往往比玫瑰红更能代表纯洁。有“花卉王国”美誉的云南，从来就不缺少紫色。云南生长着1500多种花卉植物，是国内鲜切花最靓丽的风景线，云南成规模的薰衣草“花海”就有数十处之多。其中弥勒东风韵薰衣草庄园所种植的薰衣草达千亩以上，犹如一个紫色的大花园。蓝花楹原产南美洲，蓝花楹是观赏、观叶、观花树种，热带亚热带地区广泛引种栽作行道树，蓝花楹到了盛花期，紫蓝色花十分美丽，在昆明、普洱等地，蓝花楹成了著名的网红打卡地。

高原的土地红、哀牢山的冰糖橙、哈尼梯田的丰收黄、热带雨林的原始绿、香格里拉的草原青、高原天幕的湛蓝、遍地花海的薰衣草紫，绘就了大美云南的七彩斑斓。

· 宜居气候

云南，北回归线穿境而过。翻看世界地图，北纬21°~29°间，你再也找不到任何一片地域比云南更加丰富多彩了。海拔的高差变化与纬度的南北分异复合叠加，造就了云南独特的“一山分四季，十里不同天”的立体气候。云南跨越了7个气候带，几乎囊括了我国从南到北的各种气候类型。

云南气候独一无二，云南气候多“春城”，云南气候宜人可居。为推动中外避寒避暑旅游发展，激发国际气候旅游市场交流，2018年12月，中国城市竞争力研究会在中国香港向全球旅游机构和旅游者发布了“2018世界春城80佳排行榜”。其《世界春城评价指标体系》（简称“昆明指数”）是根据：①四季气候舒适度；②景区景观优美度；③环境宜游宜居度；④接待能力完善度；⑤休闲产业繁荣度；⑥文旅康养融合度；⑦内外交通可达度”等指标，评价发布世界春城榜单的。位列前十佳的世界春城依次为：中国昆明、南非约翰内斯堡、哥伦比亚麦德林、埃塞俄比亚亚的斯亚贝巴、澳大利亚悉尼、荷兰阿姆斯特丹、俄罗斯索契、厄瓜多尔基多、肯尼亚内罗毕、智利圣地亚哥。中国上榜的8座城市全部分布在西南地区，主要集中在云南，分别是昆明、临沧、玉溪、大理、普洱、保山。无一例外，这些城市夏无酷暑、冬无严寒，拥有充足的条件满足旅游者以气候舒适度为需求指向的各种旅游活动。

迪庆维西南极洛雪山湖泊杜鹃（琚建华 摄）

云南独特的气候包容性，加之复杂的地形地貌，为各种动植物提供了生存繁衍的良好生态环境，并孕育了云南动植物的独特性。坐拥2500种观赏植物，1500多种花卉植物，365种香料植物，2000多种药用植物，使云南成为了全国名副其实的“植物王国”；而在动物生态链中，云南可谓“富态十足”，拥有1737种脊椎动物，占全国种类的59%，1万多种昆虫，占国内昆虫名录的40%，不愧是“动物王国”。在云南39.4万平方千米的土地上，几乎涵盖了地质景观、水域风光、生物景观、气候天象等类型，旅游资源极其丰富。

在云南，险峰峡谷纵横交错，江河溪流源远流长。大跨度的地理纬度和海拔高度，使云南拥有了多变的可能。当梅里雪山在素色的世界里终年虔诚诵经时，德宏正像一块流淌着的翡翠，在印度洋的暖风中倾泻春天的色彩；当大观楼长联穿越历史，在烟波浩渺的滇池上行吟徜徉发出悠古之情时，远方大理崇圣寺三塔也正泼墨着南诏文化的氏族真言，追忆皇室恢弘……从南到北，由东及西，山水纵横，高山荒原，气象万千，繁花似锦。每一处细节都彰显着云南的天赋异禀，而这幅波澜壮阔的山水大幕也回应了那句老话：中国只有两个地方，一个是其他地方，另一个就是云南。

· 旅游天堂

云南之所以与众不同，第一是地处高原，又同时拥有低热河谷、热带雨林、高山雪峰等壮丽奇妙的地域结合，构成独特的风景气候，令人流连忘返；其次是云南地处祖国西南边陲，边境线长，与越南、老挝、缅甸三国接壤，异域风情浓厚；三是少数民族众多，热情、奔放、淳朴，能歌善舞；四是生态环境好，造就得天独厚的天然食材，各地美食不胜枚举。普洱茶深受游客喜爱，舒适的半山酒店、民俗客栈方兴未艾；五是云南人纯朴善良，热情好客，包容性强。这样一个物产丰富、气候优良、景色宜人、风情万种的云南，谁不喜爱呢！云南旅游得天独厚，"云南只有一个景区，这个景区叫云南"，这是云南发展全域旅游的一份执着，更是一种信念，真可谓"七彩云南，旅游天堂"。自2001年起，亚洲地区最大规模的专业旅游展会—中国国际旅游交易会（CITM）每年分别在昆明和上海交替举办。

云南是我国著名的避寒、避暑、避霾旅游目的地。一年四季如春，有美食有美景，是中外游客向往的地方，一个云南就承包了全国一年四季的美轮美奂。云南就好像是地球的缩影一样，有山地也有河谷、有坝子也有丘陵、有热带也有冰川、有湖泊湿地也有大江大河、既是植物王国又是动物王国。云南地理位置优异，又因民族众多，民族文化交融，加之地处边陲，气候特殊，山多湿润，蓝天白云，绿树成荫，远离嘈杂，没有污染，没有雾霾，所以与众不同。鸡蛋用草串着卖、摘下草帽当锅盖、竹筒能当水烟袋、鲜花当作蔬菜卖、蚂蚱能做下酒菜、脚趾常年露在外、四季服饰同穿戴、东边下雨西边晒、山有多高水常在、梯田种到云天外……这就是云南"十八怪"的与众不同，也是云南生态多样性的最好体验。云南局地天气多变，但夏天不热，冬天不冷；早晚温差大，山上山下，大不一样；气候可谓"十里不同天"，风情则是"百里不共俗"。

云南旅游资源丰富，旅游景点的差异化特征明显，春夏秋冬都有适合不同旅游者需求的旅游目的地。比如怒江是全国唯一没有一座水电站的大江大河，梅里雪山是全国唯一没有人类成功登顶的名山，西双版纳是中国大陆唯一一片纬度最低的热带雨林等等。在云南，也许你只顾流连于德钦梅里雪山的宏伟、香格里拉普达措的绚丽、丽江古城的浪漫、大理双廊的风花雪月、西双版纳的热情明媚、腾冲的火山热海，却忽略了这个季节正是元阳哈尼梯田、东川红土地、罗平油菜花、丘北普者黑、澜沧景迈山最美的时候，也忽略了这个季节还有更多的地方，会有更不一样的美景。

总之，云南确实与众不同，省外旅游者如果不来个十次八次，恐怕根本谈不上真正了解云南、认识云南、喜欢云南、推介云南。

山地气候

世界上有一半的面积为山地，全球约一半的人口依靠山地资源而生存。山地一般指海拔在500米以上的高地，其地形特征为起伏大，坡度险峻并且沟谷幽深，多呈脉状分布。山地有别于单一的山或山脉，是一个多山所在的地域。在这个地域内，具有能量、坡面物质的梯度效应，表现为气候、生物、土壤等自然要素的垂直变化，是地球陆地表层系统中的一种特殊类型。山地最基本的特征是拥有较大的相对高度和较陡的坡度并有岭谷的组合，垂直分布差异是山地研究的最基本问题。故有人将山地定义为“有一定海拔、相对高度及坡度的自然—人文综合体”。

所谓山地气候（mountain climate），是指受不同尺度地形因子综合影响所形成的一种地方性气候。山地气候除了地理纬度、离海洋距离远近、季节以及大气环流背景条件外，同时还受到高度和山脉地形的影响，主要影响因素为山脉走向、海拔高度、坡向和地形等，而其影响程度也因地形因子尺度大小而异。山地气候具有气候垂直分布、生物多样性等特征，是一个复杂的气候类型。其他的气候类型主要受纬度的影响，而高原山地气候则不然，它受地形的影响，尤其是海拔高度的影响。目前国际上把山地视为全球变化的前哨。

云南是我国山地气候最复杂的省区之一，是我国西部型亚热带山地气候的典型代表。2006年王宇编纂的《云南山地气候》一书，揭示了云南山地气候的特征。尤其对白马雪山、高黎贡山、哀牢山三大山系垂直气候特征和西双版纳山区气候特征进行了完整诠释，具有重要的科学意义和实际应用价值。

· 山地气候特征

1. 在垂直方向上的变化性。大气压力按指数律随海拔高度增加而降低；在晴空条件下，无雪盖的高山，白天太阳直接辐射强度和夜间有效辐射强度随高度增加而增大；气温随海拔高度增加而降低，一般气温垂直递减率在一年中以夏季最大，冬季最小；降水量和降水日数随山地海拔高度增加而增加，在一定高度以上的山地，由于气流中水汽含量减少，降水量又随高度增加而减少；风速随山地海拔升高而增大。山顶、山脊以及峡谷风口处风速大，盆地、谷底和背风处风速小。高山上的风速一般夜间大，白天小，而山麓、山谷则相反；在湿度方面，水汽压随海拔高度增加而降低。在多数情况下，山地上部因气温低、云雾多，相对湿度高于下部。但冬季高山地也会存在相反情况，山顶冬季云雾较少且相对湿度小；山谷和盆地相对湿度日变化大，夜高昼低，午后最低，山顶相对湿度日变化小。故，山地气象要素在垂直方向上的变化，决定了山地气候的垂直地带性并进而影响植被、土壤等自然地理景观的垂直地带性，最终还会在农作物布局上反映出来。

2. 各种坡地气候的差异性。因坡向不同，阳坡和阴坡得到的太阳辐射不同，并因此影响气温和气流的分布；山脉走向和坡向对气温的影响，主要表现在使山脉两侧的气温产生差异，并导致不同的气候现象；阳坡气温高，变化大，阴坡气温低，变化小；迎风坡的降雨量一般多于背风坡，但降雪量，特别是积雪深度则反比后者还少，特别是高大山脉两侧，雨量的巨大差异可造成植被景观的较大变化；坡地对风的影响十分明显，迎风坡的风向、风速明显地有别于背风坡。可见，不同坡地上的气候条件差异是明显的，阳坡往往成为干坡（旱坡），而阴坡则成为湿坡，这种水热条件差异可在干燥区、半干燥区山坡植被分布上表现出来。

3. 起伏地形的气候特点。起伏地形是由各种坡地（不同坡向）、山冈、谷地等地形单体所组成的。日间，这种地形的气候特点是由各单体的辐射加热和湍流扩散条件所决定的，谷底温度一般要高于山顶；夜间，因山顶冷空气沿山坡向谷底下沉，形成“冷湖效应”，并在谷底造成强烈降温和低温、霜冻危害；起伏地形中的土壤湿度状况，可因降水再分配以及径流和蒸发条件的差异而不同。一般谷底的土壤湿度最大，坡地上部是最干燥的地段；山地环境还能产生一些局地性环流，如山谷风、布拉风、焚风、坡风、冰川风等。

- ## 主要影响因子

1. 大尺度地形因子的影响。所谓大尺度地形因子是指大的山脉、高原、盆地等地形的走向、高度和长度。由于它们巨大的尺度能影响大气环流的流场和大系统的天气过程，因此不仅能影响山地本身的天气和气候，而且还对周围广大地区的天气气候产生重大影响，有的成为著名的气候分界线（如喜马拉雅山脉、天山山脉、秦岭山脉、横断山脉、哀牢山脉等）。山脉总体越高、越长，阻隔作用越大，对山脉两边气候的影响也越大。距离阻隔的山脉越近，所受影响越大。这种大尺度地形因素的影响，是局地山地气候形成的主要背景条件。

丽江高山云雾（金振辉 摄）

2. 中小尺度地形因子的影响。包括海拔高度、坡地的坡向和坡度、地形起伏程度和遮蔽度等。随着海拔高度的增高，气象要素分布将发生相应变化，并导致山地气候垂直地带性的形成；坡地方位、坡度对山地太阳辐射能的分布具有决定性的作用，同时还对山地热状况、风状况、降水的再分配等产生重大影响；地形起伏的影响，最突出地表现在它对气温状况，特别是夜间低温、霜冻的形成上。此外，它对风状况、地面湿润状况的影响也较明显。地形遮蔽的影响则主要反映在各地段光照条件的差异上。这些要素之间的相互影响，则随纬度和季节而变化。

3. 下垫面条件的影响。包括土壤、植被（指森林、草被和各种农林作物）、周围环境和人类活动（指建筑物、各项工程建设）的影响。一般来说，这类影响比前两类要小得多，通常表现为叠加在各种地形影响之上的附加作用，它可使山地各类地形的原有气候差异进一步加剧或削弱。

山地气候的形成即为这三类因子综合影响的结果。大尺度地形因子主要提供大气候背景条件，而比较重要的是中小尺度地形因子的作用，下垫面条件只是一个叠加的因素。由于这类因子的多样性，以及它们对各种气象要素影响的复杂程度不同，故，与平原、沙漠、海洋、湖泊等气候相比，山地气候更显得复杂多变。

· 地形对大气的影响

1. 热力作用。同纬度地区，地势越高，气温越低。冷湖和暖带是垂直气候带中两个因地形作用而形成的局地现象。由山麓向上，随着高度的升高，通常在山坡存在一个温度相对较高的地带，称之为暖带；而冷湖是指冷空气从山地较高处向下流泻，在地势低洼的山谷汇集而成的冷空气湖。

2. 动力作用（机械阻挡作用）。地形是气流运行的主要障碍，可形成阻挡、爬坡、绕流、狭管四种效应，也可以改变季风的强度和方向。地形能够显著改变边界层的气流，如强风通过山脉时，在下风方向可形成一系列背风天气系统。地形的动力作用与山脉的特征关系密切，特别是地形的空间尺度对地形的动力作用影响很大。气象中的大地形就是指地球上水平尺度达数百到数千千米的山脉，如青藏高原、落基山、安第斯山、阿尔卑斯山等，其动力和热力作用可影响大范围地区的天气和环流。而中小尺度地形往往只影响局地的天气和环流，如山谷风、焚风、峡谷风和地形云（积状云、波状云或层状云）。

3. 对降水的影响。山脉可使湿润气团的水分在迎风坡由于地形抬升形成大量降水（地形雨），背风坡则由于气流下沉导致少雨而变得异常干燥。所以山脉两侧的气候可以出现极大的差异，往往成为气候区域的分界线。如在冬半年，当冷暖气团势均力敌，或由于地形阻滞作用，锋面很少运动或在原地来回摆动，从而形成准静止锋（例如昆明准静止锋），对这些地区及其附近的天气产生很大影响。

4. 对局地气候的影响。受海拔高度和山脉地形的影响，在山地地区形成的一种地方性气候，称为山地气候。随着高度的升高，大气成分中的二氧化碳、水汽、微尘和污染物质等逐渐减少，气压降低，风力增大，日照增强，气温降低，干燥度减小，气候垂直变化显著。在一定高度内，湿度大、多云雾、降水多。迎风坡降水多，背风坡降水少。在一定坡向、一定高度范围内，降水量随高度而增大，过了最大降水带后，降水又随高度而减小。山地气候还因坡向、坡度及地形起伏、凹凸、显隐等局地条件不同，而具有“一山有四季，十里不同天”的显著差异性。

· 山地气候效应

大气中的氧气是人类和动植物赖以生存、繁殖的必要条件。氧气量随着海拔高度的增加而减少，限制了人类在山地的生存空间，海拔越高，不利因素和遇到的困难将越大，人类能长久生存的海拔上限是5300米。二氧化碳、水汽和空气中的尘埃、烟粒、植物孢子、花粉等固体粒子都是吸热物质，对辐射传输与平衡起着重要作用，它们随高度递减，可使较高海拔地区的空气更加洁净明亮，到达地面的太阳辐射增多，紫外线增强。水汽作为云、雨、雾、霜、雪的来源，也随高度递减，因此，导致海拔越高，空气越干燥，蒸发越旺盛。大气压力和水的沸点亦随高度升高而降低，海拔越高，气压越低，相应水的沸点也越低。在海平面上，水的沸点为100℃；在海拔4000米的高度上，水的沸点仅有87℃。由于沸点降低，在高海拔地区煮熟食物非常困难。

在晴朗无云的条件下，随着地面高度的增加，大气透明度明显改善，因而地面所得到的直接辐射增加、散射辐射减少；紫外线成分增加，红外辐射减少，最终使晴天的总辐射增加。实际的日照时数和太阳总辐射受云雨活动和地形遮蔽影响，随高度的变化较为复杂。一般来说，它们随高度的变化与雨量相反，即先减后增。自由大气气温直减率为6.5℃/千米，近地层气温随高度的变化要复杂一些。影响因子除高度外，还有纬度、干湿状况、地形条件、季节等，年气温直减率大致为4.0～7.0℃/千米。各种界限温度及通过日期、最高和最低等极值温度、气温年较差和日较差等，均随高度升高而减少。低温和霜冻日数随高度升高而增加。山体的长年积雪与冰川、冻土均是这种变化的产物，个别山地还会存在逆温层。

一般随着高度的升高，山地的雪、雹、霰、霜等固态降水会逐渐增加，主要表现为全年日数增多，初日早，终日晚。与此相对应，积雪日数与深度、雪崩与风吹雪、雨凇、雪凇等灾害的比率也随高度递增。山地降水随高度变化的类型，不同地区有所不同，常见的有抛物线型，即当山体足够高时，降水先增后减，存在一个降水最大的高度；当山体高度不大时，降水随高度递增，它是抛物线型的特例；另外，还有S型、弓形等降水变化类型。对于孤立山顶的风速与大风日数，随山顶高度的增高而变大。对沿山剖面，在无遮蔽情况下，平均风速与大风日数随高度变高而增加。

高原天然氧吧

我们每天呼吸的空气是一种混合气体，它含有多种元素，主要是氮和氧气，氮约占78%，氧约占21%。氮是地球上生命体的重要成分，是工业、农业化肥的原料。氧是大气中的次多成分，它的化学性质活泼，大多数以氧化物形式存在于自然界中。大部分氧气是植物光合作用生产的，氧气是一切生物体进行生命过程所必需的成分。除此之外，自然界中还有其他少数成分存在，这些少数成分，虽然在空气中所占比例极小，但对人体健康，却起着不可忽视的作用。

· 负氧离子：空气维生素

在日常生活中，离子虽然看不见、摸不着，但人们对“负离子”三个字却是耳熟能详的，比如负离子发生器、负离子治疗仪、负离子空调、负离子纤维等等。负离子是何物，人们为什么对它情有独钟呢？自然大气中的分子或原子在机械、光、静电、化学或生物能作用下能够发生电离，其外层电子脱离原子核，这些失去电子的分子或原子带有正电荷，我们称为正离子或阳离子（positive ions）；而脱离出来的电子再与中性的分子或原子结合，使其带有负电荷，则称为负离子或阴离子（negative ions）。研究发现，空气中正离子多为矿物离子、氮离子等，负离子多为氧离子、水合羟基离子等。自然界中的负离子主要是负氧离子，它被吸入人体后，会加速体内中枢性神经递质与羟色胺的氧化，能调节神经中枢的兴奋状态，改善肺的换气功能，促进新陈代谢。此外，负氧离子还对高血压、气喘、流感、失眠、关节炎等疾病有一定的治疗作用，故，有人又将负氧离子称为“空气维生素”。

大气中负离子的产生或自由电子的产生是需要一定条件的。比如，由于强烈的紫外线和宇宙射线照射，外层电子吸收能量成为自由电子；大气中闪电，强电场，岩石、土壤中的射线也能使空气发生电离；瀑布、喷泉、海浪、雷雨等，会使水滴与空气摩擦而产生自由电子。这些自由电子，如果被氧分子捕捉，就会产生大量的负氧离子。这就不难理解，为什么雷雨过后，人们会感到空气特别新鲜。在旷野、山林、海滨、瀑布等风景区，人们会感到心旷神怡。负离子在不同的环境条件下，其“寿命”是不等的。在洁净空气中的寿命有几分钟，在灰尘多的地方仅几秒钟，但负离子会不断消失、不断产生。一般情况下，空气负离子的浓度晴天比阴天多、早晨比下午多、夏季比冬季多。负氧离子必须达到一定的浓度值，才能对人体健康起作用，于是，人们习惯性地将负氧离子浓度高的洁净之地称为“天然氧吧”。

天然氧吧新平磨盘山（新平县气象局供图）

负离子对人体的影响主要表现在五个方面：①对神经系统的影响。可使大脑皮层功能及脑力活动加强，精神振奋，工作效率提高，能使睡眠质量得到改善。负离子还可使脑组织的氧化过程力度加强，使脑组织获得更多的氧；②对心血管系统的影响。负离子有明显的扩张血管的作用，可解除动脉血管痉挛，达到降低血压的目的。负离子对于改善心脏功能和改善心肌营养也大有益处，有利于高血压和心脑血管疾病人的病情恢复；③对血液系统的影响。负离子有使血液变慢，延长凝血时间的作用，能使血中含氧量增加，有利于血氧输送、吸收和利用；④对呼吸系统的影响。负离子对呼吸系统的影响最明显，负离子通过呼吸道进入人体后，可以提高人的肺活量；⑤灭菌消毒作用。负离子能灭菌除尘，对空气的消毒和净化有一定的作用。

• 森林：大自然的养生乐园

随着现代社会的快速发展，人们对生活品质的要求也不断提高，拥有良好的生存环境和健康的体魄，是现代人的向往和追求。特别是生活在繁华都市中的人们，面临越来越大的压力，身心疲惫，极其渴望寻求一个远离尘嚣，亲近自然，可以放松身心，健身疗养的空间和场所，从而以更旺盛的精力和健康的身体，投入到繁忙的工作和生活中去。大自然中存在的错落有致的广袤森林，正是疲惫上班族、旅行者、退休者、闲暇者等一直努力寻找的“伊甸园”。森林氧吧内植被森森、溪瀑成群、藤蔓丛生、空气清新，富含对人体极有益的负氧离子和植物精气，能有效调节人体的各项机能，增强人体免疫力，降低血脂，增强抗衰老能力，使人精神愉悦，心理舒适，是现代人休闲、健身、养生的乐园。山岳型森林氧吧，一般都具有如下一些生理生化功效：

1. 植物精气——天然健康源。植物精气具有杀菌治病的功效。在自然界中许多植物的花、叶、芽、根等器官，在新陈代谢过程中会不断分泌放射出芳香气味的有机质，这些物质挥发到空气中形成气态物质，就成为植物精气。医学实验表明，植物精气中的萜烯类物质具有灭菌杀虫、消炎镇痛、祛风利尿、美容护肤、消除疲劳、增强体力、增加臭氧、净化空气等功效，是健康旅游的重要物质。

2. 负氧离子——天然维生素。负氧离子，简单地说，就是捕获了一个电子的氧分子。医学实验表明，空气负氧离子具有广泛的生理生化功效，被誉为“空气维生素”。其能够调节人体和动物的神经活动，提高人体免疫能力，增加心肌营养，增强心脏收缩力，减慢心率，降低血脂，使血管舒张，调节人的情绪和行为，使人精力旺盛。空气负氧离子还能刺激人体大脑，提高大脑功能，并能直接影响中枢神经系统，对人体起到镇静、催眠、镇咳、止痒、止汗、利尿、降低血脂等作用。

3. 森林疗养——天然洗肺机。森林内大量植物通过光合作用，释放出大量氧气，形成了一个规模宏大的“天然氧吧”，对哮喘、结核病人有一定的疗养功能。同时森林中许多植物，诸如柳杉、臭椿、罗汉松、银杏、女贞、龙柏等还有吸收毒气，阻挡、过滤、吸附粉尘的功能，净化空气。人行林中，可以将肺脏洗得干干净净，使人心情舒畅。

4. 森林绿色——天然镇静剂。森林的绿色基调对人的心理有一定的调适作用，人们在森林中游憩，普遍感到舒适、安逸，情绪稳定。医学调查显示，在森林中，皮肤温度可降低1～2℃，脉搏次数每分钟可减少4～8次，呼吸慢而均匀。森林能较强吸收太阳中的紫外线，减弱对人眼的刺激，可以有效地消除人眼和心理的疲劳，使人精神愉悦，心理舒适。

5. 森林气候——天然疗养院。在森林内气候温和，昼夜温差小，林内光照弱，紫外线辐射小，空气湿度大，降雨多，云雾多，这种舒适的小气候环境，非常适宜人类的生存。据统计，我国大多数长寿老人和长寿区，都分布在环境优美、少污染的森林地区。常在林中散步或停留可延年益寿，森林小气候对人体具有良好的保健作用。

6. 森林静音——天然消音器。森林中的树木能消除自然环境中一些有碍人类健康的噪音。据测定，绿色植物通过对声音的吸收、反射和散射，可使其音量降低1/4，

40米宽林带可减低噪音10～15分贝，30米宽可减低6～8分贝。由于森林的“天然消音器”作用，可使游人和居民在森林中能得到静养，在身体和心理上得到调整和休息，可谓宁静闲适。

- 山地：天然氧吧的集聚区

观测和研究发现，空气负氧离子的浓度与空气的清洁度有关，是空气质量好坏的标志之一。负氧离子含量的多少，是衡量空气是否清新的重要标准之一。据世界卫生组织（WHO）的规定，负氧离子的浓度每立方厘米不低于1000～1500个，就是清新空气。我国气象部门颁布的《空气负（氧）离子浓度等级》（QX/T380—2017）标准，将空气负氧离子浓度从高至低分为四个等级。若负氧离子浓度值高于1200个/立方厘米，则为Ⅰ级（浓度高，空气清新）；浓度值介于500～1200之间，为Ⅱ级（浓度较高，空气较清新）；浓度值介于100～500之间，为Ⅲ级（浓度中，空气一般）；浓度值介于0～100之间，为Ⅳ级（浓度低，空气不够清新）。负氧离子的形成、消失与自然环境中的气压、光照、湿度、温度、日较差、风速、雾等多种气象因素有直接关系。一般情况下，空气负氧离子的浓度晴天比阴天多、夏季比冬季多、上午比下午多；海滨、高山、森林及绿化带周围的负氧离子浓度高，可达到每立方厘米2000多个，比城区高出5～10倍，而室外又比室内高出2～3倍。

天然氧吧丘北普者黑（李雷 摄）

空气负氧离子是一种重要的、高科技的、无形的旅游资源，具有杀菌、降尘、清洁空气的作用。空气负氧离子浓度的高低，已成为国际上评价一个地方空气清洁程度的重要指标。正常情况下，空气负氧离子含量在每立方厘米700个以上，即会让人感到空气清新，有益人体健康。根据生态文明建设和地方经济社会发展需求，中国气象服务协会于2016年正式发起了“中国天然氧吧”（Natural Oxygen Zone of China）品牌创建活动。所谓中国天然氧吧，简单地讲，就是中国范围内负氧离子浓度水平较高、空气质量较好、气候环境优越、设施配套完善，适宜旅游、休闲、养生的地区。“中国天然氧吧”品牌创建活动，本质上就是对气象旅游资源的发掘与价值转化，是气象助力美丽中国建设的具体实践。某地（县）或风景区（保护区）须满足五个方面的基本条件，才具备申报“中国天然氧吧”的资格，它们分别是：①气候条件优越，一年中人居环境气候舒适度达“舒适”的月份不少于3个月；②负氧离子含量较高，年平均浓度不低于1000个/立方厘米；③空气质量好，一年中空气质量优良率不低于70%；④生态环境优越，生态保护措施得当，居民健康水平高，旅游配套齐全，服务管理规范；⑤两年内没有生态文明建设重大负面事件发生。

云南位于我国低纬高原地区，古往今来，云南以“彩云南见”的气象特色而得名，以“四季如春”的温暖气候而著称，以丰富的生态气候资源多样性而举世瞩目。云南是一个以高原和山地为主的省份，高原山地面积占94%。东部是云贵高原，西部为横断山地。东部的高原地区，平均海拔2000米，为起伏相对和缓的丘状高原。西部的横断山地，是由一系列近南北走向的高山与深大峡谷组成的平行岭谷区，岭谷之间高差巨大，地表破碎，切割强烈，滇西北地区山体高度一般在3500米以上。云南的平均海拔高度仅次于青藏高原，高亢的地势，使云南的亚热带高原及山地景观突出，地域分异独特，垂直地带性显著。

最新监测表明，2020年云南生态环境质量总体保持优良，空气质量平均优良天数达98.8%；林地面积2829.4万公顷，森林面积2493.6万公顷，森林覆盖率65.04%，森林蓄积量20.67亿立方米；湿地总面积61.8万公顷，自然湿地40.7万公顷，人工湿地21.1万公顷，国际重要湿地4处，省级重要湿地31处，国家湿地公园18处；主要河流监测断面水质优良率86.4%，主要出境、跨界河流断面水质达标率100%，湖泊、水库水质优良率80.6%，地级城市和集中式饮用水水源地水质达标率分别为100%和98.9%，地下水水质保持稳定。

彩云之南，被誉为“世界花园”，这里气候宜人、山水瑰丽、历史悠久、民族众多、文化多彩、蓝天白云、生态优美，具有打造山岳型天然氧吧的独特优势。云南自2017年开始参与“中国天然氧吧”品牌创建活动以来，截至2021年底，全省共有石林、新平、思茅、宁洱、双柏、屏边、景洪、广南、绿春、陇川、贡山、丘北、楚雄等31个县（市、区）获得“中国天然氧吧”称号，数量居全国各省区之首。这些天然氧吧，犹如一颗颗璀璨的绿色明珠，镶嵌在云岭大地上，成为了云南展示世界一流“健康生活目的地”的新窗口、旅游转型升级的新样板、乡村振兴的新支点、高质量发展的新平台。

云南广袤的山地、舒适的气候、茂密的森林、多样的植被、靓丽的湿地、良好的生态，犹如人间天堂一样舒适安逸。在云南，绝大多数的县境和美丽的景区景点，均能满足“中国天然氧吧”的硬标准和软环境，理所当然是天然氧吧的诞生之地。同时，云南低纬高原山地也是孕育中国山岳型（热带山岳）天然氧吧的富集之地。在高黎贡山、碧罗雪山、哀牢山、无量山、乌蒙山以及怒江、澜沧江、金沙江、红河、南盘江等众多名山大川之中，就蕴藏着许多尚未识别的“高原天然氧吧”。彩云之南，氧吧多多；来云南，我“氧”你。

永德——中国恒春之都

2018年9月20日，云南省临沧市永德县被国家气候中心授予“中国气候恒春县”的称号，是云南省获得的首个国家气候标志。所谓国家气候标志，是指根据调查和评价，在全国范围具有特色的优质气候资源的统称。国家气候标志评价，则是指对一定地域范围内具有开发利用价值的气候资源进行监测和评估，并根据相关标准规范，对在生态、旅游、农业、健康等领域有显著积极影响的优质气候资源授予特定称号的气象服务工作。国家气候标志评价分为三类，即气候宜居类、气候生态类、农产品气候品质类，是衡量一地优质气候生态资源综合禀赋的科学认定，是挖掘气候生态潜力和价值的重要载体。气候宜居城市评定，是对一地气候宜居性进行评定的气候服务过程，为地方政府利用气候资源，发展气候经济提供抓手，增强社会保护气候和应对气候变化的意识。

中国气候宜居城市评定是利用气候资源、应对气候变化的一种新的气候服务模式，提高了社会认识气候、利用气候、保护气候、应对气候变化的意识，促进了地方低碳绿色经济发展，体现了经济增长和气候行动二者的统一。要想获得“中国气候宜居城市”国家气候标志称号，须满足五个方面的基本条件：①本区气候及与之相关联的生态环境等条件总体适宜人类居住，其适宜性具有全年和长期特征；②水资源丰富；大气环境条件较好，空气质量优良；植被覆盖率较高，类型多样；③具有不少于一项的特色气候或自然景观；④气候风险总体较轻；⑤近两年内没有生态环境重大负面事件发生。

云南永德，气温适宜，季节变化小，春秋期长度为全国之最；冬无严寒，夏无酷暑，四季恒春；雨水充沛，干湿分明，气候风险总体偏低；植被指数高，空气质量优，水质优良，生态环境好；气候资源丰富，气候景观多样，立体气候典型，气候条件优越。

• 地理特征

永德县位于云南省的西南部，地处临沧市西部，是一个历史悠久、民族风情浓郁、自然资源丰富、生活环境优美的地方。永德地处滇西边陲，横断山脉纵谷区南端，濒临怒江急拐弯的东岸。自古以来被视为内地之藩篱，西南丝绸之路的江东走廊，西扼怒江的战略前沿，滇西大理、保山与缅北重镇腊戍之间的陆路近道。又是青藏高原与东南亚的接合部，以及汉藏语系与南亚语系两大族群交融之区。永德保留着几亿年前的古生物化石，积淀着几十万年前迄四五千年前的古人类活动痕迹，还有着

1200多年的边郡设治史，是滇西的古老郡县之一。

临沧永德县城远眺（永德县委宣传部供图）

永德是一个年轻的名字。永德古属哀牢国地，名石赕（甸），史载为黑僰濮所居。东汉属永昌郡。唐南昭国时开设拓南城。宋大理国时为棣赕镇康城。元设镇康路，明设镇康府（州），清设永康州。民国元年（1912年）改置镇康县，1950年4月5日和平解放，袭称镇康县。1964年，原镇康县分设为永德、镇康两县。永德为旧县新名，取县内两大古镇“永康”和“德党”首字，意为“品德敦厚，永昭后人”。

永德境内山多坝少，形成了“三山四水六面坡，十四小坝嵌其间”的地形地貌。山脉主要有大雪山、棠梨山、三宝山，过境河流有怒江、南汀河、勐波罗河、大勐统河。95%属怒江水系，5%属澜沧江水系，故有“山连东南亚，水通两大洋”之说。永德拥有中国大陆北纬24°线以南最高峰——永德大雪山（海拔3504米），以及林海茫茫的国家级自然保护区。这里拥有南景河万丈岩瀑布的天降银彩，以及宛若古堡城垣、酷似群仙落地的忙况土佛成林；这里拥有滚烫煮蛋的玉华、端楞地热沸流，以及水质水温俱佳的勐汞天然温泉；这里拥有观音洞、灵芝洞、宝石洞、日月洞等星罗棋布的地下仙窟，以及天生桥、青苔河等神秘莫测的伏流暗河。这里，春可赏杜鹃林海映山红、夏可览万丈飞瀑接天地、秋可品万亩连片芒果黄、冬可眺雪压山脊玉龙舞。

山与水的交融碰撞，成就了江东古甸得天独厚的宜人气候。冬无严寒，夏无酷暑，干湿两季，春秋常住。素有“岁分旱雨，山有四季”之谚。以永德县城所在地德党镇为代表的中海拔地带，海拔1606米，年平均气温17.5℃，年降水量1283毫米，年日照时数2196小时，年负氧离子浓度1500个／立方厘米，被誉为“天然氧吧”。水能蕴藏量58万千瓦；主要矿产资源5类17种；高等植物3000余种，野生动物472种；22个民族，38万人口，在3208平方千米的土地上，人与自然和谐共生。

云南山地风光（陈启发 摄）

· 气候优势

永德地处北回归线附近，平均海拔1600米，具有典型的低纬高原山地特征，属亚热带与热带交汇的南亚热带山地季风气候，气温适宜，四季如春，雨水充沛，干湿分明。永德生态良好，森林和植被覆盖率高，空气非常清新。

永德的气候优势主要表现在以下五个方面：一是气候禀赋优良；受低纬度的影响，永德冬季温暖无严寒。受海拔高度的影响，夏季凉爽无高温。永德常年无冬，春秋期长达365天，为全国之最，可谓“天天是春天”。年适宜风速日数、适宜湿度日数均高于全国平均水平。冬季日照时数达708.5小时，在全国排名前2%以内；二是气候风险偏低，气象灾害损失少，是全国气象灾害较轻的县市；三是空气质量优，气候生态环境好。永德空气质量优良率超过98%，森林覆盖率达63.8%，人均水资源量为全国平均值的2.3倍；四是气候资源突出，全年适宜气候度假和旅游；五是气候景观独特，立体气候典型，一山可观四季。

· 恒春古郡

永德获得的“中国气候恒春县”称号，是云南省首家获国家气候标志认证的县市。永德这座边陲宜居“春城”，将从此走出云南、走向全国、享誉世界。除此之外，永德还拥有“云药之乡”“中国芒果之乡”“中国澳洲坚果之乡”“中国南药诃子之乡”和“神十”航天育种基地、国家级临沧边合区休闲养生旅游胜地、中国最美绿色生态旅游城市等数项佳冠。

展望未来，四季恒春的永德，将围绕“绿色永德、湖滨城市、恒春古郡、大美胜地”的品牌定位，按照“一湖两翼、南北延伸、组团发展”的思路，彰显“依山抱水、净美娱居、边旅栖地”的三大特色，推进美丽县城、美丽乡村的规划布局。“好风凭借力，扬帆再远航”，作为镶嵌在滇西南边陲的靓丽明珠，永德的明天会更加美好。绿色永德，宜居永德；恒春古郡，德化永昭。

云南生物多样性

生物多样性（biodiversity）是生物及其环境形成的生态复合体以及与此相关的各种生态过程的综合，包括动物、植物、微生物和它们所拥有的基因以及它们与其生存环境形成的复杂的生态系统。生物多样性包括遗传多样性、物种多样性、生态系统多样性三个组成部分，物种多样性是生物多样性的核心。生物多样性是地球上生命长期进化的结果，是人类赖以生存的物质基础，具有巨大的直接和间接价值，包括利用价值、生态价值、科学价值和美学价值。当前人类和自然界面临着生物多样性丧失、气候变化、海洋污染等诸多环境问题，2021年10月，联合国《生物多样性公约》第十五次缔约方大会（COP15）在中国昆明召开，国内外嘉宾共赴“春城之约”，共享“中国故事”。大会的主题是“生态文明：共建地球生命共同体”（Ecological Civilization-Building a Shared Future for All Life on Earth）。希望通过这个主题，共同改变我们的行为和生活方式，提倡生态文明，人与自然和谐共生。

云南地处中国西南山地，这里是全球34个生物多样性热点地区之一，也是我国生物多样性最丰富的地区，生物多样性资源位居中国之首。同时，云南也是我国生物多样性保护实践最有成效的地区。

• 复杂气候孕育生物多样性

生物多样性是一个描述自然界多样性程度的概念，在世界生态环境日趋严峻的形势下，生物多样性正面临着前所未有的挑战。影响生物多样性的因素主要包括自然和人为因素两方面，自然因素主要是：①水分和热量。高温多雨，水热条件优越的地区，生物种类丰富；②自然环境复杂。气候、水域、地形复杂的地区，生物种类丰富；③环境变迁与突发事件。如地质时期的冰期导致多样性减少；陨石撞击地球导致恐龙灭绝；全球变暖，臭氧层破坏导致生物多样性减少；环境变化导致食物缺乏等；④天敌与外来物种。天敌与外来物种的干扰，导致生物多样性减少；⑤饵料。食物充足，食物链搭配合理，生物种类丰富。人为因素主要是指人类活动的破坏与干扰。最主要原因是人类的滥捕滥猎、人类的生产活动及污染排放破坏生态环境，如食物链的破坏、对动物栖息地的破坏、动物食用被污染的食物等等，导致生物多样性减少。

1988年，英国生态学家诺曼·麦尔提出了生物多样性热点地区的概念，即这些热点地区的生态系统在很小的地域面积内包含了极其丰富的物种多样性。2000年，国际环保组织（Conservation International，简称CI）对该概念又进一步发展和定义，评估热点地区的标准主要是特有物种的数量和所受威胁的程度。CI在全球范围内确定了 34个物种最丰富且受到威胁最大的生物多样性热点地区。在这里生长的很多动植物都是这些地区所特有的，这些地区虽然只占地球陆地面积的3.4%，但是却包含了超过60%的陆生物种。CI在中国及周边地区确定的生物多样性热点地区主要有三个，即中国西南山地（The Mountains of Southwest China）、东喜马拉雅山地（Eastern Himalaya）、印缅地区（Indo-Burma）。中国云南刚好位于这三大全球生物多样性热点地区的核心区和延伸区范围内。

中国西南山地是国际环保组织公布的世界34个生物多样性热点地区之一，中国西南山地热点地区西起东喜马拉雅山地、雅鲁藏布峡谷一直延伸至整个横断山区和川西高原，主要包括藏东南、滇西北、中缅边境、川西以及青海东南部和甘肃南部地区。中国西南山地生物多样性极其丰富，在已发现的12000种植物中，有29%是该地区所特有的，仅杜鹃就有232种，其中一半是该地区的特有种。这里的野生动物物种非常丰富，已发现300多种哺乳动物和686种鸟类，包括一些本地特有种和珍稀濒危物种，大熊猫、小熊猫、川金丝猴、雪豹、羚牛、四川梅花鹿、滇金丝猴、白唇鹿、孟加拉虎以及27种雉类。该热点地区的面积占中国国土面积的10%，却拥有全国50%的鸟类和哺乳动物以及30%以上的高等植物（1200多种），中国87个濒危的哺乳动物物种，该地区就有36个。

云南位于中国西南边陲，与缅甸、老挝、越南接壤，陆地边境线长达4060千米，是我国生物多样性最为丰富的省份，也是全球34个物种最丰富且受到威胁最大的生物多样性热点地区之一。翻开地图，金沙江、澜沧江、怒江、珠江、红河、伊洛瓦底江六大水系纵贯云南全省，高原湖泊星罗棋布。向东，云南地处长江、珠江等国内主要河流上游或源头，云岭大地涵养水源、保持水土有助于下游地区安全；向南，云南又处于怒江—萨尔温江、澜沧江—湄公河、元江—红河、独龙江—恩梅开江—伊洛瓦底江等重要国际河流的上游。此外，在南北间距不过900千米的土地上，云南还有着北热带、南亚热带、中亚热带、北亚热带、暖温带（南温带）、中温带、北温带（高原气候区）等7种气候类型，气候的水平差异和垂直变化明显，呈现出“一山分四季，十里不同天”的立体气候类型。特殊的地理位置、复杂的地形地貌、独特多样的气候环境，孕育了云南丰富的生物多样性。

云南全省现有的生态系统囊括了地球上除海洋和沙漠外的所有类型，享有“植物王国”“动物王国”“物种基因库”的美誉。有包括珙桐、望天树、秃杉、巧家五针松等国家一级保护濒危珍稀植物和滇金丝猴、长臂猿、亚洲象、印度野牛、犀鸟、白尾梢虹雉等国家一级保护动物在内的动植物。对全国和世界而言，云南可谓“天赋卓越”，使云南成为中国生物多样性最丰富的省份。因为云南独特的地理位置、复杂的自然环境、多样的气候类型、密集的自然景观类型和从热带谷地到高山寒带完整的生态系统类型，因而保存了许多珍稀、特有、古老的类群。是公认的生物多样性重要类群分布最为集中、具有全球意义的生物多样性关键区，这也是中国云南昆明成为2021年联合国《生物多样性公约》第十五次缔约方大会举办地的重要背景之一。

保山百花岭黑颈长尾雉（杨家康 摄）

• 云南生物多样性的特点

云南是中国乃至世界的天然基因库，是中国西南重要的生态安全屏障。云南国土面积仅占全国的4.1%，却囊括了地球上除海洋和沙漠外的所有生态系统类型，高等植物及脊椎动物种数均超过全国的一半。同时，云南拥有特有植物2721种、特有动物351种，生物多样性特有现象十分突出。另一方面，云南生物物种分布地域狭窄，种群规模小，特化程度高，且十分脆弱。云南的生物多样性主要表现为丰富性、特有性、脆弱性三大特点。

1. 丰富性。云南国土面积39.4万平方千米，仅占全国的4.1%，但各类群生物物种数均接近或超过全国的一半。据云南省生态环境厅和中国科学院昆明分院联合发布的《云南省生物物种名录（2016版）》，云南现记录有大型真菌、地衣、高等植物、脊椎动物25434种。其中，大型真菌2729种，占全国的56.9%；地衣1067种，占全国的60.4%；高等植物19365种，占全国的50.2%，包括苔藓1906种，蕨类1363种，裸子植物127种，被子植物15969种；脊椎动物2273种，占全国的52.1%，包括鱼类617种，两栖类189种，爬行类209种，鸟类945种，哺乳类313种。

2. 特有性。云南是世界许多物种的起源和分化中心之一，具有显著的特有现象。一些植被类型和众多生物物种只分布于云南，是我国特有物种分布最多的地区。云南拥有特有植物2721种、特有动物351种，我国境内仅分布于云南的动物就有600多种。是近100种动物的起源地和分化中心。近年来，怒江金丝猴、高黎贡球兰、勐宋薄唇蕨、盈江斑果藤等新物种在云南境内相继被发现。

3. 脆弱性。云南生物物种数量多，但分布地域狭窄，种群规模小，个体数量少，特化程度高，适应性差，一旦被破坏就很难恢复。云南分布有国家重点保护的野生植物151种、野生动物242种，同比分别占国家的41.0%和57.1%，全省已有112种动植物被列入极小种群物种，列入《云南省生物物种红色名录（2017版）》极危381种、濒危847种。

此外，在漫长的历史发展中，云南26个世居民族形成了与生物多样性相关的各具特色、丰富多彩的民族文化，积累了丰富的传统知识。这些文化和传统源于自然，又与自然和谐共生，有效地促进了云南生物多样性的保护与可持续利用。

西双版纳热带雨林（杨家康 摄）

· 云南生物多样性的保护

为守护好云南的绿水青山、蓝天白云、良田沃土，云南牢固树立绿水青山就是金山银山理念，像保护眼睛一样保护生态环境，惜绿如金，立足实际，采取一系列政策措施保护生物多样性。云南生物多样性保护成就斐然，走在了全国前列。

1. 高位推动，生物多样性保护成为共识共为。多年来，云南省委、省政府高度重视生物多样性保护工作，将生物多样性保护纳入全省经济社会发展全局。云南在保持经济高速增长和高质量发展的同时，加大生态系统和生态环境保护力度。

2. 保护体系日趋完善。自1958年云南建立第一个自然保护区——西双版纳自然保护区以来，已经建立了国家公园、自然保护区、森林公园、地质公园等11种类型的自然保护地。自然保护区166处，总面积286.74万公顷，占全省国土总面积的7.3%。其中森林生态系统类型94个，湿地生态系统类型保护区17个。列入《国际重要湿地名录》《世界文化和自然遗产名录》以及世界生物圈保护区网络、世界地质公园网络等的国际保护地11处。在全国省级层面率先发布云南省生物物种名录、物种红色名录、生态系统名录、外来物种名录。各类保护地的建立，使全省90%以上的典型生态系统和85%以上的重点野生动植物得到有效保护。

3. 珍稀濒危物种重获新生。多年来，通过实施珍稀濒危、极小种群和狭域特有物种的拯救、保护、恢复工程，巧家五针松、云南金钱槭、多歧苏铁、华盖木、羚牛、滇金丝猴、西黑冠长臂猿、犀鸟、滇池金线鲃、大理弓鱼等一大批濒临灭绝的物种重获新生。

4. 划定生态保护红线。全省划定生态保护红线面积11.84万平方千米，占国土面积的30.1%。生物多样性重要区域划入红线面积6.53万平方千米，占红线面积的55.2%。

森林面积、森林蓄积、森林覆盖率等森林生态系统指标大幅提高，森林面积、森林蓄积均居全国第二。2020年，全省森林覆盖率达65.04%，全省湿地面积61.83万公顷，湿地保护率55.27%。滇东南、滇南、滇西、滇西北、无量山—哀牢山等生物多样性保护重要区域均划入生态保护红线，构建了云南“三屏两带”（“三屏”即青藏高原南缘滇西北高山峡谷生态屏障、哀牢山—无量山山地生态屏障、南部边境热带森林生态屏障。“两带”即金沙江、澜沧江、红河干热河谷地带，东南部喀斯特地带）的生态安全格局。生态保护红线系统保护了山水林田湖草生命共同体，生物多样性宝库更加牢固。

5. 建立健全法规。先后颁布了《云南省陆生野生动物保护条例》《云南省自然保护区管理条例》《云南省珍贵树种保护条例》《云南省湿地保护条例》《云南省国家公园管理条例》等地方性法规。在全国率先制定出台生物多样性保护的法规——《云南省生物多样性保护条例》，出台《云南省地方级自然保护区调整管理规定》《云南省自然保护区机构管理办法》，建立野生动物肇事商业保险机制，使生物多样性保护政策法规体系更加完善，生物多样性保护走上法制化轨道。

2020年5月22日，中国第一部生物多样性白皮书——《云南的生物多样性》正式在昆明发布。云南在生物多样性保护方面取得了诸多成效：生态系统质量稳中向好、物种保护体系不断完善、遗传资源保护卓有成效。不过，白皮书也坦言，云南的生物多样性下降趋势尚未得到根本遏制，土地利用改变、生物资源过度开发利用、气候变化、环境污染、外来物种入侵、遗传资源流失等的干扰和威胁依然严重。因此还同时发布了《生物多样性保护倡议书》，倡议书呼吁：“云南是中国生物多样性最丰富的省份，是我国重要的生物多样性宝库和西南生态安全屏障。保护生物多样性是全社会共同的责任，需要我们每个人付诸行动，从我做起，从现在做起，从身边的小事做起。”

让绿水青山永续，让美丽持续绽放。2021年10月，联合国《生物多样性公约》第十五次缔约方大会落址中国昆明，共商全球生物多样性保护大计，共建万物和谐的美丽世界。不仅是国际对云南生物多样性保护的认可，更是云南的一次重大发展机遇。借这个国际盛会，将会有更多的人认识云南、了解云南、走进云南，将会有更多的人亲眼见证云南生态文明发展的成果，见证云南推进生态文明建设的具体作为，见证人与自然的和谐共生，见证生物多样性给云南人民带来的幸福感。

云南康养旅游气候资源

康养旅游是指通过养颜健体、营养膳食、修心养性、关爱环境等各种手段，使人在身体、心智和精神上都达到自然和谐的优良状态的各种旅游活动的总和。简单地讲，康养就是健康养生和健康养老，身体健康为基本诉求，同时包含快乐、幸福等心理健康。康养旅游是基于人口老龄化及“亚健康”现象日渐普遍化背景下，为了满足人们追求健康养生需要，依托良好的自然生态环境和丰富的养生文化，通过延伸旅游服务，寓养生于旅游，寓旅游于养生的一种新兴特色旅游活动。伴随着现代居民生活水平和消费水平的提高，人们对于身心健康以及生活质量越来越重视，以健康和养生为核心的产业日益增多增强。康养旅游作为旅游新业态、新模式，满足了消费者对健康养生的多元化需求，成为旅游业发展的新潮流。

2015年，国家明确提出大力发展休闲度假旅游产品，鼓励社会资本大力开发温泉、滑雪、滨海、海岛、山地、养生等休闲度假旅游产品。2015年，继提出建设“美丽中国”之后，“健康中国”被首次写入政府工作报告。“美丽中国、健康中国、平安中国”成为当今的三大流行关键词，开启了“大健康”时代的新蓝海，提出了“文、商、养、学、闲、情、奇”的旅游发展七要素。

· 康养旅游气候资源优势

随着城市化进程加快、雾霾污染问题频发、生活水平提高、生活观念转变等，促进了以自然生态、洁净空气为主体的休闲旅游将成为旅游业发展的新方向。云南得天独厚的地理生态和气候环境，使得云南康养旅游资源极其丰富。云南制定了一系列康养旅游规划，大力发展大健康、旅游文化等八大产业，打好“绿色能源”“绿色食品”“健康生活目的地”三张牌，把云南建设成为中国最美丽省份，谱写好中国梦的云南篇章。积极推进“大健康＋全域旅游＋康养＋特色小镇＋半山酒店”建设，实现“生态美、环境美、山水美、城市美、乡村美”，把旅游业培育成全省经济社会发展的重要战略性支柱产业和人民群众更加满意的现代服务业。

康养旅游与天气气候密不可分。一个地方的气候是否适游、是否宜居？是根据一定条件下人体皮肤的温度、出汗量、热感和人体调节机能所承受的负荷来确定的，主要受太阳辐射、气温、降水、风力等因素的影响。

气温：云南除滇西北香格里拉的年均温5.9℃＜10℃偏冷，滇中的元江23.9℃＞22℃偏热，滇南的元阳24.4℃、河口23.3℃、景洪22.6℃＞22℃偏热外，其余各地的年平均气温大多数在12～22℃之间。研究表明，夏季人体适应的最佳温度为19～22℃，冬季为17～22℃，符合这一条件的地区都是能让人感觉到自然气温下最舒适。人体感觉舒适的年康养气温为10～22℃（平均为15℃），这个区间的温度能够不断激活人体组织细胞，增强人体新陈代谢，改善微循环，提高免疫力。此外，云南气候的特点之一就是低纬高原气候，即气温年较差小，日较差大。日较差大的好处是白天炙热的空气，到夜间冷却变得清新凉爽。云南绝大部分地区一般早晚凉爽，中午燥热，一天之中可感受“春夏秋冬”四季的变化，但一年之中却又四季如春，犹如天然空调一样“恒温”少变，可谓“冬暖夏凉”和“夜冬昼夏”。

降水：云南大部地区年降水量在1000毫米左右，丰沛的降水量有利于植被和作物的生长发育，清新空气，增加负氧离子浓度，置身于绿水青山之中，非常利于康养。相对湿度为45%～65%的自然环境，人体的感觉是最舒适的。云南属典型的季风气候，干湿季分明，半年雨来半年旱，雨季降水充沛，干季降水稀少。全年大雨以上强降水偏少，多小雨或阵雨，少连续性降水。夏秋季多雷阵雨天气，雨后阳光灿烂，空气清新；冬春季多晴暖天气，蓝天白云甚至碧空如洗，心情舒畅。

太阳辐射：太阳辐射是预防疾病，增进人体健康不可缺少的自然因素之一，其作用主要表现在紫外线和红外线部分。适当地晒晒太阳，能促进人体的新陈代谢，使人心情舒畅，提高工作效率。紫外线不但对细菌有破坏作用，而且对某些病毒也有破坏作用（消毒作用），红外线对人体主要是热效应（消炎镇痛作用）。太阳辐射产生的远红外线能不断地激活人体组织细胞，增强人体新陈代谢，改善微循环，提高免疫力。云南各州市多年平均日照时数除滇东北为1300小时外，其余各地均在1500～2500小时范围内，符合国际自然医学会对“长寿之乡”的评定标准。人每天可享受的日照时间应不少于2小时，人体最舒适的年日照时数为1500～2500小时。

风：云南大多数地区年平均风速在1.0～2.5米/秒，随海拔高度增加风速增大。一般坝区风速稍大，河谷地区风速较小。云南除高山地区风速较大外，总体风力适中，上午风小或静风，但午后总能让人感觉到微风习习，非常舒适，没有闷热之感。一年之中除春季风力稍大外，对人体舒适度无不利影响。

大理夏日的洱海风光（杨卫东 摄）

根据《人居环境气候舒适度评价》《避暑旅游气候舒适度评价办法》《养生气候类型划分》等标准的应用研究，昆明等滇中地区属典型的夏令养生型气候，全年均适宜休闲旅游度假。另外，使用国际上通行的温湿指数和风效指数两个指标来综合评价云南的气候舒适度，结果表明：云南区域多年平均气候舒适度各等级日数中，舒适日数占全年的56%，寒冷日数占23%，冷日数占20%，热日数占1%，闷热日数为零。北纬24°以南的大部地区年平均舒适日数超过200天，不舒适（寒冷和闷热）日数不足60天，这些地区一年四季均适合旅游。特别是冬季，当我国北方非常寒冷的时候，该地区已是春意盎然的暖春时节；而夏季6～8月，我国大部特别是中东部地区正是酷热难耐的时候，云南大部地区却是较舒适的凉爽天气。故，从气候舒适性而言，云南是全国少有的冬可避寒、夏可避暑的休闲度假胜地。

· 海拔适中有利于康养

人的健康长寿，主要受地理环境、文化、生活习惯、膳食营养、医疗保障等因素的影响，长寿现象具有一定的空间聚集性。自然地理环境是影响长寿的重要因子，小尺度的自然地理环境中的气候、水、空气、植被等要素，又主要是由海拔高度决定的。《黄帝内经》载："高者其气寿，下者其气夭。"高是指海拔较高的地方，气候凉爽，空气清新；下则是指海拔较低的区域，气候炎热。高则气寒，万物生长较慢，生命期长；下则气热，万物生长较快，寿命短暂，可谓"一方水土养一方人"。从国际自然医学会认定的全球5大"长寿之乡"和中国老年学会评选的77个"中国长寿之乡"的共同特征来看，这些长寿之乡的海拔大多在1500米左右的山地区域，此海拔高度的区域自然条件较为优越："气候舒适，冷暖适中，物产丰富，植被茂密，负氧离子含量高，有利于人类居住和健康的需求"。因此，海拔1500米是最佳的康养海拔高度，即亚高原区域。另外，医学研究发现，海拔3000米以上地域，人的机体将会产生明显的生物学效应。一般情况下，短时间内仅会产生高原反应，而长期生活在海拔3000米以上的山区，将对机体产生不可逆的影响，此高度被称为"医学高原"，故人类康养的最高海拔高度上限为3000米。海拔3000～5000米，一般人会出现高原反应，只有土著居民能正常生活；海拔超过5000米，人体就很难适应；海拔超过8500米，将达生命的禁区。

云南地势西北高东南低，山脉多呈南北走向，海拔高低悬殊。最高处德钦县的梅里雪山卡瓦格博峰6740米，最低处河口县的元江与南溪河交汇处76.4米，具有典型的立体气候特征。从南到北可划分为7个气候带，云南平均海拔为2000米，大气含氧量随海拔升高而降低，气压随高度增加而降低。一般而言，海拔高度为1000米、2000米、3000米、4000米、5000米、6000米的山地，其含氧量仅分别相当于海平面的88%、78%、70%、61%、53%、47%。另外，海拔愈高紫外线强度愈大，海拔每升高100米，紫外线强度增加约1.3%。现代医学研究表明，海拔500～2400米之间的亚高原区域较适合康养旅游，因亚高原环境具有氧分压、气压比平原地区低，但太阳辐射强度、日温差变化比高原地区（海拔高度≥3000米）小，且舒适度高于平原和高原地区的特征。气候舒适指数的变化主要取决于气温的高低，主要受海拔高度的制约。一般而言，海拔1200～1900米的区域为全年的气候舒适区，也是养生养老的适宜区。滇中、滇南地区的平均海拔为1100～1900米，是我国乃至全球拥有"四季如春"气候资源最典型的地区，也是全天候的康养宜游区。海拔1500米是最理想的康养高度。

康养是对病人或亚健康人群采取的一种综合性治疗措施。地理、气候、环境条件都与人们的生活密切相关，高原与平原地区之间的差异颇大。一般来讲，平原城市的大气污染严重，大气中有害悬浮物质的浓度远比高原地区高；平原夏季持续的高温闷热，加重了人体的心脏负担；平原冬季寒潮活动频繁，可诱发感冒和气管炎；江淮地区夏季高湿的梅雨天气，会使精神病人的症状引起波动。医疗气象研究发现，高原气候对哮喘、糖尿病、贫血有一定的治疗作用；对荨麻疹、过敏性鼻炎、精神分裂症等疾病有缓解的作用；高原森林气候有利于呼吸系统疾病、神经官能症、肾脏病的治疗。云南地处低纬高原，冬暖夏凉，冬季日照充足，日光中的紫外线对人体钙磷的新陈代谢有良好的促进作用，有利于防止老年性缺钙，并且高原空气的洁净度高，空气中负氧离子多，对人体的植物神经与内分泌系统功能有良好的影响，可提高细胞机能，增强人体抗病能力。康养云南，从某种意义上讲就是享受云南的自然山水与空气阳光，就是到山间原野，体验世外桃源、人间仙境的梦幻与闲暇。

- 良好的山地生态环境

云南的绿水青山、蓝天白云，主要得益于云南优异的气候条件。云南丰沛的降水孕育了茂密的植被，2020年，云南森林覆盖率达65.04%，全省植被覆盖度好，生物多样性丰富，土地胁迫和污染负荷较轻，全省自然生态环境状况总体为优。根据国际自然医学会对“长寿之乡”的评定标准，适宜老年人居住的生态环境中，平均森林覆盖率要达到40%以上。空气的质量好坏对人体健康影响也较大。云南天高云淡，空气洁净，能见度高，2020年，云南空气质量优良率为98.8%。再看水生态环境，云南有六大水系，九大高原湖泊，水资源丰富，总量居全国第三，总体水质稳定向好。2020年，主要河流水质优良率达86.4%，主要出境（跨界）河流断面水质达标率100%；湖泊、水库水质总体良好，优良率为80.6%。

云南以改善生态环境质量为核心，坚持精准治污、科学治污、依法治污，聚焦蓝天、碧水、净土“三大保卫战”，守护好云南的蓝天白云、绿水青山、良田沃土。“天蓝、地绿、水清、气净”，每年游客在饱览云南的大美风光之后，总会感叹这里的生态之美、自然之美、人文之美、和谐之美。地处入滇门户的春城昆明，更能让人体验到中国健康之城、历史文化名城、世界春城花都的魅力，让人流连忘返。

云南旅游的气象魅力

云南特殊的地理区位、多样的气象环境、丰富的气候资源，造就了云南壮美多姿的自然生态，孕育了世代勤劳善良的26个民族，支撑着云南经济社会的可持续发展。同时，多样性气候也成就了“七彩”云南。云南7种气候类型几乎囊括我国各种气候类型，成就了从热带雨林到雪山草甸的绚烂跨越，带来了春夏秋冬“四季有美景，一年皆可游”的多姿多彩。加之立体气候的影响，“一山分四季，四季景迥异”“山上大雪纷飞，山下温泉赏花”“东边日出西边雨”的对比和冲击，更将“七彩”云南的魅力展现得淋漓尽致。

天气气候既是自然景观造化的天然因素，也是旅游者出游选择和影响旅游者观赏体验的环境条件。云南独具区域地理特色的天气气候及其气象景观，就像丝一样巧妙地编织在自然与人文景观里，无处不在，闪闪发光，魅力无穷。

· 舒适的宜人气候

云南大部地区冬无严寒，夏无酷暑，气候温润舒适，为全国乃至世界冬日避寒，夏日避暑的理想之地，“四季如春”“四季皆宜”“春城花都”是云南靓丽的旅游气象名片。按照候平均气温划分季节的标准，云南全省“四季如春”的县城有78个，约占全省的2/3。26个县城的全年春秋日数超过300天，永德、西盟、绿春、金平4个县，全年365天，天天皆为春秋日，是著名的“恒春”之城。云南地处低纬度地区，北回归线贯穿其中，一年间太阳入射高度角大且变化小，地面得到的太阳辐射不像中高纬度地区那样季节变化很显著。另外，由于西北面有青藏高原的阻挡，南北走向山脉的屏障，使冬季北方的冷空气和寒潮不能长驱直入，加上干季云南降水稀少，晴天日数多，综合作用的结果便是云南78个县城冬无严寒。同时，这78个县城的海拔高度通常在1500～2000米之间，按照海拔每升高100米气温下降0.6℃的规律，在春末和夏季高温时段，78个县城的气温比同纬度低海拔地区偏低。另外，雨热同季的气候特点，也使这些县城夏季气温偏低。这些县城夏季正值雨季，受到来自热带海洋湿润的西南季风和东南季风交汇影响，阴雨天多，低云量阻挡了夏季太阳的直接辐射，这些因素的综合作用使云南78个县城夏无酷暑。云南宜人的气候，还表现在光照充足，干湿季分明。昆明、玉溪、楚雄等滇中地区，全年日照时数在2500小时以上，日均7小时左右，尤其在冬春干季，阳光分外明媚。冬春季节，当人们从外地跨入云南，碧空如洗，阳光灿烂，倍觉温暖和煦。5～10月为雨季，蓝天白云，温润舒适，多阵雨和夜雨，极少有阴雨连绵的现象，往往雨过天晴，凉爽清新。

· 多样的气象环境

云南许多的山地旅游景点都具有垂直分异的气象环境，如梅里雪山、玉龙雪山、苍山、白马雪山、老君山、轿子雪山、大围山、高黎贡山、哀牢山、无量山、梁王山、薄竹山等。受复杂气象条件影响所致，差异显著的自然景观的空间分布距离短，多样性特色景观的富集程度高，彰显出云南旅游气象的迷人魅力。如丽江老君山景区从金沙江干热河谷到高耸的冷凉山顶，气候类型出现亚热带—温带—寒带的演变特征，形成完整的垂直气候带谱及相应的自然景观。云南松林、高山栎林、西南桦树林、小果垂枝柏林、云杉、冷杉、高山灌丛、山顶杜鹃矮曲林、石滩冻荒漠植物带、高山草甸，构成了老君山景区旅游环境的绿色基调。尤其是在海拔3600米以上的核心景区内，原始森林保存完整，人类采伐影响少，森林郁闭度高，具有幽、秘、静的唯美特色。加上以滇金丝猴为代表的多种动物在林中出没，平添亲历探索的激情，增加了对人与自然和谐境界的体验遐想。

多样性的垂直气候带分布，可使游客花费最少的旅游时间，获得最大的感受自然的体验。在彩云之南，只要相对高差在500米以上的山区，你就可身临其境体会到“一山有四季，十里不同天”的神奇魅力。尤其在“8”字型大滇西旅游环线上，景点纷呈，山道悠悠，繁花似锦，气象万千。

· 多彩的气象景观

山有云蒸霞蔚，水有雾霭雨霁。高原变幻莫测的云景，高原色彩艳丽的彩云、朝晚霞、虹、晕、华、宝光环等大气光象，及其对静态山林、湖泊、溪流等的柔性模糊、气势烘托和色彩濡染，派生出永无穷尽、移步换景的形体色彩变幻景观，尽显云南旅游气象的自然魅力。没有污染的大气环境，使云南山地云彩保持了原生态的特有神奇和圣洁本色。高原清洁、宁静的大气介质，在太阳光的照射下，由大气分子、气溶胶和云雾粒子的反射、折射、衍射、散射、吸收等作用而形成的朝晚霞、曙暮光、虹晕、华等大气光象格外清晰，色彩分外艳丽。系统性天气与地形的巧妙结合，或者山地局地加热抬升，常常使山地云属既风姿绰约又变幻莫测。晴空下，山谷局地受热增温，水汽凝结成碎云，碎云随山地气流抬升不断地升入空中，成为朵朵蓝天映衬下洁白纯洁、变幻多端的碎积云、积云，飘逸于峰峦之间。系统性天气移过山区时，常见地形性的层状云连绵数十里，云波滚滚，无边无际；时而雾起云来，波涛汹涌，如临仙境；时而云雾消散，蓝天暂露，云海沉淀，千峰竞秀，目不暇接。条件具备时，沿山脊移动的层积云有如奔腾的江河，从山头飞泻直下谷底，形成奇观的“瀑布云”。在阿佤山、高黎贡山、哀牢山、无量山、大山包、轿子雪山、大围山、哈尼梯田、鸡足山、普洱山、大庐山、薄竹山等地，你都可随时有幸目睹到这些神奇美丽的气象景观。

昆明秋日的滇池湿地（琚建华 摄）

· 丰富的康养环境

云南许多旅游目的地都具备良好的山地气候环境和优越的森林生态，甚至还有优质的地热温泉，丰富的山地康疗保健气象环境，充实了云南旅游气象的魅力。人的健康长寿受遗传基因、医疗条件、社会因素、气候环境等内外因素影响，其中良好的山地气候环境是十分重要的自然因素。国内外老年问题科学调查研究发现，大多数长寿者都生活在海拔500～1500米的山地条件下。据国际自然医学会调查，世界上几个著名的长寿地区的气候环境有如下特征：年平均温度17～20℃，年降水量1250～1500毫米，年日照1400～1800小时。云南海拔1200～1500米左右的山区，具有与上述温度、降水、日照等相似的气候环境。中国科学院地理科学与资源研究所调查发现，云南属我国11个著名人口长寿地区之一，存在着一条“景洪—勐海—沧源—芒市”的长寿带。另外，高原地区较强的紫外线使空气分子发生电离，产生了大量的负氧离子。冬季经常出现的辐射雾，夏季频繁出现的地形云、层云、层积云对负氧离子的聚集，使这些地区形成了对人体健康十分有益的负氧离子高浓度区。于是，这些地区充足的阳光，适中的气压，清洁的空气，高浓度的负氧离子，冬无冰冻寒流，夏无炎热酷暑的气候环境，以及“无处不是林”的生态环境，构成了非常有益于人体身心健康的养生气象组合环境。旅游者在此度假疗养，能使呼吸加深，肺活量增大，促进血液循环，改善血液成分，增强体内氧化过程，促使人体代谢旺盛，气爽神清。

温泉特有的保健、养生、度假、休闲功能已被广泛认可，温泉成为云南旅游度假休闲产业中的生力军和后起之秀。云南不仅拥有我国独一无二的城市地热温泉带，且在全球地热分布上也占有重要位置。100℃以上的温泉有20多处，40℃以上的多达500余处，地下钻孔热水200余处。云南以温泉类型多、水质佳、用途广、景观奇而闻名。温泉的出露类型、出露特点、水质结构等居全国首位。同时，云南地热资源富集的旅游目的地，还具备了良好的山地气候环境和优越的森林生态，组合成为丰富的山地康疗保健养生环境。腾冲、龙陵、陇川、洱源、安宁、弥勒、禄丰、华宁、建水、水富等地有丰富的温泉资源，是旅游度假休闲的好地方。

• 绝妙的山野珍馐

云南仅一省之域即涵盖了热带、温带、寒带的气候，可谓“一山分四季，十里不同天”。如此独特的地域气候，不仅为当地带来了旅游风貌景观，也让无数“野味”成为了名片。绿色、健康、美味、爽口……好一个唇齿留香，舌尖上的享受。有一种风味，凭着它的秀色、它的醇香、它的原味，让人聆听到返璞归真的心声，这就是气候生态王国的形象代言词——云南风味。云南风味“生之者地也，养之者天也”，得益于多样性气候和自然生态的眷顾，使得云南饮食风味独具特色，云南最为出彩的“滇味”就是每年雨季的野生菌。除此之外，遍布山野的美味众多，春笋、香椿、刺五加、龙爪菜、金雀花……一片春意盎然，味蕾大开。

云南饮食的原料选材广，有着从北热带到寒温带的气候以及对应生态环境下丰富的主食和果蔬；原料新鲜，垂直分异的气候类型及地形小气候，方便就地取材，使原料的旅途短鲜度高；珍稀品种多，云南野生生物种质资源优势显著，可食用的野生生物种类多，山野珍馐多。云南多民族的文化传承，保留了丰富多彩的民族饮食习俗，饮食原料、口味嗜好、烹饪技法、盛放菜肴的物品、用餐礼仪等多姿多彩，各具特色。云南风味虽不以烹饪、调配、造型等技法见长，但以原色原味醇香为特色，可嗅到太阳和雨露的醇香，可尝到森林土壤的芬芳。

云南野生食用菌集天然、好吃、好看、保健于一身，以特有的鲜香滋味，七彩秀色，或细腻或爽脆的口感，丰富的氨基酸、热量、饱和脂肪、胆固醇含量低等特色，成为历久弥新的山珍，现代品质生活的新宠。野生食用菌对其成长的生存环境，具有近乎苛刻的选择性。首先是对森林类型、土壤种类等天然生态环境的选择；其次是光、温、水等气象条件的选择。对于需要伴生、共生、寄生环境的野生食用菌，其生存条件更加苛刻。天然的山地森林生态，森林植被、森林小气候和生物质丰富的林下土壤，为野生食用菌娇嫩的生命提供了可选择的条件；三是基于菌类差异性的选择，导致了不同形态面貌和贵贱出身。没有叶绿素的野生菌，由于不会进行光合作用呼出氧气和制造养分，必须依靠其他生物提供有机质供其生长发育。大多数野生食用菌都是与松、杉、栎等高等植物共生共栖的菌根真菌，它们喜欢在氧气充足，以散射光为主的针叶林、阔叶林和针阔混交林中生长。

几乎中国乃至世界上大多数的食用菌种类，都能在云南找到适宜的生长环境。世界上已查明的野生食用菌有2000多种，中国有938种，云南就有800多种，占世界野生食用菌的40%，占中国的85%，在云南基本上都能寻找到不同野生菌的踪影。松茸、松露、干巴菌、牛肝菌、青头菌、鸡枞菌、羊肚菌、奶浆菌、鸡油菌、谷熟菌……这些都是云南野生菌中的佼佼者。“红伞伞，白杆杆，菌子多，雨季到，诸菌出，美味鲜”是云南菌乡的真实写照，鸡枞菌、松茸、干巴菌、牛肝菌并称云南的“四大名菌”。每年雨季在云南都可尝鲜野生菌，最丰盛时段在7月～9月中旬，早的年份在5月就可品尝到“头水”野生菌。野生食用菌，这个为云南增添神秘色彩的山间精灵，凝聚了低纬度灿烂的阳光，人迹罕至的洁净空气，多样性的山地气候，良好的森林植被，代表了云南的风味和特色，的确惹人喜爱。

气候变化对云南生态的影响

云南生态系统类型的多样化，堪称是世界生态系统类型的一个缩影。全境涵盖了从热带、温带到寒带，从水生、湿润、半湿润、半干旱到干旱，从自养到异养的各种生物种类和生态类型。云南生态系统的特有性非常显著，由于其生态环境的复杂多样，植物类群分化发展激烈，形成了众多的地区特有属和特有种，尤其是滇西北横断山区、干热河谷地区、滇东南岩溶地区及迎西南季风的热带山地。植物特有属和特有种相对集中，其中有不少种类是云南植被类型的建群种、优势种、标志种。沿着云南六大水系河谷，可以见到较大面积的“河谷型萨王纳植物群落”和“河谷型马基植物群落”，为我国特有的植被类型。云南动物类群的情况也类似植物一样，从而形成许多云南特有的生态系统。

云南是中国乃至世界上生物多样性最为丰富的地区之一。这里丰富的生物多样性已受到了国际上的极大关注，被认为是世界上三个生物多样性热点地区的核心区域，即喜马拉雅区（东喜马拉雅山地）、中国西南山地区、印度—马来西亚区（印缅地区）三区的交汇带。云南在全国4%的国土面积上，栖息着我国50%以上的动植物种类和70%以上的微生物种类，并囊括我国绝大多数生物群落类型，自然保护区数量占全国的1/9。云南作为我国境内生物多样性最丰富和最完整的省份，在独特的气候类型、复杂的地质地貌条件、丰富多样的人文因素共同影响下，形成了适合多种生物生存繁衍的独特生存环境，为该地区生物多样性的发展提供了有利的自然条件，孕育了该区域丰富的生物资源。

云南的生物资源具有种类数量多、珍稀濒危种类多、种质资源品种多、近缘及可替代种类多、特有及优良品种多、有开发价值种类多的特点。云南作为举世瞩目的"生物基因库"，储备着巨大的种质遗传资源，保护好这些未来世界最重要的战略资源，关系着我国的种质遗传资源的安全。

• 气候变化对云南生态系统和生物多样性的影响

云南是我国生态系统类型和生物多样性种类最丰富的地区，保存了许多珍稀、特有或古老的类群，是我国生物多样性重要类群分布最为集中并具有国际意义的陆地生物多样性关键地区之一。气候变化对云南的森林、草地、湿地、湖泊、河流生态系统和生物多样性以及濒危动植物已经产生了可以辨识的影响，主要表现在：植物的物候期延长，受极端气象灾害的影响加重；林木空间分布迁移，破坏树种生存环境、林线上升，导致树种灭绝；森林火灾和病虫害加剧；草地退化加剧，草场面积减少，草地生产力随温度、降水变化而有地域差异；湿地面积萎缩，生存环境破坏，栖息在湿地的动植物数量减少；高原湖泊、河流的水面面积缩减，生产力下降，枯水期延长，导致部分物种消失；水体富营养化加剧导致污染，加速了水生动植物死亡；珍稀濒危动植物和微生物的生存环境和栖息地遭到破坏；气候变暖和外来物种入侵，加速了本地物种的灭绝等。

预计未来的全球及区域气候变化，将继续会对云南的生态系统和生物多样性产生深远的影响，包括对物种分布范围、多样性、丰富度、栖息地、生态系统及景观多样性、有害生物及遗传多样性等，并产生使生物的自然地理地带向北、向高海拔地区推移的发展趋势。

• 气候变化对云南森林分布的影响

每一种植物对于气候变化，都有一个适应或容忍的范围，我们称之为"气候适应区间"。在这个区间内，植物可以生存，而离开了这个区间则可能死亡。由于气候变化，植物的这个适应区间在地球表面上不断移动，为了能一直待在这个适应区间内，植物也必须随之移动。气温的升高，一方面使植被生长期增加，植被生长空间得到拓展；另一方面也会加剧植被对水分的需求。如果此种状况下，某一区域降水量出现减少的趋势，则在气温升高的同时，亦将会出现植被覆盖退化的现象。

随着全球变暖趋势的扩展和加深，云南的森林生态系统空间分布将会发生迁移。总的来说，生长在低纬度的热带雨林将侵入目前的亚热带和温带地区，并向更高海拔地区扩展，雨林和季雨林的面积进而增加；温带森林则将向北和向更高海拔方向迁移，面积总体呈下降趋势。温带落叶阔叶林面积扩大，南部的森林类型取代北部的森林类型；高寒草甸被稀树草原和常绿针叶林取代，森林总面积增加。同时，气候变化也会影响和干扰植物群落的恢复过程。区域气候变化已经导致热带森林生态系统的群落次生演替恢复速度降低，而且增加了次生林演替过程中的树木死亡率。

树木年轮对气候变化的响应是树轮生态学研究的重要内容之一。研究表明，丽江玉龙雪山的丽江云杉与云南铁杉的径向生长与气候因子之间存在一定的关联，丽江云杉的径向生长与温度升高存在一定的分离现象，即对气候变化产生了不同的响应。云冷杉林是中国珍稀濒危动物滇金丝猴的重要栖息生境，研究发现，云冷杉林向北部高海拔山地迁移，在山地生态系统中物种向高海拔移动，造成了森林面积的减少。高山林线是气候变化的最敏感区之一，林线位置的变化与气候变化直接相关。气候变暖会使山地各植被带逐渐上移，最终可能导致原有的高山带生存环境缩小或消失。研究发现，气候变化已经使一些类型的森林分布出现了空间转移，一些地区的林线海拔正逐步升高。云南部分干旱和河谷地区，因气候变暖而引起的灌丛侵入到高山草甸，发生了林线海拔升高的现象。

昆明盘龙江源头甸尾村（唐跃军 摄）

• 气候变化对云南森林灾害的影响

气候的波动可对森林生态系统的能量分配产生重要的影响。如干旱将会导致森林结构、生态系统生产力的变化，从而又反馈到区域气候变化中。近年来云南遭遇连续干旱灾害，导致动植物生存环境质量下降，部分珍稀濒危物种受到威胁。

森林火灾的发生与风速、气温年较差、平均气温有着显著的相关性。风速是制约林火蔓延速度、林火强度、过火面积和扑救难易程度的决定性因素。风速大则空气乱流强，很容易发生火旋风和飞火，火向上空窜，地表火就易发展成树冠火，增加扑救难度，所以风速对森林火灾的发生有着重要的作用。最高温度通过影响林火的发生发展，来反映其对森林过火面积的影响，在一定程度上，温度越高，过火面积将会越大。气候增暖使林火频率增加，进而影响森林的树种组成结构。气候变化引起干旱天气的强度和频率增加，森林生态系统内的可燃物积累多，防火期明显延长，导致早春火和初夏森林火灾多发，林火发生地理区范围扩大，加剧了森林火灾发生的频率和强度。气候变化对林火的影响已初步显现出来，特别是干暖化趋势明显，干季持续高温干旱，使干旱发生频率增加的同时，气候变化引起的极端天气气候事件（如重霜冻、暴雪等），会导致林木大量折断和死亡，火灾风险增加。云南是我国林火的多发区和重灾区，近年来频繁出现的极端干旱，致使云南森林内易燃可燃物的径级和数量增多，大大增加了森林火险的隐患。

对森林病虫害影响较大的气象因子有气温、湿度、降水和风。森林病虫害的发生、发展和流行要求一定的温度范围，在适宜的温度范围内有利于病虫害的发生流行。雨、湿条件是病害流行的主导因子，湿度升高有利于大多数病菌的繁殖和扩散，同时湿度与害虫的存活率、数量、甚至与体重的变化有着密切的关系。风不仅影响真菌孢子的释放、传播，而且能制造伤口，为病菌侵染创造条件，风还是影响昆虫迁飞扩散的重要因子。由于云南人工造林树种单一，且在气候变暖背景下形成的新的脆弱的森林生态系统，对病虫害没有较强的防御能力，加之高温、强降水和风速减小的影响，森林病虫害在局部地区的危害性加大，故未来云南的森林病虫害将会呈现多发的态势。目前云南发生严重能够成灾的病虫已由20世纪80年代的98种增加到265种左右，其中有些是由外地或境外陆续传入的。过去危害较重的松毛虫、天牛等至今仍未得到较好的有效控制。

· 气候变化对云南珍稀濒危动植物的影响

气候变化改变了区域的温度和降水格局，使野生动物的栖息生存环境发生了改变，某些鸟类和两栖类，甚至丧失了栖息环境。因为物种总是倾向于分布在气候条件最适宜的区域，当温度和降水格局发生变化时，物种的分布也会随之发生变化。气候变化影响植被，尤其对植被的初级生产力产生较大影响。植被是野生动物赖以生存的栖息环境，也是野生动物的食物来源，植被发生变化时，动物分布区相应地也随之发生改变。研究表明，气候变化特别是降水变化对动物有较大的影响，如对物种丰富度、存活率、产卵日期、繁殖成功率、生长速度和动物行为等都会有较大影响。

云南具有180个中国特有属，境内中国特有植物8772种、云南特有植物4018种。全国种子植物属的15个分布区类型云南均有。云南种子植物共有25个古老科、100余个古老属和若干古老种。云南脊椎动物各类群的特有性都较高，境内中国特有动物453种、云南特有动物262种，境内中国仅分布于云南的动物物种目前记录的数量就有616种。由于云南境内地貌复杂，气候差异悬殊，南部和西部有印、缅、泰等地区的热带植物区系成分向北延伸和深入，滇西北横断山区又有着形成丰富而独特的植物区系的自然条件。同时，东部又同华中、华南的区系成分交错过渡、相互替代，再加上未受到第四纪大冰期时大陆冰川的直接侵袭，成为许多古老植物的避难所，因而拥有极为丰富的珍稀濒危植物及国家保护植物资源。云南的珍稀濒危植物及国家保护植物主要分布在中低海拔高度，而且其垂直分布出现频率最大的海拔高度为1000～3500米。根据《中国植物红皮书》记载，云南有珍稀濒危植物70科124属154种，其中包括蕨类8科8属8种，裸子植物7科14属21种，被子植物55科102属125种，占全国珍稀濒危植物总数的39.7%。

珙桐是我国特有的单种属植物，起源古老，是第三纪古热带植物区系中的孑遗树种，也是世界著名的观赏树种。珙桐的分布带间隔较远，呈星散状分布，气候变化后有造成其分布地南移的趋势。原产于云南丽江和台湾阿里山松林中的中国特有的中华疱脐衣，具有重要的生态学价值，然而，现在的丽江由于气候变化等原因的影响，这种世界珍稀物种已濒临灭绝。而仅局部分布于德宏盈江的鹿角蕨，由于个体数目偏少，分布区狭窄，极易受气候变化的影响而灭绝。

温度是影响物种分布的关键因子之一。特定的物种分布在特定的温度带内，全球气候变暖后，由于不同地区温度升高的不均衡性，加上这些地区本身环境的差异，温度升高对这些地区的野生动物生存环境产生了影响。气候变化对野生动物分布的影响，除了温度升高而使其受到直接胁迫外，还引起其他环境因子改变，而使其重新分布。对不同扩散能力的动物，全球气候变化对其分布的影响结果不同。扩散能力较强的动物，随气温的升高，其分布区北移或出现在更高海拔地区；相反，对于扩散能力较弱的动物，分布区缩减，甚至局部灭绝。动物的繁殖期是动物生活史中对气候最敏感的时期，微小的气候变化都有可能影响到动物的繁殖成功率。这种影响可能是正向的，也可能是负向的，关键看动物繁殖的限制因子的变化方向。当限制因子变得对动物有利时，其繁殖的机会增加，繁殖后代的成功率也会增加，种群逐渐壮大；反之，动物的繁殖会受到限制，繁殖后代的成功率减小。动物生存环境的改变和栖息地的退化，是导致生物多样性减少和物种灭绝的主要原因。物种灭绝的另一个重要原因，是极端天气灾害导致大量物种的死亡。相对于本地种而言，气候变化可能会增强外来种的生存、繁殖和竞争能力，而对本地种构成威胁，进而影响区域内的生物多样性。

迪庆高原湿地（杨家康 摄）

鸟类作为生态系统中最为活跃的组成部分之一，其对气候变化产生的影响相当敏感。气候变化是部分鸟类在种群动态，物候方面（迁徙时、产卵期等）和地理分布范围发生变化的主要因素。受气候变暖的影响，云南多种珍稀鸟类的种群数量和分布范围都有所变化。绿孔雀是中国国家一级保护动物，原分布于东南亚地区，主要栖息地为海拔2000米以下的热带、亚热带常绿阔叶林和混交林中，历史上曾分布于我国西南地区，由于气候变化的影响，现仅分布于云南西部、中部和南部地区。调查发现，由于其赖以生存的次生落叶季雨林和常绿季雨林生态环境遭到破坏，现在绿孔雀的分布区正在逐步减少和退缩。

气候变化还会致使一些外来物种的生存和传播条件大为改善，加剧了其蔓延程度。虽然云南物种丰富，但各物种的地域性强、分布面狭窄、单一种群数量少，使得外来物种极易在云南复杂的地形地貌和气候条件下，找到适宜的生存环境。生态环境的恶化，生物入侵易导致一系列的物种成为濒危物种或灭绝。美洲斑潜蝇曾对云南农业生态系统造成威胁，现在草地贪夜蛾、蝗虫等的危害正逐渐显现。紫茎泽兰、水葫芦等外来物种，对云南本地的生态系统造成了极大的破坏和威胁。

空中云水资源的开发利用

云水资源（cloud water resource）是指存在于空中，能够通过一定技术手段被人类开发利用的水凝物。云水资源的开发利用必须首先对空中水凝物总量（云水总量）的分布演变规律进行评估研究。大气中的云有多种类别，不同类别的云，其含水量及垂直分布会有很大差异。天气系统、海陆分布、地理纬度、地形、季节等是影响云类别和云含水量的主要因素。水汽含量和云含水量在垂直方向上的积分量，分别称为水汽量和云水量。一定时间内，区域中的水汽量平均值或云水量平均值与平均降水强度的比值，称为水汽更新周期或云水更新周期。

一定时段内，区域中初始时刻的水汽量、由区域各边界流入的水汽量、由地面蒸发进入空中的水汽量以及云水蒸发（升华）转变而成的水汽量的总和，称为水汽总量。一定时段内，区域中初始时刻的云水量，由区域各边界流入的云水量以及由水汽凝结的云水量总和，称为云水总量。其中，有一部分通过自然云降水过程降落到地面形成降水，降水与云水总量的比值，称为云水降水效率。剩下那部分留在空中的，为最大可能开发的云水资源量，称为云水资源总量。

· 中国云水资源分布特征

我国自2010年起开始云水资源评估的相关研究。大气中云水量的空间分布极不均匀，中国大气中的云水量基本呈随纬度和地形增高而减小的趋势。东南区域大气中云水量较为丰沛，其中长江流域的云水量最大，可达0.8毫米；东北区域和青藏高原的云水量较小，年平均不到0.1毫米。大气中水汽量的空间分布特征与云水相类似，也表现为随着纬度的增加而减少、随着地形的增高而减少的特点。但水汽量明显高于云水量，中国东南地区水汽量比西北地区大，水汽量的最大值位于中国南方的海南、广东、广西等省区，可达50毫米，最小值在青藏高原一带，包括其北侧中国降水最少的塔里木盆地和吐哈盆地，水汽量均不到5毫米。

大气中的云水量和水汽量有明显的季节变化，夏季云水量和水汽量最为丰沛，春、秋季次之，冬季最少。全球大气水汽更新一次平均约需要8天，即一年中大气中的水汽可更新45次左右。中国的云水更新周期平均只需7小时，而水汽更新周期平均为10天，云水的更新速率远远快于水汽。云水和水汽的更新速率均表现为自西向东、自南向北、由东南沿海向西北内陆逐渐变小的趋势。夏季云水和水汽的更新周期最短，春季和秋季次之，冬季最长。

中国云水年总量平均值约为7.15万亿吨，云水的降水效率约为70%。水汽年总量的平均值明显高于云水年总量，约为36.9万亿吨，但降水效率仅有14%。虽然云水在大气中的含量较低，但由于其更新周期快、降水效率高，对水循环和空中水资源开发却十分重要。由于云的分布特征在各地、各季节有明显差异，故云水总量和降水效率时空分布特征不同。我国东南区域云水总量平均值最大，中部区域次之，西北和华北区域较小，结合各地的降水特性，东南和西南区域云水降水效率较高，约70%；东北、西北和华北区域云水降水效率较低，约50%。

人工增雨流动作业（云南省气象局供图）

我国空中云水资源总量在东南沿海的浙江、西南地区的贵州等地最为丰沛，而北方的新疆、内蒙古等地云水资源相对较少。在云南，昭通东北部、曲靖东南部、文山东部和南部、红河南部、普洱东南部、西双版纳等地是云水资源相对富集区，而德宏、保山西部和南部、临沧西南部、普洱西南部则是云水资源相对小值区。

• “空中水库”的潜力

来自海洋和陆地的水蒸发成水汽进入大气，部分水汽在天空冷却凝结成云。受云物理过程影响，一部分云的云滴“长大”后就降落到地面成为雨雪，但有很大一部分云滴还留在空中，不能成为降水为人们所用。这些储存在云体中，通过天然降水或人工降水可利用的水资源就是云水资源，形象地称为“空中水库”。研究表明，中国内陆全年参与大气水循环的水汽年平均总量约36万亿吨，大气水凝物（云水）年平均总量约7～8万亿吨，大气水凝物总量中，有一部分仍留在空中没有形成地面降水，其年平均总量约2～3万亿吨。

我国是一个水资源严重短缺且分布极不均匀的国家，如此丰富的云水资源若能被科学合理地开发利用，将极大地缓解干旱问题。人工影响天气作业便是最直接、最有效，也是投入成本最低的一种利用空中云水资源的方式。目前，我国年均人工增雨量约为500亿吨，不足年降水量的1%，一次人工增雨作业一般能增加10%～20%的雨量。按照当前的技术水平，如果能够充分开发全国的空中云水资源，人工增雨潜力每年将超过2800亿吨，相当于7个三峡水库。人工影响天气已成为防灾减灾、生态文明建设的有力手段，是保障水资源安全的有效途径。不过，由于云中降水的形成受诸多因素的制约，凝结成的云水不能全部转化成自然降水，不同降水云体中转化成自然降水的水量约占凝结水量的20%～80%。通过人工改变云的微结构，可提升云中降水所占比例，从而增加自然降水量。

· 云南云水资源的特点

研究表明，云南大气可降水量的区域分布总体上呈“U”型分布，表现为北少南多、东部—西部多、中部少的特点；季节分布呈现夏季多、冬季少、春秋季居中的特点；全省各地多年平均的大气可降水量范围为5～45千克/平方米。云南受亚洲季风的影响显著，水汽输送有明显的季节变化特征，春季的水汽输送最强，大部地区的水汽输送超过120千克/米・秒，但水汽输入远小于输出；夏季的水汽输送较弱，大部地区的水汽输送小于90千克/米・秒，但水汽输入远大于输出。全省垂直积分的水汽通量纬向输送比经向输送大得多，全年平均纬向水汽输送为95千克/米・秒，经向水汽输送为29千克/米・秒。云南夏季、秋季的水汽含量是一年中最多的，秋季比春季多，冬季是最少的季节；云南地区的大气含水量主要集中在对流层中低层且在对流层低层的占比最大；总体而言，云南地区在夏秋季表现为水汽汇，冬春季为水汽源；影响云南地区降水的水汽主要集中在对流层低层；影响云南地区雨季和干季的水汽通道，其输送路径和强弱不一致，雨季主要是南亚季风和东亚季风的水汽输送，干季主要是西风带的水汽输送，反映平直西风和南支槽对云南的影响。经计算，每年流经云南上空的水汽量约1.72万亿吨。1～5月全省水汽为净支出且3～4月水汽净支出最大；6～12月全省水汽为净收入且6～8月水汽净收入最大；全省年均水汽净收入约0.2万亿吨。

云南地处南亚季风与东亚季风交叉影响区域，是青藏高原与亚洲季风相互影响关键区“大三角扇形”水汽输送的核心区，是向我国东部和北部地区输送印度洋–孟加拉湾和太平洋—南海水汽的重要空中通道和走廊，空中“过境水”十分充裕。每年流经云南上空的水量高达1.72万亿立方米，相当于云南蓄水量最大的抚仙湖的83倍。但全省自然条件下的年平均降水量为1086毫米，雨量在全国尚称丰沛，将其换算为全省年水量约为4279亿立方米，仅占空中隐含水量的24.8%。换句话讲，云南的空中水资源仅有四分之一降落至地面，滋润了红土高原万物的生长，四分之三的空中水作为“匆匆过客”，流向了周边和远方。近年来，全省飞机和地面结合的人工增雨作业，平均每年增加降水约26.8亿立方米，相当于昆明云龙水库的5.5倍，为年降水量的0.6%左右，人工增雨潜力巨大。

• 不同人影作业装备的比较

1. 飞机。擅长于云内作业，特点是机动性强、携载能力强、作业面积大。飞机善于将催化剂播撒到云中，且可对层状可降水云系进行连续增雨作业。飞机可携带碘化银末端燃烧器、碘化银焰弹发射器、液态二氧化碳播撒器、液氮播撒器等适用于不同作业目的的多种机载装备，将催化剂直接撒入云中，还可以对作业前后云的宏微观状态变化进行追踪监测。随着现代科技的发展，预计将来大型无人机将会投入人影作业试验与应用。

2. 火箭。擅长于对流云作业，特点是性能稳定、作业集中。火箭播撒催化剂的影响范围更为集中，较为适合在固定区域作业，尤其适合在影响飞机飞行安全的强大对流云中作业。火箭作业技术成熟，且流程较为规范：确定作业云层和区域，登记发射火箭的编号，将火箭弹装入炮筒进行固定，连接发射电线，调节作业角度，对准发射云团……一枚火箭弹含有8～15克的碘化银，火箭弹在到达七八千米高空的云中预定位置后，催化剂将被自动点燃，并随着火箭弹飞行沿途燃烧，随风扩散后效果开始显现。

3. 高炮。擅长于冷云降水，特点是携带催化剂量大、播撒路径长、发射高度高、操作便利、流动作业能力强。高炮数量多，在人影作业中发挥着巨大作用。在人工影响天气地面作业中，大量使用37毫米高炮进行作业。炮位的设置地点一般在作业影响区上风方4千米内，并且在迎风坡和增雨作业云经过频次最多的路径上。作业点周围要视野开阔，射击点远离居民区500米以上。

4. 地面烟炉。擅长于山区作业，特点是不受空域影响。地面烟炉常用于山区地形云的作业，一般设置在迎风坡面上，通过燃烧含催化剂的焰条，热量产生的上升气流将人工冰核送入云中。除山区外，对于较难或不能申请作业空域许可的城市等地区，地面烟炉也是较适合的人影作业装备。现在，地面烟炉作业已实现自动化操作，焰条装入后，只要通过手机发送指令进行远程控制，就可开始作业。

• 合理开发利用云水资源

在适当的云条件下，采用具有针对性的人工催化技术方法，改变云降水物理过程，促使更多的云水转化为降水，这就是“开发云水资源”。开发云水资源，不仅在防灾减灾、农业增产增收、保障粮食安全等方面效益显著，在缓解干旱、森林防扑火等重大灾害应急、水资源配置、生态建设与保护、提升城市功能等诸多方面的作用也日益凸显。云南是我国最早开展人工影响天气工作的省份之一，人工影响天气在云南具有特殊的重要地位，也最具特色。云南全省农田有效灌溉面积仅占耕地面积的36%左右，有近2/3的耕地是靠天吃饭，平均每年有50%的县受到不同程度的干旱影响。云南有开发利用空中云水资源的优势，有效开发利用空中云水资源，能更好地满足云南常态化干旱和水资源短缺的需求，将成为农业增产增收、生态保护与修复、调整能源结构、重大应急保障的重要举措。

如何科学开发利用云水资源？第一要加强云水资源的评估理论和监测技术的研

究，突破云水资源的精细定量计算和星—空—地立体监测技术；第二要完善人工增雨云水资源开发技术，突破催化、指挥、检验等人工增雨关键技术的瓶颈；第三要加强针对特定目标需求的云水资源耦合利用技术研究；第四要加强机载探测设备建设，提升空中云水资源机动监测能力。

云南的风能资源

风是空气的水平运动，是一种天气现象。由于空气有质量，所以风具有能量，即风能。风能属于气候资源的范畴，具有气候资源共有的特性。风能资源是空气沿地球表面流动而产生的动能资源。风能是清洁可再生能源，具有蕴量大、可再生、分布广、无污染等优点，同时具有能量密度低、不稳定、分布不均匀等特点。

风力发电机组在水平风的推动下运转，将风能转换成电能。风力发电机一般有三片叶轮，叶轮在风力作用下的旋转过程中，能够将风的动能转化为风轮轴的机械能，风轮轴又带动发电机运行发电。目前主流风机在风速达到3米/秒时即可发电；风速达到10米/秒左右时，发电可达额定功率，如2兆瓦、2.5兆瓦等；风速达到25米/秒时，风电机组将停机，以防被强风摧毁。因此，风能资源丰歉是由平均风速大小决定的，但可利用风能资源量，不仅与风能资源有关，还与风电利用技术有关。随着风电机组技术的进步，越来越多的风能资源可以得到利用。

自2008年大理大风坝电场首次并入云南电网起，云南电网风电发电量连年攀升。2012年，云南风电全年发电量尚不足30亿千瓦时，2019年，风电全年发电量已达242亿千瓦时。2019年，云南风电利用小时数达2808小时，远超全国平均利用小时数2082小时，继续位居全国各省区第一位。

• 风能的基本特性

风最显著的特性是受地理环境和大气环流影响，空间分布和时间变化大。风具有以年和日为周期的变化规律，同时也明显存在随时间的随机波动性。现有的风能利用技术，主要是利用距地面30～200米高度上的风能资源，这个高度上的风能是大气边界层气流运动与地表相互作用的结果。天气系统的发展和运动、地表吸收太阳辐射产生的热力作用、地形起伏产生的湍流动力作用，都对近地层风速的影响很大。因此，风能资源具有水平分布不均匀、不稳定、间歇性等特点。

风能资源非常丰富。地球上所蕴藏的风能比人类迄今为止所能控制的能量大得多，据估计，全球的风能资源约为2.74×10^{12}千瓦，其中具有开发潜力的风能约为2.00×10^{10}千瓦，是水能资源的10倍。风力发电这一风能利用形式，近几十年来随着社会经济的发展，越来越受到世界各国的普遍重视。

风能分布广泛而不均匀。风无处不在，风能广泛存在于地球的每一个角落，便于就地取材，就地消纳。受大气环流和下垫面的影响，各地风能资源存在较大的差异性。风能是可再生能源，风的能量来自于太阳。从广义上讲，风能是太阳能的一种表现形式。因此，只要太阳存在，风能就永远存在。这在化石能源日趋枯竭，能源安全日趋严峻的发展环境下具有重要意义。风能是清洁能源、绿色能源。风能的开发利用不消耗化石燃料，也不排放二氧化碳等温室气体，在当今世界可持续发展、节能减排、应对气候变化的形势下显得极为重要。

风能既可为人类所利用，也会造成巨大灾害，如台风、龙卷风、飑线等。风能资源相对于化石能源和水能具有明显优势，同时也存在不利于开发利用的劣势：一是能量密度低，风能资源密度仅相当于水能资源的1/800，造成了在相同规模下，风电场须占据较大的场址范围；二是稳定性差，风速忽大忽小不稳定，就连风能资源良好地区也不例外，给风电入网带来了一定限制；三是开发受到资源量和技术限制，开发成本较高，目前只有在风能资源较丰富地区才具开发利用价值。

· 云南风的时空分布

云南的风能资源主要蕴藏于高海拔山区，而气象观测站则多位于坝区（山间盆地），两者的风速大小和日变化差异较大。但两者的区域分布及月际变化、年际变化特征基本上是一致的，通过对气象站观测数据的分析，可大致了解云南风速的时空分布情况，对风能资源开发具有宏观的参考价值。

云南高山风电场（浦美玲 摄）

云南125个气象观测站年平均风速约为1.9米/秒，风速的空间分布差异较大。风速最大的太华山气象站年平均风速为4.6米/秒，最小的景洪气象站仅为0.7米/秒。云南年平均风速的空间分布有下列特点：①北部大于南部。滇中及其以北地区风速明显大于滇西南地区；②东部大于西部。以哀牢山脉为界，以东地区风速较大，一般在2～4米/秒。以西地区风速较小，除少数测站外，一般不超过2米/秒；③海拔较高的地方风速大，海拔较低的地方风速小。坝区和山谷地带风速一般较小，高山顶部风速较大。历史上气象部门的风速观测记录的最大值出现在高黎贡山顶部，年平均风速达8.7米/秒。

省内风速较大的观测站点主要集中在丽江市、大理州、楚雄州、昆明市、红河州中北部、曲靖市等地，年平均风速一般在2.0～2.5米/秒，其中剑川、大姚、双柏、砚山、丽江、红河、马龙、个旧、祥云、太华山10个站年平均风速在3.0米/秒以上。省内风速较小的地区主要集中在西双版纳州、普洱市、红河州南部、德宏州、怒江州等地及昭通市的河谷地带，年平均风速一般在1.5米/秒以下，其中景东、永善、贡山、福贡、景洪、勐腊、盐津、威信、镇沅、耿马、西盟、景谷、绥江、瑞丽、芒市、澜沧、思茅17个站年平均风速不到1.0米/秒。省内其他站点年平均风速一般在1.5～2.0米/秒之间。

云南的平均风速具有明显的季节变化特征。1～5月是大风季，全省平均风速在2.0米/秒以上，风速最大的3月，为2.6米/秒；8～11月是小风季，平均风速在1.5米/秒以下，其中风速最小的8月，仅1.4米/秒。

云南的风速具有明显的日变化特征。风速日变化呈明显的午间大、夜间小的特征。平均风速06～08时最小，在日出后快速增大，16～17时达到最大，后迅速减小，日落后减速放缓甚至停息。一天之中风速最大与最小值可相差2.7倍。

• 云南风能资源特点

1. 蕴藏丰富。以50米年平均风功率密度大于200瓦/平方米作为可开发的基本条件，扣除实际不可利用的区域，云南全省范围内风能资源技术开发总量为2907万千瓦，涉及面积8804平方千米，属全国风能资源丰富区，是我国南方地区风能资源最富集的省份。其中风功率密度大于300瓦/平方米的区域，风能资源技术开发量为2066万千瓦，涉及面积6273平方千米。

2. 区域分布特征明显。风能资源丰富、开发条件较好的地区主要集中在滇中的大理、楚雄、昆明、曲靖等州市。在滇东南的红河州、滇中的玉溪市、滇东北的昭通市、滇西北的丽江市等地也具有一定的开发条件。其他州市风能资源一般，仅在部分高山山脊具有开发条件。

3. 随海拔高度变化大。高山山脊的风速一般较大，坝区（山间盆地）的风速一般较小。绝大部分风能资源较好的区域，均位于海拔2500米以上的高山山脊或台地上。因此，已有气象站点观测资料只能定性判断风能资源分布的趋势，不能定量描述该地区实际资源量的大小。

4. 全年“两季”风特征显著。风速和风能呈冬春季大、夏秋季小的特点，与占云南主导地位的水电具有丰枯互补的效应。

5. 主导风向明显。全省除滇东地区的冬季因冷空气影响主导风向不明显外，绝大部分地区主导风向为西或西南，该区间风向频率一般能达到80%以上，风能频率能达到90%以上，有利于风能资源的利用。

6. 不利气象条件少。云南无登陆台风、沙尘暴等的影响，破坏性风少，极端低温（低于-30℃）较罕见，有利于风机的安全运行。

7. 资源空间分布较广泛。虽然风资源总量较大，但单个风电场装机容量不大，有利于电网的接入和消纳。许多地区风能资源分布较为零散，有利于分布式开发。

8. 风能资源集中区域邻近负荷中心。风能资源集中区域，主要位于滇中、滇东等经济较发达地区附近，用电负荷大，有利于就近消纳。

云南的太阳能资源

太阳能资源是指以电磁波的形式投射到地球，可转化成热能、电能、化学能等以供人类利用的太阳辐射能。从广义上而言，地球上绝大部分能量都来自于太阳，如传统化石能源、风能、生物质能等。狭义的太阳能则限于太阳辐射能的光热、光电和光化学的直接转换。太阳能资源属于可再生能源，它可以在自然界不断生成并有规律地得到补充。同时，作为气候要素的重要组成部分，太阳能资源属于气候资源，为人类的生产和生活提供能量。作为21世纪最有潜力的能源之一，太阳能以其独有的优势而成为人们重视的焦点，其产业的发展潜力巨大。

太阳辐射经过大气层到达地面的过程中，会受到云、气溶胶以及各类大气气体成分的影响。根据联合国政府间气候变化专门委员会（IPCC）的报告，大气层顶平均的入射太阳辐照度为342瓦/平方米，在辐射传输过程中，云、气溶胶和大气成分的反射作用会削弱大约77瓦/平方米的太阳辐射，大气层的吸收作用会削弱大约67瓦/平方米，能够到达地面的太阳辐射约198瓦/平方米，其中30瓦/平方米会被地球表面反射回外太空。由此，地球表面可以利用的太阳能资源约为168瓦/平方米，仅占大气层顶的49%；如果反射回外太空的30瓦/平方米也能被捕获利用，则可占大气层顶的58%。

· 太阳能资源的特点

与传统能源相比，太阳能资源具有以下一些优点：

1. 资源量巨大。到达地球大气层上界的太阳辐射功率为1.73×10^{11}兆瓦，约为2010年全世界消耗功率的1万倍。每年到达地球表面上的太阳辐射能，约相当于130万亿吨煤，其总量属现今世界上可以开发的最大能源。

2. 分布普遍。太阳光普照大地，没有地域的限制，无论陆地或海洋，还是高山或岛屿，处处皆有，可直接开发和利用，便于采集且无须开采和运输。

3. 清洁无污染。相比于传统化石能源，太阳能资源的利用，不产生任何污染物和温室气体的排放。开发利用太阳能不会污染环境，它是最清洁的能源之一。

4. 永不枯竭。根据目前太阳产生核能的速率估算，其产生的能量足够维持上百亿年，而地球的寿命为几十亿年，从这个意义上讲，可以说太阳的能量是用之不竭的。

与传统能源相比，太阳能资源也存在以下一些缺点：

1. 能量分散，密度较低。到达地球表面的太阳辐射的总量尽管很大，但是能流密度很低。平均而言，北回归线附近，夏季在天气较为晴朗的情况下，正午时太阳辐射的辐照度最大，在垂直于太阳光方向1平方米面积上接收到的太阳能，平均有1000瓦；若按全年日夜平均，则只有200瓦。而在冬季大致只有一半，阴天一般只有1/5左右，这样的能流密度是很低的。因此，在利用太阳能时，想要得到一定的转换功率，往往需要面积相当大的一套收集和转换设备，造价较高。

冬日的昆明郊外山区（唐跃军 摄）

2. 能量不稳定。由于受到昼夜、季节、地理纬度、海拔高度等自然条件的限制以及晴、阴、云、雨等随机因素的影响，所以，到达某一地面的太阳辐照度既是间断的又是极不稳定的，存在着较大的年际变化、月际变化和日变化。这些变化既有规律性，又有随机性，这给太阳能的大规模开发应用增加了难度。为了使太阳能成为连续、稳定的能源，从而最终成为能够与常规能源相竞争的替代能源，就必须很好地解决蓄能问题。即把晴朗白天的太阳辐射能尽量贮存起来，以供夜间或阴雨天使用，但蓄能又是太阳能利用中较为薄弱的环节之一。

3. 效率低和成本高。太阳能利用的发展水平，有些方面在理论上是可行的，技术上也是成熟的。但有的太阳能利用装置，因为效率偏低，成本较高，现在的实验室利用效率也不超过30%，总的来说，经济性还不能与常规能源相竞争。在今后相当一段时期内，太阳能利用的进一步发展，主要受到经济性的制约。

太阳辐射以传输方式的不同分为直接辐射和散射辐射，水平面上接收到的直接辐射与散射辐射之和称为水平面总辐射。平板式太阳能热水器和平板式光伏发电利用的是倾斜面上所接收到的总辐射（简称“倾斜面总辐射”）；聚光式太阳能热水器、光热发电和聚光式光伏发电利用的是法向直接辐射。光伏发电可利用的太阳能资源，以最佳斜面总辐射年总量来衡量。对固定式光伏发电而言，按照某一角度倾斜放置时全年接收到的辐照量最大，该角度即为最佳倾角，最佳倾角上接收到的太阳辐射，称为最佳斜面总辐射。

• 影响太阳能资源的主要因素

一地太阳能资源的多寡受地理、季节、时间、天气、地形等诸多因素的制约，使得太阳能在整个综合能源体系中的作用受到了一定的限制。

1. 太阳高度角。地球运行的轨迹造成地球与太阳的方位、距离的变化，一年中各地的太阳高度角是不同的，因此各季节到达地面的辐射也不相同。从理论上讲，夏季最强，冬季最弱。一天之中，以正午时分太阳高度角最大，辐射最强。

2. 天气。地面有效辐射的强弱与空气中湿度、云况、大气洁净度等有关，在干燥洁净的气候环境下，太阳辐射的强度相对要高。而在相同的气候背景下，天气现象和水汽条件会有较大影响，例如阴雨、雨雪、大雾天气中接收到的太阳辐射就明显要偏小。

3. 地形。地形对太阳辐射资源的影响主要表现在山体遮挡上，与坡度和坡向有关。太阳一年内的运行规律是在南北回归线之间来回运行，在北半球的北回归线以北地区，太阳光永远是从南方射向地面，因此在南坡太阳光线不受遮挡，而在北坡则会因坡度的大小产生不同程度的遮挡影响。

• 三大因素影响云南太阳能资源分布

云南属于我国太阳能资源丰富区，但受下垫面、地形、天气气候等因素的影响，太阳总辐射资源量在时空分布上存在明显的差异。

1. 地理位置。云南地处北半球的低纬高原，北回归线横贯南部，属低纬度内陆地区。在南北方向上，云南省跨越了9个纬度带，约有四分之一的区域在北回归线以南。由于云南区域内纬度差异不大，而其他因素对太阳辐射的影响占据主导地位，因此从全省范围看，纬度差异给云南太阳能分布带来的差异并不明显。

2. 地形。云南国土面积39.4万平方千米，地形以高原山地为主，山地占全省总面积的94%。从全省看，从最高点海拔6740米的梅里雪山主峰到最低点海拔76.4米的元江（红河）和南溪河交汇处水面，高差约6664米。西北部为青藏高原东南麓，呈南北走向的高耸坡陡的山地与幽深狭窄的峡谷并列的地貌形态，山顶到谷底间垂直高差大。滇西北梅里雪山一带，大部分山峰海拔在6000米以上，山地两侧的怒江河谷和澜沧江河谷的高程约在2000米，相对高差在4000米左右。云岭山地中的玉龙雪山和哈巴雪山，海拔分别为5596米和5396米，两山之间的虎跳峡大峡谷，谷底仅1500米左右，高差也达4000米。南部虽山体较低，一般山峰在3060米以下，但由于河谷底部已低至500米上下，所以垂直高差也有1000～2000米。如红河州东南部的大围山，主峰大尖山高2363米，山下的南溪河河谷仅百米。东部高原面上起伏相对较小，一般不足1000米，但边缘地带的大河干支流附近的山地，情况与西部山地相同，也呈山川相间形态。如昭通西部的药山高4000米，山下的金沙江河谷高程不足500米，高差达3500米左右。

从云南的地形坡度图可知，滇西北及金沙江流域地形坡度最大，大部在30°以上；滇西的高黎贡山、滇中及滇南地区的红河流域及哀牢山，地形坡度次大，在25°～30°

之间；滇中及以东地区及滇南、滇西的部分地区以坝区为主，地形坡度一般在5°以内；其他大部地区一般在5°~25°之间。从地形坡向上看，以南向为主的阳坡区域和以北向为主的阴坡区域交替存在。同一地点的水平面太阳总辐射并不因为所处地理条件而不同，但阴坡上太阳辐射可能因太阳光受到山体高度、距离等因素产生遮挡的影响而减弱。

由于一般给出的太阳总辐射是水平面的值，没有考虑坡度、坡向的影响，因此在实际开发利用时，应主要根据开发地的实际地形来进行综合判断。一般而言，在云南特殊复杂的地理情况下，以下三类地形是影响太阳能开发的主要不利地形：即起伏地形的背阴面；坡度较大的山地；有高大山体遮蔽的地区。

3. 天气气候。云南的太阳总辐射分布主要依气候因素而异。虽然全省均属低纬高原季风气候区，共同具有气温年较差小、日较差大，气象要素分布垂直差异显著和干湿季分明的气候特征，但由于地形影响，各地气候差异仍较为显著。从地域因素上看，滇东北地区由于冷空气入侵频繁，阴雨天气多而太阳辐射弱；滇西及滇南地区冬春季天气晴朗，太阳辐射强；金沙江等干热河谷地区空气干燥，降水少，太阳辐射最强。从季节上看，由于干湿季分明，夏季（6~8月）正处于雨季，阴雨日数多，造成太阳辐射最强的时段并不处于该时段；冬季虽然大部地区天气晴朗，但到达地面的太阳辐射弱，因此也不是最强的时期；而春季（3~5月）晴天日数多，干燥少雨，到达地面的太阳辐射最强。

昆明石林光伏发电（云南省气象局供图）

· 云南太阳能资源的分布特征

云南太阳总辐射年辐照量在905~1800千瓦·时/平方米之间，除滇西北边缘地区以外，大致呈“西高东低型”的地区分布。全省太阳总辐射年辐照量最大值出现在滇西和滇西北南部的大理、丽江、楚雄、保山等州市，可达1750千瓦·时/平方米以上；最小值出现在滇东北的昭通市，在950千瓦·时/平方米以下；其次是怒江州西北边缘地区，在1050千瓦·时/平方米以下。全省绝大部分地区的太阳总辐射年辐照量处于1400～1750千瓦·时/平方米之间，这一区域均具有较好的开发利用价值。

云南太阳总辐射量的地区分布与年日照时数有较好的对应关系。全省年日照时数在960～2840小时之间。永仁最多为2836小时，宾川次多为2737小时，可谓“阳光灿烂”；盐津最少为962小时，绥江次少为1013小时，可谓“阴雨寡照”。总的分布趋势是滇西、滇西北金沙江河谷区高，滇东北、滇南边境区及怒江河谷区少。全省存在三个日照高值区：①楚雄州北部、大理州东部、丽江市东部，其值在2500小时以上；②德宏州大部，其值在2350小时以上；③红河州中部，其值在2300小时以上。全省存在三个日照低值区：①昭通市北部，其值在1100小时以下；②怒江州北部，其值在1400小时以下；③滇南边境地区，其值在1800小时以下。全省其他地区在2000～2200小时之间。

全省太阳总辐射辐照量呈“春大冬小型”的季节分布。最大值出现在春季，其次为夏季和秋季，冬季最小。从月份上看，最大值出现在5月，其次是4月和3月；最小值出现在12月，其次是11月和1月。最大月和最小月总辐射的比值为1.52倍，数值变化相对平缓。

• 云南太阳能资源富集区

太阳总辐射年辐照量在1650千瓦·时/平方米（5940兆焦/平方米）以上，对于光伏发电才具有很好的开发价值，是全省太阳能资源最丰富的地区。该区主要分布在滇西东部和滇西北东南部，涉及保山、大理、迪庆、丽江、楚雄等5个州市的26个县（市、区），总面积5.50万平方千米，约占全省面积的14%。该区是云南省太阳能资源最好的地区，资源量适合于大型并网光伏电站、分布式光伏、农业光伏和太阳能热利用等全方位综合开发利用。该区域可细分为三个亚区：第一亚区太阳总辐射年辐照量在1650千瓦·时/平方米（5940兆焦/平方米）以上，主要涉及大理、丽江、楚雄等3个州市的宾川、弥渡、华坪、永胜、元谋、永仁、大姚等7个县，总面积1.25万平方千米；第二亚区太阳总辐射年辐照量在1650～1700千瓦·时/平方米（6120～6300兆焦/平方米）之间，主要涉及大理、丽江、楚雄、保山等4个州市的18个县，总面积1.71万平方千米；第三亚区太阳总辐射年辐照量在1600～1650千瓦·时/平方米（5940～6120兆焦/平方米）之间，主要涉及大理、丽江、楚雄、保山、迪庆等5个州市的19个县，总面积2.54万平方千米。

• 云南太阳能资源贫乏区

太阳总辐射年辐照量若低于1050千瓦·时/平方米（3780兆焦/平方米），则太阳能资源较为贫乏。该区主要分布在滇东北的北部，仅涉及昭通市的8个县和怒江州的局部地区，总面积约0.91万平方千米，约占全省总面积的2.3%。该区属于云南太阳能资源较差的地区，在目前的技术水平下，不具备光伏发电的开发利用价值，仅可开展太阳能光热利用。该区域分为三个亚区：第一亚区太阳总辐射年辐照量在1000～1050千瓦·时/平方米（3600～3780兆焦/平方米）之间，涉及昭通市和怒江州6个县，总面积0.38万平方千米；第二亚区太阳总辐射年辐照量在950～1000千瓦·时/平方米（3420～3600兆焦/平方米）之间，涉及昭通市6个县，总面积0.38万平方千米；第三亚区太阳总辐射年辐照量低于950千瓦·时/平方米（3420兆焦/平方米），涉及昭通市3个县，总面积0.16万平方千米。

云南生态气象服务

生态气象学（eco-meteorology）是以生态系统为中心，主要研究天气与气候过程对生态系统结构与功能的影响及其反馈作用的科学，是应用气象学、生态学的原理与方法，研究天气气候条件与生态系统中诸因子间相互作用关系及其规律的一门科学。自人类诞生以来，人类为了衣食住行，选择躲避风雨猛兽的洞穴、从事捕鱼、狩猎和采集野生植物等各种活动，都必须熟悉生物的活动规律及其与环境的关系。同时，人类生活在地球周围聚集着的大气圈底部，大气中发生的一切物理化学现象和过程均直接或间接地影响人类的生活和生产活动。陆地生态系统对气候有着重要的反馈作用，且自然和对土地覆盖的人为干扰将改变气候状态。

2020年，云南生态环境监测表明，自然生态环境状况总体为优，处于基本稳定状态，植被覆盖度好，生物多样性丰富，土地胁迫和污染负荷较轻微。云南良好的生态环境，主要得益于云南丰富多样的气候和干净纯洁的大气。

· 生态气象的内涵

生态气象的内涵极其丰富，主要包括大气的变化与变率对生命支持系统的影响；大气变化与变率对生态系统组成、结构与功能的影响及反馈；生态系统对大气的变化与变率响应的脆弱性；生态系统与大气之间相互影响的物理、化学和生物过程；大气的变化与变率对经济体制与社会活动的影响与反馈。

1. 大气的变化与变率对生命支持系统的影响。主要是大气组成变化、大气的物理和化学变化对非生物环境包括光、热、气、水、土、岩石和营养成分等生物生活的场所和物质以及能量的影响，主要研究大气的变化与变率对生物圈以外的各个圈层如水圈、土壤圈、岩石圈以及大气圈本身的影响。

2. 大气变化与变率对生态系统组成、结构与功能的影响及反馈。以物种、物种组成、生物类群、典型生态系统为研究对象，研究大气变化与变率对生物有机体的性状、种间关系、分布格局与生物多样性等的影响，进而研究气候变化对生物有机体为主体的生态系统组成、功能和稳定性等的影响，以及生物个体、种群、群落和生态系统对大气变化和变率的反馈。

3. 生态系统对大气的变化与变率响应的脆弱性。脆弱性是指某个系统易受到气候变化（包括气候变率和极端气候事件）的不利影响，但却没有能力应对不利影响的程度。脆弱性随一个系统所面临的气候变化和变异的特征、幅度和速率、敏感性及其适应能力而变化。

4. 生态系统与大气之间相互影响的物理、化学和生物过程。生态系统通过生物物理过程和生物地球化学循环对气候过程产生作用。生物物理过程是受植被形态特征和生理活动所影响的辐射、热量、水和动量交换过程。生物地球化学循环是指碳、氮、硫等元素在无机和有机形态之间的转化过程，它们与CO_2、CH_4、N_2O等温室气体的产生和消耗以及气溶胶体的形成密切相关。

5. 大气的变化与变率对经济体制与社会活动的影响与反馈。包涵大气的变化与变率对人类经济活动和社会活动的影响和人类社会经济活动对大气变化及变率的反馈两个方面。人类经济活动和社会活动主要包括人口的多少及其增长速度、密度和结构、经济投入、生产类型、技术发展、健康与社会福利、社会结构等。

昆明滇池水上气象监测站（杜德艺 摄）

· 生态气象服务的实践

2004年，《中国气象事业发展战略研究》提出开展生态气象业务。2005年，中国气象局气象业务技术体制改革方案中，明确将生态气象作为气象部门基本业务之一。生态气象业务是通过对有关生态因子的监测，研究气象条件与生态系统、环境之间的相互关系和作用机理，适时发布监测和评估报告，为生态建设和环境保护提供科学支撑。生态气象业务服务是指生态监测、生态系统演变的评估预测以及生态建设保护中的气象服务等工作，主要业务服务包括生态观测、生态监测评估、预测以及生态建设气候可行性论证和服务等工作。云南气象部门针对典型生态脆弱区、敏感区和重大生态问题，开展了生态监测评估气象服务，为地方政府决策咨询提供了科学依据。

云南气候与生态的多样性和脆弱性并存，通过开展《云南未来10～30年气候变化预估及其影响》研究，形成了《云南未来10～30年气候变化预估及对策建议》咨询报告，为省委省政府决策"把云南建设成为中国最美丽省份"提供了重要依据。与省生态环境厅联合开展重污染天气应对、环境风险预警科研及服务，在云南电视台《天气预报》栏目、"云南气象"App、云南省突发事件预警信息发布平台等，发布云南省城市环境空气质量指数（AQI）监测实况和未来三天预报。2020年，《云南省气候资源保护和开发利用条例》颁布实施。围绕云南气候资源开发利用保护，开展气候承载能力评估研究，初步建立了云南省大气环境容量、水资源承载力、土地承载力以及气候宜居性定量评估指标和模型。出版《云南省气候图集》《气象与湖泊水环境-以洱海为例》等；适时发布《云南省气候公报》《云南省生态气象公报》；建成森林火灾卫星监测系统、干旱卫星遥感监测系统、高原湖泊蓝藻卫星遥感监测系统；对经济开发区等开展气候可行性论证评估。

积极建设云南典型生态系统气象观测站网。建成由3个气溶胶观测站、118个大气负氧离子监测站和6个酸雨观测站组成的生态气象监测网；沿高黎贡山—哀牢山—无量山地区布设20个7要素高山无人自动站，开展气候变化敏感区以及重点生态功能区、生态环境脆弱区气象观测；建成洱海水上气象观测平台（3套）和滇池水上气象观测平台（1套），开展水位、水质、水文及常规气象要素实时监测以及湖—气界面水、热输送通量监测；依托香格里拉区域大气本底站（朱张），在迪庆藏区建设高原生态气象监测及综合保障体系；建成全省高原特色作物专业气象观测站179个、自动土壤水分站37个、农田小气候观测站130个，实现农田生态和农田小气候的自动监测；在全省著名的普洱茶山建成13个自动气象站；建成梅里雪山明永冰川生态气象监测站，积累了较完整的冰川气象观测数据。

云南气候变化及其影响研究取得初步成果。1961年以来，云南气温呈波动上升趋势，进入21世纪后增暖显著。降水量呈减少趋势，降水量的集中度呈增加趋势，全省年降水日数呈减少趋势，但大雨以上量级的降水量比例呈增多趋势。日照时数、风速、雾日、霜日、冰冻天数、降雪日数呈减少趋势。30℃以上高温天数增多，0℃以下低温天数明显减少。气候带的分布范围发生了显著变化，热区（北热带和南亚热带）面积增加了24.3%。气象灾害风险加大，气候变化导致云南极端天气气候事件频发，灾害异常性特征明显，次生衍生灾害风险增大。

拓展生态服务型人工影响天气业务。围绕生态建设与环境保护需求，在重点旅游区、生态脆弱区、受污染水域、重要水源地等区域，开展常态化人工增雨（雪）作业，为预防和扑救森林火灾等开展应急作业。以国家公园为试点，开展生态系统气象监测评估服务。普达措国家公园位于滇西北"三江并流"世界自然遗产地的核心地带，是生物多样性的典型代表区。借助普达措国家公园属地香格里拉大气本底站监测资料，定期制作普达措国家公园监测评估报告。在丘北普者黑喀斯特国家湿地公园建设生态气象观测站，除气象要素外，增加负氧离子、二氧化碳、大气电场、PM2.5及实景监测，为开展国家湿地公园气象生态保障服务奠定了基础。

开展云南绿色发展气象保障服务。编制完成《云南省太阳能资源评价报告》《云南省太阳能资源区划》《云南省风能资源详查和评价报告》；参与完成《云南省风电场规划报告》。开展了风电场和并网光伏电站太阳能资源评价，完成200余个风电场和30多个并网光伏电站资源评价专项报告。云南是水电资源大省，可开发水电站装机容量居全国第二。气象部门以金沙江和澜沧江流域大（巨）型水电站为重点，开展全过程现场气象服务，为电站建设、度汛和调度提供气象保障。

大理洱海水上气象监测站（徐安伦 摄）

洱海生态环境保护与修复气象保障服务是气象部门生态气象服务和国家气候观象台建设的典型范例。建立了覆盖湖体—湖滨—山地，地基、空基、天基相结合的生态气象综合观测系统；部门合作开展水质、水量监测数据共享服务；开展生态气象研究和监测服务；探索建立了行之有效的生态气象服务保障工作机制。

· 打造生态气象服务“增长极”

1. 建设基于主体功能区的生态文明建设和绿色发展气象服务保障体系，是把云南建设成为中国最美丽省份的现实需要。2018年云南提出“坚持生态美、环境美、城市美、乡村美、山水美，将云南建设成为中国最美丽省份，实现建成全国生态文明建设排头兵的奋斗目标”。云南关于建设中国最美丽省份的定位，显得既生动鲜活又独具特色，这一定位为云南的发展提出了更高层面的目标要求。2019年，印发了《关于努力将云南建设成为中国最美丽省份的指导意见》，提出了空间规划大管控、城乡环境大提升、国土山川大绿化、污染防治大攻坚和生产生活方式大转变五项重点工作，强调把建设中国最美丽省份的理念和要求融入各级、各部门的日常工作。气象大数据是空间规划大管控的基础数据，“科学划定并严守生态空间、农业空间、城镇空间和生态保护红线、永久基本农田、城镇开发边界，开展资源环境承载能力和国土空间开发适宜性评价，建立监测预警长效机制，规范开发秩序，控制开发强度”，气象大数据及气候资源分析评估等将发挥基础性的服务支撑作用；污染防治大攻坚，“打赢蓝天保卫战，打好九大高原湖泊保护治理攻坚战，以长江为重点的六大水系保护修复攻坚战、水源地保护攻坚战、生态保护修复攻坚战”等，气象监测、评估、预警和人工影响天气等将发挥基础性的保障作用；生产生活方式大转变，“突出抓好八大重点产业，全力打造世界一流的绿色能源、绿色食品、健康生活目的地三张牌。打造世界独一无二的旅游胜地，引导公众绿色生活”等，气象监测、预报、预警、应急联动和气象科普将发挥科技导向和防灾减灾的服务保障作用。

2. 建设基于主体功能区的生态文明建设和绿色发展气象服务保障体系，是让云南美丽“颜值”变成经济“产值”的客观需要。2018年，云南提出打好绿色食品、绿色能源和健康生活目的地这“三张牌”，努力把生态资源优势转化为绿色发展优势，推动云南经济的高质量发展。云南打绿色“三张牌”的底气来自于丰富的生态资源。云南具有综合立体型气候和多样性品种的独特优势，拥有优质的水源、光照、空气和土壤，为云南打好“绿色食品牌”提供了得天独厚的自然条件。云南得天独厚的气候资源禀赋，不仅是在全国独一无二的，在全世界也是绝无仅有的。基于多样性气候、多样性生态、多样性生物、多样性民族文化等，云南的美丽基因可创造的产业非常多、潜力非常大。云南打下的高原特色现代农业产业基础，发展绿色食品有竞争优势，通过量化绿色指标，使云南绿色食品更具有推广价值。生态、人文、科技就是绿色“三张牌”的底牌。发展高原特色现代农业、发展绿色能源保障电力建设和安全运行、推进中医药与养生养老、康养产业与全域旅游、半山酒店等全面融合发展，都需要更多更细的气象服务保障支撑。

3. 建设基于主体功能区的生态文明建设和绿色发展气象服务保障体系，是支撑云南生态风险防范和生态环境保护与修复的迫切需要。随着全球气候变化和人类活动影响，全球范围内的生态退化及由此而引发的生态危机、环境问题和生物多样性丧失等问题的出现，诸如水土流失、森林消减、草原退化、土地荒漠化、水体污染等生态问题愈来愈严重。云南是国家重要的西南生态安全屏障，林地面积和森林蓄积率居全国第二，大气环境质量的优良度稳居全国前列，总体上云南具有优良的生态环境的基本面。但局部的生态退化及由此引发的生态危机依然存在，云南生态环境敏感脆弱，发展不足和保护不够并存。尽管云南生态环境基础好，环境容量大，但生态环境保护与修复的压力仍然较大。气象因子是影响其他生物发展变化的气象原因和条件。生态系统的主体是植物，气象因子是植被生长的主导因子，也是决定生态修复成败的关键。

违背气象因子及其变化规律的生态修复必将增加生态退化程度，生态气象因子监测和评估是生态保护与修复不可或缺的基础性、先导性工作。受全球气候变化影响，气象灾害对云南生态系统的破坏加剧，气象灾害与生态气象灾害呈交织发生趋势，若再与人为灾害混合，不同灾害的影响将呈现放大效应。完善以气象为主的气象灾害和生态气象灾害监测预警体系，是防范生态灾害风险，推动防灾减灾实现“三个转变”的重要科技支撑。

4. 以面向建设中国最美丽省份为目标，建设生态文明绿色发展气象服务保障体系的总体思路是：服务于国家发展战略和云南实现经济高质量跨越式发展大局，按照省委、省政府建设中国最美丽省份的决策部署，扛起“把云南建设成为中国最美丽省份”的时代使命担当，对接云南省生态文明建设排头兵规划与云南省主体功能区规划，探索建立融合生态环境气象服务、旅游气象服务、为农气象服务、气象防灾减灾服务保障的生态文明建设与绿色发展气象服务保障体系云南模式；完善生态文明建设与绿色发展气象监测系统，加强生态文明建设与绿色发展气象服务保障平台建设；推进以数字化和智能化为目标的研究型业务建设，加强生态文明建设与绿色发展气象服务产品的开发研究；建立完善气象服务保障机制，提高气象服务保障能力，提升气象服务保障水平；落实建设中国最美丽省份的气象责任，为云南高质量跨越式发展提供重要的科技支撑。

普洱茶与气候

中国是茶的故乡，云南是世界茶树的原产地。茶文化堪称中国的第五大发明，是最具有中国元素的世界名片。一片茶叶，竟能承载千秋国事，不可谓不神奇矣！茶树属于山茶科山茶属植物，茶属植物在植物分类学这门学科里，被定位于双子植物门—被子植物纲—山茶目—山茶科—山茶属—茶种。

在“彩云之南”这片神奇美丽的土地上，在北回归线以南的“植物王国”里，哺育了普洱茶特定的原料——云南大叶种茶树。普洱茶主要产自中国云南的西双版纳、临沧、普洱、保山、大理、红河等地区。普洱茶虽归为中国六大茶类中的黑茶，但又与黑茶有区别，全世界只有中国云南南部地区适合种植。生长在这里的大叶种茶，所含的茶多酚、儿茶素、咖啡碱、茶氨酸和水浸出物含量都高于一般的中小叶种茶树，再加上低纬高原地区的季风气候、无工业污染、洁净的空气和降水，使得云南普洱茶品质优于其他地方的茶品。

普洱茶在中国已有一千多年的历史，是中国的特产，古老的普洱茶树，是制茶的上好原料。古树普洱茶，入口滋味醇厚、甘性生津、韵味久留；古树普洱茶，是大自然恩赐给人类的灵叶，是最适合饮用的天然饮料。

· 高山云雾出好茶

中国历代的贡茶、传统名茶，直至当代新开发的新名茶，大多出自高山大川。凡是在气候温和、雨量充沛、湿度较大、光照适中、土壤肥沃的山区出产的茶叶，品质都会比较好。尤其是在云遮雾绕、湿度大且气压低的山地生长的茶叶，茶芽柔嫩，芽形秀美，喝起来味醇香甜。因此，在高山云雾气候条件下生长的茶叶，别有一番独特的色香风味。

这是由于在温暖湿润的山区，弱光、遮阴的环境，既能促进茶叶内芳香物质的形成，又能抑制产生茶叶涩味的茶多酚类物质的积累，从而提高茶叶的品质。山区多云雾，悬浮在空气中的小水滴能够变太阳的直接辐射为散射辐射，使光量减少，强度削弱，适应茶树喜弱光、耐阴的特性，从而有利于茶树的生长。同时，在有雾的天气里，长波光被云雾挡了回去，短波光射透力强，透过云层照射到植物上，茶树受这种短波光照射后，容易合成有利于茶叶芳香的物质。特别是生长在海拔1200～1600米的高山茶更具地域特色。另外，由于山区日夜温差大，以及湿度大，雾气多，赤橙黄绿青蓝紫七种可见光中的红光和黄光得到加强，而红光和黄光有利于提高茶叶叶绿素和氨基酸的含量，这是提高茶叶色泽度不可缺少的物质，这两种物质还会降低茶树芽叶中所含“儿茶素类”等苦涩成分，进而提高了茶氨酸及可溶氮等对甘味有贡献的成分含量。

高山茶新梢肥壮，色泽翠绿，茸毛多，节间长，鲜嫩度好。由此加工而成的茶叶，往往具有特殊的清香。高山地区昼夜温差大，山高温度低，对茶叶生长十分有利。土层深厚、通气良好、酸碱度适宜的沙质土壤，也是茶叶优质的一个重要因素。如果再加上树木葱郁，落叶多，使土壤肥沃，有机质丰富，就更适宜茶树生长，更能让茶叶的质地优良，质量当然是上好的了。这也许就是自古以来云雾山中出好茶的缘故吧。

· 普洱茶溯源

据《中国植物志》载，普洱茶（拉丁学名*Camellia sinensis* var *assamica*，也称“阿萨姆茶种”）属大乔木，可高达16米，嫩枝有微毛，顶芽有白柔毛。叶薄革质，椭圆形，上面干后褐绿色，略有光泽，下面浅绿色，中肋上有柔毛，其余被短柔毛，老叶变秃；侧脉8～9对，在上面明显。花腋生，被柔毛。苞片2，早落。萼片5，近圆形，外面无毛。花瓣6～7片，倒卵形，无毛。雄蕊长8～10毫米，离生，无毛。子房3室，被茸毛；花柱长8毫米，先端3裂。蒴果扁三角球形。种子每室1个，近圆形，直径1厘米。植物学家对阿萨姆茶种（普洱茶种）的形态描述则是：“生长在热带、南亚热带的乔木，小乔木树型，叶大质软，花小瓣薄，子房多毛，花柱3裂的茶树”。它主要分布在我国西南部、南部及中南半岛北部，包含了大叶品种与中、小叶品种。

普洱茶主要产于云南的西双版纳、临沧、普洱、保山、大理、红河等地区。目前公认的普洱茶产区的最早文字记载见于唐代樊绰的《蛮书》：“茶出银生城界诸山，散收，无采造法，蒙舍蛮以椒、姜、桂和烹而饮之。”这里的“银生”即银生节度，治所在银生城（今景东县城），辖区范围大致包括今普洱市、临沧市、西双版纳州等地，这一带是公认的茶起源区域。据考证，银生城的茶是云南大叶茶种，也就是普洱茶种，银生茶是普洱茶的始祖。宋代李石在《续博物志》中记载：“茶出银生诸山，采无时，杂菽姜烹而饮之。”元代普洱茶已成为市场交易的重要商品。元代李京在《云南志略》中谈到：“交易五日一集，以毡、布、茶、盐相互贸易。”民间在普洱进行茶叶交易的年代甚为久远。据《滇云历年志》载：“六大茶山产茶……各贩於普洱。……由来久矣。”普洱茶这一名词是由民间茶叶交易而形成的，正式载入史书则是在明代。明代谢肇淛在《滇略》中说：“士庶所用，皆普茶也。”清代阮福在《普洱茶记》中谈道：“普洱古属银生府，西蕃之用普茶，已自唐时。”民国《新纂云南通志》载：“普洱之名在华茶中所占的特殊置，远非安徽、闽浙可比。”民国十二年柴萼在《梵天庐丛录》记载：“普洱茶产于云南普洱山，性温味厚，坝夷所种，蒸以竹箬成团裹。产易武、倚邦者尤佳，价等兼金。品茶者谓：普洱之比龙井，犹少陵之比渊明，识者韪之。”明代至清代中期是普洱茶的鼎盛时期，作为贡茶，很受朝廷赞赏，极大地促进了普洱茶的发展。此时，以“六大茶山”为主的西双版纳茶区，年产干茶8万担，达历史最高水平。据史料记载，清顺治十八年（1661年），仅销往西藏的普洱茶就达3万担之多。民国初年至抗战期间（1912～1945年），普洱茶又得到一定的发展，很多这个时期的老字号茶尚有遗存。

澜沧邦葳古茶树（黄成兵 摄）

清乾隆元年（1736年），清政府设置思茅同知，并在思茅设官茶局，在“六大茶山”分设“官茶子局”，负责管理茶叶税收和收购。在普洱府道设茶厂，茶局统一管理茶叶的加工制作和贸易，一改历代民间贩卖交易为官府管理贸易，普洱（今宁洱）便成为茶叶精制、进贡、贸易的中心和集散地。于是，普洱茶这一美名，便名震天下。清代进士檀萃在《滇海虞衡志》所云：“普茶名重于天下，出普洱所属六茶山。一曰攸乐、二曰革登、三曰倚邦、四曰莽枝、五曰蛮砖、六曰慢撒。”清代阮福在《普洱茶记》中谈及：“普洱茶名遍天下。味最酽，京师尤重之。福来滇，稽之《云南通志》，亦未得其详，但云产攸乐、革登、倚邦、莽枝、蛮砖、慢撒六茶山，而倚邦、蛮砖者味最胜。”清道光《普洱府志》记载：“旧传武侯遍历六茶山，留铜锣于攸乐、置铓于莽枝、埋铁砖于蛮砖、遗梆于倚邦、埋马镫于革登、置撒袋于慢撒。因此名其山，又莽枝有茶王树，较五山茶树独大，相传为武侯遗种，今夷民犹祀之。”

云南拥有全国最为丰富的古树茶资源。云南古茶树不仅树龄大，而且古茶园面积大、分布区域广，六大茶山就是其中的典型代表，但云南普洱茶的六大茶山还分古六大茶山和新六大茶山之说。一般而言，古六大茶山系指攸乐、革登、倚邦、莽枝、蛮砖、慢撒（易武）；新六大茶山则指南糯、南峤、勐宋、景迈、布朗、巴达。除西双版纳州的勐腊、勐海、景洪外，在普洱市的澜沧、孟连、思茅、宁洱、镇沅、江城、景东、墨江等地，临沧市的双江、凤庆、永德、临翔、耿马等地，保山市的昌宁、腾冲等地，也有古茶树或古茶林的分布。若按行政地理分区，云南普洱茶则主要集中在临沧茶区、版纳茶区、普洱茶区、保山茶区等四大区域。老班章、冰岛、昔归、老曼峨、那卡、凤凰窝、刮风寨、弯弓、景迈、麻黑、困鹿山、曼松、忙肺、木兰坡、直蚌、天门山、磨烈、瓦竜、龙帕、关帝庙……这些都是云南普洱茶的著名产地，可谓茶叶“名寨”“名村”。

普洱茶的分类较多，依官方定义所规定或普洱茶界约定俗成，认定的“普洱茶”成品不同而有差异。若以原料茶种划分，有阿萨姆种（普洱茶种）和非阿萨姆种（非普洱茶种）之分；以茶树进化类型分类，有野生型、栽培型、过渡型之分；以茶树种植管理方式分类，有野生茶、茶园茶之分；以市场自然分类，有古树茶、野放茶、台地茶之分；依茶树的繁殖方式分类，分有性系品种和无性系品种两类。

普洱茶讲究冲泡技巧和品饮艺术，其饮用方法丰富，既可清饮，也可混饮。普洱茶茶汤橙黄浓厚，香气高锐持久，香型独特，滋味浓醇，经久耐泡。就物种起源而言，普洱茶则是指“以地理标志保护范围内的云南大叶种晒青茶为原料，并在地理标志保护范围内采用特定的加工工艺制成，具有独特品质特征的茶叶”。按其加工工艺及品质特征，可将普洱茶分为普洱生茶和普洱熟茶两种类型。

· 普洱茶树最适宜的生境条件

茶树性喜温暖湿润环境，在南、北半球的中低纬度地区均可种植，最适宜的生长温度为18～25℃，不同品种对于温度的适应性有所差别。一般来讲，小叶种的茶树，抗寒性、抗旱性均比大叶种强。茶树生长需要的年降水量在1500毫米左右，且分布均匀，朝晚有雾，相对湿度保持在85%左右的地区，较有利于茶芽发育及茶叶品质。若长期干旱或湿度过高，均不适于茶树生长和栽培。茶树生长需要日光，日照时间长、光度强，茶树生长迅速，发育健全，不易患病虫害，且叶中多酚类化合物含量增加。茶树适宜在土质疏松、土层深厚，排水透气良好的微酸性土壤中生长。

著名的云南普洱茶区，多分布在澜沧江两岸的山区丘陵地带的温凉、湿热地区，海拔在1200～2000米，年平均温度在12～23℃之间，活动积温在4500～7000℃之间，日照时数在1900～2100小时之间，年降雨量在1200～1800毫米之间，最高可达2000多毫米。在滇南茶区，普洱茶的重要产地——西双版纳州、普洱市、临沧市，其主要气候类型为南亚热带气候和北热带气候类型，年平均温度17～22℃。云南普洱茶区地理纬度偏低，地表可接受的日光辐射量多，有利于碳素代谢和茶叶多酚类物质积累。光照直接影响儿茶素的总量和多酚类混合体的组成，在光照强度和日照量大的条件下，茶叶中儿茶素含量显著增加，并提高叶组织中的茶氨酸含量。光照还是茶叶色素形成的重要因子。温度特别是活动积温对茶树生长的作用极大，其生理生化过程都随温度的变化而变化。光照、温度对多酚有利，水分不足会影响糖类物质的代谢，最终影响到多酚类物质的生物合成和积累。

南糯山茶叶气象观测站（西双版纳州气象局供图）

云南普洱茶原料产地，主要位于西北—东南走向的哀牢山、无量山和东北—西南走向的邦马山、大雪山“人”字大地形以南，海拔1000～1500米，成扇形分布的山区、半山区和丘陵地带。这一区域北高南低，处于云南地势由滇西北向滇东南递减的第三阶梯。西北有怒山山脉的余脉为屏障，东北有云岭山脉余脉对冷气团的阻拦，南受印度洋、太平洋暖湿气流影响，光热充足、雨量充沛，气候温热湿润。土壤结构疏松、土层深厚、有机质含量高。这些得天独厚的自然条件，有利于各种动植物、微生物的生长繁衍，具有适宜大叶种茶树生长的最佳生态环境。以“瑞贡天朝”而闻名的勐腊易武茶产地为例，一年中日平均气温≥10℃的天数在330～360天之间，活动积温在6000～7500℃之间，年日照时数2000小时左右；最冷月（1月）气温在11℃以上，最热月（7月）气温在20～23℃，每年最高气温≥30℃的高温天气仅有5～10天，年降水量在1600毫米左右，干季（11月～次年4月）降水占全年降水量的13%～20%，全年雾日在130天以上，尤其以冬春季辐射雾多见。弥漫在森林、山中的雾，一般从凌晨2点前后开始生成，一直持续到中午后才消散。这种特有的水分小气候环境，可有效弥补冬春少雨的不足。白天充足的阳光透过天然林，成为优质茶叶需要的散射光，夜间茶园沐浴在云海雾雨中，得到自然气候环境的滋养。滇南地区优越的气候条件，为云南大叶种普洱茶创造了适宜的生长条件，也为普洱茶化学品质的形成奠定了坚实基础。换句话讲，要形成云南普洱茶特有的品质特色，是不能离开“普洱茶区”这一优越的气候条件的。

临沧是茶树生长的黄金带，土壤偏酸性，有机质丰富，土层深厚，立体气候突出，具有最适宜茶树生长发育的海拔、土壤、温度、光照、水分、空气等自然条件。被著名气候学家吕炯称为“世界少有的生物优生地”；著名植物学家蔡希陶先生曾经说过：“世界最好的红茶在中国，中国最好的红茶在云南，云南最好的红茶在临沧”。中国茶叶学会名誉理事长吴觉农先生曾提出在临沧建立世界第一流大茶园的构想。从地理气候条件讲，中国普洱名茶，主要源自滇南三地（临沧、版纳、普洱），是恰如其分的，也是名副其实的。

第五章

Chapter

5 环境气象

山岳高亢，广袤神秘，空气清新，青山碧水。滇处高原，大气通透，多风少霾，日照充足。蓝天白云，阳光灿烂，碧空如洗是云南天气的常态和标配，物宜生，人宜居。在欣赏山湖林草花美景时，也时常会受到点滴紫外线的困惑。

云南空气污染气象条件

空气污染（air pollution）是指由于人类活动或自然过程排放到大气中的一次污染物或由它们转化成的二次污染物的浓度及持续时间，足以对人的舒适感、健康或对大气环流产生不利影响的现象。来自自然界的污染物主要是火山喷发出来的烟尘；来自人类活动的污染物主要有大气中核试验的放射性沉降物，工业生产、交通运输及人们生活过程中排放出来的化学毒剂、有害气体及烟尘。后者是污染物的主要来源。污染物在近地面层的积累和扩散，取决于环境条件及近地面层的风、大气稳定度、温度等气象条件。空气中污染物浓度超过一定的标准时，可以危害人体健康，影响作物生长，腐蚀材料，破坏建筑物，并对一个地区甚至全球的天气气候发生影响。防止空气污染的主要措施是控制污染物的排放量。世界上许多国家都制订了大气质量标准，当大气质量有可能超出标准时，要求减少或停止排放污染物。

空气污染气象学是研究大气运动和大气中污染物相互作用，以及为防止空气污染提供气象保障的一门学科。它是应用气象学的一个分支，也是大气科学中的一个新领域。空气污染气象学的萌芽可以追溯到第一次世界大战期间，英国为了研究野战时毒气浓度的预报方法，自1921年开始进行大气扩散试验。到了20世纪50年代，由于工业和人口高度集中，相继出现了城市污染事件，如1952年12月英国伦敦的光化学烟雾事件，夺去了四千余人的生命。大气污染问题才引起了人们的重视，到20世纪60年代，逐步形成了空气污染气象学。空气污染气象学的主要内容包括：①研究大气运动引起的污染物输送、扩散、迁移和转化等过程；②污染物对大气热平衡、天气气候变化等的影响；③空气污染预报、控制及防治大气污染的措施。

· 云南空气污染的气候背景

云南地处低纬高原山区，海拔高差大，山地面积广（94%），盆地（坝子）、河谷交错，大气扩散环境条件相对不足。云南总体上属亚热带高原季风气候，干湿分明，有明显的干季（11月～次年4月）和雨季（5～10月）。常年对流层的高低空盛行偏西风气流，但干季和雨季的偏西风气团属性不同。冬半年（干季）西风频率大，主要来自热带沙漠大陆地区，性质干暖，这是云南的风季和高温时段，云南全年风速最大和高温时段主要出现在3～4月；夏半年（雨季）西南风频率比冬半年偏多10%～20%，气流主要来自热带印度洋，具有暖湿特点。春季高温干燥，夏秋季多雨湿润。随着西南季风的爆发，云南雨季一般于5月中下旬开始，基本上与泰国、缅甸、老挝等东南亚国家同步或稍晚。

昆明郊外的夏日风光（唐跃军 摄）

云南高原山区面积广，冬半年昼夜温差大，夜间至清晨风小高湿，易形成静稳天气，不利于空气污染物的扩散。加之干季，尤其是春季，东南亚国家多生物质燃烧发生，在偏西风作用下，有利于污染物向滇西南、滇南、滇中地区扩散。

云南季风气候、低纬气候、山地气候兼而有之的特征，造成了云南空气污染具有明显的干湿季分布和滞后性特征。6～11月为轻污染季节，12月～次年5月为污染稍重季节，主要污染物（PM10、PM2.5、臭氧）浓度，干季明显高于雨季（约1.2～1.6倍）。目前，云南空气污染已呈现出以PM2.5和臭氧为主的复合型、区域型发展态势，超标天数中首要污染物以PM2.5和臭氧为主，且臭氧逐渐成为了影响云南空气质量的首要污染物，大气复合型污染主要表现为臭氧（O_3）主导的大气氧化性变化影响二次PM2.5的生成。

· 气象条件的影响

空气污染物的积累、稀释、扩散和清除，主要取决于气象条件。云南空气污染物浓度变化与气象因子密切相关。云南大多数地区年均空气质量优良率在98%以上，并表现出夏秋季较好、冬春季稍差的季节性特征。对云南而言，出现空气污染是小概率事件，即便偶发，也是以轻度污染为主，极少会出现大范围污染现象。

1. 高温少雨的影响。高温少雨天气（干旱）的出现，减少或减轻了对大气颗粒物的洗刷作用，同时由于高温，太阳辐射增强，更有利于臭氧生成和颗粒物的二次转化。尤其在3～4月，云南太阳辐射增强，气候燥热，天气晴朗少云，气温快速上升，臭氧的光化学反应速率加快，往往会导致全省臭氧浓度快速升高。一般而言，臭氧浓度和气温呈正相关关系，气温越高，浓度越大，高温天气易造成臭氧浓度增高甚至超标。在云南，春季风速最大，湿度最小，大气物理扩散条件最好，但二次扬尘污染大。由于降水少，冲刷清除作用小，云量少，日照时数和太阳辐射通量最大，故在一年之中，春季的光化学反应条件最强。

2. 季风的影响。臭氧主要是通过氮氧化物和挥发性有机物的光化学反应产生的，因此，晴朗少云和紫外辐射强的天气，有利于臭氧的产生，而多云的天气不利于臭氧浓度的增加。云南地处低纬高原地区，与中国同纬度其他地区相比，地面能够接收到更多的紫外辐射，有利于臭氧的产生。同时，云南又处于典型的季风气候区，季风活动带来的暖湿气流使得大气不稳定，易产生强对流导致多云和降水天气，抑制了近地面臭氧的生成。所以，春季2～4月，臭氧浓度高，5月随着西南季风爆发和推进后，臭氧浓度降低。较强的降水有利于污染物的湿沉降，而弱的降水有时因吸湿效应，会加重污染天气的严重程度。总体而言，偏多偏强的降水天气，对污染物清除是较为有利的。

3. 静稳天气的影响。所谓静稳天气，“静”是相对水平方向而言的，指的是大气很安静，没有风和扰动，空气滞留在那里；“稳”是相对垂直方向的，指大气层结比较稳定，无上下层之间的剧烈运动。在静稳天气形势下，大气稳定度高，空气垂直对流弱，不利于污染物和水汽的垂直扩散。风速较小，不利于污染物和水汽的水平扩散，使得大气污染物易聚集在近地层的某个区域，导致污染物浓度升高。一般出现强静稳天气，会造成空气重污染或低能见度的发生。3～5月云南静稳天气较多，滇西南（思茅、腾冲）逆温累积日数在75天以上，滇东南（蒙自）、滇中（昆明）逆温累积日数在65天以上且小风高湿（以上午时段最为明显）；西双版纳、普洱、临沧等滇南地区，冬春季山地辐射逆温突出，雾多湿度大（多出现在清晨至上午），静稳天气多，不利于颗粒污染物的扩散。低层大气中污染物的扩散和输送，在很大程度上依赖大气边界层的结构，边界层内的湍流作用可使颗粒物和气体充分混合，边界层高度越高，表明大气扩散和输送条件越好，越不易形成空气污染。

4. 日照的影响。云南地处高原，太阳辐射强，尤其是春分节令过后，晴天多，日照时间增长，紫外线强度较高，有利于臭氧的生成。高原的昼夜温差较大，夜间温度在10℃以下，日出后气温快速攀升，生成的臭氧无法快速扩散，对臭氧的累积有一定的作用。到了午后，随着温度的升高（最高气温在26～30℃），新生成的臭氧与原有无法扩散的臭氧叠加，进一步推高了近地层的臭氧浓度。研究表明，太阳紫外辐射强度明显影响臭氧的生成，与臭氧浓度呈正相关关系，日照越强，浓度越高。

5. 境外生物质焚烧的影响。与云南毗邻和相近的东南亚南亚国家，长期以来受农业耕种习惯的影响，春季存在大范围农作物秸秆以及经济作物等生物质废弃物集中焚烧的行为，使其成为世界上主要的三大生物质燃烧地之一（东南亚、印度半岛、非洲）。据多年卫星观测资料分析，春季东南亚地区的烧荒火点密度为云南的10倍左右，数量庞大。生物质燃烧会排放出大量的痕量气体（CO_2、臭氧前体物）和颗粒物（烟尘），卫星观测也证实东南亚南亚地区春季存在气溶胶光学厚度高值区，灰霾污染严重。在低层偏西风和西南风引导下，有利于东南亚南亚国家生物质焚烧产生的颗粒物等污染物向云南输送，严重影响了云南春季的空气质量。在天气条件不利的情况下，很容易使污染物累积，从而造成“输入型”区域性污染。据分析，云南臭氧的外源输入也主要来自于东南亚和南亚旱季生物体燃烧的污染物。

6. 其他气象要素的影响。云南气象要素与环境空气质量的监测表明，多种污染物浓度表现出明显的季节性和日变化特征；风速与NO_2、CO、PM2.5浓度有较好的负相关，与O_3浓度呈正相关；部分污染物浓度与地面盛行风向有关；降水对O_3、PM10、SO_2等污染物具有冲刷清洁作用；温度与O_3浓度呈正相关，与NO_2、CO、PM2.5、PM10浓度呈负相关；相对湿度与O_3、PM10、PM2.5浓度呈负相关；O_3浓度与挥发性有机污染物（VOCs）、NO_2、CO浓度呈正相关。

概括起来讲，易造成重污染事件的不利气象条件主要有3项：风速低于2米／秒，湿度大于60%，近地面逆温和混合层高度低于500米，即风小、高湿和逆温。污染源排放是出现大气重污染的主要原因，除去气象条件外，导致大气重污染的另一个重要外因则是区域传输（外源输送）。

• 地形条件的影响

云南地形地貌复杂，一般来讲，封闭型坝子地形（盆地）、凹地和背风坡，易出现弱风或小风现象，形成气流的“死水区”或“回流区”，极不利于大气污染物的扩散，是空气污染的频发区和重灾区；山脊、平坦的山地和湖滨地带，风速较大，有利于大气污染物的扩散，空气质量高，不易发生空气污染事件。

• 四种主要的影响类型

1. 冬春静稳型。冬春季受弱冷空气影响，昆明准静止锋等天气系统易带来静稳气象条件，特别是滇东北和滇东地区，最易受到影响。滇南地区山地辐射逆温也易出现静稳天气。

2. 春节影响型：受中国传统风俗习惯影响，在部分城乡地区，春节期间烟花爆竹集中燃放，容易引起短时污染，甚至小时浓度可达到严重污染程度。

3. 春季传输型：春季受东南亚南亚生物质燃烧影响，在西南风引导下，造成燃烧产生的污染物对云南省的外源传输污染。

4. 气候影响型：云南大部地处亚热带地区，北回归线横穿境内，春季气温回升较其他省区明显偏早，春季干暖，云量少，光照强，易引起臭氧超标。雨季受云的遮挡和降水冲刷，空气清新，污染浓度低。

厘清雾霾间的那些事

雾霾，是雾和霾的组合词，“雾霾”曾经成为我国年度的“关键词”和人们谈论大气环境质量好坏的“时髦词”。雾霾是特定气候条件与人类活动相互作用的结果，雾霾常见于城市。有的地方将雾并入霾一起作为灾害性天气现象进行预报预警，统称为

“雾霾天气”。高密度人口的经济及社会活动，必然会排放大量细颗粒物（PM2.5），一旦排放超过大气循环能力和承载度，细颗粒物浓度将持续积聚，此时如果受静稳天气影响，极易出现雾霾。在云南高原山地环境下，多雾少霾、少雾无霾是一种常态化的自然现象。

- 雾霾到底为何物?

雾、霾是自然界中的两种天气现象。雾（Fog）是大量悬浮在近地面空气中的微小水滴或冰晶组成的气溶胶系统，是近地面层空气中水汽凝结（或凝华）的产物，常呈乳白色，使水平能见度小于1千米。霾（Haze）是指悬浮在大气中的大量微小尘粒、烟粒或盐粒的集合体，使空气混浊，水平能见度小于10千米的天气现象，常呈黄色或橙灰色，颗粒物主要来自自然界和人类活动的排放，故有时也将霾称为灰霾（Dust-haze）。

雾、霾都是漂浮在大气中的粒子，都能使能见度恶化从而形成灾害，但其主要组成和形成过程完全不同。雾是大量微小水滴浮游在空中，而霾是由大量极细微颗粒物（PM2.5）等均匀浮游在空中造成的。霾与雾的区别在于，发生霾时相对湿度不大，而雾中的相对湿度是饱和的。雾、霾也有密切的联系，大气中的霾粒子也是形成雾的凝结核和基础。霾在大气相对湿度从低向饱和变化的过程中，一部分霾粒子就变成了雾滴，也有污染物在里面了。因此雾、霾没有绝对的界限。由于组成霾的干尘粒与云雾滴都能影响能见度，所以能见度低于10千米时，可能既有干尘粒的影响，也可能有雾滴的影响。雾、霾在一天之中可以变换角色，甚至在同一区域内的不同地方，雾、霾的分布也会有所不同。可以这样来理解，雾霾天气是一种大气污染状态，雾霾是对大气中各种悬浮颗粒物含量超标的笼统表述，尤其是PM2.5被认为是造成雾霾天气的主要“元凶”。

沧源佤山云雾（李国灿 摄）

雾可以显著降低大气能见度，因此对交通运输有重大影响，随着飞机、高速公路等现代交通的快速发展，雾的影响越来越大，严重影响飞机起降、高速公路行驶安全。另外，工业化发展和人类活动的加剧，雾、霾混合天气呈现出频发和重发趋势，成为突出的环境空气质量问题，给人们生产、生活和健康造成严重影响，受到社会的广泛关注。

• 雾霾能否进行监测？

中国气象局的前身，中央军委气象局早在1950年11月就印发《气象测报简要》，气象观测站采用与世界气象组织（WMO）相一致的气象观测业务规范开展各类观测工作并沿用至今。轻雾、雾和霾作为34种天气现象的其中3类，全国现有2412个国家级地面气象观测站，长期连续地开展业务观测和资料记录积累，已经有超过50多年的长期连续观测资料序列。

在地面气象观测中，轻雾、雾和霾这3种天气现象主要与能见度和相对湿度有较大关系，通过分析能见度、空气相对湿度的观测资料，气象观测员结合当时天气系统特征和天空状况，可进行综合判别。轻雾和雾都是大量微小水滴浮游于空中，常呈乳白色，水平能见度小于1千米为雾，能见度大于1千米而小于10千米称为轻雾。霾是指大量极细微的干尘粒等均匀地浮游在空中，使水平能见度小于10千米的空气普遍混浊现象。

目前我国气象部门的能见度和空气相对湿度观测都已实现了自动化观测，准确性与WMO的天气观测要求保持一致，观测员采用综合判别方式，能够较为准确地识别出各类天气现象。另外，通过气象卫星也可实现对大范围雾和霾的卫星遥感监测。

• 何种条件易导致雾霾形成？

雾的形成一定是在大气水分含量达到饱和状态时发生的，并且一定有足够的凝结核存在。而霾的形成，大量污染物的排放是主因，大气层结稳定、风力小，气象条件不利于污染物的扩散，导致污染物不断累积是霾形成的外部条件。

霾与雾的区别在于，发生霾时相对湿度不大，而雾中的相对湿度是饱和的（如有大量凝结核存在时，相对湿度不一定达到100%就可能出现饱和）。出现雾时空气相对湿度常达100%或接近100%，雾有随着空气湿度的日变化而出现早晚较常见或加浓，白天相对减轻甚至消失的现象。霾的日变化特征一般不明显，当气团没有大的变化，空气团较稳定时，持续出现时间较长，有时可持续10天以上。出现雾时空气潮湿，出现霾时空气则相对干燥，空气相对湿度通常在60%以下。霾是由汽车尾气等污染物造成的。相对湿度介于80%～90%的大气混浊、视野模糊导致的能见度恶化，是霾和雾的混合物共同造成的。当水汽凝结加剧，空气湿度增大时，霾就会转化为雾。

• 霾与沙尘暴有关系吗？

霾和沙尘暴是两种不同的天气现象。沙尘暴天气主要由沙尘气溶胶组成，而霾除了沙尘气溶胶影响之外，还有其他的气溶胶组分。二者出现的气象条件不一样，霾出现的气象条件是大气静稳，空气流动性差，大气中的污染物无法扩散；而沙尘暴出现的气象条件是大气不稳定，大风将沿途沙漠地表的大量沙尘吹起，传输过程中有沉降，沿途地区就会出现沙尘暴天气。沙尘天气有较强的季节性，主要出现在春季；而霾一年四季均可出现，冬季较多。

在气溶胶背景浓度值低，气候四季如春的云南，没有沙尘暴的踪迹，蓝天白云是云南永恒的主角，只会在静稳天气时，偶遇短暂的轻度灰霾。

· 雾霾有可能跨境输送吗?

大气是流动的，大气无国界，气流输送有可能将某地的污染向下游地区传输。同样，位于上游国家的污染排放也会输送到我国。大气运动的特点决定了污染物跨界输送的客观存在，跨国界、跨大陆乃至全球尺度输送都是会发生的。但是雾、霾发生时，通常都是大气条件比较静稳的，跨区域的输送比较弱。污染物输送的路径和扩散的范围与污染物的源地、气象条件等密切相关，在不同季节、不同气象条件下输送的途径，影响的范围均存在差异。与沙尘暴相比，雾霾的跨境输送要弱得多。

普洱澜沧云海（黄成兵 摄）

· 城市雾霾增加的气象因素有哪些?

雾霾的形成主要是空气中悬浮的大量微粒、水滴和气象条件共同作用的结果，其频繁出现的气象因素，归纳起来主要有三个方面。第一是在水平方向上，静风现象增多。随着城市的快速发展，城市里大楼越建越高，阻挡和摩擦作用使风流经城区时明显减弱，静风现象增多，不利于大气中悬浮微粒的扩散稀释，易在城区和近郊区周边积累；第二是在垂直方向上，易出现逆温。逆温层好比一个锅盖覆盖在城市上空，这种高空气温比低层气温还高的逆温现象，使得大气层低空的空气垂直运动受到抑制，空气层结稳定，空气中悬浮微粒难以向高空飘散而被阻滞在低空和近地面层；第三是空气中悬浮颗粒物和有机污染物的增加。随着城市人口的增长和工业化进程的加快，机动车辆猛增，导致污染物排放和悬浮物大量增加，城市热岛效应加剧，助推了气溶胶背景浓度的升高。

• 如何科学识别雾与霾?

根据雾、霾二者各自的不同定义，可总结得出二者的十大区别特征。

一是水平能见度不同。雾的水平能见度小于1千米，霾的水平能见度小于10千米。

二是相对湿度不同。雾的相对湿度大于90%，霾的相对湿度小于80%。相对湿度介于80%～90%之间，是霾和雾的混合物，但其主要成分是霾。

三是厚度不同。雾的厚度只有几十米至200米左右，霾的厚度可达3000米。

四是边界特征不同。雾的边界很清晰，过了“雾区”可能就是晴空万里；而霾与晴空区之间没有明显的边界。

五是颜色不同。雾是乳白色、青白色，而霾是黄色、橙灰色。

六是形成条件有差异。虽然雾和霾的形成都需要微风或无风，大气状态稳定，即要有逆温层的存在，但是，雾需要一定的水汽和降温条件，使得空气达到饱和而发生凝结现象；而霾的形成并不需要水汽和降温条件，主要是空气中干性颗粒物要达到一定的浓度，相对湿度不需大。

七是成分不同。雾主要是由微小水滴或冰晶组成，雾滴尺度一般为3～100微米；霾是由肉眼看不见的复杂微小粒子等组成，霾粒子的直径仅有0.3～0.6微米。

八是日变化不同。雾一般在午夜至清晨最容易出现，日出后会很快或逐渐消散；霾的日变化特征不明显，当气团没有大的变化，大气层结较稳定时，持续时间较长。

九是季节变化不同。我国一年四季都可能有雾出现，大多数地区秋冬季节为雾多发期，春夏季节雾较少（云南夏季雨水多的山区易出现地形雾）；霾在全国大部分地区均有明显的季节变化，冬季多，夏季少，春秋季居中。

十是指示意义不同。雾有天气预报的指示意义，如谚语“十雾九晴”；霾属于环境问题，在大气污染研究和空气质量预报中的指示意义显得更为重要。

臭氧与 PM2.5 污染

臭氧（O_3），在常温条件下是一种带有臭味的淡蓝色气体。臭氧有强氧化性，是比氧气更强的氧化剂，可在较低温度下发生氧化反应。有水存在时，臭氧是一种强力漂白剂。臭氧不稳定，大量吸入对人体是有害的。臭氧浓度的升高主要出现在气温较高的夏季，是夏季空气污染的主要成分。

PM2.5是指空气动力学当量直径≤2.5微米的颗粒物，主要出现在冬季，由冬季采暖、化石燃烧、汽车尾气排放等生成；PM10是指空气动力学当量直径≤10微米的颗粒物，聚集后会降低可视度，提高交通事故几率。

VOCs是指特定条件下具有挥发性的有机化合物。VOCs是挥发性有机化合物（Volatile Organic Compounds）的英文缩写，通常分为非甲烷碳氢化合物（NMHCs）、含氧有机化合物、卤代烃、含氮有机化合物、含硫有机化合物等几大类。VOCs参与大气环境中臭氧和二次气溶胶的形成，其对区域性大气臭氧污染、PM2.5污染具有重要的影响。大多数VOCs具有特殊气味，并具有毒性、刺激性、致畸性和致癌作用，特别是苯、甲苯、甲醛等对人体健康会造成较大的伤害。VOCs主要来源于煤化工、石油化工、燃料涂料制造、溶剂制造与使用等过程中。

一般来讲，VOCs可理解成是PM2.5、PM10和O_3的重要前体物。近年来，在我国细微颗粒物PM2.5污染水平持续降低的同时，臭氧污染问题凸显，污染天数增加，成为实现优良天数约束性指标的重要障碍。2017～2019年，我国地级以上城市臭氧达标数量明显减少，超标城市数量增加，尤其是2019年达标城市数量剧减，多个城市臭氧超标告急。臭氧与PM2.5污染问题，本质上同根同源，应同步减排、协同治理，才能使大气环境质量得到明显改善。

· 复合型大气污染物

臭氧在高空中是地球的“保护伞”，保护地球上的生命免受强紫外辐射的影响。大气层中超过90%的臭氧处于距离地面20～30千米的平流层内，剩余不到10%的臭氧处于对流层内。目前作为大气污染物的臭氧，指的就是近地面和低空的臭氧。超标的臭氧对人体有刺激作用，可引发呼吸系统等方面的疾病。不仅如此，高浓度的臭氧还能破坏植物吸收二氧化碳的能力，加剧温室效应，降低植物的生长力，导致农作物产量下降。臭氧污染是有季节性的，主要集中在5～10月，臭氧在太阳光照和温度较高下生成条件充足，因此一天之中下午14～15时的臭氧浓度最高。总之，当对流层臭氧特别是近地面臭氧超过自然水平时，就会对人体健康、生态系统、气候变化等方面产生显著影响。

PM2.5和臭氧都是复合型大气污染物。PM2.5由一次颗粒物和二次颗粒物组成。一次颗粒物包含烟尘、粉尘、机动车尾气尘和扬尘；二次颗粒物来源于排放的二氧化硫、氮氧化物（NOx）、氨和挥发性有机物（VOCs）在大气中经过复杂的化学转化所形成的颗粒物。臭氧几乎没有人为排放，而是排放的NOx和VOCs在阳光和热的作用下，产生光化学反应所生成的二次污染物。如果把臭氧生成比做一团熊熊燃烧的火焰，NOx就是下面的干柴，VOCs则是促使火焰燃烧的燃料。

PM2.5是“看得见的污染”，臭氧污染则相对隐蔽。与PM2.5“看得见，摸得着”相比，臭氧更具迷惑性，它往往出现在风和日丽、天空晴朗的时候。出现臭氧污染时，人们一般很难察觉，有人戏称臭氧是“大气污染界的良心”。与PM2.5是固态污染物不同，臭氧属于气态污染物，臭氧治理的难度比PM2.5更大。这主要是因为臭氧的大气“寿命”长，并可远距离传输，形成区域性污染。同时，臭氧的化学生成机制复杂，VOCs

前体物来源复杂、种类繁多、活性差异大，因此要精准控制，难度较大。我国臭氧污染在近几年呈逐渐加重的趋势，主要有两方面的原因。一是随着近年来对PM2.5等颗粒物的治理，部分地区大气通透性明显改善，更充足的光照给臭氧的形成创造了条件；二是我国各种大气污染物的减排比例不协调。近地面臭氧主要有两个来源，一部分是来自高空平流层臭氧的流入，以及土壤、闪电、生物排放等，统称为“自然源”；另一部分则是“人为源”，一般是废气中的氮氧化物、挥发性有机物（VOCs）和一氧化碳，它们在紫外线的照射下会生成臭氧，即二次光化学反应。通常情况下，自然源占比不到20%，废气排放是主要原因，尤其VOCs是造成臭氧污染增长的重要因素。

- 科学协同控制

研究发现，NOx和VOCs是臭氧污染最主要的影响因素。这两种前体物与臭氧的生成是非线性关系，在不同地区和不同时间，两者对臭氧生成的影响程度不同，也就是臭氧生成的敏感性不同。而且，臭氧光化学反应的产物，对太阳光照、温度、湿度、风速等气象因素非常敏感。通过研究，科学家已基本掌握了我国臭氧污染高发的时间和区域、发生臭氧污染时的气象条件、臭氧演变规律、传输特征以及臭氧前体物的区域和行业来源等，为臭氧污染治理提供了准确方略。

臭氧污染和PM2.5污染存在较多的关联性。首先，臭氧和PM2.5中的二次成分都是通过大气化学反应产生，前体物类似；其次，多种因素影响臭氧与PM2.5的关联性，臭氧是由光化学反应生成，光的通量直接决定了臭氧生成的能力。PM2.5的存在增加了气溶胶光学厚度，削弱了到达近地面的光量，减少了光解反应速率，削弱了臭氧的生成；第三，高臭氧浓度会导致大气氧化性增强，有利于二次颗粒物的生成，从而加剧PM2.5污染；第四，臭氧的前体物NOx和VOCs，也是PM2.5的前体物。故在治理臭氧污染时，应在治理PM2.5的基础上采取协同控制的策略。解决以PM2.5和臭氧为代表的区域性复合型大气污染，需要强化属地责任，实行联防联控，方可达到多种污染物协同减排、精准控制。

昆明秋日的高天流云（唐跃军 摄）

• 云南近地面臭氧特征

臭氧主要是通过氮氧化物和挥发性有机物的光化学反应产生的。因此，晴天少云和紫外辐射强的天气有利于臭氧的产生，而多云的天气不利于臭氧浓度的增加。云南地处低纬高原地区，较中国其他地区地面能够接收到更多的紫外辐射，有利于臭氧的产生；同时，云南又处于西南季风和东南季风的交叉影响区，强劲的夏季风活动带来充足的暖湿气流，使得大气不稳定，易产生强对流，导致多云天气，抑制了近地面臭氧的生成。

在云南雨季到来之前的3～5月，太阳直射点从赤道向北移动，使得气温回升，云南大部地区以高温晴朗天气为主，地面能够接收到更多的太阳辐射，易造成这一时期的臭氧浓度偏高甚至超标。监测表明，云南臭氧浓度最高月份一般为5月，其次为3月和4月。而当进入雨季之后，对流旺盛，以多云天气为主，使得到达地面的太阳辐射大大减少，同时也使得臭氧浓度下降。9月之后，随着太阳直射点从赤道向南半球移动，导致云南地区接收到的太阳辐射总量变少，臭氧浓度降低。在太阳辐射减弱的背景下，9月之后的臭氧浓度达优率均高于90%。换言之，臭氧影响云南环境空气质量等级的时段主要集中在3～5月，其余月份臭氧浓度较低，对环境空气质量影响较小或无太大影响。云南年均臭氧浓度一般小于100微克/立方米，云南臭氧浓度的季节变化规律明显，春季高于夏秋冬季，秋冬季为一年中浓度较低季节。臭氧小时平均浓度在一天中呈单峰型变化，最低值出现在上午08～09时，最大值出现在下午16～17时。

研究发现，由于云南地处高原地区，紫外辐射强度会明显影响臭氧的生成，与臭氧浓度呈明显的正相关。在春季，云南处于高温少雨的旱季，高原辐射强度较强，导致大气中光化学反应增强，从而影响臭氧浓度增加。一般情况下，臭氧小时浓度与温度、风速成正相关，与湿度呈负相关；臭氧浓度与VOCs、NO_x、CO有较好的正相关。云南对流层臭氧的外源输入，主要源自东南亚和南亚旱季生物体燃烧的污染物。

• 气象条件对重污染的影响

研究表明，同样的污染物排放，由于不同年份气象条件的差异，会造成比较严重的上下波动，波动幅度一般在10%左右，个别城市可能会达到15%左右。易造成大气重污染的不利气象条件主要有三项：风速低于2米/秒、湿度大于60%、近地面逆温和混合层高度低于500米。概括来讲，就是风小、高湿和逆温。因此，在预测到有上述气象条件出现时，就需考虑启动重污染天气预警，并采取应急措施，降低污染物排放量，这样才能使重污染过程得到有效缓解。

具体来说，易形成重污染的不利气象条件主要包括三个方面：一是风速很小。静风或小风（风速小于或等于2米/秒），空气流动性弱，污染物水平扩散极其不利；二是大气静稳。大气处于静稳状态，大气垂直扩散能力较差。重污染天气期间，通常有逆温层发展，导致大气垂直方向静稳度增加，大气边界层高度明显降低，对污染物垂直扩散不利。大气边界层高度通常为500～1500米左右，重污染天气期间，边界层高度可下降到500米以下，甚至达100米以下，垂直方向扩散能力明显减弱，有利于污染物在低层累积，导致重污染天气持续；三是湿度较高。大气相对湿度达60%以上。一方面，相对湿度增加有利于细颗粒物的吸湿增长；另一方面，相对湿度增加会促使气态前体物向颗粒物加速转化，导致颗粒物浓度快速增加。

二氧化硫、氮氧化物等气态污染物在大气中发生氧化反应，形成硫酸盐、硝酸盐等PM2.5的主要成分。气象专家通过对风速、风向、相对湿度等气象条件的综合诊断，获得了两个指标来定量描述不利气象条件，一个是区域气团稳定性，一个是水汽凝结率，进而得出污染-气象条件指数（PLAM）。一般而言，空气质量较好时，PLAM值在40以下；有大气污染时，PLAM值大于80，数值越大，污染越重。故PLAM值为80可视为一个重要的阈值。在空气污染过程中，污染物累积到一定程度后会导致气象条件进一步转差，重污染和不利气象条件之间形成显著的“双向反馈”效应，即通常所说的“恶性循环”。

污染源排放是大气重污染的主因，其中工业、燃煤、机动车、扬尘是污染排放的主要来源，占比达90%以上；硝酸盐、硫酸盐、铵盐、有机物是PM2.5的主要组分，占比70%以上。除去气象条件外，导致大气重污染的另一个重要外因则是区域传输。在一个传输通道内，相互之间的影响平均为20%～30%，而在重污染天气发生时，可能会达到35%～50%，尤其是上游地区对下游地区的影响更为突出。大气污染区域间的相互影响是明显的，故防治大气污染须采取联防联控措施才能见效。

空气质量的监测与发布

空气质量的好坏反映了空气污染的程度，它是依据空气中污染物浓度的高低来判断的。空气污染是一个复杂的大气现象，在特定时间和地点，空气污染物浓度会受到诸多因素的影响。来自固定和流动污染源的人为污染物排放大小，是影响空气质量的最主要因素之一，其中包括车辆、船舶、飞机的尾气，工业污染，居民生活和取暖，垃圾焚烧等。城市的人口规模、建筑密度、地形地貌、气象条件等也是影响空气质量的重要因素。

空气质量指数AQI，是Air Quality Index的英文缩写，是描述空气清洁或污染程度的一个定量评价指标。根据2012年3月国家发布的空气质量评价标准，大气污染物浓度监测主要包括6项内容：二氧化硫（SO_2）、二氧化氮（NO_2）、PM10、PM2.5、一氧化碳（CO）、臭氧（O_3），数据每小时更新一次。AQI将这6项污染物用统一的评价标准计算后以数值的形式呈现出来。

- 三个基本概念

1. 什么是AQI。AQI即空气质量指数。根据《环境空气质量指数（AQI）技术规定》（HJ633-2012），AQI是将《环境空气质量标准》（GB3095—2012）中规定的6项污染物（SO_2、NO_2、PM10、PM2.5、CO、O_3）的浓度依据适当的分级浓度限值，计算得到的简单的无量纲指数，它可以直观简明、定量地描述环境空气质量状况。将空气质量指数按照0～50、51～100、101～150、151～200、201～300、＞300，划分为一至六个等级，分别用绿、黄、橙、红、紫、褐红色表示。

2. 什么是首要污染物。在AQI综合指数大于50时，空气质量分指数最大的污染物为首要污染物。

3. 什么是空气质量预警。当空气污染物浓度或AQI达到预警级别时，由生态环境管理部门向公众和相关部门发出警报，以便提醒公众采取适当的防御方法及有关部门采取必要的应对措施，保证人民群众的身体健康。空气质量预警采取分级预警的形式，以空气质量预报为依据，综合考虑污染程度、覆盖范围和持续时间等因素，分别规定符合各地实际情况和现实需求的预警等级和有针对性的应急方案，以发挥最大的社会和经济效益。

大理洱源国家气象观测站（田志云 摄）

· AQI 的发布

我国生态环境部门根据《环境空气质量标准》（GB3095—2012）和《环境空气质量评价技术规范（试行）》（HJ633—2013）的有关规定，发布全国空气质量状况。根据国务院《大气污染防治行动计划》要求和生态环境部《全国环境空气质量预报预警实施方案》工作部署，发布各省（自治区、直辖市）省会城市和计划单列市环境空气质量预报预警信息。各省生态环境部门发布所辖地市级城市和重点县级城市的环境空气质量预报预警信息。

发布各监控点位的细颗粒物（PM2.5）、可吸入颗粒物（PM10）、二氧化硫

（SO_2）、二氧化氮（NO_2）、一氧化碳（CO）和臭氧（O_3）的小时浓度值和空气质量指数（AQI）。国控点自2018年9月1日起发布的颗粒物浓度值均为实况浓度，气态污染物浓度值均为参比状况浓度。全国空气质量实况数据，来源于生态环境部门布设的国家空气质量自动监测点位的空气质量自动监测结果。一般发布城市日空气质量指数（AQI）、城市小时空气质量指数AQI以及相应的空气质量级别、首要污染物等监测信息；以及未来24、48小时空气质量指数范围、空气质量等级、首要污染物等预报信息。普通百姓可通过生态环境部门网站、空气质量发布手机App，及时获取居住城市（或关注城市）的空气质量状况和预报，妥善安排好工作、生活和旅程。

· 环境空气污染物基本项目浓度限值

一般将环境空气功能区分为二类：一类区为自然保护区、风景名胜区和其他需要特殊保护的区域；二类区为居民区、商业交通居民混合区、文化区、工业区和农村地区。一类区适用一级浓度限值，二类区适用二级浓度限值。

AQI计算与评价的过程大致可分为三个步骤：第一步是对照各项污染物的分级浓度限值，以细颗粒物（PM2.5）、可吸入颗粒物（PM10）、二氧化硫（SO_2）、二氧化氮（NO_2）、臭氧（O_3）、一氧化碳（CO）等各项污染物的实测浓度值分别计算得出空气质量分指数，简称IAQI；第二步是从各项污染物的IAQI中选择最大值确定为AQI，当AQI大于50时，将IAQI最大的污染物确定为首要污染物；第三步是对照AQI分级标准，确定空气质量级别、类别及表征颜色、健康影响与建议采取的措施。

AQI的数值越大、级别和类别越高、表征颜色越深，说明空气污染状况越严重，对人体的健康危害也就越大。普通市民看AQI时，不需要记住AQI的具体数值和级别，只需要注意优（绿色）、良（黄色）、轻度污染（橙色）、中度污染（红色）、重度污染（紫色）、严重污染（褐红色）等六种评价类别和表征颜色。当类别为优或良、颜色为绿色或黄色时，一般人群都可以正常活动；当类别为轻度污染以上，颜色为橙色、红色、紫色或褐红色时，各类人群就需要关注建议采取的措施，在安排自己的生活与出行时作为参考。

序号	污染物项目	平均时间	浓度限值		单位
			一级	二级	
1	二氧化硫（SO_2）	年平均	20	60	μg/m³
		24小时平均	50	150	
		1小时平均	150	500	
2	二氧化氮（NO_2）	年平均	40	40	
		24小时平均	80	80	
		1小时平均	200	200	
3	一氧化碳（CO）	24小时平均	4	4	mg/m³
		1小时平均	10	10	
4	臭氧（O_3）	日最大8小时平均	100	160	μg/m³
		1小时平均	160	200	
5	PM10	年平均	40	70	
		24小时平均	50	150	
6	PM2.5	年平均	15	35	
		24小时平均	35	75	

AQI的等级标准

1. Ⅰ级（优，0～50，绿色）。空气质量令人满意，基本无空气污染。各类人群可正常活动。

2. Ⅱ级（良，51～100，黄色）。空气质量可接受，但某些污染物可能对极少数异常敏感人群健康有较弱影响。极少数异常敏感人群应减少户外活动。

3. Ⅲ级（轻度污染，101～150，橙色）。易感人群症状有轻度加剧，健康人群出现刺激症状。儿童、老年人及心脏病、呼吸系统疾病患者应减少长时间、高强度的户外锻炼。

4. Ⅳ级（中度污染，151～200，红色）。进一步加剧易感人群症状，可能对健康人群心脏、呼吸系统有影响。儿童、老年人及心脏病、呼吸系统疾病患者避免长时间、高强度的户外锻炼，一般人群适量减少户外运动。

5. Ⅴ级（重度污染，201～300，紫色）。心脏病和肺病患者症状显著加剧，运动耐受力降低，健康人群普遍出现症状。老年人和心脏病、肺病患者应停留在室内，停止户外运动，一般人群减少户外运动。

6. Ⅵ级（严重污染，301～500，褐红色）。健康人运动耐受力降低，有明显强烈症状，提前出现某些疾病。老年人和病人应当留在室内，避免体力消耗，一般人群应避免户外活动。

云南环境空气质量现状

据云南省生态环境厅发布的《2020年云南省环境状况公报》，2020年云南省环境空气质量总体保持良好。16个州（市）政府所在地城市优良天数比例在91.9%～100%之间，全省平均优良天数比例为98.8%，较2019年提高0.7个百分点，其中香格里拉、丽江、昆明、楚雄优良天数比例为100%。全省累计出现轻度及以上污染天气68天（轻度污染55天，中度污染7天，重度污染6天），较2019年减少45天。污染天气主要出现在景洪、普洱、蒙自、文山，3～5月较为集中。首要污染物为细颗粒物的占80.9%，臭氧的占19.1%。相对2019年，细颗粒物的污染态势有所加重。16个城市的二氧化硫、二氧化氮、一氧化碳等3项环境空气污染物均达到一级标准，可吸入颗粒物、细颗粒物、臭氧均达到二级标准。与2019年相比较，除一氧化碳持平外，可吸入颗粒物、二氧化硫、二氧化氮、细颗粒物、臭氧均有不同程度下降，其中可吸入颗粒物、二氧化硫降幅大于10%。2015～2020年，云南省环境空气质量优良天数比例分别为99.1%、99.6%、99.3%、99.8%、98.1%，98.8%；2017～2020年，连续4年全省16个地级城市环境空气质量指标均达到《环境空气质量标准》二级标准。

昆明市生态环境局发布的《2020年昆明市生态环境状况公报》显示，2020年昆明空气质量总体保持良好。昆明市主城区（五华区、盘龙区、西山区、官渡区、呈贡区）环境空气优良率达100%，其中优203天、良162天。各县（市）区环境空气质量总体保持良好，全年环境空气质量均达到二级标准。与2019年相比，晋宁、东川、石林、富民、寻甸、嵩明、安宁、宜良、禄劝的环境空气质量均有不同程度改善。

据生态环境部发布的《2020年全国环境空气质量状况排名》，昆明市2020年全年空气质量在全国168个重点城市中排名第16位，全年空气质量优良率100%，优良率及优级天数均是自2013年实施空气质量新标准以来的最高水平。2017～2021年，昆明空气质量在全国省会城市中排名第5位。

云南冬春季林火频发的缘由

森林火灾是指在森林燃烧中，失去人为控制，对森林生态系统产生破坏性作用的一种自由燃烧现象。发生森林火灾须同时具备“三大要素”：森林可燃物、氧气和火源。若其中有一个因素不具备，则不会发生森林火灾。森林火灾属于自然灾害，是森林和草原最危险的敌人，也是林业最可怕的灾害，它会给森林带来毁灭性的后果。森林火灾不仅只是烧毁成片森林，伤害林内动物，且还会降低森林更新能力，引起土壤贫瘠和破坏森林涵养水源的作用，导致生态环境失去平衡。大面积的严重森林火灾甚至会造成社会动荡和政治危机。森林火灾被联合国列为世界十大自然灾害之一，也是重要的公共突发事件之一。

森林火灾是森林大敌。在破坏森林的各种因素中，以森林火灾最为严重。它能在很短的时间内，烧毁大面积的森林和大量的林副产品，破坏林分结构和森林环境，破坏自然界的生态平衡，造成气候失调、水土流失、河流淤塞、洪水泛滥或水源枯竭，引发山洪，冲毁农田，危害农业生产，并直接威胁林区和周边居民安全。扑救森林火灾要消耗大量的人力、物力和财力，甚至会引发人身伤亡事故。

· 冬春季多林火是常态

云南是我国四大林区之一。森林资源十分丰富，动植物种类繁多，在国内外有很高的知名度，是经济发展和旅游开发的重要基础。保护和发展森林资源，创造美好的生态环境，已形成人们的共识。森林火灾具有突发性强、危害性大、扑救困难等特点，森林防火是保护森林资源的首要任务。云南是集边疆、山区、民族、美丽等特点为一体的省份，由于地形地貌、气候环境、森林分布、生产生活用火的多样性和复杂性，构成了森林防火的特殊性，点多面广、战线长、难度大。

云南是我国的重点林区之一，有林面积和森林蓄积量分别居全国第三位和第四位，同时也是我国森林火灾的多发区和重灾区之一。云南有122个县被国家区划为森林火灾高危区和高风险区，占全省行政区划的94.6%，森林草原火灾已成为常态型的自然灾害，对人民生命财产、森林草原资源和生物多样性构成了严重危害。据统计，1951～2018年，全省共发生森林火灾13.8万起，受害森林面积571.7万公顷，森林火灾次数和受害森林面积分别列全国第一位和第三位，其中98%以上的森林火灾发生在冬春季。云南有防火任务的边境线长达3055千米，涉及8个州（市）25个县（市、区），防控边境森林火灾的压力大，边境火灾处置协调难、扑救难、时间跨度长，加之近年边境疫情防控压力突出，对国土生态安全和森林资源安全构成了较大威胁。

蓝天白云下的云南松（朱士同 摄）

在云南，冬春季节是干季（旱季），降水少，湿度小，风干物燥，最容易发生森林火灾。故须根据云南的自然气候条件和火灾发生规律来科学划定森林防火期和戒严期。因此，《云南省森林消防条例》规定：每年12月1日～次年6月15日为全省森林防火期，3月1日～4月30日为全省森林防火戒严期。云南森林防火期长达7个月，是全国森林防火时间最长的地区之一。云南高山森林灭火，常常要面对复杂地形、高危气候、易燃植被等多种挑战，极易导致扑火伤亡事故的发生。

扑灭森林火灾主要采取三种途径和办法。一是隔离可燃物。使着火的可燃物与未着火的可燃物隔离，如开挖防火隔离带，达到控制、扑灭林火的目的；二是隔离氧气。减少森林燃烧所需要的氧气，使其窒息熄灭；三是散热降温。使燃烧可燃物的温度降到燃点以下，林火停止燃烧。

· 气候条件是林火频发的背景

云南冬春季，尤其春季3～5月林火多发频发，主要与当地的气候条件有关。从气候上看，地处低纬高原的云南，总体上属亚热带高原季风气候，雨热适中，森林草原生境条件好，植被茂密，但干湿季分明。当强劲西风越过滇西的横断山脉后，气流下沉，导致增温减湿，在干热河谷地区焚风效应显著。同时，受滇东北山脉的阻挡影响，北方冷空气很难与暖湿气流交汇，因而干季降雨少。在雨季5～10月，当温暖潮湿的印度洋热带海洋气团到达时，云南地区多降水，雨量占全年的85%~90%，而在11月~次年4月的干季里，降水量仅占全年的10%~15%。3~5月云南刚好处于干季和风季，气温回暖快，水分蒸发大，湿度小，气温高，降水稀少，加之多大风天气，在茂密的植被中，隐藏着较大的火灾风险。是全年森林火灾气象风险等级最高的时段，滇西北、滇西、滇中地区的气象风险等级长时间居高不下。在干季，除怒江州北部和昭通市东北部外，云南自然降水少，日照强，旱灾是常态性灾害，若再遇到冬春连旱甚至春夏连旱，雨季开始期偏晚的气候年景，则春旱就更为严重，加剧了火灾隐患，延长了风险时段；在干季，因南支槽活动频繁，有时还会出现“干打雷”的情况，这种只打雷不下雨的情况，极易因雷击引燃树木；云南的大风季节主要出现在3~5月，风助火势，也加剧了林火发生发展的隐患；云南冬春季的高原气候特征尤为显著，气温日较差大，“昼夏夜冬”现象明显，山区多霜，导致植被落叶、草被枯萎突出；云南冬春季偶有寒潮或冷空气入侵，有冰冻雪灾发生，导致枯枝落叶增多，甚至部分树木杂草冻死，增加了可燃物容量。可见，气温回暖，降水稀少，可燃物多，风干物燥，是导致冬春季云南林火频发的气候原因。

森林火险天气是指具备发生森林火灾可能性的天气条件，如气温升高，相对湿度小，气候干燥，降水少，刮大风等，在这种天气条件下，一旦有了火源就极易发生森林火灾。森林火险天气划分为五个等级：一级不燃，没有危险，可以进行用火；二级难燃，没有危险，可以进行用火；三级易燃，中度危险，要控制用火，落实监烧，防止跑火；四级较易燃，高度危险，林区应停止用火；五级极易燃，极度危险，严禁一切野外用火。

• 地形复杂加剧了林火扑灭的难度

云南是林草资源大省，属全国第二大林区—西南林区的重要组成部分。滇西、滇西北地区的森林分布广泛，林业用地占比高达60%以上，且地形地貌复杂多样，坝子（盆地）、丘陵、山地、高原均有分布。在山谷洼地、草塘沟等较封闭的地形中，易聚集可燃物，到了干季就会变得十分易燃。此外，长年日积月累，可燃物下面还存在腐殖层，腐烂之后产生易燃气体，相当于为森林火灾增加了助燃剂。

滇西地区是横断山系向云贵高原的过渡地区，是横断山系南缘核心区，地形崎岖、岭谷相间、坡陡谷深，海拔高度超过3500米的山峰就有数十座，导致森林火灾救援困难；加上复杂地形导致“一山有四季，十里不同天”的立体气候条件，使得山区的风向风速变化极其复杂，给林火扑灭带来了极大困难。相对于我国草原地区地势平坦，一旦出现火情，可较好地进行监测，扑火工作相对来说较为顺利一些。但在云南地区，山区海拔高、山林陡峭、植被密集，救援设备和人员均难以像在平原地区一样轻松抵达着火点，在很多情况下扑火队员不得不背着设备徒步上山灭火，扑火救援存在诸多困难。同时，火灾中的气象条件颇为复杂，森林小气候变化莫测，林火燃烧过程迅速多变。受地形影响，迎风坡、背风坡、峡谷地形，均可能引起气流的变化，出现风向突变，以目前的监测技术和设备难以精准捕捉。火场局部地区会形成小气候环境，随着火势越来越大，火场上方的空气受热膨胀上升，周围冷空气补充，热对流形成水平方向的“火场风”，在复杂地形作用下，火场极易产生风向突变，伴随出现瞬时大风，导致“跳火”现象的发生。大风可使林火的传播速度比常规地表火速度快几十倍，数十秒就可扩至几公顷的面积。因此，地形复杂，山高谷深，小气候环境多变，扑火救援困难，加剧了云南冬春季林火的扑灭难度。

森林火灾气象监测（隆阳区气象局供图）

- 火源多是林火产生的诱因

在可燃物和天气条件都有利于森林燃烧的条件下，火源是发生森林火灾的主要因素。火源分为生产性火源和非生产性火源两类。常见的生产性火源，如烧农地、蔗地、牧场、地埂等；非生产性火源，如野炊、吸烟、玩火、取暖、上坟烧香、烧纸等。由于历史的原因，云南部分山区和民族地区居民有野外做饭、吸烟、扫墓等生活用火行为，以及春耕春种、烧荒积肥等生产用火行为，这些行为都极易引发森林火灾，这也是导致冬春季云南林火频发的主要人为诱因。多年卫星监测表明，每年春季，云南及邻近周边东南亚国家和川西南地区，是高温热源点的多发区和重发区。近年来，随着涉林工程、林区生态旅游项目等的增多，涉林经营单位和进山入林人员骤增，林区生产、生活用火现象普遍，火源管控难度加大，防范任务重，更加剧了林火发生的风险。

- 可燃物助推林火频发的风险

植被是森林火灾发生的重要基础。为了增加植被覆盖率，保护生态环境，历史上我国南方地区曾实行“飞播”造林，即通过飞机播种营造森林。云南以这种方式种植了许多针叶树，如云南松、思茅松等，同时云南还是我国桉树的主要种植区。松树、桉树枝叶中均含有大量油脂，一旦燃烧，会分解产生大量挥发性易燃气体，导致燃烧剧烈，很容易形成“树冠火”。在大风作用下，“树冠火”蔓延非常快并会产生“飞火”现象，形成新的火点，难以进行快速而有效的扑救，在风向突变的情况下，对扑火人员的人身安全会构成极大的威胁。

随着生态文明建设持续推进，云南森林面积、森林蓄积量快速增长，林区可燃物载量明显增加。滇西、滇中等重点区域林分结构以云南松、华山松、思茅松等单优针叶林为主，大面积针叶林连续分布，滇中地区多成片密灌林，林分结构单一易燃，一旦失火，扑救十分艰难；云南松、思茅松大量采脂，松脂外露，极易起火且难扑灭；云南冬春季的气候条件，易造成林下的枯枝落叶、枯草荒草增大，增加了火灾隐患；冻害使大量植物枯死，枯枝落叶增多，为发生森林火灾埋下了隐患。故，易燃树种多，积累可燃物多，可燃物载量大，助推了云南冬春季林火频发的高风险。

气溶胶与森林火灾

大气气溶胶是大气与悬浮在其中的固体和液体微粒共同组成的多相体系，其中悬浮的固体和液体微粒称为大气气溶胶粒子。气溶胶可作为云滴和冰晶的凝结核、太阳辐射的吸收体和散射体，并参与各种化学循环，是大气的重要组成部分。

大气气溶胶的粒径范围在几纳米（nm）到100微米（μm）之间。通常把粒径小于100微米的称为总悬浮颗粒物（TSP）；粒径小于10微米的称为PM10（可吸入颗粒物）；粒径小于2.5微米的称为PM2.5（可入肺颗粒物或细颗粒物）；粒径小于1微米的称为PM1（亚微米颗粒物）；粒径小于100纳米的称为超细颗粒物（UPM）。

TSP和PM10在粒径上存在着包含关系，即PM10为TSP的一部分，依次类推。气溶胶的粒径范围涵盖5～6个数量级。一般来说，0.1～10微米的气溶胶在大气中寿命较长，超细颗粒物在大气中的寿命较短。

· 气溶胶的来源

大气气溶胶粒子按其来源可分为自然源和人为源两类。一部分来自地球表面的岩石和土壤风化，海洋表面由于风浪的作用使海水泡沫飞溅而形成的海盐粒子，宇宙尘和陨石进入大气燃烧后的产物，火山喷发及林火烟尘，植物花粉等自然源；另一部分则来自化石燃料燃烧、交通运输以及各种工业活动排放的气体或发生化学反应而产生的液体或固体微粒等人为源。

气溶胶按其产生方式可分为原生气溶胶（一次气溶胶）和次生气溶胶（二次气溶胶）。原生气溶胶是由燃烧和机械破碎作用产生的，直接以颗粒物的形式进入大气；次生气溶胶是在大气中由气—粒转化过程产生的。原生气溶胶粒径较大，次生气溶胶粒径较小。气溶胶粒子可通过干沉降和湿沉降方式从大气中清除。

干沉降是指气溶胶通过重力沉降和湍流输送从大气向地表沉降的过程。沉降的速度取决于气溶胶粒径大小、密度和形状等因素。特别小的粒子很容易并入大的颗粒物碰并清除。对于1微米以上的粗粒子，也容易通过重力作用沉降。因此，大气中0.1～1微米的粒子沉降速度较慢。另一种是湿沉降，包括云内清除和云下清除。云内清除是指气溶胶作为云凝结核参与云的形成，或者一部分气溶胶和气体通过扩散、碰并等物理过程进入云滴，随着降水被清除出大气。云下清除则是指在降水过程中，雨滴吸收大气气溶胶粒子和气体，将它们带到地面。

• 森林火灾对大气环境的影响

森林火灾是烟雾的主要来源，对空气污染影响极大。森林可燃物分为木本和草本两类。森林可燃物是森林燃烧的物质基础，主体是活植物体，还包括枯枝落叶及地表下的腐殖质和泥炭等。燃烧时会释放出大量烟气，包括气、液、固三种状态的成分。燃烧产物中的物质种类较多，主要包含有大量的气态污染物（CO_2、CO、NO_X、C_XH_Y、SO_2以及其他少量的有毒有害气体）及不同微小颗粒物（PM1、PM2.5、PM10等）。固体颗粒物和灰分是森林火灾燃烧物中的第二大产物。森林燃烧过程中向大气中排放出大量悬浮颗粒物，粒径在2.5～10微米的称为粗颗粒物，直径小于2.5微米的为微细颗粒物。灰分是植物体经过灼烧后残留的无机物，亦称矿质元素，如Na、K、Ca、Mg等。森林可燃物均含有一定的水分，使得挥发出的水蒸气产生一定的蒸气压，在周围空气与可燃物燃烧时，氧化混合不均匀的情况下，使得可燃物不能充分燃烧，从而产生大量烟雾。燃烧初期，水汽、CO_2、CO、碳氢化合物、焦油、树脂、灰尘等随烟升起。再继续燃烧，使反应速度加快并促进烟气总量增加，使火场具有浓烟密布的景象。森林燃烧产生的烟，主要是灰尘和飘尘。

森林大火会造成大范围的空气污染，使大气中充满烟、草木灰及液体颗粒，降低大气透明度。它不仅会妨碍水陆空交通，而且会影响植物生长和发育。森林火灾形成的大气烟雾，可推迟烟幕区的大气降水，增加闪电，有助于酸雨的形成。林火产生的烟雾能大大降低大气能见度，犹如在清洁的大气中注入了气溶胶一样，大气变得比较混浊，能见度大大降低。森林燃烧产生的微粒物质、气体、水蒸气在高温下的混合物，会产生出大量的悬浮性气溶胶，使大气能见度受到严重影响。火灾排放烟气中的悬浮颗粒物和气态污染物，一旦排放超过大气的循环能力和承载度，其浓度将会在大气中持续聚集，在特定条件作用下就会形成雾霾天气。

• 森林大火烟雾的严重性

森林可燃物在燃烧过程中主要释放的是气态产物，以CO_2排放为主，同时还伴有粗、细颗粒物。森林大火中的烟雾颗粒主要是指黑碳气溶胶，由于它具有很强的光吸收能力，因此可看到黑色烟雾。在大气中，黑碳气溶胶的主要来源是化石燃料燃烧（汽车尾气、工厂排放、燃煤等）和生物质燃烧（森林火灾、秸秆燃烧等）。森林大火发生时，会排放出大量的气溶胶和气体。森林大火中那些烧焦的残渣，以微小颗粒的形式散播到空气中，这些颗粒就是黑碳气溶胶。除了黑碳气溶胶外，还含有丰富的有机物、无机盐和离子。从气象卫星观测看，森林火灾区一般呈褐色薄雾状。在风的吹拂下，黑碳气溶胶可到达对流层上部甚至更高的平流层。黑碳气溶胶会通过干沉降或湿沉降过程被逐渐清除掉。许多颗粒因重力沉降和湍流输送，从大气的高处坠到地表，其他颗粒则作为凝结核，帮助云的形成，或是被雨滴裹挟，随它一起掉到地面上来。

森林火灾应急气象保障（个旧市气象局供图）

当树木和杂草燃起大火的时候，除了产生黑碳气溶胶外，还有许多看不见摸不着的气体，包括CO_2、CO、CH_4、SO_2等，这些气体的存在感强、寿命长、影响深。生命史最短的是SO_2，它在大气中经过化学转化变成硫酸盐气溶胶，然后像黑碳气溶胶颗粒一样，经过干沉降或湿沉降从大气中消失。但CO_2、CO、CH_4等却是重要的温室气体，能在大气中存活数十年甚至上百年，其含量增加是导致全球气候变暖的主要原因。换句话讲，森林火灾是全球变暖的“助燃剂”和“催化剂”。

• 三种显著影响地球气候的气溶胶

1. 火山气溶胶。大型火山喷发后，火山气溶胶会在大气的平流层中形成。这类气溶胶层主要是由二氧化硫气体形成的，火山喷发会产生大量的二氧化硫气体。在随后一周到几个月的时间里，二氧化硫在平流层中形成硫酸液滴。在平流层风的作用下，这些烟雾颗粒将遍及地球的每个角落。一旦如此，火山气溶胶能在平流层中维持大约两年。它们能反射太阳光，并降低到达低层大气及最后到达地球表面的能量总和，从而给地球造成降温。如1991年6月15日，菲律宾皮纳图博火山大喷发，造成平流层大量聚集火山气溶胶，随后全球出现降温现象。

2. 沙尘气溶胶。从北非沙漠过来的沙尘暴，常常会席卷整个大西洋区域，在美洲大陆的诸多地区都能观察到这些尘土覆盖层的沉降。亚洲大陆也常遭受沙尘暴的侵袭。1994年9月，美国发现号航天飞机曾在非洲上空低层大气中探测到了大量的沙尘气溶胶，这些沙尘粒子是刮大风时从沙漠表面吹起来的泥土的细小颗粒。相对于一般的大气气溶胶，这些尘土颗粒略大，因此，除非被沙尘暴吹到相对的高空，否则它们只会在空气中短暂飞行，然后落回到地面。沙尘由矿物质构成，因此沙尘粒子能吸收或散射太阳光。通过吸收太阳光，沙尘粒子加热大气层，抑制风暴云以及随之发生的降雨形成，使得沙尘暴成为沙漠化加剧的重要原因。

3. 人为气溶胶。森林火灾所产生的烟雾是人为气溶胶的一部分来源，但更主要的是煤炭和石油燃烧时产生的硫酸盐气溶胶，以及硝酸盐、铵盐和有机物。自18世纪中叶工业革命起，大气中硫酸盐气溶胶的浓度增长迅速，其中北半球工业发达地区的人造气溶胶浓度最高。硫酸盐气溶胶并不吸收太阳光，相反，它还反射太阳光，从而降低到达地球表面的太阳光总量。2004年以来我国硫酸盐气溶胶得到了有效控制。在全球许多发达地区，硝酸盐比重超过了硫酸盐，成为人为气溶胶的主体。

高原环境对人体健康的影响

高原高亢、广袤而神秘，高原自然环境与平原地区大相径庭，环境具有低压、低氧、寒冷、风大、日照长、温差大、辐射强、射线强等特点。一般情况下，当游客或运动员走下飞机，踏入高原之地时，身体就会本能地或逐渐地发生一系列的变化。这些变化包括血液含氧量降低、血容量下降、心搏量减少、呼吸加快、体液丢失、心率及基础代谢加快等等。产生这些变化的原因，均在于高原氧分压的降低，即缺氧现象，尤其是在海拔3000米以上的高原地区更显突出。

• 高原对人体生理的潜在影响

在医学上，高原是指使人体产生明显生物学效应的海拔3000米以上的地域。在国际上，目前已基本认同世居平原的运动员，其高原训练的最佳高度为2000～2500米。对高原高度的划分，国内外的标准稍有差别。国内一般将海拔1500～1880米称为亚高原。由于在高原生活或体育训练中，1500米是一个高度阈值，即超过该高度，人体的最大摄氧量将随高度的升高而呈直线下降，1500米以上的高原对机体的刺激程度较大，故在理论上海拔1500～2200米之间的地域皆可称为亚高原，亚高原体育训练最适宜的高度在1200～2200米之间。据统计，全国13个省区海拔在1500米以上的高原训练基地达27个，其中云南昆明、贵州清镇、青海多巴、甘肃榆中，是我国著名的四大高原体育训练基地（亚高原基地）。

一般随着海拔高度的升高，大气压会逐渐减小，从而导致空气中的氧分压随之降低。监测和资料分析表明，大气压在海平面为760mmHg（毫米汞柱），氧分压为159mmHg；当海拔高度升到1000米时，其大气压降为675.8mmHg，氧分压降至140mmHg；而当海拔高度达2000米时，大气压下降为600mmHg，氧分压降为

125mmHg。当人体初进高原时，由于大气氧分压的降低，肺泡气体氧分压和动脉氧分压也随之降低，毛细血管与组织细胞线粒体之间的氧分压差也随之缩小，从而引起缺氧。因此机体会发生一系列的代偿性变化。血液中氧分压下降会刺激主动脉体和颈动脉体化学感受器，引起呼吸加深加快，肺通气量加大，同时心血管机能加强，心排血量增大和动脉血压增高。当人体在高原服习后，会出现安静时和运动时的肺活量增大，呼吸中枢对二氧化碳的反应增强，血红蛋白升高，血液氧容量增大，组织内线粒体增多，毛红血管增生及氧化酶活性增强。这些改变可提高机体从大气中的摄氧量，提高氧的交换率，使贮存和释放于组织中的氧含量达到或接近正常水平。

昆明滇池湿地（琚建华 摄）

高原训练对提高运动员的成绩有着重要的作用。许多短跑、跳跃、投掷运动员到高原训练和比赛，其目的就在于利用高原空气稀薄，以求跑得更快、跳得更高、掷得更远。许多中长跑运动员选择高原低氧环境训练，目的在为以后氧气充足的平原环境中比赛提高运动成绩。现代体育理论认为，低氧条件下训练可以使机体产生刺激——诱导性反应，从而使肌肉生成更多的携氧红细胞。高原训练之后再返回到平原地区，中长跑运动员体内红细胞仍可保持高的水平，有氧工作能力增强。

• 海拔高度对人体生理的影响

当人体进入海拔高度过高的高原地区（海拔高度超过3000米），机体将会出现一系列的失代偿性变化，如低氧引起心室肥厚扩张，心肌变性坏死，红细胞增生到一定程度足以影响到血液循环的正常进行时，则会出现多器官的病理损害。对于正常人来说，海拔高度太高对身体健康是存在损伤的。但在海拔稍低的亚高原地区（海拔1200～2200米），在日常生活中则不会有很明显的影响。对于世居亚高原的人群来说，坚持一定的体力劳动，对心脏功能有良好的促进作用。在云贵高原的广袤山区农村，常可看到70、80岁的老人身体都较好，还能上山种地、放牧，从侧面也反映了亚高原环境对人体生理功能还是有一定益处的。再比如，世界著名的长跑运动员，主要来自非洲的埃塞俄比亚高原、东非高原和中国的云贵高原，也说明亚高原环境对促进人体运动是有好处的。

• 亚高原环境对运动训练的影响

1. 高原训练的原理。在高原进行体育运动训练时，由于环境缺氧及运动双重刺激，会使运动员产生强烈的应激反应，以调动体内的机能潜力，从而产生一系列有利于提高运动能力的抗缺氧生理反应。其中有利于运动能力提高的方面主要包括：增加机体携带、运送氧气的能力，增加机体利用氧的能力，增加肌肉耐受高乳酸的能力，以及提高肌肉能量物质的储量，这样就可有效地提高运动员的有氧运动能力，当下到平原地区参加比赛时，就会有效地提高运动成绩。

在高原，随着大气压及其氧分压降低，会出现低氧环境。一般每升高1000米，空气中的氧含量约降低10%，如1000米高度的氧含量为89%，2000米为81%，3000米为73%。以昆明（海拔1891米）为例，当高度接近2000米时，空气氧含量下降约20%，而血氧由于运动员身体摄氧能力的调节作用，只下降了3%左右，但到3000米高度上，血氧下降得就比较显著了。根据高原实测运动员最大摄氧量表明，海拔高度越高，运动员摄氧量下降得越多，到3100米高度时，最大摄氧量下降为56%。可见海拔超过3000米的高度，对运动员机能的影响较大，运动剧烈的足球运动员是不宜在这种高度上进行高原训练的。

2. 高原训练的不利因素。高原训练也有不足之处，主要包括：①由于高原中氧分压的下降，使得运动员在缺氧环境下训练的强度、速度不能达到平原地区的水平，导致在有氧运动能力得以提高的同时，会有部分无氧能力的下降，因此，在高原训练结束回到平原地区后，必须安排一个无氧运动能力的补充训练阶段；②高原训练对机体的消耗较大，队员的体重会有明显的下降；③由于高原训练的特殊性，使得训练强度和训练量不易掌握，故高原训练具有一定的潜在风险性。

3. 亚高原训练的优势。亚高原训练既能够有一定程度的缺氧刺激，又能避免高原训练中的不利因素。其优势概括起来主要有四个方面：一是海拔1200米左右的地区，大气压为625mmHg，氧分压为135～140mmHg之间，缺氧程度较轻，运动员从平原地区上来后，不必经过第一周的适应期就可直接进入正常训练，且训练中的负荷可基本接近平原水平；二是高原对人体影响较显著的诸因素中，低温是仅次于低氧而对人体影响较大的因素。高原的气温随着海拔高度的升高而降低，海拔每升高1000米，气温约下降6℃。对不适应高原气候的运动员来说，低温很容易引起疾病。但在云南的亚高原地区，却是冬无严寒，夏无酷暑，气候宜人，一年四季都能进行较舒适的训练；三是高原空气流动大，形成的风力也较大，对某些运动项目如田径、赛艇、皮划艇等室外项目的影响较大，同时也增加了人体的体力负荷和氧的消耗。而在亚高原地区，则是微风习习，非常舒适。既避免了高温和无风的闷热难耐，又躲避了高原低温和强风的肆虐；四是高原训练中由于机体的消耗大，训练计划的安排较为特殊，因此训练计划是否恰当，是决定高原训练能否成功的关键因素之一。如果训练计划安排不合理，或训练负荷掌握不当，不但不能提高运动成绩，反而可能对机体造成不利。而在亚高原地区训练，由于运动员所能承受的运动负荷与平原地区相差不大，加上在亚高原机体的消耗较小，故风险小，易操作，并可持续较长的时间。

昆明属北亚热带高原季风气候，年平均气温14.9℃，年温差13.1℃。月最低气温在1月，平均气温为7～8℃（最低气温1～4℃）；月最高气温在7月，平均气温为20℃

（最高气温26℃）。海拔高度1891米，年降雨量1011毫米，年相对湿度73%，年气压810.6百帕，年日照时数2197小时。常年以西南风为主，风速2.3米/秒，风力2～3级，空气质量综合指数等级为优。四季如春，冬无严寒，夏无酷暑，5～10月为雨季，11月～次年4月为旱季，特别适合亚高原训练。除昆明主城四区外，呈贡、晋宁、嵩明、弥勒、澄江、玉溪、思茅、保山、腾冲、楚雄、大理、蒙自等地，均具备亚高原体育训练的优越自然环境和基础设施条件。

云南高原紫外线

目前由于地球大气平流层中南极“臭氧洞”及局部地区臭氧层变薄的变化，使得到达地表的紫外辐射强度有局部增加的趋势。虽然紫外辐射在太阳辐射能量中所占比重较小，但由于其光量子能级较高，尤其是UV-B所产生的光化学作用、植物光合作用等生物学效应显著，对地球气候、生态环境及人类健康都具有重要的影响，因此太阳紫外辐射强度的变化已成为人们关注的焦点。

云南地处低纬高原，空气清新，大气透明度高，日照时间长，阳光充足，蓝天白云是云南天气的常态。“七彩云南，旅游天堂”，是云南一张靓丽的旅游名片，游客在欣赏山湖林草花美景的同时，也常会受到“高原紫外线”的困惑。在云南民间，说的晴天中午“太阳辣、太阳毒、太阳叮、太阳燥”，事实上说的就是高原上的太阳紫外线有点强。就连长期工作生活在这里的人们，尤其是野外劳动者，肤色也要比江浙和川渝地区的人要黝黑一些，有的甚至有“古铜色”之美。

受地理纬度、海拔高度的制约，云南太阳紫外辐射强度在水平和垂直方向上的时空差异特征显著。云南省自20世纪90年代开展紫外辐射的观测与研究，但因观测站点少、观测时段短、设备型号差异大，尚未形成真正的气象观测业务。云南旅游业通过二次创业而重新崛起，正在由旅游大省成为旅游强省，旅游少不了要进行户外活动，游客在欣赏“彩云之南”大美风光时，紫外线的防护不可忽视。

· 太阳紫外线

太阳紫外线（Ultraviolet ray，简称UV）是指太阳光中波长范围为100～400纳米的太阳辐射，简称紫外线。笼统地讲，紫外线（紫外辐射）是在进入地球大气层的太阳辐射中，波长短于可见光而长于X射线的电磁波辐射，紫外线是肉眼看不见的，故又称为“黑光”或“不可见光”。大气的气体成分（特别是臭氧）和悬浮的杂质，对紫外辐射具有强烈的吸收和散射作用，故达到地面的太阳辐射光谱中紫外辐射是很少的，紫外线辐射占太阳总辐射的比例约为4%～5%。但紫外辐射具有高能性质，可以使人体的皮肤变黑，甚至会灼伤皮肤。

阳光下的普洱茶园（郭荣芬 摄）

太阳紫外线按照不同波长所起的生物作用可分为三个波段。紫外线A波段（UV-A），波长范围为315～400纳米，这部分生物作用较弱，主要是色素沉着作用；紫外线B波段（UV-B），波长范围为280～315纳米，约90%被臭氧、水汽、氧气、二氧化碳吸收。此波段对人体影响较大，适当照射能够治疗和防预佝偻症，长期照射则可能损伤皮肤和眼睛，甚至引发皮肤癌、白内障、免疫系统功能下降等疾病；紫外线C波段（UV-C），波长范围为100～280纳米，该波段几乎被臭氧、水汽、氧气、二氧化碳全部吸收而不能到达地面。紫外线具有灭菌、保健、分解油烟和有机物等作用。

• 紫外线指数等级

1994年7月，世界气象组织（WMO）制定了国际统一的紫外线指数表示形式。2002年世界卫生组织（WHO）、世界气象组织（WMO）、联合国环境规划署（UNEP）和国际非电离辐射防护委员会（ICNIRP）联合制定了《全球太阳紫外线指数：实践指南》，指南中对紫外线指数、紫外线的影响因素、紫外线对人体的影响以及紫外线防御措施等进行了详细介绍，目前许多国家都采用《全球太阳紫外线指数：实践指南》范本开展紫外线指数预报工作。

2018年9月，我国颁布紫外线指数预报国家标准《紫外线指数预报方法》（GB/T 36744—2018）。其中紫外线辐照度是指单位面积上所接收到的太阳紫外线辐射功率，单位为瓦每平方米（W/m^2）；紫外线指数（UVI）是指地表太阳紫外线辐射的红斑有效辐照度水准的量化指标。紫外线指数用来衡量某地日照最强时的紫外线辐射对人体皮肤、眼睛等组织器官的可能损伤程度，紫外线指数越大，对人体的损伤程度越重。紫外线指数的取值范围为0～15，预报等级分成五级（见下表）。到达地面的紫外线辐射强度与天文辐照度、大气透明系数、紫外线辐射占太阳总辐射比例、订正因子（云量、天气现象、地表反照率）等密切相关。阴雨天弱，多云中等，晴天强。

紫外线指数等级划分表

等级	UV辐射量（W/m²）	紫外线指数（UVI）	紫外辐射强度	对人体造成影响的时间（min）	防护措施
一级	<5	0,1,2	最弱（Weakest）	100～180	不需要采取防护措施
二级	5～10	3,4	弱（Weak）	60～100	可以适当采取一些防护措施，如：涂擦防护霜等
三级	10～15	5,6	中等（Middle）	30～60	外出时戴好太阳帽、太阳镜、太阳伞等，涂擦SPF指数大于15的防晒霜
四级	15～30	7,8,9	强（Strong）	20～40	除上述防护措施外，上午10点至下午4点避免外出，也尽可能在遮荫处
五级	≥30	≥10	很强（Strongest）	<20	尽可能不在室外活动，必须外出时，需采取各种有效的防护措施

• 紫外线的利弊

紫外线是太阳辐射的重要组成部分，它不但对细菌和病毒有破坏和杀伤的作用，而且能对生物，甚至对人体造成伤害。首先，过量的紫外辐射会引起人类的多种疾病，尤其是增加皮肤癌的发病率。因为皮肤暴露在紫外线下，被称为金属蛋白质的“酶”就会过量分泌，使肌肤润滑的胶原质和弹力素遭到破坏。一般来说，长时间的紫外线强烈照射，会降低角质层内的保湿因子及水容量，使皮肤老化、弹力消失，并会导致皮肤内部细胞结构的变化，引起雀斑、瘢子、皮炎乃至皮肤癌。其次，过量的紫外辐射还会伤害水中的浮游生物，大大降低水的生产力，破坏鱼类的食物链，导致水中蛋白质大量减少，造成人类食物供应的短缺。

紫外线按其波长分为UV-A、UV-B和UV-C，UV-C大部分被臭氧层和云层吸收，能到达地面并影响人体健康的是UV-A和UV-B。UV-B作用于皮肤表层，短时间内就会引起皮肤发红，诱发炎症，对皮肤细胞造成伤害。夏季外出旅游，海滨游泳，人们发现皮肤变黑了，这就是由于UV-B照射的原因。因此，人们又把UV-B叫作“休假紫外线”。UV-A作用于皮肤深层，约有35%～50%透过皮肤表层，到达真皮层。其见效虽不像UV-B那么快，但却能引起一次性的皮肤黑化，令肌肤长时间失去弹性。同时，它还有助于扩大UV-B的影响，具有相当于15倍UV-B的量。由于UV-A属于长波紫外线，其波长足以穿透玻璃窗、窗帘，甚至阴雨天也可以穿过云层射到皮肤上。于是，人们又把UV-A称为“生活紫外线”。

紫外线辐射对皮肤的伤害主要来自UV-A和UV-B。UV-B在夏季特别强，受UV-B过度照射后，皮肤产生红斑，表皮增厚老化，甚至出现皮肤癌。UV-A不随季节变化，受UV-A过度照射后，皮肤弹性降低，皱纹增多，老化加速。这些都属于不可复原的损伤，绝不可等闲视之。无论UV-B还是UV-A，过度照射都会刺激皮肤底层的黑色素细胞，迅速产生黑色素。由于UV-A比UV-B更能深入皮肤，而且还能增加皮肤对UV-B的接触，因此UV-A的危害更大。随着大气臭氧层的耗减，现在的阳光比过去更容易伤害皮肤。过去认为日光浴可防病健身，现在人们认为应该减少晒太阳的时间，尤其是中午12时至下午16时的阳光。居住在高海拔地区的人们容易受到紫外线照射，当晴天外出时，应在皮肤上涂抹防晒霜等护肤用品，阻止紫外线对皮肤的伤害。

人们日常接触的阳光中，约有6%是紫外线。其中UV-B约占0.5%，UV-A约占5.6%，后者是前者的十多倍。紫外线不仅存在于直射的日光之中，还存在于下垫面的反射辐射之中。积雪的反射率最强，约为85%，沙滩约为25%，水面约为5%，绿地约为3%。在日光下，人体会受到日光和下垫面反射光的同时照射；阴天约有60%～80%的紫外线能穿透云层到达地面，即使在雨天，还会有20%～40%的紫外线威胁到皮肤安全。因此，护肤保健应是全天候的。一般而言，紫外线随着海拔升高，强度增大。海拔高度每上升100米，紫外辐射强度增加1.3%左右。冰雪覆盖的高山雪原，反射光对眼睛的危害极大，易引起结膜炎、角膜炎、雪盲症等。

· 高原紫外线

研究表明，到达地面的紫外辐射强度主要受地理纬度、云量、云状、海拔高度、季节、天气状况、大气清洁度、太阳总辐射强度等因素的影响。在云南高原地区，紫外辐射的变化主要受天文因子的影响，如日变化和年变化等振幅大、周期固定，具有明显的外源强迫特征，其变化特征与总辐射有较好的对应关系。云南紫外辐射的日变化和年变化特征与总辐射变化特征是一致的，早晚紫外辐射弱，中午紫外辐射强，紫外线辐射夏大冬小，最大值出现在春末；紫外辐射强度随纬度升高而减小，紫外辐射强度随纬度的变化率干季大于雨季；紫外辐射强度随海拔高度的升高而增加，海拔高度每上升100米，紫外辐射强度分别增加0.20 瓦/平方米（干季）和0.09瓦/平方米（雨季）。云是影响紫外辐射强弱变化的主要因子，云量与紫外辐射呈负相关。云量多或云层厚，紫外辐射弱，云量少或云层薄，紫外辐射强，有时云量甚至能掩盖紫外辐射强度随海拔高度升高而增加的规律；云南年均紫外辐射强度的分布规律为北部多于南部，西部多于东部，这与云南光能资源的地理分布特征基本吻合，不同的季节，高值出现区域会有一定的差异。昆明纬度既低，海拔适中，达1891米，头顶上大气“被子”的重量只有东部平原上的80%左右，因此空中阳光十分强烈，地上影子黑白分明，即使日落前太阳仍不可逼视。

紫外辐射强度随海拔高度会产生明显变化。在海拔较高的高原地区，大气质量小，空气稀薄，大气透明度高，对紫外辐射的散射和吸收相对较少，因而紫外辐射强度比同纬度平原地区大。故，青藏高原、内蒙古高原、川西高原、云南高原是我国紫外线辐射较强的几个区域，而云南则是我国低纬度地区紫外线最强的地区之一，强于长江以南的各省（区、市），与海南相当甚至略高。昆明位于高原盆地，纬度低、海拔高、空气洁净度好，紫外辐射强度较低海拔地区强。观测表明，昆明紫外辐射与同纬度地区相比，紫外辐射增强约11%。在晴天条件下，中午12时前后的6小时内紫外辐照度超过30瓦/平方米的情况较为常见；昆明各月紫外辐照度的变化与太阳总辐射值的变化基本吻合；昆明紫外辐射在日光总辐射中所占的百分率不是常数，随季节有明显的变化，1月为7.7%，5月12.7%，8月8.4%，最大值出现在雨季开始前的5月，最小值出现在隆冬1月。从另一个侧面印证了云南冬季的阳光有点“温柔”、春季的阳光有点“毒辣”、夏季的阳光有点“温润”、秋季的阳光有点“辣爽”。在高原的冬天里，适当烤烤太阳，还是舒服安全的。

研究指出，就对云南紫外辐照度UV-B的影响而言，海拔高度比地理纬度更重要。滇西北高海拔的德钦、香格里拉为较强辐射区，滇东北低海拔的水富、绥江和滇东南低海拔（兼低纬度）的河口为较弱辐射区，滇中等地介于两者之间，云南紫外辐照最强地区在滇西北而非滇南。云南UV-B紫外辐照量总体上呈夏季最大，冬季最小，春秋两季大致相当的季节变化特征。纬度偏低地区，春季辐射量稍大于秋季；纬度偏高地区，春季辐射量略小于秋季。通过比较臭氧吸收和分子散射对UV-B削减作用的贡献大小，发现臭氧吸收作用比分子散射作用更为重要。在300纳米以下的波长段内，臭氧吸收的耗减作用占绝对地位，几乎将该波段范围内的紫外辐射吸收殆尽；而在300纳米以上的波长段内，大气分子的散射作用变得较为重要，与臭氧的吸收作用相比，可谓“旗鼓相当”。

阳光下的丽江马樱花（金振辉 摄）

昆明地区臭氧总量（大气臭氧柱总量）的多年平均值约为272DU（陶普森），若在现有基础上减少10%的话，则地面UV-B辐照度将会增加5%左右。臭氧耗减与UV-B增强对地球生物圈的影响在夏季表现最为突出。太阳B波段紫外线（UV-B，280～315纳米）对动植物的生长及人类健康具有重要的生物学效应。在B波段紫外辐射中，波长为297纳米的紫外线的生物学效应最强，330纳米紫外线的生物学效应仅有它的0.1%左右。在云南冬季，在户外长期接受过多的太阳紫外照射是不提倡的，冬季休闲惬意的“烤太阳”，适可而止是最为理想的，不然物极必反，会带来麻烦。春夏秋季在高原地区外出，戴好太阳帽、太阳镜，打太阳伞，涂擦防晒霜是最有效的防护措施。

气象与人类健康

走出家门，放开眼界，脚下是青山绿水，头上是星河灿烂。人类居住和生活的地球，是迄今为止我们所了解到的宇宙间唯一有生命存在的星球，是人类及各种动植物生长最理想的场所，特别是人类生活和发展最美好的乐园。

可是，我们生活和发展的这个家园，如今环境却出现了一些问题，而且有些问题变得越来越严重了。气候变暖、臭氧层破坏、生物多样性减少、酸雨蔓延、森林锐减、土地荒漠化、大气污染、水体污染、海洋污染、固体废物污染等全球最突出的“十大环境问题”，已引起了各国政府和普通百姓的广泛关注，环境已向人类亮出了“黄牌”，影响了可持续发展和人类健康。

高原生命之光（郑萧野 摄）

· “气象病”频现

大气是组成人类生存环境的重要因素之一，也是变化最为复杂的自然要素之一。日常的天气变化对健康人来讲，或许感觉不太明显，但对老幼弱病残者而言，却影响较大。频繁剧烈的天气变化甚至连健康人也会产生生理和心理疾病，严重者导致某些人病情加重甚至死亡，现代医学称这种现象为“气象病”。

据世界卫生组织（WHO）统计，1982～1983年的强厄尔尼诺事件，使全球大约10万人患上了抑郁症，精神病的发病率上升了8%，交通事故增加至少在5000起以上，同时还导致登革热、霍乱等传染病蔓延。可见，像厄尔尼诺事件这种异常的气候变化，会导致人的生理和心理异常。其他如特大暴雨、洪水、台风、龙卷风、沙尘暴、雷电等灾害性天气出现时，人们往往坐卧不安，精神迟钝，意志薄弱者甚至会发出歇斯底里的哭叫声。在日常生活中，春秋季外出旅游时易患花粉过敏症，夏季易患中暑和紫外线灼伤，冬季易得冻疮和雪盲。在高山和高原地区，由于随海拔的增高，气压、气温、水汽压、氧分压都随之降低，易出现高山反应，表现为剧烈的头痛，脉搏加快，呼吸短促等。“气象病”是由气象因素引起的，天气突变会加重病情发作。

· 气候塑造人类

气候是塑造人类的艺术家，大气中的各种物理参数是形成地球人种特征的重要因素，同时气候也可左右人的性格。生活在热带地区的人，性情易暴躁和发怒；居住在寒冷地区的人，具有较强的耐心和忍耐力；居住在温暖宜人水乡的人，则多情善感，机智敏捷；山区居民则因山高地广，人烟稀少，而声音洪亮，性格诚实直爽；生活在草原上的牧民，则因草原茫茫，气候恶劣而性格豪放，热情好客；生活在城市中的人，高楼大厦林立，工矿企业众多，形成城市独特的“热岛”气候，空间狭小，空气混浊，这种憋闷气候易使城里人形成孤僻，万事不求人的独立性格。当空气中正离子过多时，会使人变得紧张、急躁、心烦意乱、甚至易发火，很可能就潜伏着发生事故和犯罪的危险；而当负离子过多时，则会使人心旷神怡，精神抖擞，是修身养性的好时光。阴雨绵绵使人烦恼消沉、情绪低落；蓝天白云使人精神振奋，欣喜若狂。

· 气象与人体健康

气象对人体健康的影响主要是通过三种方式实现的。一是大气压的巨大落差引起人体组织的变化，使人难以适应突变的风云；二是大气中的超低频声波对人体的中枢神经系统产生不良影响，使之出现头痛、心悸、忧郁、焦急的症状；三是大气中上层电位差增大，从而造成周围环境易产生电场和磁场，使人体植物神经系统失去平衡，造成内分泌紊乱，引起神经紧张，情绪沮丧及心理疲劳。

普洱茶园（段鹤 摄）

自从17世纪出现第一支气压表后，人们就发现了空气不仅有重量，而且有压力。一般来说，一个成年人的身体总共要受到12吨～15吨重的大气压力。但由于人体内也存在向外的压力，大小相等，方向相反，以致相互抵消，因此，人体感觉不到那样大的空气压力的存在。1971年6月，前苏联载人航天器“联盟号”返回地球后，人们发现3名宇航员已经死亡，但他们的面部没有任何挣扎、痛苦的表情。调查表明，这是因气压突变造成的。原来“联盟号”返回地面前，有一个密封舱离开运行轨道时漏了气，座舱里人工建立的大气压骤然降低，这种“爆炸性失压”使得宇航员在那一瞬间丧了命。这个不易被人察觉其作用的气象要素就是气压，可见，气压对人体实在是太重要了。游泳运动员在1～2分钟之内不呼吸还不会成问题，但如果没有气压，恐怕连几秒钟都难以生存。气压剧烈变化带来的灾难不乏其例。1875年，3名法国人驾驶的热气球升到了8000米以上高空，立即全部昏倒，当气球瘪了自行落下来时，其中一个苏醒了，另两人则因高空气压低而出现了“爆炸性失压”，导致严重缺氧死亡。

气压对人体的影响，主要包括生理和心理两个方面。气压对人体生理的影响主要表现在人体内氧气的供应上，人每天需要大约750毫克的氧气，其中20%为大脑所用，因脑需氧量最大，当自然界气压下降时，大气中的氧分压、人体肺泡的氧分压、动脉血中的氧饱和度都会随之下降，导致人体发生一系列生理反应。以登山为例，因为气压下降，肌体为补偿缺氧就加快呼吸及血液循环，出现呼吸急促，心率加快。由于人体（特别是脑）缺氧，还会出现头晕、头痛、恶心、呕吐、无力等症状，甚至会发生肺水胀和昏迷，这就是人们常说的高山反应。这是因为我们的呼吸主要是靠气压的帮助，在气压正常的情况下，我们吸气时，通过胸腔和腹腔间的横隔肌收缩，使胸腔容积扩大，肺里的空气因为稀薄而压强变小，比体外气压要低，于是体外的空气在气压差的作用下，就从鼻孔和嘴里流进来。空气进入肺泡后，肺泡内氧气的压强要比血液里的氧气压大，氧便从压强高的肺泡向压强低的血液里扩散，人便得到了氧气。与此同时，血液中的二氧化碳，因其压强高于肺泡里二氧化碳的压强，从而向肺泡里扩散。呼气时肺内气压高于体外的气压，于是废气排出体外。如果气压大幅度下降，肺泡里氧气压强也急剧下降，以至于血液中氧气压强的差值显著减少，甚至出现负值，于是就发生“吐氧”现象，出现许多不适症状，高山反应就是这种呼吸障碍造成的。特别是当人体突然暴露在没有气压的空间时，随着体内氧气大量呼出，大脑就会在十几秒内因缺氧而死亡。同时气压还会影响人们的心理变化，主要是使人产生压抑情绪。例如，低气压下的阴雨和下雪天气，夏季雷雨前的高湿闷热天气，常使人抑郁不适，自律神经趋向紧张，释放肾上腺素，引起血压上升、心跳加快、呼吸急促等。同时皮质醇被分解出来，引起胃酸分泌增多，血管易发生梗塞，血糖值急升等。

目前许多国家和国际组织一直在积极探索气象与人类健康的关系，基本弄清了诱发许多疾病的气象因素，并根据这些研究结果，制定了一系列有效的防范措施，减少了因天气气候变化对人体健康造成的危害。我国许多城市的气象部门与医疗卫生部门合作，已开展了花粉浓度、生活舒适度、紫外线强度等预报，以增进人们对天气与健康的关心和了解，甚至还出版了有关医疗气象的学术专著。

我们每个人都应重视气象条件变化对人体生理和心理的影响，利用有利的气象条件，尽量避开不利的气象环境，以提高我们的健康水平和生命质量。

本文发表于1999年3月29日《春城晚报》第9版《科学天地》

云南城市环境气象

城市化进程不仅改变了城市原有的下垫面特征，而且由于城市消耗的大量能源，使大气增加了数量可观的人为热和污染物，改变了近地层大气结构，形成了以“城市效应”为主的局地气候。城市气候既受所属区域大气候背景的影响，又反映了城市化后人类活动所产生的作用。

城市的生产活动和特殊下垫面结构，使大气边界层的特性发生了变化，从而对降水、气温、辐射、能见度等气象要素产生影响，形成一些城市共有的并相对于郊区或乡村独有的城市气候效应，包括城市热岛效应、干岛效应、湿岛效应、雨岛效应、混浊岛效应等，其中尤以城市热岛效应最为突出。随着现代城市规模的快速扩展和城市人口的日益增多，城区及其周边地区的天气和气候条件发生了显著改变，并对全球气候变化与大气环流、区域大气污染物的增长、输送、扩散、沉降以及人体健康、能源耗散等产生深远的影响。

地球大气圈是一个整体，气候系统与大气环流之间相互影响、相互制约。全球气候变化必然牵动着城市的气候变化。城市环境气象是在区域气候背景影响下，城市下垫面和边界层大气之间空气动量、质量、能量和水汽交换的过程，局地边界层大气变化受制于总的大气环流变化，脱离不开全球大气环境的制约。而工业污染形成的酸雨增加、臭氧耗减、紫外辐射增强、城市热岛效应等环境气象问题，并不仅仅存在于特大城市和大城市，多数中小城市也会不同程度地受到影响。因此，城市环境气象的基本特性就是其整体性，即有共性特征。同时，由于城市所处的地理区域不同，各地的地理、交通、气候、经济条件千差万别，各个城市在发展过程中，建设规模和建筑风格各异，随之而来的城市环境气象问题，也就表现出明显的地方性特点。换句话讲，云南的城市环境气象问题，既有与东部大城市类似的共性特征，又有高原边疆内陆城市的地方特色。

• 城市大气污染

经济增长使城市特别是工业区成为电力、燃料消耗中心，从而造成污染物的过度排放，同时城市发展又使城市气象条件日益恶化，如果不加以规划与控制，城市和工业区空气质量将会随着城市的不断发展而下降。城市的空气污染，与城市污染源状况、城市边界层气象特性有关。城市人口密集、工业发达、交通繁忙，造成城市空气污染物排放源多、种类复杂且密集、污染严重。城市建筑增加了下垫面的粗糙度，改变了风和大气湍流的特性；下垫面导热率高、热容量大以及生产生活排放的热量，改变了近地面层的热量收支；城市下垫面干燥，改变了水汽的平衡。总之，城市动力、热力和水汽的这些特点，改变了城市大气边界层气象条件。由于城市建筑物的增高和密集，极大地改变了城市下垫面的粗糙度，使空气污染物滞留在城市内，不易水平输送到郊外和远方，这是城市上空易形成空气“穹隆”的动力学原因。城市和工业区对污染气象产生的另一个效应是热岛效应，产生的热岛环流是一种空间有限的局地环流，有利于大气污染物聚集在城市和城市周边地区，这是城市“穹隆”形成的热力学原因。

城市空气污染是非局地性的，它产生的污染羽流（城市烟羽）能向下风向长距离输送，产生酸雨，污染湖泊、森林、农田，也会造成区域性大气边界层臭氧浓度的增加。城市和工业区周围的区域性污染，也会对城市和工业区空气质量产生严重的影响。例如，当流向城市的气流已经处于被污染状态，那么即使在城市内部采取严格的污染源控制措施，也很难使空气质量达到法定的要求。因为城市和工业区大量使用化石燃料，造成大量温室气体排放，从长期来看，还会威胁到区域气候甚至全球气候。随着城市规模的不断扩张，区域内城市连片发展，受大气环流传输及大气化学过程的双重作用，城市间大气污染的相互影响更趋明显，相邻城市间污染传输影响较为突出。区域内城市大气污染变化过程，呈现出明显的同步性，重污染天气一般在较短时间内会同时或相继出现，形成区域性大气污染事件。可见，大气环境问题已成为城市群发展的桎梏。

大气污染扩散是大气中的污染物在湍流的混合作用下逐渐分散稀释的过程，主要受风向、风速、温度、湿度、大气稳定度等气象条件和地形的影响。大气污染扩散与大范围的天气背景有关。当某地区为低压中心控制时，空气做上升运动，通常大气呈中性状态或不稳定状态，有利于污染物扩散稀释；当某地区为高压中心控制时，空气做下沉运动，常形成下沉逆温，不利于污染物向上扩散；如果高压移动缓慢，长时间滞留在某一地区，污染物就会长期得不到扩散；天气晴朗时夜间容易形成辐射逆温，对污染物的扩散更为不利，易出现污染危害。如果再加上不利的地形条件，往往会形成严重的城市大气污染事件。影响大气污染扩散的主要气象因素是大气湍流，大气湍流的强弱能直接影响大气对污染物的扩散能力。

· 城市中的气象问题

人口、经济及高科技因素高度凝聚的城市，为人们提供了无与伦比的高额利润和优越的生产生活条件，使得人类越来越向城市集中。世界发达国家的城市化率普遍在75%以上，我国随着现代化的飞速发展，城市数量、规模和城市人口迅猛增加。2018年，全国城镇化率为59.58%，京沪津及广东四地已突破70%的大关，云南达到47.81%。城镇化已成为目前中国经济增长的最大动力之一。城市化给人们带来了许多便利，刺激了经济的高速增长，但同时也带来了一些弊端。

在人为活动影响下，城市区域内的空间范围、景观结构、下垫面特征、局地气候环境等都发生了显著变化。特别是地表状况改变、建筑物增加以及人类影响加剧，改变了城市区域气候的立体构造，改变了城市区域的局地大气环流，使城区内温度、风、湿度、降水、日照等气象因子发生变化，形成了特殊的城市气候。城市气候中的热岛效应、干岛效应、混浊岛效应等，对人们的工作、生活舒适度及身体健康带来了影响甚至是不良后果。此外，城市内涝已成为城市的主要灾害之一。在城市规划设计中，不透水面积所占比率过大，城市区域表面由原来的植被覆盖变为不透水的水泥沥青或房屋屋顶面，使得市区降水地表径流加大，加之设计给排水系统时对短历时强降水等气象问题研究得不够细，造成城市防洪能力大为降低，城市水灾屡屡发生，经济损失严重。随着城市建筑物的不断增高，各种家用、办公电器设备迅速增加，雷电灾害、火灾事故越来越频繁，城市防雷问题就显得非常重要；受城市高大建筑群的影响，有些地方由于“狭管效应”出现强风速区，极易造成意外伤害；有些地方因阻挡背风形成弱风速区，不利于空气流动，对人体健康危害较大。城市气象病、流行病等，都与城市气候环境关系密切。

城市地面风的变化较为明显。有些地方由于受到阻挡，出现风速很弱的背风区，空气流通不畅，有利于病菌繁殖，对人体健康不利。而在高大建筑物之间形成的“狭管效应”，可能出现局部性的强风区，瞬时风速极大，易吹倒广告牌、吹落高楼窗玻璃，造成意外伤害事故。建筑物附近的气流涡旋主要是风压作用产生的，风作用在建筑物上产生风压差。当风吹到建筑物上时，在迎风面上气流受阻，风速下降，风的动能中有一部分转为静压，使建筑物迎风面上的压力大于大气压，在迎风面上形成正压区；在建筑物的背风面、屋顶和两侧，由于气流绕行，出现空气稀薄现象，压力小于大气压，形成负压区，即涡流。当房屋的长度和深度不变时，涡流强度随着房屋高度的增加而逐渐加大，涡流的长度约为建筑物高度的4～5倍；当房屋的高度和深度不变时，涡流的长度随建筑物长度的增加而增加；当房屋的高度和长度不变时，涡流的长度随建筑物深度的增加而减少。建筑物高度越高、长度越长、深度越小，房后的涡旋区越大。高大建筑物林立会产生“峡谷效应”，产生“高楼风”，气流型式与建筑物形状有关。对于横长型建筑物，风速最大区在建筑物上方；对于细高型建筑物，风速最大区在建筑物两侧。

深秋时节的昆明街道（唐跃军 摄）

城市建筑群布局以及周围的山体、水体或其他地形对大气环境的动力扩散影响效应，是形成城市环境气候特征的重要背景，可称为城市大气环境复合体。城市的发展扩大，使得城市密集的建筑物、纵横道路、高架桥代替了自然地表。城市上空的大气环流，在楼房林立的环境中形成了类似“树冠”的动力效应，使街区地面风场改变；建筑群及街区可导致湍流加强，形成显著的局地“狭管效应”；水泥路面代替土地绿地，形成城市热岛、干岛环境，改变了局地动力、热力结构及其特定的污染动力扩散条件。在城市主城区，建筑物和街道的巨大热容量，以及交通运输所释放的热量和空间加热作用，往往会导致混合层热力结构出现显著的日变化特征，即混合层会整夜持续。在城市边界层逆温层类似“锅盖”效应的条件下，城市大气由于局地“热岛效应”形成低层四周向内的辐合流场与中部上升运动偏差场的“热岛强迫环流”。城市的发展、下垫面湍流、热力结构的变化以及城市周边环型路两侧建筑物的“闭合筒壁”效应，可使城市边界层结构及其污染物分布特征变得越来越复杂。

对于云南高原山地城市，在城市建设和管理中需重点考虑的主要气象问题包括：①城市选址应地形开阔，避免背风和静风，减小气流的“死水”或“涡流”效应；②绿化美化城市，减小城市热岛的“锅盖”效应；③暴雨洪涝，防范夏秋季城市内涝和山洪灾害；④城市干旱，应对冬春季供水不足的常态化短板；⑤大风灾害，强化高层建筑物的抗风措施，警惕高空坠物伤人；⑥冰冻雪灾，惕防城市行道树、花卉、太阳能热水器等受冻或损坏；⑦雷电灾害，云南属雷击高风险区，高层建筑应安装避雷设施并定期检测维护；⑧大雾，尽量减少低能见度天气对交通出行的影响；⑨高温，干热河谷和低海拔城市应有防范长久性酷热天气的措施；⑩大气污染，限制高耗能重污染工业的发展，工业园区、开发区选址应远离主城区并处以当地主导风向的下游地区。

• 重视城市气象问题

城市是人类活动的高强度区，由于人口集中、建筑密集、经济要素聚集，自然生态系统和人工系统密切交织，一方面对天气气候的影响更加敏感，另一方面城市也会对周边的局地天气气候产生影响。城市人口、建筑、各类基础设施密集，高楼林立造成的“狭管效应”会加重风灾的影响；城市“热岛效应”会让高温热浪天气影响更大；由于城市内部路面硬化、水面率较低，加大了地表径流，增大了城市积涝的风险。不同敏感人群和行业，会对高影响气象灾害表现出不同程度的脆弱性，尤其是城市供水、供电、供气、交通等生命线系统对气象条件非常敏感，一旦因气象灾害导致某个部位、某个环节发生故障、出现问题，会在城市系统内部和系统之间产生连锁反应，进而引发“多米诺骨牌”效应，严重时甚至会造成整个城市运行瘫痪。因此，城市气象灾害影响具有“复合性”和“放大效应”。

全球气候变化叠加上城市化发展的影响，将导致城市的“热岛”“干岛”“湿岛”“雨岛”“浑浊岛”效应更加明显，使得气象灾害的突发性、极端性、不可预见性进一步增强，势必给城市精细化预报带来巨大挑战。如城市热岛效应导致局地气流的上升，有利于对流性降水的发生发展；城市空气中凝结核多，有促进暖云降水的作用；城市下垫面粗糙度大，对移动滞缓的降雨系统有阻障效应，使其移速更为缓慢，延长了城区降雨时间。在上述多种因素的共同作用下，会“诱导”暴雨最大强度的落点位于市区及其下风方向，导致城市局地降水明显强（多）于周边地区，大大增加了预报的不确定性。智慧城市、海绵城市、韧性城市建设，对气象保障服务提出了更加多元、更加精细、更加智能的需求、挑战和机遇，故应加大城市气象防灾减灾体系建设。

- 城市环境与人体健康

任何事物的发展都具有两重性，城市发展在给人们的生活带来好处的同时，也带来了环境污染，城市环境污染包括水污染、空气污染、噪声污染、光污染及电磁辐射污染等。人们生活中排出的污水，以及日常使用的某些生活物质和生产资料内含有汞、酚、氰化物、氨氮、石油类等化学成分，可能污染空气、地表水或地下水。这些有害物质，有的可以使人头晕头痛、肢体麻木，有的具有致癌性，有的可使人呼吸衰竭甚至死亡。工厂排放到空气中的浮尘、氮氧化物、二氧化硫以及由它们形成的酸雨，汽车排放的尾气含有大量的一氧化碳以及室内装修材料挥发出来的甲醛和苯，都能对人体的呼吸道黏膜造成伤害，可导致支气管炎、肺炎、肺水肿，甚至肺癌。噪声是对人们有害的声音，当噪声达到或超过100分贝时，会使人头痛脑胀，呼吸和血压不稳定，甚至出现短暂性耳鸣、耳聋。光污染则是指城市建筑物装饰的玻璃幕墙、铝合金材料、瓷砖等，以及商店、夜总会安装的五光十色、闪烁夺目的霓虹灯、旋转灯、荧光灯等产生有害于人体健康的反射光，形成的彩色光污染。这些有害光线使人眼花缭乱、头晕目眩、失眠、注意力不集中，甚至恶心呕吐。在现代城市生活中，手机、电脑、电视、微波炉等电器的广泛应用，给人们工作、生活带来了极大的便利，但不同电器产生的不同频率的电磁波，也造成了不同程度的放射性辐射污染，对人体健康产生了一定影响。城市化、环境污染和生物多样性退化，对人体健康既有显性的影响，又有隐性的影响，甚至会影响到子孙后代的健康，城市化对人体健康的影响值得深入研究。坚持绿色低碳理念，建立健康城市，实现人与自然和谐发展。

- 昆明城市大气环境

昆明大气环境质量优良，全年空气环境优良率在98%以上，多年保持在全国省会城市前列。大气环境承载力与地面风场、地形、辐射逆温、城市气候效应等密切相关。昆明市常年盛行西南风，盛行风向稳定，风向频率相对集中。昆明市的主要空气污染物是颗粒物、臭氧、SO_2、NOx，工业和交通是都市区大气污染最主要的污染源。都市工业废气排放的主要污染行业为电力、热力生产和供应业、非金属矿物制品业，主要污染物为SO_2、烟尘、粉尘。交通污染源主要来源于主城四区内机动车和每天入昆或过境车辆，由于昆明市区道路面积比例小、车辆密度大、车速低以及大量使用汽油，造成城区CO、HC、NOx排放量较高。生活污染源主要产生于民用燃料的燃烧。主要污染物的空间分布特点是盆地西部、北部污染较重，南部、东南部较轻；城内大气污染物浓度均比城外清洁区高，特别冬季可高3～5倍，大气污染有从城市中心向外逐渐减弱的趋势；都市空气污染主要受局地污染源的影响，即大型工矿企业集中地空气质量污染状况较为严重。

昆明空气污染的主要成因是扬尘污染，经过多年的精准治理，扬尘污染已基本得到控制，PM2.5、PM10指数大幅下降。目前昆明空气污染已从过去较为单一的颗粒物污染转变为颗粒物和臭氧为主的复合型污染。特别是2018年以来，臭氧已超越PM2.5、PM10成为昆明的首要污染物。2018年，昆明空气轻度污染4天，均为臭氧超标；2019年轻度污染9天，8天为臭氧超标。臭氧防控成为昆明空气质量持续改善的最大变数。昆明城市热岛强度具有明显的日变化特征，夜间较强，白天较弱。城市热岛强度在早上08时左右达到最大值，在午后14时减弱或消失；城市热岛强度在冬季最强，春秋季次之，夏季最弱；昆明城市热岛强度约为1.3℃左右，昆明城市热岛中心主要分布在主城区。2008年后，由于城镇经济和人口的迅速发展，昆明城市热岛面积不断扩大，并出现热岛中心向呈贡一带偏移的现象。

昆明冬日的樱花（琚建华 摄）

昆明市区处于高原山间盆地，属典型的内陆山地城市，三面环山，南临滇池，大气环境相对闭塞，地形地貌易形成局地环流，冬春季辐射逆温频率高，逆温如“盖子”笼罩在昆明上空，抑制了大气污染在垂直方向的交换，与之相伴的静风或小风降低了大气水平方向的输送能力，不利于大气污染物扩散。主城区海拔1890米左右，紫外辐射强，导致污染物二次生成和光化学反应，易造成颗粒物和臭氧浓度升高。低纬高原山地气候，冬春季昼夜温差大，易形成逆温和雾，导致污染物累积和浮尘产生，故昆明盆地大气环境具有一定的脆弱性。在污染源排放量相对稳定情况下，空气质量等级、大气污染时空分布主要取决于气象条件，气象条件可直接影响污染物的稀释、扩散、积累和清除。臭氧生成则主要受前体物排放和大气化学过程控制，但局地臭氧浓度的变化会受到气象条件的显著影响。

昆明城市发展的可持续性既受制于大气环境的脆弱性，也依赖于大气环境的承载量。昆明气候得天独厚，冬无严寒，夏无酷暑，四季如春。由于气候昼夜温差大，有利于颗粒物的凝聚与沉降。控制城市发展规模、优化城市功能布局、调整产业结构、改变燃料结构、加大工业污染整治、强化道路绿化、建筑工地降尘、疏导入城车辆、发展轨道交通、推广新能源汽车、发展共享单车等环保措施，使昆明城市空气质量得到了持续改善。同时充分利用高原大气的自然净化能力，较好地保持了低浓度清洁大气的背景，实现了蓝天白云、风清气爽永驻世界春城之都。

昆明坝子的逆温

大气边界层大致在近地层1000～2000米范围内，人类活动主要集中于此，同时大气污染物排放也集中于此。在大气边界层中，气温通常随海拔高度的增加而下降，但此种温度梯度变化并非固定不变的，有时会出现随高度增加而反转的现象，称为“逆温”现象。

逆温层中的大气十分稳定，难以发生垂直扰动和交换，以致下层的水汽和杂质都集中于逆温层底部。逆温层底和层顶的气流常存在较大的差异，可形成风的垂直切变。大气中常见的逆温层类型有锋面逆温、下沉逆温、信风逆温、辐射逆温、平流逆温、湍流逆温、平流层逆温等。而城市上空的大气逆温层，犹如“锅盖”一样，笼罩在城市大气边界层的上空，抑制了大气的垂直运动，是导致城市大气污染事件的主要气象原因。昆明坝子（盆地）的大气逆温现象，在众多的云南高原盆地中具有较好的代表性，结论具有相似性。

· 大气逆温现象

所谓的大气逆温现象，就是指大气温度随高度上升而增高的现象。有一定厚度的逆温大气层，称为逆温层。逆温层厚度从几十米到1公里不等。大气对流层中的逆温层，能阻挡底层空气的上升运动，积蓄不稳定能量，使大气层结具有显著的稳定性。一般来讲，逆温层下部温度露点差小，常有雾、露、霜等天气现象伴随出现，同时由于烟尘微粒不易逸散，对城市环境污染影响很大。逆温层结是大气边界层的重要特征之一，也是区域大气环境的重要参数。由于低空逆温层可以抑制近地层大气污染物向高空扩散，因此大气边界层内逆温多寡、强弱、位置高低，成为衡量低层大气扩散能力的重要指标。目前逆温层特征在区域规划、城市规划、大气环境管理中已成为重要的考量因子。在云南复杂高原山地环境条件下，辐射逆温、地形逆温、锋面逆温等较为普遍。

大气边界层逆温可分为“贴地逆温”和“脱地逆温”两类，也可称为“接地逆温”和“低悬逆温”。贴地逆温是指从地表面开始的逆温，脱地逆温则是指从离开地面一定高度开始的逆温。贴地逆温对地面污染的影响最大，当污染源处于贴地逆温厚度之下时，大气污染物将积聚在贴地逆温层中，造成空气质量的恶化。

• 坝子对逆温的影响

昆明地形属于特殊的地理环境——坝子，坝子四周为高山环绕类似于盆地，但又有所区别，伴有大型水体（湖泊）的存在，可称为“湖盆坝子”。有许多的云南坝子与昆明坝子相类似，如大理坝子（洱海）、澄江坝子（抚仙湖）、江川坝子（星云湖）、通海坝子（杞麓湖）、石屏坝子（异龙湖）、永胜坝子（程海）等。坝子地形下，大气逆温特征有其自身的特殊性。同时坝子是云南人口、资源、经济的集聚区，如昆明坝子是云南省会昆明市的所在地，是云南政治、经济、文化中心，大理坝子是大理白族自治州的州府所在地。昆明坝子面积为1061.5平方千米，其中陆地面积763.6平方千米，坝子西南是面积297.9平方千米的滇池水体，水体面积占坝子总面积的28.06%。可以这样讲，坝子是云南具有地域特色的典型地理环境，是山体环绕平原的封闭型（半封闭）特殊地形。在气象学上，坝子有其特殊的动力、热力和局地环流特征。

昆明滇池风光（柏正尧 摄）

昆明湖盆坝子地形对贴地逆温的影响，主要表现在：①坝子地形局地环流对贴地逆温的影响。昆明坝区海拔为1880～1960米（昆明气象站海拔1889.3米），环绕坝子群山（即坝墙）海拔在2000～2400米，坝区与坝墙的高差大致在100米以上。坝子内外有坝墙阻隔，在坝墙高度之下，坝子内空气无法自由地与外界空气流通，减少了外界空气对辐射冷却过程的干扰破坏，辐射逆温过程在坝内受到保护而较为稳定；而在坝墙高度以上，坝子周围外界的空气能充分与坝子上空空气进行交换等相互作用，这一作用可导致逆温现象消失，形成贴地逆温的逆温层顶，即坝子环绕封闭地形保护坝区的辐射逆温条件不受破坏。昆明贴地逆温厚度夏季在100米左右，与坝区—坝墙高差相当；冬季在 150米左右，略高于坝区—坝墙高差，这与冬季昆明多晴夜辐射冷却作用有关。由此可见，坝区—坝墙高差对贴地逆温高度有重要影响；②坝墙坡地地形逆温对昆明坝子贴地逆温有叠加效应。坝墙坡面在对坡面附近的空气辐射冷却后，冷空气沿坡地下滑至坝区，与坝区贴地逆温可进行叠加；③滇池水体对昆明坝子贴地逆温的综合效应。由于水体热容量大于陆地，滇池水温变化稳定。水体对逆温的作用取决于大气温度与水体温度的差值。当比水体温度暖的空气水平移动到较冷的滇池水体之上即形成水体平流逆温，对昆明坝子内的贴地逆温有叠加增强作用，这一情形也是最为常见的。夏季晨间滇池湖面上多水雾，是空气冷却凝结形成的，这也从天气现象上佐证了水体平流逆温的存在。平流暖空气主要来自夜间临近滇池的山脉坡面冷却不完全的下滑气团和夜间湖陆风下由城市南移到滇池上空的大气。当冬季北方强冷空气南下影响昆明时，比水体温度低的冷空气移动到滇池水体上，此时并不会构成平流贴地逆温。

· 昆明坝子的逆温

研究发现，昆明坝子年平均的贴地逆温发生频率为60%，厚度为120米，强度为0.9℃/100米。昆明坝子的贴地逆温年变化特征为春季贴地逆温频率最高、厚度最厚、强度最强；夏季频率最低、厚度最薄、强度最弱。

昆明坝子贴地逆温厚度一般在100～150米并存在明显的单峰单谷型年变化。冬春季贴地逆温略厚，夏秋季略薄；冬季平均厚度为140米，春季 2月逆温厚度最大，在150米左右；自2月之后贴地逆温逐渐变薄，夏季7月、8月贴地逆温层为100米左右，是贴地逆温最薄的时段。8月之后逆温层逐渐增厚，直到次年2月达到峰值。昆明贴地逆温强度也存在单峰单谷型年变化，春季逆温强度最大，3月逆温平均强度可达1.6℃/100米；夏季逆温强度最弱，7月平均强度仅为0.2℃/100米；由春转夏贴地逆温强度减弱较快（过渡迅速），由夏转秋逆温强度增强缓慢（过渡迟缓），缓慢增长延续到冬季。

昆明坝子贴地逆温频率、厚度和强度的季节变化与降水、风速、气温、晴夜状况密切相关。春季降水少、晴夜最多（气温日较差大）、坝内风速大，有利于贴地逆温的出现和增厚、变强；夏季降水多、风速小、地表温度高、晴夜少（气温日较差小），大气的贴地逆温过程受到抑制。降水、风、晴夜是影响大气逆温形成的关键条件，一般来讲，无降水、弱风的晴夜条件下，大气是处于静稳状态的。风通常被认为是贴地逆温的破坏条件，风越大，越不利于贴地逆温的发展和维持。然而坝子内风速通常不大，坝内空气的流动，有利于近地辐射冷却逆温效应向上传递，有利于贴地逆温的垂直发展。

坝子地形（湖盆）是昆明贴地逆温的重要影响因素，并使昆明坝子贴地逆温具有区别于峡谷、丘陵平原贴地逆温的地域特性。相比国内其他地区，昆明坝子地形下贴地逆温具有出现频率高、厚度小、强度相当的显著特征。坝子地形对坝内贴地逆温具有保护稳定作用，尤其是保护辐射冷却逆温过程，导致贴地逆温出现频率明显高于其他地区，同时坝子地形也会影响逆温的厚度和强度。昆明贴地逆温由辐射逆温、地形逆温、水体平流逆温共同影响，但辐射冷却逆温是主导机制。

· 城市对风的影响

城市化形成的特殊下垫面，会导致城市冠层和边界层风速、风向的改变以及对湍流特征产生显著的影响。城市高大密集的建筑楼群，增加了下垫面的粗糙度，其阻障效应消耗了空气水平运动的动能，从而使城区的平均风速，白天一般减小约30%，夜间减少20%左右。最大阵风风速减少10%~20%，静风频率增加5%~20%。经过城市的气流，在气压梯度力、摩擦力和地转偏向力的共同作用下，可以产生气旋性或反气旋性的改变。监测表明，昆明等云南湖盆型高原城市对近地面风的影响是显著的。

城郊风速差异的日变化，又因城市的地理位置、气候背景和风速的大小而各有不同。这种差异的日变化主要受建筑物的摩擦作用、大范围的盛行风场、热岛强度以及城郊稳定度差异等作用的影响。一般而言，白天午后的气温层结，城区与郊区相差不大，这时若盛行风速较大，城市中建筑物的摩擦阻力作用大于湍流交换，故此时城区风速比郊区小；而当夜间盛行风速较小时，由于郊区空气层结比较稳定，常有逆温出现，而市区因热岛效应，湍流强度大于郊区，上层风速较大的动能通过湍流向下层输送，因此，城市风速比同高度的郊区还大。

昆明夏季彩虹（雷波 摄）

当天气尺度的风速较小时，由于城市热岛的存在，可以在城市形成一个低压中心并产生指向城市的气压梯度力，在低层造成向内的辐合流场和上升气流，在几百米的高度上空气又以相反的方向从城市向郊外流出并下沉，形成一个缓慢的热岛环流。夜间的热岛一般是在比较稳定的边界层中发展起来的，强度可大于白天；而白天的城市热岛通常建立在绝热和超绝热的状态下，伴随的加热运动分布于更深的边界层内，在近地层形成明显的气压扰动及更大的水平和垂直方向的加速运动，而产生较强的热岛环流。在高原湖滨城市，则表现为明显的“湖陆风”现象，白天吹湖风，夜间吹陆风（岸风）。

大城市内的大气风场复杂，一方面受街道的结构、两侧建筑物的高度和朝向以及汽车开过带来气流等的影响；另一方面受阻障摩擦效应产生的升降气流、涡动和绕流的作用，局地差异极大。有些地方会成为“风影区”，风速很小；而在特殊条件下，

“狭管效应”会产生强风，有些地方的风速远大于郊区。

昆明常年盛行西南风，为改善昆明中心城区水热环境并遏制大气污染物浓度的积聚升高。毗临滇池水域的城市西南隅不应布置高大、密集的建筑群体，以免阻碍富含水汽盛行风的进入；并合理安排广场、绿地等开敞空间，城市道路与河流岸壁的建设也须顾及城市风道的需要，以加强城市的通风换气。

为创造昆明优越的居住环境，居住区中的建筑物布置除了其间距应严格按照设计规范执行，以满足采光、通风的最低要求外，本地区建筑物的朝向可更多面向西南方向，建筑群也可尽量采用错列式布置，并适当的多建点式住宅，在提高土地利用率的同时，保证居住区的良好通风。

总之，城市规划工作中应协调解决好城市通风与抗风规划设计的矛盾，促进生态城市的可持续发展。

第六章

Chapter

6

气象万千

风云呼应，气象万千，山水缠绕，地理纵横。山若无云雾烟霭映衬，单调；水若无晴月风雪装扮，乏味。风景在气象中，气象中藏风景。横断山地，神秘幽静，风光旖旎，人间仙境。全球气候，千姿百态，季风盛行，干湿分明。

地球三极的气候变化

南极、北极和青藏高原，素有“地球三极”之称。南极地区，通常指南纬60°以南地区，这是一块被海洋包围的冰雪大陆；北极地区，通常指北极圈（北纬66°33′）以北地区，这是一片被大陆包围的冰雪海洋；青藏高原平均海拔4000米以上，有“世界屋脊”之称，是地球的第三极，也是地球上地势的最高极。在地球三极地区，生活着企鹅、北极熊、藏羚羊等标志性动物。南极、北极和青藏高原地区，包含了全球气候系统（大气、海洋、陆地、冰雪和生物五大圈层）相互作用的全部过程。因此，它们是全球气候变化的关键区和敏感区。

极地是地球大气的主要冷源，特别是南极洲95%以上的地区被冰盖、冰架和终年不化的积雪所覆盖，储存了全球冰雪总量的90%以上，具有能使全球海平面升高58.3米的水量；北极地区冰雪覆盖量也不少，其中格陵兰冰盖具有能使全球海平面升高7.4米的水量。若南北两极的冰雪都融化了，将会使全球海平面升高约66米。而要使南北两极的冰雪全部融化，则相当于地球平均温度要升高12℃，这在数千年之内是不太可能的。此外，极地冷水通过沉降从海底向较低纬度地区输送，在全球海洋温盐环流中起启动作用；极地海冰是极地下垫面季节和年际变化的最大特征，影响着全球气候系统的变化；青藏高原高耸在北半球中纬度地区的对流层中，是地球大气的热源，它的热力和动力作用，不但影响中国的天气气候，而且对东亚乃至全球大气环流都有重要的影响。

2021年8月9日，联合国政府间气候变化专门委员会正式发布IPCC第六次评估报告第一工作组报告《气候变化2021：自然科学基础》（Climate Change 2021：The Physical Science Basis）。报告指出，目前全球地表平均温度较工业化前高出约1℃，从未来20年的平均温度变化预估来看，全球升温预计将达到或超过1.5℃。目前全球气候变暖已是一个不争的事实，毋庸置疑的是人类活动已经引起了大气、海洋和陆地的变暖。在全球变暖背景下，南极、北极和青藏高原地区的气候和大气环境发生了显著的变化。

· 北极变暖加速

2021年5月20日，世界气象组织（WMO）“北极监测与评估计划工作组”发布研究报告指出，北极地区的变暖幅度是全球平均水平的3倍，给北极地区和生态系统带来了重大影响。监测表明，1971～2019年，北极近地表平均气温上升了3.1 ℃，是全球平均水平的3倍；北极年均降水总量（降雨、降雪）增长了9%；北极5～6月积雪覆盖面积减少了21%；北极8条主要河流的淡水流量增加了7.8%；北极9月海冰面积下降了

43%。北极极端事件的发生频率和强度在增加，主要表现在：北极海冰消失、格陵兰冰盖融化以及野火等极端事件的发生频率与强度增加；北极热浪事件增加，极寒事件减少。自2000年以来，持续时间超过15天的寒流几乎完全消失；随着海冰的消失，北极海岸线侵蚀加剧，美国阿拉斯加部分地区每年海岸线的消退达5米左右。

气候变化影响着北极地区（尤其是土著社区）的生计、安全、健康与福祉，主要表现在：气候变暖为有毒藻类的生长提供了适宜条件，融化的多年冻土通过将污染物（例如汞）释放到淡水生态系统中，对北极地区的食品安全与人体健康构成了威胁；暴雨和快速融雪为病原体传播提供了有利条件，威胁着北极地区的饮水安全；美国阿拉斯加85%以上的土著村庄遭遇了不同程度的洪水和侵蚀，基础设施遭破坏，经济损失严重。迅速变化的冰冻圈正在重塑北极地区的生态系统，主要表现在：不断变化的海冰、积雪、格陵兰冰盖、降水和温度，导致北极生态系统发生了根本性变化；浮游生物、鲸鱼、海象、海鸟、海豹、驯鹿等北极特有物种的丰度、季节性、分布和相互作用发生了显著变化；北极苔原的绿色度提高了10%，改变了猎人可利用的野生动物的种类及范围；北极地区不断扩张的商业捕鱼、水产养殖及邮轮旅游，给北极沿海地区的生计和脆弱生态系统带来了威胁。

德钦梅里雪山远眺（和春荣 摄）

北极的变化具有全球性的影响，北极变化的影响远远超出北极地区，影响着全球海平面、新航线开辟、化石燃料储备、全球碳循环等全球问题。北极变暖的影响并没有仅局限在北极地区，北极地区的生态系统正在发生根本性变化，这些变化通过气候系统的反馈效应影响全球气候。快速变化的冰冻圈正在影响整个区域的生态系统，改变陆地、海岸和海洋生态系统中物种的生产力、季节性、分布范围和相互作用；海冰类型、覆盖范围和季节性变化，以及陆地积雪融化、多年冰和格陵兰冰盖的快速流失等，正在导致影响碳和温室气体循环的多种生态系统发生重大变化；独特的生态系统，比如一些与多年海冰或具有几千年历史的冰架相关的生态系统正在消亡；北极地区约有400万人居住，变化的环境和生态状况正在对当地居民的健康福祉、粮食安全、交通运输、基础设施和安全饮用水供应等产生负面影响。

北极地区是近百年来全球增暖最显著的区域，在某些地区，20世纪最高变暖达5℃。格陵兰冰盖边缘消融，海冰范围和厚度均在减少。在北极地区，最近几十年发生了被称之为“尤娜迷”（Unaami）的快速变化。“尤娜迷”在北极因纽特语中的意思为“明天”，将北极气候环境的快速变化称之为“明天”，有“不可预知”“不可控制”“谜一样的明天”之意。“尤娜迷”与北极大气环流有关，是气候变化的组成部分，它的变化对北极生态系统和人类社会将产生较大的影响。

· 青藏高原“暖湿化”

青藏高原是我国重要的生态安全屏障和战略资源储备基地。有人将青藏高原喻为“亚洲水塔”“冰川之乡”“气候变化敏感区”。青藏高原地区的气候变化，表现的不仅仅是青藏高原的现在，还有未来10年、50年甚至更久以后的变化；不仅仅关注大气与气候变化，还有冰川、河流、生态、动植物及人们的生活等；不仅仅关注我国西南地区，还须将目光拓展到中国、东亚乃至全球范围。2017年8月，继1980年代第一次青藏高原综合科学考察后，中国政府开始启动第二次青藏高原综合科学考察。科考包括了西风—季风协同作用及其影响、亚洲水塔动态变化与影响等十大任务，科考体现了从大气到地球、多圈层视角实践，科研到应用、跨学科交叉融合研究的特色。

青藏高原占中国国土面积的四分之一，其总辐射量是世界上最大的地区，并由此形成了一个“嵌入”对流层中部大气的巨大热源，可伸展到自由大气中，超越了世界上任何超级城市群落所产生的中空热岛效应，对全球与区域大气环流系统变化的动力“驱动”，产生了难以估计的影响。隆升的高原地形和强大的表面辐射加热，形成了局地上升对流和高耸于对流层中部的中空“热源柱”，这种“热力驱动”下青藏高原高、低层互为反环流且类似台风的“自激反馈”机制，为“亚洲水塔”的水汽“汇流”与“抽吸”提供了动力。“亚洲水塔”热源驱动机制，有助于世界屋脊大气“热岛”“湿岛”的形成和维持，促使暖湿气流从低纬海洋向高原输送、汇聚。中国区域低云量、总云量极大值区均与青藏高原大江大河的源头（长江、澜沧江、雅鲁藏布江等）、中东部冰川集中区空间分布几乎吻合，这表明“亚洲水塔”形成的关键因素，与“世界屋脊”特有的云降水结构不可分割，青藏高原对流活动与全球大气云降水活动存在显著的关联性。

青藏高原以其强大的热力和地形动力作用，深刻影响着东亚大陆、南亚次大陆与中亚广大范围内的天气气候。其热力作用主要表现在感热加热和潜热释放，造成高原及其邻近地区气流的上升或下沉运动；高原热源的强度和分布不仅影响亚洲夏季风，也对南亚高压等环流系统产生重要影响。另外，青藏高原如同一堵墙一样，挡住了西风前进的道路。由于高原地形的机械阻挡和摩擦，引起大气动力过程发生变化，其导致的气流分支和急流影响东亚大气环流。西风气流在流动过程中遇到高原，一部分被迫抬升穿越高原，另一部分在水平方向发生偏转并绕高原南北边缘而过。青藏高原还能引导热带季风转变方向，侵袭藏东南、云贵高原，以及缅甸、老挝等地，形成山地和高原雨季。由于独特的地理位置，被称作“世界上最后一块净土”的青藏高原，目前也成为全球气候变化的预警区、敏感区，主要表现为温度升高、冰川退缩、冻土融化、降水增加、湖泊扩张等。受全球变暖影响，过去 30年内青藏高原积雪变化明显，年积雪日数、年降雪日数和雪深呈减少趋势。近30年来青藏高原的变暖趋势明显大于中国及全球其他地区。

科考发现，随着人类活动导致大气中CO_2浓度的增加，夏季青藏高原作为加热源的作用将会增强。“温室效应”导致青藏高原及其上空大气增温，大气可以容纳更多的水汽，由此揭示出人类活动CO_2排放对青藏高原“热源”作用的影响；气候变化背景下地–气相互作用尤为重要，而高原湖泊占中国湖泊总面积的50%以上，因此，高原湖泊群的贡献是不容忽视的。科考首次较为准确地推算出青藏高原湖泊群每年蒸发的水资源总量约为 517 亿吨。“亚洲水塔”的核心区是低纬暖湿气流的关键入口，形成一条连接低纬热带海洋水汽源和“亚洲水塔”核心区水汽中心的强暖湿水汽输送通道，水汽来源可追溯到南半球，显示了与热带海洋和南印度洋暖湿水汽源的联系。

青藏高原因其独特的水热条件、复杂的地理环境和相对较低的人为干扰程度，成为全球气候变化最敏感的区域，又被称为气候变化“放大器”。因此，相对其他区域，青藏高原表现出对气候变化更强烈的响应，而其气候变化对陆地生态系统，特别是植被生长，有着至关重要的作用。生态系统往往牵一发而动全身，青藏高原降水格局的变化会影响高山灌丛、高寒草甸、高寒草原等植被的生长格局。分析发现，在过去的 35 年里，整个青藏高原地区总体降水增加，植被有所改善，裸地覆盖率降低，草地和灌木植被的覆盖率显著增加。

在全球变暖背景下，青藏高原的气候也在快速变化。从 1961 ~ 2020年，它的年平均气温每 10 年上升 0.35℃，超过全球同期增温速率的 2倍，也是我国八大区域中升温速率最快的地区。其中，羌塘高原和柴达木盆地升温超过0.40℃/10年。同时，青藏高原大部分地区极端低温事件频次下降，而极端高温事件频次却显著上升。在气温不断上升的同时，降水也呈现增多趋势，这使得青藏高原成为我国变“湿”最为显著的区域之一。1961 ~ 2020年，青藏高原年降水量平均每10年增加7.9毫米。其中，高原中部三江源等地受益最大，年降水量平均每10年增加5 ~ 20 毫米。青藏高原有80%的冰川在退缩或已完全消失，冰川融水在增长，径流量在加大，高原湖泊范围在扩大。青藏高原冻土（包括永冻土）也在快速衰减。在全球气候变化大背景下，“亚洲水塔”发生了明显变化，导致区域性水资源失衡。研究发现，近30年来，青藏高原及周边地区冰川正在经历着不同程度的消融与退缩。这意味着气候变暖是青藏高原冰川退缩的主因，而与西风、季风变异相关的高原大气降水变化亦可导致高原冰川区降水“补给”发生改变。西风—季风协同作用使得青藏高原气候呈暖湿化趋势，植被及其生态质量趋好，人类的有序活动和气候暖湿化，共同促进了青藏高原植被生态环境趋好。研究还发现，青藏高原气候变化的地区差异明显，高原北部暖湿化趋势较明显，但南部暖湿化趋势不明显或呈暖干化趋势，对雅鲁藏布江等河流和生态具有重要影响。

• 南极变化的多样性

南极位于地球最南端，四周濒临太平洋、印度洋和大西洋，是世界上地理纬度最高的一个洲。陆地总面积约1400万平方千米，约占世界陆地总面积的十分之一左右。由于是人类最后到达的地球大陆，所以也被称为“第七大陆。”

丽江玉龙雪山风光（段玮 摄）

南极洲纯净、空旷、遥远而神秘。暴风雪过去之后，太阳出来了，一片银白的冰雪世界，你不会在地球任何地方感受到那么纯净的空气。南极虽然纯净、美丽，但却远没有我们想象得那样温和、友善。南极素有“寒极”之称，仅有冬、夏两季之分。每年4月～10月为冬季，11月～次年3月为夏季。南极大陆年平均气温为−25℃，而在东南极，南极高原海拔3500米的地方，年平均气温约为−55～−60℃。1983年7月20日，前苏联的“东方”站记录到的南极最低气温为−89.2℃。除了低温、寒冷，南极还可称为“风极”，我们常说的12级台风的风速是32.6米/秒，而南极最大风速则可达80～100米/秒，由于南极大陆常年覆盖着厚厚的积雪，所以暴风和雪暴常常会相伴而行。南极大陆到处是冰雪覆盖，大陆周围是辽阔的海洋，南极内陆是世界上最干燥的地方之一。南极绝大部分地区降水量不足250毫米，大陆内部年降水量仅30毫米左右，有些地方降水仅几毫米，并不比非洲撒哈拉沙漠多，因此，南极大陆又有“白色沙漠”之称。“寒极”“风极”“白色沙漠”“冰雪世界”是南极气候的四大特点。

与北极地区显著变暖不同，南极地区气候变化的时空多样性更强。2021年7月1日，世界气象组织（WMO）确认了南极大陆2020年2月6日出现的18.3℃的创纪录高温值（历史极值为2015年3月的17.5℃），这一温度是在南极半岛上的阿根廷埃斯佩兰萨站录得的。WMO秘书长佩蒂瑞·塔拉斯表示，“对这一最高气温的核实十分重要，它将有助于构建对南极地区天气和气候全貌的认知。与北极相比，南极更缺乏持续的天气和气候观测预测，这两者在推动气候和海洋模式以及海平面上升方面都发挥着重要作用。南极半岛是全球变暖最快的地区之一，在过去50年里升温近3℃。这个新纪录与我们正在观察的气候变化是一致的。”

近50年来，南极地区的显著增温主要发生在西南极的南极半岛地区。大大超过了近百年全球平均增温0.85℃的幅度，而东南极大陆增温并不明显，个别年还有降温趋势。我国南极长城站和中山站的气象观测资料也分别证明了这一点。南极大陆冰盖的融化，主要发生在西南极的南极半岛地区，而南极大陆主体的东南极地区，冰量未显著减少，有些地方冰量还有增加。近年来在西南极地区经常发生的大范围冰架融化和崩塌，在东南极地区也未发生。冰川学研究表明，在西南极地区冰盖物质的补充小于消融，冰盖是不稳定的；而在东南极地区冰盖物质的补充大于消融，冰盖是稳定的。

大气臭氧层能大量吸收太阳紫外辐射，是地球生命的保护伞，全球大气臭氧变化与全球变暖一样，是人们关注的热点之一。在南半球春季，南极地区臭氧总量急剧减少，与周围地区相比，就显得南极洲上空出现一个臭氧低值的“空洞”，这就是南极臭氧洞。南极臭氧洞并不是全年都存在的，只在南极春季出现。南极春季臭氧洞的出现，是大自然对人类敲响的又一警钟。人类活动排放到大气中的氟利昂和溴化烃等消耗了臭氧层物质，在平流层低温条件下形成的冰晶云或液态硫酸气溶胶表面，会通过光化学反应消耗大量臭氧。而为光化学反应提供活动界面的平流层冰晶云或液态硫酸气溶胶，只有在温度低于-78℃时才会出现。故，只有这两个必要条件同时满足，才会形成臭氧洞。

北极春季平流层温度高于南极春季，平流层冰晶云很少出现，不满足产生臭氧洞的第二个必要条件。另外，由于北半球有着更强的行星波动，北极平流层极涡非常不稳定，这种环境导致北极平流层臭氧损耗相比南半球要弱得多。故，北极一般不会出现“臭氧洞”。然而，2020年1～3月北极平流层极涡加强，3月北极平流层出现了破纪录的臭氧极端损耗，最低臭氧浓度低于南极臭氧洞的出现标准，首次出现了“臭氧洞”。青藏高原夏季出现的臭氧低谷与高原上升气流的动力交换有关，减少的数值较小，达不到南极臭氧洞标准，仅能称为“臭氧低谷”。它除了与高原地形有关外，还与高原及周边地区对流层向平流层的物质输送有关。

全球低纬高原地区的气候

在我国，低纬高原特指位于北纬30°以南的云贵高原地区，以云南为主，包括贵州西部和四川南部边缘地带。世界气象领域的三大前沿课题：大地形、低纬度、热带海洋，都在这里得到集中体现，使这里形成了许多有别于我国其他地区的特殊天气气候现象。那么，在全球范围内还有其他的低纬高原地区吗？哪里的气候如何？哪里也是四季如春吗？

• 全球 10 个著名的低纬高原地区

低纬高原地区系指处于低纬度的海拔高度在1000米以上的高原地区。按地理学和气候学的划分，把地球南北纬30度线至赤道间的纬度带称为低纬地区。该地区由于太阳高度角大，且全年为热带气团与赤道气团所控制，终年高温，气温随季节的变化并不明显，即气温年较差小；信风与热带辐合带位于这一纬度带，同时，也是全球季风活动最显著的地带，故降水充沛，降雨形式以热对流雨为主且降水随季节的变化显著，旱季与雨季分明。全球低纬地区疆域广大，约占全球面积的一半，是整个地球大气的水汽、热量和角动量源。高原系指面积宽广、海拔较高、顶面起伏和缓、边缘通常以陡坡为界的高地。高原气候的主要特点是太阳辐射强而辐射差额小，因随海拔升高，约每升高100米气温下降0.6℃，故1000米以上的高原地区，比同纬度的平原地区气温要低6～10℃左右；温度昼夜日较差显著，可比同纬度的平原地区高出1～2倍；降水明显受地形影响，一般迎湿润气流的高原边缘是多雨带，而背湿润气流一侧和高原内部，雨量较少；高原地区风力大，多大风、雷暴、冰雹等灾害性天气。所以，低纬高原地区是既有低纬特征又有高原特征的地区，相应的气候特征也反映出两者的结合状态。

全球地域面积较大，海拔较高（1000米左右以上）且影响较大的低纬高原地区主要有10个，即中国的云贵高原，印度半岛的德干高原，阿拉伯半岛的希贾兹—阿西尔高原，非洲的埃塞俄比亚高原、东非高原、南非高原，北美洲的墨西哥高原，南美洲的安第斯高原、巴西高原、圭亚那高原。全球低纬高原地区主要集中于非洲和南美洲，且以靠近赤道附近地区为主，高原面积在两大洲分布较广，高原走向呈东—西向和南—北向均有。在北半球，低纬高原主要分布在亚洲和北美洲，高原走向以南—北向为主，但所占面积不大，亚洲的低纬高原地区主要分布于三大半岛地区，即阿拉伯半岛、印度半岛、中南半岛北部。非洲的埃塞俄比亚高原、南美洲的圭亚那高原也位于北半球。东非高原、安第斯高原则地跨南北半球。低纬高原地区的气候类型主要以热带草原和高原型季风气候为主，有些高原兼有部分热带雨林气候的特征，普遍存在山地气候的突出特点，即气候的垂直带谱显著，而不存在热带沙漠气候。

昆明东川红土地（杨植惟 摄）

在全球低纬地区，除了上述10个著名的高原地区外，还分布有许多面积较小的低纬高原或山地。它们有的是上述低纬高原地区的延伸部分，例如缅甸东北部的掸邦高原（1000～1300米），老挝的川圹高原（2000～2800米）、会芬高原（2000米以上）、甘蒙高原（1000米左右）、波罗芬高原（1000～1350米），越南南部的西原高原（1000～2000米）等高原地区，它们实质上是中国云贵高原的南延部分。有的是单独存在但面积不大的高原，如位于西非尼日尔的艾尔高原，尼日利亚的包奇高原、约鲁巴高原，喀麦隆的喀麦隆高原，马达加斯加的中央高原等。有的则是单独的山脉组成的山地而不是高原。如缅甸西部的那加山脉（主峰3826米）和阿拉干山脉（主峰3053米），泰国西部的他念他翁山脉（主峰2576米），阿曼的哈贾尔山脉（主峰3352米），澳洲的澳大利亚山脉（主峰2230米）等。可见，全球低纬高原地区的范围还是比较广袤的，除欧洲和南极洲外均有分布，但从气候学角度分析，所强调的低纬高原主要指上述10个著名的热带和亚热带大高原。

• 全球低纬高原地区的气候特征

众所周知，地理纬度和海拔高度是形成某地气候的两个重要因子。气象学家通过挑选上述10大低纬高原地区有代表性的35个气象台站历史资料，分析发现了低纬高原地区的诸多共性气候特征。气温是衡量一地气候条件的重要指标，除印度班加罗尔外，大部分低纬高原地区月均温在7～22℃之间，年均温在13～21℃之间，年较差在0.3～12.7℃之间。一般而言，北半球1月气温最低，7月气温最高，南半球则相反，上述低纬高原地区的气温变化基本能反映上述特征，尤其是亚热带地区，而愈靠近赤道的热带地区，则变化愈不明显。同时，由于受季风气候的影响，有些地方最高气温出现在旱季，而不是出现在盛夏7月（北半球）。按气候学的划分标准，月平均温度低于10℃为冬季，10～22℃为春季和秋季，大于22℃为夏季。全球低纬高原地区的月气温除少数外，一般不超过22℃，表明低纬高原虽地处热带，却表现出亚热带的气候特征而无热带气候终年高温的反映。

低纬高原地区气温变幅小，气温适中，表现出春秋气候型的特征，而没有热带平原地区气温终年炎热的特征，海拔愈高、纬度愈低，这种特征愈明显。35个代表气象台站中，除纬度稍偏高的亚热带地区，有部分站年较差大于10℃外，其余均小于10℃。著名的赤道之城——基多（厄瓜多尔），年较差仅为0.3℃，典型的“恒温”气候。与中纬度高原地区（如青藏高原、蒙古高原、伊朗高原、安纳托利亚高原、北美高原、巴塔哥尼亚高原等）相比，低纬高原地区气温偏高，年较差偏小。例如，西藏拉萨年均温7.5℃，年较差17.5℃；内蒙古呼和浩特年均温5.8℃，年较差35℃；美国丹佛年均温10℃，年较差24℃。高原地区的共同特征则是太阳辐射强，气温日较差大。与同纬度平原地区相比，低纬高原地区气温偏低，年较差偏小。例如，广西桂林位于北纬25°20′，与昆明同纬度，海拔166米，年均温18.8℃，年较差却高达20.4℃。而在近赤道地区，则两者的年较差均较小。造成上述低纬高原地区气温分布与中纬度高原和低纬平原差别的主要原因是低纬太阳高度角大、热量充足，再一个就是由于海拔高度造成的气温降低。表明它兼有低纬度气候和高原气候的双重特征。

降水量是衡量一地干湿状况的一个重量指标，全球低纬高原地区除萨那、温得和克、拉巴斯年降水量在250～500毫米左右外，其余地区均在700～1500毫米，表明绝大部分低纬高原地区降水适中至充沛，热带和亚热带草原景观气候显著，与常年干旱少雨的热带沙漠气候明显不同。出现这样的地区分布与低纬度的热带辐合带、副热带高压带、冬夏盛行季风气团和大地形作用有关。即使全球10个低纬高原地区中最少雨的希贾兹—阿西尔高原，在阿拉伯半岛中却是最湿润的地区，降水最多的地点可达500～700毫米，是阿拉伯半岛上唯一可发展农业的地区。再一个特征则是降水有明显的季节变化，这主要是10大低纬高原均处于全球三大季风系统的影响下，即亚洲—澳州季风系统、泛美季风系统和非洲季风系统，季风爆发的强弱与迟早，严重制约着该地区降水的多寡，形成四季不分明，旱季与雨季差异显著的特点。绝大部分地区干湿季分明、夏雨冬干，有的地区则会出现双雨季现象（如东非）。少数地区则夏季出现微雨、全年少雨的现象。

· 全球20个著名春城

地处云贵高原中部的昆明，是蜚声海内外的著名春城，群山环抱、阳光明媚、叶绿四时、花开不败，誉为“万紫千红花不谢，冬暖夏凉四时春”。低纬高原地区特有的四季如春的气候特征，造就了全球许多著名的春城，它们几乎都因位于低纬度的高原或山地而成其为春城。除中国昆明外，在全球尚可找到19个著名的春城之都，它们分别是加德满都（尼泊尔）、亚的斯亚贝巴（埃塞俄比亚）、内罗毕（肯尼亚）、坎帕拉（乌干达）、基加利（卢旺达）、利隆圭（马拉维）、塔那那利佛（马达加斯加）、温得和克（纳米比亚）、哈拉雷（津巴布韦）、比勒陀利亚（南非）、姆巴巴纳（斯威士兰）、墨西哥城（墨西哥）、危地马拉城（危地马拉）、圣何塞（哥斯达黎加）、波哥大（哥伦比亚）、基多（厄瓜多尔）、加拉加斯（委内瑞拉）、拉巴斯（玻利维亚）、巴西利亚（巴西）。这20个世界著名春城，皆属海拔在1000米以上的热带和亚热带高原山城，地处低纬度和高海拔是“春城”形成的两个关键因素，在这20个春城中都得到了集中体现。除此之外，特殊地形、海陆分布和季风也是其形成的一些影响因素。昆明之春城，还得益于其北部和东部山脉对冷空气的阻挡作用，干季盛行偏西气流，雨季盛行西南季风和东亚季风有关，加之滇池的湖泊水体调节也有一定的作用。加德满都则得益于青藏高原的作用和印度季风的影响。非洲的春城得益于非洲季风、特殊的大陆地形和海陆分布，使得非洲冬季风不如北半球明显，以及非洲东部湖泊的调节作用等。中美洲春城则得益于北美大高原的作用和墨西哥湾海洋调节和暖流的作用。南美春城则得益于南美的海陆分布（与非洲相似）和泛美季风的影响。

这些春城的共同特征是气温年较差小，四季不分明（冬暖夏凉），降水量适中，降水的季节变化大，干湿季分明；昼夜温差大，一天分四季（夜冬昼夏）。例如昆明，气温的昼夜温差竟比冬夏变化还大，1月昆明午后最高气温平均为15.8℃，已经是和风怡人，可清晨最低气温平均只有1.7℃，竟接近冰点，4月午后最高平均气温为24.8℃，已有夏意，可清晨的最低气温仅有10.1℃，尚余冬寒，1月和4月气温平均日较差分别高达14.1℃和14.7℃。再如赤道之都——基多，全年温度变化极小，可一天之中温差却很大。早晨气温适中，是春天；中午温度升到22℃上下，是夏天；傍晚有点凉意，是秋天；半夜降到7～8℃，是冬天；有时还得生火取暖，故厄瓜多尔人喜欢说："基多一天要过四个季节"。"四时无寒暑，一雨便成冬"是其形象的比喻。造成热带和亚热带高原山城日较差大的原因，是因为其大多数位于河谷或盆地的缘故。若城市位于山顶地形，则气温日变化会小得多，那里的气候则会出现不仅四季如春，且连四时都温暖如春。

除上述20个世界著名春城外，我们在10大低纬高原地区也还可发现许多有"春城"美誉的城市，如玻利维亚的科恰班巴（著名旅游城市，与昆明市结为友好城市）、哥伦比亚的麦德林、缅甸的东枝、云南的临沧等等。由于特殊的气候条件，相对而言，低纬高原地区是热带和亚热带地区人口集中和经济文化较发达的理想之地，因为人们可以避开酷热和严寒的困扰，可每天心情舒畅地工作和生活在"春天"里。

原载《云南地理环境研究》1998年第2期，本文有删改

全球有哪些著名的季风活动

在全球地图上，可清楚地看到在南北回归线的附近大都是干旱地带，然而在亚洲的南部与东部，却有两片地域辽阔的多雨地区，这就是印度的恒河流域与中国长江以南的江南及华南地区。这两片区域由于季风的显著影响，既有丰富的太阳辐射与较高的温度，又有充足的降水，气候资源丰富，所以两地都是历史悠久的古代文明发源地。季风就其名称来说，就是季节性的风，在季风地区，冬夏两季的盛行风向是大体相反的。

云南及我国是世界上有名的季风活动区之一，夏季旱涝和冬季冷害，在很大程度上取决于冬夏季风的活动。季风（Monsoon）是指盛行风向一年内呈现近乎反向扭转的气候现象，即冬、夏盛行风向（40%以上风频）逆转的季节风。季风本质上是因海陆热力差异而导致在大陆和海洋之间大范围的风向随季节有规律改变的现象。冬季由大陆地区吹向海洋，而夏季由海洋吹向大陆地区；冬季风干燥，夏季风潮湿。

季风是一个古老而又有新意的气候学概念，阿拉伯人很早就发现了季风，并称之为"Mausam"，意思为季节，英语的"Monsoon"一词也源自于此。现代气象学意义上的季风概念，是17世纪后期由英国科学家哈莱（Halley）提出的，他指出季风是由于海陆热力性质的不同和太阳辐射的季节变化而产生的；1971年，气象学家拉梅奇（Ramage）依据季风盛行风向季节变化的特点，给出了一个具体的季风定义；1987年，气象学家韦伯斯特（Webster）提出了一个更为普遍的季风定义。中国古代对季风有各种不同的名称，如信风、黄雀风、落梅风、舶风，所谓舶风即夏季从东南洋面吹至我国的东南季风。北宋苏东坡《船舶风》诗中有"三时已断黄梅雨，万里初来船舶风"之句。20世纪30年代起，竺可桢先生等我国现代气象学家就十分关注季风的研究，特别是季风和旱涝的联系。我国气象学家指出，东亚季风和南亚季风的特点和成因不尽相同，东亚季风主要由海陆差异因素引起，而南亚季风则以行星风带的季节变化为主因。简单地讲，季风是指近地面层冬、夏风向相反，干湿呈季节性变化的气候现象。除熟知的东亚夏季风外，南亚、东南亚、赤道非洲、澳大利亚北部等地都是全球季风活跃的地区。一般而言，有季风活动的地区都可出现雨季和旱季等季风气候。夏季时，吹向大陆的风将湿润的海洋空气输进内陆，往往在那里被迫上升成云致雨，形成雨季；冬季时，风自大陆吹向海洋，空气干燥，伴以下沉，天气晴好，形成旱季。

夏日的迪庆高原（林海 摄）

• 季风成因与活动范围

现代人们对季风的认识有三个基本观点：季风是大范围地区的盛行风向随季节改变的现象；冬季风寒冷、干燥、少雨，夏季风温暖、潮湿、多雨；随着盛行风向的变换，冬季和夏季的天气气候有显著差异。一般普遍认为形成季风的主要原因有四个：海陆热力差异、行星风带的季节变化、大地形的作用和南北半球气流的相互作用。季风气候随着纬度的地理差异，可以划分为3种类型：温带季风气候、副热带季风气候和热带季风气候。从垂直层次上可表征为：对流层中低层季风、对流层上层季风和平流层季风。一般季风与降水的关系较为密切，季风气候可出现明显的雨季和旱季，气象学家重点关注对流层中低层的热带季风和副热带季风。

季风可包括多个空间尺度，即区域季风、洲际季风、全球季风。季风是大气环流的重要组成部分，全球约有1/4的地区和1/2的人口受到季风的影响。全球季风明显的地区主要分布在南亚、东南亚、东亚、西非、东非、澳洲北部、北美东南部、南美巴西东部等地，其中以印度季风和东亚季风最著名。亚洲地区是世界上最著名的季风区，其季风特征主要表现为存在两支主要的季风环流，即冬季盛行东北季风，夏季盛行西南季风，并且它们的转换具有爆发性的突变过程。

• 南亚季风

南亚季风是指影响亚洲南部（印度半岛、中南半岛以及中国西南地区等地）的季风，其中以印度半岛最为典型。冬季气压带、风带南移，赤道低气压带移至南半球，亚洲大陆冷高压强大，风由蒙古—西伯利亚吹向印度，受地转偏向力影响成为东北风，即亚洲南部的冬季风；夏季气压带、风带北移，赤道低气压带移至北半球，本来位于南半球的东南信风北移至印度半岛，受地转偏向力影响成为西南风，即为南亚的夏季风。且由于夏季西南风强于冬季东北风，故有西南季风之称；因其盛行于印度半岛及周边地区，故又称为印度季风。冬干夏湿是南亚季风的主要气候特征，南亚夏季风是打开南亚次大陆雨季的“开关”。每年6~9月，夏季风将印度洋上空大量的暖湿空气吹至南亚次大陆，造成的降雨可占到其全年总降雨量的70%左右，为世界上超过1/5的人口提供了丰沛的水资源。南亚夏季风的异常变化与旱涝灾害密切相关，直接影响到该地区的工农业生产和社会生活。

- 东亚季风

东亚季风分为东亚夏季风和东亚冬季风。东亚夏季风是指夏季东亚地区近地层的偏南风和大量的降水，盛行的偏南风向东亚输送来自海洋上的暖湿空气，带来大量的水汽造成丰沛降水的发生，在东亚地区形成暖湿气候；东亚冬季风源于西伯利亚高压前缘的近地层偏北气流向低纬流动，来自高纬的干冷空气控制东亚区域，造成冬季东亚的冷干气候。东亚季风的形成主要源于海陆热力差异随季节的变化。在北半球冬季，亚洲大陆上为冷源、周边海洋上为热源，而夏季海陆之间的热力差异正好与冬季相反，大陆上为热源，海洋上为冷源，这种海陆热力差异的季节变化是东亚季风产生的重要原因。一般5月下旬南海季风的爆发，标志着东亚夏季风的开始，东亚夏季风的建立日期由南向北推进，东亚夏季雨带的向北推移及其大气环流具有突变特征，是影响江淮流域梅雨期雨量多寡的重要因素。受东亚季风直接影响的地区和国家主要包括位于东亚区域的中国、朝鲜、韩国、日本以及东南亚国家。东亚冬季风主导着东亚的冬季气候，强冬季风往往带来低温、寒潮、冷害、雨雪冰冻等灾害性天气或气候事件。

- 非洲季风

非洲大陆横跨赤道地区，其东部在1月辐射冷却导致在撒哈拉和阿拉伯形成高气压，辐射增热在卡拉哈里沙漠形成热低压，由此发生的南北气压梯度使气流自北向南越过赤道；7月与1月刚好相反，辐射冷却的结果使卡拉哈里沙漠成为高压区，而辐射增温的结果使撒哈拉成为低压区。南北气压梯度形成越过赤道的南来气流，最后在南印度洋与东南信风合并，在赤道以北则与西南季风合并。由于涌升的作用，促使它成为的偏南季风要比1月的偏北季风强一些。

1月受下垫面热力性质影响，北半球的撒哈拉沙漠和阿拉伯地区形成较强的冷高压，南半球卡拉哈里沙漠形成的热低压和南移的赤道低压相叠，形成显著的南非低压。两者之间形成偏北风，一部分气流和东北信风相重合。当这股偏北风携带着撒哈拉的沙尘到达几内亚湾沿岸，就被当地人称为“哈马丹风”。干燥的气流迅速降低了当地的湿度，沙尘使空气混浊，能见度降低，严重危害当地的生产与生活。此时非洲东部的马达加斯加岛受到副热带高压和南非低压之间气压梯度力的影响，形成来自海洋的偏东风，气流与信风合并，使得东南风强劲而湿润。因而全岛11月～次年3月为雨季。

7月受下垫面热力性质影响，撒哈拉和阿拉伯地区形成热低压，加上北移的赤道低压使此热低压更强，卡拉哈里沙漠形成不强的冷高压。热低压和南半球的副热带高压之间形成偏南风，一部分气流与受气压带风带季节性移动形成的西南季风重合，一部分气流与东南信风重合。当偏南的气流中干热的西南风吹到埃及，就被当地人称为“五旬风”，干热的南风吹到埃及和苏丹则被称为“坎辛风”。干热的东南风吹到地中海沿岸被称为“西洛可风”。此时的马达加斯加岛南部受副热带高压控制，风力微弱，盛行下沉气流，强势的副热带高压和卡拉哈里沙漠冷高压之间气压梯度力小，削弱了信风的势力，携带的水汽减少，故马达加斯加岛4～10月为旱季。

· 澳洲季风

由于海陆热力性质的差异，澳大利亚冬季（7月）盛行东南季风，降水较少，属旱季。夏季（1月）气压带、风带南移，北半球的东北季风越过赤道，在地转偏向力作用下形成西北风。风从海洋吹向陆地，带来较多降水，在澳洲北部地区形成湿季。1月是澳大利亚的夏季，陆地上气温高，形成热低压，东南信风受热低压引导吹向澳洲大陆，形成雨季；7月是澳大利亚的冬季，陆地受冷形成高压，与副热带高压连为一体，风从澳洲大陆吹向海洋，形成旱季。

云南盛夏的田野风光（杨丽红 摄）

· 三支季风的联系

在气候学上，一般将东亚季风、印度季风、澳洲季风统称为亚澳季风系统，它们三者之间存在着内在联系。在东亚季风与印度季风之间，在对流层低层，来自印度夏季风的西南季风，在西北太平洋副热带高压脊的西北部流向东亚季风区；在对流层高层，印度季风区降水相联系的凝结潜热通过影响南亚高压的东西位移，进而对东亚季风产生影响。在东亚季风与澳洲季风之间，对流层低层有两支来自澳洲季风的气流，分别在东经105°和东经150°附近越过赤道，影响东亚夏季风；在对流层高层，东亚季风区中纬度附近的强烈上升运动形成向南的气流，在澳洲季风区下沉，对澳洲冬季风产生影响；东亚冬季风可以越过赤道，进入澳洲季风区，影响澳洲夏季风。

• 亚洲夏季风的演变

要全面了解亚洲夏季风，需要从整个亚洲夏季风的起点，孟加拉湾附近副热带高压带开始断裂的那一刻说起。处在地球热带和温带之间的副热带地区，存在着一条高压带，俗称副热带高压带，人们常称之为“副高”。副热带是一条环绕全球的干旱带，集中了世界上绝大部分的沙漠区域。然而，在这条干旱带上又点缀着若干个全球雨量最为丰沛的季风区，使副热带成为全球天气气候最为多变、洪涝干旱最为频发的地带。

正常情况下，每年4月中旬，孟加拉湾地区的深对流加强。5月初，亚洲热带夏季风首先在孟加拉湾东南部爆发，而此前在冬半年基本连成一线的北半球副热带高压坝，在此被“一刀切断”。孟加拉湾夏季风爆发后，却因为其西部的“夏季风爆发屏障”而无法再西行至印度，而是转为向东推进，于5月下旬到达中国南海，触发南海夏季风的爆发。印度半岛则另有机缘，即近赤道阿拉伯海地区的西南季风，于6月1日左右向东到达印度西南部的喀拉拉邦，印度夏季风随之爆发。在亚洲夏季风这场群星剧里，当然不仅仅是上述几位热带季风唱主角，几乎与孟加拉湾夏季风爆发的同时，亚洲副热带季风在西北太平洋副热带高压西北侧、日本本州东南的海面上形成。

当亚洲夏季风主要“演员”登场完毕，它们之间张弛有度的精彩表演就正式开始了，可谓“同场飙戏”。6月初，亚洲副热带季风区向西南延伸，与向东北发展的南海夏季风打通连接，形成东北—西南向雨带，夏季风在中国东南沿海登陆，日本“梅雨”开始；6月中，该雨带向北跃至长江流域和韩国，江淮梅雨和韩国“梅雨”开始；6月底，夏季风北界已抵达印度北部、青藏高原南坡、华北南部、朝鲜和日本北部。亚洲环流由冬到夏的转变基本完成，亚洲进入盛夏时节。

若说整个亚洲夏季风是一台精彩群戏，那么南海夏季风无疑是格外出彩的角色，跟它有对手戏的主要有孟加拉湾季风、副热带季风和副热带高压。首先，孟加拉湾季风向东发展，带出了南海夏季风的出场。而副热带高压的离场，则为南海夏季风的登场创造了条件。在南海季风爆发前，南海及菲律宾以东洋面主要受高压控制，盛行下沉气流，以晴好天气为主，降水偏少。但随着南海季风的爆发，西太平洋副热带高压会明显减弱东退，南海区域开始盛行西南风，对流活跃，降水明显增强，标志着冬季环流向夏季环流的转变。不过，虽然南海夏季风的登场意义更为重大，但要论最激动人心的一幕，则要属南海夏季风与副热带季风的“牵手”，这一刻，东北—西南向的巨大雨带正式形成，由此，夏季风正式在中国东南沿海登陆。不过，等到华南“龙舟水”一过，南海夏季风似乎“戏份锐减”。人们的目光，被“副高”“梅雨”“七下八上”等不断登场的新演员所吸引。

南海夏季风退场了吗？实际上，非但没有，它还以“海上高人”的身份，成为撑起这场大戏的关键。南海夏季风已于6月初与东亚副热带季风成功“牵手”，而它发挥作用的关键就在这双牵起的手上。两个季风相连，实际上正如架起一座桥梁，在这座桥梁上单向飞驰的，是来自孟加拉湾、中国南海、西太平洋上空的温暖水汽，随后西太平洋副热带高压的三次北跳，推动着这条“水汽高速”向北推进，中国及东亚汛期就此展开。虽然南海夏季风身处热带，但若没有它作为中转站，热带海洋的水汽将不会那么容易抵达陆地，“梅雨”故事或许也将被改写。

东南亚旅游的气候知识（上）

近年来，由于东南亚地区独具特色的热带自然旅游资源和东西方文明交融的人文旅游景观，东南亚旅游已成为世界旅游的一个热点地区。随着我国经济的持续发展和对外开放，我省到东南亚诸国旅游和进行公务、商务活动的人员已日益增加。走出国门，领略异国万种热带风情，也成为当今云南人的一种消费时尚。但对于常年在“四季如春”的高原温暖气候熏陶下的云南人来说，对于东盟异国他乡的水土和气候应略知一二，才能更好地投入心旷神怡的难忘之旅。

· 泰国

泰国，具有“千佛之国”的美誉，是一个有2000多年佛教史的文明古国，有人称泰国是跨上现代化列车的“黄袍佛国”。泰国位于中南半岛中部，东与柬埔寨毗连，东北与老挝交界，西和西北与缅甸为邻，南与马来西亚接壤，东南邻泰国湾，西南濒安达曼海。在东南亚地区中，泰国面积仅次于印度尼西亚和缅甸，居第三位。泰国地势北高南低，自西北向东南倾斜，地形基本上由山地、高原和平原构成。北部是山地，东北部为高原（呵叻高原）、中部是平原（湄南河平原）、南部为丘陵。他念他翁山脉的“因他暖峰”，海拔2576米，为泰国第一高峰。

泰国三面环山，一面临海，境内河川纵列，山岭平原交错，气候也因地形不同而变化多端。泰国境内的马来半岛两侧近海地区，终年高温高湿多雨，属热带雨林气候。其余地区则干湿季分明，属热带季风气候。首都曼谷（Bangkok），海拔仅2米，终年气温较高，降水充沛，但降水的季节分配不均匀，一年可分干季和雨季。5～10月为雨季，11月～次年4月为干季，其中11月～次年2月为冷季，3～4月为热季。年平均气温28.1℃，4月为30.1℃，12月为25.7℃。年平均最高气温32.6℃，4月为34.8℃，12月为30.9℃。年平均最低气温23.6℃，年平均相对湿度78%，年平均降水量1438毫米，年降水日数88天，年日照时数2556小时，常年盛行偏南风，年平均风速仅为1.4米/秒。3～4月是曼谷的热季，天气晴朗，空气干燥，平均日照多达9个多小时，平均气温一般为30℃，极端最高气温往往超过40℃，赤日炎炎，如煎似烤。5～10月是雨季，天气多雨，潮湿闷热。西南季风带来的暖湿气流，使城市获得全年85%的雨量。阵阵雷雨，来去匆匆，倾盆而下的暴雨24小时最大可降雨200多毫米，引起河流水位陡涨。雨季的曼谷虽云厚雨多，平均日照4～5小时，但因地处低纬度，月平均气温在27～28℃之间，极端最高气温37～38℃，人们常感到一种近乎热带雨林的闷热之感。雨季过后，是曼谷一年中的黄金季节——凉季（冷季），此时雨水稀少，阳光充足，到处生机盎然，虽是冷季，温度并不低，平均气温在25～27℃，是一年中最凉爽的季节。泰北重镇——清迈，是有名的“玫瑰城”，位于海拔300多米的高原盆地，年平均气温25.3℃，年降水量1364毫米，气候较泰南地区要凉爽得多，是著名的避暑旅游胜地；1911年曼谷—马来西亚铁路的开通，使华欣和七岩这两处以碧海、沙滩、椰影等南国风光闻名于世的地区，成为泰国皇室、贵族最钟爱的避暑胜地。

泰国是世界知名的旅游目的地，海岸线长，岛屿众多，旅游业发达。“东方夏威夷”——芭堤雅、“泰南明珠”——普吉岛、苏梅岛、甲米、皮皮岛、斯米兰群岛等海滨旅游胜地，是泰国避暑、避寒的极佳境地；首都曼谷是一座五光十色之城，拥有“天使之城”的美誉。著名景点有大皇宫、玉佛寺、四面佛、卧佛寺、唐人街、湄南河、安帕瓦水上市场等；素可泰、大城是泰国著名的历史古都；清莱、美斯乐是著名的“金三角”旅游胜地，拜县、南邦府、帕府等是泰北热门旅游胜地。

泰国普吉岛风光（图源：图虫）

- 新加坡

新加坡，旧称星洲、星岛，是一个城邦国家。新加坡岛是马来半岛的延续，地势平坦，平均海拔17米，中部为丘陵，最高峰为武吉知马山，海拔170米。新加坡是世界著名的“海上花园城市”，是东南亚马来半岛南端的岛国，全国由新加坡岛、圣约翰岛、龟屿、圣陶沙等60余个岛屿组成，因逼近赤道而四周被海洋所环绕，属热带雨林气候。首都新加坡（Singapore），别称狮城，海拔10米，全年平均气温27.2℃，而各月温差较小，一年之中，最热的5月与最冷的1月气温仅相差1.4℃，年平均最高气温30.6℃，年均最低气温23.3℃。由于近海的缘故，新加坡海陆风现象显著。白天柔和的海风不时从海上吹向陆地，驱走了城市白天的暑热；夜晚，风则从陆地吹向大海，具有明显的海洋调节作用。因此，新加坡白天虽热，最高温度却很少超过37℃。“全年皆夏”是新加坡气候的真实写照，新加坡全年湿润多雨，年雨量2413毫米，年均相对湿度76%，雨日179天，且各月雨量分配较均匀，月平均日照时数171小时。因赤道地区对流活动旺盛的缘故，新加坡上空终年云团充斥，太阳日照平均4～6小时，城市多阵性降水，平均每隔两天就有一场雨，且常伴有雷鸣电闪，全年雷暴日数152天。新加坡降水无旱季、雨季之分，但一年之中却有风向的交替变化。5～10月吹偏南风，11月～次年4月吹东北风，年平均风速1.4米/秒。

新加坡的著名旅游景点有鱼尾狮公园、滨海湾花园、圣安德烈教堂、国家博物馆、国家兰花园、圣淘沙岛、环球影城、新加坡摩天观景轮、新加坡夜间动物园、新加坡植物园、新加坡动物园、裕廊飞禽公园、水族馆、小印度和阿拉伯街、樟宜教堂和博物馆等。

· 马来西亚

橡胶王国——马来西亚，是一个多元文明并存的热带国家，地处北纬1°～7°之间。马来西亚国土被南中国海分隔成东、西两部分，即马来半岛（西马）和加里曼丹岛北部（东马）。西马为马来亚地区，位于马来半岛南部，北与泰国接壤，西濒马六甲海峡，东临南中国海，南濒柔佛海峡与新加坡毗邻。东马包括沙捞越和沙巴地区，位于加里曼丹岛（婆罗洲）北部。马来西亚因地处低纬热带同时四周深受海洋影响，具有高温多雨的热带雨林气候特征。

首都吉隆坡（Kuala Lumpur），海拔34米，气候炎热多雨。年平均气温26.2℃，各月间气温差异不大。最热的5～6月与最凉的12月，气温仅差1.1℃。由于地处沿海，海洋的调节作用显著，白天最高气温大多在31～33℃，极端值从未超过37℃，夜间气候比白天凉爽得多，清晨气温大多在22℃以下，凉爽如秋。由于终年气温较高，空气热对流强烈，加上周围海洋水汽供应充足，吉隆坡一年到头空气潮湿。年均相对湿度84%，降水极为丰富，年雨量达2409毫米，且各月雨量均大于100毫米，年雨日204天。多雷阵雨，平均几乎两天就有一场，年雷暴日数154天。雷雨往往发生在午后至傍晚，瓢泼大雨有时达到暴雨甚至大暴雨的强度。由于阵雨频繁，一年中的大部分时间外出都需携带雨具。尽管吉隆坡全年多雨，但有两个时段雨水相对集中，即3～4月和10～11月，平均月雨量皆在250毫米以上，每月雨日17～20天，雨水相对较少的季节是1～2月和6～8月。

吉隆坡有“世界锡都”和“橡胶之都”的美誉，最具特色的建筑物是双子塔；海拔1700米的云顶高原、海拔457米的美马高原、海拔2031米的金马仑高原等，是著名的高山避暑胜地；槟城（槟榔屿）、兰卡威、沙巴、热浪岛、绿中海（邦戈岛）、迪沙鲁等，则是有名的海滨避暑胜地；马六甲是马来西亚著名的历史古城和旅游胜地。

本文发表于1998年9月7日《春城晚报》第10版《科学天地》

东南亚旅游的气候知识（中）

• 缅甸

撩起面纱的佛陀之邦——缅甸，位于中南半岛西北部，孟加拉湾东岸。缅甸面积仅次于印度尼西亚，居东南亚第二位。地形以山地、高原、平原和丘陵为主，山脉主要呈南北走向。河流大多由北向南注入安达曼海。平原主要分布在河流中、下游谷地和三角洲。北部高山区海拔3000米以上，从高山区往南，山脉分为东、西两支。东支贯穿掸邦高原，向南绵延至安达曼海东岸；西支沿印度和缅甸边界，直抵孟加拉湾沿岸。西部山地和东部高地之间为伊洛瓦底江平原，由伊洛瓦底江和锡当河冲积而成，地势平坦，其间零星散布有浅丘、岛山。

缅甸境内千米以上的山脉纵贯南北，北回归线贯穿东西，南部为热带季风气候，北部为亚热带季风气候。大部地区终年气候炎热，气温年较差自南向北逐渐增大。仰光（Rangoon，前首都，2005年迁都至内比都Naypyidaw），海拔5米，年平均气温27.3℃，气温年较差5.5℃，属“常夏之都”。全年可分为热季（3～5月）、雨季（6～9月）和冷季（10月～次年2月），其中冷、热两季又称为旱季。每年3～5月，在东北季风影响下，仰光炎热干燥少雨，各月平均气温皆在30℃，白天最热可达41.1℃，干热有时近乎热带沙漠气候的感觉。5月下旬～6月初，由于受西南季风的影响，城市干热的气候为湿热所替代。规律性的晴转多云至阴云密布，而后阵雨顿作，伴随鼓点般的雷雨倾盆而下，继而复转多云至晴，几乎在每天上午10点以后开始直至夜间，往复循环，直到9月底10月初。仰光的雨季，其相对湿度保持在85%以上，整个雨季雨量多达2248毫米，占年雨量2617毫米的86%，1个月之内，半月以上的天数有雨。年雨日127天，年日照时数2446小时。10月随着西南季风的退缩，雨季结束，气候由炎热转为温和。1月最凉，月均气温24.3℃，即便最冷时，气温也从未低于12℃，冬天从未光临过这座热带之城。冷季的仰光，气候温和，阳光明媚。雨季仰光多吹西南风，干季吹东北风，年均风速1.4米/秒，年雷暴日数54天。

缅甸的旅游景点主要集中在仰光、蒲甘、曼德勒三座城市。仰光大金塔与印尼的婆罗浮屠塔、柬埔寨的吴哥窟并称东方艺术的瑰宝，是驰名世界的佛塔；地处伊洛瓦底江中游左岸的著名旅游胜地蒲甘，是缅甸历史古城和佛教文化遗址；曼德勒（瓦城）是缅甸著名古都；密支那为缅北重镇和翡翠的重要产地；茵莱湖、东枝、格劳是有名的高原避暑胜地；彬乌伦（眉缪）是英缅殖民时期的避暑胜地（“夏都”）和著名“花都”；毛淡棉、丹老群岛等则是著名的海滨避暑佳境。

缅甸蒲甘风光（图源：图虫）

- 老挝

老挝，被称为“印度之那的屋脊”，是东南亚唯一的一个内陆山国，境内地势北高南低，湄公河自北向南流经全境。老挝北邻中国，南接柬埔寨，东连越南，西北接缅甸，西南毗邻泰国。老挝境内80%为山地和高原且多森林。老挝自北向南分为上寮、中寮和下寮，上寮地势最高，川圹高原海拔2000～2800米，最高峰普比亚山海拔2820米。气候除高山地区属山地气候外，全国普遍属热带和亚热带季风气候。首都万象（Vientiane），海拔162米，属热带季风气候。四季太阳高照，气候暖热，年均气温25.7℃，最热月（4月）平均温度28.3℃，最冷月（1月）则为21.1℃，按四季划分，万象可谓“长夏之都”。万象降水具有显著的季节性，10月～次年4月为旱季，盛行东北季风，天气晴朗干燥，6个月总雨量208毫米，不足全年降水的13%，平均日照时间7小时。5～9月为雨季，盛行来自印度洋的西南湿润气流，平均湿度达86%，一月之中半月有雨，雨季降雨或持续数日连绵不息，或急促而下骤然停止，强度不一。万象年雨量1714毫米，雨日107天，雷暴日31天，年日照时数1790小时。雨季盛行偏南风，旱季盛行偏北风，年均风速1.9米/秒。雨季的万象，由于昼夜温差小、湿度大，人们有郁闷之感。

海拔1200米的北松是老挝有名的高原疗养胜地；著名古都和佛教中心琅勃拉邦，被誉为旅游者的“世外桃源”目的地；琅勃拉邦、巴色瓦普寺、川圹石缸平原已被列入世界文化遗产名录；万象、琅勃拉邦、万荣、四千美岛等地有著名旅游景区和景点。

- 越南

走向革新开放的佛儒之国——越南，位于中南半岛东端，东南面海，西北邻陆，国土狭长。由于越南地处北回归线以南，除高原山地外，大部分属热带季风气候。终年暖热湿润，旱雨季分明，台风活动频繁，自北向南年均温由23℃递增到33℃，年雨量1500～2000毫米不等。首都河内（Hanoi），海拔16米，气候属“长夏无冬”而干湿分明。1月平均气温15.6℃，白天最热为20℃以上，相当于北京仲春时节。5月～9月天气炎热，28℃的平均气温及白天极端最高达40℃以上的酷热，胜过我国江南的盛夏。人们头戴斗笠，身穿无领衬衫还感暑气逼人。河内年均温24℃，年均相对湿度75%，年雨量1682毫米，年雨日146天。由于受季风影响，河内有明显的旱季和雨季之分。11月～次年4月降水较少，为旱季，季雨量仅为184毫米，不足全年雨量的十分之一，但云雾弥漫而多毛毛雨是其一大特色，6个月有雾日达42天，大雾往往使城市千米之内难辨景物，天空常被500米以下的低云所遮蔽，黑暗灰沉，蒙蒙细雨连绵不断，持续时间短则3～5天，长则10多天（克拉香天气）。5～10月是雨季，持续数月的阴雨和伴随雷鸣电闪的倾盆大雨相互交替，季雨量达1446毫米，相当于旱季的8倍多。雨季的云量反而比旱季略偏少，但高温高湿常使人感觉不适。河内雨季多偏南风，旱季多偏北风，年平均风速2.5米/秒。7～11月越南经常受南海登陆台风影响。台风影响时，狂风乱作，大雨倾盆，台风过后，树倒房塌，留下一片废墟。

海拔1500米的大叻、海拔1600米的沙巴，是著名的高原避暑胜地；而下龙湾、头顿、芽庄、岘港等地则是有名的海滨旅游胜地；会安、顺化、西贡等是具有浓郁风情的古都和旅游目的地。

· 柬埔寨

柬埔寨——具有悠久历史和灿烂文化的高棉古国，位于中南半岛东南部，境内多地势低缓的平原，气候与越南南部、泰国东南部相似，终年炎热，雨水丰沛，有旱雨季之分，属热带季风气候。5～10月为雨季，旱季可分为凉季（11月～次年2月）和热季（3～4月）。全年平均气温在21℃以上，平原地区为27℃。首都金边（Phnom Penh），海拔仅2米，年均温27.6℃，4月最热与12月最冷的温差仅4℃，当地居民终年只需穿薄薄的“纱笼”。每年11月～次年4月为旱季，晴热少雨，整个旱季雨日仅有20天，雨量154毫米，不到年雨量的1/12，每天日照长达8个多小时，冬季气温始终在25℃以上。夏季风来临前的3～5月最热，月均温在29℃左右，白天最热可达40℃。5～10月是金边的雨季，来自南海和泰国湾的暖湿气流，使城市空气相对湿度升至80%左右。一月之中10天以上有雨，降水多呈阵性，急促凶猛且伴有雷鸣电闪，雨季云量较多，月均温在27～28℃，湿度大，人们普遍感觉湿热难当。11月夏季风撤退，雨季结束，气温下降，天气又复晴朗少雨。金边年雨量1372毫米，年雨日121天，年均相对湿度77%，年日照时数2663小时，年平均风速2.9米/秒，年雷暴日26天。

海拔1075米的波哥山是有名的避暑胜地；白马则是柬埔寨著名的海滨休养胜地；吴哥窟位于柬埔寨暹粒市以北6千米处，是古高棉王朝的遗址；西哈努克城（磅逊）位于柬埔寨西南海岸线上，是柬埔寨最大的海港；金边、吴哥、西哈努克城是柬埔寨著名的三大旅游胜地。

本文发表于1998年10月19日《春城晚报》第10版《科学天地》

东南亚旅游的气候知识(下)

- 印度尼西亚

林涛海韵的千岛之国——印度尼西亚，是世界上最大的群岛国家，由太平洋和印度洋之间约17508个大小岛屿组成。印度尼西亚位于亚洲东南部，地跨赤道，与巴布亚新几内亚、东帝汶、马来西亚接壤，与泰国、新加坡、菲律宾、澳大利亚等国隔海相望。印度尼西亚70%以上领土位于南半球，是亚洲南半球最大的国家。经度跨越96°E～140°E，是除中国之外领土最广泛的亚洲国家。大部分地区为热带雨林气候，终年高温、高湿、多雨、风小，以东部的马鲁古群岛最为典型。由于受季风影响，印尼大部分地区季节上有多雨和少雨之分。首都雅加达（Jakarta），位于赤道以南6度多的爪哇岛西北岸，海拔8米，属热带雨林气候，一年四季气温较高而年温差较小。年均气温26.8℃，最热月（9月）与最凉月（1月）气温之差仅1.1℃。由于海洋的调节，最热月平均最高气温33.5℃，而极端最高气温从未突破37℃。由于地处赤道附近，雅加达上空终年日射强烈，地面及周围洋面的水汽蒸发旺盛，使得一年四季云量较多，平均每月皆有一半以上时间天空为云层遮蔽。云状多呈对流云形式，千姿百态，变幻莫测。刚刚还是骄阳似火的天空，顷刻间便会乌云密布，电闪雷鸣，继而便是一阵瓢泼大雨，不一会儿，雨过天晴，天空又是一片湛蓝。印尼的著名旅游城市茂物，就有“世界雷都”之称，年均雷雨日达332天，几乎可天天闻雷。雅加达年雨量1799毫米，雨日125天。由于越赤道气流在不同季节其风向不同，因此降水有明显的多寡变化。10月～次年4月是南北气流在赤道附近辐合的过渡时期，因而雨量集中，7个月的雨量达1415毫米，占全年雨量的4/5，空气相对湿度高达84%～87%，天气闷热难忍，热带雨林气候特征十分明显。6～9月气温略有下降，相对少雨，8月雨水最少，月均雨量不足50毫米，日照达7小时以上，天气炎热，但比起10月～次年4月的湿热，人们体感要舒适得多。风力小是印尼气候的又一特征，雅加达年均风速仅0.9米/秒。全年除偶尔受台风影响有强风外，大部分时间是柔风轻拂。

除首都雅加达外，巴厘、泗水、茂物、棉兰、日惹、万隆、玛琅、班达亚齐、万鸦老等地是印尼著名的旅游胜地。巴厘岛拥有“神明之岛”“魔幻之岛”“天堂之岛”的美誉。波罗浮屠位于日惹群山环抱之中，是世界上面积最大的佛教遗迹，被认为是世界七大奇迹之一，是世界文化遗产。

印度尼西亚巴厘岛风光（图源：图虫）

• 菲律宾

菲律宾——椰林热浪的群岛国家，全国由七千多个岛屿组成，地处热带，四面环海，各地气候因降水的季节分配不同而有差异。棉兰老岛终年多雨，属热带雨林气候，其他地区属热带季风气候。首都马尼拉（Manila），海拔16米，年均温27.3℃，气温年较差仅4℃，属“长年皆夏”之都。季风的影响使马尼拉降水具有显著的季节性。11月～次年5月，东北风盛行，天气晴朗，7个月合计雨量350毫米，仅为年雨量的五分之一，太阳光照每天多达6～9小时。6月季风转向，来自南海的西南暖湿气流，源源不断地输送到马尼拉上空，降水剧增，6～10月总雨量多达1441毫米，为干季的4倍。滂沱大雨或持续数小时，或短暂急促，常给低洼地区居民带来麻烦。雨季的马尼拉，虽一阵大雨过后可消除暑气，却因天空多阴雨，昼夜温差不大，相对湿度高达80%以上，人们仍感闷热难忍。要是碰上台风天气，那种风暴来临前的闷热，更令人感到窒息。在菲律宾，年年都有台风影响，时间集中于7～11月。台风有极大的破坏力，常造成人员伤亡以及财产、农作物的巨大损失。马尼拉年雨量达2069毫米，雨日159天，6～9月盛行西南风，11月～次年2月盛行东北风，3～5月盛行东南风，年平均风速3米/秒。海拔1450米的碧瑶，气候常年如秋，年均温17.7℃，被誉为“旅游者的麦加”和“菲律宾的夏都”，是有名的避暑胜地；长滩岛是著名的海滨旅游目的地，岛上有一片长达4千米的白色沙滩，被誉为“世界上最细的沙滩”；宿务、爱妮岛、佬沃等地亦是著名的海滨旅游胜地。

• 文莱

石油富国——文莱，位于加里曼丹岛西北部，三面与马来西亚的沙捞越接壤，北邻南海。文莱海岸线长193千米，有33个岛屿，沿海为平原，内地多山，东部地势高，西部多沼泽，属热带雨林气候。无季节变化，终年炎热多雨，年均温24～30℃，年雨量超过2540毫米。首都斯里巴加湾市（Bandar Seri Begawan），高温多雨，降水分配均匀，但一年仍可分为旱季和雨季，11月～次年2月为雨季，12月雨量最大，3～10月为旱季。年均降雨量2914毫米，降雨日数205天，日均最高气温33℃，最低气温24℃，年平均气温28℃，平均湿度82%。斯里巴加湾市的努洛伊曼皇宫、奥玛尔·阿里·赛福鼎清真寺、水晶公园、水上村落等是著名的旅游景点。

本文发表于1998年11月30日《春城晚报》第9版《科学天地》

多样的西南气候

西南地区，是中国七大自然地理分区之一，东临华中地区、华南地区，北依西北地区，西南与南亚东南亚国家接壤。西南地区在地理区划概念与行政区划概念下，涵盖不同的区域范围。在我国行政区划中，西南地区又被称为西南五省，包括重庆、四川、贵州、云南、西藏五省（市、区），面积约236万平方千米，约占全国陆地面积的24.5%，其中四川盆地是该地区人口最稠密、交通最便捷、经济最发达的区域；自然地理区划下的西南地区，包括四川盆地、云贵高原、青藏高原东南部、两广丘陵西部等地形单元，大致包括重庆、四川、贵州、云南、西藏东部、广西西部地区。

西南地区地处祖国西南边疆，青藏高原的东南部。行政区划下的西南地区，地形比较复杂，但可显著地分为三个地形单元：四川盆地及其周边山地、云贵高原中高山山地丘陵、青藏高原高山山地。区域内四川盆地海拔在500米左右，云南高原和贵州高原的海拔分别为2000米和1000米左右，而青藏高原东缘的海拔在3500米以上。区域内大江大河较多，峡谷区主要分布在横断山区。本区中部和北部以长江流域的河流为主，南部和西部则分属珠江流域、元江（红河）流域、澜沧江（湄公河）流域、怒江（萨尔温江）流域、伊洛瓦底江流域、雅鲁藏布江流域、恒河流域、印度河流域，藏北地区有众多的内流河汇入高原湖泊。本区的湖泊主要为高原湖泊，集中在三个区域：藏北、滇中和滇西北。

与地形分布相对应，西南地区的气候类型亦颇具特色。气候类型由温暖湿润的海洋性气候到四季如春的高原季风气候，再到亚热带高原季风湿润气候，最后是青藏高原独特的高原气候，形成了独特的植被与景观分布格局。总之，西南地区处于中国地势的第一、第二阶梯，以高原、山地和盆地为主。西南地区特殊的地理位置，复杂的地形地貌，使得这里的天气气候独特，气候类型立体多样。

• 地形复杂 气候类型多样

西南地区山高谷深，气候垂直差异明显，“一山分四季，十里不同天”是常见的自然现象。西南地区的地形，自西北向东南倾斜，西部青藏高原，平均海拔在4000米以上；东部四川盆地和云贵高原南缘河谷低地，海拔仅几百米，高度差平均在3000米以上，加上纬度地带变化的影响，气候类型自东南向西北，从热带向温带、寒带气候类型垂直变化。在云南南部和西藏东南部，海拔和纬度都较低，表现为典型热带气候特点，森林茂盛，四季常绿，各种热带植物生长繁茂，如满山遍野的野芭蕉、野柠檬、竹林、茶林、榕树等。四川东部、重庆、贵州、云南中部等地，则以亚热带气候为主。西藏、四川西部、云南西北部海拔在4000米以上，属高原高寒气候，气温低，辐射强，日照丰富，降水少。

丽江玉龙雪山风光（金振辉 摄）

• 东西迥异 气温变化显著

受地理条件的制约，西南地区气候具有分布复杂、地区差异大的特点。西部高原气温偏低，温度日变化大，西藏大部地区年平均日较差为14～16℃，是全国气温日较差最大的地区之一；日照丰富，日照时数明显多于同纬度的其他地区，大部地区年日照时数在2000小时以上，其中雅鲁藏布江中上游和阿里地区超过3000小时。东部地区多雾，大部地区年雾日数超过150天，年日照时数仅为1000～1500小时，是全国日照最少的地区。其中四川东南部、重庆西部和贵州北部，年雾日数超过300天，部分地区超过350天，重庆更有“雾都”的别称；东部大部地区气温年较差小，大部地区气温年较差在25℃以下，其中云南大部和四川南部小于15℃，局部地区小于10℃，是全国气温年较差最小的地区之一；四川东部、重庆大部、贵州大部年平均日较差基本为6～8℃，是全国气温日较差最小的地区之一。云贵高原冬暖夏凉，大部地区“夏无酷暑”“四季如春”，云南昆明因“春城”享誉世界，贵州六盘水有“凉都”美誉，贵阳被称为“中国避暑之都”，云南西双版纳是著名的“避寒”胜地。

· 干湿分明 秋雨夜雨明显

由于冬、夏半年影响气团性质截然不同，形成了冬干夏湿的季风气候特点，其中云南表现最为明显。每年5～10月是雨季，区域平均降水量为753毫米，占平均年降水量的83%，11月～次年4月是干季，降水稀少。降水年内变化明显，最多月（7月）约是最少月（12月）的15倍。西南地区9～10月降水量占全年的比例，明显高于全国其他地区，通常都会出现降雨天气，形成了独特的华西秋雨现象（连阴雨）。夜雨多是西南气候的又一个特点，夜雨量一般占全年降水量的60%以上，可谓“巴山夜雨涨秋池”。其中重庆、峨眉山分别为61%和67%，贵州高原上的遵义、贵阳分别为58%和67%，西藏为51%～84%，其中拉萨最高。

· 干旱频发 地质灾害突出

西南地区干旱发生频率高，分布范围广，总体呈现每年有旱情、3～6年一中旱、7～10年一大旱的特点。受全球气候变暖影响，西南地区干旱化有加剧趋势，21世纪以来，中等以上干旱日数较20世纪90年代增加了10%以上，其中伏旱、秋旱增加，冬旱、春旱减少。2006年，川渝特大高温伏旱发生时间较常年提前10天以上，大部分地区伏旱长达40天，南充、遂宁等地达70天以上，直接经济损失上百亿元。2022年夏季川渝地区高温干旱严重。2009～2012年云南出现了罕见的4年连旱，春旱是云南最常见的气象灾害。西南地区暴雨频率高，局地强度大，加上区域内山脉众多，地震频发，集中分布了一系列的大断裂河流沟谷，是中国滑坡、泥石流密度最大、活动最频繁、危害最严重的地带。地质灾害主要受降水的影响，6～9月出现比例最高，约占全年灾害的80%以上，12月～次年3月较少出现地质灾害。

· 降水不均 分布差异明显

重庆平均年降水量为1129毫米，由东南向西北逐渐减少，大部地区为1000～1200毫米，渝东南的酉阳、秀山在1300毫米以上，潼南仅有976毫米。降水季节分配极不均匀，年降水量的70%集中在5～9月，6～7月约占年降水量的1/3。

四川平均年降水量为957毫米。四川盆地自四周向中部减少，盆地中部在1000毫米以下，少雨区不足800毫米；盆地四周在1000毫米以上，西缘最多超过1600毫米，其中青衣江流域的雅安，年降水量达1804毫米，素有“天漏”之称。川西南山地年降水量相对均匀，最多在1100毫米左右，最少区在金沙江河谷地带，为700～800毫米；川西北高原为600～800毫米，岷江上游九顶山背风坡的茂县462毫米；横断山脉背风坡的得荣，年降水量347毫米，为全省最少。

贵州平均年降水量为1180毫米，空间分布与地形关系密切。乌蒙山、雷公山、梵净山的南麓有三个范围较大的多雨区，以晴隆的1492毫米最多，其余地区雨量在1300毫米以下，以赫章的833毫米为最少。降水季节分配不均匀，全年降水量的70%左右集中在5～9月，尤其夏季占全年降水量的50%左右。

云南平均年降水量为1086毫米。年降水量大值区位于滇南、滇西南边缘地区，超过2000毫米，金平最多2359毫米。小值区出现在金沙江河谷、迪庆高原、滇东北及元江河谷等地，年雨量不足800毫米，宾川最少，仅为564毫米。冬干夏湿的季风气候突出，干季降水量占年降水量的15%，雨季降水量占全年的85%。

西藏平均年降水量为460毫米。自东南向西北递减，藏东南及怒江流域以西地区年降水量600～895毫米，是西藏降水最丰沛的地区，其中墨脱年降水量2358毫米，有西藏的"雨都"之称。位于墨脱县南部边境的巴昔卡镇，平均年降水量达4500毫米，是中国陆地上降水量最多的地方之一；中部拉萨、日喀则、山南、那曲等地，年降水量为200～600毫米；有西藏的"雨都"之称。喜马拉雅山北麓、怒江以东地区是少雨带，年降水量不足200毫米。全区降水主要集中在5～9月，占年降水量的80%～95%。

云南周边国家气象部门概略

云南地处西南边陲，是中国推进"一带一路"建设和面向西南开放的关键节点之一，是澜湄合作、大湄公河次区域合作、孟中印缅地区合作的中方重要参与省份和主要共建者。云南位于中南半岛北缘，处于我国与南亚东南亚大陆结合部，与越南、老挝、缅甸接壤，与泰国、柬埔寨、印度、孟加拉国邻近，可通过陆路和水路直通中南半岛、孟加拉湾，沟通着印度洋和太平洋。云南是孟中印缅经济走廊、中国—中南半岛经济走廊的重要起点，北上可连接"丝绸之路经济带"，南下能贯通"海上丝绸之路"，向东连接"长江经济带"和"粤港澳大湾区"，是国家三大发展战略的重要交汇点。

云南是多民族聚居区，有16个跨境民族，与东南亚地区历史同根、民族同源、文化相似、习俗相近。云南与周边国家地缘相近、气候相似、灾害同源。云南是中国与东南亚气象科技合作的重要省份，开展气象防灾减灾合作，趋利避害，共享共赢。

· 缅甸

缅甸气象水文局的英文全称为Department of Meteorology and Hydrology，简称DMH，官网网址为https：//www.moezala.gov.mm/。缅甸于1949年8月19日加入WMO（世界气象组织）。缅甸气象水文局（DMH）隶属于缅甸交通运输部。缅甸气象水文局原名独立缅甸气象局，成立于1937年，1972年重组，1974年起隶属缅甸交通运输部管辖。缅甸气象水文局主要负责全国气象、水文、地震业务。2005年，其总部所在地迁往内比都后，主要气象业务机构仍保留在仰光原址，组织机构调整为上缅甸、下缅甸区域和总部三个主要机构，总部下设气象处、水文处、地震处、农业气象处、航空气象处、装备与通信处等部门。缅甸有7个省和7个邦，每个省（邦）均有一个省（邦）级气象水文局，全国有地面气象观测站150个，其中27个参加亚洲区域资料交换，全部为人工站。缅甸目前尚没有高空观测站。其提供的气象服务主要为天气预报、航空天气、农业气象、水文预警、气候监测、灾害天气预警、地震监测等，目前尚未开展商业气象服务。2014年，由云南省气象局承担的中国援建缅甸气象观测站项目通过验收，完成了仰光、曼德勒、莫宁、稍埠、昔卜等5个自动站和仰光、曼德勒2个GPS/MET水汽站建设并投入应用。缅甸气象水文局在日常业务工作中，使用中国气象局赠送的卫星数据广播系统（CMACast）、气象信息综合分析处理系统（MICAPS）和气象演播室。2019年，上海市气象局援建缅甸气象水文局开发了“缅甸气象防灾数值预报系统”。

缅甸大部地区属热带季风气候，一年可分为三季。11月～次年2月是冬季（凉季），天气晴朗，阳光充足，气温处于15～25℃之间，降水量不多；3～5月上旬为干季（也称为热季或夏季），气温在30℃以上；5月中旬至10月是雨季，常出现大范围降雨天气，7～8月雨水最多，常出现大雨滂沱的现象。全国年降水量的区域差异大，内陆干燥区为500～1000毫米，山地和沿海多雨区为3000～5000毫米。主要气象灾害有暴雨、洪涝、热带风暴、高温、干旱等。

中国（云南）援建的缅甸昔卜和老挝万象气象站（严立状 摄）

·　老挝

老挝气象水文局的英文全称为Department of Meteorology and Hydrology，简称DMH，官网网址为https：//www.dmh.gov.la/。老挝于1955年6月1日加入WMO。老挝气象水文局（DMH）在创立时隶属老挝交通和公共工作部。1976年，转至农业和林业部，同时增加水文工作管理职能。1997年，增加地震监测预警职责。2007年，老挝政府进行环境、水资源、气候变化和天气机构改革时，将其转至自然资源和环境管理部管辖，隶属总理办公室。老挝气象水文局有6个部门、17个省级水文气象站。老挝气象水文局有49个县级人工气象站，其中，常规观测站20个，4个参加亚洲区域交换，辅助气候观测站29个。2012年新建老挝万象自动气象站和GPS / MET水汽站（由中国云南省气象局援建）。全国有113个水文站、132个雨量站，其中12个水文站实现了资料自动获取并通过GPRS传输。目前，该国尚没有探空站和测风气球观测。在首都万象的老挝气象水文局总部，建盖有一栋8层高的雷达业务塔楼，安装了一部C波段多普勒天气雷达（日本援建）。老挝气象水文局每天通过全国广播公布两次天气信息，通过FTP和邮件向国家电视台及报纸传输天气预报和预警信息。老挝气象水文局在日常业务中，使用中国气象局赠送的卫星数据广播系统（CMACast）和气象信息综合分析处理系统（MICAPS）。

老挝属热带季风气候。年平均气温为26℃，最高气温可达40℃以上，最低气温为10℃有余。全年分为雨季（5～10月）和旱季（11月～次年4月）。雨量充沛，年降水量约2000毫米，最少年降水量为1250毫米，最大年降水量达3750毫米。主要气象灾害有暴雨、洪涝、干旱、高温、台风等。

· 越南

越南水文气象局的英文全称为Vietnam Meteorological and Hydrological Administration，简称VMHA，官网网址为https：//www.nchmf.gov.vn/。越南于1975年7月8日加入WMO。越南水文气象局（VMHA）隶属于越南自然资源与环境监测部。越南水文气象局负责管理全国水文气象探测、预报和环境监测等业务工作，其主要任务是协助国家自然资源与环境监测部管理、改进和发展国家气象水文网络；监测空气及水环境，及时防范自然灾害，为社会经济发展和国家安全提供支持。越南水文气象局有地面气象站174个、自动探空站6个、天气雷达7部，能接收中国、美国卫星数据，有农业、水文、空气质量、臭氧、盐度等监测站。业务预报由越南国家水文气象预报中心（NCHMF）开展，NCHMF成立了通信部门，负责媒体联系，向媒体提供最新的天气和气候信息。针对灾害性天气事件，NCHMF将预报和预警报送给越南国家政府相关部门，如洪水和风暴控制中心、国家搜救委员会等，并通过媒体向公众发布。同时，NCHMF向区域和省级水文气象中心发布公报和预警，通过其向政府报送相应结果，并同样通过媒体向地方民众发布预报预警结果。2011年，中国气象局向越南水文气象局赠送了卫星数据广播系统（CMACast）和气象信息综合分析处理系统（MICAPS）。

越南属热带季风气候，日照充足，高温多雨，湿度大。年平均气温24℃，年降水量1500～2000毫米。北方（海云山以北）四季分明，湿度大；南方（海云山以南）全年高温，分雨季（5～10月）和旱季（11月～次年4月）两季。南北温差大，河内最低气温可低至15℃，与此同时，南方气温却有26℃。主要气象灾害有台风、暴雨、洪涝、高温、干旱、低温等。

· 泰国

泰国气象局的英文全称为Thai Meteorological Department，简称TMD，官网网址为https：//www.tmd.go.th/。泰国于1949年7月11日加入WMO。泰国气象局（TMD）原隶属于泰国交通运输部，2002年10月，改隶属于泰国信息通信技术部（Ministry of Information and Communication Technology）。泰国有气象观测站125个，多普勒天气雷达18部。泰国气象局致力于打造国际水准的气象服务，其主要业务范围包括天气气候观测预报、气象灾害预警、气象灾害防御和相关信息知识传播、向企业提供数据服务等。泰国国家气象部门提供一款名为“*Thai Weather Smart Device Applications*”的移动应用软件，向用户（主要为旅游者）提供天气预报预警。泰国气象局气象服务产品以文字类资料为主。天气服务产品包括相对湿度、风、云量、能见度、气压、雨量、日出日落时间、最高最低气温、7天天气预测、周预测等。气候服务产品主要包括月、季、年度气候预测以及历史数据等。

泰国属热带季风气候。全年分为热、雨、旱三季。年平均气温24～30℃，年降水量约1000毫米。11月～次年2月为旱季（凉季），受东北季风影响，比较干燥凉爽；3～5月中旬是热季，气温最高可达40～42℃；5月下旬～10月是雨季，雨水较多。主要气象灾害有暴雨、洪涝、高温、干旱、台风等。

- 柬埔寨

柬埔寨气象局的英文全称为Department of Meteorology，Ministry of Water Resources and Meteorology，简称DM，官网网址为https：//www.cambodiameteo.com/。柬埔寨于1955年11月8日加入WMO。柬埔寨气象局隶属于柬埔寨水资源和气象部（MOWRAM）。柬埔寨最早的气象观测可追溯到1894年，但是全国性的气象观测和服务直到1954年才逐步建立。1964年，柬埔寨拥有了包括10个气象站和100多个雨量站的观测网，国家预报中心在金边国际机场建立。柬埔寨气象局的观测网较为简陋，仅有21个地面水文气象站、12个自动站、200个雨量站。柬埔寨气象局以发布短期天气预报（3天）为主，预报采用法国的Arpege0.5模式，并通过WMO全球和区域中心获取各种数值模式产品。在WMO的帮助下，柬埔寨拥有欧洲中期天气预报中心–集合预报系统（ECMWF–EPS）的ID号和密码，保证了其开展业务所需的预报产品供给。柬埔寨气象局预报员在业务中更多地参考来自JMA、KMA和CMA全球模式产品，以及来自越南的区域模式产品。柬埔寨气象局具有发布暴雨、强风暴和强风预警能力，当台风临近时发布路径信息。柬埔寨气象局发布的预警信息能够及时送往相关国家机构及媒体，包括国家灾害和管理委员会、红十字会等。2007年，中国气象局向柬埔寨捐赠FENGYUN Cast系统和气象信息综合分析处理系统。柬埔寨气象局在金边建有多普勒天气雷达站（法国生产）。

柬埔寨属热带季风气候，年平均气温30℃，分干湿两季，5～10月为炎热潮湿的雨季，雨量充沛，气温在33℃左右；11月～次年4月为旱季，气温25～32℃。降水量区域差异大，象山南端年降水量达5400毫米，金边以东地区年降水量约为1000毫米。主要气象灾害有雷电、暴雨、洪涝、干旱、高温、台风等。

- 其他国家

孟加拉国气象局的英文全称为Bangladesh Meteorological Department，简称BMD，官网网址为https：//www.bmd.gov.bd/。孟加拉国于1973年9月22日加入WMO。孟加拉国气象局现有天气观测站47个、小球测风站10个、无线电探空站4个、农业气象站12个、天气雷达站5个（3个为多普勒雷达）、地震监测站10个，有日本葵花气象卫星和中国风云气象卫星接收系统（CMACast），运行WRF数值模式，接收来自印度气象局和美国关岛的热带气旋（热带风暴）预警信息。

印度气象局的英文全称为India Meteorological Department，简称IMD，官网网址为https：//mausam.imd.gov.in/。印度气象局隶属于地球科学部（Ministry of Earth Sciences）。印度于1949年4月27日加入WMO。印度气象局观测站网齐全，官网内容丰富，除卫星、雷达、降水、气温、季风、热带气旋、海洋气象、交通气象、农业气象、空气质量等监测信息外，还有数值预报、城市预报、气候服务、旅游气象、闪电、日出日落等预报和服务信息。

厄尔尼诺与拉尼娜

厄尔尼诺/拉尼娜是指赤道中、东太平洋海表温度大范围持续异常偏暖/偏冷的现象，是气候系统年际气候变化中的最强信号。厄尔尼诺/拉尼娜事件的发生，不仅会直接造成热带太平洋及其附近地区的干旱、暴雨等灾害性极端天气气候事件，还会以遥相关的形式间接地影响到全球其他地区的天气气候并引发气象灾害。特别类似1998年的极强厄尔尼诺事件，会造成我国长江流域的严重洪涝灾害，给人民生命财产安全和社会经济发展带来巨大影响。

· 厄尔尼诺现象

厄尔尼诺一词，最早源于西班牙文“El Nino”，其原意为“圣婴”或“耶稣之子”。最初被用来表示每年圣诞节前后，沿厄瓜多尔海岸出现的一支微弱向南移动的暖海流。现主要指发生在热带中东太平洋、南美厄瓜多尔南部和秘鲁北部沿岸海水温度异常升高的现象。厄尔尼诺现象是一种大规模的热带海洋异常现象，且表现出强烈的海洋与大气的相互作用过程。在热带中、东太平洋海水异常增暖的同时，从热带东太平洋到印度尼西亚群岛，海洋和大气环流都会发生异常变化。热带太平洋是一个控制全球大气运动的巨大热源和水汽源，因此，厄尔尼诺现象的发生必将引起全球气候的异常。

云南洪涝灾害（云南省气象局供图）

早期人们对厄尔尼诺现象的认识是“友好”的。1891年秘鲁沿岸出现暖洋流，曾有人目睹了当时的情景：“首先是沙漠变成了绿洲，土壤被倾盆大雨浸泡着，在几周内整个国家覆盖着丰盛的牧草，羊群成倍地增长，棉花能生长在不长植物的地方。”当时人们把这样的年份称作“丰年”，把这种暖流冠以“圣婴”的美名。但后来发现，当厄尔尼诺出现时，由于暖洋流的影响，正常的食物链遭到破坏，使得海洋生物繁殖减少。海鸟、海豹、海狮等因没有鱼吃而死亡或迁徙，南美沿岸国家则因失去宝贵的鸟粪肥料，而使农业生产受到影响。1982～1983年，出现过一次非常强的厄尔尼诺事件，致使秘鲁的年捕鱼量从1030万吨锐减到180万吨，造成全球经济损失达130亿美元。以热带东太平洋地区洪灾泛滥和热带西太平洋地区荒芜干旱为其主要气候特征的厄尔尼诺现象，经过一百多年的认识，其“贬义”成分大大增加了。

随着现代科技的发展，目前海洋和气象学家主要把发生在热带中东太平洋、南美厄瓜多尔南部和秘鲁北部沿岸海水温度异常升高的现象，称为厄尔尼诺现象。它是一种大规模的热带海洋异常增暖现象，且表现出强烈的海洋与大气的相互作用过程。当海表面温度发生变化时，也会影响到大气的温度以及大气环流的调整变化，从而导致全球气候发生异常，最后影响到人类的生产和生活。厄尔尼诺现象不是一个单纯孤立的海洋现象，其物理过程非常复杂。目前科学家对其形成机制虽然有了一定的了解，但还不完全清楚。可以说，厄尔尼诺现象是一个带有神秘面纱的正逐渐被揭开的自然科学之谜。

厄尔尼诺的发生具有准周期性，通常每2～7年发生一次，但并不遵循严格的周期。1950年以来，热带太平洋共发生了21次厄尔尼诺事件。20世纪80年代，出现了2次罕见的强厄尔尼诺事件，即1982/1983年，1986/1987年。进入90年代，厄尔尼诺进入高频发期，先后发生了4次厄尔尼诺事件，即1991/1992年、1993年、1994/1995年、1997/1998年。厄尔尼诺出现的时间可在一年中的任何月份，通常在冬末春初发生，翌年春季前后结束，持续时间1年左右。始于1997年春夏之交的厄尔尼诺事件，其来势之猛烈、发展之迅速，对全球气候影响之强烈，已远超过1982/1983年的强厄尔尼诺事件，成为20世纪有记录以来最强的一次。海洋和大气的相互作用是厄尔尼诺形成的主要原因。厄尔尼诺现象可通过大气遥相关进行传播，进而影响亚洲季风区和世界其他地区的气候，造成部分地区高温干旱少雨，有些地区暴雨（雪）成灾，有些地区寒冷刺骨……故有人形象地将其比喻为“灾难之源”。厄尔尼诺影响最显著的地区是环太平洋热带地区，对我国及云南也有间接影响，是目前已知的影响气候变化的一个最强信号。

云南位于祖国的西南边疆，地处我国纬度较低的云贵高原，特殊的地理环境和复杂的地形地貌，形成了这里四季如春、干湿分明、立体气候突出的高原季风气候，它是我国同时受到南亚季风和东亚季风交叉影响最显著的地区。“厄尔尼诺”不仅能造成太平洋上空大气环流的异常，同时也会造成印度洋上空大气环流异常。由于形成云南降水的水汽，主要来自于孟加拉湾的西南暖湿气流，因此，印度洋地区西南气流的强弱变化，将制约着云南雨季降水的多寡。当“厄尔尼诺”现象发生后，一般会造成印度季风和东亚季风系统强度减弱，印度洋地区西风明显东移，南亚季风爆发时间推后，西南气流偏弱，不利于冷暖气团在云南上空交绥，造成云南雨季开始期明显滞后，出现较重的初夏干旱和夏旱。像1977年、1982年、1983年、1987年、1992年、1993年、1997年等，云南均出现了较重的初夏干旱，造成极大的损失。而在“厄尔尼诺”结束年，有时表现为“拉尼娜”事件，云南夏季降水却又偏多，多洪涝灾害。例如1983年8月初，云南出现了持续数日的大范围罕见洪涝灾害。一般来讲，出现“厄尔尼诺”现象时，由于东亚冬季风偏弱，云南易出现暖冬现象，冬天一点也不冷，很少有降雪出现，到处呈现暖洋洋的天气。

事实上，“圣婴”影响足迹最明显的地区是环太平洋的热带地区，对云南天气的影响是间接的，还是相互作用的，其物理机制目前仍还不是很清晰。对云南气候怎样影响？程度如何？是祸是福？仍是气象学家们一直在努力探索的问题。

高原乱云飞渡（郭荣芬 摄）

• 拉尼娜事件

拉尼娜（La Nina）是西班牙语，意为“女孩”，是厄尔尼诺（El Nino）的孪生兄妹，主要指赤道中东太平洋海表温度异常偏低的现象。它刚好与厄尔尼诺现象海温异常升高相反，故又称为反厄尔尼诺现象。1950年以来，拉尼娜现象共发生过16次，大约每隔3～5年发生一次，但有时也间隔长达10年以上。最近的一次拉尼娜事件发生于2020年8月，并将持续至2022年冬季，成为本世纪首个“三峰”型拉尼娜。

拉尼娜的产生主要是由于赤道地区偏东信风不断加强引起的。与厄尔尼诺的发生机制正好相反，当赤道太平洋信风持续加强时，赤道东太平洋表面暖水被吹走，深层的冷水上翻作为补充，海表温度进一步变冷，从而形成拉尼娜。拉尼娜一般是跟在其“哥哥”厄尔尼诺之后出现的，但大约只有70%的厄尔尼诺后，拉尼娜才会接踵而至。拉尼娜出现的频率和影响规模，都要比厄尔尼诺小，相应地，拉尼娜产生的气候异常与厄尔尼诺刚好相反。它将造成热带东太平洋沿岸各国干旱少雨，热带西太平洋沿岸潮湿多雨；亚洲夏季风偏强，西太平洋台风增多；亚洲冬季风偏强，多寒潮天气，出现冷冬的可能性增大等。

拉尼娜对全球天气气候的影响程度和威力，较厄尔尼诺要小得多。一般情况下，在拉尼娜出现时，印度尼西亚、澳大利亚东部、巴西东北部、印度及非洲南部等地降雨偏多，在太平洋东部和中部地区、阿根廷、赤道非洲、美国东南部等地易出现干旱。拉尼娜年，我国容易出现冷冬热夏，即冬季气温较常年偏低，夏季偏高。另外，在西太平洋和南海地区生成及登陆我国的热带气旋个数，拉尼娜年比常年偏多。

一般而言，在多数拉尼娜事件盛期的冬季，欧亚中高纬大气环流经向度加大，影响我国的冷空气活动比常年更加频繁，我国中东部地区气温较常年同期偏低的概率较大。但是，需要特别指出的是，每次拉尼娜事件的影响不尽相同，不是每个拉尼娜年的冬季我国平均气温都偏低。而且，在全球变暖的气候背景下，影响我国冬季气候的因素更加复杂，北极海冰融化、欧亚积雪变化等因素都会影响东亚冬季风环流的变率，进而导致我国冬季的气候异常。

• ENSO与沃克环流

20世纪初，英国著名气象学家沃克（Walker）爵士指出，热带东太平洋和印度洋上的海平面气压是呈“跷跷板”变化的，即当太平洋上的高压中心气压升高时，印度洋上的低压中心气压就降低；反之，当太平洋上的高压中心气压下降时，印度洋上的低压中心气压就会上升。他把这种类似“跷跷板”变化的振荡称为南方涛动（Southern Oscillation）。在厄尔尼诺期间，东南太平洋高压明显减弱，印度尼西亚和澳大利亚的印度洋上的气压升高。鉴于厄尔尼诺与南方涛动之间的密切关系，气象上把两者合称为“ENSO”（El Nino-Southern Oscillation，简称ENSO，译为“恩索”）。在这里，有必要提到另外一个概念——“拉尼娜”（La Nina，西班牙语里是“女孩”的意思），它的情况正好与厄尔尼诺相反。正如顽皮的小女孩一样，拉尼娜的出现，也会给自然界带来不小的麻烦。厄尔尼诺与拉尼娜在气象学上分别被称为ENSO暖事件和冷事件，它们就像一对如影随形的兄妹，一次厄尔尼诺事件结束后，常常是拉尼娜的接踵而来。

一般情况下，在西太平洋暖池区因海温高，低层空气被加热后产生上升运动，空气在上升过程中逐渐变冷，并在到达大气高空后转向西方和东方，当到达太平洋东侧时，冷而干的空气在赤道东太平洋下沉，达到洋面后再转向西，成为东南信风。这样一来，高层为偏西风，低层为偏东风，构成了闭合的纬向环流圈——沃克环流。沃克环流是全球最重要的大气环流系统之一，首先由英国著名气象学家沃克等人于1928年发现，1969年，挪威著名气象学家皮叶克尼斯（Bjerknes）以发现者之名，将其命名为沃克环流（Walker Circulation）。

• ENSO的监测与判别

在气象业务上，厄尔尼诺/拉尼娜事件（El Nino/La Nina events）是指赤道中、东太平洋海表温度异常（SSTA）出现大范围偏暖/偏冷，且强度和持续时间达到一定条件的现象，是热带海-气相互作用的产物。SSTA中心位于赤道东太平洋的，称为东部型（或东太平洋型、冷舌型）厄尔尼诺/拉尼娜事件；SSTA中心位于赤道中太平洋的，称为中部型（或中太平洋型、暖池型、日界线型）厄尔尼诺/拉尼娜事件。

目前，国际上对厄尔尼诺/拉尼娜事件的赤道中、东太平洋海温异常监测关键区，主要关注四个区域：即NINO1+2区（90°W～80°W，10°S～0°）、NINO3区（150°W～90° W，5°S～5°N）、NINO4区（160°E～150°W，5°S～5°N）和NINO3.4区（170°W ～120°W，5°S～5°N）。在我国气象业务中，对厄尔尼诺/拉尼娜事件有一套科学客观的判定方法（《厄尔尼诺/拉尼娜事件判别方法》GB/T33666—2017）：当Nino3.4区（赤道中东太平洋海表温度监测的关键区，该海域海表温度变化能较好地代表厄尔尼诺/拉尼娜事件的发展特征和趋势）海温指数的3个月滑动平均值≥0.5℃（≤-0.5℃），且持续至少5个月，即判定为一次厄尔尼诺事件（拉尼娜事件）；以Nino3.4区海温指数满足事件判定的时间为持续时间；在事件过程中，Nino3.4区海温指数的3个月滑动平均绝对值达到最大的时间和数值分别定义为事件的峰值时间和峰值强度。以下是1950年以来ENSO事件简表。

1950年以来赤道中东太平洋发生的ENSO事件表

分类	序号	起止年月	长度（月）	峰值时间（年·月）	峰值强度（℃）	强度等级	事件类型
暖事件—厄尔尼诺	1	1951.08～1952.01	6	1951.11	0.8	弱	东部型
	2	1957.04～1958.07	16	1958.01	1.7	中等	东部型
	3	1963.07～1964.01	7	1963.11	1.1	弱	东部型
	4	1965.05～1966.05	14	1965.11	1.7	中等	东部型
	5	1968.10～1970.02	17	1969.02	1.1	弱	中部型
	6	1972.05～1973.03	11	1972.11	2.1	强	东部型
	7	1976.09～1977.02	6	1976.10	0.9	弱	东部型
	8	1977.09～1978.02	6	1978.01	0.9	弱	中部型
	9	1979.09～1980.01	5	1980.01	0.6	弱	东部型
	10	1982.04～1983.06	15	1983.01	2.7	超强	东部型
	11	1986.08～1988.02	19	1987.08	1.9	中等	东部型
	12	1991.05～1992.06	14	1992.01	1.9	中等	东部型
	13	1994.09～1995.03	7	1994.12	1.3	中等	中部型
	14	1997.04～1998.04	13	1997.11	2.7	超强	东部型
	15	2002.05～2003.03	11	2002.11	1.6	中等	中部型
	16	2004.07～2005.01	7	2004.09	0.8	弱	中部型
	17	2006.08～2007.01	6	2006.11	1.1	弱	东部型
	18	2009.06～2010.04	11	2009.12	1.7	中等	中部型
	19	2014.10～2016.04	19	2015.12	2.8	超强	东部型
	20	2018.09～2019.06	10	2018.11	1.0	弱	中部型
	21	2019.11～2020.03	5	2019.11	0.6	弱	中部型

续表

分类	序号	起止年月	长度（月）	峰值时间（年·月）	峰值强度（℃）	强度等级	事件类型
冷事件—拉尼娜	1	1950.01～1951.02	14	1950.11	−1.1	中等	东部型
	2	1954.07～1956.04	22	1955.10	−1.7	中等	东部型
	3	1964.05～1965.01	9	1964.11	−1.0	弱	东部型
	4	1970.07～1972.01	19	1971.01	−1.6	中等	东部型
	5	1973.06～1974.06	13	1973.12	−1.8	中等	中部型
	6	1975.04～1976.04	13	1975.12	−1.5	中等	中部型
	7	1984.10～1985.06	9	1985.01	−1.2	弱	东部型
	8	1988.05～1989.05	13	1988.12	−2.1	强	东部型
	9	1995.09～1996.03	7	1995.11	−0.9	弱	东部型
	10	1998.07～2000.06	24	2000.01	−1.6	中等	东部型
	11	2000.10～2001.02	5	2000.12	−0.8	弱	中部型
	12	2007.08～2008.05	10	2008.01	−1.7	中等	东部型
	13	2010.06～2011.05	12	2010.12	−1.6	中等	东部型
	14	2011.08～2012.03	8	2011.12	−1.1	弱	中部型
	15	2017.10～2018.03	6	2018.01	−0.8	弱	东部型
	16	2020.08～2023.02	31	2020.11	−1.3	中等	东部型

厄尔尼诺/拉尼娜事件的发生具有一定的周期性，通常2～7年发生1次，平均3～4年1次， 但并不遵循严格的时间周期。截至2021年5月，1950年以来，赤道中东太平洋地区共发生了21次不同强度的厄尔尼诺事件和16次拉尼娜事件（见上表所示）。每次事件不仅存在强度差异，而且持续的时间也不一样，短的事件仅半年，长的超过一年半甚至两年多。从最近半个多世纪的演变情况看，20世纪80年代以来厄尔尼诺事件发生更为频繁，强度明显增强。2014～2016年（19个月），发生了有记录以来的最强厄尔尼诺事件，1988～1989年（13个月），发生了有记录以来的最强拉尼娜事件。

• 史上超强的厄尔尼诺事件

1950年以来，赤道中东太平洋一共发生了3次超强厄尔尼诺事件，且都发生在20世纪80年代之后，分别是1982～1983年、1997～1998年、2014～2016年，其中第三次是20世纪以来最强的厄尔尼诺事件，也是有气象和海洋记录以来最强的厄尔尼诺事件。这次超强厄尔尼诺事件是导致全球气候异常变化的重要因素之一，包括我国在内的多个国家都经历了严重的洪涝灾害或旱灾，导致多国粮食严重减产，人民生命财产安全受到严重危害。

这次超强厄尔尼诺事件自2014年10月开始形成，于2016年4月结束，生命史长达19个月，超过了1982～1983年（15个月）和1997～1998年（13个月）这两次超强厄尔尼诺事件；其海温与常年同期相比，偏高的累计值达30.2℃，超过了1982～1983年

（21.5℃）和1997～1998年（23.1℃）；其海温指数峰值为2.8℃，也超过了1982～1983年（2.7℃）和1997～1998年（2.7℃）的海温峰值。由于这次超强厄尔尼诺事件在监测指标上表现出的“三高”特征，美国国家海洋和大气管理局（NOAA）将它取名为“李小龙”（Bruce Lee），以形容它的来势凶猛。

“李小龙”超强厄尔尼诺事件给全球气候带来了显著影响。例如，美国加州东部死亡谷向来以天气炎热、寸草不生著称，但在2015年10月降水突然增多，干旱的土地开出了遍地鲜花；在澳洲东南部，墨尔本的气温攀升至41.2℃，吉朗的气温高达44.4℃，持续的高温热浪和干旱引发了大面积的林火；在非洲乍得，过去两年中降水急剧减少，干旱愈发严重，加剧了当地的饥荒、疾病和水资源短缺。受这次超强厄尔尼诺事件影响，2016年成为全球1880年有气象观测记录以来的最暖年份。对中国而言，在这次厄尔尼诺事件影响下，2015年夏季，我国南方大部分地区降水异常偏多，而北方大部分地区降水偏少，呈现“南多北少”的降水分布特征。入秋以后，南方地区降水比常年同期偏多，特别在11月广西、湖南和江西等地均出现罕见“冬汛”。进入2016年春季后，我国南方降水持续偏多，频繁出现暴雨过程。2016年4～5月上旬，我国南方共出现13次暴雨过程。

· ENSO与中国气候异常

我国地处欧亚大陆东岸，濒临西北太平洋，气候主要受东亚季风的影响。当厄尔尼诺事件发生时，夏季易在南海—菲律宾一带激发出“菲律宾反气旋”，并与西太平洋副热带高压形成叠加作用，副热带高压较常年偏强偏南，使得来自热带海洋的大量水汽持续输送到长江中下游一带，易导致我国南方地区降水偏多。此外，厄尔尼诺事件发生当年，通常我国南方秋季多雨，北方地区冬季易出现暖冬；拉尼娜事件发生的当年秋季，北方降水易偏多，出现秋汛的可能性较大，如1984年和2000年发生的拉尼娜事件，都造成了当年秋季黄河和淮河流域降水偏多。而其发生的当年冬季，我国中东部地区气温易偏低，出现冷冬的可能性较大。如受2007～2008年拉尼娜事件的影响，2008年1月10日～2月2日，我国遭受4次低温雨雪冰冻天气过程，涉及贵州、湖南、云南等20个省区市。

原载1998年5月4日、1998年8月17日《春城晚报》，本文有删改

神奇的横断山

2018年10月，星球研究所在《探索中国·山河篇——什么是横断山？》中有这样的一段开场白："在所有的自然景观中，人们总是偏爱山岳，高山仰止，景行行止。一座耸立于地表之上的高山，足以让芸芸众生仰望膜拜，而当一个地方的高山数量达到成千上万，又将会是怎样一番场景呢？中国的西南部，便有这样一处土地。它是山的世界、山的王国、山的N次方，一个'偏跟山过不去'的地方，就连名字也透露着'霸气'——横断山。"

在中国西南部，青藏高原东南缘的川滇藏交汇区，有一块独特的地理单元，这里的山脉和江河南北方向延伸，数列南北走向的山脉齐聚，阻隔东西，这便是神奇广袤的横断山。

· 横断山的发现

在我国，"横"字在地理上指东西方向，"纵"字指南北方向。顾名思义，横断，就是打横切断了东西之间的交通，横断就是"断横"。据说，"横断山"的名称缘于清末江西贡生黄懋材，当时他受四川总督锡良派遣，从四川成都经云南到印度考察"黑水"源流，因看到澜沧江、怒江间的山脉并行迤南，横阻断路，发出了"这些山真是横断山"的感慨，"横断山"就此得名。

自然与人文景观密集的横断山脉，也是人类最晚认知的大型山脉之一。1900~1901年，清末地理学家邹代钧在京师大学堂《中国地理讲义》中首次提到它的名字："阿尔泰山系与希马剌亚山系间之高原……有大沙积石山，迤南为岷山，为雪岭，为云岭，皆成自北而南之山脉，是谓横断山脉。"此后，人们就把四川盆地以西到西藏东边的一系列南北走向、平行排列的大山，统称为横断山或横断山区（Hengduan Mountains）。由于地理位置及山脉走向的特殊性，横断山脉在地理、气象、地质、水文、生物、民族、社会等诸多学科领域具有重要意义。群山密布、江河纵横、气象万千、物种丰富、民族多样，这些都是横断山区的"缩影"。

"横断山"之名虽已出现，但横断山区的范围却不甚明确，直到20世纪80年代初，中国科学院青藏高原综合科学考察队组织横断山地区考察后，才给这一区域划定出一个大致的位置范围，建构出横断山区的地理概念。即便这样，地理学家所圈画的范围也仅能出现在地图上，我们仍无法在地形地貌复杂多样的横断山区找到现实中的地理边界。2015年3月，60多位户外摄影师开始了为期三年的大横断区域实地踏勘，取名为"大横断"，一系列地理新发现在踏勘中不断产生，包括阿色丹霞、怒江古米大峡谷等。不仅如此，"大横断"项目还提议并踏勘了中国首条长距离"国家步道"，规划了一条北起甘肃合作，南至云南大理，纵穿横断山区，里程约2230千米的“横断天路”。

横断山区是中国乃至世界上最神奇诱人的地方，大自然赋予这里得天独厚的自然景观和人文风貌。她既有气势磅礴、巍峨耸立的雪山峡谷，又有浩荡奔腾、惊涛拍岸的大江长河，还有鲜花遍地、牛羊成群的高山草甸，还有五彩斑斓、如镜似玉的湖泊海子，还有神秘的藏传佛教、康巴文化、茶马古道、藏彝大走廊……这就是川滇藏的“大香格里拉”地区。2004年7月，《中国国家地理》曾出版一期“大香格里拉专辑”，在以四川稻城亚丁央迈勇雪山、森林、溪流、草甸为背景的期刊封面上这样写道：“川滇藏大香格里拉典藏版：给中国最美的地方划个圈。背包客说：这里每一公里都精彩。地理学家说：这里是中国山河的异端。人类学家说：这里是民族迁徙大走廊”。

· 独特的地理单元

横断山脉（区）位于青藏高原东南部，处于中国地势第一级阶梯与第二级阶梯交界处，是中国第一、第二阶梯的分界线。通常指四川、云南两省西部和西藏自治区东部一系列南北向平行山脉的总称。大致位于北纬24°40'~34°30'，东经96°20'~104°30'之间。山岭平均海拔4000米以上，岭谷高差一般在1000~2000米以上。横断山脉是世界上年轻的山系之一，是中国最长、最宽和最典型的南北向山系，唯一兼有太平洋和印度洋水系的地区。地理上通常将横断山区的地理特征概括为“七脉六江”，但独龙江也应归属横断山区，这便有“七脉七江”之说。

在横断山区东—西向约700千米宽的范围内，分布有七列南—北向的山脉，自西向东分别排列着：伯舒拉岭—高黎贡山、他念他翁山—怒山（碧罗雪山）、芒康山—云岭、沙鲁里山、大雪山、邛崃山、岷山，统称横断七脉。七脉主脊线的平均间距约100千米，在这些大山里，山连着山、摩肩接踵、紧凑之极，故也有人将横断山脉称为“横断山系”，意为众多山脉的集合。以居于七脉中央的沙鲁里山脉为例，它是横断七脉中最为宽大者，著名的雀儿山、格聂山、海子山、玉龙雪山、哈巴雪山皆位列其中。沙鲁里山脉以东的大雪山脉，许多山峰海拔超过6000米，是横断七脉中最高的一脉，最高峰贡嘎山海拔7556米，是整个横断山脉的王者。

横断七江是指沿着横断七脉之间的谷地流淌而成的七条大江，自西向东分别排列着：独龙江、怒江、澜沧江、金沙江、雅砻江、大渡河、岷江。独龙江系缅甸伊洛瓦底江上游东支干流，流淌于担当力卡山和高黎贡山之间降水丰富，我国境内全长250千米，河流落差极大，水流湍急。由于地处藏滇缅之间的极边之地，加之山川阻隔、交通不便，被认为是一个遥远而神秘的地方。怒江穿行于伯舒拉岭(高黎贡山)与他念他翁山（怒山)之间。从西藏察隅县的察瓦龙到云南怒江州首府六库，约300千米的河道，被海拔4000 ~ 5000米的高山夹峙，谷底与山巅高差可达2000 ~ 3000米，称为怒江大峡谷。峡谷内河床宽度最窄处仅数十米，汹涌的江水怒吼咆哮而过，声震山谷，怒江因此而得名。论高差，与怒江间隔他念他翁山——怒山(又称碧罗雪山)的澜沧江，有过之而无不及。云南德钦县境内的澜沧江大峡谷，江面海拔约2000米，东岸扎拉雀尼峰海拔5460米，西岸云南第一高峰卡瓦格博高达6740米，峡谷最大高差超过4700米，相当于世界第一高楼哈利法塔（阿联酋迪拜）的近6倍。金沙江自进入横断山区后也被山脉“挟持”着，它与怒江、澜沧江平行南流，中间相隔两条山脉，最窄处三江两山仅约70千米，这便是著名的“三江并流”奇观。横断山脉南-北走向的山势，迫使河流只能沿着山体向南流淌，最终流出国境。怒江成为缅甸的重要河流——萨尔温江(Salween River)，澜沧江则成为东南亚的母亲河——湄公河(Mekong River)。金沙江在云南丽江石鼓镇调头北流，以“Ω”型绕丽江地区而行，然后接纳雅袭江、岷江后一路向东，成为了中国第一大河——长江(Yangtze River)。

中国西南部的横断山区面积约36.4万多平方千米，其中98%为山地。5000米以上的极高山、3500~5000米的高山占总面积的73%以上。贡嘎山（7556米）、梅里雪山（6740米）、四姑娘山（6250米）、雀儿山（6168米）、格聂（6024米）、玉龙雪山（5596米）、央迈勇（5958米）、雪宝顶（5588米）、白马雪山（5417米）、苍山（4122米）等众多名山，密集相拥。群山之间，还有无数炙手可热的人间胜地，如九寨沟、黄龙、泸沽湖、若尔盖、香格里拉、稻城亚丁、大理、丽江等，一个赛一个声名远播。

横断山脉的范围广泛，有“广义”和“狭义”之分。广义上认为东起岷山，西至伯舒拉岭，北界昌都、甘孜一线，南抵中缅边界的山区，都可算作横断山脉地区。从地理覆盖范围看，横断山区呈“倒三角”型分布，北大南小（北宽南窄），地理区域上涉及西藏东部、青海东南部、甘肃西南部、四川西部、云南西部地区，主体为川滇藏交界地区。若从地貌学角度考虑，“广义”上的横断山区大致边界线为：东起四川平武—都江堰—康定—木里—云南丽江一线；西至西藏昌都—察隅—云南贡山—腾冲一线；北起西藏昌都—四川甘孜—马尔康—若尔盖一线；南至云南瑞丽—保山—大理一线。“狭义”上的横断山区则主要指川滇藏交界的“三江并流”地区，涉及西藏昌都、林芝，四川甘孜、凉山，云南迪庆、怒江、丽江、大理等地区，即藏东南、川西南、滇西北交汇地区。

以中南、金沙江两大水系在横断山区的覆盖范围，我们可对这片高山纵谷区做第一次分区，将对应中南水系（怒江、澜沧江）的部分命名为“西横断山区”，对应金沙江水系的部分命名为“东横断山区”。两大水系在流向上的不同，源自东、西横断山区在地理结构上的差异。西横断山脉的中间束紧，使得我们可对这一部分山地做第二次分区，将西横断山区分为西藏境内的“北段”及云南境内的“南段”两部分。前者在地理上属于第一阶梯的青藏高原范畴，海拔较低的后者则与云贵高原一样属于第二阶梯。这意味着，对于这片复杂山地，我们遵从地理形态，可分割出东、北、南三个亚板块。对照中国行政区划，你会发现这一地理结构支撑的大体是四川、西藏、云南三个省级行政区在横断山脉的份额，西藏东部属“北横断山区”，四川西部属“东横断山区”，云南西部属“南横断山区”。西横断山区呈现出典型的高山纵谷状态，云南境内的“南横断山区”更是在地缘上成为了中国与东南亚、南亚各国交往的地理障碍，称为“纵向岭谷区”。从这个角度来说，狭义的横断山区主要指“南横断山区”。

在“南横断山脉”面对中国腹地方向的是西北—东南走向的“云岭山脉”。这条宛如直角三角形斜边的山脉，主体在滇西北的“三江并流”处，充当着金沙江与澜沧江的分水岭。苍山和大理以南的云岭支脉，继续在东南方向一直延续到中越边境地带，这段支脉被单独称之为哀牢山。为了更准确地表达整条山脉的地缘属性，我们可以把这条位于“南横断山脉”边缘的山脉，称之为“云岭—哀牢山脉”。将其剥离出来的地理意义，在于找到横断山脉与云贵高原的分界线。换句话说，位于“云岭—哀牢山脉”以东的丽江、大理、楚雄、昆明、玉溪、红河、曲靖、文山等州（市），在地理上都属于云贵高原的范畴；“云岭—哀牢山脉”以西的迪庆、丽江、怒江、大理、保山、德宏、临沧、普洱、西双版纳、红河等州（市），在地理上则属于“纵向岭谷区”的范畴。

云贵高原内部又可分为两部分，西部身处云南的部分称之为“云南高原”，东部身处贵州的部分则被称之为“贵州高原”，切割云南高原与贵州高原的地理分界线是一条长约250千米的山体——乌蒙山，这是一条“东北—西南”走向的山脉，这一走向与横断山脉整体上的“西北—东南”走向是相左的，也意味着乌蒙山脉已脱离了横断山脉的影响力。结合云南东、西两大山区山脉的走势，你会发现，云南高原更像是“横断山区”山势走弱之后，向东所延伸出来的一片高地。

- 复杂的地形地貌

横断山区山河相间，纵列分布；地势起伏大，北高南低；多高山、峡谷，山高谷深，流水侵蚀地貌发育；多雪山、冰川分布。横断山脉山岭高度自北向南显著降低，北部山岭海拔约5000米，南部约4000米，谷地自北向南显著加深。在北纬25° ~ 29°40′之间基本上是南北走向，北纬29°40′以北向西北展开，北纬25°以南向东南撒开，为中国纬度最南的现代冰川分布区。横断山脉的山间盆地、湖泊众多，古冰川侵蚀与堆积地貌广布，现代冰川作用发育，重力地貌作用，如山崩、滑坡和泥石流屡见，是我国地质灾害最严重的地区之一。横断山区地震频繁，是中国主要的地震带之一。同时，横断山脉还是中国重要的有色金属矿产地、中国主要水能资源分布区。

滇西北横断山区风光（杨丽红 摄）

中国是一个山地冰川特别发育的国度，也是世界上中低纬度山岳冰川数量分布最多的国家。中国是冰川大国，相对于那些在极高山脉上连绵千里的冰雪巨龙，横断山中分布的冰川群相对独立和零散，在这个大家族中不仅显得“势单力薄”，而且常与茂密的森林为伍。由此，独特的自然环境给这里的冰川带来了格外瑰丽的多样化之美和更为亲和的特质。可以说，横断山是中国人欣赏冰川的景观之山。依山系划分，主要有四川的雀儿山冰川区、沙鲁里山冰川区、大雪山冰川区（以贡嘎山为代表）、邛崃山冰川区、岷山冰川区（以雪宝顶为代表）、云南的玉龙雪山及云岭冰川区、梅里雪山冰川区。随着海拔的上升，高山上发育出巨大的冰川，在冰川不断退化的今天，横断山脉地区的冰川数量仍多达615条，面积达760平方千米，包括著名的海螺沟冰川、梅里雪山明永冰川、玉龙雪山白水1号冰川等。

横断山区最典型的地貌特征是“四江并流”核心区。山岭褶皱紧密，断层成束，因为有断裂的地方岩石破碎，更容易被河水侵蚀，所以河流在断裂上容易侵蚀出深河谷，从而更容易汇聚河水形成大河流，怒江、澜沧江、金沙江、大渡河等许多大河都沿深大断裂发育。由于地质作用形成的这些起伏的褶皱与断裂，因为这些山脉的阻挡，所以河流不能汇在一起。“四江并流”便是我们熟知的金沙江、澜沧江、怒江、独龙江，这里形成世界罕见的峡谷群。这些河流流速快，拥有极强的下切侵蚀能力，河谷的加深速度远快于拓宽速度，在横断面上呈“V”型，V型谷河谷狭窄，谷壁陡峭。由于河流的侵蚀作用，最终这些河越流越深、越流越宽、越流越长。

• 横断山区的气候

横断山脉在气候上受高空西风环流、印度洋和太平洋季风环流的影响，冬干夏雨，干湿季分明。一般5月中旬～10月中旬为雨季，降水主要集中于6～8月，从10月中旬～次年5月中旬为干季，降雨少，日照长，蒸发大，空气干燥。气候有明显的垂直变化，特别是在南横断山区，南—北走向的山体阻挡了西南水汽的进入，山地的东坡降水较少。横断山脉成为印度洋暖湿气流进入我国的通道，印度洋的暖湿气流被喜马拉雅山脉和冈底斯山脉两条东西向的高大山脉所阻挡，沿南—北走向的横断山脉进入我国，给青藏高原东南缘地区带来丰沛雨水，进而对这里的冰川发育、植物分布有着重大影响。横断山区内分布有许多干热河谷，干热河谷是焚风效应和山谷风效应叠加的结果。

横断山脉独特的地理环境与山脉走向，使得横断山区东、西部分别受到来自印度洋和太平洋两支季风的影响。在西部西南季风的影响下，山脉西侧一带多地形雨，东侧背风坡则较为干旱，湿度由西向东递减。同时，南—北走向的沟谷使得西南季风得以将此作为北上的通道，让地表植被从南到北依气候和地势，分别呈现出了热带季雨林—亚热带常绿阔叶林—温带针阔叶林—温寒带高山森林草甸的生态格局，滋养了无数生物。

横断山区的东部边界线，大致与来自太平洋的东南暖湿气流在我国东半部形成的东部季风区的西部边界线南段相重合，这说明东南暖湿气流已基本无力扩展至横断山区。因此，东南暖湿气流对横断山区的天气气候和自然生态环境的影响较小。对横断山区的天气气候和自然生态环境影响较大的因素，是来自印度洋孟加拉湾的西南暖湿气流。横断山区奇特分布的山脉与西南暖湿气流相互作用，在横断山区的一些河谷地段产生了焚风效应，从而形成了具有热带性质的“气候孤岛”——干热河谷。我国的干热河谷主要分布在横断山区的金沙江、雅砻江、怒江、澜沧江、岷江、安宁河等干流及其支流河谷的部分地段，这些干热河谷地段的垂直高度范围从谷底到200～1000米，其总长度约为4105千米。各条江河的干热河谷地段分别是：金沙江有巴塘—香格里拉、宁蒗—丽江—宾川—攀枝花—东川—巧家—雷波、永善—绥江；雅砻江有雅江—木里、冕宁—盐边；怒江有八宿—贡山、泸水—施甸；澜沧江有兰坪—永平；岷江支流大渡河有金川—丹巴、泸定附近；岷江有汶川—茂县、黑水—茂县；安宁河有西昌—德昌—米易—盐边。四川西南角和滇西北的东部，是横断山区最具有代表性的干热河谷区，这里是横断山区降水量最少的地区，年降水量仅为500毫米左右。

横断山区气候多样性与复杂性并存，有许多独特的气候现象值得关注。这里有云南怒江北部著名的“桃花汛”和多雨区；有著名的四川“雅安天漏”和云南盈江“昔马天漏”；有四川得荣—云南德钦奔子栏一带的“西南干旱中心”；有全国著名的“干热河谷”；有西南地区雨季最长和最短的地区；是产生西南低涡的主要源地之一（九龙涡、小金涡）；是全国“巴山夜雨”和“华西秋雨”典型的地区之一；是全国乃至全球层云最多的地区；是全国气候类型分布最复杂的地区；是全国滑坡泥石流灾害频发区；是全国山地气候多样复杂区……根据已掌握的监测资料和研究结果，气象学家将其显著的气候特征归纳为五大方面：一是最显著的季节性中尺度多样性气候；二是最典型的地形强迫关联的夜间降水；三是最独特的陆地层云及其云辐射强迫；四是最突出的数值预报模式结果不确定性区；五是自然灾害频发和丰富气候资源共存区。

· 生物多样性集聚区

横断山脉成为印度洋暖湿气流进入中国的通道，给青藏高原东南缘地区带来丰沛雨水，进而对这里的冰川发育、植物分布有着重大影响。由于横断山脉的形成过程是逐渐由近东—西走向变为近南—北走向的，使这里的生物逐渐进化出非常特殊的适应性，成为动物学、植物学研究的热点地区。另外，由于横断山脉的交通困难，许多地方很少受到外来影响，保存了许多少数民族独特文化和未被破坏的自然景观。由于横断山区独特的地质历史和自然条件，丰富的物种组成和生态系统，成为全球生物多样性最高的地区之一。

横断山区森林资源富饶而广布，是中国第二大林区——西南林区的主体部分。此区是中国乃至全世界生物多样性最丰富、最集中的地区之一，素有“植物王国”“动物王国”之美誉。由于区域内最低点与最高点海拔高差达7700余米，致使这里云集了相当于北半球南亚热带、中亚热带、北亚热带、暖温带、温带、寒温带和寒带等多种气候类型和生物群落。横断山脉的南北植被差异较大，北纬27°40′以南的地带性植被为亚热带常绿阔叶林，北纬27°40′以北的垂直分带明显，北纬30°以北，3200～4200米为寒温带针叶林，以云杉林为主。由于横断山区保留了相对原始的生态，这里是世界上垂直自然带最丰富的地区，从山地森林到高山灌丛，再到亚冰雪带的高寒荒漠均有分布。松林、云杉林、铁杉林、冷杉林，在不同海拔高度上各得其所。因受山脉走向、海拔高度和水热因子的不同影响，横断山区的森林植被类型主要有六类：热带北缘山地雨林季雨林、山地亚热带常绿阔叶林、硬叶常绿栎林、松林、暗针叶林、高山灌丛草甸。

横断山区的自然地理条件，为动物栖息和繁衍提供了极其优越的条件，区内的鸟类和兽类数量之多，约占全国总数的60%和50%。区内的裸子植物约占全国总数的40%以上。仅横断山区的四川西部山区就有云杉属11种，占全国云杉属种数的42%；冷杉属10种，占全国的45%。区内的杜鹃花300多种，约占世界杜鹃花种数的40%，报春花和龙胆花分布在海拔1500～4500米之间，约占世界种数的一半。而第四纪冰川后遗留下来的孑遗动植物，如大熊猫、滇金丝猴、白唇鹿、栱桐、水青树、连香树、木莲、苏铁、倪藤、树蕨等，横断山区的种数约占全国的一半，是极其珍贵的种质资源和生态资产。

横断山区是全球生物多样性关键地区和生物多样性优先重点保护的热点地区之一。横断山区不仅是中国的三大特有植物分布中心之一，而且是新特有中心和物种分化中心，特有现象的生态成因大于历史成因，横断山区种子植物种类丰富，且具有较高的特有现象。横断山区的高寒生物区，是世界上已知起源最早的高寒生物区，是高寒物种起源和分化的摇篮。

青藏高原及周边的横断山区和喜马拉雅山区被称为世界屋脊和第三极，拥有全球海拔最高的高寒生态系统及最丰富的高寒植物多样性。横断山区的高寒生物多样性，是生物多样性热点地区中的“热点”。最新统计结果表明，横断山高寒地区种子植物达3000种以上，占全球高山植物的30%，其物种丰富度可与热带安第斯山脉的高寒生物区相媲美，是高加索地区的3倍、阿尔卑斯山的5倍，同时也远高于面积广阔的青藏高原和喜马拉雅地区。横断山区不仅是保存该地区最丰富高寒物种的博物馆，也是整个青藏高原—喜马拉雅—横断山地区高寒生物多样性起源的摇篮。横断山地区生物多样性保护优先区，是我国生物多样性最丰富的地区之一。近年新发现陆生植物1种、爬行类3种、昆虫类22种、底栖大型无脊椎动物4种、大型真菌8种。如四川得荣和巴塘、云南德钦发现的爬行新种——金江壁虎，为中国分布海拔最高的壁虎科物种。

在全球范围内，类似中国横断山地的边缘地带仅占全球陆地面积的2.3%，却拥有世界50%的高等植物物种和77%的陆地脊椎动物物种，且大部分为当地所特有。同时，这些地区的原始植被也有部分遭到破坏，面临着严重的威胁，故，它们被称为生物多样性的热点地区。在横断山区，生物多样性最典型的代表地区是云南的高黎贡山。这里森林遮天蔽日，百兽呼啸横行，仿佛混沌初开，荒蛮未褪。在2800平方千米范围内，集中了全国17%的高等植物，其中7.7%为特有物种。相比之下，在以物种丰富著称的西双版纳，这一比例也仅有3.6%。它集中了全国30%的哺乳动物，其中1/3为特有物种，即便是广泛分布的动物类型，在这里也形成了特有的亚种。此外，这里还拥有28种两栖动物，48种爬行动物，300～500种鸟类，1600多种昆虫。高黎贡山的生物多样性，在整个西南横断山地、整个中国乃至整个世界都位居前列。高黎贡山谷地和山顶相差3000～4000米，温差高达16～20℃，在不同的高度上形成了不同的气候、植被、土壤，是我国山地垂直自然带分布最显著的地区之一。来自东边的中国南方和云贵高原的物种，和来自西边的缅甸和印度阿萨姆地区的物种，都可以在此生存。南、北、东、西四个动物区系，以此为汇聚中心，同时也是各个区系的边缘。近年来，新的物种不断被发现，如怒江金丝猴、贡山臭蛙、贡山钝头蛇、腾冲齿突蟾、印缅石蝴蝶、白颊猕猴等。2017年，发现并正式命名了高黎贡山白眉长臂猿——天行长臂猿。植物方面，发现了顶果木、中华双扇蕨、高黎贡球兰、盈江斑果藤等新物种。

高黎贡山是我国重要的跨境生态屏障，有接近7000种植物，生态系统从南部的热带到高山的寒温带比较完整。高黎贡山串起了“中国西南山地、东喜马拉雅山地和印缅地区”三个全球生物多样性热点地区，这条山脉在狭小的区域内，集中分布着我国约17%的高等植物，约30%的哺乳动物和35%以上的鸟类，被誉为“生命避难所”和“世界物种基因库”，是横断山生物多样性的典型集聚区，也是云南、中国乃至全球生物多样性的代表地区之一。这也是打造高黎贡山国家公园的基石。

寻觅大香格里拉

众所周知，“香格里拉”是一位外国作家在小说中描写的理想王国，地点就在中国的横断山区。中国西南部的横断山神奇而美丽，和中国西部许多地区一样，横断山及其周围地区的近代科学考察是由西方探险家拉开序幕的。

1877年，英国探险家威廉·吉尔上尉是西方成功进入横断山脉腹地的第一人。其探险游历被撰写为《金沙江》一书，书中对横断山区的记述掀起了西方人涌入横断山区的潮流。1877年8月，吉尔一行在巴塘粮台赵光燮带领的卫队护送下，经巴塘、阿墩子（今云南德钦）、东竹林寺、剑川、大理，到达缅甸，在其著作《金沙江》中，详述了横断山区尤其是康藏地区的山川地理和风土人情。1922年，苏格兰地质学家华特·古格里来到四川贡嘎山区考察，认为这里的山峰非常年轻，并据此提出了横断山为“中国的阿尔卑斯”的观点。瑞士地理学家爱杜阿德·艾姆霍夫在其著作《四川的高山》中也提出了“中国的阿尔卑斯”的观点。

· 香格里拉溯源

让横断山的魅力在世界上得到更大范围的推广及传播者，则属约瑟夫·洛克（Joseph F.Rock 1884～1962）。他是美籍奥地利人，探险家、植物学家、地理学家和语言学家。曾于20世纪初，以美国《国家地理杂志》、美国农业部、哈佛大学植物研究所的探险家、撰稿人、摄影家的身份到滇缅边境及康藏地区考察。从1922年起曾六次到达中国西南部，深入到滇、川、康一带地区进行考察活动。1924～1935年，他在美国《国家地理杂志》发表9篇文章及照片介绍横断山、康巴风俗和纳西风情。洛克的照片保留了中国西南永恒的历史可视资料，他对滇西北各民族的研究，成了最了不起的学术成果。洛克在文章中富于异国情调的民族风情及雪山冰峰气息，强烈地冲击着西方读者。这当中就包括英国著名作家詹姆斯·希尔顿（James Hilton），并最终启发他在《消失的地平线》（Lost Horizon）中创造了“香格里拉”的意境。

《消失的地平线》讲述了英国驻巴基斯坦的领事康威及助手马林逊上尉、法国传教士布琳克罗小姐、美国人巴纳德在飞机失事后的神奇之旅。侥幸生还的他们来到了一座寺庙里，这里隐藏着世外桃源般的幽静和神秘；附近洁白无瑕的金字塔状的卡拉卡尔雪山，单纯得如同出自一个孩童的手迹；狭长的蓝月亮山谷内，生活着自足幸福的人们，淳朴而热情。翠玉似的草甸、明镜般的湖泊、丰富的金矿、辉煌的寺庙、肖邦的失传之曲、永不老去的少女……万物都沉浸在宁静的喜乐中，没有繁杂的琐事和无谓的纷争，时光缓缓流动。人与人、人与自然和谐相处，美丽得让人窒息。在这里，太阳和月亮就停泊在你心中。

迪庆香格里拉秋韵（和春荣 摄）

长篇小说《消失的地平线》，1933年由英国伦敦麦克米伦出版社出版发行后，立刻在欧美国家引起了轰动，它为英语词汇创造了“Shangri-la”（世外桃源）一词。英国女王伊丽莎白二世和美国前总统罗斯福都曾对这本小说钟情有加。全世界有百万读者因为这本书而踏上了寻找香格里拉的旅途。香格里拉就像西方版的桃花源，是一个神秘和谐的自然秘境，其实它更像是一条现代的诺亚方舟，承载着人类的梦想。

现实中的云南香格里拉市，原名中甸县，藏语称“建塘”，相传与巴塘、理塘系藏王三个儿子的封地。“甸”似为彝语，意为“坝子”或“平地”。一说中甸系纳西语，为“土地”的音译，意为“酋长住地”或“饲养牦牛的地方”。香格里拉，是英文Shangri-la的音译，相当于英语中的“世外桃源”之意。香格里拉是迪庆藏语，意为“心中的日月”，而“香巴拉”则是藏语的音译，又译为“香格里拉”，意为“极乐园”。1933年，詹姆斯·希尔顿在其长篇小说《消失的地平线》中，首次描绘了一个远在东方群山峻岭之中的永恒和平宁静之地“香格里拉”。小说描写了一个叫康威的英国外交官与他的三个朋友乘坐一架飞机飞入世界屋脊，在飞行过程中，汽油耗尽，飞机迫降在了中国西南部的一片冰天雪地里。这时，他们得到了一位好心藏族老人的搭救，并把他们领回了家。第二天，当他们醒来的时候，发现这是一片多么美丽的地方啊！雪山毗连、阳光明媚、鲜花盛开、牛羊成群，藏族人民在这里世代生息繁衍，安居乐业，过着宁静祥和的生活。在当地人的帮助下，他们顺利踏上归程。之后，他们又来寻访，却再也找不到那片梦中的世外桃源，只记得当地藏民说过的一句话——“香格里拉”。

1996年10月，在云南滇西北与西藏接壤的迪庆藏区，启动了寻找“香格里拉”考察活动。人们从文学、民族学、宗教学、地理学、气候学、藏学、考古学等多重角度，对这一地区进行了大规模的野外考察、历史追迹和资料查证，证实了该地区与希尔顿在《消失的地平线》中描叙的“香格里拉”有着惊人的相似。而非1975年印度旅游局宣布的，香格里拉在印控克什米尔喜马拉雅山南麓的巴尔莱斯坦镇；也非1992年尼泊尔宣布的，香格里拉在木斯塘（Mustang）。1997年9月14日，云南省人民政府在迪庆州府中甸县召开新闻发布会宣布：举世寻觅的世外桃源——香格里拉就在迪庆。2001年12月17日，经国务院批准，中甸县正式更名为香格里拉县；2002年5月5日，举行了更名庆典；2014年12月16日，香格里拉撤县改市（县级市）获中国民政部批复。

· 神奇香格里拉

迪庆高原平均海拔3300米，特殊的地理位置和地形地貌，形成了神奇美丽的自然风光。迪庆藏族自治州辖香格里拉市、德钦县、维西傈僳族自治县，州府所在地为香格里拉市建塘镇。迪庆历史上就处于“茶马古道”要冲，是东部藏区重要的物资集散地和商转站。多民族聚居，多宗教并存的多元文化，一直被人们所传承。而人与自然的和谐便辐射在它的地理环境优势上。迪庆地处青藏高原东南缘部分，又属横断山脉腹地，地势北高南低，境内地理为“三山夹两江”，境内海拔在4000米以上的山峰有百余座，其中最高峰梅里雪山卡瓦格博峰6740米，境内最低谷海拔仅为1486米，相对高差5254米，这种较小范围内的巨大高度差，使得境内出现垂直气候带谱和立体生态环境。其中香格里拉市地处滇、川、藏三省区交汇处，是“三江并流”风景区的腹地，拥有普达措国家公园、独克宗古城、噶丹松赞林寺、虎跳峡、纳帕海等著名景点。

香格里拉，是一片神圣的净土，给人太多的诱惑、陶醉、欲行和眷恋。蓝天、白云、雪峰、森林、草原、幽谷、碧泉、寺庙、帐篷、牦牛、牧歌……多色彩组合成了香格里拉立体的诗天画地，且散发着浓浓的酥油香和人情味。这里，有灿烂的藏文化、纳西东巴文化、傈僳族文化以及各民族丰富的风土习俗。他们勤劳勇敢，同生共荣，而且与山、水、林、草、湖、雪、珍禽异兽等大自然组成了一个和谐文明的世界。

横断山区的动物种类丰富，引人瞩目。1869年，法国传教士谭卫道（Armand David，1826～1900）在横断山脉发现了大熊猫，这种“呆萌”的生物迅速引发了世界的好奇。近代大批动物学家、捕猎者专门为此来到中国，这种好奇直到今天依然高涨不消。1890年，西方人在横断山脉捕获了滇金丝猴，它们栖息于海拔3000米以上的高山暗针叶林带，是世界上栖息海拔最高的灵长类动物之一。在此前后，涌入横断山区的还包括被称为“植物猎人”“动物猎人”的探险家、博物学家。他们将1000余种植物引入西方，包括桃金娘、绣球花、报春花、蔷薇。其中最引人瞩目的当属种类众多的杜鹃以及色彩艳丽的绿绒蒿。大熊猫、滇金丝猴、麋鹿、扭角羚等珍稀动物的捕获，则更让世人惊叹横断山区的生物丰富度。新的物种仍在不断被发现，2017年，中国科学家确认在横断山脉发现了新物种——天行长臂猿，它是中国科学家命名的唯一类人猿，国内的种群数量不足200只。

整体而言，中华人民共和国成立前，横断山及周围地区地理地质、动植物等方向的探索与研究是以西方探险家为主导的。受自然环境及时代条件所限，这一阶段的探索相对较为零散。横断山区全面系统的科学考察和探索研究，是随20世纪80年代初中国科学院青藏高原综合科学考察展开的，今天人们有关横断山区的自然科学认知，大都以此为基础。近40年来，随着我国综合国力的提升和交通状况的改善，横断山区迎来了地理景观大发现和科学考察的黄金时代。气象工作者先后在横断山区的四姑娘山、折多山，白马雪山、高黎贡山进行过垂直剖面观测以及小中甸林区的小气候观测，积累了宝贵的气象资料，初步掌握了横断山区气候要素的分布特征及生态环境的成因。这里有始建于2004年的中国西南地区唯一的香格里拉大气本底站。

· 寻觅大香格里拉

近年来，随着野外观光旅游热潮的兴起，摄影师群体成为景观探索的先行者。许多耳熟能详的著名摄影师，让稻城、四姑娘山、丹巴、黄龙、普达措、尼汝、梅里雪山、雨崩等著名景观走出深闺，成为旅行者心中的圣地。2015年3月，他们组织开启了“大横断”探索工程，邀请60余位研究者及摄影师，历时3年系统性地考察了横断山脉的景观资源，踏勘中新发现了阿色丹霞、怒江古米大峡谷等地理景观。踏勘并规划了一条北起甘肃合作，南至云南大理，纵穿横断山区的“横断天路”。“横断天路”跨越滇川甘三省，沿着这条线路，徒步者将穿越虎跳峡，进入尼汝村，通过稻城三神山，深入雅砻江秘境猛董，并连续绕行贡嘎山、雅拉雪山、党岭、三奥雪山系列高峰，走过若尔盖草原，向北直达迭部扎尕那。

无论是香格里拉、稻城，还是林芝、察隅，还是丽江、丙中洛，还是九寨、黄龙……从广义讲，中国西南的横断山区，就是人们一直向往的“大香格里拉”地区。这里所说的大香格里拉地区，不仅只是云南的“香格里拉市”，后者仅是前者的一小部分、或核心部分、或经典部分。我们所说的大香格里拉地区，它西至西藏的林芝地区，东到四川的泸定，还包括岷江的上游，北至四川最北部的若尔盖及石渠县最北端，包括了青海果洛州及甘肃最南端一部分，南到云南丽江一线。若用地理经纬度来表示，则是东经94°～102°，北纬26°～34°围成的这样一个地理区域，对应着横断山脉的主体部分。大香格里拉地区，就是“经典”的横断山区。这个区域内的各地方既有自然上的相似性，也有人文上的共同点。在这个范围之内，如果某一个地方是香格里拉，那么这一带就处处是香格里拉。换句话说，中国存在一个大香格里拉文化圈，范围就是川、滇、藏三省区交界的大三角区。

仁者乐山，智者乐水。这个区域如此引人入胜，令人向往，最根本原因是：“这里还没有遭到人类大规模的开发和改造。以西方文明为主导的现代化运动就像那翻越横断山的季风，至此已是强弩之末，留下了这样一个工业文明的‘雨影区’。这个区域令人流连忘返，痴情迷恋，是因为她的内涵深厚无比、精彩纷呈。”美哉，大香格里拉！

第七章

Chapter

7

气象趣闻

大气扰动，风生水起，云雾霜雪，妙趣横生。海拔的高差变化与纬度的南北分异叠加，造就了独特的“一山分四季，十里不同天”气候，囊括了我国从南到北的气候带类型。随着全球气候变化，罕见气象记录将会不断被刷新改写，闻所未闻。

云南创下的极端气象纪录

自清光绪十九年（1893年），云南蒙自海关（法）开始有器测气象记录以来，云南气象观测已有120多年的历史。尤其是1950年云南和平解放以来，气象台站逐渐恢复和新建，最多时曾建立了133个国家级气象观测站，记载了云南风雨冷暖的痕迹。其中不乏一些创下的气象极值纪录，有的甚至居全国之首或前列，是云南异常天气气候的真实写照。

随着全球气候变化的加剧，气象探测手段的发展和气象台站时空密度的增加，有的历史纪录也许会被不断刷新改写，有的纪录也许将会永远无法超越，成为永恒的“标杆”而载入史册。就让我们一起来梳理云南曾经出现过的那些极端气象纪录，加深对云南异常天气气候的了解和认识吧。

• 降水量

云南年降水量多年平均值以西盟站（旧址，原县城西盟镇）2764.1毫米为最多，其中1991年降水量高达3466.7毫米，为全省之冠。西盟县城（旧址）是一个降水奇多的地方，它不仅创造了云南气象台站年降水量的最大极值，而且还创下了云南降水的其他三项极值，最大候雨量354.5毫米（1984年7月第5候）、最大旬雨量520.1毫米（1964年7月上旬）、最大月雨量1033.5毫米（1984年7月）。云南30年（1981～2010年）平均年降水量超过2000毫米的国家级气象站仅有4个，分别是金平（2358.6毫米）、绿春（2042.4毫米）、江城（2253.3毫米）、龙陵（2112.6毫米）。年降水量多年平均值以宾川站563.9毫米为最少，年最少降水量为元谋站287.4毫米（1960年）。一日最大降水量250.1毫米，1987年6月2日出现在江城站。最新日降水最大纪录为279.2毫米，2022年6月14日出现在河口站。就全省平均而言，1961年、1968年、2001年是云南近60年来降水量最多的年份，年雨量超过1240毫米；2009年、2011年、2019年是云南降水量最少的年份，年雨量不足900毫米。

云南有乡镇气象观测纪录的年最多降水量出现在盈江县昔马镇，多年平均降水量为4014毫米（资料年代1976～2004年，人工观测），最多年降水量5146毫米（1998年），次多年降水量4673.4毫米（1984年），这是中国大陆迄今为止年降水量的最大纪录。昔马月最大降水量1943.4毫米（1984年7月），一日最大降水量359.4毫米（1997年6月21日），次大值350.4毫米（2004年7月5日），这是云南月降水量、一日最大降水量的最大纪录。作为昔马降水猛烈的最好佐证，2021年8月8日～8月16日，昔马9天的累计降水量就高达644毫米（4天大雨、4天暴雨、1天大暴雨，最大日雨量222.2毫米，平均日雨量71.6毫米），相当于云南元谋的年降水总量（642.2毫米），可谓云南“雨都”昔马；云南年最少降水量出现在德钦县奔子栏镇，多年平均为299.5毫米，最少年为163.4毫米（1969年），奔子栏水文站最少年降水量仅为141.8毫米（1976年），该地所处的金沙江干热河谷地区，是中国北纬29°以南地区雨量最少的地方，可谓云南“旱谷”奔子栏。

玉溪华宁国家气象观测站（解仕强 摄）

据云南乡镇自动站监测，2015年华坪县“9·16”特大洪灾，田坪村7小时降雨量282.4毫米，最大雨强72.9毫米/小时；2015年昌宁县“9·16”特大洪灾，田园镇12小时降雨量261.1毫米；2016年7月5～6日，盐津县发生“7·6”特大洪灾，盐津县普洱镇24小时降雨量321.7毫米（集中于5日18时～6日05时），是目前云南观测到的乡镇自动气象站日最大降水纪录；2018年9月2日麻栗坡县发生“9·2”特大洪灾，猛硐乡24小时降雨量达212.2毫米（集中于2日02～06时），最大雨强97.4毫米/小时；2020年9月17日，河口县坝洒中寨降雨量280.6毫米（集中在午夜12时～凌晨07时），最大雨强65.3毫米/小时。这些是近年来云南乡镇暴雨洪涝极端降水情况的一个缩影。

据1998年《云南自然灾害与减灾研究》记载：“40多年来，省内24小时实测最大暴雨为262毫米，于1968年8月1日发生在会泽县坡脚村；其次是257毫米，于1957年9月16日发生在昆明大普吉”。这是水文站的实测记录而非气象站的观测记录。2021年6月22日，丽江气象站降水量188.2毫米（最大雨强37.4毫米/小时，破1999年6月11日112.8毫米纪录），7个多小时就降了丽江一个月的雨（丽江6月平均雨量167.3毫米），在滇西北地区极为罕见。

据2019年《中国气候》记载："中国大陆发生的日最大降水量为755.1毫米（河南上蔡，1975年8月7日）；最大24小时降水过程为1060.3毫米（河南泌阳林庄，1975年8月7–8日；6小时降水量830.1毫米，72小时降水量1606.1毫米）；最大小时雨强为198.5毫米（河南泌阳林庄，1975年8月5日）"。而最新打破的全国小时雨强纪录则为201.9毫米（河南郑州，"7·20"特大暴雨，2021年7月20日16～17时；3小时雨量333毫米；日雨量552.5毫米；突破历史极值）。与全国日降水量及小时雨强的极端值相比，云南日降水量及小时雨强的极值明显偏小，这是云南高原气候的显著特征之一。

· 气温

云南年平均气温以元江站23.9℃为最高，以德钦站4.9℃为最低。年极端最高气温最大值42.7℃，1969年5月18日、21日和1987年5月23日出现在巧家站；2014年5月18日，元阳站出现44.5℃的最高气温，成为云南极端最高气温的新纪录。自5月11日开始连续15天出现高温天气，元阳站（南沙镇）最高气温一直维持在40℃以上；2014年6月4日元江站（旧址）出现43.1℃的最高气温；2019年5月12日、19日、20日元江站（旧址）出现43.4℃、44.7℃、44.8℃的最高气温，连续三次刷新元江极端最高气温纪录，44.8℃创下了云南日最高气温的新纪录；云南极端最高地面温度为80.4℃，1960年7月25日出现在元江站。

2021年5月23日元江站出现44.1℃的最高气温，这一天中，云南有11个气象站日最高气温超过37℃，占全省总数的8.8%，分别是元江（44.1℃）、元阳（41.4℃）、红河（39.9℃）、元谋（39.6 ℃）、华坪（38.8℃）、景谷（38.5℃）、河口（37.8℃）、镇沅（37.8℃）、景东（37.7℃）、景洪（37.7℃）、开远（37.0℃）。2021年5月23日新平园艺场站（T5527，在漠沙镇附近）出现46.9℃的最高气温纪录，这是迄今为止云南乡镇自动气象站录得的最高温度极值。这一天中，云南有135个乡镇自动站日最高气温超过37℃，其中5个站超过44℃，分别是新平园艺场站（46.9℃）、新平水塘站（45.7℃）、元江交通站（44.8℃）、元江农场站（44.7℃）、元谋江边站（44.1℃）。

云南年极端最低气温为–27.4℃，1982年12月27日出现在香格里拉站（中甸站）；云南年极端最低地面温度为–30.5℃，1969年1月31日出现在香格里拉站（中甸站）。就全省平均而言，2010年、2014年、2019年是云南近60年来年气温最高的年份；1968年、1971年、1976年是云南年气温最低的年份。尤其是2019年，全省平均气温17.9℃，较常年偏高1.2℃，突破历史最高纪录；1971年，全省平均气温15.7℃，较常年偏低1.0℃，突破历史最低纪录。

据2019年《中国气候》记载："中国大陆发生的日最高气温极值为48.3℃（新疆吐鲁番东坎，2001年6月21日），日最低气温极值为–52.3℃（黑龙江漠河，1969年2月13日）"。与全国日最高最低气温的极值相比，云南日极端最高气温值略稍低一些，元江河谷的极端高温在全国位列前茅，年高温日数超过100天，不可小觑；而滇西北迪庆高原的日极端最低气温则要高得多，处于全国的中等水平。可见，云南局部地区的极端高温威猛，局部地区的极端低温则中等偏弱，这是云南山地气候多样性的真实写照。

昭通乌蒙山（段玮 摄）

· 日照

云南多年平均的年日照时数以永仁站的2803.7小时为最多，1969年达3018.6小时，为全省之冠，可谓终年艳阳高照；云南多年平均的年日照时数以盐津站827.2小时为最少，1974年日照仅有651.9小时，为全省最低值，可谓全年阴天寡照。

· 天气

云南年降水日数（日雨量≥0.1毫米）多年平均以威信站的231天为最多，以元谋站的92天为最少；镇雄站1968年、1974年全年降水日数251天，为全省雨日之冠。元谋站1969年雨日仅有75天，为全省年雨日最少纪录。

云南年最长连续降水日数以沧源站的96天为最多，出现在1962年7月14日～10月17日）；最长连续无降水日数以剑川站的130天为最多，出现在1962年11月1日～1963年3月10日。

云南年暴雨日数（日雨量≥50毫米）多年平均以西盟站（旧址）的9.6天为最多，以德钦站的0.0天为最少；西盟站1971年全年暴雨日数17天，河口站1978年暴雨日数也为17天，同列全省暴雨日数之冠。

云南年雷暴日数多年平均以景洪市勐龙站（已撤销）的125.8天为最多，该站1968年雷暴日数156天，为全省雷暴日数之冠；年雷暴日数多年平均以德钦站的23.2天为最少，1979年雷暴日数仅有13天，为全省年雷暴日数最少纪录。

云南年雾日数多年平均以元阳站（旧址）的189.9天为最多，以澄江站的0.2天为最少；元阳站1964年全年雾日数205天，为全省雾日数之冠。

云南年大风日数（风力≥8级以上）多年平均以下关站（已撤销）的151.8天为最多，以威信站的0.1天为最少；下关站1961年全年大风日数185天，为全省大风日数之冠。

云南年冰雹日数多年平均以西盟站（旧址）的5.0天为最多，以巧家站和宾川站的0.2天为最少。

云南年降雪日数多年平均以德钦站的96.3天为最多，该站1979年冬季降雪日数101天，为全省降雪日数之冠。云南降雪初日最早是香格里拉站（中甸），出现在1967年9月15日；降雪终日最晚也是香格里拉站（中甸），出现在1968年6月11日；云南最大积雪深度70厘米，1970年4月1日出现在德钦站；1966年德钦站积雪日数84天，为全省积雪日数之冠。

· 昆明雨量与气温

昆明近代历史上曾有过33.0℃的日极端最高气温（1932年5月）和-5.0℃的日极端最低气温记载（1月，1907～1928年）。现代昆明日极端最高气温为31.5℃，出现在1958年5月31日；2014年5月24日、25日最高气温分别达32.6℃和32.8℃，昆明日极端最高气温纪录两次被刷新；2019年5月11～21日昆明连续11天最高气温突破30℃（最高为5月21日的31.8℃），打破了2014年5月29日～6月4日连续7天最高气温突破30℃的历史纪录。2019年昆明最高气温累计有21天超过30℃，创历史新纪录；昆明日极端最低气温-7.8℃，出现在1983年12月29日；2016年1月24日受“世纪寒潮”影响，昆明最低气温-4.5℃，虽未突破历史最低气温纪录，但创近年来气温新低；昆明最大积雪深度36厘米，出现在1983年12月28日，历史罕见。

昆明年平均降水量为1011.3毫米，1999年雨量1449.9毫米，为昆明年降水量之冠。2009年雨量仅为565.8毫米，创下昆明年降水的最少纪录；昆明月最大降水量为475毫米，出现在1998年6月；昆明一日最大降水量为165.4毫米，出现在1986年6月7日；昆明年平均暴雨日数为2.4天，1998年暴雨日数达6天（集中在6月），为昆明历年暴雨日之冠。

资料分析表明，历史上昆明气象站10分钟、20分钟、30分钟、1小时、3小时短历时最大雨量平均值分别为14.1、21.5、26.5、36.7、51.5毫米，而短历时最大雨量极大值则分别为25.4、41.9、50.9、60.3、119.2毫米；近年来，昆明站最大雨强为51.3毫米／小时，出现在2008年7月2日03～04时；昆明城市暴雨历时短，强度大，一般多为单日非连续性暴雨，雨强随时间变化急剧，衰减快，高强度的暴雨常集中在几十分钟之内完成。昆明城市强降水具有夜间多发的特征，夜间强降水不仅次数多且降水量级也远大于白天。

据近年来的区域自动站观测，2013年7月19日，昆明降大暴雨，最大雨量193.5毫米（金殿水库），最大雨强57.3毫米／小时（鼓楼社区）；2017年7月20日，昆明降大暴雨，最大雨量171.1毫米（东华社区），最大雨强79.9毫米／小时（太和街道）；2019年7月20日，昆明降大暴雨，最大雨量142.8毫米（明波立交桥），最大雨强51.2毫米／小时（太华山站）；2021年6月7日，昆明降大暴雨，最大雨量204毫米（普吉街道），最大雨强75毫米／小时；2020年8月31日，昆明西山区团结乡降大暴雨，最大雨量215.6毫米（30日08时～31日08时雨量，雨花社区；20～20时雨量为204.6毫米），强降雨持续7个小时（31日零时至清晨7时，小时雨量分别为32.4、17.4、30.6、22.4、29.9、43.5、19.4毫米），最大雨强43.5毫米／小时，为昆明主城及周边地区最大日雨量纪录，暴雨局地性强，中心雨量的数值是周边地区的10倍以上。

奇妙的各种大气效应

大气圈是地球的气体包围圈，它与海洋、陆地共同构成地球体系。大气是地球体系中动量、热量与物质循环的关键，也是气候系统中最活跃的、变化最大的组成部分。人类主要生活在大气圈中，大气圈的状态和变化直接影响人类生活，因此大气圈是与人类活动最紧密的圈层，系统中的其他圈层变化产生的影响结果，都会反映在大气圈中，因而大气圈是地球气候系统的中心，大气上界距地面约1000千米。

大气和海洋同属地球流体，受地球公转和自转的影响，也受日、月引力潮汐作用。地球大气的组成和运动，存在着诸多特征和效应。

· 阳伞效应

由于自然的或人为的原因，导致地球大气层中的尘埃越来越多。悬浮在大气中的尘埃，一方面将部分太阳辐射反射回宇宙空间，削弱了到达地面的太阳辐射，使地面接收的太阳能减少，因而使地面降温；另一方面，吸湿性尘埃又可作为凝结核，使周围水汽在它的表面凝结，导致云雾增多。尘埃的这种作用犹如地球拥有了一把“遮阳伞”一样，故被称为大气的“阳伞效应”。如1991年菲律宾皮纳图博火山爆发，就曾使20世纪

80～90年代强劲的全球气候变暖趋势得到了部分的遏制。火山喷发就是典型的大气“阳伞效应”。世界上最严重的“阳伞效应”是大规模核战争造成的“核冬天”。因为核爆炸会把大量的沙尘送进大气层中，使地球大气变得相当浑浊，由于地面上得到的太阳热量剧减，使地球气温下降，甚至降到0℃以下，因而被形象地称为“核冬天。

- 温室效应

近代工业革命以来，由于人类的社会经济活动，大量燃烧煤炭、石油、天然气等矿物燃料，向大气中排放大量的二氧化碳等温室气体，温室气体主要吸收地面长波辐射，使地面热量截留在温室气体内，同时大气自身气温也在升高，又以大气逆辐射射向地面，因而对地面有类似于温室玻璃所起的保温作用，所以叫“温室效应”。气候学家认为，当二氧化碳浓度增加1倍时，地表气温将相应升高2.3℃左右。大气“温室效应”引起的全球变暖现象，已成为世界各国关注的环境问题。

- 科里奥利效应

科里奥利力（Coriolis force）又简称为科氏力，是对旋转体系中进行直线运动的质点由于惯性相对于旋转体系产生的直线运动的偏移的一种描述。科里奥利力来自于物体运动所具有的惯性。由于地球自转的存在，地球并非一个惯性系，而是一个转动参照系，因而地面上质点的运动会受到科里奥利力的影响。地球科学领域中的地转偏向力，是科里奥利力在沿地球表面方向的一个分力。大气中空气流动的方式并非单纯的南北向或东西向，这是因为地球的自转，会驱使北半球移动的物体或流体沿运动方向向右偏转，南半球则向左偏转。在北半球，“科里奥利效应”使风向右偏离其原始的路线；在南半球，这种效应使风向左偏离。风速越快，产生的偏离越大。于是，在北半球，空气移向低压中心并向右弯曲，形成了一个逆时针方向的气旋式气流。从高压地区或从反气旋移动出来的空气，也向右弯曲，形成了一个顺时针方向的旋风。在南半球，则正好相反。“科里奥利效应”在极地最显著，随纬度降低逐渐变弱，直到在赤道地区完全消失，这就是为什么台风（飓风）只能仅仅形成在北纬5° 或南纬5° 以上地区的缘故。

- 蝴蝶效应

地球大气是一个水汽、热量、能量交换频繁的非线性系统。非线性系统的一个显著特点就是系统各部分之间的相互作用，会产生出复杂的、难以预测的行为，包括平衡态的失稳和多平衡态、分岔突变以及混沌湍流。换句话说，大气是一个混沌系统，总是在不断变化之中，其在短时间内可以表现出各种状态和过程，而在长时间内又呈现出这些状态和过程出现的规律。1963年，美国麻省理工学院著名数学家、气象学家和混沌理论先驱爱德华・洛伦兹（Edward N. Lorenz）将大气系统中的这种现象称为“确定性的非周期流”，并由此提出了著名的“蝴蝶效应”（The Butterfly Effect），形象地描述为“一只巴西亚马逊热带雨林中的蝴蝶扇动几下翅膀，可能两周后在美国得克萨斯州会引发一场龙卷风”。故大气“蝴蝶效应”又称为“混沌效应”，指在一个动力系统中，初始条件下微小的变化能带动整个系统的长期的巨大的连锁反应。1993年洛伦兹教授出版了《混沌的本质》（The Essence of Chaos）。大气中由于有湿对流的存在，小尺度对流误差会不断增长达到饱和，通过地转调整，这种对流误差会传递至准平衡性的误差，再作用于大尺度的天气系统上。

• 狭管效应

当气流由开阔地带流入地形构成的峡谷时，由于空气质量不能大量堆积，于是加速流过峡谷（流体的连续性原理），风速增大。当流出峡谷时，空气流速又会减缓。这种地形峡谷对气流的影响，称之为“狭管效应”，也称“峡谷效应”，所形成的风，称为“峡谷风”，又称“穿堂风”。在高原山地，当地形呈喇叭管分布时，当气流直灌管口时，经常会出现大风天气。云南大理的下关风就是典型的“峡谷风”。在高楼大厦林立的城市，两座毗邻的高楼之间，也会出现“狭管效应”。科学试验发现，平地3～4级风，通过高楼之间，经过“狭管效应”，可放大到7～8级以上。大城市的“峡谷风”是一种新的城市气象灾害。

• 藤原效应

藤原效应（又称双台风效应）是指两个台风靠近时，它们将绕着相连的轴线成环状，且互相作反时针方向旋转，旋转中心与位置依两个台风相对质量及台风环流之强度来决定。旋转时正常一个走得快些，另一个走得慢些，有时也可能合二为一。这个现象是由日本气象学家藤原（Fujihara）博士于1923年在水流实验中首先观测到的，故称“藤原现象”。他发现两个距离很近的气旋性涡旋会受到对方的影响，互相沿着两者中心所形成的轴线心呈气旋性方向移动，两个涡旋并有彼此接近及合并的趋势。虽然双台风效应的定义是两股热带气旋绕着共同中心旋转，但双台风效应却可变化多样，并不一定是两个热带气旋绕着共同中心旋转：它可以是其中一个热带气旋完全支配另一个的移动方向，或两个热带气旋互相排开，或一个跟随一个移动，甚至它们之间不发生双台风效应。最常见的热带气旋相互作用可分为单向影响型、相互影响型、合并型三种类型。故每当两个热带气旋互相靠近时，预测热带气旋的路径往往会变得十分困难。双台风效应这个名词，可谓是亚洲区域对热带气旋相互作用的独有称谓。在北大西洋，热带气旋的相互作用则被称为“齿轮气旋”（pinwheel cyclone）。

• 列车效应

当一个人站在铁轨旁边，一列列火车经过时，会有什么感受？火车有很多节车厢，当其经过时，肯定是很多节车厢一节一节地经过，而此时，站在铁轨边的人会接连不断地感受到一节节车厢经过时带来的巨大声音和冲力。一列火车尚且如此，连续不断的火车经过则更是“变本加厉”了。现在将列车效应与降水相联系，就如同排列成串的对流云降水，每一朵对流云（称为对流单体）都会产生短时强降水。而当多个对流云团依次经过某一地区的上空时，其所产生的降水量累计起来，就会导致大暴雨甚至特大暴雨，这就是降水“列车效应”的通俗解释。列车效应在引发短时强降水和暴雨方面有所不同，列车效应是短时强降水与暴雨之间重要的联系桥梁。从暴雨和短时强降水之间的区别看，短时强降水强调的是强度，暴雨则强调累计值，即累计降水量，而二者之间又是紧密相连的，其中就有列车效应的贡献。可以说，短时强降水不一定形成暴雨，但在列车效应下的短时强降水过程，往往会导致暴雨甚至特大暴雨。

- 保温效应

地球大气对太阳短波辐射基本上是透明的，大部分太阳辐射可到达地面。地面吸收太阳辐射能而增温，同时地面又把热量向外辐射，对流层大气中的水汽和二氧化碳等，吸收地面长波辐射的能力很强，因此地面放出的长波辐射除极少一部分穿透过大气返回宇宙空间外，绝大部分（75%～95%）都被对流层大气中的水汽和二氧化碳等吸收，使大气增温。大气在增温的同时，也向外放出长波辐射，大气辐射除一小部分向上射向宇宙空间外，大部分向下射向地面，即大气逆辐射。大气逆辐射又把热量返还给地面，这就在一定程度上补偿了地面辐射损失的热量，对地面起到了保温作用。人们把大气的这种作用，称之为“保温效应”。

大理苍山洱海晚霞（田志云 摄）

- 焚风效应

翻越山坡的暖湿气流，在迎风坡形成地形雨，大气中的水汽凝结，雨水降落较多；到背风坡后，随着气流下沉，海拔变低，气温升高，空气变得既高温又干燥，此种大气现象称作“焚风效应”（foehn effect）。简单地讲，焚风是由于空气作绝热下沉运动时，因温度升高湿度降低而形成的一种干热风。“焚风效应”在地球上热带、温带的山地屡见不鲜，尤其是南—北走向的山脉背风坡多“焚风效应”，如落基山脉、中央山脉、太行山脉、横断山脉、哀牢山脉等地常见。

· 热岛效应

随着城市人口增加，城市规模扩大，城市中机动车辆、工业生产及居民生活等向外排放大量的热量，再加上柏油路面、各种混凝土建筑物、城市绿地和水域的减少，使城市的“体温”一再升高，使城区气温明显高于外围郊区的这种现象，如同出露水面的岛屿，被形象地称之为“城市热岛”，此效应谓之“城市热岛效应”（urban heat island effect）。简单地讲，城市热岛效应是指当城市发展到一定规模，由于城市下垫面性质的改变、大气污染以及人工废热的排放等使城市温度明显高于郊区，形成类似高温孤岛的现象。城市热岛中心，气温一般比周围郊区高1～3℃左右，有的甚至可高达5～6℃，特别是在天气晴朗、无风的夜晚，城市热岛强度更大。在城市热岛效应的作用下，近地面产生由郊区吹向城市的热岛环流，往往会给城市带来大气污染，严重影响城市的空气环境质量。由于城市特殊的下垫面条件，除“热岛效应”外，还易形成“干岛、雨岛、浑浊岛、雾岛、湿岛”等大气效应。

· 湖泊效应

是指人类修建大型水库或水电站，而产生的相应库区周围的气候变化。由于水的热容量大，大面积的水域有调节气候的作用。夏季，库区气温比库区周围岸上气温低，而冬季则比库区周围岸上气温高。年较差比库区周围岸上小，年平均气温较高，日较差亦较小。由于库区的蒸发作用，使进入空气中的水汽增多，在一般情况下，夏季库区降水比库区周围岸上降水少，冬季库区降水比库区周围岸上降水多，这种现象称为“湖泊效应”。

· 绿岛效应

“绿岛效应”是指在一定面积（约3公顷以上）范围内，绿地里的气温要比周边建筑聚集处气温下降0.5℃以上的大气效应，犹如“凉爽”孤岛一样。森林是最高的植被，在成片的森林地区及林冠层的下部，能形成一种特殊的森林气候。森林可以减小气温的日变化和年变化，减低地表风速，提高相对湿度，增加降水，形成森林小气候，这就是森林的“绿岛效应”。森林能改变风向，减弱风速，阻滞沙土，起着防风、固沙、保土的作用。因此，大规模植树造林是改造局地小气候的有效措施之一。

· 冷岛效应

绿洲农田上不同高度层的气温，昼夜均比附近的戈壁显著要低，绿洲在夏季相对于周围环境（戈壁或沙漠），是一个冷源和湿源，即相对独立的“冷岛”。产生这种情况的原因，是由于戈壁沙漠较绿洲的比热小，在阳光照射下，地面增温比绿洲快得多，戈壁沙漠上空被加热的暖空气，通过局地环流作用输送到绿洲上空，形成一个上热下冷的逆温层，使下层冷空气得以保持稳定，于是形成了一个比较凉爽、湿润的小气候。这种特殊的气象效应，称为绿洲的“冷岛效应”。绿洲上空的这种效应，使大气湍流发展变弱，抑制了植物的蒸腾和地面的蒸发作用，非常有利于植物的生长。

盆地效应

在盆地内部的地表，炎热的夏季，常因地势低，空气密度大，稠密的大气阻挡了地面热量向高空的辐射冷却，加之周围高、中间低的地势不易散热，普遍会使气温升高。如我国新疆吐鲁番盆地，海拔为-155米，有“火洲”之称，是我国夏季最高气温出现的地方，7月平均气温33℃，极端最高气温曾达49.6℃。在寒冷的冬季，常因冷空气密度大，在重力作用下顺山坡下滑至洼地底部汇集，使底部气温明显低于周围坡地。如俄罗斯西伯利亚的奥伊米亚康成为北半球的寒极，曾达到-71℃的极端低温，就是位于封闭盆地的缘故。因盆地地形而产生的这种大气现象，称为“盆地效应”。一般而言，盆地较大，盆地与周围山地的海拔高差越大，“盆地效应”越显著。

高原效应

在面积广袤的高原上，其上空空气密度小、尘埃和水汽少，白天日照时间长，升温快，太阳辐射强，夜间大气的保温作用较弱，易形成气温昼夜温差大的气候特点。地势愈高，这种气温日较差突出的气候特点愈明显，高原地区出现的这种大气现象称为“高原效应”。如在我国青藏高原地区，“高原效应”强烈，形成了藏族独特的服饰—藏袍。藏袍大多是右衽大襟，长袖宽领，用飘带扎腰。夜间气温很低，可以将双手藏在袖中；清晨后气温渐渐升高，右袖可以脱下来搭在肩上，以便劳作；到了中午，气温较高，可以将双袖脱下，围在腰间。低温、低压、低氧是高原效应的另一显著特征。

山体效应

一般是指由于山体隆起，对山体本身及周围环境造成的气候效应。在相同的海拔高度上，山体表面积越大，山体效应越显著。山体能吸收更多的太阳辐射，并将其转换成长波热能，使温度远高于相同海拔的自由大气温度，而且气候的变化也比低地大。山体效应对山体本身也有影响，与低地相比，山地的气压、气温、湿度都有所降低，而日照、辐射则有所增加，到一定高度时有较大的降水量。在山坡上，多种不同气候带的分布，与从赤道到两极气候带的分布有相似之处。在低纬度地区，高度可起调节温度的作用，因此，即使在赤道上，高山也会终年积雪。在山地，每天的风向都要变换一次，和海陆风的情况差不多，称之为“山谷风”。一般来说，较大山体的气候效应类似于大陆度增加，其温度变幅比小山体要大；植物生长的上限较高，垂直自然带的相应界线也要高一些；山体效应在山体中央比在边缘地区要明显得多。

湍流效应

地球大气层中空气密度的无规则起伏称为大气湍流。湍流对光束传输的影响称为“湍流效应”。大气中质点的温度和密度是无规则变化的，这种变化随高度和风速而不同，变化较为剧烈时形成湍流。大气的折射率取决于密度，故大气的折射率也随空间和时间作无规则的变化，从而形成大气湍流效应。湍流效应主要表现为强度、相位和方向的起伏。大气湍流效应造成大气折射率的随机起伏，使接收光信号闪烁和漂移，相当于引入了较大的随机噪声，使误码率增加。

- β效应

β效应（β-effect）是指地球科里奥利力（科氏力）随纬度的变化，它反映了自转地球上科氏力对运动物体作用的效应。由于β效应产生了对大尺度大气运动过程最重要的罗斯贝波，决定了大气行星波的特殊尺度，减少了大气运动的不稳定度。β效应的存在，使得北半球逆时针旋转的大气涡旋的运动有向极地漂移、向西运动的趋势。当β效应与热带气旋周围环境引导气流叠加后，北半球副热带高压南侧盛行东风，热带气旋有更大的偏西移动趋势，转向后到了西风带，其路径也同样明显存在向极地漂移的趋势。

地球大气层的独特作用

地球大气（earth atmosphere）是指受地球引力作用形成的包围地球的气体层，通常称为空气。由于地球大气经历了从原始大气、次生大气到现代大气的复杂演化过程，使地球大气的结构、组成也出现了不断变化，不同时期具有不同的特点。大气与海洋、陆地共同构成地球体系。从环境学角度上看，与水体、地表（及地内坚固物体）分别称为大气圈、水圈、岩石圈，彼此有着较强的相互作用，大气是地球体系中动量、热量与物质循环的关键。大气层随地球系统的演变而经历了不同的大气演化阶段，生命圈出现使大气从还原性变化成为现代的氧化大气，它又对生态活动起着关键的影响。大气总质量约为5.3×10^{18}千克，约占地球总质量的百万分之一。低层大气以氮、氧为主，有少量惰性气体，以及水汽、臭氧、二氧化碳、其他痕量气体和悬浮的固体、液体颗粒物，这些物质的浓度与大气污染状况有关。大气的海平面平均气压为1013.3百帕，气温为288.15K，密度为1.225千克/立方米。大气密度随着距离地面高度的增加而呈指数下降，并逐渐趋于稀薄，其向行星际空间过渡且无明确的上界。一般将大气上界定为距地面1000千米处，这也是极光出现的最大高度。

大气随地球运动，也受日、月引力潮汐作用。作为地球主要能源的太阳辐射经过大气层传输到地面，大气层对地球辐射平衡起着关键作用。低层大气由于地面非均匀加热，形成了各种不同性质和尺度的空气团，它们的运动形成了各种尺度的天气过程，伴随以各种天气现象（如云、降水、雷电、大风等），并有冷热、干湿周期的气候变化。大气的温度、压强、密度、成分等状况，决定了在其中传播质点的流体的、声学的、电磁的、波动的传输特征。在垂直方向上，大气有各种不同的分层方法：按温度随高度分布特征，可分为对流层、平流层、中间层、热层、外层；按大气成分的

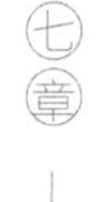

均匀性，可分为均质层和非均质层；按气体的电离状况与受地磁作用差异，可分为中性层、电离层、磁层。

· 没有地球大气层真可怕

大气层对于地球来说，到底它有多重要呢？那绝对是致命的。它保护地球远离小行星和太阳的辐射，它决定了地球上的气候，它使地球上的生命得以生存。离我们最近的星球——火星，40亿年前就失去了大部分大气层，它一旦变暖或者变湿，那会发生什么变化？它或许就不再是之前的星球了。但是它的大气层并没有完全消失，还有一层非常薄的大气层，相当于地球大气层厚度的1／10，但是你听说过火星上有生命奇迹吗？

丽江高山草甸（金振辉 摄）

如果地球上的大气层真的消失了，那将会发生什么样的变化？根据目前人们对地球科学的认知水平，可以预见到，如果丢失了地球外围的大气层，那地球会突然变得非常安静。你听不到任何声音，因为声音是通过在空气中的震动进行传播的。也就是说，没有空气，就没有声音，世界静悄悄的，非常寂寞。地球上也将不会出现蓝天，也没有漂亮的日出日落，因为空气中没有颗粒散射太阳中的蓝光，天空也将变成白色的。飞机和鸟都会垂直坠落，因为它们的飞翔需要气压的支持。海洋、湖泊、河流里的水流也会变得很奇怪。没有大气压强，沸水的温度也远低于100℃，地球上所有的水都会像被忘记的水壶里的水一样一直沸腾。不是所有的水都会变成水蒸气，很快，地球就会达到一个平衡点，因为大量的水蒸气阻止了水的沸腾。但是当大气压强为零时，水不能保持液态，而是变成了冰。

就像在冬天里，当天气越来越冷的时候，人们需要穿上厚衣服一样。如果没有大气层将热量保存在地球表面，地球上的温度将会低于平均15℃的适宜态，而且昼夜之间的温度也会剧烈地变化，白天太热，夜晚更冷。人们需要大量涂抹防晒霜，因为即使温度特别低，你依然会被晒伤。没有大气层隔离太阳光的紫外线辐射，日光浴也会变得极其致命。大气在气候演变中扮演了非常重要的角色，它的作用就像一张毯子，就好像我们的星球被一条薄薄的毯子包裹着，尽管只是像苹果皮一样非常薄。但它却将地球的平均气温从-18℃变成了15℃，因为有大气层，我们的气温升高了33℃，这才是生命得以在此进化的真正原因。

没有大气，那么你还能活得很久吗？除非你有气压保护服和氧气面罩，不然很难。如果没有这两样东西，你也不可能活得太久。你的横膈膜利用了肺部和体外空气的压强差，所以你才能吸入空气。如果空气中没有气压，即使你佩戴了呼吸器，你也无法呼吸。但是也不要屏住呼吸，那会使你的肺在大约几秒钟之后爆炸。呼出空气会使你多活大约3分钟，但是你会在15秒之后失去意识。任何需要氧气的生物都将会死亡，所有动植物，也包括海洋里的生物。但是依然会有一些细菌活着，也许它会合理地进化成某种东西。太阳辐射会将水蒸气分解成氧，与从火山和地热出口流出来的二氧化碳结合，将会形成一个新的大气层。但这发生在人类灭绝之后很久，而且这个大气层太薄而不能供人类呼吸。事实上，茫茫宇宙中大部分星球没有大气层的存在，并不适合人类居住和生活。

• 人类活动影响地球大气层

地球大气的主要成分是氮（N_2，78%）、氧（O_2，约21%）、惰性气体（<1%）、二氧化碳（CO_2，约0.3%）。这样的化学组成，在整个太阳系中是独一无二的。此外，大气中还有各种含量甚微的气体和气溶胶粒子。这些成分的含量虽少，但它们在地球气候的形成、大气化学过程以及大气环境质量中的作用却是巨大的。大气中含碳化合物主要有二氧化碳（CO_2）、一氧化碳（CO）、甲烷（CH_4）以及某些痕量有机气体和含碳的气溶胶粒子。大气中的含硫化合物主要有二氧化硫（SO_2）、硫化氢（H_2S）、二甲基硫（DMS）及其派生物、二硫化碳（CS_2）、氧硫化碳（COS）等。大气中的氮氧化物包括NO、NO_2、N_2O_5、N_2O_3、NO_3、HNO_2、HNO_3、HNO_4、PAN、NH_3、NC、N_2O、水滴的NO_3^-、NO_2^-、$NH4^+$以及颗粒物中的有机氮化物。大气中的温室气体主要包括水汽（H_2O）、二氧化碳（CO_2）、甲烷（CH_4）、氧化亚氮（N_2O）、六氟化硫（SF_6）、氢氟碳化物（HFC_S）、全氟化碳（PFC_S）、臭氧（O_3）等。大气中的主要反应性气体包括O_3、OH、NO_X、VOC_S、SO_2、CO、PAN（$CH_3COOONO_2$）、DMS等。如果没有温室气体，地球大气的平均温度就会从目前的15℃降至-18℃。在过去的65万年中，温室气体浓度基本保持稳定，其产生的温室效应使地球保持着适宜人类和动植物生存的温度。自1750年工业革命以来，人类活动造成温室气体排放总量不断增加，温室气体浓度也迅速上升达到了历史最高水平。温室气体通过直接和间接辐射强迫影响地球气候系统，造成全球气候变暖。

现代地球大气的成分也不是一成不变的，它随着自然条件的变化及人类活动的影响而发生变化。例如，自然界的氮在一定时期内近似地保持平衡，但是人畜的大量繁殖，使大气中自由氮转变为固定态N_2的量不断增加。据统计，1950～1968年，为了生产肥料，每年所固定的氮量约增加5倍，这必然会影响大气中氮的含量。大气中O_2和CO_2也受到人畜繁殖和人类活动的影响。例如，人畜的增多必然增加大气中的CO_2，而减少大气中的O_2。人类砍伐林木必将减弱全球光合作用的过程，从而减少大气中的O_2

产生量，而燃烧和工业活动又有消耗大气中的O_2并增加大气中CO_2的作用。此外，人类的工业活动，还增加了大气中一些前所未有的污染物，如氟利昂等，它们也影响了大气的组分。平流层保存了大气中90%的臭氧，位于这一高度的臭氧能有效地吸收对人类健康有害的紫外线（UV-B段），从而保护了地球上的生命。臭氧层的损耗主因，是因为平流层中存在着含氯氟烃（简称CFC_S，如CF_2CL_2、$CFCL_3$）。含氯氟烃是氯、氟及碳的聚合物，因为价格低廉、无毒性、非易燃性、非腐蚀性，时常被用作喷雾剂、冷却剂及溶剂等。但因它的稳定性，使其持续存在于大气环境之中，不易化解。这些分子会逐渐地飘到平流层，继而进行一连串的连锁反应，最终会使臭氧层受到损耗。

20世纪90年代以来，随着经济和工业生产的快速发展与人民生活水平的日益提高，化石燃料的使用大量增加，排放到大气中的温室气体、二氧化硫、氮氧化物、碳氢化物与气溶胶颗粒物不断增加，这使大气污染、酸雨等一系列环境问题十分突出，对人类的正常生活和身体健康产生了严重影响。人类活动与自然因子一起（太阳活动与火山爆发外强迫作用与气候系统内部变化）是影响气候变化的主要因子。多种证据表明，近百年来全球气候在变暖，全球变暖主要是由人类排放的温室气体增加造成的。如果未来人类对温室气体不加限制或减排，气候系统模式预估全球气候将继续变暖，并可能于21世纪中叶之后超过2℃阈值，使世界上许多地区的生态系统、粮食安全、水资源等遭受重大风险和影响。

• 精心呵护地球大气层

面对伤痕累累的地球大气，面对全球变暖和频发的自然灾害，人类在地球的生存环境越来越受到威胁和挑战，人类可以做的就是尽量减缓和适应这种气候变化。精心呵护好地球大气层，使人类更舒心、更安心、更省心地生活在蓝天白云之下和绿水青山之间，充分感受大自然赠予的美好时光。

如何呵护好地球大气层，重点应在四个方面努力：一是尽量维持好气候系统及太阳辐射的能量收支平衡，减少极端天气气候事件的发生发展；二是尽量减少对大气成分的改变，减少CO_2等温室气体的排放，减缓和降低大气温室气体的本底浓度，减缓全球气候变暖的进程；三是减少对平流层臭氧的干预和破坏，减轻太阳紫外线对地球的辐射危害；四是管控好雾霾天气，减少大气污染，尤其是光化学烟雾的产生。

保护地球大气，国家和公众采取的有效政策和措施主要包括：

1. 实施应对气候变化国家战略。将应对气候变化行动纳入国民经济和社会发展规划，制定长期低碳发展战略和路线图，健全应对气候变化和低碳发展目标责任制，实现“碳达峰、碳中和”战略目标。

2. 完善应对气候变化区域战略。实施分类指导的应对气候变化区域政策，针对不同主体功能区，确定差别化的减缓和适应气候变化政策。城市地区要严格控制温室气体排放和加强碳排放强度控制；老工业基地和资源型城市要加快绿色低碳转型；重点生态功能区要划定生态红线，限制高碳项目，发展低碳特色产业。

3. 构建低碳能源体系。控制煤炭消费量，加强煤炭清洁利用；扩大天然气利用规模；推进水电开发，安全高效发展核电，大力发展风电和太阳能发电，积极发展地热能、生物质能和海洋能；加强智能电网建设。

4. 形成节能低碳的产业体系。发展循环经济，严控高耗能、高排放行业，淘汰落后产能，大力发展服务业和战略性新兴产业；有效控制电力、钢铁、有色、建材、化工等重点行业排放；加大再生资源回收利用，提高资源产出率；减少二氟一氯甲烷受控用途的生产和使用；推进农业低碳发展，实现化肥农药使用量零增长；控制稻田甲烷和农田氧化亚氮排放，推动秸秆综合利用、农林废弃物资源化利用和畜禽粪便综合利用；发展低碳旅游、低碳餐饮，推动服务业节能降碳。

5. 控制建筑和交通领域排放。将低碳发展理念贯穿城市规划、建设、管理全过程，倡导产城融合的城市形态；强化城市低碳化建设，提高建筑能效水平和建筑工程质量，延长建筑物使用寿命；促进建筑垃圾资源循环利用，强化垃圾填埋场甲烷收集利用；推广绿色建筑和可再生能源建筑应用，完善社区配套低碳生活设施；构建绿色低碳交通运输体系，优先发展公共交通，使用低碳环保交通运输工具；提升燃油品质，推广新型替代燃料；倡导绿色出行，加快智慧交通建设。

6. 努力增加碳汇。大力开展造林绿化，开展全民义务植树；继续实施天然林保护、退耕还林还草、防护林体系建设、石漠化综合治理、水土保持等重点生态工程建设，加强森林抚育经营，增加森林碳汇；加大森林灾害防控，强化森林资源保护，减少毁林排放；加大湿地保护，提高湿地储碳功能；实施退牧还草，遏制草场退化，加强农田保育，提升土壤储碳能力。

7. 倡导低碳生活方式。加强低碳生活和低碳消费全民教育，倡导绿色低碳、健康文明的生活方式和消费模式，推动形成低碳消费理念；引导适度消费，使用节能低碳产品，遏制各种铺张浪费现象；完善废旧商品回收和垃圾分类处理体系。

8. 提高适应气候变化能力。提高水利、交通、能源等基础设施在气候变化条件下的安全运营能力；合理开发和优化配置水资源，实行最严格的水资源管理制度，全面建设节水型社会；完善农田水利设施配套建设，大力发展节水灌溉农业，培育耐高温和耐旱作物品种；开展气候变化对生物多样性影响的监测与评估；在生产力布局、基础设施、重大项目规划设计和建设中，应充分考虑气候变化因素；健全极端天气气候事件应急响应机制，加强防灾减灾应急管理体系建设。

9. 创新低碳发展模式。探索各具特色的低碳发展模式，研究在不同类型区域和城市控制碳排放的有效途径；促进形成空间布局合理、资源集约利用、生产低碳高效、生活绿色宜居的低碳城市；建立碳排放认证制度和低碳荣誉制度。

10. 强化科技支撑。提高应对气候变化基础科学研究水平，开展气候变化监测预测研究，加强气候变化影响、风险机理与评估方法研究；加强对节能降耗、可再生能源和先进核能、碳捕集利用和封存等低碳技术的研发和产业化示范；推广利用二氧化碳驱油、驱煤层气技术；研发极端天气预报预警技术，开发生物固氮、病虫害绿色防控、设施农业技术，加强综合节水、海水淡化等技术研发。

总之，呵护地球大气层，就是需要全人类的共同参与和共同努力，减少温室气体和反应性气体排放，减缓气候变化，适应气候变化，防治大气污染，打赢“蓝天、碧水、净土”保卫战，重塑一个洁净而美丽的地球大气圈。

南极臭氧洞

直到20世纪初科学家才从光谱分析和对比研究中发现了大气中臭氧的存在，其后一系列的高空大气观测表明，大气中的臭氧主要分布在距地面20～50千米的高空，其中在25千米附近的浓度最大，习惯上称为臭氧层。如果把臭氧层内的臭氧含量校定到标准状态下，其厚度是非常薄的，一般在0.25～0.45厘米之间，平均为0.35厘米左右。空气中的氧，最基本的存在形式是氧原子（O），两个氧原子结合到一起就成了氧气（O_2），三个氧原子结合到一起就成了臭氧（O_3），所以臭氧就是氧的三种同素异形体之一，是多了一个氧原子的氧气。臭氧主要分布在地球大气的平流层和对流层，在这两个不同的层面上，臭氧形成的机理有所不同，其造成的危害也有所差别。

当大气中的氧气分子受到紫外线短波照射时，一部分氧气分子会分解为氧原子，氧原子的不稳定属性让它很容易与周围的分子发生反应，如与氢气（H_2）反应就生成了水（H_2O），与氧气（O_2）反应就生成了臭氧（O_3）。当臭氧形成以后，由于其比重比氧气大（多了一个氧原子），因此会逐渐下降。在下降的过程中，由于温度不断升高（绝大多数情况下，气温随高度升高而降低，越接近地面温度越高），再加上长波辐射的作用，一部分臭氧（O_3）又重新还原为氧（O）和氧气（O_2）。在大气层中一定的高度（一般是20～25千米），氧气和臭氧会达到一个动态平衡，从而形成一个比较稳定的臭氧分布层，这一大气层中的臭氧含量约占高空大气层中臭氧含量的90%，而其他10%的臭氧分布在更高的25～50千米，故，人们一般把臭氧含量较高的20～50千米的大气层称为臭氧层。

大气中臭氧的含量虽然不多，但在三个方面却起着非常重要的作用。一是屏障作用，平流层臭氧能吸收太阳紫外辐射，使之减弱或不能到达地面，保护地球上的生物圈免遭太阳紫外辐射的伤害；二是加热作用，臭氧在吸收太阳紫外辐射的同时，对光谱红外部分的吸收使20%的地球向上长波辐射受阻，两者皆促使大气得到加热，从而导致平流层温度向上递增；三是臭氧具有温室气体的作用，直接关系到平流层以及全球气候变化。臭氧含量随纬度、季节和天气变化而不同，一般在春季最大，秋季最小。由赤道向两极地区，臭氧总量是递增的，一般到纬度70° 附近地区最大。

所谓南极臭氧洞是极地平流层臭氧浓度的区域性急剧下降，臭氧层变薄的现象。臭氧洞是1985年英国科学家在南极哈利湾站首次发现的，该站于1956年建立并开始臭氧总量的观测，直到70年代中期其观测到的臭氧总量都没有很明显的变化，但20世纪70年代中期以后，10月（南半球春季）的臭氧总量下降了40%左右。后来的气象卫星观测也证实了南极春季存在臭氧空洞，并发现臭氧总量减少的区域刚好对应着极地大气涡旋的范围。1991年10月5日，南极上空卫星观测得到其中心的臭氧量仅为108陶普森（Dobson）单位，是当时臭氧量的最低纪录，围绕南极存在一个很大很深的臭氧空洞。1998年10月，卫星观测到的南极臭氧洞是80年代初发展以来最大的一次，南极大部分地区的臭氧量仅为100陶普森单位，而全球平均值则为330陶普森单位，南极臭氧洞面积比北美大陆还要大，相当于2600万平方千米，而1997年同期仅为1900万平方千米。同时南极上空20千米高空的大气温度是近20年来的最低值，低温导致的极地平流层云的产生是化学物质破坏臭氧的必要条件。

昆明晨曦（李道贵 摄）

造成平流层臭氧破坏的最直接原因是人类活动排放的氯和溴的耦合化学反应，氟氯碳化合物（CFCs，俗称氟利昂，空调制冷剂）和含溴化合物哈龙（Halons，灭火剂原料）与臭氧发生反应，破坏臭氧层。近年来的大气探测表明，不仅在南极地区存在臭氧洞，北极地区也同样存在弱的臭氧洞，只不过比南极要小得多。同时，我国科学家首次发现夏季青藏高原上空也存在一个臭氧总量的低值区。科学研究证实，在过去20多年里，全球臭氧总量在不断减少。鉴于氟里昂等制冷剂的释放对臭氧层造成的侵蚀，给世界气候和环境带来了不利影响，臭氧层保护已引起了世界各国的广泛关注。平流层臭氧是地球生命的“保护伞”和“守护神”，我们要懂得保护它。1985年，世界各国在奥地利签署了《保护臭氧层维也纳公约》。1987年9月16日，在加拿大蒙特利尔召开的国际臭氧层保护大会上通过的《蒙特利尔议定书》，要求缔约国要限制使用氟氯化碳和其他耗竭臭氧的化学物质。1995年，联合国大会把每年的9月16日定为“国际臭氧保护日”。2007年9月，召开的议定书第19次缔约方大会达成了“在2030年之前全球范围内彻底停止生产和使用主要消耗臭氧层物质”的协定，这对进一步保护平流层臭氧，避免造成更大范围的臭氧层空洞具有非常重要的现实意义。

原载1999年3月15日《春城晚报》第9版《科学天地》，本文有删改

全球降雨多寡的奇迹

众所周知，受大气环流的支配，全球降水的分布具有一定的规律性。赤道附近地区降水多，两极地区降水少；南北回归线两侧地区，大陆西岸降水少，大陆东岸降水多；中纬度沿海地区降水多，内陆地区降水少；山地降水多，平原降水少。在世界各地形成了不同范围和规模的“多雨带”和“少雨区”。然而，因受海陆分布、洋流、海温、地形、季风、河流、植被、积雪等因素的影响，世界上的降水分布却又是错综复杂的。

世界之大，无奇不有。自然界千变万化，既有风调雨顺之雨，也有来势凶猛之水，还有百年不遇之旱。有的地方下起雨来没完没了，像是天漏一样，大雨瓢泼；而有的地方却极少下雨，滴雨如金，甚至一连几年、十几年不下雨，大地干渴，旱得要死，干得要“冒烟”似的。

· 世界雨极

印度东北部梅加拉亚邦的乞拉朋齐（Cherrapunjee），是一个不到万人的小山镇，年平均降雨量达12700毫米，约12米之多。5～9月季风雨季中，月平均降雨日数为25～28天，3月～10月八个月的降水量占年平均降水量的98%，6～7月两个月的降水量占总降水量的48%，11月～次年2月的四个月中，降水量却很少。1860年8月～1861年7月，12个月之内下雨竟达20447毫米，是世界最高年降雨记录。由于乞拉朋齐位于喜马拉雅山南麓，印度洋的暖湿空气沿山坡上升，气温降低，水汽易发生凝结成云致雨。因此，印度的乞拉朋齐有“世界雨极”和“世界雨城”之称。

乞拉朋齐，位于印度东北部的梅加拉亚邦（该邦原属印度阿萨姆邦的一部分，1970年4月，从阿萨姆邦划分出来，成为独立的新邦），坐落在中国雅鲁藏布江出境后的布拉马普特拉河（Brahmaputra Rivers）南侧东—西走向的卡西山地南坡的一袋形山坳中，海拔1313米。卡西丘陵山地长约250千米，海拔约1500米，东端与缅甸西部南—北走向的阿拉干山脉和那加山脉相接，成为一个宽广的向南敞开的漏斗状谷地。乞拉朋齐距离梅加拉亚邦首府西隆以南约51千米，离孟加拉湾约400千米。1861年位于“世界屋脊”——喜马拉雅山南麓的小镇乞拉朋齐，一年里雨量曾达到了20447毫米，夺得了世界“雨极”的称号。以后来自世界各大洲的年雨量记录，都远远落后于乞拉朋齐，可望而不可及。时隔99年以后，就是1960年8月～1961年7月，乞拉朋齐再一次以26461.2毫米的成绩，打破了其保持的最高纪录，蝉联了“世界雨极”的荣誉。想象一下，26461.2毫米是一个非常惊人的数字，它比北京42年的总降水量还多，是昆明26年的总雨量。

乞拉朋齐的降水主要属于季风地形雨，特殊的地形造成了惊人的降水。在6～9

月的雨季，来自印度洋的暖湿西南季风，从恒河三角洲一路进入孟加拉国的低地平原，在向北前行300～400千米，突然受到卡西山地的阻挡，气流被迫抬升，发生绝热降温，水汽凝结为水滴，在山地的迎风坡（乞拉朋齐）形成猛烈降雨。乞拉朋齐为什么能下这么多的豪雨？这是因为印度洋是世界上最潮湿的地区，那里是湿空气的“仓库”，当著名的西南季风从孟加拉湾吹向青藏高原时，巍巍的喜马拉雅山不让其翻越，湿润空气被逼产生上升运动，凝结成大量雨滴，瓢泼般地降落在乞拉朋齐，使它成为“世界雨极”。孟加拉湾北岸的恒河下游和布拉马普特拉河下游地区，即印度东北部、孟加拉国一带，是世界上降水量最多的地区之一，这是由于印度洋上的西南季风带来大量的水汽，造成6～9月的显著多雨期。暖湿的西南季风涌入卡西谷地时，被迫地形抬升，造成惊人的雨量。乞拉朋齐虽离孟加拉湾约400千米，但其间是一个地势较为低矮的陆地，雨季时，这里因河水泛滥溃决，实际上已变为一片湖泽。由于洪水较暖，西南气流在到达乞拉朋齐之前，先吹拂于积水洼地之上，因其饱含了大量水汽，使得乞拉朋齐的降水猛增。而位于卡西山地以北，布拉马普特拉河谷底上的印度阿萨姆邦首府高哈蒂，由于处在背风侧，年平均降水量仅有1589毫米。自10月起，西南季风逐渐消退，乞拉朋齐降水量开始锐减，进入旱季，直到次年的2月。3～5月受南支槽、孟加拉湾暖湿气流和青藏高原大地形的共同影响，乞拉朋齐迎来了季风雨季爆发前的“早雨期”（又称小雨季），6～9月进入季风雨的盛行期（又称大雨季）。

干旱少雨的金沙江河谷（谢国清 摄）

- 中国雨极

中国的“雨城”一般是指四川西部的雅安。据统计，雅安一年中有220天是阴雨天气，多年平均降雨量1804毫米，约是北京的2.8倍，上海的1.6倍，昆明的1.8倍，所以，自古就有“西蜀天漏”和“雅州天漏”的说法。西蜀是四川西部地区，雅州是指现在的川西雅安市及其附近一带。这是因为雅安位于四川盆地西缘、邛崃山东麓，东靠成都、西连甘孜、南界凉山、北接阿坝，距成都仅115千米，素有“川西咽喉”“西藏门户”之称。山脉阻挡了夏季风的西进，气流被迫沿山坡上升，水汽凝结易形成地形雨。特别是在山谷风盛行的夏季，更有助于地形雨的形成，大雨如注，如同“天漏”了一样，故有“雨城”之称。然而，中国的“雨城”同世界“雨城”又有所不同，雅安虽有“天漏”的称号，但它的平均年雨量远不是中国最多的，我国南方许多高山和沿海地区的年雨量都超过它，例如雅鲁藏布江河谷中的墨脱巴昔卡，年平均雨量就达4500毫米，所以，雅安并不是我国的“雨极”所在地。

中国的雨极，在台湾省北端基隆市东南面14千米处的火烧寮，多年平均降雨量为6489毫米，其中1906～1944年，38年间的平均年雨量高达6558毫米，多雨的1912年甚至高达8409毫米，成为我国年雨量最多的“冠军”。台湾火烧寮降雨之多，主要是受台风、夏秋西南季风、夏半年东南季风、冬半年东北季风的“四风”和地形的综合影响，特别是冬半年11月～次年3月，东北季风从太平洋上带来了大量的水汽吹上岛地，首先在基隆火烧寮迎风坡上形成大量云雨，因此整个冬春季节，寒雨纷纷，下个不停，成为我国冬雨最多最频繁的地方。据统计，从11月～次年2月的总雨日多达86天，平均每月要下雨20～22天，总雨量多达1108毫米，冬季每月阴天22.5天，晴天只有1.7天，每天日照不足2小时。有趣的是，火烧寮是在鸡笼山雨坡上，而鸡笼山下的基隆市（因“鸡笼”谐音而名基隆），则是世界著名的“雨港”，基隆的冬雨是由于东北季风在台湾中央山脉东北坡被迫抬升所造成的。

澜沧江的高峡平湖（黄成兵 摄）

世界旱极

与世界“雨极”“雨城”相反的则是“旱极”“旱城”。南美洲智利北部的伊基克市是世界著名的“旱城”。伊基克市位于纵横智利南北铁路的北端终点站，处在世界最干旱的阿塔卡马沙漠的包围之中，它的年降雨量为零，曾经连续14年没有下过一次雨。如有下雨，雨滴落到地面前就已经蒸腾消散了。因此，把它称之为世界“旱城”，确实当之无愧。另外，在非洲东北部努比亚沙漠、埃及—苏丹边境地区、撒哈拉沙漠中部，几年不下一滴雨也是常有的事，也属世界“旱极”之地。

中国旱极

我国西北地区的大部分地方年雨量在50～100毫米以下，最少的地方只有10～20

毫米。比如，南疆的吐鲁番—哈密盆地，年平均雨量仅为36毫米，焉耆盆地为85毫米，南疆平原绿洲为70毫米。我国新疆南部的塔克拉玛干沙漠，是一个雨水非常稀少的地方，一年中难得遇上几次雨天，常常是几个月，甚至整年不下一滴雨，有时一场雨就下了半年、一年甚至几年的雨量。这是因为深居欧亚内陆，周围高山环绕，无论太平洋还是印度洋的海洋水汽都不易达到该地，故干旱少雨，成为一片沙漠的“旱极”。即使有时下雨，也只是毛毛细雨，洼地也积不了水，甚至出现“干雨”。盛产葡萄和哈密瓜的吐鲁番，年雨量仅有16.4毫米，而托克逊县城的雨量则更少，年平均降雨量6.9毫米，年平均雨日仅为6天，绝大多数都是仅能淋湿地皮的小雨。1968年，全年仅有0.6毫米的降水，曾出现长达350天之久连续无雨的纪录（1979年9月28日~1980年9月11日），是我国名符其实的“旱城”。

- 云南雨极与旱极

云南地处低纬高原，总体属亚热带季风气候，全省平均年降水量为1086毫米，但地区分布极不均匀，降水最多与最少的地方可相差4.2倍。据云南省125个国家级气象站的观测记录，云南年降水量多年平均值以滇南金平站的2359毫米为最多，红河州金平县可谓云南的“雨城”。年降水量多年平均值以金沙江河谷宾川站的564毫米为最少，大理州宾川县可称云南的“旱城”。但云南的极端年降水情况却有所不同。因气象站址迁移的原因，历史上云南多年平均降水量以西盟站的2764.1毫米为最多，换言之，云南曾经的“雨城”是普洱市西盟县（老县城西盟镇，1999年搬迁至新县城勐梭镇），1991年，降水量曾高达3466.7毫米，为全省之冠。1960年，金沙江河谷的元谋站，年降水量仅为287.4毫米，为全省年降水量的最少纪录，说它是曾经的云南“旱城”也不为过。若按多年平均雨日数统计，昭通市威信县年雨日达231天，是云南雨水最频繁的地方；而楚雄州元谋县年雨日仅92天，是云南雨水最少光顾的地方。

另据云南全省乡镇气象哨观测记录，盈江昔马多年平均降水量为4014毫米，1998年降水量高达5146毫米，为全省降雨最多的地方，德宏州盈江县昔马镇可称为云南的“雨极”之地（“天漏”的地方）；德钦奔子栏镇多年平均降水量为299.5毫米，1969年降水量仅为163.4毫米，为全省降雨最少的地方，迪庆州德钦县奔子栏镇可称为云南的“旱极”之地（“少雨”的地方）。故有气象专家将四川得荣（年平均降雨量347毫米）至云南德钦奔子栏一带的金沙江河谷地区，称为“中国西南干旱中心”是恰如其分的。

全球变暖及其危害

全球变暖（global warming）是一种和自然有关的现象，是由于大气温室效应不断累积，导致地气系统吸收与发射的能量不平衡，能量不断在地气系统中累积，从而导致温度上升，造成全球气候变暖。简单地讲，全球气候变暖是指地球表面温度上升的现象，可形象地将其比喻为“地球在发烧”。随着它的普及，当科学家或人们谈论全球变暖时，几乎是专指由于人为因素导致气候变化的一种现象。

美国哥伦比亚大学地质学家布勒克（Broecker）是世界上第一个提出“全球变暖”的科学家。1975年8月8日，布勒克教授在美国《科学》杂志提出了“全球变暖”的概念，并准确预测了大气中的二氧化碳排放量增长会导致全球变暖。自此，全球变暖成为越来越多科学家、政治家、经济学家和普通民众关心的科学问题和环境问题。

· 全球变暖的原因

今天的全球变暖主要是由于人类燃烧化石燃料导致温室气体增加产生的。大气中的温室气体主要是二氧化碳、甲烷、氧化亚氮等，其中二氧化碳的增温贡献率高达77%、甲烷14%、氧化亚氮8%。实际上，全球气候变暖始于人类活动开始扰动大气的那一刻，起点是1750年（清乾隆十五年）左右开始的欧洲工业化，直到现在还在持续。自工业化以来，全球二氧化碳、甲烷、氧化亚氮等主要温室气体的浓度持续增加，到2013年，分别比工业化前增加了42%、153%、21%，为过去80万年以来最高，相当于在地球表面每平方米放了2～3个昼夜不息的1瓦的小灯泡。全球气候变暖已成为不争的事实，全球气候正在经历一场“从宁静（正常），到低烧，再到高烧”的灾难性演变过程。

1901～2012年，全球平均地表气温升高了0.89℃，我国所处的东亚地区升温了0.9℃。据世界气象组织（WMO）的最新公布，2018年全球平均温度比1981～2010年平均值偏高0.38℃，较工业化前水平高出约1.0℃，2014～2018年是有完整气象观测记录以来最暖的五个年份。2018年，亚洲陆地表面平均气温比常年值偏高0.58℃，是1901年以来的第五暖年份。1901～2018年，中国地表年平均气温呈显著上升趋势，近20年是20世纪初以来的最暖时期，2018年中国属异常偏暖年份。1951～2018年，中国年平均气温每10年升高0.24℃，升温率明显高于同期全球平均水平。2020年3月10日，联合国秘书长古特雷斯与世界气象组织秘书长塔拉斯共同发布了《2019年全球气候状况声明》。指出2019年是有记录以来温度第二高的年份，2015～2019年是有记录以来最热的5年，2010～2019年是有记录以来最热的10年；自20世纪80年代以来，每个连续10年都比1850年以来的前一个10年更热；2019年全球平均温度比估计的工业化前水平高出1.1℃，仅次于2016年创下的纪录。2021年1月14日，世界气象组织（WMO）综合分析了五个国际权威数据集后得出：2011～2020年为有气象记录以来最暖的十年，其中2016年、2019年、2020年位列前三。2020年全球平均气温约为14.9℃，比工业化前（1850～1900年）的水平高出了1.2（±0.1）℃。

人类活动致使气候以前所未有的速度在变暖。2021年8月，IPCC报告提供了关于过去和未来气候变暖预估的最新认识，展示了迄今为止气候变化的成因，提供了人类对气候变化和极端事件影响的更深理解。报告指出，人类活动的影响使大气、海洋、冰冻圈和生物圈发生了广泛而迅速的变化，至少在过去的 2000年里，全球地表温度自1970年以来的上升速度比任何其他50年期间都要快。1750年左右以来，温室气体浓度的增加主要是由人类活动造成的。目前全球地表平均温度较工业化前高出约 1℃。

全球变暖的幅度和时间取决于温室气体的浓度，像二氧化碳这些温室气体在大气中的寿命，决定了它们在大气中累积的浓度。二氧化碳的寿命大约是100年、氧化亚氮114年、甲烷12年，由于它们的生命期长，所以即使我们现在减少它们的排放，但它们的累积浓度还是在增加的，全球变暖的趋势仍还是不会停止的。2018年，全球观测到的二氧化碳浓度达到了405ppm（1ppm为百万分之一），而在2011年时还是390ppm，二氧化碳等温室气体在大气中浓度的不断增加，是驱动全球变暖的主要因素。要将全球升温在本世纪末（2100年）控制在2℃以内，二氧化碳浓度必须控制在450ppm内才有可能实现，否则，控制全球升温就将会成为“泡影”。

普洱夏季田园风光（苏晓力 摄）

· 全球变暖的危害

地球气候系统的许多变化与日益加剧的全球变暖是直接相关的，表现为极端高温事件、海洋热浪和强降水的频率和强度增加，部分地区出现农业和生态干旱，强热带气旋的比例增加，以及北极海冰、积雪和多年冻土的减少等。全球持续变暖将会进一步加剧全球水循环，包括其变率、全球季风降水以及干湿事件的强度。归纳起来讲，全球气候变暖主要表现在：极端气候事件趋多趋强；农业生产不稳定性增加；水资源问题日益严峻；冰川显著退缩；重大工程安全运行的风险增大；沿海经济发达地区受到海平面上升威胁；生物多样性遭到破坏；人类健康、人居环境、工业、旅游、保险等受到严重影响。全球降水呈现“旱者愈干、湿者愈涝”，全球气温呈现“本来就热的地方更热，本不该热的地方变热”，其带来的全球“负面作用”将远大于“正面影响”。气象灾害的多发性、突发性、极端性日益凸显。

全球气候变暖带来的危害主要有：一些自然生态系统（如珊瑚礁、红树林、高山、海岸带等）可能遭受严重的、甚至不可恢复的破坏；草原、荒漠分布范围向内陆和高海拔地区扩展；主要植被类型分布可能发生明显变化（树种变化、林线上升）；生物多样性可能减少（物候期提前，亚热带、温带北界北移。湿地、草原生态系统退化，功能下降）；山地冰川普遍退缩；海平面上升；气候变暖将改变传染病的传播形式，使疟疾、登革热等虫媒病更容易传播，一些低纬度常见流行病的发生范围将向中高纬度地区扩展；旱灾、水灾、风暴等极端气候事件将增加死亡率和传染病发病率；暴雨洪涝、海平面升高引起许多低洼和沿海居住区危险性增加；夏季高温导致降温所需能源增加，造成用电受到限制等等。

具体而言，全球及中国在气候变化与极端气候事件方面，存在着十大风险隐患：①副热带干旱区与中高纬多雨风暴区向北移动；②全球和中国暴雨及洪水风险增加；③更频繁的夏季热浪发生成为气候的新常态；④增强的城市暴雨；⑤大范围干旱发生与水资源短缺的可能风险增加；⑥全球与中国冰川的快速融化；⑦持续加速的全球海平面上升；⑧全球作物产量减少造成的粮食安全风险增加；⑨东亚季风年代际变化引起的中国东部降水格局和极端事件分布的改变；⑩增加的环境与生态风险以及局部加剧的污染事件。

• 全球变暖的趋势

在未来100年内，全球气候变暖的趋势是不会停止的，这主要是与人类活动有关。如果我们人类现在就特别拮据地生活，比如说不开车、骑自行车，不住大房子、住小房子，大概在未来到2100年气温升高可以控制在1.5～2℃；如果我们有节制地生活，大概未来气温升高可以控制在2.5～3℃；如果我们仍然无节制地排放，未来到2100年气温升高将达到4.5～5℃。这样的全球地表升温，会使很多生物无法生存，有些生态系统不可恢复；同时海平面上升将使一些岛屿被淹没，影响是非常深远的。不同国家和地区，由于其自身利益，对全球变暖和温室气体减排持有不同态度，但可以肯定的是，全球变暖趋势就一直没有停止过，而且将来一段时间内还将会持续。

高原山地秋季风光（王崇礼 摄）

2018年10月，IPCC《关于1.5℃全球变暖“敲响警钟”的报告》提出，将全球升温平均值保持在不超过工业化前水平之上1.5℃的范围内，将有助于避免对地球及其人类造成毁灭性的永久性损害。包括北极和南极动物栖息地不可逆转的丧失；致命的高温热浪更频繁地发生；可能影响3亿多人的缺水问题；对沿海地区和海洋生物至关重要的珊瑚礁消失；威胁着所有岛屿国家经济和未来的海平面上升等。联合国估计，如果我们能够坚持1.5℃而不是2℃的升温控制，受气候变化影响的人数将会减少4.2亿。

2021年8月，IPCC第六次评估报告第一工作组指出，从未来20年的平均温度变化预估来看，全球升温预计将达到或超过1.5℃。在考虑所有排放情景下，至少到本世纪中叶，全球地表温度将继续升高。除非在未来几十年内大幅减少二氧化碳和其他温室气体排放，否则21世纪升温将超过1.5℃和 2℃。

《纽约时报》曾进行过全球气候变暖后的调查，写下了这样一段文字，值得我们深思："工业革命以来，世界已经升温1℃；《巴黎气候协定》呼吁将升温控制在2℃，因为地球升温2℃，我们将面临热带珊瑚礁的死去和海平面上升几米；地球升温3℃，北极的森林和多数沿海城市将不复存在；地球升温4℃，欧洲将永远干旱，中国、印度大部分地区将变成沙漠，美国将不再适合人类居住；地球升温5℃，一些科学家认为，这该是人类文明的终结了。"

作为一个生活在地球上的正常人，谁也不想看到这样的可怕景象，即便我们在有生之年尚不会承受到这样的灾难，然而我们的子孙后代，依然还要生活在这颗蓝色的美丽星球上。善待我们的地球吧，减少碳排放，减缓增暖，让人与自然和谐共生。

给台风起个有趣的名字

热带气旋是发生在热带或副热带上空的强烈涡旋，全世界每年平均发生约80个的热带气旋，因发生地域不同，名称各异。出现在西北太平洋和南海的热带气旋，称为"台风"；发生在大西洋、墨西哥湾、加勒比海和北太平洋东部的热带气旋，称为"飓风"；发生在印度洋和孟加拉湾的热带气旋，称为"风暴"。

从2000年开始，人们已在中央电视台《新闻联播》之后的"天气预报"节目中听到"龙王""悟空""风神""海燕""电母""桑美""榴莲"之类的字眼，这是我国与亚太地区十多个国家和地区在发布台风信息时所起用的新名字，它为严肃刻板的气象科技增添了形象有趣的浪漫色彩。

· 台风的命名

让台风有一个亲切的名字，是一位美国作家的杰作。1941年，一篇名叫《风暴》的小说里，一位气象预报员为了好玩，给台风起上他所认识的姑娘们的名字并叙述了一场名叫"玛丽娅"的台风怎样生成、发展以及当袭击陆地时又如何改变了人们生活的过程。第二次世界大战期间，美国海军和空军就用英文女子名这种方式，来命名台风。一年中第一次光临的台风起一个字母A打头的姑娘名字，第二个则用以字母B打头的姑娘名字，依字母的顺序一直到W。1950年，美国气象局还没有给台风起名的习惯，但当年10月的某一个星期，同时有三个台风到达，这就把人给搅糊涂了，人们有时弄不清楚预报的究竟是哪一个台风，于是1951年美国气象局开始依字母的顺序来命名台风。1952年又决定依字母的顺序给每一个台风起一个姑娘的名字。第一组名单是：ALICE（爱丽丝）、BARBANA（芭波娜）、CAROL（凯萝）……WALLIS（沃丽丝）。自1979年起开始，不再只使用女子名，而是交替使用英文男子和女子名来命名，英文命名由美国设在太平洋关岛的联合台风警报中心发布。

2004年的"云娜"台风（图源：中国天气）

在亚太地区，过去采用的是台风编号方法，即把每年发生的台风，按其出现的先后顺序进行编号，如9901号台风是指1999年第一次在180经度以西，赤道以北的西北太平洋洋面或南海海面出现的热带气旋。随着亚太地区经济的迅速崛起和民族自尊心的高涨，人们迫切要求使用具有亚洲风格的台风命名。1997年11月，在中国香港举行的世界气象组织台风委员会第30届会议，决定组织西太平洋和南海热带气旋的命名。命名方法是：分别由柬埔寨、中国、朝鲜、中国香港、日本、老挝、中国澳门、马来西亚、密克罗尼西亚联邦、菲律宾、韩国、泰国、美国和越南14个国家和地区，各提供10个热带气旋名字，要求每个名字的长度不超过9个字母，所用名字既容易发音，又在各成员国语言中没有不良的意义，而且不能用商业机构的名字。新的热带气旋组名字一共有140个，命名表按顺序命名，循环使用，各成员可根据发音和意义将命名译成当地语言，命名表自2000年1月1日启用。同时为照顾习惯，中国中央气象台热带气旋编号仍继续使用。

中国提供的10个台风名字分别是“龙王”“玉兔”“风神”“杜鹃”“海马”“悟空”“海燕”“海神”“电母”“海棠”；中国香港选用的是“启德”“万宜”“凤凰”“彩云”“马鞍”“珊珊”“玲玲”“欣欣”“婷婷”“榕树”；中国澳门挑选的是“珍珠”“蝴蝶”“黄蜂”“芭玛”“梅花”“贝碧嘉”“画眉”“莲花”“玛瑙”“珊瑚”。2000年，第1号热带气旋名字是“达维”，由柬埔寨提供；第2号热带气旋的名字是中国提供的“龙王”；第3号则是朝鲜提供的“鸿雁”；之后依事先编排好的名字次序，依次类推。2000年，登陆中国的台风共有5个，分别是0004号（启德）、0008号（杰拉华）、0010号（碧利斯）、0013号（玛莉亚）、0016号（悟空）。亚洲风格的台风命名法，是亚太地区气象部门在世纪之交送给人类社会的一份礼物。随着被赋予了新使命的“龙王”“杜鹃”“蝴蝶”“画眉”们的到来，人们在防御热带气旋之余，也感受到了人与自然的亲近，展现了科学与艺术的完美结合。

在对台风正式冠名前，一般须有一个提前“酝酿”和预命名的过程，即对热带扰动的监测研判。热带扰动（Tropical disturbance）是指发生在热带或副热带地区的一种低压系统，在一定条件下可发展成热带气旋（台风），但并不视为热带气旋的其中一个分级。简单地讲，热带扰动只是一个热带气旋的雏形，当环境条件适合时，热带扰动有可能发展为一个热带低压，进而发展成为热带气旋（台风）。热带扰动如何进行编号呢？热带扰动一般用阿拉伯数字90～99进行编号，并按顺序循环使用，不同洋面上的热带扰动采用不同的后缀，即西北太平洋-W（WP）、北大西洋-L（AL）、东北太平洋-E（EP）、中太平洋-C（CP）、孟加拉湾-B（IO）、阿拉伯海-A（IO）、南太平洋-P（SH）、南印度洋-S（SH）、南大西洋-Q（SL）。故，在正式对西北太平洋海域（含南海）进行台风命名前，我们提前看到的是诸如90W、91W……99W等的热带扰动编号，在孟加拉湾海域，则是B01、B02……B09等的热带扰动编号。在西北太平洋产生的台风是由日本气象厅（JMA，东京）命名的，美国联合台风警报中心（JTWC，关岛）会把在该地区生成的热带低压的编号以W字母标识。

• 劣迹台风的“消失”

每年在西北太平洋和南海海域形成的并达到台风编号标准的热带气旋约为25个左右，多的年份可达31个（2013年），少的年份仅有14个（2010年）。自2000年起，世界气象组织台风委员会14个成员提供的140个台风名称，全部使用一遍的周期约为5～6年。换句话讲，每隔5～6年时间，曾使用过的台风名称又将出现在世人的面前。当一个台风给某个或多个成员国（地区）造成巨大损失，遭遇损失的成员可以向台风委员会提请撤换该台风名字，这个名字将会永久被除名并停止使用，这也避免了在提及该台风时引起的混淆。2018年，台风“山竹”和“温比亚”正是因为造成巨大损失而被除名的。另外，当台风委员会成员认为某个台风名字不恰当时，也可提请撤换。当某个台风的名字被从命名表中删除后，台风委员会将根据相关成员的提议，对台风名字进行增补，该名称一般由原提供成员重新推荐。例如，2017年，被除名的第13号台风“天鸽”，被新名字“Yamaneko”（山猫）代替，由日本提供；被除名的第21号台风“天秤”，被新名字“Koinu”（小犬）代替，由日本提供；被除名的第23号台风“启德”，被新名字“Yun-yeung”（鸳鸯）代替，由中国香港提供。2019年2月27日，台风委员会第 51次届会宣布台风“山竹”和“温比亚”被除名。作为台风委员会年度届会常设议题之一，会议根据各成员的提议，对过去一年产生严重影响的台风名字进行除名，并确定之前除名台风的新名字。“山竹”和“温比亚”的命名成员——泰国和马来西亚，于2020年提出了新的替代名字，分别为“山陀儿”（Krathon）和“普拉桑”（Pulasan）。

2021年的“查帕卡”台风（图源：中国天气）

台风“山竹”是此前被除名台风“榴莲”的“替补”队员，“山竹”名称是由泰国提供的。“山竹”具有强度大、强风范围大、风雨影响严重，与台风“百里嘉”影响区域重叠等特点。2018年9月7日20时，“山竹”在西北太平洋洋面上生成；9月15日1时40分，“山竹”从菲律宾吕宋岛东北部的巴高地区登陆，带来了暴雨和时速高达330千米的强风，并引发了高6米的巨浪。500万居民受到影响，超过10万人被疏散至临时避难中心；16日17时，“山竹”在广东台山海宴镇登陆，登陆时中心附近最大风力14级，中心最低气压945百帕。

台风“温比亚”是由马来西亚提供的。“温比亚”于2018年8月15日14时在东海东南部海面生成后，逐渐向西偏北方向移动。仅仅经过一天半的时间，就于17日凌晨4时5分在上海浦东新区南部沿海登陆，成为2018年登陆上海的第三个台风，也是继“安比”“云雀”“摩羯”之后，2018年登陆华东地区的第四个台风。它的登陆使上海成为我国首个一个月内有3个台风登陆的城市，也使该年登陆苏浙沪地区的台风突破了1949年以来的历史纪录。“温比亚”影响下，浙江、上海、江苏、安徽、河南、山东、辽宁、吉林遭受大雨到特大暴雨的侵袭。

据统计，2000～2020年的21年间，共有51个台风被除名和替换，占命名列表总数的36.4%，表明约1/3的台风给西太平洋沿岸的国家和地区带来了较重的灾害。台风“惹是生非”最终被剔除，不得不更换“马甲”，有的甚至是二次被剔除更名，如泰国提供的具有“水果味”的榴莲和山竹，接班的也是“水果味”的山陀儿。“画眉”“云娜”“婷婷”“麦莎”“龙王”“天鹰”“桑美”“榴莲”“尤特”“威马逊”“彩虹”“海马”“山竹”“利奇马”“玉兔”等，这些曾经使用过的台风名称将永远尘封在历史的长河中。在这51个被剔除的台风中，约80%是因为造成严重灾害而被除名的。第一个被除名更换的台风名称始于2002年，由Aere（艾利）替代Kodo（库都），由美国提供。台风更名最多的是2006年和2021年，均为6个。2006年由“红霞”“白海豚”“彩虹”“银河”“狮子山”“凡亚比”分别替代了“凤仙”“欣欣”“鸣蝉”“苏特”“婷婷”“云娜”；2021年由“银杏”“天琴”“桦加沙”“蓝湖”“洛鞍”“竹节草”分别替代了“玉兔”“北冕”“海贝思”“法茜”“巴蓬”“利奇马”。

除造成严重灾害的台风易被除名外，一些其他原因也会被除名。如“Yanyan欣欣”和“Tingting婷婷”因没有代表性被退役；朝鲜命名的“Sonamu清松”，由于其发音近似海啸（Tsunami）造成马来西亚沿海民众恐慌被除名；2001的26号热带风暴“画眉”（Vamei），虽不是很强，但它是有史以来最靠近赤道的台风，所以被除名了；泰国命名的“瀚文”，与印度词汇音近，宗教观点冲突而被除名；美国命名的“库都”，与密克罗尼西亚语的不雅词汇音近而被除名；韩国命名的“彩蝶”，与阿拉伯词汇音近，宗教观点冲突而被除名。

• 严重影响我国被“除名”的台风

2009年，莫拉克（Morakot）台风造成台湾、福建、浙江、江西等地重大损失，8000余人被困，经济损失巨大；2009年，芭玛（Parma）台风路径曲折复杂，台湾降水量打破全年纪录，给海南、广西等地带来洪涝灾害；2010年，凡比亚（Fanapi）台风在广东引发罕见的短时强降水，导致广东多人死亡，61人失踪；2013年，尤特（Utor）台风在菲律宾和中国造成重大损失，广西、广东等地受灾百万人，受此台风影响，广东鉴江发生超20年一遇的大洪水；2013年，菲特（Fitow）台风，浙江874万人受灾害影响，福建4市12个县104个乡镇21万人受灾；2013年，海燕（Haiyan）台风属超强台风级，是2013年全球最强的热带气旋，在菲律宾中部造成毁灭性破坏。广西、广东多地受灾；2014年，威马逊（Rammasun）台风造成海南、广东、广西的59个县、742.3万人、468.5千公顷农作物受灾，直接经济损失约265.5亿元，城市内涝严重；2015年，苏迪罗（Soudelor）台风在台湾登陆带来的暴雨和狂风造成大范围电力供应中断，中国东部地区则因百年一遇的降雨导致洪水和山体滑坡；2015年，彩虹（Mujigae）台风造成广西100多万人受灾，广东湛江等9市42县不同程度受灾，紧急转移安置17万人，农作物受灾28.27万公顷；2016年，莫兰蒂（Meranti）台风导致厦门市65万棵树倒伏，直接经济损失102亿元。该台风擦过台湾南部时也给当地造成严重影响；2017年，天鸽（Hato）台风登陆期间，恰逢天文大潮，强风及风暴潮导致广东、广西等省区近30人死亡，经济损失超过200亿元。这些“惹事”登陆台风，给我国造成了严重自然灾害，根据台风命名规则，“除名”是免不了的，也是理所当然的。

原载2001年3月12日《春城晚报》第17版《科学天地》，本文有删改

贴近生活的气象预报

随着现代气象科技水平的提高和百姓生活节奏的加快，人们对天气预报的要求也不再局限于降水、气温、风力等传统气象要素的预报。近年来，各式各样的气象预报就应运而生了。1995年，上海、北京等地的气象部门率先向公众发布降水概率天气预报，这一新型的天气预报形式，曾一度引起社会的普遍关注和兴趣。传统的降水预报是降水概率在50%以下就预报无雨，50%以上就预报有雨，给公众的信息只有两种可能，要么有雨，要么无雨。而概率预报，则把出现降水的可能性以一种0%～100%的概率形式表现出来，使公众在获取天气预报信息时更有选择性、主动性和灵活性。如预报下雨概率为30%，说明今天有下雨的可能，但可能性或把握性不大，即使下雨，也是瓢上几滴，影响不会太大。

昆明夏日的蓝花楹（琚建华 摄）

研究表明，大气中的紫外线透过量增加，会导致人体皮肤受到伤害，出现灼伤、

红斑病、白内障甚至皮肤癌。为使人们科学合理利用紫外线，国际上已有不少国家和城市开展了紫外线强度预报，我国上海、北京等地气象台已开展了此项预报服务。当气温和湿度高达某一界限时，人体的热量散不出去，体温就会升高，以至超过人体的忍耐极限，造成伤亡事故。1998年，南京市气象局在全国率先推出了中暑天气条件指数预报，中暑指数表明可能诱发中暑的等级。指数小于45，将可能诱发先兆中暑；指数在46～61之间，会诱发轻症中暑；指数大于62，则会出现重症中暑。花粉是植物的雄性生殖细胞，在风媒或虫媒的作用下在空气中传播，有些人在呼吸过程中吸入花粉后，就会产生过敏反应患花粉症，是一种危害人体健康的常见病和多发病，主要表现为呼吸道和眼睛的炎症。1998年，北京市气象局在城区和郊区建立了6个花粉监测站，开始花粉浓度监测和预报。

此外，气象预报中还有风景区天气预报、城市火险预报、森林草原火险预报、人体舒适度预报、啤酒冷饮和霉变指数预报、大气清洁度预报、钓鱼指数预报、登山指数预报、晨练指数预报等等。现代天气预报的服务领域正在进一步拓宽，涉及旅游、交通、建筑、环保、市政、供暖、供水、化工、粮储、商业、农业、防灾减灾等诸多生活领域，为百姓的日常生活提高多样化、人性化和特色化服务。

气象指数预报是气象部门根据公众普遍关注的紫外线强度等问题和各行各业工作性质对气象敏感度的不同要求，运用数理统计方法，对气温、气压、湿度、风、雨量等多种气象要素进行综合计算，而得出的客观定量化的预测指标，可分为生活和行业两大类。了解生活气象指数，可以帮你成为健康的主宰，有效躲避不良天气带来的风险，带给你全新的生活质量。生活类气象指数预报主要有人体舒适度、晨练、风寒、感冒、紫外线、花粉浓度等。

人体舒适度气象指数：人体舒适度指数分为极冷、寒冷、偏凉、舒适、偏热、闷热、极热7个等级，分别表示人体对外界自然环境可能产生的各种生理感受。

晨练气象指数：共分为5级。1级非常适宜，各项条件均好；2级适宜，一种条件不太好；3级较适宜，两种条件不太好；4级不太适宜，三种条件不太好；5级不适宜，各种条件均不好。主要考虑的气象因素有：①天空状况（雨雪、烟雾、沙尘等）；②风；③温度；④空气污染程度。

风寒指数：冷热是人们一种主观上的感觉，冬天一遇到阴雨天，人们感到透心的凉，刮大风时人们感到风头如刀面之割。风寒指数就是综合考虑了阴晴、风、温湿度、大气压等气象要素，给出人体对寒冷的主观感觉指标。风寒指数分为5级。1级天气偏凉；2级天气较冷；3级天气很冷；4级天气寒冷；5级天气极冷。上述分级中，除4～5级外，风力均小于4级。当风力大于4级时，风寒指数相应增加一级。若平均相对湿度≥80%，风寒指数也相应增加一级。

感冒气象指数：共分为4级。1级发病率≤8%，低发期，不易发病；2级发病率9%～20%，易发期；3级发病率21%～32%，多发期，病人增多；4级发病率≥33%，高峰期，发病人数剧增。

空气污染气象指数：空气污染受季节及气象条件影响，在污染源排放量无大的变化前提下，与风、雨、雪、气压、湿度等气象条件有关。指数共分为5级，1级空气质量最好；2级空气质量较好；3级空气轻度污染；4级空气较重污染；5级空气重度污染。

紫外线强度预报：阳光中的紫外线能杀死病菌，防止佝偻病等发生，但过量的紫外线照射，会给人体带来伤害，特别是皮肤。紫外线强度共分5级。Ⅰ级，紫外线指数为0、1、2，紫外线强度最弱，无需采取防范措施；Ⅱ级，紫外线指数为3、4，强度弱，宜适当防护；Ⅲ级，紫外线指数为5、6，强度中等，可使用太阳镜和太阳伞等防护；Ⅳ级，紫外线指数为7、8、9，强度强，除上述防护措施外，上午10时～下午4时尽量不外出或尽可能在阴凉处躲避；Ⅴ级，紫外线指数≥10，强度很强，尽可能不在室外活动，外出应采取较好的防护措施。

本文发表于2003年5月19日《春城晚报》第24版《科学天地》

雾的漫谈

大气贴地层空气中悬浮的大量水滴或冰晶微粒的常呈乳白色的集合体，这种集合体使水平能见度距离降到1千米以下时称为“雾”。水平能见度距离在1～10千米的称为“轻雾”，距离在200～500米的称为“大雾”，距离在50～200米的称为“浓雾”，距离不足50米的称为“强浓雾”。雾多为乳白色，城市及工矿区的雾可带土黄色或灰色，冰雾可呈暗灰色。雾滴的直径多为4～30微米，单位体积空气中的雾滴数一般为1～100个／立方米， 含水量一般小于0.1克／立方米。

雾是大气在气温低于露点温度时形成的。雾与云的区别仅仅在于是否接触地面。雾使地面的水平能见度显著降低。由于雾日多或雾的浓度大，所造成的危害称为雾害（fog damage）。雾日多，使日照时数减少，雾的浓度大，使空气湿度增加，气温降低，光照减弱，这都对植物生长发育不利，尤其是开花期，雾会使某些作物结实率降低。

· 雾的基本特征

根据雾的形成过程、物态和天气学系统，可将雾进行分类。根据形成过程的不同，雾可分为冷却雾、混合雾和蒸气雾三类。按物态分，有水雾、冰雾和水冰混合雾三类。雾的天气学分类法，可分成气团雾和锋面雾两类。气团雾形成于同一个气团内，如辐射雾、平流雾、平流辐射雾、蒸发雾和上坡雾；锋面雾则发生在锋区及其附近，如锋前雾、锋区雾和锋后雾。此外，人们还常常把发生在海面上的雾，称为“海雾”。

雾的局地性很强，因此全国雾的地区分布并不很有规律性。但总的来讲，我国南部和东部多，西部和北部少。东南大部地区每年平均有雾日10～15天以上，而西北大部地区只有3天左右，仅若干高山地区可达10～25天。塔里木、柴达木、吐鲁番、准噶尔等干旱盆地及川西的巴塘、金川、丹巴等干旱河谷地区，是我国雾日最少的地区，每年雾日平均不到1天。我国雾日最多的地方，是四川的峨眉山顶，海拔3047米，年平均雾日高达319天，终年云雾缭绕，为全国雾日之冠。海洋上水汽丰富，一般多海雾，但热带海洋上极少有雾，海南岛南端的榆林港有“无雾港”之称。

雾的季节变化和日变化随雾的成因、种类不同，各地有所差别。大陆上发生的雾多数是辐射雾，主要是因为夜间地面辐射冷却，使空气达到饱和所致，因此雾多发生在夜最长、气温最低的冬季或冬半年。我国海岛和沿海地区发生的主要是平流雾，即暖气流到达较冷海面上凝结而成。暖空气自冬至夏逐渐北上，而沿岸的冷海流则自冬至夏逐渐北缩，因此沿海多雾区便发生规律性自南向北移动。辐射雾的日变化主要决定于气温的变化，因为气温日变化决定了饱和水汽压的日变化。白天气温高使饱和水汽压很高，因而空气不易饱和凝结而成雾。夜间气温低，饱和水汽压迅速降低，就可能达到饱和而凝结成雾。清晨气温最低，因此也是一天之中雾最易出现的时刻，随着上午气温的升高，雾气便逐渐散去。锋面雾不仅在一天中任何时间均可出现，而且雾浓，对交通运输影响最大。

每次雾持续时间的长短，主要与气候条件有关。总的来说，气候湿润地区出现长雾（持续时间≥4～6小时）的频率大，而气候干燥地区出现短雾（持续时间≤2小时）的频率高，中等湿润气候的地区则以持续2～4小时的雾居多。

• 团雾——高速公路的“流动杀手”

团雾大多属于辐射雾，由局部近地层空气受辐射降温增湿引起，也有少部分团雾是平流雾。普通的辐射雾或平流雾形成后，范围可能达到上百公里，但团雾的范围却比较小，仅仅有几千米，甚至几百米，雾气更浓，能见度更低，具有突发性、局地性、尺度小、浓度大等特点。团雾外视线较好，团雾内四周朦胧，能见度很低，只有几十米甚至十几米，属于特强浓雾。而且团雾分布不均匀，有些区域很浓，覆盖面积大小不一致，长度从1～5千米不等。云南部分山区高速公路秋冬季多团雾发生。

在深秋和冬季易出现团雾，且团雾一般出现在昼夜温差较大、无风的夜间至早晨。由于团雾与局部小气候环境、地面粗糙度等关系密切，郊区和乡村比城市容易出现团雾，比较空旷的高速公路路段更容易出现团雾。受风力影响，团雾可以移动，移到高速公路上，就会对交通造成很大影响。因此，团雾也被称为高速公路的“流动杀手”。由于团雾出现突然，让人猝不及防，我国每年都会发生多起团雾导致的多车相撞事故，造成严重人员伤亡和财产损失。气象部门与高速公路管理部门合作，在高速公路沿线布设能见度自动观测仪器，用于进一步监测能见度。大多数高速公路能见度自动观测空间距离的间隔约为15千米，大雾易发路段间隔约为10千米，但团雾尺度一般明显不足10千米，所以自动观测仪也不能完全监测到团雾。据统计，在我国年均发生10次以上团雾的高速路段中，中东部的长江沿线及江南一带是团雾的重灾区，其中，湖南和四川最多，超过百条。如果从多发的时段来统计，在年均发生50次以上团雾的高速路段中，团雾多发时间为夜间22时～次日8时。

团雾存在明显的局地性特征，大范围雾中常常存在几十米到上百米的局部范围内能见度更低的团雾。不仅在大雾天气中，在大范围天气状况较好的情况下，也有可能因下垫面的差异，出现极小区域的团雾，这就更增加了监测预报预警的难度。最好的办法是在高速公路上提高监测密度，做到早发现、早预警、早预防。

目前，气象部门对雾的监测主要通过地面实况观测（主要依据天空状况、能见度、相对湿度进行判断）和气象卫星资料反演等手段。其中，地面实况观测主要针对单站单点的观测，气象卫星主要针对大范围的雾及其动态进行监测。雾的预报是对未来雾出现的时间、强度和范围的预报。雾的预报思路和技术流程是：首先进行实况分析，在此基础上进行环流形势与基本气象参数预报、边界层条件预报、雾霾数值模式预报及客观预报产品分析订正，最后得到预报结果。目前，气象部门对区域性雾预报能力尚可，但由于团雾的突发性、局地性、尺度小、浓度大等特征，常规观测和气象卫星很难及时准确捕捉到团雾信息，准确预报的难度极大。

普洱晨雾（苏晓力 摄）

• 雾的两面性

雾对水、陆、空交通，输电线路等会带来严重的影响。陆上交通，尤其是高速公路，往往因大雾而使交通完全陷入停顿，甚至造成人员伤亡。所有发生的恶性海难和航运事故中，有近70%是因为海雾和大雾天气所致的。在航空上，一次大雾天气往往使飞机转场、迟误和取消飞行。雾气附着在输电线路瓷瓶、吊瓶等绝缘设备表层，造成输变电设备绝缘性能下降，导致高压线路短路和跳闸，即所谓的“雾闪”灾害。另外，有风时，过冷却雾在输电线上结成的雾凇，也常会造成折断电线的事故。雾还会给人们的日常生活带来诸多不便和困难，由于湿度过大，人体呼吸不畅，心情抑郁不安，使呼吸道疾病，关节炎、腰腿痛等发病率显著增加，连续的雾日会加剧城市的空气污染等。

大雾属于灾害性天气，许多公路、飞行、海洋、内河航运等交通事故就是由于大雾天气所造成的。如2013年1月3日，刚投入使用半年多的昆明长水国际机场出现大雾天气，导致440个航班被取消，约7500名旅客滞留。长时间的大雾天气，减少了光照时间，对农作物的光合作用会造成一定的影响。同时，由于雾的存在，大气层结稳定，雾和空气中的污染物质结合在一起，各种废气和有害物质上不去、散不开，都集结于近地面层，加重了空气污染的程度，会给人体健康带来较大的危害。

但雾也有一些好的方面。一是由于大雾天气的出现，地面的水汽不易蒸发，雾中所含的水汽滋润了土地，减缓了干旱的危害。同时还减少了地面热量的散发，清晨有雾比没有雾时，气温一般要高2～3℃。在冬季，因为有雾的保温作用，作物不易受冻寒；二是提高作物品质和产量。一些喜温喜水的经济作物，如茶叶、咖啡等在多雾的地区生长茂盛。“高山云雾茶”“高山出名茶”，主要是因高山云雾多，相对湿度大，散射光多，气温变化和缓，高温高湿环境使茶树朝夕饱受雾露的滋润，因而芽叶肥壮，叶质嫩软，色清味醇，使滇南地区（西双版纳、普洱、临沧、保山等地）成为“普洱茶”的故乡，中国的十大名茶也多出自云雾之地；三是许多自然云雾奇观成为了独具特色的山地旅游资源，如版纳晨雾、元阳云海、景迈云海、沧源云雾、高黎贡山云雾、轿子雪山云瀑、屏边云海、大山包云雾等等。

· 云南的雾

在云南，由于地理和地形的原因，平流雾的发生发展条件受到了较大限制，因此，云南的雾主要是辐射雾和上坡雾（地形雾）。在冬季或比较寒冷的冬半年，由于夜长、气温低、地面冷却辐射强，是辐射雾的多发季节。而在雨季，空气湿度大，山区易出现上坡雾，因此，在云南有“干季坝区雾、雨季山区雾”的说法。云南各季都有雾的出现，以冬季（12月～次年2月）雾日数最多，占全年总雾日数的40%左右，秋季次之，占32%，春夏季雾日较少。但在云南部分山区，夏季也多雾。在云南高原，如乌蒙山、哀牢山、无量山、高黎贡山、阿瓦山、大围山等地，是云南最易出现雾的山区。一般来讲，在云南，低纬地区的雾日多于高纬地区，低海拔地区多于高海拔地区，高山站多于坝区站，高植被地区多于低植被地区；云南雾的日变化规律明显，雾多自午夜起，正午前消散，清晨为高发时段；云南雾一般持续时间在数十分钟到数小时之内，很少出现超过24小时的情况。但在云南气象观测记录中，曾出现雾日持续时间长达6天多的极端情况（屏边，147.6小时）。

根据年雾日多少，可将云南雾害风险分为三个等级：多于80天为高风险区，40～80天为中风险区，少于40天为低风险区。云南雾害风险呈南高北低分布，高风险区位于滇南的西双版纳、普洱南部、临沧南部、红河南部、德宏南部边缘地带。除地形特殊区域外，滇中及以北地区为低风险区（年雾日数昆明5天、嵩明13天、安宁54天、富民10天、呈贡2天）。在云南，西双版纳州的雾日最多，每年平均雾日130～160天（景洪132天、勐腊153天、勐海138天），比我国著名的“雾都”重庆（69天）的雾日多60～90天，勐腊曾在1965年出现208天雾日。随着气候变化和人类活动影响，西双版纳及全省雾日呈明显的减少趋势（景洪1954年186天，2006年28天，减少158天；勐腊1965年208天，2006年118天，减少90天）。降水减少、气温升高、湿度减少、城市化进程加剧，是云南雾日减少的主要原因。

版纳雷暴冠华夏

西双版纳，以其独特的热带雨林风光、生物的多样性、浓郁的民族文化享誉世界，是著名的“普洱茶”故乡、中国橡胶基地、国家级重点风景名胜区。发源于青藏高原的澜沧江，从州府景洪穿城而过，出境后成为了“东方多瑙河”——湄公河，贯连中、老、缅、泰、柬、越六国。境内建成的水、陆、空三个国家级口岸，是云南对东南亚开放的前沿。西双版纳傣族自治州地处云南省最南端，位于北纬21°08′~22°36′、东经99°56′~101°50′之间。北连普洱市，西南与缅甸接壤，东南与老挝毗邻，辖景洪市、勐腊县、勐海县，国境线长966.3千米。境内东西横距300多千米，南北纵距200多千米，总面积1.92万平方千米，山区、半山区面积占95%。旖旎神奇的热带风光与多姿多彩的民族风情，使西双版纳名扬遐迩，成为著名的旅游、度假、科考胜地，也是冬季避寒胜地。

美丽的西双版纳，是我国著名的热带宝地，被誉为“北回归线植物王冠上的绿宝石”。树间林下生活着亚洲象、绿孔雀、懒猴、犀鸟、缅甸蟒等珍稀动物而成为“动物王国”。傣、拉祜、哈尼、基诺等多彩的民族风情、华丽优美的民族民居和傣族佛教建筑，湿热的热带气候和变幻莫测的闪电雷雨，给西双版纳增添了几分神秘色彩。

· 雷暴之都

云南是我国的雷暴高发区，雷暴活动频繁。西双版纳多雷暴，是云南雷暴日数最多的地方，也是中国雷暴日数最多的地方之一。全省有一半以上的地区雷暴日在80天以上，西双版纳州的年平均雷暴日数超过100天，其中勐腊县年平均雷暴日数达128天，年雷暴日数极端最高达148天（1968年）。据统计，云南是我国仅次于广东的雷电灾害伤亡人数最多的省区，每年因雷击造成人员伤亡上百人，财产损失上亿元。翻开中国年平均雷暴日数分布图，可以看到全国有三个多雷暴活动区：一个在美丽神奇的西双版纳，一个在天涯海角的海南岛，另一个在大陆最南端的雷州半岛。它们年平均雷暴日数均在100天以上，其中，西双版纳境内的勐腊县年雷暴日128天。若以县为行政单位，云南勐腊是中国雷暴最多的地方，比海南儋州（儋县，121天）多7天、比广东徐闻（100天）多28天、比广西玉林（102天）多26天，比我国东部地区年雷暴日50~75天多1倍以上。故，勐腊被誉为“中国雷都”。

勐腊雷暴以4~9月最多，每月均在15天以上，甚至超过20天，出现的雷暴平均初始日在1月中旬，是我国初雷最早的地区之一，比川、黔、滇初雷早20~30天，比海南岛早2个月。雷暴平均终止日与初始日相反，迟至11月下旬结束，比川、黔、滇迟20天，比海南岛迟15天。若以一年中的首个雷暴日到最后一个雷暴日之间的日数为年雷暴期长度，则云南勐腊的雷暴期长达293天，属全国之冠。“初春闻雷早、夏秋雷声急、寒冬雷声隆、四季雷不绝”是勐腊雷暴天气的真实写照。

- 雷灾之威

1997年6月7日，勐腊县发生牛群遭雷击现象，一次死亡14头；1998年5月12日，勐腊县发生一次大范围连续雷击事件，导致8头亚洲象死亡；1998年6月17日，勐腊县发生6头黄牛被击死、放牛人被击伤的雷击事故；2003年2月12日，勐腊县勐满镇坝腊村一民房遭雷击，房屋被击坏，一人被击伤；2003年9月17日，勐腊县勐满镇曼洪村民小组附近南满河边发生雷击事件，造成村民1死1伤；2009年7月28日，勐海县勐板村委会曼迈村35头黄牛遭雷击死亡17头；2009年8月4日，景洪市大渡岗乡一村民在茶园中冒雨采茶时遭雷击身亡；2009年6月26日，位于西双版纳傣族园景区内的景洪市勐罕镇曼乍村遭球形闪电袭击，闪电引起大火烧毁半栋楼房；2010年5月12日，景洪市勐旺乡半坡村发生雷击事故，造成1人死亡3人重伤；2016年6月6日，勐腊县勐满农场满园生产队七组发生雷击事件，导致1人身亡……可见，勐腊及西双版纳地区的雷暴活动频繁，甚至有些“猖獗”，时有雷击伤亡事故的发生，雷灾风险高。

- 多雷之迷

西双版纳多雷，尤其勐腊雷暴特多的成因，归纳起来主要有三点：潮湿闷热的热带气候、双重热带季风的影响、山地复杂地形的影响。

勐腊是云南省最南端的边境县，位于北纬21°08′~22°25′、东经101°06′~101°50′之间，国土面积6250平方千米。山区、半山区面积占96.5%，坝区面积仅占3.5%。最高海拔2023米（易武黑水梁子），最低海拔477米（南腊河口），有大小河流172条。县城勐腊镇，海拔631.9米，年降水量1521毫米，年均气温21.5℃，是低纬度低海拔湿热地区，属典型的热带季风气候。按气象学划分四季的标准，候平均气温22℃以上为夏，勐腊4月初~10月有近7个月的夏季，是著名的“长夏之县”。最热出现在5~8月，全年大于10℃的积温高达7629℃，比我国“三大火炉”的重庆、武汉、南京积温还要高。5~8月雷暴日有75天，占全年雷暴日数的60%，其中5月有20天，是全年雷暴最多的月份。高温期最高气温达38~40℃，空气相对湿度在83%~90%。风小、高湿、闷热，为雷暴产生提供了充足的水热条件。

勐腊虽地处高原内陆，却是云南境内距热带海洋最近的地方，夏季既可受印度洋西南季风影响，又受西太平洋东南季风控制。雨季中双重季风的交替影响，集中了全年80%~90%的雨量，这时的雷暴日数占全年的8成左右，故，当地又称雨季为“雷雨季”。因此，夏季受来自热带印度洋和太平洋双重季风的影响，是勐腊雷暴特多的主要因素。另外，冬春季节，勐腊还受青藏高原大地形影响，它使得高空西风气流内不断产生涡旋扰动（气象学上称西风带南支槽），这种涡旋扰动即使是在隆冬和初春季节，也会引导孟加拉湾洋面暖湿气团流经勐腊上空，形成浓云翻滚、狂风骤起的雷雨天气。而在此季节，海南和雷州半岛处于东亚冬季风控制下，晴阴相间，天气稳定，这也是冬春季勐腊雷暴多于海南岛的原因。

勐腊县处于云南省的最南边陲，与老挝接壤，北、东、南三面山岭相连，构成山间坝区，西南方地势低缓，南腊河自东向西流经县城汇入澜沧江（湄公河）。县境内分布着众多山岭、盆地、河流、谷地。山川走向、坡向阴阳、坡度陡缓、植被疏密，都影响着光、热、水的收支和平衡，使山区空气流动、抬升，引发地方性雷雨生成。勐腊全年雷暴日变化以午后到傍晚最多，夜雷暴较少。出现在下午的雷暴约占60%，前半夜减为30%，后半夜到上午的雷暴仅占10%。这与当地复杂地形作用是密切联系的，与川、黔等地因为云顶夜间辐射冷却，导致层结不稳定而产生的夜雷雨成因不一致。勐腊的强雷暴区主要分布在地形复杂的山区、丘陵及高温高湿地带。

西双版纳景洪国家基本气象站（景洪市气象局供图）

三维闪电定位数据及人工雷暴日观测数据分析表明，西双版纳地区雷电活动从3月就开始逐渐增多，峰值出现在7～8月；云闪少于地闪，正闪少于负闪，正地闪明显多于云南其他地区；11月闪电强度较大，但频次较少。7月闪电频次较多，但强度较小；云闪多发生在8千米以下，平均高度为4.9千米；地闪和云闪密度分布一致，北部高而南部和东西部低；云闪强度明显高于地闪，但在空间分布上均是北部弱而南部和东西部强；人工观测雷暴日与网格雷电活动日的逐月分布特征基本一致。西双版纳是云南人工观测雷暴日最多的区域，也是网格雷电活动日最多的区域。

大理苍山两朵云

有人曾形象地说，世界的云都是从云南出发的。彩云之南，云的故乡，云南看云，非大理莫属。大理位于云南西部，是中国白族文化的发祥地，以其优美的自然风光和民族风情而闻名于世。唐宋时期，南诏国、大理国定都于此，使其成为“文献名邦”。大理是中国历史文化名城，是中国最适合旅游和居住的城市之一，有“东方日内瓦”的美誉。清乾隆《云南通志》：“苍山积雪，盛夏难消；洱海长风，春冬更烈；地高气凉，近郡皆然”。清嘉靖《大理府志》：大理“冬夏气候调适，暑至于温，寒至凉而止，故四时无日无花”；点苍山“山色翠黛殷润，历秋冬不枯，山顶五月积雪浩然”。

大理的“风花雪月”，久负盛名，驰名中外，而云却是大理的“第五道”风景线。在大理苍山的诸多云景中，最具特色的云，当属“望夫云”和“玉带云”。“望夫云”常出现在冬春的干季，而“玉带云”则常出现在夏秋的雨季。

· 神奇的望夫云

大理苍山十九峰，相对洱海的高度都在1500米以上，十九峰重重叠叠，连绵百里，冬半年积雪覆盖山巅，雪后天晴，在阳光照耀下，十分壮观。苍山的云，美丽神奇，尤其那柔和似絮，形状变幻，孤单单徘徊在玉局峰上空的孤云，随西风向东飘动，好似人在探身望海一样。每当冬春季节上午，在大理苍山马龙峰与玉局峰之间，常出现一团孤单的白云，忽起忽落，上下飘动，在那绚丽的太阳照射下，云体泛着晶莹的光芒，灿烂耀眼。不一会，那云团自西向东，朝着碧蓝的天空扑过来，原先那团美丽洁白的云彩，竟然变成灰白色的散乱云团，欲飞渡洱海。那忽起忽落飘动的云彩，好像一位美丽公主的身影，白云似她的衣裳，灰色散乱的云丝似她的长发……到了午后，苍洱之间骤然刮起呼呼大风，一时天昏地暗，狂风怒吼，洱海波涛汹涌，船不能航行，鸟不能飞翔，人行走困难。这朵云，正是大理颇具特色的美云，她有一个动人的名字——“望夫云”。

大理苍山望夫云（李国灿 摄）

在大理民间，至今还流传着一个有关“望夫云”的传奇故事。传说南诏王有个美丽、善良的公主，公子王孙争相求亲，她都不称心。一年春天，公主在绕三灵盛会结识了苍山玉局峰的年轻猎人，但父王已将公主许给了大将军，只待吉日成亲。公主得到喜鹊帮助，把消息告知猎人。猎人在苍山神的帮助下，月夜飞入王宫，把公主带到玉局峰，于岩洞内成亲。南诏王派人四处寻找公主，但不见踪影。海东罗荃寺高僧罗荃法师告知南诏王，他用神灯照见猎人和公主住在玉局峰，并派乌鸦去通报公主，要她快快回宫，不然，他即以大雪封锁苍山，把她和猎人双双冻死。公主说她死也要跟猎人在一起，罗荃法师即用大雪封锁了苍山。为度严寒，猎人迎着暴风雪，飞入罗荃寺盗出冬暖夏凉的七宝袈裟。当猎人飞回至洱海上空时，罗荃法师追赶上来，口念咒语，用蒲团扇把猎人打入海底，化为石骡子。公主得知消息后终日啼哭，悲惨的呼号声震动了苍山十九峰。

在白狐仙子的帮助下，公主历尽千辛万苦，到南海向观音菩萨借来六瓶风，打算吹干洱海水解救自己的爱人。到了江风寺，罗荃法师作法将风放跑了五瓶，结果因风力不够无法将洱海水吹干，只是将石骡子现出半个身子。公主忧愤而死，化为一朵白云，忽起忽落，好像在向洱海深处探望。此时，洱海上空也有白云飘浮，两朵云互相呼应，狂风大作，掀起巨浪，吹开海水，现出石骡，风才止息。这是何等撼人心魄的爱情绝唱，有关这段传说，在《重印大理府志·精气化云》和《大理县志稿》中均有记载。

民国《新纂云南通志》载："点苍山之玉局、马龙两峰之交，有所谓望夫云者，每岁秋末至立春，恒出现。出时多在下午，初由数点结合，愈聚愈大，其色由白而渐变为黄、褐。此云出现后，即有西南风，云愈速风愈急。如云忽起忽落，或左右移动，则风向必乱。又东山文笔塔后有青云出现，则起东南风；云出时恒在清晨，其他主风情况与西山之云同。航行洱海者，以此占风势，如见有起落移动之象，则风浪险恶，系缆不敢行，即冒险开航，亦必俟云气凝静也。"

· "望夫云"的成因

事实上，"望夫云"是一种与山地气象有关的自然现象，人们将这种自然现象神奇化，成为民间神话传说流传至今。"望夫云"的出现，主要是空气的高速流动造成的，它与苍山洱海的特殊地理环境、地形和水汽条件有关。大理苍山十九峰，海拔大都在3500米以上，其中马龙峰和玉局峰相对最高，达4100多米，苍山与洱海高差悬殊1500～2100米。由于下垫面性质不同，所受太阳辐射的热力作用不同，它们之间因热力差异产生局地垂直环流，进而形成"湖陆风"现象。白天吹湖风（即风从洱海吹向苍山，偏东风），夜间吹陆风（即风从苍山吹向洱海，偏西风）。白天由于洱海受热，产生大量蒸发，在湖风的作用下将源源不断的水汽送往苍山，到达一定的凝结高度便形成云。在冬春季节，大理地区多受西风气流控制，西风气流翻越南—北走向的苍山时，产生下沉和绕流作用，在苍山背部的洱海一带形成乱流。当高空有西风急流存在且西风气流特别强盛时，这种乱流作用越强，以至出现风向不稳定的骤然大风。另外，如果水汽凝结高度刚好在马龙峰、玉局峰之下和苍山其他山峰之上，这时马龙峰和玉局峰之间便有一团孤立的积状云生成，而其他山峰之间的水汽还未形成云，就很快被吹散了，于是便只能见到苍山最高峰附近那团孤立的白云。由此可见，"望夫云"现象不是随时都可以见到的，而是必须具备一定的生成条件的。望夫云是一种特定大气环流作用、特定大气层结、特殊地形地貌以及不同下垫面热力差异形成的局地天气现象。

从气象学看，"望夫云"是一种地形云，又称山岚，实质上是积状云或碎积云。其形成原因又可解释为：高空有强烈的西风气流，气流绕过山峰，在背风坡形成涡旋波动的湍流，如果水汽充沛，由于湍流的垂直输送，在靠近山峰处产生凝结成云。这种云紧贴在山的背风面上，并随风向后伸展，随着湍流波动起伏，好像山顶有一面旗子在迎风飘扬，故又冠名“旗云”。“望夫云”每年不过出现八九次，一般只有冬春季节才会出现，因为只有在冬春晴朗少云的天气，洱海的蒸发量较大，水汽凝结高度可以达到苍山的最高峰，并且只有冬春季节特有的西风高空急流存在，“望夫云”才会形成。“望夫云”的云体破碎，表明高空风很强，由于高空动量下传，常造成地面大风。由于跌宕起伏的粗糙地面对风的阻滞作用，地面大风出现的时间要滞后于高空。在没有气象卫星、天气雷达、高空和地面气象观测站的年代，“望夫云”也就成为指示大风天气的一个指标。

每当“望夫云”出现，预示着大理苍山、洱海地区将有大风的来临，提醒人们须注意防御大风灾害。她好像苍山顶上的一个“风标”，又似一个灵敏的“大风警报器”。了解和掌握“望夫云”的出没规律，可以帮助人们做好大风的预报预警，提早告知相关部门和普通百姓，注意洱海航行安全、飞机起降安全和高速公路行车安全。须指出的是，有“望夫云”出现，将预示着大理苍洱地区会有大风出现，但反过来，有大风出现时，却不一定会有“望夫云”的产生。

- 飘逸的玉带云

“云以山为体，山以云为衣”，雨后初晴的清晨，在苍山十九峰海拔2600米左右的山腰，会升腾起缕缕云丝，逐渐汇聚成絮状的朵朵白云，云底的高度几乎保持在相同的水平线上，沿着山腰形成带状延伸，横亘百里，恰似一条精美的玉带，紧紧缠绕在苍山伟岸的腰间，这就是苍山“静如练、动如烟、轻如絮、白如棉”的“玉带云”。“云横玉带”，景美如画。这是因为洱海边的空气本来就已经很湿润，由于气流的抬升，苍山山坡上经常出现碎云和积云，当苍山下部上升运动持续，上部下沉气流较强，或者上部气层比较稳定时，山峰之间的碎云在山腰被压缩或限制成长条状的云带。

大理苍山玉带云（琚建华 摄）

洁白无瑕的玉带云婀娜多姿地飘荡着，浮云百里，宛如一条玉带，将苍山分为上下两截，苍山下碧绿洱海，田园村庄点缀其中，山水连天，如同一幅苍洱风光的天然奇景，美不胜收。古代文人墨客对大理“玉带云”留下了许多著名的诗句，如明代状元杨慎“苍山嵯峨十九峰，幕霭朝岚如白虹；南中诗人有奇句，天将玉带封山公”；明代进士童轩“点苍山色何奇哉，芙蓉朵朵天边开”。民国《大理县志稿》称：“玉带云为大理八景之一，其成因，乃当大气压力平均之时，由水面与陆面受日蒸腾之气，不上升亦不下降，故横亘于山腰，望之宛如玉带云。”

从气象学看，“玉带云”也是一种地形云。它的形成与苍山、洱海间局地山谷风、湖陆风环流及逆温现象有关。“玉带云”一般出现在上午8～11时，湖陆风沿苍山将洱海水汽抬升成云，而山腰附近的逆温限制了云的发展。“玉带云”多出现在夏末秋初，有时玉带云与苍山顶的积雪同现，苍山雪与玉带云交相映衬，形成充满神韵的奇景。

“玉带云”的出现，一般预示着短期内天气稳定、晴好，故有“有雨山戴帽，无雨云缠腰”的谚语。事实上，在云南，“玉带云”现象不只出现在大理苍山，在丽江玉龙雪山、迪庆哈巴雪山及滇西北其他高山地区也都会有出现，它比“望夫云”较为多见。到大理观赏“玉带云”，应选择在夏末秋初，雨后初晴的上午，大理古城因更接近苍山，有时处在玉带云底之下，效果受限。最佳观赏地点在洱海西岸边或洱海东岸的挖色、双廊一带。闲暇之余，邀约朋友和家人到大理，冬春季目睹凄美情愫的“望夫云”，夏秋季眺看柔美优雅的“玉带云”吧！

大理的云，变化多端，隔三岔五的，朋友圈里总会出现大理美云，这里的云，美好了时光，惊艳了世界。“剪一片白云铺床，留半轮明月看书”，在大理观云赏云，亦如茶人品茶，棋人痴棋一样悠闲。在喧嚣尘世中，拥有一份淡泊宁静的心境，偷闲观云，实乃人生之乐事也。

第八章

Chapter

8 气象灾害

季风气候，旱涝交替，高原山地，灾害频繁。云南是全球气候变化敏感和脆弱区之一，气象灾害季节性、突发性、并发性、局地性突出。除了没有沙尘暴、海啸和台风的正面侵袭外，其他气象灾害皆有，可谓“无灾不成年”，年年现灾情。

云南气候变化

气候变化是指气候平均值和气候离差值（距平值）出现了统计意义上的显著变化。平均值的升降表明气候平均状态发生了变化，离差值的变化表明了气候状态的不稳定性增加，离差值越大说明气候异常越明显。气候变化与时间尺度密不可分，在不同的时间尺度下，气候变化的内容、表现形式和主要驱动因子均不相同。气候变化问题一般分为三类，即地质时期的气候变化、历史时期的气候变化和现代气候变化。1850年，有器测气象记录以来的气候变化，一般称为现代气候变化。

气候变化是人类21世纪面临的严峻挑战，以气候变暖为特征的全球变化已是不争的事实。云南气候和生态的多样性和脆弱性并存，是对气候变化最敏感的区域之一。在全球变暖背景下，云南气候出现了以气温升高及极端天气气候事件增多增强的变化，各种气象及衍生灾害频发。气候变化已对云南生物多样性、水资源、农业生产等领域产生了不利影响，成为经济社会可持续发展面临的重大挑战。

· 云南气候变化特征

1. 气温呈波动上升趋势，进入21世纪后增暖显著。1961年以来，云南平均气温每10年上升0.16℃，略低于全国平均升温幅度，但升温幅度高于全球平均水平。21世纪后的2011～2020年，年平均气温处于最高时段，增暖最为显著。

2. 降水量呈减少趋势，降水量的集中度呈增强趋势。1961年以来，云南平均年降水量每10年减少16.1毫米，与同期全国平均年降水量无明显增加或减少的趋势不同。年降水量在20世纪60年代、90年代较多，而进入21世纪后降水明显偏少。全省年降水日数呈减少趋势，小到中雨日数减少最明显，但大雨以上量级的降水量占年降水总量的百分比总体上呈增加趋势，降水量的集中度增强。

3. 日照时数呈减少趋势，风速呈下降趋势。1961年以来，全省平均年日照时数呈减少趋势，每10年减少17.3小时。20世纪60～70 年代日照时数偏多，80～90年代日照时数偏少，21世纪以后全省日照时数又转为增多。年平均风速呈弱的下降趋势，每10年下降0.1米/秒，其中滇中、滇西北和滇西东部地区的风速下降较明显。

4. 相对湿度减小，雾日数呈减少趋势。1961年以来，全省平均相对湿度总体呈减小趋势，每10年下降0.61%。全省年雾日数总体呈下降趋势，每10年减少2.7天，其中普洱南部、西双版纳、红河局部雾日减少最明显。

5. 霜日数、冰冻天数、降雪日数和雷暴日数呈减少趋势。1961年以来，全省平均霜日数、冰冻日数、降雪日数和雷暴日数每10年分别减少1.71天、0.13天、0.40天和5.07天。

6.30℃以上高温天数增多，0℃以下低温天数减少。1961年以来，全省大部地区年高温（30℃以上）天数呈增加趋势，每10年增加5.7天。全省大部地区年低温（0℃以下）天数呈减少趋势，每10年减少2.5天。

7. 气候带分布发生了显著变化。从20世纪60年代到21世纪初，云南北热带面积增加了131.0%，南亚热带面积增加了15.0%，中亚热带面积增加了8.0%，而北亚热带面积减少了5.5%，南温带、中温带和高原气候区（北温带）3个偏冷的气候带则分别减少了15.3%、14.0%和15.6%。热区（北热带和南亚热带总和）面积由8.41万平方千米增加到10.44万平方千米，增加了24.3%。

8. 气象灾害风险加大。气候变化导致极端天气气候事件频发，灾害异常性特征突出，次生衍生灾害风险增大：①极端干旱频次增加，强度增强；②变暖背景下出现的极端冷事件破坏性加大；③降水偏少背景下局地性极端强降水事件频现；④森林火灾风险增大，防火形势严峻；⑤洪涝、滑坡泥石流处于多发易发期。

云南高山草甸（杨家康 摄）

· 未来云南气候变化趋势及影响

据2014年云南气候变化预估报告，未来10～30年云南仍将保持升温态势；年降水量前10年全省大部地区持续减少，后期区域差异性明显。主要表现在：①未来气温将保持上升态势，气候变暖的趋势持续；②未来年降水量在2025年前呈减少趋势，其后中、西部降水逐渐增加，但东部降水仍持续减少；③未来高温日数增加，霜冻日数减少，极端强降水的频次增加、强度增强；④未来全省大部地区发生干旱、洪涝、低温等气象灾害的风险加大。

未来10～30年气候变化将对云南农业、水资源、生态等领域产生重大影响。未来在温室气体低、中、高不同排放情景下，云南气温上升的幅度均不低于近50年来观测到的气温上升幅度，未来气候变化的正面影响有所增加，但仍以负面影响为主。主要表现在：①云南特色农产品的差异化和不可替代优势将进一步凸显，水资源短缺、气象灾害将成为约束高原特色现代农业发展的重要因素；②自然系统调节水资源供给的能力继续降低，水资源短缺的区域扩大，极端干旱、洪涝事件增多，对经济社会发展的约束趋紧；③气候变化对生态环境的负面影响趋强。滇西北区域冰川退缩，雪线上升，土壤侵蚀程度提高，湿地萎缩疏干、面积减少的趋势将延续；滇东北区域林草植被退化的自然恢复能力持续降低；滇西南区域未来增强的干旱趋势，将影响多种动植物物种生存；滇中城市群的大气扩散能力、水环境容量降低，不利于大气污染物扩散的气象条件出现频次增多，生态环境保护压力进一步增大；滇东南区域水土流失和石漠化生态修复困难；④极端天气气候事件频发趋势持续，次生、衍生灾害风险增大。

大理漾濞核桃树与居民风光（段玮 摄）

· 气候变化对云南的影响

1. 对水资源的影响。云南水资源时空分布受到气候变化的显著影响，总变化趋势是河流年径流量趋于增加，但在全省范围内具有明显的时空分布差异，同时气候变化也在不同程度上改变了各河流的径流量年内分配。云南未来的气候变化以暖冬和湿润夏季为主要趋势，由于春季的地表径流更多地受气温变化的影响，夏秋季更多地受大气降水变化影响，云南未来将面临更加突出的干旱和洪涝灾害。

2. 对农业生产的影响。气候变化改变了云南气候带及局部农业气候条件，引起农业生产条件改变，增加了农业生产的不稳定性，增加了生产成本，带来了农业生产布局和结构的改变，加上干旱和洪涝灾害呈扩大趋势，总体上会给农业生产造成负面影响。气候变化对农作物品种分布和种植界限产生影响，使作物种植海拔上限抬升，冬暖导致越冬作物品种发育速度加快，抗寒能力下降，易引起越冬作物低温冷害；冬季增温让许多种类病虫害在越冬期免除或减轻冻害，导致病虫害增多；烤烟是喜温作物，对温度较敏感，气温升高使部分温度偏低的适宜区变成了最适宜气候区，使温度偏高的适宜区变成了次适宜区，使温度偏高的次适宜区进入不适宜区；气候变暖有利于云南花卉生产，但病虫害可能会更加猖獗；气候变暖有利于橡胶种植，使橡胶种植海拔范围扩大，但极端天气事件频繁，其种植面积与产量有较大的不确定性；茶叶种植区气温升高，不利于茶叶可溶性物质合成，造成茶叶质量与口味变化，极端气候事件易对茶叶产量造成不利影响。

3. 对山地生态系统的影响。气候变化可能威胁到云南重要的山地生态系统，例如青藏高原东南缘寒温带针叶林，亚热带北部、中部的常绿阔叶林和暖温带针叶林，南部热带雨林和季雨林。对滇东南喀斯特高原山地、滇西北高山峡谷地区、滇北干热河谷地区等脆弱生态系统也会产生影响。在滇西北地区，气候变暖造成冰川退缩加剧，部分区域地表常年冻土融化加速，植物物候期提前，高山生态系统分布范围缩小；云杉、冷杉林向北部的山区迁移，其中有部分会在21世纪内丧失；部分草地生态系统土壤有机碳含量下降；在滇中地区，云南松有东移趋势，分布海拔上限升高，分布面积增加；在滇南地区，热带雨林更新将加快，可能向亚热带地区入侵，增加雨林面积，乔灌木落叶量有所降低，使地面的枯枝落叶层以及整个森林生态系统简单化；热带雨林片断化现象明显，片断化后林中非雨林成分侵入，热带雨林的固有成分被部分替代，草本植物的减少较显著，藤本植物则相对增加；在高原湖泊区，气温上升引起的湖泊蒸发效应超过降水增加带来的径流补给，极端天气增多的水土流失造成湖泊淤积，从这两个方面会使湖泊总体趋于萎缩；气候变化通过影响浮游植物的生长和分布，有可能加剧湖泊富营养化。

4. 对生物多样性的影响。气候变化对生物多样性的影响主要包括气候变化下物种分布范围缩小、破碎化和栖息地散失，物种多样性和丰富度降低，有害生物范围扩大、危害增加，物种脆弱性增加，灭绝速率加快，水源和食物短缺，生态系统及景观多样性下降，植被群落逆向演替，生态系统关键种改变，遗传资源散失等。研究表明，滇西北地区冰川的退缩，很多高山物种将逐渐远离人类；云杉、冷杉林分布范围的改变，严重威胁着珍稀濒危物种滇金丝猴的食物供给、栖息环境、种群生存力，生活地区可能向北偏移；气候变化使动植物为适应气候变化不得不改变其生长行为和活动范围，不同程度打乱了食物链、花粉传媒等各种生物之间长期形成的依存关系，生物节律相互不再匹配，造成不同程度的生态灾难；冬季变暖使喜温外来物种扩大范围、扩张地盘和过度繁殖，排挤本地物种。

5. 对旅游业的影响。依托云南山地丰富的旅游资源，旅游业已成为经济支柱产业。玉龙雪山、大理风花雪月、西双版纳热带雨林、金沙江虎跳峡、迪庆高山生态景观、昆明樱花、大山包黑颈鹤、昆明红嘴鸥等，都是云南重要的旅游胜地和旅游景观。但由于气候变化，丽江玉龙雪山冰川自1980年代至今一直处于后退状态；高山自然景观、花卉植物生长发育受到干扰，部分原始森林发生片段化和物种结构改变，生物多样性受到威胁，景观水位和径流不断变化，部分鸟类正常迁徙发生变化。这些变化使景区景点的旅游价值受到一定的影响，部分降低了吸引力。

6. 对能源的影响。气候变化等因素影响云南水能和太阳能资源的开发利用。一是部分流域和河段土壤侵蚀有加剧的趋势，产生的河流泥沙淤积水库、减少库容，直接威胁着水电设施安全、高效发电和电站使用寿命；二是气候变化导致河川径流年内分配不均加剧，将对云南大量的径流式水电站枯水期发电效率产生影响；三是近年来日照时数有减少趋势，可能会影响太阳能的开发利用。

7. 对健康的影响。气候变化对人类健康存在潜性的影响，既有针对由于热浪、严寒、极端气候事件等所引发的人类疾病及其死亡率、发病率的直接影响，也有气候变化引起致病因子变化、疾病传播途径变化所带来的间接影响。例如鼠疫，气候变暖变湿可能使疫源地的范围扩大并向高海拔地区扩展；疟疾，温度可直接加快疟原虫的生长速度，暖湿环境有利于蚊虫的滋生繁衍，气温上升可能使受疟疾影响的人口比例增加，疫区向北和向高海拔地区扩展；气候变暖将会加重空气污染的程度，使空气质量下降，哮喘等呼吸系统疾病加剧。

云南气象灾害

气象灾害是指由于气象原因直接或间接引起的，给人类和社会经济造成生命伤亡或财产损失的自然灾害。气象灾害位列云南主要自然灾害之首，云南是我国受气象灾害影响较为严重的省份之一，平均每年造成的直接经济损失占全部自然灾害损失的70%以上。在云南，除了没有沙尘暴、海啸和台风的正面袭击外，其他的气象灾害都有，可以说是“无灾不成年，年年现灾情”。受地理位置、地形地貌、季风气候、大气环流等自然因素，以及人类社会经济活动与发展的相互作用和综合影响，云南气象灾害总体呈现出以下一些特征：种类多、频率高、点多面广、重叠交错；季节性、区域性、突发性、并发性；成灾面积小、影响面广、累积损失大；显性突出、隐性明显、难以防御；致灾机理复杂，灾害形态各异。

• 自然地理环境

云南位于中国西南边陲，西及西南与缅甸接壤，南与老挝、越南毗连，北回归线横贯南部，属低纬度的内陆地区。地处青藏高原的东南侧，是云贵高原的主体，主要由山地和山间盆地（坝子）组成，山地面积占全省面积的94%。地势由西北向东南呈阶梯状递降，最高点位于迪庆州德钦县梅里雪山卡瓦格博峰（海拔6740米），最低点位于红河州河口县南溪河与元江汇合处（海拔76.4米）。境内有大小河流600多条，分属长江、珠江、红河、澜沧江、怒江、伊洛瓦底江 6 大水系；有高原湖泊40多个，其中以滇池、洱海、抚仙湖、程海、泸沽湖、杞麓湖、星云湖、阳宗海、异龙湖九大高原湖最为著名。云南地处低纬高原，地形复杂，是多种季风环流系统影响的过渡地带，为我国典型的季风气候脆弱区，冬夏环流交替迟早不同，天气系统复杂多变，气象灾害发生频繁。

- 气候特点

云南气候主体上属亚热带半湿润季风气候。在低纬度、中高海拔的地理条件综合影响下，受季风环流影响，形成了显著的低纬高原山地季风气候特征。干湿季分明的季风气候，干季（11月～次年4月）受大陆季风影响，干燥少雨，降雨量占年总量的15%。雨季（5～10月）盛行海洋季风，湿润多雨，降水量占年总量的85%；四季不分明的低纬气候，气温年较差小，日较差大，夏无酷暑，冬无严寒；独特的立体气候，地势垂直高差大，形成了“一山分四季，十里不同天”的山地气候。气候类型丰富多样，全省从南到北分布有北热带、南亚热带、中亚热带、北亚热带、暖温带（南温带）、中温带、北温带（高原气候区）共 7 个气候带，囊括了中国海南岛到黑龙江的各种气候带类型。

昭通水富洪涝灾害（孙晓云 摄）

气温和降水量的地理分布差异大。全省年平均气温从南到北递减，南部、西南部和部分河谷地带为18～24℃，滇中大部为15～18℃，滇东北和滇西北低于15℃，其中滇西北高海拔地区低于10℃。境内极端最高气温44.5℃（2014年5月18日，元阳），极端最低气温-27.4℃（1982年12月27日，香格里拉）。年平均降水量介于563.9～2358.6毫米之间，全省平均为1086毫米。其中滇西和滇南地区在1300毫米以上，滇南边缘地区可达1800毫米以上，滇中大部在800～1300毫米之间，滇东北、滇西北边缘地区少于800毫米。年日照时数在834～2638小时之间，滇中北部、滇西、滇西北南部为大值区，滇东北为小值区。

· 主要气象灾害

气象灾害是影响云南经济和社会发展的最大自然灾害，超过地震灾害、地质灾害、生物灾害、森林灾害。云南的主要气象灾害有干旱、暴雨洪涝及衍生地质灾害、低温冷害、局地强对流等，2002～2014年四类气象灾害的直接经济损失占全部气象灾害损失的比例分别为41%、27%、20%、12%。云南气象灾害的主要特点是：种类多、普遍性强；频率高、重叠交错；分布广、插花性突出；成灾面积小，累积损失大；季节性、突发性、并发性和区域性显著。

1. 干旱：发生频率最高、影响范围最广、经济损失最重的气象灾害。几乎每年都会出现，约2～3年出现一次旱年。一年四季均可出现，以春旱频率最高，以跨季节连旱受灾最重。有气象记录以来最严重的干旱分别出现在1963～1964年、1968～1969年、1978～1979年、2009～2010年，均始于头年秋季、终于翌年春季（或初夏）。其中2009年秋季～2010年春季，全省大部地区发生特大干旱，造成2497.7万人受灾，农作物受灾面积2957.2千公顷，林地受灾3847.3千公顷，直接经济损失273.3亿元，其中农业经济损失198.6亿元，是有气象记录以来云南影响范围最广、经济损失最大、受灾程度最深的气象灾害。云南干旱频率高（除极少数地区外，60%的县市春旱发生频率几乎达100%）、范围大（干旱面积约占全省面积的80%）、持续时间长，对经济和社会发展，特别是对农业生产危害严重。干旱形成的农作物歉收、病虫害、森林火灾等灾害链尤为突出。

2. 暴雨洪涝：暴雨洪涝及其衍生的地质灾害（滑坡、泥石流）是造成伤亡人数最多的气象灾害，以6～8月出现的频率最高，平均每年约有一半的县市会不同程度发生。1998年6～8月，发生大面积洪涝灾害，为有气象记录以来云南最严重的洪涝年，造成全省916.1万人受灾，因灾死亡416人，农作物受灾530千公顷，死亡大牲畜2.4万头，直接经济损失41.4亿元。2004年洪涝灾害频繁并引发严重的滑坡、泥石流灾害，造成502.6万人受灾，死亡233人，房屋损坏22.8万间，农作物受灾381.7千公顷，直接经济损失35.3亿元。云南暴雨洪涝造成的灾害损失较为严重，特点是频率高，洪涝灾害年年皆有发生；破坏性大，暴雨形成的洪涝、滑坡、泥石流，使良田、房屋、堤坝顷刻毁坏，房倒人亡；季节性明显，洪涝灾害主要出现在夏季6～8月和秋季9～10月；旱涝急转，交替出现，“山上抗旱、山下防洪”“春季抗旱、夏季防洪”“今天抗旱，明天防洪”的规律性明显。

3. 低温冷害：包括低温、寒害、冻害和雪灾，以冬季发生频率最高，夏秋季节的低温连阴雨也会造成农业气象灾害。在气候变暖背景下，出现频次有所减少，但更具破坏性。云南历史上最严重的低温冷害发生在1999年12月下旬～2000年1月上旬，全省自北向南出现剧烈降温并引发重霜冻灾害，滇中及以东以南地区受灾尤为严重，滇南热区作物遭到重创，全省直接经济损失55亿元；2008年1月中旬～2月中旬，滇西北、滇中及以东大部地区发生罕见的低温雨雪冰冻灾害，造成1175.7万人受灾，28人死亡，农作物受灾770.7千公顷，绝收210.1千公顷，直接经济损失90.9亿元。云南的低温冷害中，3月倒春寒和8月低温对农业的危害较大。云南受低温冷害威胁最大的区域，主要集中在滇东北、滇东、滇西北和滇中北部的高海拔地区。1983年“12·27”、1999年“1·11”、2000年“1·30”三次全省性暴雪造成全省较大的财产和经济损失。

4. 局地强对流：包括大风、冰雹、雷电等灾害性天气。大风、冰雹常相伴出现，春夏季多发，具有普遍性、局地性特征。强对流灾害最重的1997年3～4月，重灾区广泛分布于滇西南、滇东南等地，仅普洱市经济损失就达上亿元；全省平均每年因冰雹灾害影响的农田达13.6万亩，最多的1979年、1981年达20万亩以上。雹灾的地域性和季节性明显，较严重的冰雹灾害平均3～4年出现一次。云南是中国雷电多发的省份，除滇西北、滇东北的部分地区外，年雷暴日数均在50天以上，滇西南更多达80天以上，部分地区超过100天，是云南致人伤亡较多的气象灾害，仅2006年春夏季就造成84人死亡。

云南气象灾害既有全国的一般性规律，同时又有云南的地方特点。种类繁多，年年皆有；发生频率高，分布广，但成灾范围小；极易成灾，但强度偏轻；东北部较重，西南部较轻；山区较多，坝区较少。

原载2001年5月14日《春城晚报》第21版《科学天地》，本文有删改

云南寒潮天气

寒潮（cold wave）又称寒流，是指极地或寒带的冷空气大规模地向中低纬度地区的侵袭活动。我国所处的东亚地区，寒潮活动特别强烈。寒潮影响后，大风陡起、气压猛升、气温骤降、湿度锐减，常伴有风沙、降水、吹雪、雷暴、霜冻、结冰等天气。在云南，寒潮常伴有降温、低温、降雪、降水、霜冻、积雪、冰冻、雾凇、雨凇等天气现象的出现。

寒潮的标准各地不一，我国气象业务规定（2006年），凡一次冷空气侵入后，使某地的日最低气温24小时内降温幅度≥8℃，或48小时≥10℃，或72小时≥12℃，且使该地日最低气温下降到4℃或以下的冷空气，称为寒潮。由于我国幅员辽阔，南北方气候差异大，尤其是云南，距离冷空气发源地远，地处高原，海拔高，山脉阻挡，冬春季冷空气活动强度很难达到全国性的寒潮标准。

· 云南近年最强的寒潮天气

云南省气象台2016年1月22日10时30分发布寒潮黄色预警：“受强冷空气和西南气流共同影响，明天（23日）开始，一直到25日，我省大部地区将有一次明显低温雨雪冰冻天气过程，其中滇中及以东以北地区将出现小到中雪局部大雪天气，最高气温普遍下降10～12℃，局地可达14～16℃；滇中及以东以北大部地区最低温度将下降至-2℃以下，滇中以南大部地区最低温度将下降到5℃以下。全省大部分地区过程总雨量为10～20毫米，其中普洱南部、西双版纳和红河南部过程总降雨（雪）量达到30～50毫米。低温雨雪冰冻天气将对人民群众生产生活和即将到来的春运工作不利，

特别需要加强防范对农业、交通、电力等带来的严重影响。”

这是云南省气象台自建立气象灾害预警信号发布制度以来，历史上首次发布寒潮黄色预警。云南寒潮天气预警信号，按其危害和影响程度不同，从小到大分为蓝色、黄色、橙色、红色四种。在云南，因寒潮天气少、强度弱，气象部门很少会发布黄色以上的预警信号，出现较多的仅仅是蓝色预警。

2016年1月22～26日的天气实况表明，受寒潮天气影响，全省出现大范围雨雪天气，滇中及以东以北地区和南部高海拔地区降雪明显，海拔1400米以上区域出现大范围积雪和冰冻。滇中及以东以北大部地区最高气温降幅达10～18℃，文山州的丘北、西畴、马关等地气温降幅最大，达22℃以上。昆明最低气温达-4.5℃（1月24日）。全省9个县最低气温突破历史同期极值，鲁甸最低气温达-9.6℃，滇东南的屏边、绿春，最低气温达-4.4℃和-4.3℃。西双版纳州、文山州、普洱市大部地区最低气温低于5℃，对茶叶、甘蔗、咖啡、橡胶、三七等经济作物造成严重影响，其中茶叶受灾面积约7万公顷，强寒潮造成22万公顷农作物受灾。仅昆明城区就有5万户出现水管水表结冰或冻裂，昆明城区道路、公园受冻害乔木多达15万株。多条高速公路出现结冰现象，严重影响交通运输。昆明机场、昭通机场、文山机场因跑道结冰，导致航班取消，仅昆明机场就达919架次。

迪庆高原冬季雪景（林海 摄）

2016年的这次云南寒潮天气过程，也是近年来影响全国的“霸王级”（“世纪级”）寒潮天气过程，危害和影响极大。这次全国性强寒潮天气影响范围广，最低气温低于0℃的地区面积占全国面积的98%，全国82个县（市）破最低气温历史极值，南方8省出现大到暴雪，降雪抵达1951年有完整气象记录以来的最南端，广东、广西多地出现有气象记录以来的首场降雪。

· 云南的寒潮天气

受青藏高原大地形的阻挡，侵入云南的冷空气势力相比我国其他地区要弱得多，主要有三方面的原因。首先，冷空气自中高纬地区南下过程中逐渐减弱，通常到达北纬25°附近，冷空气势力已经大为减弱；其次，云南的高原地形可进一步消耗侵入云南的冷空气势力，尤其是阻止偏东路径的冷空气爬上滇东高原和滇中高原；第三，侵入云南的冷空气运动方向主要是向西运动，而冷空气主体则是向东运动，两个运动方向是相反的，因此冷空气通常不会得到主体（母体）的有利补充。因此冷空气较难爬上滇东高原和滇中高原，即使爬上高原后，也不会长时间持续，很快就会变性减弱。

影响云南冷空气较弱的特点，可明显地表现在昆明准静止锋的日变化上。昆明准静止锋具有明显的昼间减弱东退、夜间增强西进的日变化特征，这是昆明准静止锋的重要特征之一，所以，昆明静止锋是“准”静止的。这正是由于冷空气势力不强，锋面系统受到日变化因素影响的结果，而在锋后冷空气势力足够强时，日变化特征会被掩盖，这时就会演变为向西移动的冷锋。特殊的地理位置和地形，使冷空气到达云南中部时已经是强弩之末。但是冷空气不强，并不代表影响和危害不大。云南冬季温度相比同纬度地区要高，由于前期气温较高，冷空气一旦爬上高原，降温幅度就会很大。当有充足的水汽条件时，降温和降水（降雪）可同时出现。

由于地理位置、地形和气候背景特殊，云南的寒潮标准略低于全国标准。云南气象部门业务规定：日平均气温24小时降幅≥6℃或48小时降幅≥8℃，同时日最低气温≤5℃，或者有降雪天气出现，计为一次寒潮天气过程。由于云南冬季较少出现降雪，地处滇中的昆明对冷空气的“反应”具有一定的代表性，只要强冷空气能到达昆明，往往同时就会影响到滇中及整个滇东地区，故只要昆明出现降雪天气，就可计为一次全省性寒潮天气。

对普通百姓而言，气象标准也许是古板苛刻的，没必要弄透彻、太较真。在冬日暖阳的云南，人们早已习惯将冷空气来袭称为寒潮，也就不足为奇了。云南的年寒潮日数有明显的分布规律，按多少依次为滇东北、滇中、滇东南、滇西北、滇西南，冷空气入滇门户和静止锋驻留地的滇东北地区（昭通、曲靖）是寒潮最多的地方。云南年均寒潮过程约3次，持续天数多为1～3天，最早寒潮初日在10月上中旬，最晚寒潮终日在4月中下旬。云南冬季寒潮以低温寒潮为主，秋春季寒潮则以降温寒潮为主。在云南冬春季，若西侵的寒潮刚好巧遇上东移的南支槽，就会产生“槽潮天气”，即冬季强降水，出现雨雪天气，甚至暴雨暴雪。

· 云南的雨雪冰冻灾害

雨雪冰冻灾害包括雪灾和冰冻灾两种。雪灾是指寒冷季节（或时段）一定的低温条件下出现降雪而引发的灾害，其灾情表现为房屋倒塌、交通受阻、通信电力线路受损、农作物和森林植被受冻或压断倒伏等造成的人员伤亡和经济损失。冰冻灾是指在降雪、降雨、冻雨、霰、大雾等天气现象出现时，在低温高湿的条件下引起过冷水滴在地面、道路、建筑物、构筑物和农作物、森林树木上冻结成冰而造成的灾害，主要表现为积冰、凌冻、雨凇、雾凇等。雪灾和冰冻灾都是只有在低温条件下才有可能形成的，二者可单独出现，也可并发。在云南，雨雪冰冻灾害多发于冬季（12月～次年2月），且多为北方南下强冷空气配合西南暖湿气流共同作用而引发。

云南降雪的地域分布呈现出东多西少、北多南少、高海拔地区多于低海拔地区的特点。主要降雪区域为哀牢山以东地区和滇西北地区，滇西及滇西南地区，除个别强冷空气影响外，基本无降雪出现。云南降雪区域重点集中在滇西北、滇东北和滇东三大区域，部分有代表性站点的年降雪日数分别为德钦89天、香格里拉64天、维西16天；昭通31天、鲁甸28天、镇雄31天；会泽15天、宣威14天、沾益9天；寻甸6天、太华山5天、昆明3天。近年来，随着冬季气候变暖，云南降雪和积雪日数均在减少。“高山飞雪”是云南山地气候的一种常态，梅里雪山、玉龙雪山、哈巴雪山、轿子雪山、昭通大山包、高黎贡山、大理苍山等地是最易出现降雪的高山地方，甚至在初夏也会飘雪。低纬度和低海拔地区为少雪区和无雪区，如河口、景洪、勐腊、芒市、瑞丽、双江、腾冲、盈江、镇康、元江等地，难觅雪迹。

罕见的春城大雪（李雷 摄）

云南降雪天气一般出现在11月~次年4月之间，12月~次年1月是高峰期。滇西北和滇东北高海拔山区，少数年份甚至可发生在9~10月和5~6月。云南偶尔也会降大到暴雪，例如，1983年12月26~28日云南出现罕见暴雪天气，昆明连续降雪长达32小时，过程降雪量达45毫米（特大暴雪级别），最深积雪36厘米，最低气温创历史极值-7.8℃，全省93个县（市）降雪，78个县（市）积雪，70个县（市）积雪深度在10厘米以上，50个县（市）最大积雪深度破历史记录。以“火炉”著称的元江、元谋、元阳、巧家、宾川等干热河谷地区也雪花飞舞，开创了云南热带地区降雪的先例。

冰冻灾害的出现，除需要低温和高湿条件外，还需要冷空气持续时间长的支持，因而冰冻灾害比降雪出现的几率和区域面积要小。云南冰冻灾害主要出现在中温带及高原气候区，在空气湿度较大的高海拔地区较为常见。云南冰冻天气出现最多的是滇东北地区，其次是滇西北地区，滇中和滇东南地区较轻，滇西南除高海拔山区外，几乎没有冰冻天气。多年平均气候态下，冰冻天数最多的是滇东北的镇雄和威信，年冰冻日数50~80天；其次是滇东北的昭通和鲁甸，滇西北的德钦和贡山，年冰冻天数30~50天；滇东的曲靖市各县（区），滇西北的维西、兰坪、剑川，年冰冻天数

10～30天；滇中地区、滇西北东南部地区、滇东南地区为10天以下。自云南有完整气象记录以来，有7次影响较大的全省性雨雪冰冻灾害，人们仍记忆犹新，分别发生在1974年3月、1983年12月、1986年3月、2000年1月、2005年3月、2008年1～2月和2016年1月。在全球气候变暖背景下，云南雨雪冰冻灾害出现几率呈减少趋势，但灾害的突发性、极端性、危害性却在增强，须引起高度警惕。

云南干旱灾害

干旱是指因一段时间内少雨或无雨，降水量较常年同期明显偏少，导致河川径流减少、水利工程供水不足而引起的水资源短缺，并对人类生产生活、生态环境造成严重影响和损害的一种气象灾害。干旱主要分为气象干旱、农业干旱、水文干旱和社会经济干旱四类。气象干旱是指某时段内，由于蒸散量和降水量的收支不平衡，水分支出大于水分收入而造成地表水分短缺的现象。在四类干旱中，气象干旱是一种自然现象，最直观的表现是降水量的减少。气象干旱的自然特征显著，最先发生，频率最高，是其他三种干旱的基础和直接引发因素。而农业、水文和社会经济干旱则更关注人类和社会方面，发生时间相对气象干旱有延迟，发生频率也小于气象干旱。人类采取抗旱措施活动，一定程度上降低了降水不足与主要干旱类型的直接联系，避免或减轻了旱灾的危害。

云南是水资源大省，全省水资源总量超2000亿立方米，居全国第三位。但水资源时空分布不均，工程性缺水矛盾突出。让云南时常面对“天上水”蓄不了、“地表水”留不住、“地下水”用不上的尴尬局面，屡遭区域性干旱的危害。

• 云南干旱概述

气象灾害是云南最主要的自然灾害，其造成的经济损失占各种自然灾害总损失的70%以上，干旱灾害损失占气象灾害总损失的50%左右，位居云南气象灾害之首。云南各类气象灾害中，干旱是影响最大、造成损失最重的气象灾害。干旱灾害的损失之所以如此严重，是因为干旱发生频率高、范围广、持续时间长、后延影响大。自古以来，旱灾就是农业生产的“天敌”，它直接影响社会经济，尤其是农业的发展。干旱可造成农作物栽播困难、粮经作物失收、引发森林火灾、农林病虫危害、库塘干涸、水力发电量骤降、人畜饮水告急、城市供水不足等，造成的影响和经济损失巨大。

干旱是水分供求不平衡形成的水分短缺现象，主要指久晴无雨或少雨，造成空气干燥，土壤缺水，水源枯竭，影响农作物和牲畜正常生长发育而减产的现象，包括农业干旱缺水、城市干旱缺水、农村人畜饮用水短缺等。干旱是影响云南农业生产最为严重的气象灾害，尤其是冬春干旱和初夏干旱。据统计，1950～1997年，全省农经作物受旱面积高达1479万公顷，占气象灾害总面积的43%，平均每年有50%左右的县（市）受到不同程度的干旱影响，平均每年受旱面积约31万公顷。干旱严重的年份，受灾面积可达全省耕地面积的50%以上。云南干旱灾害对社会经济发展，特别是对农业生产的危害极大，干旱形成的粮经作物歉收、病虫害、森林火灾等灾害链尤为突出。

干季的会泽大海草山（段玮 摄）

云南干湿季分明，一年中有长达半年时间处于少雨的干季，干旱灾害一年四季均可发生。但云南干旱发生频次和危害程度的季节性和地域性差异较大，年际变率也大，造成云南几乎年年有干旱、季季有干旱、处处有干旱。云南干旱灾害一般持续几个月，冬春连旱和初夏旱出现的频率高，如2009～2010年秋冬春干旱、2011～2012年冬春干旱，持续时间长达半年以上。据《云南天气灾害史料》和20世纪80年代以来的资料分析，1930～1988年云南平均每3年有一次旱年，每8年有一次大旱年。1980年代以来，旱年呈增多的态势，几乎每年都不同程度地出现干旱。1963年、1987年、1988年、1989年、1992年、1993年、1997年、2003年、2004年、2005年、2006年、2007年、2010年、2019年等，云南均发生了严重的干旱灾害，全省50%以上的县（市）受灾，年均受旱面积达56万公顷，严重年份在70万公顷以上。1987年春夏连旱，全省121个县（市）受灾，农作物受灾面积达90万公顷，158万人和44万头牲畜饮水困难，水库蓄水量减少40%，发电量比上一年减少1亿千瓦时。2009～2012年云南持续降水偏少，年降水量最少的3年（2009年、2011年、2012年）均出现在这4年中，特别是雨季降水减少趋势明显，造成干旱灾害频繁，损失严重。2009年秋季～2000年春季，云南发生自有气象记录以来最严重的秋冬春连旱，全省综合气象干旱重现期为80年一遇，其中滇中、滇东、滇西东部的大部地区为100年一遇。全省2512万人受灾，757万人饮水困难，农作物受灾面积高达217.4万公顷，农业直接经济损失超过200亿元。

随着经济社会的发展和全球气候变暖的影响，云南干旱灾害有逐渐加重的趋势。表现为农作物因旱受灾面积和粮食损失呈增大趋势，干旱范围呈逐步扩大的趋势，干旱持续时间呈现由单年、单季、单月向连年、连季、连月增长的趋势。旱灾从以影响农业为主，扩展到影响水利、林业、牧业、工业、城市乃至整个经济社会的发展，甚至造成了生态环境的恶化。

· 云南干旱成因

自然降水不足是干旱形成的直接原因。季风活动、大气环流异常、天气系统变化、地形地貌、生态植被、农业生产、水利条件、人类活动等都会对干旱灾害的形成和发展产生不同程度的影响。

云南介于我国东部季风区与青藏高寒区两大自然区的过渡带，是多种季风（东亚季风、南亚季风、高原季风）环流影响的过渡交叉地带，是我国典型的季风气候区。干湿季分明，季风的强弱和雨季开始的迟早，是决定云南旱涝的主要气候背景。季风气候决定了云南干旱灾害发生的必然性，不稳定的季风活动又造成了云南干旱灾害发生的随机性。

干季（11月~次年4月）云南降水稀少，易形成冬旱和春旱，严重时出现冬春连旱。雨季开始特晚的年份，易形成春夏连旱，出现重旱灾。雨季（5~10月）降水集中，加之受地形影响，多单点大雨、暴雨，易出现洪涝。夏季风爆发偏迟和夏季风间歇期，是形成云南初夏干旱和盛夏干旱的关键因子；厄尔尼诺事件发生年，云南雨季开始期偏晚，易出现初夏干旱。

大气环流是决定某一地区天气气候类型和气候特征的主要因素。冬半年（干季）控制云南的大气环流主要为西风带天气系统，对流层中低层为西风干暖气团，这支气流经伊朗、巴基斯坦、印度北部、缅甸北部对云南产生影响。冬半年云南在这支气团控制下，天气晴朗、云量少、日照充足、气温高、降水少、湿度小、风速大，形成典型的干季干旱少雨气候。夏半年（雨季）控制云南的大气环流为热带海洋气团和西风带系统，主要受来自孟加拉湾的西南暖湿气流和南海的东南暖湿气流影响。这两支气流均十分潮湿，水汽含量极为丰富，因而降雨量大，是形成云南雨季的主要水汽源。云南雨季天空云量多，太阳辐射量到达地面少，蒸发量大，耗热多，是云南夏季无酷暑的原因之一。云南由于所处地理位置的经度偏西，夏季经常处于西太平洋副热带高压的西部边缘，盛行西南和东南气流，易形成降水天气。夏季，当西太平洋副热带高压加强西伸控制云南时，常形成云南雨季的插花性干旱。

云南地形地貌复杂，山地占总面积的94%，地势呈西北高东南低的阶梯状倾斜下降。全省坡度大于25度的山地占全省的39.3%，滇西北与滇东北地区则高达60%~90%。山多、山高、坡陡、植被少、降雨集中，地质构造复杂，造成云南降水量径流大，雨水利用的有效性不高，水土流失严重，山区旱灾频发。云南地势南低北高，雨量分布南多北少，滇南旱灾少于滇北。云南由于受横断山脉、哀牢山脉等南—北向地形阻挡影响，与西南季风气流几乎成正交，东—西向气流的焚风效应显著，山脉的西侧地区降水和暴雨较多，洪涝灾害频繁而少旱灾，却使得背风坡的金沙江流域、哀牢山脉东部旱灾频繁。从小范围看，同一地区迎风坡较背风坡产生大雨和暴雨的几率大，背风坡一侧，气流下沉，“焚风”效应普遍，降水量显著减少，干旱极易发生。故，云南河谷地区普遍干旱少雨，旱灾较为严重。

滇中及以东地区为全国著名的喀斯特地貌区、土层薄、渗漏严重、保水性差，常常形成“三日无雨即成旱”的特点。云南土壤以山地土壤为主，由于坡度大、土层浅薄、土壤蓄水量较少，加之山洪侵蚀不断发生，极易形成干旱。此外，毁林开荒、乱砍滥伐、森林火灾等破坏生态环境的人类活动时有发生，在一定程度上也加剧了干旱灾害的发生和危害。

· 干旱的空间分布

云南季风气候和特殊的地形条件，造成云南降水量地区分布差异大，降水量年内分布不均，年降水量年际变化小而月降水量年际变化大，雨季开始期早迟差异大，形成各地旱灾明显的区域分布特征。云南129个县（市、区）都出现过不同程度、不同范围、不同频率的干旱灾害。从出现的县次来看，旱灾轻的年份为几十县次，重的年份则达100多个县次。从农作物受灾面积来看，旱灾轻的年份为数万公顷，重的年份则可达100万公顷以上。除范围较小的滇南、滇西南和滇西边境地区，由于降水丰富，旱灾较少外，其余大部地区干旱较为普遍，尤其是滇东北、滇北（金沙江流域）、滇东岩溶地区和滇中地区最为严重，绝大多数县（市、区）几乎年年都会发生干旱灾害。

云南干旱灾害的地域分布特征明显，从滇西北的梅里雪山起，沿着苍山到哀牢山一带的东部和东北部的迪庆、丽江、大理、楚雄、昆明、玉溪、红河、文山、曲靖、昭通等地是常年易出现旱灾的地区，其中尤以金沙江、元江及南盘江流域等干热河谷地区和常年少雨地区，如建水、开远、蒙自、陆良、祥云、宾川、元谋、巧家、永胜等地旱灾最为突出。若按气象干旱风险区划，云南干旱最严重的区域主要分布在丽江市、大理州、楚雄州、保山市东部、临沧市北部、西双版纳州局部以及玉溪市、昆明市、曲靖市、昭通市。这些地区为干旱发生的高风险区和次高风险区，其中高风险区集中在丽江市东南部、大理州中东部、楚雄州北部和昭通市南部，省内其他地区为中等风险区。

最易干旱区：包括金沙江流域各州（市）、大理州东部、楚雄州、昆明市北部、曲靖市、文山州北部和红河州北部等地区，受旱较重的年份，平均每年一旱。一般春旱或冬春连旱几乎年年皆有，只是受旱的轻重程度不同而已，此区多干旱又可分成三种地区类别：一是丽江市东部、楚雄州北部、大理州东部一带，是我省雨季开始迟，结束早的地区。此区东、西、南三面有高山，对东南和西南来的暖湿空气起着屏障作用。由于这些地区地形闭塞，地势较低，气流经此地区越山后下沉增温，使水汽含量大大减少。因而干季降水特别稀少，大多数地区降水量仅有50毫米左右，就是在雨季开始后，降水量相对全省其他地区，也仍然不多，故显得特别干燥；其次是降水量的年际变化大，也是易出现大旱的原因；二是玉溪市南部的元江、红河州的蒙自、开远、建水等低洼、河谷、坝子（盆地）地区，也因周围有高山屏障，特别是哀牢山、白云山、大围山对西南和东南气流的屏障作用大，故降水较周围地区少，加之气温高，土壤渗透大，易出现干旱；三是文山州北部和曲靖市东部，降水量虽较上述两区多，但地貌属喀斯特地区，土壤保水性差，渗漏大，故只要降水间歇时间稍长，就会出现旱象。

易干旱区：包括昭通市东部和北部、曲靖市北部、迪庆州、大理州西部、保山市北部、普洱市北部和西双版纳州的澜沧江河谷地区，干旱影响较大的年份，10年中平均有2～3年，旱灾以春旱和夏旱为主。其他季节出现干旱的机会较少，且出现的干旱也多为插花性分布。

云南干旱灾害（云南省气象局供图）

少干旱区：包括沿怒江和澜沧江流域的怒江州、德宏州、临沧市、普洱市东部和西南部、红河州南部（河口、金平、绿春一带），这一地区处于西南和东南暖湿气流的迎风坡，降水量多，植被茂密，生态良好，很少会发生干旱。严重的干旱多出现在雨季开始较晚的年份，平均10年中有1～2年会发生。

- 干旱的时间分布

从季节上分类，云南干旱灾害主要有春旱、春夏连旱、夏旱、秋旱、冬旱。云南旱灾各月在不同地区都会发生，从对农业生产的影响程度看，春旱影响最大，频率为65%；夏旱次之，频率为28%；秋旱再次之，频率为5%；冬旱影响最小，频率仅为2%。

1. 春旱：春旱发生在春季（2～4月），除怒江州北部地区外，其余各地年年都会出现，只是程度轻重不同而已。其发生特点为气温虽然不高，但升温迅速、湿度低、少雨、风大、土壤蒸发与作物蒸腾作用加剧。若再加上倒春寒、霜冻等灾害的出现，气象灾害的重叠效应将会加重，对农业生产威胁最大。近70年来，云南春旱比较严重的年份是1950年、1951年、1954年、1955年、1958年、1960年、1965年、1966年、1969年、1975年、1978年、1979年、1980年、1983年、1984年、1986年、1987年、

1988年、1989年、1992年、1993年、1994年、1999年、2006年、2007年、2010年、2012年、2013年、2018年、2020年、2021年。

2. 春夏连旱：春夏连旱发生在4～6月，雨季开始期较晚，推迟至6月上中旬或以后。由于气温迅速回升，蒸发骤增，湿度猛降。水利条件差的地区，大春旱作、播种水稻和烤烟移栽被迫推迟节令，严重影响了农事季节安排，大春作物生育期推迟，后期酿成冷害，稻瘟病等灾害，致使减产歉收。由于大春作物（秋粮）是云南农业总产量的支柱，所以此类干旱对全省农业生产威胁最大。此类干旱比较突出的区域是滇中及以北地区，如金沙江干热河谷一带、楚雄州、大理州、昆明市、玉溪市、曲靖市西部等地区。近70年来，云南春夏连旱比较严重的年份是1951年、1953年、1955年、1958年、1960年、1962年、1963年、1967年、1969、1973年、1977年、1979年、1982年、1983年、1984年、1986年、1987年、1988年、1989年、1992年、1993年、1997年、2005年、2014年、2015年、2019年、2021年。

3. 夏旱：夏旱发生在7～8月，此时正处在雨季，所以表现出插花性、短时性、局部性的特点，一般最长出现10～15天左右。西北部的怒江州、迪庆州及金沙江河谷一带较为突出，最长出现15～25天；其次是滇东北的昭通市发生频率也较高。夏旱的特点是气温相当高，出现在最热月，风速虽然不大，但太阳辐射强、气温高、蒸发蒸腾大。主要影响大春旱地作物玉米、烤烟、洋芋等，它们的水分临界期与关键期水分供应不足，蒸腾耗水多，易形成凋萎而受害。在水利灌溉条件好的地方，插花性夏旱对作物增产反而有利。近70年来，比较突出的夏旱年份是1957年、1967年、1977年、1979年、1987年、2003年、2022年。

4. 秋旱：秋旱发生在9～11月，通常分为初秋旱和晚秋旱两种，以晚秋旱影响较大，它造成旱地小春作物（夏粮）出苗不齐或出苗后因缺水长势不好而减产。发生在9月的初秋旱，出现年份相对少些，一般是插花性干旱，仅分布在少数的几个县内。

5. 冬旱：冬旱发生在12月～次年2月，冬季降水为全年最少的季节，仅占全年降水量的5%左右。冬季的特点是农田底墒好，气温低，蒸发少，农业用水也少，故冬旱不突出。近70年来，虽有冬旱发生，但多为插花性的零星分布，且出现年份少，灾情多仅限于局部地区。

• 干旱灾害的影响

云南大部地区降水尚称丰沛，但由于降水地区分布不均匀，季节分配不均匀，山高坡陡，河流水资源难以为农业所利用，导致不少地区干旱缺水，故干旱缺水是制约云南农业生产的首要农业气象问题。干旱灾害对云南农业生产的影响极其严重，旱灾年全省粮食和经济作物产量普遍减产。干旱也会给工业、城市供水、人民生活、农村人畜饮水带来极大困难并造成较大的经济损失。

干旱灾害造成的直接经济损失主要是农作物、经济作物、林业、牧业、渔业等的减产损失。间接经济损失主要包括因缺水、停电、停工、停业而少创造的财富；因农业减产，原料不足，工业效益下降和商贸交易量减少，税收下降；水力发电量下降，电、煤、油等燃料的需求上升；江河断流，人畜饮水困难；树木枯死，森林火灾频发，土地沙化；地下水位下降；水环境恶化；农林病虫害增加等一系列经济损失。

1. 干旱对农业的影响。干旱是对云南农业种植业危害最大的自然灾害。云南粮食作物和烤烟、甘蔗、茶叶、橡胶、咖啡及各类水果等经济林果的生长发育、产量和质量受干旱影响较大。干旱也是造成饲用作物产量和牧区产草量波动和减产的重要因素。从降水量的短缺程度分析，云南冬春干旱强度比初夏干旱大。云南大部特别是中低海拔地区，冬春期热量条件并不差，但夏收农业产量（包括粮食、经作和水果等）水平低，主要原因是干季降水稀少，植物在长时段的干旱缺水条件下，生长十分缓慢。全省各地每年都存在不同程度的冬春干旱问题。但因各地夏收农业产量水平低，夏收农业产量占全年总产比重小，冬春干旱并没有引起足够的重视。5月（初夏）是云南农业年景的重要关键期，水稻移栽、旱地作物播种和苗期生长、烤烟移栽和还苗生长等，都对5月农业可用水量、土壤墒情和雨季开始期依赖性很大。初夏干旱直接造成农业栽播期延期、农作物死苗缺苗、植株有效株（穗数）减少、5～6月优越光热资源利用率骤降、夏季和初秋低温冷害风险增加、农业生产投入加大、秋收粮经作物减产和全年农业经济效益下降。

2. 干旱对自然生态的影响。干旱对自然生态的影响首先表现为对植被的危害。云南干季长达半年，大部地区持续数月自然降水量小于气候蒸发量，即使高大林木等深根植物也会受到冬春干旱缺水的影响和威胁。植物因长时段受旱而生长发育缓慢或面临干枯死亡的威胁。干旱还是森林火灾频发的重要原因，干旱期间，空气湿度低或气温较高，遇火很容易引发森林大火。植被一旦出现连片死亡，会造成冬春季节和初夏土壤蓄水量严重不足和土地保水能力下降，植被生态难以恢复，导致水土流失、土壤沙化，引发夏季洪灾和泥石流等自然生态恶化的后果。冬春季干旱缺水是云南自然生态脆弱的根本原因。

3. 干旱对城市供水和用电的影响。城镇是人口和产业高度密集的地区，是一个地区的政治、经济、文化、科技、交通中心，是反映一个地区社会经济发展水平的窗口。随着城市规模扩大和经济建设的高速发展，城市生活和工矿企业用水量与日俱增，城市水资源供需矛盾日趋严重。水是城市经济的命脉，城镇干旱缺水易造成经济损失、制约城镇发展、威胁社会安定、城乡争水矛盾突出、加重水污染的危害。云南城市生活用水和工业用水基本都源于自然降水，冬春干旱是水库蓄水量下降、河流季节性流量锐减或断流的直接原因。初夏雨季的开始，是每年缓解和解除云南城市供水短缺问题、有效调整城市经济秩序和人民生产生活的“强心针”。

4. 干旱对人体健康和疾病传播的影响。干旱可造成人们日常生活舒适度下降，对人体健康和疾病有显著的影响。云南干季长时段干旱缺水，空气湿度低，春季空气干燥或干热，造成人们喉嗓干涩，各种疾病易于暴发或传播。伴随干旱出现的高温，对肿瘤、心脑血管病患者危害较大。云南广大山区和半山区，因山高水低和水资源匮乏，不同程度存在着人畜饮水困难现象。若遇上旱灾之年，山区农村的人畜饮水问题更显突出，人体健康的保障措施将会变得困难重重。

5. 干旱对旅游业的影响。干旱通过影响旅游舒适指数、引发人体健康问题对旅游业产生影响和危害。“五一”黄金周期间旅游，受干旱高温的影响，旅游舒适指数下降。冬春干旱季节云南少雨晴朗，太阳曝晒，紫外线辐射强烈，会影响出行者的皮肤健康。干旱造成的城市供水问题，可引起旅行者饮食生活成本大幅度上升。因干旱缺水带来的“连锁”问题，可直接导致旅游人数减少，旅游质量降低。

· 抗旱减灾措施

如何减轻干旱灾害，可采取非工程性和工程性措施，进行积极的防御应对。

非工程性措施主要包括：①确立可持续发展的战略思想，科学规划防灾减灾工作方案，建立起有效指挥和管理防御干旱灾害的应急体系和协调机构，做好干旱灾害防御工作；②掌握干旱规律，合理安排农业生产，调整农、林、牧业结构。云南干旱的发生和时空分布有明显的规律性，农业对干旱最为敏感，也最为脆弱。根据干旱规律，科学合理地安排农业生产、规划和调整农业布局及种植业结构，是趋利避害，减轻干旱危害的战略性措施；③广泛开展节水宣传，提高全社会的节水意识。优化配置水资源，强化水资源统一管理，逐步建立水市场。通过合理分配和提高全社会水资源利用率，防御干旱灾害；④建立干旱监测网，发展和应用先进的干旱监测技术（如土壤湿度自动观测、卫星遥感监测等），实时监测和预警干旱的发生发展，为科学和主动防御干旱灾害服务；⑤提高气候预测水平，气候预测和中短期天气预报相结合，做好雨季开始期等关键期预报工作，及时发布干旱预警信息，提升天气气候预测信息的抗旱服务能力。

工程性措施主要包括：①因地制宜、兴修水利，建设集雨型小水窖等农田配套设施，合理灌溉。云南山地面积多，河流切割深，有效灌溉面积小，山区人畜饮水问题突出。兴修水利，发展灌溉是战胜旱灾的最有效措施；②植树种草，增加植被覆盖率，涵养水源，发挥“森林水库”作用。营造农田防护林，改善山区农业生态环境和农田小气候条件，是降低旱灾频次，减轻干旱危害的根本性措施；③平整土地，深耕改土，增加土壤蓄水量，发挥“土壤水库”作用。土层薄、耕地不平等是造成云南众多耕地蓄水能力差的主要原因。平整土地和深耕改良土壤，可减小降水径流，控制水土流失，增加农田蓄水量，充分利用自然降水，减轻干旱危害；④选育抗旱作物品种，采取农业抗旱措施，提高作物抗旱能力。作物不同品种的抗旱能力差异显著，选育抗旱品种是防御干旱的有效措施之一。播种前浸种、苗期“蹲苗”、垄作栽培等是行之有效的农业抗旱措施；⑤改革灌溉方式，推广先进灌溉技术。因地制宜地大力发展和应用滴灌、喷灌、雾灌等节水灌溉新技术，改革灌溉方式和灌溉制度，提高水资源利用率，科学合理用水，节水抗旱；⑥应用地膜覆盖和秸秆棵间覆盖等方法，发展和使用作物蒸腾化学抑制剂和抗旱剂，减少农田无效蒸发和作物蒸腾，是防御干旱的重要措施；⑦发展和应用人工增雨抗旱技术，大力开发空中云水资源，提高自然降水率，增加有效降水。是云南干旱缺水地区一项非常有效的科学抗旱措施，经济、社会和生态效益显著。

云南冰雹灾害

冰雹（hail）是指坚硬的球状、锥状或形状不规则的固态降水，一般从积雨云中降下，冰雹的单个冰球叫雹块。按照惯例，直径大于5毫米的冰球才称为雹块，小的旧称小冰雹，现在按其结构分别称为霰或冰粒。

冰雹灾害是一种局地性强、季节性明显、来势急、持续时间短、以机械性砸伤为主、难预测难防御的气象灾害。它对农业、交通、航空、建筑设施、人畜生命财产等均可造成危害，尤其是对农业和林果的危害最大，常造成农作物、烤烟、林果、花卉减产甚至绝收。

云南是我国多雹灾的省份之一。2019年3月19日6时40分左右，红河州金平县降冰雹，持续时间约20分钟，金平县城积雹厚度达20厘米，最大冰雹直径3厘米，最大堆积厚度28厘米。县城所在地金河镇及铜厂乡16个村委会4个社区38个村民小组4200余户17000余人受灾；2021年4月28日14时45分，文山市区突降暴雨、刮大风、下冰雹，暴雨冰雹持续20分钟左右。冰雹灾害造成文山市新平、卧龙、开化3个街道办事处及古木、喜谷、马塘、追栗街、德厚5个乡镇32个村委会109个村小组11972人不同程度受灾。最大冰雹直径2厘米，同时伴有短时强降水，冰雹堆积厚度20厘米左右，道路及草坪犹如覆冰盖雪一般，密密麻麻的雹粒随着雨水在流淌，犹如银白的“冰雹之河”在流动。2022年7月7日，云南56个县（市、区）发生罕见冰雹灾害，损失严重。

• 冰雹概述

1. 物理特征。按云物理定义，冰雹包括三种降水物，即冰粒、霰和冰雹。

①冰粒：又称冰丸、小雹，指直径在5毫米以下的透明或透光的小冰球或冰团，呈球形、椭球形、锥形或无规则形，结构坚硬，落到地面后会反跳，常由雨滴冻结而成，可作为冰雹核心。

②霰：又称软雹，为直径2～5毫米的白色或乳白色不透明颗粒状冰，多为锥形或球形，密度小，结构松散，着地易碎，可作为冰雹核心。

③冰雹：直径在5毫米以上的固态降水物，有椭球、圆球、扁球和无规则形等，常由透明或不透明冰层交替组成，中心有雹胚，一般3～5层，冰雹愈大，层次越多。冰雹的密度变化大且较坚硬，落地后会反跳。

冰雹的形成机制理论主要有三种，即累积带理论、循环增长理论、胚胎帘理论。冰雹云的形成必须具备一些特殊的气象条件，主要包括6个方面，即大气层结不稳定、充沛的水汽条件、高空风切变、云中0℃层高度适当、云中负温层较厚、适宜的胚胎数量。

罕见的冰雹灾害（文山州气象局供图）

2. 结构特征。冰雹是由中心区的雹核和雹核外面的冰层组成的。

从冰雹的切片可清楚辨别出冰雹有一个核心，直径约1～20毫米，这个核心称为雹核（冰雹胚胎），一般由冻结水滴、霰粒等构成，冰雹总是围绕这个核心而增长。在胚胎的外围由一些透明层和不透明层交替组成，从在自然光下拍摄的冰雹切片照片来看，干增长（小的过冷水滴在碰撞过程中迅速冻结，冻滴间有空隙，冻滴中含有大量气泡，呈白色不透明，冰雹的这种增长过程称为“干增长”）形成的不透明层是由若干不同色彩的小块组成，其间有空隙，小块的排列是沿半径方向呈辐射状结构；而湿增长（碰冻水滴在冻结时，与环境的热交换足以使所有水滴都冻结，并维持雹面在0℃湿润状态，因此冻结只产生少量气泡，冰雹的这种增长过程叫“湿增长”）形成的透明层内部比较均匀。冰雹的干、湿增长层界线基本上是清晰的，冰雹的分层不均匀性，说明了冰雹的增长过程是不均匀的。

3. 大小分类。冰雹根据其外观和重量大小，可分为小冰雹、中冰雹、大冰雹和特大冰雹四种。

①小冰雹（直径小于1厘米）：人们常描述为蚕豆、豌豆、包谷粒大，平均雹重0.5克左右，云南全省各地出现较为普遍。

②中冰雹（直径1～3厘米）：人们常描述为玻璃球、小核桃大，全省大部分地区均出现过。

③大冰雹（直径3～5厘米）：人们常描述为乒乓球、鸡蛋大，全省大部分地区均出现过。史料记载，清顺治六年（1649年）：“弥渡雨雹，大如鸡卵，积地深7尺许，屋瓦皆碎，伤稼”。2019年3月19日金平县冰雹灾害，最大冰雹有乒乓球大。

④特大冰雹（直径大于5厘米）：人们常描述为拳头、小碗大，这种特大冰雹在云南较为罕见，但历史上曾出现过。史料记载，明嘉靖元年（1522年）：“四月，昆明雨雹大如鸡子，禾苗房屋被伤者无算”。据气象资料记载，云南绥江、永善、盐津、

镇雄、宣威、罗平、华宁、广南、西畴、文山、马关、河口、楚雄、墨江、勐海、景洪等地，均出现过特大冰雹灾害。1950年7月20日，马关县降的冰雹重达2.5～4千克；1953年4月21日，墨江县冰雹最大如碗，积地30多厘米，3天未化完；1992年4月16日，勐海县降雹，最大冰雹3千克；1997年4月23日，景洪市冰雹最大重达4千克。

4. 冰雹危害。冰雹的破坏力取决于雹块的大小、质量和到达地面的末速度。

直径20毫米的雹块质量仅为3.8克左右，可击地速度却达20米/秒；直径60～180毫米的雹块质量从100克到2～3千克，击地速度达30～60米/秒，相当于时速100～200千米，能直接砸毁飞机、汽车、门窗、屋瓦、果木，并造成人畜伤亡。一般米粒和豌豆大小的雹粒，不易使农作物受害，但若雹粒硬度大、降雹稠密、持续时间长，也会造成一定的危害。直径在7毫米左右的硬雹连降2分钟以上，就可毁坏果树的花蕾，使果树减产。史料记载，清康熙三十一年（1692年）："四月，丽江雨雹大如拳，人畜多毙，禾麦尽伤，岁大饥"。1964年4月2日，滇东北昭通、威信等地遭雹灾，一次打坏房屋就达10110间。

由此可见，冰雹除了使农作物造成机械性损伤外，对人畜、房屋的危害是相当严重的。且冰雹天气出现时，常常伴随着大风、雷电、暴雨等其他强对流天气，造成多灾并发，损失极大。据统计，云南每年平均约有60个县次受到不同程度的雹灾，受灾农田面积约9.1万公顷。

• 冰雹时空分布

冰雹是世界性的气象灾害，我国是世界上雹灾较多的国家之一。云南因特殊的季风气候和山地气候背景，成为我国的冰雹重灾区之一。云南较严重的冰雹灾害大约平均3～4年出现1次，尤其是1980年代以来，气候变化加剧，极端天气气候事件出现频率增加，强度增大，导致冰雹天气频率也在增大。

据气象观测资料统计，云南各月均有冰雹出现，4月最多，占全年的23%；其次是7月，占全年的14.6%。从季节看，春季（3～5月）雹灾最重，占全年的47%；夏季（6～8月）次之，占31%；秋季（9～11月）占18%；冬季（12～2月）最少，仅为4%。因云南山高谷深，地形复杂，气候类型多样，因此，不同地区的降雹月际分布会略有差异。一般而言，低海拔地区（海拔1200米以下）为春季多雹型，随着海拔高度的增加，夏季降雹日数逐渐增多，到海拔1600米以上变为夏季多雹型，呈双峰型分布，7月为峰值，4月为次峰值。云南降雹的日变化主要以午后多雹型为主，大部分地区降雹时间出现在午后到傍晚，以14～16时最多，这主要与局地热力作用有关。降雹持续时间一般在1～30分钟，约80%的降雹在10分钟内完成，超过15分钟的降雹较少。

受地形和气候条件的影响，云南降雹的地区分布有一定的规律性。总的说来，地形复杂的山区多于平原和坝区，中纬度多于高纬度和低纬度，冷空气活跃地区多于不活跃地区，多雹区与少雹区相应成带状分布。云南降雹中心主要分布于冷空气活跃的滇东地区，降水丰沛的滇南和滇西南地区，以及靠近西南涡活动频繁的丽江市和大理州北部地区。

云南气象先驱陈一得先生在民国《新纂云南通志》中曾谈到云南冰雹灾害的成

因："盖雹之成，因地面空气灼热，冲迫升腾，上层气流极冷，水汽凝为雪片、冰球，滞留愈久，体益增大。春夏之交，气候渐热，为季风交替之时，寒暖气流尤易遇合故也。雹每发生于雷雨，有时水汽丰盛，雨量过多，亦足成灾……其雹量之多，以顺治六年赵州雨雹移时深七尺许为最。"

据全省各县多年遭受冰雹灾害的情况统计，全省大致可分为4类地区：

1. 基本无雹灾区：金沙江河谷和怒江河谷，年均降雹日数在0.3天以下。

2. 轻雹灾区：昭通市北部、红河州中部、大理州南部和西部、怒江州大部、德宏州南部，年均降雹日数在1天以下。

3. 重雹灾区：昭通市的镇雄、昭阳、鲁甸等县区、红河州南部、普洱市南部、临沧市中西部、保山市大部、丽江市大部、迪庆州大部、玉溪市的江川、大理州的鹤庆等地，年均降雹日数在2～4天以上，最多年在7天以上。其中昭通市是云南冰雹重灾区，昭通大山包是云南降雹日数最多的地方，年均6.7天，降雹最多的1971年达13天。镇雄1953年曾出现过11次雹灾。

4. 一般雹灾区：除上述地区外的省内其他地区，冰雹灾害每年均会发生，一般每年1～2次。

被冰雹砸坏的烟叶（云南省气象局供图）

• 地形的影响作用

冰雹的形成，除了各种宏观和微观的物理条件外，地形条件是一个不容忽视的因素。地形一方面通过影响大气低层的流场、温度场、湿度场的变化，从而影响雹暴的局地变化；另一方面，地形可产生各种波动，如观测中常发现的冰雹源地、冰雹路径及局地激发的对流源等，都与地形产生的波动影响有关。对云南雹灾而言，地形复杂的山区多于平坝；山峦裸露、生态失调地区多于植被良好、生态优越的地区；冷空气活跃地区多于不活跃地区。云南各地有"雹走一条线，专打山边边""雹走老路""降雹蛤蟆跳"等谚语，说明了地形对冰雹活动的影响，冰雹一般沿着山脉走向移动，影响范围常常呈狭长地带分布。在一定的天气形势下，较大的河谷、山谷常常是低层暖湿空气输送的通道，形成雹暴行进前方的高能区，云体移入其中会得到发展加强，当这种通道被破坏，就不利于雹暴的发展。山区错综复杂的山脉，一般不利于入流通道的建立。

通常情况下，山区地形对冰雹云具有三种影响作用：一是约束作用。冰雹云逢山口而入，沿谷道而行，但强烈的冰雹云也可以摆脱谷道的约束，漫过山脊及山峰而移动；二是冲抬作用。冷空气移动动能大，有利于冰雹云在山区受地形抬升而加强。冰雹云移动的动能加强区在气流下坡区、谷道喇叭口入口区、天气系统（如低压槽）与山脉组成的喇叭口入口区，在上述动能加强区，若有山峰峙立或谷道急转，则在这种山峰或急转山脉的后面或迎风坡处易于降雹；三是热力作用。高原、山区南坡（阳坡）易降雹，积雪的高山旁的狭谷地带、秃山裸峰区、湖边山坡等地区易降雹。

云南地处低纬高原，山高谷深，地形差异大，云南冰雹灾害的产生除南支槽天气外，绝大多数都与近地层冷空气有关，而冷空气的活动又主要受地形的制约。一般而言，位于冷空气活动路径之上和迎风坡地区，就是冰雹的多发区。侵入云南的冷空气活动路径主要有两条：一条是冷空气自四川盆地和贵州而来，然后由滇东北向南或者由滇东向西影响云南，这是云南冷空气最活跃的路径，位于该路冷空气迎风坡地区的镇雄、昭阳、鲁甸、会泽、宣威、沾益、曲靖、罗平以及江川等地冰雹较多；另一条是冷空气自青藏高原而来，沿滇西北横断山脉的峡谷南下，遇到峡谷弯道地区，迫使气流抬升而形成多雹灾地区，如滇西北的鹤庆—丽江多雹中心、滇西的保山—腾冲多雹中心和滇中的楚雄—南华多雹中心。全省各地除受天气系统路径的影响外，各地还有一些地方性路径的影响，如山脉走向、冷空气通道、湖陆分布、下垫面热力特性等因素影响，从而形成了具有各地特色的地方路径。

受复杂地形的影响，云南冰雹有极大的局地性特征，大范围降雹次数远少于局地或小范围降雹，80%～90%均为局地和小范围降雹过程，限于一个县范围内的雹灾占全省的75%左右。一般情况下，由热力对流形成的冰雹，降雹范围较小；与强烈天气系统活动相联系的冰雹，降雹范围较大；狭窄山谷和山区的雹击带短而窄，开阔的宽谷和坝区雹击带长而宽；冷空气沿迎风坡降雹的机会远大于背风坡和谷地。作为例子，曲靖市的罗平和师宗两县城相距约30千米，罗平位于迎风坡，师宗位于背风坡，罗平的年降雹次数为师宗的4倍多，可见，地形对降雹区域分布的影响较大。

历史上的春城大雪

四季如春的昆明，由于其特殊的地理位置，使得来自西伯利亚的北方寒潮一般不易侵入，冬天很少会见到降雪。但如果在有利的大气环流诱导下，春城却可以出现在北方司空见惯的大雪天气。1999年1月11日凌晨4时开始，一场罕见大雪突降春城，积雪达18厘米，11日雨雪量47毫米，其中雪量20毫米，达到了气象学上的暴雪强度，持续时间近14个小时，昆明最低气温降至-1.5℃。此次大雪范围波及昆明、昭通、曲靖、文山北部、红河北部、玉溪东北部、楚雄东部、迪庆、怒江等9个州市的37个县，其中尤以昆明、曲靖、昭通等地降雪最大。其余州市则出现明显降水，局部为大到暴雨。这次罕见大雪，对春城的交通运输、通讯、供电、农作物、行道树、世博园奇花异草等造成了较大损失。俗话说“腊雪是宝，春雪不好”“瑞雪兆丰年”，冬雪有保暖、防旱、肥田、除虫的功效，对农作物利大于弊。但要特别警惕雪后天气突然转晴，出现强烈辐射降温而形成重霜冻天气，即所谓的“雪上加霜”，应采取各种保暖措施避免农作物和亚热带植物受冻。

降雪是指大气中大量的白色不透明冰晶和其聚合物组成的降水，大多降自雨层云和高层云。雨同雪一起下落，则称为“雨夹雪”。形成降雪天气须具备两个条件，一是高空气温较低，二是水汽充足。春城降雪天气主要是由来自北方的冷空气和自印度半岛东移的南支槽共同影响造成的。源源不断的孟加拉湾西南暖湿气流为降雪提供了充沛水汽，当强劲的偏北气流带来的强冷空气和偏南气流带来的暖湿气团在春城上空交绥时，暖湿气流中的水汽因迅速降温而形成冰晶，并逐步增大为雪花，此时低空和近地面气温因冷空气的入侵也在0℃以下或接近0℃，高空雪花在下降过程中才得以不被融化地降到地面，冷暖交绥越剧烈，降雪越大，从而形成铺天盖地的大雪。从气候角度看，赤道中东太平洋发生拉尼娜事件，往往会造成我国冬季寒潮偏多偏强，对应云南易出现冷冬天气。昆明多年平均降雪日数为2～3天，最多的年份曾出现过7天，降雪时段主要集中于12月～次年3月之间。昆明历史上降雪较频繁的年份分别是1958～1959、1964～1965、1967～1968、1975～1976、1982～1983年的冬春季，降雪日数均超过了5天。对生活在这一时期的春城人来说，下雪似乎不再是“奢侈品”，冬季赏雪的确要容易得多。

春城大雪（孙晓云 摄）

昆明有气象记录以来历史上最大的一次暴雪出现于1983年12月27～28日，积雪36厘米（最大雪深51厘米），降雪量为50.1毫米，持续32小时，昆明最低气温达到破纪录的-7.8℃，这也是云南有气象记录以来雪量最大的一次大雪，全省有90余县降大雪。从强度和影响范围看，1999年的大雪不如1983年。其次是1974年3月25～27日，昆明在很暖的春季突然降大雪，积雪17厘米，是有名的“春城春雪”。再次是1986年3月1～3日，昆明同样降大雪，最低气温达–5.2℃，全省有119县降雪，成为云南有气象记录以来覆盖面积最广的一次大雪。昆明进入20世纪90年代以来最大的一次降雪出现在1992年1月13日。春城大雪主要集中于1960～1980年代，1990年代后较少，这与冬季变暖有关。

1999年1月11日和2000年1月30日的两次云南大雪，分别波及全省37和65个县（市），昆明积雪分别达18和28厘米，雪落之处，银装素裹，多年未见的大雪，勾起了许多老昆明人对历史往事的回忆。气象学上规定，日降雪量超过5毫米称为大雪，超过10毫米为暴雪。在我国北方，降大雪主要由寒潮过境时的冷锋云系引起，降雪时多伴有大风，大雪多以“暴风雪”出现。因受云贵高原和乌蒙山脉的阻挡，云南寒潮天气的风力较小，故云南降大雪一般不会出现北风呼啸、雪花飞舞的“暴风雪”景象，而是静悄悄、慢悠悠的空中飘雪，多“雨夹雪”，落地即化，只有当地面温度较低，长时间落雪后才能堆积成型，装扮大地。

1950年以来，昆明共出现了7次积雪深度超过10厘米的罕见暴雪天气。按积雪深度大小排序，依次是1983年12月28日，雪深36厘米；2000年1月30日，雪深28厘米；1999年1月11日，雪深18厘米；1974年3月27日，雪深17厘米；1976年3月4日，雪深15厘米；1977年2月8日，雪深11厘米；1975年12月14日，雪深10厘米。其次，昆明还出现了10次积雪深度为2～6厘米的大雪天气。在还没有现代气象观测仪器之前，翻开昆明悠久的地方史料，我们也可寻觅到春城大雪的踪迹。1367年昆明2月（阴历，下同）雪深7尺，人畜多毙；1550年省城昆明秋9月大雪；1735年昆明冬月28日大雪；1746年2月昆明等十余州县降大雪，作物被伤，米价骤涨；1784年昆明闰3月大雪；1896年昆明市的禄劝元旦大雪，9日乃散；1928年昆明大雪，深一尺左右，5～6天才化完。可见，尽管昆明地处低纬高原的滇中腹地，一般冬春季降雪的概率较小，雪量也不大，以小雪或雨夹雪为主，但在孟加拉湾西南暖湿气流和北方强冷空气的有利配合下，仍可出现与北方量级相当的罕见暴雪天气，只不过机会不多罢了。随着全球气候变暖，春城飞雪，也许仍将是高原人的一种美好奢望和期盼。

本文发表于2000年3月9日《春城晚报》第20版《科学天地》

盘点云南冷空气

每年秋冬季，冷空气就是北半球天气舞台上的“主角”，常给我国带来寒潮降温天气。云南虽地处低纬高原，也会偶遇冷空气，给温暖的高原带来丝丝寒意，乃至出现雪花飞舞的北国风光。

• 冷空气的点滴认识

1. 不是所有的冷空气都叫寒潮。冷空气和暖空气是从气温水平方向上的差别来定义的，位于低温区的空气称为冷空气。冷空气是使所经地点气温下降的空气团。有的冷空气只是小打小闹，带来一些小幅度的气温波动。有的则是高冷霸气，制造大范围雨雪降温天气。冷空气的降温能力不同，获得的称呼也有差异。可将其分为弱冷空气、中等强度冷空气、较强冷空气、强冷空气、寒潮五个等级。寒潮是指极地或高纬度地区的强冷空气，大规模地向中、低纬度侵袭，造成大范围急剧降温和偏北大风的天气过程，有时还伴有雨雪和冰冻灾害。寒潮是一种大规模的强冷空气活动过程，但并不是每一次冷空气活动都是寒潮，根据《冷空气等级》国家标准，必须达到一定的降温幅度和低温值的冷空气过程，才能称为一次寒潮天气过程。

2. 冷空气是从哪里来的？影响我国的冷空气均起源于北极地区，之后南下途径西伯利亚。西伯利亚地区纬度高、海拔高，同时地处大陆内部，获得热量少，散热快，是北半球的寒冷中心，如同冷空气的中途“加油站”。冷空气在此加强堆积、积蓄能量，然后在高空西北气流引导下，最终爆发并不断南下入侵我国。入侵我国的冷空气源地主要有三个：一是北冰洋俄罗斯新地岛以西洋面；二是俄罗斯新地岛以东洋面；三是大西洋冰岛以南洋面上。影响我国的冷空气95%都要经过俄罗斯西伯利亚中部地区（乌拉尔山—贝加尔湖地区），并在那里积累加强，所以该区域又称为“寒潮关键区”。

3. 冷空气的实力为啥有强有弱？冷空气的实力主要体现在降温幅度上，因此，冷空气的强弱既取决于冷空气本身的强度，也取决于入侵地区的基础气温。如果冷空气本身很强，所经地区基础气温较高，那么造成的降温就猛烈，则就可能达到寒潮的强度。如果冷空气本身实力一般，所经地区的气温也较低，仅会造成小幅降温，则就是一次弱冷空气过程。因此，寒潮一般出现在深秋或初春，因为此时北极冷空气开始加强，我国气温相对较高，正所谓“爬得高跌得惨”，冷空气一来，气温降幅也最大。

4. 冷空气跑得有多快？在现代人们的正常生活中，高铁时速约为300千米／小时，普通列车为120千米／小时，汽车为80千米／小时，电动自行车为25千米／小时，台风为20～25千米／小时。而不同强度的冷空气移速不同，弱冷空气移速快于强冷空气和寒潮。不同强度的冷空气在陆地上移动的速度约为每小时20～80千米，平均时速为50千米，相当于汽车在城市道路中的行驶速度。

5. 哪些因素会影响冷空气的速度？①强度和源地因素。一般来说，弱冷空气移动速度快于强冷空气和寒潮。不同发源地的冷空气移动路径不同，移动速度也不相同；②中低纬度天气系统因素。热带系统、副热带高压、高原槽对冷空气的速度都会产生影响，当中低纬度天气系统较强时，冷空气南下受阻，速度就会减缓；③地形因素。海洋、平原地区冷空气所受阻碍少，移动速度较快。高原和山地地形，会阻碍冷空气的前行，减缓移动速度。盆地地形对冷空气移速影响则较为复杂，一般会出现下沉堆积，慢慢渗透，出现“快—慢—加速”的变化。

• 入侵云南的冷空气

每年冬季，当寒意遍布祖国大江南北，云南却迎来了一年中最惬意的时光——暖阳高照、蓝天白云、晴朗干爽的天气，因此云南被誉为最适合避寒过冬的省份之一，尤其是滇南和滇西地区。但当我们查阅全国省会城市的历史气象记录，积雪深度最深的10个省会城市里，有一个却是“春城”昆明。1983年12月，这里积雪深度曾高达36厘米（最大雪深51厘米），积雪深度可与天寒地冻的东北沈阳、长春相当，颇有些北国风光的味道。春城降雪，虽属偶遇，确有缘由，这与云南独特的地理位置有关。云南位于我国地势第二阶梯上的云贵高原，西北毗邻世界屋脊——青藏高原，东北遥望秦岭和大巴山。云南北部、东部则分别有3000多米高的大凉山、乌蒙山为天然屏障，将云南隔离在严寒之外。冬天的冷空气要杀入云南可不容易，要么只能从江汉平原经贵州迂回包抄，要么翻越秦岭由四川盆地经滇东北入境，要么翻越青藏高原取道横断山脉的狭窄河谷暗度陈仓。不管何种走法，冷空气要到达云南，都要越过崇山峻岭，这无疑会大幅削弱冷空气的威力。所以造就了云南冬季独特的惬意天气，能严重影响云南的冷空气较少，而寒潮则更是少之又少，降雪则属罕见。不过，少见并不代表没有，虽然云南有群山环伺，但是少量的强冷空气也能攻入云南。同时，由于群山环绕，冷空气进来了就回不去，若有暖湿空气助阵，则常常造成冬季大量持续性降水。这时群山环绕，就变成了劣势，云南强冷空气杀进来，就会持续阴冷，回暖比中东部地区要慢。

高原雪灾（孙晓云 摄）

那么，什么样的强冷空气能侵入云南呢？一种是从东面的贵州进行包抄。西伯利亚冷空气大举南下时，冷空气往往不足以翻越“世界屋脊”——青藏高原，甚至连大凉山和乌蒙山都翻不过去，从海拔1000米左右的贵州，慢慢渗透进云南就理所应当了。不过，能采取这种包抄战术的冷空气速度要足够慢，能够稳定地自东北向西南渗透，将大量冷空气注入云南省内，才能带来足够强的降温，不然仅是出现在云贵交界之间摆动的准静止锋天气。而那种一泻而下，在东亚狂奔的冷空气，往往因渗透能力不足，不能给云南带来多大的影响。强冷空气侵入云南后，如果遇到强盛的暖湿气流活动，威力将会变本加厉，冷暖气团对撞，就会产生雨雪天气，在雨雪中气温会下降得更快。事实上，降雪往往更需要冷暖空气慢而持久，在隆冬时节的云南，回流冷空气和暖湿气流，会在群山环伺中你来我往，极易产生大范围降雪。冬季云南的暖湿气流输送，取决于南支槽的位置和强度。北半球西风带在冬季会随着太阳直射点向南移动，西风带中流动的空气被青藏高原从中劈开，分成南北两支，青藏高原南面的一支被称为南支西风。有时候南支西风会在孟加拉湾向南弯曲（东经90°附近），这就形成了南支槽。这时热带印度洋水汽就会在南支槽的牵引下进入云南，一般情况下，南支槽越深，水汽输送强度越大。在云南冬春季，若南支槽和冷空气均强盛且刚好相遇，那么“槽潮”天气就会驾临。“槽”即南支槽，“潮”则指寒潮，槽潮相会，也就意味着势力强劲的冷暖空气在云南正面碰撞，这会引发云南大范围高强度的暴雨和暴雪。云南历史上几次著名的冬季暴雪（暴雨）过程，都是“槽潮”相会的结果。1983年12月，云南昆明那场可媲美沈阳、长春的暴雪，也是“槽潮”相会带来的。1983年12月26～28日，受强冷空气和南支槽共同影响，云南大部出现大到暴雨或大到暴雪天气过程，其中昆明出现雨转暴雪，降雪量50.1毫米，积雪深达36厘米，为1951年以来春城史上最大降雪，最低气温降至-7.8℃，为1951年以来的低温极值，这三条纪录至今尚未被打破过。

迪庆高原冬季雪韵（林海 摄）

当然，入侵云南冷空气的另一条路线就是取道青藏高原东南部横断山脉地区的河谷，从河谷中倾泻南下，这种情况需要翻越青藏高原。尽管罕见，但并不是没有发生过。1973年12月下旬，多股冷空气在新疆南部合并加强，强大到竟于12月28日翻越青藏高原，从横断山脉中的诸多河谷倾泻南下，如此强大的冷空气在河谷中仿若开闸了的洪水，在云南高原山地狂奔并进入“速冻”模式，29日冷空气扫过昆明，1974年元旦进入中南半岛北部。这股不走寻常路的冷空气，让全省大部地区的极端最低温度纷纷降至零下，昆明最低气温-5.4℃、玉溪-4.4℃、保山-1.9℃、思茅-2.5℃、蒙自-3.9℃。中缅交界的勐海-5.4℃，中越边境的马关-5.9℃。在滇中、滇南的大部分地区，都突破了当时有气象记录以来的最低值，沿河谷倾泻而下的冷空气，让很少遭遇冷空气袭击的滇南热带地区奇寒无比，低温霜冻持续数日，小春作物和热带经济作物遭受严重损失，历史罕见；1999年12月下旬，云南又出现一次罕见的平流辐射型低温冷害，滇南7个州市（西双版纳、普洱、红河、文山、临沧、保山、德宏）40个县（市）持续4～11天的日最低气温低于1.0℃，造成大量热带和亚热带经济作物（橡胶、咖啡、甘蔗、香蕉等）死亡或减产，直接经济损失超过55亿元。

• 春季低温更可怕

云南最近50年发生过4次典型严重的大范围春季低温冷害，即1974年、1986年、1989年、2005年。尤其是1974年3月25～28日，滇北、滇中、滇东地区出现罕见大雪及重霜冻，全省14个地州市出现降雪，部分站点积雪深度达15～30厘米（昆明17厘米），过程72小时最高气温降幅全省平均值达12.6℃，滇中及以北33个站点过程极端最低气温低于0℃，全省半数站点过程极端最低气温低于4.0℃，55%的站点达到云南倒春寒或强倒春寒标准，为云南有气象记录以来最晚的一次全省性春雪和晚霜冻，仅耕牛就冻死17700多头。有人曾对昆明冬春季的降雪特点进行过分析，春雪（2～3月降雪）与冬雪（12月～次年1月降雪）相比，具有少而大的特点。春雪日数几乎只有冬雪日数的一半，春雪降雪时数比冬雪少1/3，昆明出现春雪比冬雪的机会少。另外，从降雪量、积雪时数、积雪深度、降雪强度看，昆明春雪则比冬雪大。由此可见，春城春雪是次数少而强度大，不下则已，下则猛烈的特点尤为突出。

“瑞雪兆丰年”指的是隆冬大雪，因为“雪被”具有保暖、防旱、肥田、除虫，进而达到增产的益处，但云南的春雪，则弊多利少。由于春季天气开始转暖，正值水稻（烤烟）幼苗娇嫩、小春拔节、果树现蕾的关键时期，骤然的降温和大雪纷飞，必然会引起作物受严重冻害和机械损伤。故，农谚说的“腊雪是宝，春雪不好”就是指的冬雪与春雪的差异。此外，春雪还会对工业生产、交通运输、通讯等带来诸多危害。如1974年3月26～27日，昆明一场罕见大雪就冻裂了无数停在室外的汽车汽缸，若干地段的电线折断，绿化城市的若干幼树冻死，树枝压断，牲畜受冻掉膘，小春作物受冻害和压倒压断，早稻秧苗烂秧，这是云南春雪与强倒春寒天气危害的一个典型例子。

• 云南历史上的雪灾

云南自元代起，就有雪灾的历史记载。云南气象先驱陈一得先生在参与民国《新纂云南通志》的编撰中，对此作了详细的收集、整理、归纳和分析，现将原文摘录如下，供后人学习借鉴。

> 雨雪乃纬度、地势高处之冬季常有现象。云南在西北及东北各地，年必多雪，迤南车里、普洱冰雪罕见，气候然也。其变异可足纪者，为夏季降雪。四月中如康熙二十七年鹤庆大雪，雍正十年昭通大雪，嘉庆十二年沾益雨雪，十三年嵩明大雪、罗平雨雪，咸丰九年剑川大雪；五月中之康熙三十二年大理大雨雪；六月中之同治七年太和大雪及嘉庆二十二年夏之浪穹雨雪；皆异于寻常。是因极地气流忽然惠临，气温降至冰点下，致空中水汽缓渐凝结成为晶形固体，降即雨雪。次则春秋季降雪，其能伤麦损禾为害，亦堪纪录。如至正二十七年二月，昆明“雪深七尺，人畜多毙”；弘治十四年七月，河西“大雨雪，山崩水溢，冲没田庐无计”；天启四年七月，武定“大雨雪，损禾”；康熙二十七年七月，剑川“大雨雪，伤稼”；康熙

五十一年正月，罗平“水冰弥月，冰大如础，树木毁折，牛羊冻死”；乾隆三十九年三月，嵩明“雨雪，伤麦”；嘉庆二十一年七月，剑川“雨雪，秋不熟”；皆有害于民也。惟嘉庆十一年，威远以“瑞雪降”闻，盖威远纬度较低，年少见雪，有则利于农事，故云瑞也。至咸丰四年、九年，河阳、宜良之“天雨如飞丝”，是因下层空气温度在冰点下，上层水汽液化成雨下降，经过低温气层，凝结为冰丝现象，故著地遇热即融解也。若万历三十一年永昌之“雨黑雪”，理无可解，或其时下层空气中有黑色尘埃，雪与之混合而坠地面，致变黑色也。

上述历史年代月份，均指农历（阴历）而非公历。陈一得先生这段寥寥数语的精辟文字，较好地回答了有关云南降雪的几个气象问题。纬度和海拔是影响降雪的主要因素；冬季降雪是常态，不足为奇；滇东北、滇西北多降雪，滇南景洪、普洱罕见冰雪；夏季降雪，实属奇异，反映出山地气候的多样性和复杂性；春秋降雪，易危害庄稼，反映出春季倒春寒和秋季早寒潮的威猛；下雨兼降雪，反映出高原地区多“雨夹雪”的天气特点；滇东与黔西气候类似，也偶有“冻雨”天气的出现；“雨黑雪”非天降也，实为烟尘所致；降雪是冷空气与水汽凝结而成的固态降水等。他用近代气象科学知识，阐述了云南雪灾成因，实属难得，也较为可信。

云南暴雨洪涝灾害

暴雨洪涝灾害是指长时间降水过多或区域性持续强降水过程、局地短时强降水引起的江河洪水泛滥，冲毁堤坝、房屋、道路、桥梁，淹没农田、城镇等，引发地质灾害，造成农业或其他财产损失和人员伤亡的气象灾害。暴雨洪涝灾害的形成除与降水有关外，还与地理位置、地形、土壤结构、河道的宽窄和曲度、植被以及农作物的生育期、承灾体暴露度和脆弱程度、防洪排涝设施等有密切关系。

· 云南暴雨特征

暴雨是产生洪涝灾害的主要致灾因子之一。暴雨的产生需要有充足的水汽、强盛而持久的气流上升运动和大气层结的不稳定。云南大范围致洪暴雨主要由两类天气系统构成，一类是西风带系统，如冷锋（静止锋）、切变线、西南涡、南支槽、两高辐合区等；另一类是低纬度热带系统，如西行台风、孟加拉湾风暴、东风波、热带辐合带等。若与下垫面特别是地形有利组合，则可产生更大的暴雨。此外，局地的强雷阵雨，也可造成短时、小范围的特大暴雨。

云南暴雨具有季节性强、强度小、持续时间短、突发性、范围小等特征。暴雨主要集中在夏季，其次为秋季，冬季和春季发生概率小。云南夏季降水和暴雨，主要受东亚夏季风和南亚夏季风的双重交叉影响，具有明显的高原汛期特征，5～10月雨季为暴雨频发集中期，尤以6～8月为甚，也是洪涝灾害的多发期。除了大气环流变化外，持续的偏南暖湿气流、繁多的降雨天气系统、特殊的地理环境，这三点是形成云南暴雨洪涝的重要原因。

气象学上将日降水量≥50毫米，统计为一个暴雨日，云南年暴雨日数分布从滇南向滇西北减少。曲靖东南部（罗平）、红河南部（河口、屏边、金平、绿春）、西双版纳东南部（勐腊）、普洱东南部（江城、宁洱）和西南部（西盟、澜沧）、保山西南部（龙陵）、德宏大部（芒市、梁河、盈江、陇川）、丽江东部（华坪）等地的年暴雨日数普遍在3天以上。除滇西北部分地区不足1天外，全省其余地区年均暴雨日数为1～2天。“暴雨窝子”是云南气象预报员对暴雨频发地的俗称，按年均出现暴雨日统计，全省排名前20位的“暴雨窝子”分别是金平（7.6天）、江城（7.3天）、河口（6.7天）、绿春（6.0天）、龙陵（5.6天）、罗平（4.9天）、西盟（4.1天）、盈江（4.1天）、勐腊（3.8天）、芒市（3.8天）、屏边（3.8天）、华坪（3.4天）、宁洱（3.4天）、陇川（3.4天）、澜沧（3.3天）、沧源（3.2天）、梁河（3.1天）、思茅（3.1天）、盐津（2.9天）、贡山（2.9天）。上述“暴雨窝子”中，在极端气候年份，一年中可出现8～10次的暴雨日。

大理云龙洪涝灾害（张彤 摄）

云南洪涝灾害

洪涝灾害是指由于江河洪水泛滥，淹没农田和城乡，或因长期降雨等产生积水或径流淹没低洼土地，造成农业或其他财产损失和人员伤亡的一种自然灾害。洪涝灾害是云南发生频率较高的主要气象灾害之一。由于云南多山的地形特征，洪涝灾害往往伴随着滑坡、泥石流灾害同时发生，危害性较大。

根据降水强度和持续时间的长短，云南的洪涝灾害可分为洪灾、涝灾和渍灾三类。洪灾是因短时间强度较大的大雨或暴雨造成山洪暴发或河水陡涨，冲毁农田和房屋；而涝灾则是指长时间的连续性降水或兼有中雨到暴雨的降水而造成的水涝；当地表水排出后地下水位过高，造成土壤水分过多，空气不畅通时则形成渍灾。洪灾一般发生在山区半山区，而涝灾多出现在河谷盆地中排水不良的低洼地带。云南境内山高坡陡，94%为山地，故云南洪灾多于涝灾。因短时降暴雨造成的洪灾占全部洪涝灾害的90%以上，而70%以上的洪涝灾害主要出现在夏季。据统计，云南平均每年约有50余个县（市）发生洪涝灾害，受影响农作物面积748.5万公顷，受灾面积15.6万公顷，约占气象灾害影响面积的23%左右。

云南洪涝灾害具有普遍性、季节性、区域性、插花性、交替性、突发性的特点。云南地处低纬高原季风气候区，降水丰沛且集中于夏季，洪涝灾害极易发生，同时境内地形复杂，加之特有的环境和天气系统影响，云南洪涝灾害年年均有发生。但各地存在明显差异，影响程度不同，平均每年约56个县次，最多年达190个县次，最少年仅有十几个县次。多数洪涝出现在夏季，其中7～8月出现机会最多，其次是秋季的9～10月。云南主要洪涝灾害区分布在滇东北、滇东南、滇南和滇西南地区，即昭通、曲靖、文山、红河南部、普洱、临沧南部、保山西部、德宏等州市。山区较多，坝区较少。云南洪涝虽分布面广，但成灾面小，在一个地区甚至一个县、一个乡多呈插花性分布。云南旱涝交替现象突出，“山上抗旱，山下防洪”，“今天抗旱、明天防洪”，先旱后涝或先涝后旱的现象经常发生。

云南境内主要的洪泛河段有龙川江楚雄段，小江新村段，昭鲁大河昭通段，牛栏江塘子以下，南盘江沾益、曲靖、陆良、宜良段，华溪河曲江段，泸江开远段，甸溪河竹园段，盘龙河文山段，元江元江段，川河景东段，弥茨河邓川段，澜沧江景洪段，南垒河孟连段，南汀河孟定段，大盈江下拉线段、瑞丽江瑞丽段等。这些地方，防洪标准偏低，洪涝成灾率高。经常受到洪水威胁的县以上城市主要有昆明、楚雄、富民、盐津、彝良、威信、文山、富宁、麻栗坡、河口、元阳、元江、景洪、景东、景谷、镇沅、孟连、双江、云县、南涧、云龙、盈江、瑞丽、泸水等。

历史上云南曾出现过多次严重的洪涝灾害。如明天启五年（1625年）大水灾情奇重、清咸丰七年（1857年）滇中及以南特大洪涝、清同治十年（1871年）初夏大洪水、清光绪十八年（1892年）盛夏大洪灾、清光绪三十一年（1905年）夏末大洪涝等；1966年盛夏全省性大洪涝、1983年盛夏大范围暴雨洪涝、1993年夏末滇西大洪水、1996年盛夏孟连个旧特大洪涝、1998年夏季特大洪涝、2001年8月富宁特大洪灾、2002年8月新平特大洪涝泥石流滑坡灾害、2004年7月盈江特大洪灾等，损失惨重。

· 洪涝灾害成因

云南洪涝灾害的形成，主要受季风气候的影响。每年5月以后，南支西风气流开始减弱北撤，西太平洋副热带高压逐渐北进，孟加拉湾西南季风爆发，偏南气流将热带海洋上大量水汽源源不断地传输到低纬高原地区，云南上空受到低涡、切变线、冷锋、西行台风、热带辐合带等天气系统的影响，形成了大雨、暴雨的天气环流背景。全省除滇西北的怒江州、迪庆州雨季降水量占全年总降水量的60%～70%外，其余各地均占80%以上。降水量的过分集中，不仅形成了云南干湿分明的季风气候，而且造成了雨季和汛期洪涝灾害频繁发生。从降水量演变看，云南降水量的年际变化不突出，但雨日和雨强的构成变化显著，降水日数和小—中雨日数下降明显，大雨和暴雨日数增加，使降水量在时空分布上变得更加不均匀，过多集中的降水易导致洪涝灾害加剧。

造成洪涝灾害的直接原因是暴雨或长时间的持续降水，雨季中降水集中，大雨、暴雨频繁，这是形成云南洪涝的主要原因，但人为原因也不可小视。由于人口增加，向森林、湖滨、河道争地，过度采伐森林，毁林开荒，破坏植被，填减湖泊，侵占河道等人类掠夺性活动，造成生态系统破坏，加剧了洪涝灾害的发生。另外，地形、地势、集水面积、地表径流、地下水位等地理水文条件，对洪涝灾害也会产生重要影响。一般而言，迎风坡地形、冷空气入侵的门户和通道、低涡切变线活动频繁等地区，是云南暴雨洪涝的多发区和重灾区。

昆明城市内涝（李雷 摄）

· 频发的城市内涝

近年来，由于城市规模不断扩大、人口增加、工业化加速、交通拥塞、大气污染等作用，且城市中的建筑大多为石头和混凝土构成，道路为水泥或沥青路面，它们的热传导率和热容量都很高，加上建筑物本身对风的阻挡和减弱作用，可使城市年平均气温比郊区高2～3℃，甚至更多。导致城市与四周郊区或农村相比，犹如一个温暖的岛屿，从而形成城市“热岛”效应。据测定，柏油马路的升温速率为每小时4.9℃、草地为1.9℃、树木为0.5℃。白天受太阳辐射影响，地表温度升高，使近地层热空气形成上升气流，当空中水汽、凝结核等气象条件具备时，强烈的上升气流易触发大雨、暴雨产生。这时城市的热对流显然要强于四周地区，如果其他气象条件相当时，降暴雨的几率，城区比郊区要高得多。

2008年7月1日08时～2日08时，昆明市区出现了117.2毫米的大暴雨，暴雨同时袭击了昆明市的大部分县区，但主城区降水量明显高于周围地区，这就是由城市“热岛”效应造成大暴雨的一个典型个例。2017年，国家住房和城乡建设部将昆明市列为全国内涝灾害严重、社会关注度高的60个城市之一。昆明近年来曾多次出现城市暴雨内涝灾害，如2013年“7·19”、2017年“7·20”、2019年“7·20”、2020年“8·17”，主城区最大降水量分别为193.5毫米、171.1毫米、142.8毫米、103.9毫米，城市淹积水点数分别达160个、87个、68个、22个。每年汛期，遇到强降水天气，高原内陆城市昆明几乎都会出现“看海”模式，内涝现象突出。

事实上，在云南高原坝子（盆地）中，近年来由于城市的快速发展，规模不断扩大，除昆明外，马龙、呈贡、大理、文山、宣威、玉溪、楚雄、丽江、昭通、河口、富宁、盈江等地，也曾出现过城市内涝灾害，对城市交通和居民生活造成了严重影响，应引起人们的高度警惕，须通过建设“海绵城市”、“智慧城市”等工程措施，积极防范应对。

云南地质灾害

地质灾害是指在自然或人为因素的作用下形成的，对人类生命财产、环境造成破坏和损失的地质事件。云南属于我国地质灾害多发的省份，常见和危害较大的地质灾害类型主要有崩塌、滑坡、泥石流。崩塌、滑坡是指岩块、土体在失稳情况下，向下倾落或滑动的地质现象。崩塌和滑坡常产生于相同的地质构造环境和地层岩性构造条件下，在一定条件下可相互转化和相伴发生。泥石流是由于降水而形成的一种携带大量泥沙、石块等固体物质的特殊洪流，水源条件是泥石流发生的关键。崩塌、滑坡产生的散碎物质是泥石流发生的重要固体物源，降水既是引起岩块、土体失稳的重要诱因，也是触发泥石流的关键因素。滑坡、泥石流灾害已成为全球山地的主要自然灾害之一。虽然这类灾害通常不像地震、洪水、台风或其他自然灾害那样“壮观”或“影响巨大”，但它们却分布更广泛、发生更频繁，成为在大多数山地国家和地区造成经济损失和人员伤亡比任何其他灾种更大、更多的自然灾害，因而受到广泛关注。

滑坡、泥石流是暴雨引发的地质灾害，其对人类社会的影响已成为一个不可忽视的环境难题，其危害已成为仅次于地震的第二大自然灾害。随着云南社会经济的快速发展，工矿企业、公路、铁路、水利、水电等建设规模的扩大，滑坡、泥石流灾害发生的频率和强度日趋增大，滑坡、泥石流灾害已对经济社会发展及人民生命财产安全构成了严重影响，成为云南可持续发展的限制因素之一。

云南境内地质灾害隐患点多、分布区域广、灾害损失重，是我国地质灾害最严重的地区之一。复杂的地形地貌、脆弱的地质条件，是地质灾害形成和发展的内在因素。占全省国土面积94%的山区暴雨多发、局地强降水突出、持续连阴雨不断，是诱发地质灾害最为关键的外在因素。综合考虑地质条件，并结合强降水与地质灾害之间的相互关系，开展地质灾害气象风险预警业务和服务，是防御地质灾害的有效手段和途径之一。

大理云龙滑坡地质灾害（张彤 摄）

· 云南地质灾害的威胁

云南地质灾害严重，自古以来就有文献记载。明正统五年，顺宁（今凤庆）"大雨弥旬，山崩水溢，冲没田亩，不可胜计"；明弘治十四年，浪穹（今洱源）"霪雨，山崩水溢，冲毁民居，溺死百余人"；清咸丰九年，景东"大雨，山崩，出水如血"；明正德十三年秋八月，顺宁"龙斗于澜沧江，涌水高百丈，行者七日不渡"；清乾隆十八年，巧家白泥沟暴发泥石流，冲毁农田70余公顷、农户200多家，死亡1000多人，迫使巧家县城搬迁；1965年11月22～23日，禄劝县马鹿塘乡普福发生特大高速基岩滑坡，滑体约4亿立方米，其中1亿立方米土石滑入普福河，筑起167米高的堆石坝，形成积水500万立方米的堰塞湖，摧毁村庄5个，死亡444人，是中华人民共和国成立后滑坡死亡人数最多的一次；1984年5月27日，东川黑山沟、因民沟泥石流灾害造成121人死亡，34人受伤；1991年9月26日，昭阳区盘河乡发生高位高速特大山体滑坡，造成216人死亡，254头大牲畜失踪，500多亩农田和1000多亩林地被毁。

云南是我国地质灾害发生最严重的省份之一，每年因灾死亡人数是全国各省平均值的5.4倍、经济损失是全国各省平均值的1.7倍。地质灾害严重危害着云南境内的城镇、交通、水利、水电、矿山及农业生产。据统计，截至20世纪末，云南全省有滑坡灾害点2018处、崩塌525处、泥石流沟2496条，共计5039个灾害点。这些地质灾害隐患点直接危害或威胁着35个县城、160多个乡镇、3000多个自然村、3000多公里公路、480公里铁路、1000余座水电站（水库）、150多个大中型厂矿。1986年以来，因滑坡泥石流灾害撤销了碧江县制，搬迁了元阳、镇沅、西盟、泸水4座县城。进入21世纪以来，云南地质灾害仍偏重发生，灾害隐患点不断增加。截至2020年底，全省地质灾害隐患点23267处，威胁人口378万人，威胁财产797亿元。

据不完全统计，20世纪80年代以来，云南每年因滑坡、泥石流灾害造成的经济损失平均在2亿元，个别多雨年份，如1986年、1989年、1990年经济损失超3亿元，平均每年造成的死亡人数在200人以上。21世纪以来，平均每年因地质灾害死亡（包括失踪）102人，是导致人员死亡人数最多的自然灾害。灾情严重的2002年和2010年，因灾死亡222人和190人。2002年8月12日，盐津县大暴雨诱发的滑坡泥石流灾害造成26人死亡，3人失踪；2002年8月14日，新平县因暴雨造成滑坡泥石流灾害，导致40人死亡，23人失踪，33人受伤；2004年7月4日20时～5日20时，德宏州的盈江县、陇川县和瑞丽市普降特大暴雨，引发泥石流灾害，造成19人死亡和重大经济损失；2007年7月19日，腾冲县发生泥石流灾害，造成29人死亡；2008年10月24日～11月2日，楚雄州的滑坡泥石流灾害造成40人死亡、43人失踪、9人受伤，因灾直接经济损失5.92亿元；2010年，贡山县普拉底乡“8・18”特大泥石流灾害，造成39人死亡，53人失踪；2010年，隆阳区瓦马乡“9・1”大型滑坡灾害造成29人死亡，19人失踪。

地质灾害数量多、灾情损失重、危害范围广，是云南地质灾害的真实写照。地质灾害在造成大量人员伤亡的同时，严重制约了云南经济社会发展，特别是边远山区的经济发展，往往导致部分山区农村因灾致贫、因灾返贫。

• 云南地质灾害的成因

受诸多因素的制约和影响，云南自然环境的基本特点可归纳为四点：一是地貌、地质、气候、水文、生物区系等都具有明显的过渡色彩；二是纬度和海拔高度同向叠加，由于非地带因素作用，自然生态环境复杂多样，堪称全国自然环境的缩影；三是高差悬殊、地形复杂，自然生态环境的垂直变化异常明显；四是自然带幅窄，自然生态系统容量小，自我调节能力弱，易受外界干扰，自然灾害频繁。

在复杂的地理环境下，降雨因素是地质灾害发生的最关键诱因。降雨一方面对土体进行渗透和侵蚀，消减土体抗剪强度。随着土壤趋于饱和，土体孔隙水压力和下行动力增加，崩塌、滑坡等灾害风险不断增强；另一方面，汇流而下的雨水裹挟地表散碎物质向下游运动，并对周围土体形成巨大的冲击作用，直接引发泥石流、滑坡等灾害的发生。

多样的地形地貌。云南位于中国西南部，北依广袤的亚洲大陆，处于世界屋脊“青藏高原”东南缘与云贵高原的结合部，是一个低纬度、高海拔、山地高原为主的边疆内陆省份。境内多山，山地占全省国土总面积的94%，群山之中交错分布着大小不一的断陷盆地和湖泊。云南地势总体上呈西北高东南低、阶梯状下降分布，境内海拔落差极大，地形陡峭。其中怒江、澜沧江、金沙江峡谷最为突出，山岭和峡谷的相对高差均在1000米以上。云南的地貌种类复杂多样，有皱褶地貌、断层地貌、河流地貌、风化重力地貌、喀斯特地貌、丹霞地貌、火山地貌、土林地貌、沙林地貌等。境内山河及地貌总体分布受大断裂带控制，形成从西北角向东、南、西南三面展开的扫帚状分布样式。云南山高坡陡、河流纵横、断陷盆地星罗棋布的地形，复杂多样、破碎松散的地貌，为滑坡、泥石流等地质灾害的频繁发生，提供了必要的物源条件和内在因素。

特殊的地质构造及地震活动。云南地处欧亚板块与印度洋板块碰撞带东侧，由于相邻板块经向、纬向交替挤压、滑移，经历了海陆变迁、岩浆喷发、褶皱、断裂等地质构造过程，是亚洲大陆活力最强、地质构造最复杂的地区。强烈的构造运动，一方面加剧了地形高差，有利于流水侵蚀作用增强，另一方面却造成地质带断裂、岩面破碎，有利于散碎物质堆积和增加，促进了泥石流、滑坡的发育和发生。云南的地质构造运动，不仅控制着地貌的发育，也基本控制着地质灾害的区域分布。在断裂交汇的部位，垂直差异运动最剧烈的地段，往往也是滑坡、泥石流密集分布，活动频繁的区域。如著名的小江断裂带、怒江断裂带、大盈江断裂带、红河断裂带等，都是云南地质灾害比较活跃的高风险区。云南地处地中海—喜马拉雅地带和太平洋地带的过渡地区，在地震区划上属于南亚地震系—青藏高原中南部地震区。该区域应力集中，地震频繁，灾害严重。有史料记载以来，云南就是地震灾害的高发区之一。省内分布着6条地震带（区），即小江地震带、通海—石屏地震带、马边—大关地震带、中甸—大理地震带、腾冲—耿马地震带、思茅—宁洱地震区，均呈条带状分布。频繁发生的地震，会显著降低岩土体的强度，严重破坏自然斜坡的稳定性，增加地表破碎程度和堆积物，进一步加剧滑坡、泥石流等地质灾害的发生频率、范围和灾情。

复杂的气候环境。云南属于典型的低纬高原季风气候。由于冬半年、夏半年分别受大陆性气团和热带海洋性气团的控制，形成了干季（11月～次年4月）和雨季（5～10月）分明的气候特点。夏半年受东亚季风和南亚季风交叉影响，降雨充沛、暴雨频发，5～10月雨量占全年总降水量的85%以上。由于地理纬度、地形分布及主要影响天气系统之间的差异，云南境内的年降水量空间分布极不均匀，总体上呈南多北少、东西两侧多中部少的趋势分布。滇中及以北区域平均降水量在1000毫米左右，滇南地区在1500毫米左右，滇西南及南部边缘、怒江北部、曲靖东南部普遍在1500毫米以上。由于地貌复杂，海拔落差悬殊，云南气候垂直变异极大，气候类型复杂多样，局地强降水突出。如西南部的西盟、南部边缘的江城、绿春、金平和河口、东部的罗平等县（区），年平均降雨量和短时强降水频次明显高于附近区域。而在金沙江、红河等干热河谷地带，年平均降雨量及降雨强度则明显偏小。云南绝大多数地质灾害都是由强降水诱发的，地质灾害与发生日及前期累积降水的关系主要表现为三种类型，即暴雨诱发型、多日中—大雨诱发型、连阴雨诱发型。

此外，植被状况，乱砍滥伐，环境恶化，水土流失，工程建设等，也是诱发和影响云南地质灾害的重要因素。

· 云南地质灾害的特征

云南地质灾害具有明显的区域性分布特征，总体上呈现西北多东南少的特点。云南滑坡、泥石流分布总趋势大致以“宣威—腾冲”为分界线，分界线的西北部灾情较多，而分界线的东南部灾情除了玉溪市南部和红河州南部外，大部分地区的灾情较少。云南地质灾害的空间分布具有西多东少，西北多东南少的特点。这种分布与云南自滇东南向滇西北，海拔、高差、坡度逐渐增大的地形变化规律相对应，与早期人们根据灾害普查和地形地质环境因素得到的滑坡、泥石流分布划分基本上是一致的，即滇西北和滇东北分布密度高；滇西和滇中分布密度中等；滇南和滇东南分布密度稀。由于受自西北向东南的构造运动控制及大型流域边界附近地质条件影响，云南地质灾害密集分布于怒江、澜沧江、元江、金沙江沿岸及主要支流附近。

文山麻栗坡泥石流灾害（麻栗坡县气象局供图）

云南地质灾害风险区划表明，西部高于东部，北部高于南部；滇西北的地质灾害风险最大，滇东南的地质灾害风险最小。云南地质灾害风险区划除与地形地貌的变化规律相一致外，还与断裂活动的高发区相对应。如小江断裂带、红河断裂带等，构造活动异常强烈，形成一系列断裂谷地和断陷盆地，这类地段岩层破碎、山坡陡峻，在降水等外界条件诱发下，出现地质灾害的可能性非常大。

云南地质灾害的时间分布具有明显的月际变化和年际变化，其中地质灾害在6～9月集中爆发的特征尤为突出。云南滑坡、泥石流灾害主要发生在5～10月，呈明显的单峰型。6～9月是地质灾害高峰期，灾害次数占全年的83.4%，其次是5月和10月，灾害次数分别占全年的5%和6.7%。地质灾害的高发期与云南主汛期总体相对应，均出现在夏半年。但云南滑坡、泥石流次数明显增多的月份出现在6月，略滞后于降水明显增多的5月，这主要是由于云南为典型的季风气候，干湿季分明。雨季开始前，大部地区雨水稀少，土壤含水量较少，除地震诱发外，各类地质灾害均不易发生。随着雨季的到来，强降雨天气增多，泥石流类地质灾害随之增加。滑坡地质灾害则是在雨季开始一段时间后，土壤含水量趋于饱和才集中爆发。从年际变化看，最近十多年的地质灾害发生频次有较大的差异性，灾害较多的年份为2002年、2004年、2006年、2007年，每年发生的灾害接近150起；地质灾害较少的年份为2000年、2009年、2011年，灾害频次在50起以下。从逐年比较看，地质灾害高峰值出现的时间也存在一定的差异，这与年降水量、雨季开始期的年际变化等气候背景有一定的关系。

虽然经过近十多年来的集中治理与搬迁避让，云南地质灾害防治成效显著。但由于隐患点基数大，云南依然是全国地质灾害最为严重的省份之一。今后随着云南城镇与基础设施建设不断加快，人为活动对地质环境的改造日益强烈，加之异常天气气候事件增多，地震活动频发，地质灾害依然会呈多发易发态势。

· 云南地质灾害重点防范区

1. 怒江中上游高山峡谷区（崩塌、滑坡、泥石流灾害高易发区）。地处滇西北横断山脉纵谷地带，地质构造复杂，南北向深大断裂发育，冻融等物理风化作用强烈，岩石破碎，加之该区是云南地壳抬升最强烈区，在内外动力地质作用的共同影响下，滑坡、泥石流、崩塌地质灾害发育。

2. 澜沧江上游高山峡谷区（滑坡、泥石流灾害高易发区和澜沧江中游峡谷—宽缓河谷区滑坡、泥石流灾害高易发区）。地处滇西北横断山脉纵谷区和滇西高山峡谷地貌区，地质构造复杂，澜沧江断裂贯穿南北，无量山、把边江活动断裂发育，岩体破碎，软弱岩体分布广泛，外动力地质作用十分强烈，滑坡、泥石流地质灾害发育。加之公路、铁路等基础设施建设和矿产资源、水利资源开发建设活动强烈，雨季极易加剧已有地质灾害活动，诱发新的地质灾害。

3. 金沙江中上游峡谷区（滑坡、泥石流灾害高易发区）。地处金沙江上游中高山峡谷区，区内新构造运动强烈，地震活动频繁，滑坡、泥石流发育，斜坡不稳定地段增多。

4. 金沙江中下游高中山峡谷—河谷区（崩塌、滑坡、泥石流灾害高易发区）。地处金沙江中下游高中山峡谷地貌区，新构造运动活跃，岩石软硬相间，多陡崖，是云南省崩塌、滑坡、泥石流极强活动区，暴发崩塌、滑坡、泥石流灾害的可能性增大。人口密度大，公路建设、矿产资源、水利资源开发、陡坡耕植活动强烈，对地形地貌的扰动强烈，诱发地质灾害的可能性大。

5. 小江流域（泥石流、滑坡灾害高易发区）。地处小江断裂带沿线，历史上地震活动频度高、强度大，加之山体破碎区段多，崩塌、滑坡、泥石流隐患点密集，雨季极易加剧已有地质灾害活动，并诱发新的地质灾害。

6. 滇西大盈江流域（滑坡、泥石流灾害高易发区）。本区属大盈江流域，区内新构造运动强烈，地质构造复杂，变质岩、岩浆岩体分布广泛，物理和化学风化作用强烈，是云南泥石流、滑坡强活动区。

7. 红河流域（哀牢山变质岩地区滑坡、泥石流灾害高易发区）。地处红河流域哀牢山构造侵蚀高中山地貌区，红河断裂、哀牢山断裂发育，哀牢山变质岩体、软弱岩体分布广泛，地质环境条件脆弱，滑坡、泥石流灾害高发。

8. 地震灾区。强震致使地震灾区大部分的斜坡岩土体结构松散，导致崩塌、滑坡、泥石流等灾害发生数量增多、范围增大、危害严重。近年来的危险区段主要有盈江“5・24”“5・30”地震灾区、鲁甸“8・03”地震灾区、景谷“10・07”地震灾区、漾濞“5・21”地震灾区等。

云南雷电灾害

雷电是大气中发生的剧烈放电现象。在自然灾害中，雷电引起的雷击灾害是世界十大自然灾害之一。一道夺目的闪光划破昏暗的长空，震耳欲聋的霹雳雷声震撼大地。强大的雷电，对人类的生产、生活及生存环境构成了巨大的威胁。

云南地处西南边陲，属典型的低纬高原地区。特殊的地形地貌，纵横交错的高山峡谷，复杂多样的下垫面，气候类型的立体多样，导致局地强对流天气受太阳辐射和地形抬升作用显著，加上同时受两支热带季风的影响，强雷暴天气特征明显。

· 云南雷灾的严重性

云南是我国雷电灾害最为严重的省份之一。全省年平均雷暴日在80天左右。滇南和滇西大部分地区属高强雷暴区，滇中和滇东地区属强雷暴区。西双版纳州年雷暴日在110天以上，尤其最南端的勐腊县年均雷暴日高达128天，最多达157天，堪称中国“雷都”。据不完全统计，云南每年平均发生雷电灾害事件300起以上，造成150人左右伤亡，85%以上的人员伤亡大多发生在经济欠发达的边远农村地区，直接经济损失上亿元。雷灾严重的2004年，全省雷击死亡126人，重伤88人。随着社会经济的发展和微电子技术的广泛应用，雷电灾害的受灾范围几乎涉及所有行业并危及到社会公共安全。下面给出近年来几起严重雷击灾害的例子：

①1998年5月12日，勐腊县发生一次大范围雷击事件，导致8头亚洲象死亡；②2008年2月20日2时50分左右，西盟县翁嘎科乡龙坎村靠来组发生一起雷击事故，造成2人死亡，7人受轻伤，村寨农户电器、通信设备等损失25万元；③2009年7月28日9时许，勐海县勐板村委会曼迈村关在山上圈舍中的35头黄牛遭雷击死亡17头，直接经济损失4万多元；④2014年5月28日18时左右，解放军官兵在看守昆明安宁森林火灾火场、清理余火任务时突遇雷暴天气，在转移下山过程中不幸被雷电击中，22名官兵和6名地方群众被不同程度击伤，其中3名战士抢救无效牺牲；⑤2016年8月8日14时40分左右，寻甸县六哨乡横河村部分群众在山上挖土豆时遭遇雷击，造成2人死亡，1人重伤，18人轻伤；⑥2018年8月1日下午，丘北县天星乡扭倮村7名儿童邀约上山捡菌子，暴雨来临时，7名儿童一起到树下避雨，雷击造成4名儿童当场死亡，3名儿童受伤。

· 云南雷暴的时空分布

云南是我国的雷暴高发区之一，雷暴活动频繁，雷暴日数和影响范围居全国之首。全省年均雷暴日数在80天以上，年平均雷暴初日和终日的间隔日数为267天。全省平均雷暴日数分布为南多北少，西双版纳是云南雷暴最多的地方，也是全国的雷暴中心之一。我国东南沿海的雷州半岛和海南岛的大多数地区，年平均雷暴日数一般在90天以上，而西双版纳州各县均在110天以上，勐腊年平均雷暴日数达到128天，最多达157天，平均雷暴初终日为298天，雷暴多、雷期长，因此西双版纳成为全国闻名的“雷都”之一。

昆明夏季闪电（李雷 摄）

据1971～2005年云南132个气象站雷暴日资料统计，云南35年平均的雷暴日数空间分布大致可分为4个区域：滇西南高值区、滇东南次高值区、滇西北低值区和滇东北次低值区。滇西南的西双版纳年平均雷暴日数最多，每年的雷暴日为97～138天，滇东南地区年均雷暴日数为88天，滇中地区年均雷暴日数为50～97天，滇西北地区年均雷暴日数为66天，滇东北的昭通市年均雷暴日数仅有22～50天。云南雷暴日数空间分布的总趋势是随纬度自南向北递减，南北之间年均雷暴日数可相差90多天，南多北少，差异极大。云南雷暴日数与年降水量的空间分布趋势相近，表明云南降水以“雷阵雨”居多的特点。另外，云南雷暴日数分布还与地形地貌有关，一般位于冷空气路径和迎风坡的地方，雷暴日数偏多。

云南雷暴在一年四季中均有发生，但雷暴的季节变化明显，多出现在夏季和春季。夏季云南受西南季风和东南季风的影响，水汽条件充沛，加上足够的动力和热力条件，易形成局地强对流天气，雷暴过程频繁发生。云南雷暴发生高峰期出现在主汛期的6～8月，平均雷暴日数分别为11.2天、12.7天和14.9天，分别占全年雷暴日数的15%、17%和20%；其次是春季3～5月和秋季9月。

云南雷暴天气在一天中发生时段呈“两峰一谷”的变化特征。发生雷暴的最大峰值时段在午后14～22时。其中，滇东南、滇东北、滇中发生雷暴的最大峰值时段在14～17时之间，滇西南、滇西北发生雷暴的最大峰值时段较集中，主要在16～17时之间。一般而言，早晨6～11时为少雷暴时段，午后由于局地热对流活动加强，雷暴发生频率增大，17时左右为雷暴最活跃时刻，随后逐渐减弱。

另外，云南地处低纬高原山地，昼夜温差大，太阳落山时地面迅速降温，山坡冷却快，冷空气下沉并抬升谷底暖空气，增加大气扰动。加之夜晚云顶辐射降温快，下层暖，对流活动加强，云层内不稳定性增大，易诱发中小尺度对流活动，因而在午夜和凌晨会有频繁的雷暴活动发生，呈现山地“夜雨+雷暴”的天气特色。

• 云南为何多雷暴

云南地处北纬30°以南的低纬度地区，雨热同季，夏季太阳辐射强，地面增温快，高温期湿度大，风小、高温、闷热为雷暴发生提供了充足的水热条件，加之山地的作用，雷暴活动频繁。云南南部距热带海洋近，夏半年受印度洋孟加拉湾西南季风和西太平洋南海东南季风的交替影响，集中了全年80%～90%的雨量，此时的雷暴日数占全年的8成左右，雷电交加、大雨倾盆的强降水天气屡见不鲜（夏雷）。在干季和雨季转换的春秋季节，受青藏高原大地形影响，高空西风气流内不断产生涡旋扰动（气象学上称西风带南支槽），这种涡旋扰动会引发孟加拉湾洋面暖湿气团输送到云南，形成浓云翻滚、狂风骤起的雷雨天气（春雷和冬雷）。与国内其他地区相比，云南既受到印度洋天气系统，又受到太平洋天气系统的影响；既有中高纬度的天气系统影响，又有热带天气系统的影响；既有高原天气系统的影响，又有局地中小尺度天气系统的影响；既有西风带系统的影响，又有东风带扰动的影响；云南既有高原、山地，又有湖泊、盆地，下垫面复杂多样。总之，云南的地理和气候独特，影响云南的天气系统种类多、周期长、范围广，故云南雷暴多而威猛，灾害损失重。

雷电是伴随着雷暴天气过程发生的，这种天气过程从它的发生、发展到演变，都与地形因素有着密切的联系。雷暴天气在经过较大山脉时，就会有所加强，这就是地形的增幅作用。云南地势自西北向东南呈阶梯状逐级下降，滇中的地形为波状起伏的缓和丘陵，滇东南和滇南为地势最低的地区，因此云南的地形呈向东南方向开口的喇叭口地形。云南的水汽来源主要是西南方向的孟加拉湾和东南方向的南海，冷空气主要从滇东北入侵，从南部来的热带暖湿气流和从滇东北来的冷空气在滇中及以东以南地区交绥，易产生雷暴天气。滇中以西地区分布着哀牢山、无量山、高黎贡山、横断山脉等南—北向的纵谷地形地貌，西南暖湿气流进入云南后，在这些山脉的迎风坡抬升，形成对流不稳定，极易产生雷暴天气。

• 昆明是全国“招雷”省城之一

近10多年来，昆明因雷击死亡的人数已超过半百。根据1981～2010年全国雷暴日数的统计，昆明紧随海口、广州、南宁之后，成为我国排名第四的“招雷”省会城市。昆明多年平均的雷暴日数为61.8天，平均初雷始于2月8日，终雷止于10月30日，间隔265天。公园、学校、医院、电站、铁塔、污水处理厂、办公大楼等地方，成为雷击事故的高发地区。

昆明之所以会“招雷”，是因为昆明地处滇中腹地，属北亚热带半湿润高原季风气候，地貌复杂多样，地形高差大，在气候上存在明显的季节差异。尽管昆明四季如春，冬短无夏，干湿分明，雨量适中，雨热同季，光照充足。但昆明易受西南暖湿气流和北方变性冷空气的交替影响，灾害性天气频繁。昆明雷暴多出现在夏季，由于夏季受西南季风和东亚季风的交叉影响，天气闷热，地面温度高，对流旺盛，加上盆地地貌和濒临滇池的缘故，易导致雷雨大风等强对流天气的频繁发生。每年的6～9月，是昆明雷电次数最多的时候，月均达到上万次，最多的时候可达2万多次。每年8月昆明雷暴日最多平均可达25日以上。昆明属雷暴多发区，监测统计表明，昆明市主城五区（五华、西山、盘龙、官渡、呈贡）年平均地闪29090次（最多年38524次，最少年24821次）；年平均雷击次数最多区域为237.7次，年平均雷击次数最少区域为31.7次，全市年平均雷击次数138.2次。雷击次数较高区域分布在主城中心及环滇池附近，这与主城中心高层建筑密集及滇池水体对周边土壤电阻率影响有关。从雷击强度看，最大雷击强度为521.5kA，最小雷击强度为0.2kA；大部分地区平均雷击强度集中在40～45kA，约15%的地区为60～80kA。雷暴时间集中于14～23时，16～22时为高峰时段。

昆明雷暴来袭（雷波 摄）

· 雷电灾害防御

闪电和打雷是大气中的自然物理现象。闪电是在云层内、云层之间或者云层与地面之间，发生强烈放电时所伴随的闪光。当一个雷雨云团内的负电荷累积到一定数量时，与其他云团或者地面之间就会形成一个强大的静电场。如果局部电场强度超过大气的击穿电压时，就会发生剧烈的放电过程。在直径仅有几个厘米的传输通道里，通过1～10万安培的强大电流，持续时间约为70秒，此时由于通道内的温度高达上万度，所以会发出强烈的闪光，这就是我们看到的闪电。打雷是闪电通道中的气体迅速膨胀过程中发出的巨大声音。在云团放电的过程中，直径仅几个厘米的传输通道，流过了强大的电流，电流强度可达1～10万安培，通道温度可达到上万度，通道内的气体以30～50个大气压的力量，向外迅速膨胀，形成爆炸过程。爆炸形成的冲击波，以极高的速度向外传播，然后很快衰减为声波，并以340米/秒的速度继续传播，这就是人们常常听到的雷声。闪电和打雷是破坏力强的灾害性天气，在雷雨季节，您知道如何进行雷电灾害防御吗?

防雷专家指出，当雷暴天气发生时，您若在户外，应注意掌握好以下几点：

①不宜停留在山顶、山脊或建筑物顶部；②不宜停留在小型无防雷设施的建筑物、车库、车棚附近；③不宜停留在铁栅栏、金属晒衣绳、架空金属体和铁路轨道附近；④不宜停留在游泳池、湖泊、海滨或孤立的树下；⑤应迅速躲入有防雷保护的建筑物内或有金属顶的各种车辆及有金属壳体的船舶内；⑥不宜打伞奔跑；⑦不具备上述条件时，应立即双膝下蹲，向前弯曲，双手抱膝。

若雷暴天气发生时，您正在有防雷设施的建筑物附近，也应注意以下几点：

①不宜在建筑物朝天平面上活动，因为朝天平面发生直击雷时，强大的雷电流可导致人员伤亡；②不宜使用淋浴器，因为水管与防雷接地相连，雷电流可通过水流传导而致人伤亡；③紧闭门窗，防止侧击雷和球雷的侵入。

云南偶有龙卷风

气象学上的强对流天气一般是指出现短时强降水、雷雨大风、龙卷风、冰雹、飑线等现象的灾害性天气，空间尺度小，生命史短暂并带有明显的突发性。龙卷风是最典型的强对流灾害性天气之一。

龙卷风作为一种破坏力极强的强对流天气，是在强烈不稳定天气条件下产生的一种小范围的空气涡旋，中心风力可达100～200米/秒，直径一般在几米到数百米之间。其形成后，一般维持十几分钟到半小时，袭击范围很小，但破坏力极大。在云南民间，群众习惯将龙卷风称为“旋涡风”或“龙上天”，在湖泊上的称为“龙吸水”。

· 强烈的小范围空气涡旋

龙卷（tornado），也称龙卷风，是从积雨云中伸下的猛烈旋转的漏斗状云柱。它有时稍伸即隐，有时悬挂空中或触及地面。龙卷漏斗云的轴一般垂直于地面，在发展的后期，当上下层风速相差较大时，可成倾斜状或弯曲状。其下部直径最小的只有几米，一般为数百米，最大可达千米以上；上部直径一般为数千米，最大可达10千米。龙卷的尺度很小，中心气压极低，造成很大的水平气压梯度，从而导致强烈的风速，一般估计为50～150米/秒，最大可达200米/秒。由于气流的旋转力很强，常将地面的水、尘土、泥沙挟卷而起，其破坏力变动范围很大，弱者仅能卷起稻草捆和衣物；强者可拔树倒屋，甚至把人畜一并升起，经过水面时可吸水上升如柱（此时称水龙卷），所以龙卷范围虽小，但其造成的灾情却很严重。龙卷的移向、移速是由其母云（产生龙卷的积雨云）的移动所决定的，母云的移速通常为每小时40～50千米，最快可达90～100千米。其移动路径多呈直线，一般只有数公里，个别可达数十公里。龙卷是强对流天气的产物，常发生于我国北纬20～50度地带低层大气层结具有很大对流不稳定的地区，常常与锋面、气旋或非热带性雷暴相伴随。登陆后的热带气旋移到中纬度地区趋向衰亡时，也易出现龙卷，有时龙卷还可出现在热带地区。根据龙卷产生的地区不同，可分为陆龙卷（产生在陆地上空）和水龙卷（产生在海面或水面上空）两类。

龙卷系自雷暴云底下伸并达地面的漏斗状云体。龙卷伸展到地面时会引起强烈的旋风，即龙卷风。龙卷是一种强烈旋转的小涡旋，中心气压极低，其中心与外围之间气压梯度可达2百帕/米，中心风力可达100～200米/秒。龙卷漏斗云轴一般是近于垂直的，但发展到后期，若高空风速大于低空，常被吹成曲折或倾斜状。龙卷近地面直径为几米到几百米不等，最大可达1千米或以上，垂直范围可达15千米，自地面向上，直径越来越大。龙卷气流呈反时针旋转，持续时间较短。龙卷中心为下沉气流，四壁为极强上升气流。

龙卷风与普通大风有明显不同。龙卷风是旋转风，尺度更小，并因其漏斗云和卷起的碎屑而醒目可见，并且中心气压很低，易造成更大的灾害；普通极端大风为直线型大风，相对来说没有清晰的视觉图像，灾害的极端性低于龙卷风；普通极端大风具有瞬时阵风性，而强龙卷风可以持续数十分钟；龙卷风速没有直接观测，因此不以常用的蒲氏风速级别界定，而是根据造成的灾害程度来推测其最强风力和定级。由于观测手段所限，目前人们仍极难甚至无法监测到龙卷的实际风速、中心气压等要素值，常规气象观测站中也很少能观测到龙卷风的存在，对龙卷风最大风力值的计算，多数是靠灾情调查或车载雷达近距离观测的估计值。

· 龙卷风的地域分布

全球龙卷风主要发生在中纬度地区，北美、欧洲、俄罗斯、中国、日本及澳大利亚等国家每年都会出现龙卷风。美国是龙卷风出现次数最多和发生频率最高的国家，2000～2020年年均可记录到1141个龙卷，美国是名副其实的“龙卷王国”。2008～2020年，因受龙卷风侵袭平均每年死亡人数为87人。美国龙卷风地域差异明显，中东部显著多于中西部，东南部明显多于东北部。落基山脉和阿巴拉契亚山脉之间的平坦而广阔的区域是著名的“龙卷风走廊”。1999年5月3日，俄克拉何马州和堪萨斯州在一天之内遭遇66个龙卷风横扫，直接经济损失超12亿美元。2021年12月10日，美国中部六州遭遇至少30个龙卷风袭击。

据统计，我国平均每年约有85个龙卷风。春季和夏季为我国龙卷风多发季节。4～8月龙卷风个数占全年的91.7%，以午后到傍晚最为多见。不同地区出现龙卷风月份略有差异。我国大部分省份都有龙卷风的踪迹，龙卷风主要发生在我国东部平原地区。江苏、广东、湖北、安徽、湖南、山东、上海、江西、河南、浙江、黑龙江等省是我国发生龙卷风次数较多的地区，其中江苏和广东最多，年均龙卷风分别为4.8个和4.3个；湖北和安徽次之，均为2个。2022年6月16日～7月5日，20天内广东佛山、广州等地出现了10次龙卷风。1961～2010年50年间我国共记录到165次强龙卷，年均3.3次，强龙卷主要分布在江淮地区、两湖平原、华南地区、东北地区和华北地区东南部等平原地区，具有在某地频发的特征。强龙卷发生过程中多伴随有冰雹、暴雨等天气现象。165次强龙卷造成1772人死亡，3.1万人受伤。在满足了天气条件的情况下，平原地区是龙卷风相对高发区。我国龙卷风主要表现为西风带龙卷、台风龙卷、地形性龙卷三种类型。

· 云南偶有龙卷风

云南地处低纬高原地区，山区广袤，盆地面积少，虽不是我国龙卷风的频发区和重灾区，但仍会时有龙卷风的发生，造成局地性风灾。龙卷风易发生在平原和沿海地区，云南总体属山地地形，产生龙卷风是小概率事件，但云南有众多的湖泊、河流、水库和盆地，在适当的天气条件下，这些地区也会出现龙卷风。

通海杞麓湖夏季雨幡（解仕堂 摄）

龙卷风是低层大气中最强烈的一种涡旋现象，这种天气现象虽寿命短促，影响范围小，但因风力强，破坏性极大，有时伴随暴雨、雷电、冰雹出现，它的出现常造成较大的灾害，是破坏力最强的小尺度风暴。由于龙卷气流的旋转力很强，常将地面的水、尘土、泥沙挟卷而起，成为高大的柱体。龙卷风在云南尽管出现机会极少，但危害却是相当严重的。

云南历史上就有关于龙卷风的详细记载。明弘治十五年四月（阴历），嵩明“大风雨，城南有龙拔楼三楹入云”；明弘治十六年，昆明“贡院腾蛟起风，二坊额吹去十余里，山上麦移于山下”；明崇祯四年，石屏“龙见于异龙湖，须爪、鳞甲皆见”；清顺治十一年五月，省城“北山涌泉寺龙斗，坏僧舍山门及文殊寺”；清康熙四十七年八月，玉溪“黄龙见于官村”；清乾隆十六年七月十八日，下关马家邑“龙上天，拔起合抱夜合一株，揭屋瓦三间”；清乾隆二十九年，宁州（华宁）“龙马见于抚仙湖”；清咸丰三年五月十七日，云南县（祥云）“大风，俄阴云四合，龙斗于空，电光闪射，逾时海草、细鱼堕地无数”； 清咸丰九年秋七月十二日，云龙“涧水、沘江水涨巨浪，逆流中有黄、黑二龙斗，漂民房无数”；清光绪十一年六、七月间，呈贡

"大冲倪家营界内龙斗二次，果木拔起千余株，大冲草屋一连三间被风吹里许"。

云南气象先驱陈一得先生在20世纪40年代曾对龙卷风现象做过解释：龙卷乃一地偶成之强势小旋风，常生于雷雨云之下，形如漏斗，上部浓黑广大，下部灰白尖锥细长，涡动旋转至速。轴每斜垂，随云前进，尖端有时离地上升，又复下降，似物伸缩蠕动，经行数里，辄屈而上卷，收入云中，状类身尾蜿蜒。江、湖、池水被吸引旋动，升成水柱，上接云气管。或地面受热过度，骤起旋风，尘沙上腾如柱，日光反射，现呈各色，所谓白龙、黑龙、黄龙、金龙、龙马等，须爪、鳞甲皆见，无非远观，隐约仿佛想像构成。雨云边缘多裂，分股下垂，遂谓"十龙并见"。水沙上接云气，即谓"祥云拥护""彩霞绕护"。

中华人民共和国成立以来，我省在昆明、宣威、沾益、嵩明、大理、龙陵、姚安、通海、洱源、澄江等地均出现过龙卷风灾害。1966年11月26日22时10分，在沾益出现的龙卷风是云南最严重的一次，这次龙卷风直径约100米，高约300米，前后持续2分钟，受灾11个生产队，重灾9个生产队，死伤32人，损失粮食11541公斤。历史上在滇池、洱海、抚仙湖、星云湖、杞麓湖等地曾出现过"水龙卷"现象（龙吸水）。

受地形影响，云南龙卷风纪录非常罕见，公开报道的龙卷风事件极少。2021年5月31日16时25分，广南县城发生龙卷风天气，持续时间7分钟；2020年8月5日上午，大理洱海发生龙卷风天气，惊现"龙吸水"现象；2017年5月13日下午，勐海县勐混镇出现龙卷风天气；2007年9月3日16时，江川星云湖发生龙卷风天气，惊现"龙吸水"现象；2022年7月31日上午，昆明滇池草海出现"龙吸水"现象。这五次龙卷风天气是云南近年来有完整漏斗云影像资料的"目睹"龙卷风事件。另外，2010年2月3日16时，丽江古城四方街突遇龙卷风，部分店铺的广告牌被吹倒，树枝被吹断，行人被强风刮倒，所幸并未造成人员伤亡；2013年9月23日凌晨3点，保山市隆阳区水寨乡摆菜村遭受龙卷风袭击，导致林木2300立方米、包谷500亩、蚕桑700亩、房屋1间受到不同程度损坏，幸无人员伤亡；2016年3月23日18时20分，保山市昌宁县卡斯镇大水平境内，一场突如其来的龙卷风袭击了昌宁县顺禄果蔬专业合作社的蔬菜基地，造成基地办公区彩钢瓦房屋顶被卷走，蔬菜钢架大棚设施受损严重。

· 龙卷风的形成条件

龙卷风是局地微小尺度的强对流天气。强对流天气的成因主要是在大气层形成上层冷、下层暖的一个不稳定层结。随着春季向夏季的演变和推进，这样的条件容易达到。具体表现为低层南方暖湿气流加强，向北输送的暖湿空气带来大量的水汽和热量，同时，春夏之交太阳辐射能量较强，对地面升温，进而导致低空大气升温有利。暖湿气流的输送和太阳辐射的双重影响，使低层易形成一个高温高湿的下暖湿结构。高空的冷空气也具有一定的实力，尤其是高空槽带来的干冷空气，叠加在低层暖湿气流之上，就形成了上冷下暖的不稳定层结。这是强对流天气产生的根本原因。由于这样一个条件在大范围区域形成，一旦有北方冷空气南下，或者地形因素触发，就会激发对流发生，然后随着冷空气西南移的带动，自滇东北向滇西南等地就会出现强对流天气。

龙卷风生成前，大气往往很不稳定，常伴有黑黑的低云、积雨云，还有雷鸣和电闪，云系对流旺盛，气压明显降低，云的底部骚动特别厉害等。此外，冰凉的冷雨、大风、强雨和下冰雹都是龙卷风发生的征兆。研究表明，龙卷风出现的有利天气条件主要包括：①大气低层2千米以下有一层相当温暖潮湿的空气；②在此层以上的空气则比较干冷，使大气具有强烈的潜在不稳定性；③在这两层空气之间，有一个逆温层或比较稳定的层次；④有一个能促使空气抬升的天气系统靠近。除了强对流具备的条件外，还需要低空急流强，会使发生龙卷风的概率增加。

• 龙卷风的威力

龙卷风的生存时间一般只有几分钟，最长也不超过数十分钟到1小时。龙卷风经过的地方，常会发生拔起大树、掀翻车辆、摧毁建筑物等现象，有时把人吸走，危害十分严重。1971年，Fujita根据龙卷路径上建筑物的受损程度及其与风速的对应关系，将龙卷分为6个等级，从F0级到F5级，即“藤田级别”（F-Scale），此后藤田级别法得到广泛的应用。2007年，美国天气局对藤田级别进行了调整，新增了28种灾情指示物，如不同结构、不同建材、不同高度的建筑物，电线架，塔架，硬木，软木等，形成国际惯用的龙卷强度等级，即“增强藤田级别”（EF-Scale）。2019年，中国气象行业标准《龙卷强度等级》（QX/T478-2019）实施，将龙卷强度分为4个等级，选取的灾情指示物为建筑物类、构筑物类、树木类等。

为有效界定龙卷的强度，按藤田级数可分为EF0至EF5，共6个等级（由弱到强）。龙卷风生消迅速，常与雷暴、冰雹、暴雨等强对流天气系统相伴出现，可造成重大的人员伤亡和财产损失，实践中一般将EF2级以上龙卷称为强龙卷。我国龙卷风强度分为四个等级。一级龙卷风强度弱，近地面阵风风速最大值Vmax≤38米/秒，致灾程度为轻度；二级龙卷风强度为中，38米/秒＜Vmax≤49米/秒，致灾程度为中等；三级龙卷风强度为强，49米/秒＜Vmax≤74米/秒，致灾程度为严重；四级龙卷风强度为超强，Vmax＞74米/秒，致灾程度为毁灭性。中国龙卷强度等级与美国EF等级存在如下的对应关系：一级对应EF0及其以下；二级对应EF1；三级对应EF2、EF3；四级对应EF4、EF5。

• 龙卷风来了怎么办？

①野外躲避。如果龙卷风来临前，你正好在野外，那么这时遭遇了龙卷风，要快跑，不要乱跑，应与龙卷风前进路线垂直方向逃离，并迅速找一个低洼地方趴下；②远离大树、电线杆、简易房。因为龙卷风的破坏力大，会将大树连根拔起，将电线杆和简易房吹翻，严重威胁人的生命，所以龙卷风来临前，一定不要靠近这些物体；③要及时切断电源。如果你正在室内，或者工作单位，要及时切断电源，防止触电或者引起火灾；④躲到比较坚固的房屋中。务必远离门、窗和房屋的外围墙壁。躲到与龙卷风方向相反的墙壁或小房间内抱头蹲下。尽可能用厚外衣或毛毯将自己裹起，用以抵御可能四散飞溅的碎片。躲避龙卷风最安全的地方是地下室或半地下室；⑤选择东北方向的房间躲避。选择东北方向房间躲避，并采取面对墙壁，蹲下抱头的姿势；⑥远离建筑物。如果没有地下室，要跑出住宅，远离危险房屋和活动房屋；⑦远离汽车。当乘车遇到龙卷风时，应立即停车并下车到低洼地躲避，防止汽车被卷走，防止爆炸。

云南缘何干旱频发

20世纪90年代以来，我国西南地区成为严重干旱的高发区，无论是2006年的川渝百年大旱，还是2009～2010年西南地区的秋冬春三季连旱，都给人民生活和社会经济带来了巨大影响。云南旱灾表现出频次增高、范围扩大、持续时间延长、灾害损失加重等特点。特别是2000年以后，几乎每年均会发生不同程度的旱情。2009～2013年云南发生了1951年有气象观测资料以来最为严重的四年连旱，其间2010年还发生了百年一遇的特大干旱，受旱程度之深、受旱范围之广、持续时间之长历史罕见。2019年春夏之交，云南又发生了严重的骤发性干旱。

· 逊色的云南高温

云南地处低纬度的高原山区，气温较平原地区要低得多。云南大部地区四季如春，阳光明媚，很少会出现超过30℃的高温天气。由于云南处于全球著名的亚洲季风区，干湿季分明，11月～次年4月为干季，5～10月为雨季，其中5月是干季转雨季的关键季节，云南地理位置相对偏西，夏季很少会出现持续受西太平洋副热带高压直接控制的闷热天气，同时由于雨日多和云层的阻挡作用，云南的日最高气温不像长江流域和江南一带出现在盛夏时节，而是出现在干季春末夏初的4～5月之间。云南除元江、元阳、河口、景洪、元谋、东川、巧家、富宁、盐津、绥江等低热河谷地区，会出现日最高气温达35℃甚至40℃的高温天气外，大部地区很少会出现高于30℃的高温天气。据统计，昆明一年中大于30℃的高温天气多年平均仅有1.3天。所以，云南的“高温”是相对而言的，它比江南、华南、南亚和中南半岛的高温要逊色得多，有“小巫见大巫”之感。

· 4 次典型的三季连旱

1. 1998年9月1日～1999年4月20日秋冬春三季连旱。由于云南持续受高空干暖的平直西风气流控制，全省气温持续偏高到特高，出现了有气象记录以来的强暖冬和暖春天气，秋冬春三季连旱严重。大部地区自1999年1月11日大雪天气后100余天降水特少，较常年同期偏少8到9成，有的地方滴雨未降或仅有微弱的无效降雨，全省受旱面积达40.5万公顷，是自1951年有气象记录以来波及面广、影响最大的一次干旱灾害。昆明1月12日～4月21日降雨量仅有2毫米，不足常年同期降雨量的4%，历史上实属罕见。2～3月全省月平均气温纷纷突破历史极值，进入4月，高温干燥天气进一步加剧。4月上旬昆明气温19.1℃，较常年偏高4.4℃，4月中旬气温高达21.4℃，较常年偏高5.7℃，分别达历史最高值，比最热的1994年同期偏高0.9℃和2.2℃。昆明4月最高气温平均为28℃，较常年偏高3.3℃，其中4月14日达到30.4℃的极端最高气温，与1958年4月25日、1994年4月10日、1996年4月17日并列昆明4月的历史极端最高气温。而元江在4月13日则达到40.6℃的高温。可见，全省大部地区4月极端最高气温已与历史极值持平，而平均最高气温和日平均最高气温则远高于历史极值。

干渴的土地与黑颈鹤（杨家康 摄）

2. 2009年9月22日～2010年4月22日严重秋冬春连旱。云南区域性干旱过程中强度排名第一的旱灾，为2009年秋季至2010年春季持续213天的严重秋冬春三季连旱。从降水情况看，2009年9月22日～2010年4月22日，云南区域平均降水量仅为141.7毫米，较常年同期偏少49%，为历史同期最少。期间云南中东部大部地区降水量较常年同期偏少5～9成，其中，2009年秋季是云南有资料记录以来降水偏少最明显的秋季，全省平均降水比历年同期偏少50%以上。而2009～2010年的冬季降水距平百分率超过-40%以上，其中2009年12月和2010年1月的降水距平百分率均超过-60%。此次干旱为云南有记录以来最严重的干旱，严重干旱导致云南大部分地区人畜饮水持续困难，江河湖库水位下降，特色经济作物林果受灾严重，夏收粮油作物大量减产，春播生产受到极大影响，同时造成森林火灾频发，部分商品价格上涨。

3. 1969年2月1日～6月20日严重冬春夏连旱。1969年2～6月的云南区域性干旱过程强度历史排名第二，过程持续140天。从降水情况看，1969年2月1日～6月20日，云南区域平均降水量205.3毫米，较常年同期偏少48%，为仅少于2019年同期的历史次少年。空间分布上看，期间云南大部降水量均较常年同期偏少2成以上，中部和东南部地区偏少5～9成。此次干旱过程期间，金沙江、澜沧江、元江等江河水位严重下降。不少地区中小河溪断流、坝塘无水，小春播种推迟，缺苗严重，大量水旱作物被晒死，造成夏收作物减产。

4. 1978年11月1日～1979年6月18日秋冬春夏连旱。1978年11月1日～1979年6月18日的云南区域性干旱过程强度历史排名第三，过程持续230天，是云南历史持续时间最长的干旱过程。从降水情况看，1978年11月1日～1979年6月18日，云南区域平均降水量203.9毫米，较常年同期偏少43%，为仅少于1968/1969年同期的历史次少年。从空间分布上看，云南大部降水量均较常年同期偏少2成以上，中部地区偏少5至9成。此次干旱过程，云南大部分县市雨水稀少，出现罕见的四季连旱，发生饮水困难，粮食和经济作物大面积减产。

干季的丽江牦牛坪（段玮 摄）

· 云南干旱频发的成因

云南位于青藏高原东南缘，地形地貌复杂，海拔落差大。夏半年盛行西南季风和东亚季风，冬半年受西风带大陆气团影响，属亚热带高原季风气候类型。由于受季风环流、地形等的影响，降水季节性差异大，干湿季分明。原本云南湿季为降水充足、降水时空分布不均匀，但随着气候变暖的加剧，干季与湿季的差异性更加明显，云南地区遭受极端降水和极端干旱事件的风险增大。在全球变暖大背景下，云南降水特征也在悄悄发生了改变。特别是2000年以后，连续降水3天及以上的过程显著减少，而降水持续天数只有1天或者2天的过程增加，这说明降水变得越来越分散了。就好比一串珍珠项链，原来是几颗珍珠集中地串在一起，现在变成了一颗一颗分散开了。原本持续性的降水过程，变成了下两天停几天，导致干燥天气得不到彻底缓解，再加上降水总量减少，导致了干旱事件频发。

从气候角度来看，我国季风气候显著，主要特征为冬夏季盛行风向有明显的变化，随着季风的进退，降水有显著的季节变化。云南地区夏季受到东南与西南季风的同时影响大，冬季受到青藏高原分支气流的控制，加上地形复杂，使该地区气候稳定性较差，出现干旱的几率相对较大。云南地区处于亚热带季风气候区，干湿分明，雨季走得早，在雨季之后，气温仍然偏高，空气的饱和度下降，蒸发加强，温度持续升高，空气干燥，导致旱情加剧。此外，高温少雨是云南地区出现干旱的最直接原因。全球气候变暖、厄尔尼诺现象等破坏了大气结构，造成海洋上的季风无法登陆形成降水。大气环流异常，海陆相互作用导致降水量偏少，蒸发加剧，从而导致干旱的发生。

从大气环流看，入冬以后，南支槽偏弱，来自印度洋的西南暖湿气流偏弱，引发水汽供应不足。加之近年来厄尔尼诺现象的频繁出现，云南更容易出现干旱现象。冬季虽然冷空气活跃，但因秦岭、乌蒙山等的阻挡作用，对滇中及以西地区影响有限。人类活动在很大程度上增加了云南春夏持续降水匮乏的可能性。在气候变暖背景下，类似春夏连旱事件的发生概率增加了6倍。有关研究团队利用极端事件归因系统以及第六次气候模式比较计划（CMIP6）的多模式资料，结合均一化降水资料，定量评估了人类活动引起的气候变化对云南干旱事件发生概率的影响。模拟结果表明，人类活动极大地增加了云南发生春夏连旱的可能性。2019年，云南及川西降水匮乏与该地区500百帕异常的高压中心有关，该高压中心形成与海陆温差减小相关，而海陆温差减小的重要原因，则是人类活动排放气溶胶带来的冷却效应。

· 云南干旱频发的新认识

云南是我国水资源最为丰富的地区，但却干旱频发，这是云南极具区域特色的气候禀赋，它是由云南特殊的地理位置和季节性大气环流特殊配置决定的。云南地处海拔4000米的青藏高原东南侧地区，大部地区属低纬高原，海拔1000~2000米，气候上属典型的亚热带高原季风型气候。

无论什么季节，云南与同纬度同经度的相邻地区比，都是降水偏少的地区。首先，低纬高原导致云南上空气柱较短，这一条件限制了上空大气可降水量比周边地区明显偏少。其次，虽然大气中的水汽主要集中在3000米以下，来自南亚的南方水汽在全年都很难爬上海拔4000米的青藏高原向北输送，气流只能翻越云南所处的低纬高原携带水汽向东向北输送，因此云南也被称为“西南水汽关键区”。但是在云南以西，气流被青藏高原高耸南坡约束，在云南上空青藏高原南坡约束消失，转变为发散状态，云南上空环流处于辐散状态，辐散不是降水的有利条件而是抑制条件。这两个条件在常年都存在，只是在季风季（夏季风季），云南共同受水汽丰沛的南亚季风和东亚季风影响，虽然比周边地区降水量少，但只要有适合的冷暖气团交绥或气流波动影响，极易形成降水。因此，云南在季风季并不缺雨少水。

一般来说，云南干旱其实特指非季风季的季节性干旱，主要发生秋、冬、春三季。在非季风季（冬半年），不利于云南降水发生的条件会进一步加剧。第一，北半球非季风季大气可降水量明显减少，在低纬高原更为明显；第二，在非季风季强盛的南支西风控制下，云南上空为单一的偏西风控制，上空辐散形势呈季节性的加强；第三，降水需要南北的冷暖气团共同作用，这一时段北方冷空气南下至低纬地区，通常已是强弩之末，很难克服低纬高原东坡阻碍，与南支西风在云南上空共同促成降水。这些因素的叠加，是云南干旱频发的关键原因。此外，近年来的研究发现，在云南地区的南亚季风和东亚季风的控制期，都呈缩短的气候变化趋势，尤其是季风撤退期提前更为明显，这实质上就是云南干季在增长，使得秋–冬–春连旱的态势更容易发生。

第九章

Chapter

9 往事钩沉

气象史迹，源远流长，峥嵘岁月，筚路蓝缕。边疆风雨绘就了一幅波澜壮阔的历史画卷，先辈遗风，山高水长。随着时光流逝，总有一些憾事被湮没而成为过眼烟云。抚今思昔，事业留痕，是为了更好地激励后人，繁荣昌盛。

明代流放状元杨慎的气象情缘

云南地处低纬高原，舒适宜人的气候、诗画般的自然风光、多姿多彩的民族风情，令其成为中国乃至世界著名的旅游胜地。由于史上远离中原统治中心，鲜有各个朝代的文人骚客到此游历，留下诗文墨迹，致使这里的奇山异水长期以来静掩深闺，不被世人所识。直到明代，开科取士之风渐盛，这片土地才越来越引起世人的关注。明代状元杨慎及旅行家徐霞客无疑在揭去云南山水的神秘面纱，向世人展现其靓丽风姿上贡献最大。也许有人不知道杨慎是何方大咖，那么，就先听一首歌吧："滚滚长江东逝水，浪花陶尽英雄。是非成败转头空。青山依旧在，几度夕阳红。白发渔樵江渚上，惯看秋月春风。一壶浊酒喜相逢。古今多少事，都付笑谈中。"歌词就是明代状元杨慎写的《临江仙·滚滚长江东逝水》，是杨慎所作《廿一史弹词》第三段《说秦汉临江仙》的开场词，后清初文学批评家毛宗岗父子评判《三国演义》时将其放在卷首，电视剧《三国演义》将其作为主题歌歌词。

· 流放状元杨慎跌宕起伏的一生

杨慎（1488～1559年），明代著名文学家、思想家、书法家，字用修，号升庵，又号博南山人、滇南戍史，四川新都人。他生于四代七进士的官宦之家，东阁大学士杨廷和之子，与解缙、徐渭并称明代三大才子。明正德六年（1511年）殿试第一，考中状元，赐进士及第，授翰林院修撰，仕至经筵讲官。明嘉靖三年（1524年）因谏议"大礼仪"事件遭廷杖消籍，远戍云南永昌卫（今云南保山市），流放终生，居云南30余年，72岁卒于昆明高峣。

《明史·杨慎传》称："明世记诵之博，考据之精，著作之富，推慎为第一。"杨慎一生著述等身，影响深远。其诗沉酣六朝，揽采晚唐，创为渊博靡丽之词，造诣深厚，独立于当时风气之外；遗留著作达400余种，后人辑为《升庵集》《南昭野史》等；在滇35年间，设馆讲学、游历考察、研究云南历史文化，写下了《滇载记》《滇程记》《滇候记》《云南山川志》等多部传扬云南历史文化、山水风光的著作和诗词。杨慎堪称中国历史上传扬云南的第一人。

杨慎的一生大起大落，24岁中状元，37岁被贬云南。前半生名播海内辉煌无限，后半生漂泊南荒踪迹不明，这样跌宕起伏的人生让后世的人们每每为之唏嘘不已。杨升庵一生总是在相信、在等待、在希望……然而，从嘉靖皇帝决心把他“永远充军烟瘴”的那天开始，杨升庵的希望就化为了失望，化为了绝望！纵观杨慎悲欢离合的一生，贬戍云南，对他的仕途、家庭、生活、感情来说无疑是一个悲剧，但对于他的文学创作来说，却堪称幸事。如果没有流放岁月中的闲暇，没有南疆风光的熏陶，没有远离官场是非的自在，没有经历人生浮沉、生离死别的体验，杨慎也许会是明代的一个显赫高官，但却很难成为文学史上的一代大家。杨慎谪戍云南，既是国家不幸诗家幸，更是朝廷不幸云南幸。杨慎在意外、彷徨中与云南结缘，被多姿多彩的滇云山水所吸引，对山川景物从陌生到熟悉再到热爱，云南从此多了一位业余的兼职“气象学家”和“地理学家”。

· 杨慎诗词中的云南气候

杨慎谪滇35年，祖国西南边陲的奇美风光和边疆风物被他一一摄入笔下，谱写成诗词佳作，流传后人。嘉靖三年（1524年），杨慎经湘西入贵州到云南，这是他首次入滇，也是他第一次领略云贵高原的奇山异水。《滇候记序》：“千里不同风，百里不共雷。日月之阴，径寸而移，雨旸之地，隔垄而分，兹其细也……感其异候有殊中土，辄籍而记之。”《滇程记》：“入滇境多海风，蜚大屋，人骑辟易。贵之雨，云之风，天地之偏气也……西望则山平天豁，还观则箐雾瘴云。”描绘了滇黔两省交界处——云南富源胜境关（滇南胜境坊）一带的气候差异：云南多风，贵州多雨。按现代气候学讲，杨状元身临其境体验了一次穿越“昆明准静止锋”，感悟了以天为界、以雨为界、以地为界的奇特景观。

在云南众多的旅游资源中，最为吸引游客的当属终年舒适宜人的气候。杨慎谪滇后足迹踏遍了大半个云南，昆明、大理、保山、建水等地气候温润，迥异于北方，既消解了状元的思乡之愁，也激发了其创作热情。《滇海曲》十二首联章诗就是杨升庵献给滇池、献给云南、献给中国诗苑的经典诗篇，其名扬天下的著名诗句是“蘋香波暖泛云津，渔枻樵歌曲水滨。天气常如二三月，花枝不断四时春”。特别是“天气常如二三月，花枝不断四时春”14个字写绝了昆明，成为家喻户晓的千古名句，它真实地反映了昆明的天气气候特征，是杨慎留给昆明最美的“广告词”，闻名遐迩，也是杨慎留给云南人民最珍贵的文化遗产之一。

杨慎诗词中不乏对云南节气与物候的精彩描写，他以《渔家傲·滇南月节词》连填12首“滇南月节”，每首62字，现仅将每首词的前两句缩略辑录如下：

正月滇南春色早，山茶树树齐开了；
二月滇南春嬿婉，美人来去春江暖；
三月滇南游赏竞，牡丹芍药晨妆靓；
四月滇南春迤逦，盈盈楼上新妆洗；
五月滇南烟景别，清凉国里无烦热；
六月滇南波漾渚，水云乡里无烦暑；
七月滇南秋已透，碧鸡金马山新瘦；
八月滇南秋可爱，红芳碧树花仍在；

九月滇南篱菊秀，银霜玉露香盈手；
十月滇南栖暖屋，明窗巧钉迎东旭；
冬月滇南云护野，曹溪寺里梅开也；
腊月滇南娱岁晏，家家玉饵雕盘荐。

在杨慎这组词里，滇云之地“月月有佳节、处处有美景、时时有乐事”，浓墨重彩地描写了一年之中不同月份的滇南美景。“滇南”泛指现在的滇中一带，即昆明及大理附近。用这么优美的诗词来记录云南的气候及物候特征，很押韵，读来朗朗上口，诗与自然之美尽在不言中，是词史上最集中表现和咏赞云南风光的佳作之一。杨慎在短短十二阕的《滇南月节词》中一共用了9个春字，3个秋字来描绘昆明的气候，却无一个“冬”字和“夏”字，这当然不是杨升俺的疏忽，而是昆明气候的真实写照。昆明春自何始？状元答道：“屠苏已识春风面”。腊月，北国还是千里冰封、万里雪飘，昆明则是高原春来早，春意盎然。在北方和江南处于挥汗如雨、酷暑烦热的六月时，昆明却是“水云乡里无烦暑”，凉爽自在。而秋天，虽短却有春不及处，升庵谓之“春莫赛，秋可爱，红芳碧树花仍在”。可见，杨慎笔下的昆明气候是四时如春似秋的气候。在全国其他地方春天来也匆匆去也匆匆的时候，云南的春天是不会轻易流失的。近年来，越来越多的游客选择到云南避寒避暑，“春风先到彩云南”“花开四季春长驻”是其主要的原因。

丽江万寿菊花海（金振辉 摄）

云南地处低纬高原，高山峡谷密布，气候呈现“四季如春”的同时，也有“东边下雨西边晒”和“一山分四季，十里不同天”的立体气候特征。“东寺云生西寺雨，水椿断处余霞补”（《滇南月节词》）；“东浦彩虹悬水桩，西山白雨点寒江”（《滇海竹枝词》）；“长湖射雨万镞雄，屋角挂龙池饮虹”（《高峣积雨始晴》）等诗句便是形象化的描绘。《海风行》则描写了大理的风：“苍山峡束沧江口，天梁中断晴雷吼。中有不断之长风，冲破动林沙石走。咫尺颠崖迴不分，征马长嘶客低首”。杨慎曾描绘过云南冬天不太冷，但早晚有点凉的气温日变化特征："南中异节候，北陆戒裘炉。夜冻玉朴遨，朝寒金毕逋。可念无衣客，谁徵褰与襦"。描述多变的天气则有"南滇六月朱夏凉，叠叠云岚浮晓光。林花含笑远天静，江草唤愁终日长""帝释山头晕满溪，东庵飞雨西庵泥"。书写美丽彩云有"未若玉局云，含景当火龙。逶迤五百里，皎镜分众容""落日迴船好，明霞隐树微。山烟晴幂幂，江雾晚依依""云砌鱼鳞浪，霞烘玛瑙天。窗秋开远岫，阁霁俯平川"。见到难得的雾凇奇观，杨慎感叹道："怪得天鸡误晓光，青腰玉女试银妆。琼敷缀叶齐如剪，瑞树开花冷不香"。

杨慎还发现了云南海拔高、空气透明洁净、冬春干燥、夏无梅雨等气候特征，在《悠然序》中有"萧萧者东篱，峨峨者南山，山色无远近，如在咫尺间"的诗句。在《群公四六序》中又有"滇云偏在万里，其地高燥，无梅雨之润，绝蟫蠹之缺，故藏书亦可久焉"的记述。当然，云南偶尔也会有降雪的时候。杨慎在《风入松・途中遇雪》中为我们描绘了云南的另一类气候风光："梦回灯烬旅衾单，鸡唱五更寒。一夜里、雪花飞遍，晓来时、千里漫漫。野色遥连玉树，清光炯映银鞍""君不见雪山玉立天西头，使君新起迎仙楼。粉霞垩翠天尺五，恍如方壶与瀛洲"（《雪山歌》）。杨慎不仅用词人的眼光感知云南气候，还善于挖掘整理民间天气谚语，如"朝霞不出市，暮霞走千里；日早雨淋脑，日晏雁晒翅；云起楼梯天，日没燕脂紫；电光分南北，阴霁在俄晷；昕夕恒目击，雨晹如掌指"（《补范石湖占阴晴谚谣》）。

・ 杨慎诗词中的云南山水

云南是我国一个多湖多山的省份。对于滇池，杨慎赞其："昆明池水三百里，汀花海藻十洲连""滇池别号仰天池，毓秀钟灵亦自奇""滇海风多不起沙，汀洲新绿遍天涯。采芳亦有江南意，十里春波远泛花"。而对于濒临滇池的西山，杨慎叹其："苍崖万丈，绿水千寻，月印澄波，云横绝顶，滇中一佳境也"。面对大理苍山之美，杨慎咏道："苍山嵯峨十九峰，暮霭朝岚如白虹""月出五天空，苍海玉镜中""云气开成银世界，天工斫出点苍山"。在滇西和滇中，杨慎也不吝把溢美之词呈现给大理洱海和澄江抚仙湖这两个更为清澈美丽的高原湖泊："好风雨日相迎送，渺渺碧波平。玉几云凭，金梭烟织，宝刹霞明。邀散神仙，寻闲洲岛，上小蓬瀛。海流东逝，海天南望，海月西生"（《人月圆・泛大理海子》）。"通海江川湖水清，与君连日镜中行。孤山一点横烟小，何羡霞标挂赤城""澄江色似碧醍醐，万倾烟波际绿芜。只少楼台相掩映，天然图画胜西湖"（《游江川之澄江》）。杨慎在游览云南好山好水的旅途中，留下了许多韵味悠长的优美诗篇，留给后世的读者慢慢品味和体会。

本文发表于《气象知识》2019年第5期

清末一位法国外交官的旅滇气象纪事

奥古斯特·弗朗索瓦（Auguste Francois，1857～1935年），中文名字方苏雅。清末法国驻中国龙州、云南府（昆明）领事，法国摄影家。1857年8月生于法国洛林地区一个殷实的呢绒商人家庭。1880年进入法国外交部。1893年任法国外交部私人秘书。1895年任法国驻中国广西龙州领事。1899年12月任驻中国云南府（昆明）名誉总领事兼法国驻云南铁路委员会代表。1900年3月兼任法国驻云南蒙自领事。1903年9月兼任法国驻云南省代表。1904年任满回国，1935年7月病逝。

· 方苏雅的业余爱好

1899年10月，年仅42岁的法国人方苏雅，带着7部相机和大量玻璃干片（1885年才问世），历时11个月后终于抵达了当时的云南府城昆明，开始了他对这座城市巨细无遗的注视。在此后的将近5年时间里，他阅尽了这里的山川湖泊、城镇乡村、街道建筑、寺庙道观，也包括上至总督巡抚下至贩夫走卒、乞丐犯人的各色人等，以及发生在云南的重大事件和百姓生活。而且，更重要的是他还将目光所及的一切，尽量地凝固在了他拍下的照片里。他当时可能不会想到，这些照片百年后将成为亚洲最早、最完整地记录一个国家、一个地区社会概貌的纪实性图片。

1899年12月15日，方苏雅任驻云南府名誉总领事兼法国驻云南铁路委员会代表。他喜欢摄影、游历、考察，曾游历贵州安顺、贵阳及滇南多地，并涉足险峻难行的茶马古道，还由昆明经楚雄，从元谋沿金沙江而上，进入大小凉山，穿泸定桥至康定，再至川藏交界处，拍摄了沿途见闻、当地的彝族和藏族以及人背马驮茶叶、马帮等的照片，并写下了大批日记。他游历中国西南时，准备了12只箩筐来运玻璃底片，还要用油纸粘上牛血来包装，以防雨淋湿。旅途中，他总是随身带着地理工具，如六分仪、圆规、气压计、指南针。遇上崎岖的道路，他认真作文字记录，并在纸上画路线图。他认为画图、绘地形、拍照三者互不妨碍，且还相得益彰。路途中的各种景物和趣闻，方苏雅都一一进行了分类拍摄，给后人留下了清末中国西南，尤其是云南的大量实景照片，还原了历史和社会的真实面目。

丘北普者黑风光（郭荣芬 摄）

· 精彩难忘的晚清纪事

1997年末，一批拍摄于1896～1904年的有关中国及云南昆明的历史老照片，在遥远的法国尘封近一个世纪后，被起运回国并在昆明公开展览。于是，这批老照片的作者，法国驻大清国云南总领事方苏雅（奥古斯特·弗朗索瓦），在他去世并沉寂60多年后，这个陌生的名字一夜之间在昆明、在云南、在中国悄然走红，成为媒体关注和市民谈论的一个有趣话题。

1999年初夏，云南美术出版社和云南国际文化交流中心派出专家前往法国，按照国际惯例购买方苏雅等人在中国拍摄的百年老照片时，竟意外地发现了一本由方苏雅的侄子，时任奥古斯特·弗朗索瓦协会秘书长的皮埃尔·赛杜先生根据方苏雅写于1886～1904年的日记、信札整理，并由法国卡尔曼出版公司出版的图书，法文为Le mandarin Blane（中文直译为《白皮肤洋大人》）。经与出版公司和赛杜先生协商，购买了该书在中国的首次出版权，译成中文版时取名为《晚清纪事：一个法国外交官的手记（1886～1904）》（云南美术出版社，2001年）。

1896～1904年，方苏雅被法国外交部派往中国，先后担任法国驻中国广西龙州领事和云南省总领事。该书就是方苏雅在中国和法属越南任职时写下的日记、信札，内容多为路途见闻、官场应酬、公务处理、日常生活、风土人情等。西方和东方巨大的文化差异和地缘地理的差异，无疑使他感到格外新奇、格外刺激。一些在欧洲大陆闻所未闻、见所未见的事，被他以笔记为载体记录下来，格外地丰富多彩。此书分为“印度之那之忆”和“中国之忆”两部分，写作年代为1886～1904年之间。书中涉及政治、经济、军事、地理等不同领域，其中不乏一些气象观测与天气现象描述的内容，可视为云南近代定量化气象观测的早期雏形代表。

· 方苏雅日记中的气象情缘

方苏雅于1898年11月底从广州出发，第二年10月初到达云南府（昆明）。1899年1月1日（阴历十二月九日），他在离开广西梧州府赴云南府的行船上给朋友的书信中写到：我的客厅舱面积约为15平方米，船中间的高度为1.9米。它镶嵌有玻璃，自然可以看见河岸。船舱内完全被一张桌子占据，桌子上摆有各种各样的东西，有螺丝刀、开瓶塞器、也有精致器皿，各式的鹅毛笔，各色墨水，各种规格的纸张。我们现在挂起来的东西有：7架照相机，4只手枪，3条猎袋，3本中国黄历。在这船板上，还能见到三只时计，一只晴雨表，一只湿度计，五只罗盘，一只照准仪，一架望远镜。那一百五十本中、英、德语或法语的旧书，构成了我们在中国旅游的全部书库，其中有介绍用稻草填塞鸟体做标本的艺术，也有地图出版局的出版物。

1899年5月25日在贵州庆远府写到：我们组成一只商队，我有56只筐，博韦有18只，还没计算放在官轿中的仪器。这顶官轿今后将成为不可侵犯的标记。在这种条件下旅行，有点像搬家一样，每件东西都拿在手上。就这样，我们要带着这些装备走过一程又一程。我们前面有20或25个路段，我们无疑会经历炎热的气候，届时在树荫下和在阴凉处，温度都会高达30℃至35℃，即使在夜里，也不低于27℃。

1899年7月10日在贵州贵阳府写到：中国有句著名的俗话：广西的太阳贵州的雨，云南的风刀无可比。我熬过了广西的烈日，正经历着贵州雨的洗礼，还将应对云南的风刀。但是现在，我得向你讲讲贵州的雨，那也的确太多了。酝酿着大雨的天空，将水吸上天的太阳，扬起雨珠像铅弹一样砸在你的头上。这种横穿的旅程之漫长，有如从法国到中国一般，行走于岩石的坑洼之中，要经受红海般的高温。进入至山谷底时，凛冽的山风又迎面扑来。每过一道山褶，便要经历一次冷热的交替。在广西的炽阳下，如遭炙烤，在强风劲吹下，如受速冻。那是帕米尔吹来的强风，横扫云南全境。人体可怜的骨骼很难适应这劲风的狂吹。对这种风，只能臣服。

1899年9月28日在即将进入云南府（昆明）写到：哇！到头了！仅剩几公里啦。自从离开贵阳后，路上已经走了39天，其中有34天在雨中。我在东京（越南河内）和广西也从来没有过这种天气。我准备进入云南首府，我的确为此事感到激动。

在介绍云南府的通信中写到：今天我不会给你描绘一个多姿多彩的云南首府，对我说来，它仍沉睡在浓雾之中。在我风雨兼程、紧赶慢赶，经过了三十多个日日夜夜，终于抵达目的地后，我头几个礼拜的日子只是在出神地观看这滂沱大雨：我敢说，这样的鬼天气绝不会是去逛这座城市的好日子。这是一座人口近8万的城市，筑有城墙，差不多呈正方形，每边长约一公里。四个城门的上方都有一个五层高，每层都盖有瓦片的木质门楼。这是迄今为止我所见到的最为宏伟的城门，较之于我在别的省份见到的城门更为壮观。方城的三面，城墙外便是郊区农田，最重要的南门方向有条商业大道延伸一公里多长，通往蒙自和东京（越南河内）。

在介绍云南府领事衙门的通信中写到：我能够在自己的家庭生活中不需要中国方面提供帮助，而且我过得非常幸福。在这个私人领域，我安排了一张床铺和一张写字台，它们占了整整一幢非常中国式的楼阁，然而我却把它尽量地予以欧化。有一楼阁是我的气象研究室，还有一楼阁是我的化学实验室等等。这四个楼阁围着一个摆满盆盆钵钵的院子，这是我的中国花园。1903年11月的一个阳光明媚的下午，光线清朗与温度适宜，与我国（法国）南部最美好的气候相似。当我正在小花园照顾我的鲜花时，我意外地接待了高统领的来访。

丽江黑龙潭风光（段玮 摄）

在方苏雅首次离开云南府返回越南，后又再次回到云南途经滇南蒙自一带时写到：在那儿，云南美丽无云的冬日天空便结束了。在东京河（红河）上方，在这巨大的高山屏障后面，一直笼罩着一层永不消失的浓雾，这是（云贵）高原地区的人们惧怕的地方，没有人过蒙自时不是心惊胆颤的。马帮在那里都得卸掉他们的货物，交给当地人，再由当地土人把货运至河边，送到蛮耗。而当地那些人只把货运到河边，并于当天赶回山里，不让他们的牲口喝红河水。晴朗的天空，永别了。悬崖的另一边，下着东京（越南河内）这个季节常下的毛毛细雨。对此我并不陌生，而且我还为回到它的身边而感到高兴呢……我准备上路了。明天，我将沿着令人气喘嘘嘘的红河上行，随后再到达霜冻的山顶。随后，就到云南省了。

1904年5月23日，在离开云南府的途中写到：30华里处，金沙江村高高地镇住了“大河”与扬子江交汇点。其名源自那儿的杨子江内含有金沙。这座中心般的村庄有50来间房屋，坐落在卵石累累的小岗上。那儿气温酷热，从8点起，我那只放在皮囊里的温度计已经高逾45℃。

1904年5月28日，在“再见了，云南府”的日记中写到：我跑遍的地方数也数不清，我走过名川大地。我的步履踏遍8000公里的山山水水，甚至走过权且称作道路的地方。我看到的东西已经没有更多的陌生。在离开中国的时候，我冲动地走上这广袤的土地，要在这巨大的国家中再绕行一圈。云南，就像俯瞰着整个法兰西的比利牛斯山一般，气候无雪，有好些小平坝或湖泊盆地，但其海拔颇高，最低处也达1500米。现在，云南渐渐在我身后消失。走出杨子江广阔的流域之后，如今踏上400公里的高原山路，道路蜿蜒于3000米左右的高山之间，山峰光秃。走出黔藏走廊，我还要攀登上行，经过4000多米高的山口后，才踏上进入西藏的第一级台阶。再往内行，便是骇然的高峰，其中要数干城章嘉峰、珠穆朗玛峰，更远的还有高高的帕米尔。

方苏雅的外交及旅途足迹遍及越南、中国华南及西南诸省，在2次往返赴云南任职途中和到达云南府（昆明）后，除外交公务活动外，坚持进行气象观测，获取了沿途及昆明地区重要的气象情报，也为云南带来了近代气象观测仪器及气象学、地理学知识。2006年2月，旅法云南人王益群女士向云南省气象档案馆提供了一份由法国驻滇总领事方苏雅等人整理的昆明气象资料，记载了昆明1899～1903年的月平均气温、最低最高气温等记录，从另一方面也佐证了方苏雅日志记录的真实性和可靠性。

日志摘自《晚清纪事：一个法国外交官的手记（1886—1904）》

近代学人诠释的云南气候

云南地处极边，属低纬高原，气候复杂多样。近代以来，西学东渐，云南气候倍受滇籍学者的青睐，同时也引起了外界学人的关注和兴趣。民国时期是云南地方志由传统向现代转型的一个重要时期，由于西方进化论史观和日本新史学理论的传播，云南许多有识之士将近代史学观念和自然科学的方法引入地方志编纂。民国时期，云南省政府组织编纂了两部大型省志——《新纂云南通志》和《续云南通志长编》，分别记述了古代至宣统三年（1911年）、民国元年（1912年）至民国三十六年（1947年）期间，云南发生的若干重要史迹。

《新纂云南通志》和《续云南通志长编》在科学性、实用性方面，较之明清以来的传统地方志大为增强。《新纂云南通志》设天文、气象两考。民国二十年（1931年），云南气象先驱陈一得先生受聘为“云南通志馆”馆员（分纂员），参与了云南近代两部省志的编纂工作，内容涉及气象、天文、物候等，是论述云南气候的经典之作。

· 云南气候概述

1919年，陈一得在《昭通等八县图说》中首次记述了云南滇东北8县的区域气候：昭通、鲁甸二县，地当云岭之北，系一狭长极高之平原，故气候较寒，隆冬时，寒暑表常降至冰点下。又因北面金沙江及大关河谷深下，故多朔风，而雨雪随至。永善、大关、镇雄三县，地踞山腰一带，高低略等，然因方向之异故，永善最寒，大关次之，镇雄较温和。至彝良、盐津、绥江三县，地滨河岸，气候较热，夏日人不胜衣，汗出如洗。是此八县，气候含寒、温、热三带之性质矣。

云南科学的气候区划最早始见于1929年中国气象学奠基人之一的竺可桢先生。他在印度尼西亚万隆召开的“第四届泛太平洋科学会议”上宣读的论文“Climatic Provinces of China”（中国气候区域论），首次将中国分为8个气候区，并单独提出了“云南高原类”的分区：此区有自1000米至3000米之高度，具有热带之改良气候。全年平均温度14～18℃，全年较差数仅12～15℃。全年雨量常超过750毫米。

1935年，竺可桢在《中国气候概论》中写到：高度对于温度之影响，不亚雨量。而云南高原，高度达2000米，其气候以温和著称。青藏高原较云南犹高2000米，巍然高耸，为季风即气压更迭之影响所不及，近于寒带气候……云南高原昆明诸地无夏季，但春季或秋季则达8月之久。

1935年前后，陈一得负责《新纂云南通志·气象考》的编撰，谈到：云南地跨温、热两带，山脉横断，岭高谷深，河流分注，气象有与他省不同者，气候尤为复杂。西南、东南沿边，地形低洼，著名烟瘴。西北境连康藏，崇山耸峙雪线，候又同于寒带。三迤高原绵亘，拔出海面一千五百公尺以上，气候夙号温和，各地常有“四季无寒暑，一雨便成冬”之谚。盖民风淳薄，文化之兴衰，胥有极切之系，而生产建设、交通卫生等与有关焉。

陈一得在《新纂云南通志·气象考》中又写道：云南地势，高度平均出海面二千公尺以上。西北连接西康、西藏、青海、新疆、帕米尔高原，居长江、珠江、澜沧江、怒江、红河等流域之上游。河谷深狭，山脉近承昆仑，喜马拉雅山横断耸立，形成太平洋台风之屏障，印度洋季风之要道，北冰洋朔风之尾闾。故全省气候寒热不齐，中多和暖善地。沿江低处，炎热异常，夙多瘴疠。近代森林辟少，人口增多，各地气候显有变迁，精密研稽，尚需实测。兹就志载气候概况，可大别之为温和、微热、微寒、大热、大寒五级。……实则一县之间，地低偏热，地高偏寒，各有不同，如高黎贡山山麓与山顶，气候悬殊，固不可以概论也。

陈一得在《新纂云南通志·气象考·云南气流之运行》中谈道：云南全省地势高峻，僻处中国西南，各地气流运行颇与华北及长江下游特异。风向变动多不随季节，以偏南北转移，殊少季风气候区域实况。云南大部周年气流多受变性热带海洋气团所控制，良由西南密迩印度洋、孟加拉湾，东南俯临南海、东京湾（北部湾），而西北背倚康藏高原，高度拔出雪线，北面大雪山、大凉山脉，高逾四千公尺以上，时常阻滞极地大陆气团之南下，故各地不易侵入寒潮气流运行，受西伯利亚或蒙古高气压之影响甚少，致云南中部形成有春秋无冬夏之温和气候。

云南全省及70个不同地域气候的地方志史料记载情况，由陈一得先生逐一汇编入《新纂云南通志·气候》。如云南府——清道光《云南通志》：“冈峦环绕，川泽停泓，沟渎通流，原田广衍，风虽高而不烈，节虽变而常温，所属州县，约略皆同”；大理府——清道光《云南通志》：“苍山积雪，盛夏难消。洱海长风，春冬更烈。地高气凉，近郡皆然。惟宾川、弥渡则势就平夷，烟村稠密，炎热倍甚，物产较多”；临安府——清道光《云南通志》：“四序恒温，不裘不葛。至河底沿江，则炎热如蒸。夏秋有瘴，虽属郡治，气候大殊”；丽江府——清乾隆《丽江府志》：“地处西北，壤接吐蕃。山峻风高，四时积雪。虽盛夏不服单袷，遇微雨即披羊裘。平原仅种荞麦，沿江稍产禾稻。谚曰：‘云南本是温和乡，冷热不同在两江’。谓元江极热，丽江极冷也”；普洱府——清道光《云南通志》：“地处炎荒，山多溽暑。雪霜罕见，岚瘴时侵”；永昌府——清道光《云南通志》：“山川旷远，原隰宽平，气候温和，土宜禾稻。至风高雨凉，与大理无异”等等。

1936年，著名气象学家涂长望先生在《中国气候区域》一文中指出：云南南部红河上游为一极干燥之区域，终年均受焚风之影响。除此而外，自尚有若干其他类似之阴蔽之河谷及盆地，其气候亦系干燥炎热有如红河上游者。云南西南之深谷则湿而闷热，为瘴疠流行之区。……西南台地气候异常温和，冬暖夏凉，温度年差甚小。气候之温和，盖由于所受日光热较多而云量当富所致。正月温度视同纬沿海测候所高出9℃之多，最热月份温度稍过20℃。若仅以温度而言，台地气候之佳，全国无出其右者。但山岳区域，温度之差异则甚大。

1938年，涂长望在《Koeppen范式的中国气候区域》一文中，首次按国际上流行的柯本气候分类法，指出云南气候类型属Cwb型，即冬干夏暖型温暖气候：云南高原及贵州山地之一部，最暖月之平均温度皆在22℃以下，高于10℃者多于4月，云雾亦著，復为夏多雨区，故为Cwb式气候，此区冬雨虽较少，但并不干旱。年雨量约为1000毫米，年均温约在15℃以上，冬日温和而夏凉，年温差甚低。例如昆明年温差只有11.2℃，蒙自则仅9.8℃。

腾冲国家基准气候站（赵斌 摄）

1938年，陈一得将云南全省分为8个气候区和12个气候小区，即云岭温和区（包括滇中、滇东、滇西3部）、南盘温暖区（包括盘西、盘东2部）、乌蒙凉爽区、金沙旱热区、横断山雨区、澜沧湿热区、元江燥热区、热带雨林区（包括南边、西边2部）。

云南近代气候志首创于1939年，陈一得协助由云龙先生编修《高峣志·气候》，它用实测气象资料，叙述昆明高峣气候。1939年，由云龙编纂的《高峣志》铅印本发行。全书二卷，上卷分名称、区域、形势、气候、雨量、风向、天文、物产、交通、学校、寺宇、名胜；下卷分史实、艺文、人物、逸事，共十六目，卷末附载幻缘记传奇。该志与1938年杨世昌所撰写的《珍泉志》，同为民国时期云南仅有的两部乡镇志。其中，陈一得先生编纂的《高峣志·气候》，始开利用气象观测资料修志的先河。它比陕西《洛川县志》《同官县志》两书中的《气候志》成书更早，是我国第一部方志中的气候志。书中的气候志包括气候、雨量、风向、天文、地理经纬度等，地理坐标标注为东经102°37′22″，北纬24°59′17″。云南文化名人由云龙先生在该志序言中称，气候志赖“陈君一得相助”。

- 云南气候成因

1941年前后，陈一得负责《续云南通志长编·气象》的编撰，他利用云南当时全省仅有的80余处测候资料，首次以科学定量分析方法，初步推演出全省气候之概况及成因，以供各方之急需。指出：云南气候温和，甲于各省，气温分布复杂，亦超于全国，分析其原因，应以地形为主要。……昆明一月份其合成风向，恒近西南，似为全国所稀见而云南所特有也。由是知北方寒潮影响云南甚微，窃究其故有三：（一）云南拔出海面甚高，西北山岳高达雪线无论矣。昆明周围山地俱高出海面二千公尺以上……故云南平地风向近于南京等处高空气流矣。（二）云南地势纵横，西北接连康藏，高度逾恒，海拔达六千公尺以上……俨然为寒冷气流之屏障，故高气压中心多南至四川盆地即转折向东进行也。（三）云南地跨热带，南临暹罗、越南，西接缅甸，西北高山终年积雪，西南密迩印度洋，孟加拉海湾常为低气压中心发源地……是以云南当寒潮所至之地，则气温降低；暖流通行之区，气候温和。

云南江河，全从高峻丛山中流出，河谷两岸，高峰荫蔽，盆地周围，山岭环列，空气锢塞，热量储蓄蕴结，一处气温若比邻近气温相差过大，则激动生对流作用，在上层之冷重空气下降奔坠，下层之轻热空气冲迫上升。加以环境山岑起伏不平，摩擦力大，下层空气受地面热炙，涡动力尤强，故发生雷雨之类。境内多湖泊之地，水汽蒸腾，森林茂密之区气温降低。西南季风七月正强，除南部河谷，受焚风侵炙外，各地空气饱含润湿，随地形而凝成雨泽，云量浓密，常蔽日光，故气温不易增高，气候特著温和。高原受热，夜晚向空中发散，上午六、七时间，热量散失，故恒发现每日之最低温度。雨季地面湿润，散热速度迟缓，吸收亦然，故每日最高温度，发现常在下午二时以后。西南河谷及盆地，天气酷热，蒸湿非常，草木腐化，蛇虫繁殖，人畜同感闷热不适，气温一时激变，摄卫难周，致瘴疠时行，实为最恶劣之气候。

1938年，涂长望在The air masses of China（中国的气团）一文中根据飞机和风筝记录，探讨了中国气团的分类及其不同季节的属性，发现冬半年控制西南高原的热带大陆气团是中国冬季最暖的气团，也是最干燥的气团。他推断此气团的源地当在北缅与北印，或远至阿拉伯沙漠。Simpson在1921年发表的The South-West Monsoon（西南季风）一文中，也认为印度西部高空确有热燥空气存在，沙漠地带尤为显著。

1941年著名地理学家张印堂先生在《地理》杂志第4期上发表《云南气候的特征》，该文较好地解释了云南季风气候和山地气候形成的原因，是云南气候研究的经典之作，文中曾写道：云南是东亚季风区的一部，其干湿冷热之变化，在季节上，本与我国他部同为夏温湿冬干冷之季风气候（Monsoon Climate），惟因其大部位于亚热带，而海拔又高，多在两千公尺左右，故其气候之变化，不若我国他部之剧烈。云南气候向以温和著称，故有“四季皆春”之说，盖其气候终年温和，只有春秋，并无冬夏，乃我国气候最佳之地。……云南气候的主要特征有四：（一）冬温夏凉，四季如春之常年温和气候。（二）山地多风。（三）冬季山间河谷坝子（盆地）之多雾。（四）冬季山地气温逆升现象。

1942年，张肖梅编写的《云南经济》一书中载到：统观滇省中部，全年可分干、湿两季。干季自九月至翌年三月，湿季自四月至八月。而高地虽为湿季，亦不甚湿，唯低地则湿度甚烈。其次，滇省之所谓湿季，亦异于湘黔诸省，霪雨连绵，匝月不朗，日星隐曜，山岳潜形，在此固少见也。

另外，在战乱纷飞的1940年代，高仕功、白祥麟、程纯枢、张丙辰等清华大学（西南联大）和中央大学的前辈学人，也曾对云南天气气候、昆明准静止锋及邻近的缅甸天气气候进行过分析研究。

·《云南气象》概要

1949年11月，云南省立昆华民众教育馆编辑出版《云南史地辑要》一书（上下两册），该书由滇籍著名国学大师、教育家姜亮夫先生题名并作序。内容涵盖云南沿革、部族、气象、边务、语言、农村、文献、地形、地质、矿产等十个纲目，分别由方国瑜、凌纯升、陈一得、罗常培、张印堂、张席禔、于乃义等10位云南本土或旅滇学者撰稿。滇籍气象学家陈一得（陈秉仁）先生负责该书第三篇《云南气象》的编纂，该篇包括绪言、云南气候区域、云南农业气象、云南航空气象四个部分。陈一得先生编著的《云南气象》，首次系统地介绍了云南气候区域、农业气象、航空气象的诸多特征，开创了云南气候研究之先河。

他在《云南气象》的绪言中谈道：云南气象观测，惟昆明记录，年代最长，由一得测候所起，至今昆明测候所有十九年完全资料。雨量一项，集有三十五年，全省各地，观测项目年月多寡不齐。测地高低不一，气温记录，仅得三十二县局，雨量记录，合得六十一处。统计分析云南全省气象要素，分布概要，只能作初步探讨，详细图表资料，已见于《云南通志稿》及《教育与科学》杂志。本编旨趣，注重云南气候区域之分割，作云南农业气象，航空气象之研究，籍供生产国防学术之参考。

在第一章《云南气候区域》中写到：云南气象因子，多受地理环境影响，位跨温热两带，全境海拔甚高，地形复杂，气流运行特殊。气候变化繁琐，有十里不同天之谚。西北倚康藏高原，东北连四川盆地，东邻黔桂丘陵，东南接壤越南，俯临东京湾，西南密迩缅泰，直窥孟加拉湾。境内山高谷深，寒暑互巽，燥湿悬殊，细繁碎别，大部可分为八区，概要如后：第一节云岭温和区；第二节南盘温暖区；第三节乌蒙凉爽区；第四节金江旱热区；第五节横断山雨区；第六节澜沧湿热区；第七节元江燥热区；第八节热带雨林区……

在第二章《云南农业气象》中写到：云南高原，位亚热带及热带，西北山岳高达雪线。耕地辽阔，作物种类繁多。吾人欲增加生产，宜充分利用气象要素之天然优点，选定推广栽培作物，顺应时节，预防灾害，切合经济原则，以改良兴利。盖生物全受气象之支配，如太阳之光热、水分之调节、天气之变化等乃生产原力，前章已述云南气候区域，其温度雨量，对于农业，实关切要，今拟就天气晴雨日光照射之多寡，考究各区作物发育之差异。分区详述如下：第一节云岭温和区滇中部；第二节云岭温和区滇东部；第三节云岭温和区滇西部；第四节南盘温暖区盘西部；第五节南盘温暖区盘东部；第六节乌蒙凉爽区；第七节金江旱热区；第八节横断山雨区；第九节澜沧湿热区；第十节元江燥热区；第十一节热带雨林区南边部；第十二节热带雨林区西边部……

蒙自探空雷达与太阳日晕（牛志明 摄）

在第三章《云南航空气象》中写到：云南为国际交通枢纽，国防军事，切重航空。驾御安全，飞行速度，关系地方气流之运行，高空气象要素之分布……本编根据云南通志之气象测报，昆明航校之高空记录，作系统的论述，概要如后：第一节云南气流与飞行；第二节云南春季之气流；第三节云南夏季之气流；第四节云南秋季之气流；第五节云南冬季之气流；第六节云南气压与航空；第七节高空温度之变化；第八节云南天气与航空……

以上所述，较全面记载和初步分析了云南的天气气候特征，奠定了进一步认识云南气候的科学基础，季风气候、低纬气候、高原气候、山地气候，是近代云南气候成因科学解释的雏形。

本文发表于《云南气象》2019年第3期

民国时期的云南天气气候研究

民国时期的云南，是我国地学及天文学研究重点关注的地区之一，被誉为中国自然科学界的鲁殿灵光，云南近代的风云人物气象学家陈一得先生对此做出了重要贡献。陈一得（1886～1958年），原名陈秉仁，字彝德，号一得，云南盐津人，云南近代气象、天文、地震事业的先驱者。云南近代气象科研工作始于1930年陈一得先生在《一农校刊》发表的“昆明市之雨量”。1937～1941年在《教育与科学》杂志上发表“云南气象要素之分布”“云南气流之运行”“云南之云”“云南雨量之分布”“云南气象谚语集”等。1939年，出版《最近十年昆明气象统计册》。据不完全统计，陈一得先生有关云南气象方面的研究论文（著）多达15篇（部）。陈一得先生在民国时期云南2本大型地方志书——《新编云南通志》和《续云南通志长编》中负责《气象考》的编纂，负责《云南史地辑要》专著第三篇——《云南气象》的编写，这些均是民国时期云南气象研究的丰硕成果。

1938年，因抗战爆发，清华、北大、南开三校被迫南迁昆明，组建西南联大。与此同时，“带来大批博通中西的全国一流学者，也带来了具有世界水平的学术思想。昆明一时风云际会，成为全国学术中心，云南学术臻于极盛，云南现代学术由此获得一个辉煌的奠基。”各个学科利用云南得天独厚的自然条件和人文条件，纷纷展开有关云南史地的研究，取得了一系列影响深远的研究成果。其中《云南史地辑要》一书，对20世纪30至40年代云南史地研究进行了首次学术总结，内容涉及云南沿革、部族、气象、边务、语言、地质、地形、矿产、农村、文献等10个方面，基本涵盖了云南史地研究的主要问题，研究成果具有较高的权威性和代表性。客观地讲，当时组织编纂《云南史地辑要》的初衷是，抗战以来学者专家对云南各方面的研究虽成绩卓著，但散简零篇，难窥全貌，需进行总结介绍，再者是弘扬云南文化进而研究探讨。该书各篇的编纂始于1944年秋，作者分别是方国瑜、陈一得、张席禔、张印堂等。作者主要来自当时昆明的两大学术派别，方国瑜、陈一得、张凤岐、于乃义等诸先生为著名滇籍学者，他们撰写的内容多以自己所承担的《新纂云南通志》和《续云南通志长编》相关部分为基础。凌纯声、罗常培、张席禔、张印堂等诸先生则来自中央研究院、西南联大等内迁入滇学者，均是国内著名专家，在相关领域具有较高地位和学术影响，他们撰写的内容多半是自己有较深研究的领域。

民国时期，著名滇籍学者陈一得先生对云南天气气候的研究及贡献早已有定论，本文不再废笔赘述。除此之外，还有一些对云南气象研究作出贡献的专家学者，他们主要来自西南联大和中央大学，因年代久远、资料难觅等原因，似乎其学术成就很少，甚至没有人关注过，湮没无闻，成为被历史遗忘的尴尬境地。吸其精华，以史为鉴，本文拟对以张印堂先生为代表的诸位曾经对云南天气气候研究做出贡献的前辈及成果进行综述，以期提高对云南近代气象科技史的认识。

· 民国时期两本重要的地学期刊——《地理》与《地学集刊》

国立中央研究院为民国时期中国最高学术机关，1937年该院拟筹建地理研究所，旋因抗战军兴且经费困难，未能如愿实现。时任中央研究院评议会评议员，管理中英庚款董事会的朱家骅董事长向来重视在中国提倡发展地理学，特提请管理中英庚款董事会通过，由该会支持筹办地理研究所。1940年8月1日，中国地理研究所在四川北碚（今重庆北碚）成立，黄国璋教授为首任所长。中国地理研究所是中国历史上第一个地理学研究机构，也是当时中国唯一的地理学专门研究所，它的成立标志着中国现代地理学研究的开端。中国地理研究所成立前，《地学杂志》《地理杂志》《地理月刊》等抗战前创办的地理学刊物已被迫停办，仅剩中国地理学会创办的《地理学报》，但因印刷及经费困难，1937年后由季刊改为年刊。抗战爆发后至中国地理研究所成立前，中国地理学术园地几成荒漠，地理学方面的出版物极少。为丰富中国地理学术园地，以满足人们对地理读物的需求，中国地理研究所于1941年创办了《地理》（GEOGRAPHY）季刊。黄国璋教授在该刊首卷发刊词中称："一以传布地理的知识，增加一般人对于地理的认识和兴趣；一以藉与海内同道相研讨，期收集思广益之效果""本刊的读者主要是大学地理系、地学系或史地系的学生，中等学校的地理教师及一般对地理感兴趣而有志于地理研究的人"。至1949年，《地理》季刊共出版6卷24期，刊载文章136篇，内容涉及地理学思想、自然地理、地貌、气候、人文地理、农业地理、外国地理等。《地理》实乃中国20世纪40年代动荡时期唯一连续出版的地理学季刊，《地理》《地理学报》《地学集刊》构成了中国抗战时期地理期刊三足鼎立的局面。

武昌亚新地学社是湖南新化人邹代钧创办于1896年的私人地图测绘出版机构，是我国最早的现代彩色地图测绘出版机构，出版了一系列重要地图和地学书籍，在中国近代史上影响深远。邹代钧（1854～1908年），清末地图学家，中国近代地图学的倡导者和奠基人之一。武昌亚新地学社是典型的"家族企业"，其先后经历了邹代钧、邹永煊、邹兴钜、邹新垓等四代人的经营，家族事业兴旺。抗战前的30年代为其鼎盛时期，抗日战争期间武昌亚新地学社虽受到影响，但编制出版事业不辍。1952年，公私合营，合并成立地图出版社（今中国地图出版社），结束了其历史使命。邹新垓（1915～1975年），1939年毕业于西南联大地质地理气象学系（清华大学地学系）地理组，师从张印堂、冯景兰、袁复礼、孙云铸、李宪之、赵九章等名师，毕业后加入到家族实业中。邹新垓大学毕业后留校任助理研究员，后随张印堂先生赴滇缅地区考察地理，回校后清华大学决定派其赴美深造，因父邹兴钜病逝，应祖父邹永煊之召，回湖南新化主持亚新地学社出版业务。他曾主持编制出版过许多重要地图、地理参考书，同时兼任清华大学地学会主办的《地学集刊》主编，1943～1948年由亚新地学社出版，共计出版6卷14期。《地学集刊》（THE GEO-QUARTERLY）编辑部设在昆明翠湖北路西仓坡5号清华大学地学会，在湖南新化印刷出版，顾问编辑为冯景兰（地质学）、张印堂（地理学）、李宪之（气象学）、袁复礼（地质学）、张席禔（地质学）及赵九章（气象学），首卷发刊词由冯景兰教授撰写。《地学集刊》主要刊载地质学、地理学、气象学等方面的论著、译文、摘要、书评等，因西南联大在昆明的缘故，其中涉及云南的论著颇多。

· 张印堂先生的主要学术成就

张印堂（1902～1991年），山东泰安人，中国近代地理学家，中国经济地理学的主要奠基人之一。1922～1926年就读于燕京大学地质地理系，1926～1931年就读于英国利物浦大学，获人文地理硕士学位。留学期间，曾在英国、法国、德国、意大利、瑞典、瑞士、比利时、丹麦等国做地理考察，并养成了重视野外考察和区域研究的习惯。回国后，先后在燕京大学、清华大学从事地理教学和研究，为中国近代地理学的发展作出了杰出贡献。1937年11月1日，清华、北大、南开三校迁往长沙，成立临时联合大学，1938年4月，又迁往昆明成立国立西南联合大学，张印堂作为西南联大地质地理气象学系教授，任地理组负责人，并兼任云南大学文法学院教授。抗战期间，他十分注重云南地理的研究，曾多次赴滇西调查滇缅地理状况，为边疆发展提供资料，为边界划分提供依据，被西南联大学生称之为“中国地理学权威学者”。他的著作颇丰，主要研究领域为中国边疆地理，其代表作有《滇西经济地理》《中国人口问题之严重》《地理研究法》等，这些著作均具有较高的学术价值。

会泽大海草山（琚建华 摄）

张印堂先生的论著涉及自然地理和经济地理等地理学的诸多领域。理论地理方面的论著有《怎样研究地理学》《地理研究法》《地理》《师范地理教育的重要》等；世界地理方面的著作有《欧洲国际纠纷之现状及其问题》《太平洋国际形势及我国所处之地位》《北非胜利的重要》《种族特征之构成与气候的关系》《人类鼻型与气候的关系》等；中国地理方面的著作有《中国之国家问题》《中国人口问题之严重》《战后中国国都位置的商榷》《定都问题》等；边疆自然地理方面的论著有《绥东地势及其位置的重要》《云南气候的特征》《云南西部地质构造与地形》《云南地形》等；边疆人文地理方面的论著有《滇西经济地理》《中国西北经济地理（英文版）》《我国边疆及国防问题》《滇缅沿边问题》《云南西南部掸族之特征与其地理环境之关系》《云南经济建设之地理基础与问题》《滇缅铁路沿线的经济中心区域》《西藏环境与藏人文化》《缅甸独立与中缅未定界问题》《中缅印未定界之地理研究》等。这些著作先后发表于1930～1949年，其中在抗战时期发表的论著最多。

· 民国时期有关云南天气气候研究的论著

1. 云南气候的特征

张印堂先生在西南联大任教期间曾讲授气候学，重视云南自然地理的考察，对云南地理及气候有较深的研究。1941年，在《地理》第1卷第4期上发表了《云南气候的特征》（The Characteristics of the Climate of Yunnan），较好地解释了云南气候特征形成的原因，是早期云南气候研究的经典之作。为使读者一睹原文（繁体字）之精髓，现将该文的部分重要论述（简体字版）摘录如下：

> 云南是东亚季风区的一部，其干湿冷热之变化，在季节上，本与我国他部同为夏温湿冬干冷之季风气候（Monsoon Climate），惟因其大部位于亚热带，而海拔又高，多在两千公尺左右，故其气候之变化，不若我国他部之剧烈。
>
> 云南气候向以温和著称，故有“四季皆春”之说，盖其气候终年温和，只有春秋，并无冬夏，乃我国气候最佳之地。但因各地地势高低悬殊，海拔自四百公尺至四千公尺不等，位置南北各异，有位热带者，有位温带者，加以地形向背不同，故其气候之变化，随地而异。如云南之北半部常言：“四季无寒暑，一雨便成冬”，而南部则谓：“四季无寒暑，一雨便成秋”，盖言其雨后温度低减之差异也。
>
> 简而言之，云南气候的主要特征有四：（一）冬温夏凉，四季如春之常年温和气候。（二）山地多风，如驰名全省的下关风乃为大理四大自然景之一（上关花、下关风、苍山雪、洱海月是也）。（三）冬季山间河谷坝子（盆地）之多雾。（四）冬季山地气温逆升现象（Inversion of Temperature），即高山上较暖，而低谷中较寒，所谓气温分布之倒置是也。
>
> 关于云南气候之冬不冷与夏不热的解释，一般人以云南夏天之所以不热是因其地势拔海高的关系，普通每上升一百公尺，气温即随之降低摄氏0.6度。云南受其地势高的影响，故夏不炎热。其冬天之所以不冷，乃因其地临热带，而北方来寒潮，为高山所阻，且大部位于亚热带，日照强，故冬亦不冷，这是人所皆知的。云南高的地势与低的纬度确为气候终年温和的最大因素，但其影响之所以如此，并非如以上所说的那样简单。昆明一月的平均温度为摄氏9.6度，较重庆一月温度值高摄氏1.7度，然吾人在冬季之重庆，

似乎特感寒冷，即因重庆冬季湿度较高，冬季湿度高，人体热力易被传导消失，故觉寒冷，此其一。重庆冬季云雾特多，不易见阳光，吾人在户外活动热时，因无直接日射，故更觉寒冷，此其二。昆明冬季之气候，则与上述重庆之情形相反，即冬季湿度较低，空气干燥，人体传热作用亦较小，加以日光和煦，自无冬冷之象矣。

人感觉冷的时候，气温不一定就特别低，感觉热的时候，气温不一定就特高，总之，吾人身体所感觉之冷热，除气温之高低外，还受空中所含水分之多寡与空气动静的状态而定。

云南夏季之所以不热的原因，不外下列三因：（1）因夏季多云，日光为所遮蔽，达到地面上之日光热因而减少。（2）因夏季多雨，雨水有致冷之调剂，故天气凉爽。（3）因云南地势高亢，空气稀薄，地面易于受热，亦易于散热，无极端冷热之气象，故云南气候终年温和。

云南冬季之所以不冷，主要的原因如下：（1）因云南冬季天晴，日间受热特多。（2）因云南地势高崇，空气稀薄而干燥，稀薄的干燥空气，乃为一不良之导热体，吾人身体之内热，不易籍之传导辐射消散，故甚暖。（3）因云南地形多山，晚间山岭冷空气流入低谷，故有温度逆增现象，因此山岭高处，白天温暖而夜间亦不甚寒冷，此冬暖之所由成，亦即云南气候四季如春之由来也……

该文较好地阐释了云南低纬气候、季风气候、高原气候的特征，初步奠定了云南“低纬高原气候”的雏形，对云南天气气候研究具有重要的参考价值。但由于资料和时代的局限性，尚未对大气环流与云南气候形成作用的关系进行探讨。

另外，张印堂先生还注重对云南地形的研究，其编纂的《云南地形》收录入《云南史地辑要》一书的第七篇。书中首先介绍了云南地形东西两部的地形大势，然后以大理苍山等地形为例介绍了横断山地貌和冰川形势，以滇池为例介绍了云南的盆地和湖泊，以红河、金沙江、澜沧江等为例介绍了云南的江河流域与河谷形势，以呈贡的三台等地为例介绍了云南的高原和丘陵，成为研究云南地形地貌的重要参考文献。

2. 昆明天气之初步分析

白祥麟（1939年毕业于西南联大气象专业）于1943年在《地学集刊》第1卷第4期上发表了《昆明天气之初步分析》（A Preliminary Weather Analysis in Kunming）。利用民国二十六年（1937年）云南省立测候所年刊资料，分析了昆明气象要素的日变化、年变化规律及干季、湿季的主要影响气流，是研究昆明天气的经典文献之一，其部分重要论述摘录如下：

昆明位于北纬25度5分，东经102度41分，高出海平面1922.1公尺。地处云南高原中心，云南北部及西北部有横断山脉，高度超过四千公尺。西南临近孟加拉湾，东南接近南海。昆明附近虽环绕有山，但绝少超过5000公尺。其南、西南方向有面积颇大之滇池。按地形开向而言，主要气流源有东、南、西三方向流来，北及西北当极少见……

综上各节，气流的年分布大概如下：一至三月反信风强盛，天气良好。偶有寒潮入侵，性剧烈，多能致雨。普通情形，该月平均较标准值压低温高，则雨较标准值少，四月为过渡时期，温度与绝对湿度升高极速，地面反信风势气力渐弱。六月后寒潮不显著，温带太平洋气流颇盛，西南风湿度极高，来自孟加拉湾。通常八月雨多系因该时季风渐退而东北气流入侵，有Stationary front（今译为静止锋）之生成。九月中较显著寒潮已能入侵。十月中较干寒潮到后，湿度剧烈降低而干季开始。十月后地面反信风又转盛，迄十二月C类寒潮颇为盛行。

由温度上观察，昆明并无显著之季节。冬受来自赤道附近之反信风调剂，天气温和。夏受季风影响，并不酷热。落雨时多有较冷之气流入侵，温度多见降低。俗云"四季无寒暑，一雨便成冬"，系指昆明气流对周年影响大于因日射而起之季节变化。

3. 昆明气候与人生

张敬凤（1944年毕业于西南联大地理专业）于1947年在《地学集刊》第5卷第3期上发表了《昆明气候与人生》（Climate and Its Relations to Life in Kunming）。该文介绍了昆明的气候（决定昆明气候的因素、昆明气候的特征、气候与市区饮水关系）、昆明受制于气候之人生现象（昆明季节气候对人生之影响、气候与疾病）、关于昆明气候与人生影响应注意之事项（不适合于人生工作的季节、适合于人生工作的季节、调整昆明气候与人生不良影响的方法）等三大部分的内容，是研究昆明气候与人居环境及人体健康关系的开篇之作，其部分重要论述摘录如下：

气候是随地不同的，要了解昆明的气候是怎样？第一项须知昆明气候为什么与别的地方不同，这种不同，乃由于两个因素所决定：即昆明的位置，昆明的地形。昆明位于北纬25度5分，东经102度41分，离北回归线很近，理应年均温相当的高，但因该地高出海平面1922.1公尺而在一高原的盆地中，其年均气压为604.15公厘（mm），故空气相当稀薄，较上海或较同纬度的福州都低，所以其年均气温仍为摄氏15.9度，较之在北纬31度13分之上海的气温摄氏15.3度，仅高出0.6度，较同纬度之福州（摄氏19.5度），则低3.6度。云南高原，平均高出海面2000公尺，山间坝子常在2000公尺以下，坝子就是云南的盆地。地理学上的"山间盆地"（Inter Mountain Basin），为城市的所在与人口集中的地方，昆明便是在这样的坝子里。昆明盆地的西南部有广大的滇池，形成南郊湖滨沉积平原，而滇池对于昆明的气候，则有少许调剂功用。

昆明气候对人生之影响，各季中疾病与死亡，及其受制于气候的人生现象，已如上述。昆明的时令，究以何季不适人生工作，根据以上的论述，春季最不适合人生工作，因春季温度湿度均不到适合人生的标准，且此时干燥多风，以西南风最盛行，雨量稀少，多不过十公厘，蒸发强，达150以上，水供困难，因此诸病流行，死亡率高，在35%以上，人多因空气干燥，用水困难，精神萎靡不振，且多为疾病所困扰，工作的效能大减，工作的成绩遂远无冬夏两季之高。秋季为干湿两季之过渡期，温度湿度亦均不适合标准，故疾病与死亡率在30%以上。由此观之，春秋两季之不适于人生工作，自不待言。

所谓适合人生工作的季节，在气候上，须有冷而不寒的冬季，以作精神上的刺激，又须有不太热的夏天，以免身体之躯受沉闷，忧郁不快，除温暖的时期外，更须有高的湿度，而天气更须常常的变化方可。据此标准，昆明之冬夏两季，较为适合人生工作的季节。

昆明的气候，虽然有冷而不寒的冬天，暖而不炎热的夏天及夏季高的湿度，但四季缺少变化，致刺激不足，而春季过于干燥多风，秋冬复无寒冷的刺激，设一季与一季间，或一日与一日间的气候与天气，有显著的变更，人生方始觉活动，不致以气候的单调而怠倦乏味。变化与刺激是锻炼吾人生活的要素，要想補救此点，最好的方法，是常常到附近山地旅行，以获取昆明市附近的气候变化，用以刺激身体，以增加健康与活动力。综合以上所论，昆明春秋二季，不适于工作；冬夏两季则较宜，劳心劳力，均可集中于此期内工作之。

4. 其他论著

冯秀藻（1941年毕业于中央大学地理系）在1941年《地理》第1卷第4期上发表《陕甘川滇黔五省之气候与棉作》；高仕功（1939年毕业于西南联大气象专业）在1941年《天气》第1期上发表《昆明气团之分析》；王云亭（1940年毕业于西南联大地理专业）在1941年《地理学报》第8卷上发表《昆明南郊湖滨地理》；李孝芳（1940年毕业于西南联大地理专业）在1943年《地学集刊》第1卷第2期上发表《滇池水位之季节变化》；程纯枢（1936年毕业于清华大学气象专业）在1943年《地学集刊》第1卷第2期上发表《关于缅甸之气候》；邓绶林（1942年毕业于西南联大地理专业）在1944年《地学集刊》第2卷第1期上发表《云南杨林盆地之农田水利》；王乃樑（1939年毕业于西南联大地理专业）在1944年《地学集刊》第2卷第3期上发表《金汁河区之灌溉及土地利用》；徐淑英（1941年毕业于西南联大气象专业）在1945年《地学集刊》第3卷第3期上发表《高空气象观测与气压预告》；邓绶林在1946年《地学集刊》第4卷第1期上发表《昆明盆地之农业地理》；张丙辰（1944年毕业于中央大学地理系）在1947年《科学》第29卷11期上发表《吾国西南之气团及准静止面》，在1949年《科学》第31卷2期上发表《昆明准静止锋面之再探讨》。

更难得可贵的是，在条件极为艰苦的抗战年代，1939年前后李宪之先生（时任西南联大地质地理气象学系教授）在讲授天气学课程的同时，特别关注昆明高层气流的变化。通过整理1938年1月～1940年8月昆明极为宝贵的高空测风资料，在20世纪50至60年代分析昆明高层气流的基础上，于70年代补撰了《昆明上空气流的初步探讨》一文，2001年正式收录入庆贺李先生95周年华诞文集中，其主要结论为：利用昆明将近三年的短暂而且片断的测风资料，对昆明上空气流进行了分析，发现了一般所想象不到的现象和问题，并试图合理解释。主要收获是：由于热力和动力致成的信风环流有季节性的南北移动，以西南方向为主的反信风，冬半年对昆明的影响较强、较频；同时西风环流的中上层的偏西风、从西北方侵来的强烈寒潮和西风急流以及从西南方移来的“宏观系统”，都使昆明偏西风盛行。在夏季几个月里，尤其是8月，一方面由于环流系统的北移，赤道“无风带”或“变风带”亦或“热带辐合区”的影响，另一方面受残留热带气旋的侵入与支配，偏东风便比冬半年加多，以至8月份的最多和次多风向在各高度上都是偏东风。所以，影响昆明上空气流的因素是行星环流的季节迁移，冷暖空气和热带气旋的侵袭以及西风急流与“宏观系统”的来临，而不是由于海陆影响而生成的季风环流。该文还谈及了李宪之教授1938～1946年在昆明生活之亲身体验：（1）昆明有时滂沱大雨，风向东北或近于东北，而气压显著降低。这正是热带气旋在消失阶段中侵到昆明南方至东南方的证据。（2）在昆明降水时，长伴以东北风，而气压有时升高，有时降低；前者是由于冷空气侵袭，后者是由于热带气旋的来临所致成的。

通过对民国时期有关云南天气气候研究的回顾与总结，发现气象前辈们在资料匮乏和环境艰苦的条件下，适时引入现代气象学概念，对云南气象科学研究做出了许多具有开创性的工作。揭示了云南气候具有低纬、季风、高原的综合特征，同时云南天气气候还包含了昆明准静止锋、寒潮、山地逆温、辐射雾、峡谷风、冬春干燥多风、西风急流、热带气旋（台风）、热带辐合带、四季如春、适宜的人居气候环境等诸多天气现象或天气系统，并进行了较好的科学解释，初步形成了云南天气气候的概念雏形，丰富了人们对云南天气气候规律的认识，对气象科学在云南的传播、推广和应用具有重要的借鉴作用。

本文发表于《云南大学学报（自然科学版）》2019年增刊（S1）

西南联大的气象教育与人才培养

1938年4月，北京大学、清华大学、南开大学从湖南长沙组成的“国立长沙临时大学”西迁至昆明，改称“国立西南联合大学”。其存在不过9年，却成为中国高等教育史上的丰碑。西南联大地质地理气象学系的师生中产生了32位两院院士，其中气象学3人。

国立西南联合大学，是中国高等教育史上的一块丰碑。这所大学，身处边陲，却开启了中国近代文化史上绚烂的一页。诺贝尔奖获得者杨振宁先生曾谈道：“我一生非常幸运的是在西南联大念过书。”《国立西南联合大学史料》记载：“在抗战八年的艰苦岁月里，在地处边陲的云南昆明，国立西南联合大学师生克服物质设备、图书资料、生活条件等方面的种种困难，精诚合作，共济时艰，结茅立舍，弦歌不辍，并继承和发扬三校风格各异的优良校风和学风，五色交辉，相得益彰，八音合奏，终和且平。在当时的历史情况下，内树学术自由之规模，外来民主堡垒之称号，以卓著的业绩，蜚声海内外，为我国的教育科学文化事业做出了重大贡献，同时促进了云南和西南地区文化教育的发展，在中国教育史上和新民主主义革命史上写下了光辉灿烂的一页。”冯友兰撰写的“国立西南联合大学纪念碑”言：“联合大学之始终，岂非一代之盛事，旷百世而难遇者哉!”国外有学者说：“西南联大的历史将为举世学术界追忆与推崇……联大的传统，已成为中国乃至世界可继承的一宗遗产。”在1948年“中央研究院”首届院士评选中，全部81位院士中有27人出自西南联大。从西南联大先后走出了杨振宁、李政道2位诺贝尔奖获得者；王希季、邓稼先、朱光亚、杨嘉墀、陈芳允、赵九章、郭永怀、屠守锷8位“两弹一星”功勋奖章获得者；黄昆、刘东生、叶笃正、吴征镒、郑哲敏5位国家最高科学技术奖获得者；173位两院院士。

民国时期我国高等学府设有气象专业（气象组）的学校仅有四所，即“国立中央大学”“国立西南联合大学”“国立浙江大学”“国立山东大学”。四校成为中国近代气象高等教育的摇篮，为中国气象事业培养了许多杰出人才。西南联大地质地理气象学系的师生中就产生了32位两院院士，其中气象学3人。目前针对西南联大气象专业的史料挖掘研究，虽有一定的覆盖，但完整性和系统性研究不多，本文试图重新梳理并补充一些空白。

· 西南联大的历史沿革与概况

国立西南联合大学（The National Southwest Associated University）是抗日战争期间设于云南昆明的一所综合性大学。1938年4月，北京大学、清华大学、南开大学从湖南长沙组成的“国立长沙临时大学”西迁至昆明，改称“国立西南联合大学”。1937年8月28日，“国民政府教育部”分别授函南开大学校长张伯苓、清华大学校长梅贻琦、北京大学校长蒋梦麟，指定三人分任长沙临时大学筹备委员会委员。11月1日“国立长沙临时大学”正式上课。1938年2月19日，开始分三路西迁昆明。1938年4月2日，教育部电令“国立长沙临时大学”改称“国立西南联合大学”，设5个学院26个系、2个专修科、1个先修班。1938年5月4日，西南联大在昆明正式开课。三校校长轮任常委会主席，因蒋梦麟、张伯苓在重庆任职，只有梅贻琦长期留于昆明，故一直由梅贻琦任主席，主导校务。

西南联大中后期在校人数维持在3750人左右，其中学生约3000人，占80%；教师约350人，占9%；职员工警约400人，占11%。西南联大机构设置如下：常务委员会（校长任主席），总务处，教务处，训导处；文学院（中国文学系、外国语文学系、哲学心理学系、历史学系），理学院（算学系、物理学系、化学系、生物学系、地质地理气象学系），法商学院（法律学系、政治学系、经济学系、社会学系、商学系），工学院（土木工程学系、机械工程学系、电机工程学系、航空工程学系、化学工程学系、电讯专修科），师范学院（国文学系、英语学系、史地学系、公民训育学系、数学系、理化学系、教育学系、师范专修科、先修班、体育部）。

1940年，西南联大在原三校研究所基础上成立北大、清华、南开研究院，联合招收研究生。三校共设14个研究所（室）32个部（组），招收研究生240人，毕业74人。

1946年5月4日，西南联大举行结业典礼，7月31日宣布结束，三校复员北返。

师范学院留昆独立设院，改称“国立昆明师范学院”（现云南师范大学）。从长沙临大1937年8月筹建，到西南联大1946年7月31日停止办学，西南联大存在了8年零11个月。先后在西南联大就读过的学生约有8000人，毕业生约4000人。西南联大保存了抗战时期的重要科研力量并培养了一大批优秀学生，为中国乃至世界的发展做出了重要贡献。

· 西南联大地质地理气象学系

1928年清华大学成立地理学系，1929年秋首批学生入学，除地理学外，开设地质学、气象学课程。1930年设气象组，1931年建立气象台。1932年，清华地理学系易名为地学系，分设地理、地质、气象三组。翁文灏、黄国章、谢家荣、袁复礼、冯景兰先后任地学系主任，黄厦千讲授气象课并任气象台主任。在地学系任助理员并在气象台负责观测的有刘粹中、史镜清、黄绍先、赵恕等。1934年，留德博士刘衍淮（北平师范大学教授）到清华兼职讲授气象学。1935年，留英博士涂长望借聘到清华地学系任教授，一年后到“中央研究院”气象研究所工作。1936年，李宪之从德国柏林大学博士毕业后任教于清华地学系，开设气象学、天气预报、理论气象学课程。

1937年11月，长沙临大在清华地学系和北大地质系基础上成立地质地理气象学系，孙云铸任系主任。1938年4月，长沙临大西迁昆明更名为西南联大。西南联大地质地理气象学系隶属理学院，吴有训、叶企孙教授先后任理学院院长，孙云铸、袁复礼教授先后任地质地理气象学系主任。

西南联大地质地理气象学系继承清华体制，下设地质、地理、气象3个组，其中地质组教师和学生最多，地理组次之，气象组最少。地质地理气象学系教师阵容强大，除来自德国哥廷根大学的米士（1932年获得地质学博士，1936年加盟西南联大）外，大部分中国教授（17位）曾留学美、英、德等国，获博士或硕士学位，其中许多人都成为我国地学界的大师。

地质学方面有王烈、袁复礼、冯景兰、孙云铸、谭锡畴、张席禔、王恒升、张寿常、米士（Peter Misch，德籍）、杨钟健等；地理学方面有张印堂、洪绂、钟道铭、陶绍渊、林超、鲍觉民等；气象学方面有李宪之、赵九章，助教有刘好治、谢光道、高仕功，3人于1937～1939年清华地学系气象组毕业留校任教，1947年后到英国、美国留学深造。1938年，李宪之、赵九章的年龄仅为34岁和31岁，可谓青年才俊。1946年7月31日，西南联大结束，三校北返。10月，清华在地学系基础上成立气象系，李宪之任系主任。

1937～1946年，西南联大地质地理气象学系气象组，分年度开设了若干门必修或选修的专业课程，主要有气象学、气候学、理论气象、大气物理、气象观测、天气预报、高空气象、中国天气、中国气候、世界气候、航空气象、农业气象、海洋学、地球物理、海洋气象、天气预报实习、天气图实习、人文地理、毕业论文等，主要授课教师有李宪之、赵九章、刘好治、谢光道、高仕功、张印堂等。

西南联大注重基础课教学，理工科学生除必修国文、英文、中国通史外，在哲学、政治学、经济学、社会学、法学概论等几门社会科学课程中还要选修一门，4年中一般要学习30门左右的课程。西南联大在教学上较严格，学生按系招生，但录取后不算入系，经过一年学习后，本系基础必修课必须在70分以上，才能入本系继续学习，否则得转系。考试不及格课程，不实行补考而是重修。有的课程是连续性的，先修课程不及格，不能学习后续课程。选修课不及格不一定重修，可改学另一门选修课。全年1/3课程不及格者得留级，1/2不及格者即令退学。

地质、地理、气象三组一年级课程共40个学分。有大一国文、大一英文、中国通史、微积分、经济学概论、普通地质学，体育课每年都有但不计学分。二年级三组的共同必修课有：普通化学、普通物理（普通生物学）、第二外语（德文或法文），其他为专业课。三、四年级主要为专业课，许多学生还选修一些外系课程以扩大知识面。李宪之讲授的气象学，教材取自德国书籍及美国最新版的《普通气象学》，天气预报的教学内容则参考德国Defant的书，后用美国佩特森（S.Pettersen）的《天气分析与预报》。赵九章讲授理论气象，先参考德国的《动力气象学》与《物理学手册》，后自编讲义，是我国第一本理论气象教材。

1942年毕业于地学系的胡伦积先生回忆："记得当年在西南联大时，大一国文、大一英文课都是由名教授主讲。我们的国文课，是闻一多、朱自清、王力、罗庸、罗常培、沈从文等教授分别执教的。初到云南时学生较少，国文课甚至由许多名教授轮流各讲所长，闻一多教授讲诗词，朱自清教授讲散文，罗常培和罗庸教授讲古文。"

据统计，1937～1945学年，西南联大地质地理气象学系在校生分别为87、59、109、91、89、73、34、35、38人，合计615人，学地质的居多。人数最多为1939年学年（1939～1940年），达到109人，往后逐年减少。原因是当时许多学生为了毕业后的出路，多选择工学院和经济等系科，再一个是学生淘汰率较高，因经济困难、负担过重、成绩下降，被迫休学、退学、转学的不少，有的学生时断时续地学习，读了六七年才大学毕业。实际上，西南联大每年的毕业生甚少，致使毕业生年年供不应求，尤以理工两院毕业生最为抢手。

西南联大时期的北大理科研究所地质学部和清华理科研究所地学部共招收研究生12人，硕士毕业的仅3人（董申保、顾震潮、李璞）。地学部气象学组1943年招生，仅录取顾震潮1人，师从赵九章教授，研习动力气象学，1945年的毕业论文为The General Law of Distribution of Turbulent Wind in a Gust。

· 学习和生活的艰难岁月

1938年，赵九章教授初到昆明时，一家挤在昆明履善巷3号既旧又破的一间半民房里，他一面教书一面进行科研，靠微薄的工资收入，维系着全家清贫的日子。1940年为躲避日机轰炸，赵九章一家同梅贻琦等一批清华教授及家属，应云南著名报人惠我春的盛情邀请，搬到了西北郊大普吉龙院村惠家大院住了3年。搬家时赵九章一家全部的家当只装了一小马车，理学院院长吴有训说："看到九章搬家时那点东西，我就难过得要掉眼泪!"生活所迫，赵九章不得不变卖了祖传的元代著名书画家赵孟頫的一轴真迹，以补贴家用。1941年6月，学校为帮助教师渡过生活难关，将靠月薪390元度日的赵家列入膳食补助范围，每人每月给予16.8元的补助。

李宪之教授在师资短缺，教材匮乏的情况下，曾在一年之内开设了气象学、气象观测、天气预报等6门课程，家住昆明郊外，每天步行二十多里路程到学校上课。据李宪之之子李曾昆先生回忆："抗日战争时期，父亲在昆明西南联大教书。因防敌机轰炸，也为了省钱，住在乡下莲德镇小街子，离学校很远，住的是土房子，点油灯，吃井水，家里阴暗、潮湿，老鼠很多。全家七口人，全靠父亲工资为生，经济上很紧张。……父亲每天天不亮就得步行去城里上课，天黑了才回来，有时提20斤米，走20里地。"

办学条件极差，1938年，三校刚到昆明时，西南联大理学院只得租借昆明西门外昆华农校作为校舍。1939年夏季，西南联大在昆明大西门外三分寺附近购地120余亩建盖新校舍，那是一些低矮的泥地土墙草顶（部分是铁皮顶）的平房，西南联大师生就是在这样艰苦条件下学习和生活的。尽管当时昆明时有敌机轰炸，"跑警报"几乎成为常态，学习生活条件艰苦，但西南联大学生的学习是非常刻苦努力的。1941年后，昆明屡遭轰炸，上课时间改为上午7～10时，下午3～5时，每节课40分钟，课间休息5分钟。联大期间全校共有中、日文图书31100册，西文图书13900册，外文期刊近百种。一些用功的学生在图书馆前排队等候借书，因图书馆阅览室位子太少，有的学生不得不到街上的茶馆中看书学习。

据西南联大史料记载："本校学生大多数来自战区，生活至为艰苦。全校学生2800余人，持贷金及补助金生活者，达十分之七八，但贷金仅勉敷膳食。年来昆明物价高涨，以较战前约在百倍以上。各生必需之书籍纸笔以及布鞋等费，最少限度亦月须200元左右。惟在艰难困苦中，反易养成好学勤读之习。每值课后，群趋图书馆，宏大之阅览室，几难尽容。其经济来源完全断绝者，率于课余从事工作，稍获酬报，以资补助。"

据西南联大1943年毕业生田曰灵回忆："联大的学生多来自沦陷区，他们经济上不能得到家庭及时供应，甚至长期没有音讯，生活上靠领取贷金。初期还能勉强支付膳费。后来通货膨胀，物价不断上涨，贷金难以支付膳费，学生们便不得不在课余时间找工作干，最多的是当家庭教师。那时云南文化水平低，云南学生考取西南联大的绝少。一些家长就广为子女聘请家庭教师，这为联大学生开辟了财源。"

地质地理气象学系的气象仪器设备几乎为零，水银气压表、风向风速仪、简单的湿度计、雨量筒都没有，气象观测实习全靠眼看和手感。专业的图书资料也几乎为零，从北京到长沙，再到西南边陲昆明，路途遥远，连原有的讲稿都来不及带上，教师凭记忆授课，学生靠笔记学习。王宪钊先生曾回忆在西南联大学习气象的经历："从1938～1941年，我在学校先后修了李宪之先生的普通气象学、气象观测、天气预报和地球物理。赵九章先生讲高空气象学、理论气象学和大气物理。刘好治先生负责我们的实习。赵先生三门课都自编讲义，基本概念清楚，字迹清晰工整。李先生讲课条理分明，口齿清楚。1943年，谢光道学长返校后任助教、教员，曾教过气象观测和天气预报实习。1944年，赵九章先生赴重庆任"中央研究院"气象研究所所长，理论气象这门课程改由李宪之先生担任。同时，清华航空研究所嵩明气象台撤销，该所的高仕功先生也曾在西南联大讲过高空气象学。气象观测实习全靠目力和手感，云和天气现象、能见度用目力观测，风速则看树枝的摇动。风小时，李先生教我们用手指蘸水来感应风向，感到凉的位置所指的方向便是风向。风稍大时，将土屑抛向空中，从其移动的方向来确定风向。在毕业前我到昆明太华山气象台实习的时候，才真正摸到了气象仪器，体验了气象台的生活。”

抗战期间，空军军官学校在昆明创办了5期测候训练班（即空军气象训练班），刘衍淮聘请李宪之、赵九章为训练班兼课。李宪之在百忙中还应聘到云南大学农学院讲授气象学。当时，空军军官学校（位于昆明巫家坝机场附近）和省立昆明气象测候所（位于昆明西郊太华山）有较完备的气象设施，李宪之就安排西南联大学生到那里去参观和实习。

气象组于1939年秋与清华航空研究所在嵩明合办高空气象台进行观测工作。1940年起，气象组二、三年级学生可去那里实习，限于条件，只能进行地面观测。1944年春，该气象台因经费和人力困难而撤销，只得在西南联大新校舍北区把原有旧碉堡改造成气象台，因陋就简维持气象观测。四年级学生在毕业前则到昆明太华山气象台实习两三周，按值班观测员要求进行。高空实习要到昆明远郊区的巫家坝机场，先跟雷达班，后从事辅助计算工作。气象组的毕业论文在四年级的下学期完成，题目或来源于实际，或来源于书本。台站实习既起到了实际训练的作用，又为毕业论文提出题目及实际资料。

1995年，李宪之先生曾回忆道：“我1936年在北平首次讲课，而且同时三门：气象学、理论气象、气象观测与天气预报，写讲稿、讲授、实习，一人独担，苦不堪言！原企盼第二年有了写就的讲稿，可以轻松些，不料只字未带，逃到长沙，又到昆明。起初，既无讲稿，又无书籍，只凭记忆和从市上买来的有关小册子，勉强支持。以后从中研院气象研究所借来几本书，才渡过艰苦困境。正当精疲力竭、喘息未定时，援军赵九章回来了。可以想见，当时两人心情何等愉快！经多次长谈，我从赵所谈内容得到动力，赵从我的艰辛历程获取教益。当时昆明西南联大地质地理气象系情况很好，他讲理论气象和大气物理，深受欢迎。清华航空研究所气象组，注重实验和仪器，并在嵩明县设立高空气象台，正在继续做各种准备开始大规模发展的时候，赵九章竟然于1944年被拉到重庆去了。”

· 教学名师与气象精英

任教于西南联大地质地理气象系气象组的知名教授是李宪之和赵九章。

李宪之（1904～2001年），气象学家。1924年考入北大预科后转入物理系，1927～1930年参加中国西北科学考察团，是4位学生团员之一，负责水文气象观测与研究。1930年赴德国柏林大学学习气象、海洋和地球物理，1934年获哲学博士学位，从事2年博士后研究。1936年回到清华地学系气象组任教，次年任教授。1938年任西南联大地质地理气象系教授并在云南大学、空军测候班兼课。1946年任清华气象系教授、系主任。李宪之是中国近代东亚寒潮和台风研究以及中国近代高等气象教育事业的开拓者和奠基人之一。

赵九章（1907～1968年），气象学家、地球物理学家、空间物理学家、中国科学院院士。1933年毕业于清华物理系，1935年通过庚款留学考试后赴德国攻读气象学，

1938年获德国柏林大学博士学位。回国后任西南联大地质地理气象系教授兼清华高空气象台台长。1944年5月经著名气象学家竺可桢推荐，任“中央研究院”气象研究所所长。赵九章是中国动力气象学、地球物理学和空间物理学的奠基人，1999年被授予“两弹一星功勋奖章”。

西南联大地质地理气象学系培养了我国近现代许多杰出的地学人才，为我国地质学、地理学和气象学的发展做出了重大贡献。由于采用的是“精英式”教育，每年的毕业生较少。据统计，1938～1946年地质地理气象学系共毕业学生166人（北大28人、清华57人、南开7人、西南联大74人），其中西南联大学籍中有10人进入军队担任译员等，气象学专业本科毕业生仅有33人。硕士研究生毕业3人，其中气象学1人（顾震潮）。1934～1937年毕业于清华地学系气象组的学生13人，1947～1949年毕业于清华气象系的学生12人，下表为1934～1949年清华大学及西南联大气象学专业（组）毕业学生名录。

1934～1949年清华大学及西南联大气象学专业（组）毕业学生名录表

毕业学校及院系	毕业时间	毕业学生姓名
清华大学地学系（13人）	1934	李良骐、刘汉、刘愈之
	1935	彭平
	1936	程纯枢、么枕生、汪国瑗、张英骏、王钟山
	1937	郭晓岚、张乃召、刘好治、蒋金涛
西南联大地质地理气象学系（33人+1人）	1938	谢光道、亢玉谨、万宝康、周华章、钟达三、陈鑫
	1939	高仕功、孙毓华、何明经、白祥麟
	1940	叶笃正、谢义炳、彭究成、冯秉恬、朱和周、程传颐、宋励吾
	1941	王宪钊、徐淑英、钱茂年
	1942	黄衍
	1943	李叔庭、莫永宽、钱振武、何作人
	1944	曹念祥、张文仲、罗济欧
	1945	刘匡南、秦北海、贺德骏、李廉、顾震潮（研究生）
	1946	江爱良
清华大学气象系（12人）	1947	章淹、仇永炎、严开伟、葛学易
	1948	周琳、洪世年、唐知愚、陈滨颖
	1949	朱抱真、王世平、王余初、胡人超

在西南联大的气象师生中，有7人入选《中国气象百科全书》，赵九章、叶笃正、谢义炳为著名气象学家，中国科学院院士；李宪之、朱和周、谢光道、王宪钊为气象学家。中华人民共和国成立之前，在1938年以前的清华地学系和1946年以后的清华气象系师生中，有8人入选《中国气象百科全书》，涂长望、程纯枢为著名气象学家，中国科学院院士；么枕生、张乃召、汪国瑗、朱抱真、章淹、仇永炎为气象学家。其次，入选《中国气象百科全书》的气象学家还有1940年毕业于西南联大物理系的顾钧禧，1945年毕业于西南联大研究院的顾震潮。另外，1937年毕业于清华地学系的郭晓岚（美籍华裔），1944年取得清华留美公费生资格，1945年赴美国芝加哥大学攻读气象学博士学位，师从著名气象学家罗斯贝教授，是世界著名理论气象学家，荣获美国气象学会罗斯贝奖。

国立西南联合大学旧址（解明恩 摄）

地质地理气象学系毕业的学生中，刘东生院士（1942年毕业，地质学）、叶笃正院士（1940年毕业，气象学）分别获2003年、2005年度国家最高科学技术奖。叶笃正院士是中国现代气象学的主要奠基人之一，是中国近代大气环流理论、大气动力学、青藏高原气象学、东亚地区大气环流研究的开拓者，以及国际全球变化研究的倡导者之一。谢义炳院士长期从事大气环流、低纬度天气学和天气动力学等方面的教学和研究，是中国现代天气学和大气环流学奠基人之一。

2004年10月18日，中国气象学会成立80周年，授予26位健在的气象前辈“气象科技贡献奖”，清华和西南联大10人获奖：么枕生、仇永炎、王世平、王式中、叶笃正、刘好治、朱抱真、李良骐、赵恕、葛学易。

• 艰辛的气象科研工作

李宪之教授1935～1936年在德国发表了《东亚寒潮侵袭的研究》《台风的研究》《大气环流与海洋环流的相似性》等重要论文。1938年到西南联大任教后，在繁忙的教学工作之余仍致力于科研工作，发表了《气象事业的重要性与展望》《气压年变型》《几个地学问题的研究》等论文。1941年李宪之教授向西南联大提出开展气象研究的计划报告——《西南高层气流与天气研究计划》，包括“中国西南高层气流”和“中国西南的天气”两个选题，因经费、资料等所困，最终未能付诸实施。赵九章教授在西南联大任教前后，在德国和中国发表了多篇重要论文，如《中国东部气团之分析》《信风带主流间的热力学》《罗斯贝反气旋微分方程的积分》《变换作用导致冷暖气团的变性》《地面阻力层与风的日变化之关系》《非恒态吹流之理论》《半永久性活动中心的形成与水平力管场的关系》等。

赵九章、李宪之等在承担地质地理气象学系的教学任务之外，还参与了清华航空工程研究所下设的航空气象研究部的工作，筹建高空气象台并与盟军开展气象合作。清华航空工程研究所翻译和编著了多部航空工程方面的书籍，被“国立编译馆”付印作为大学教科书和空军军官学校教本，如庄前鼎等翻译的《应用空气动力学》《空气动力学概论》《飞机材料学》等。赵九章与庄前鼎合编《高空气象学》；编写《防空常识》《滑翔与气象》《航空与气象》；撰写技术报告（论文）108篇，其中气象学17篇。

1941～1946年“国民政府教育部”进行了六届学术奖励工作，涵盖社会科学、自然科学等多个类别，在六届奖励中气象学均有成果获奖，赵九章教授的《大气之涡旋运动》获1943年度自然科学类二等奖。同时，西南联大地质地理气象学系孙云铸教授的《中国古生代地层之划分》，冯景兰教授的《川康滇铜纪要》分别获1942年度自然科学类二等奖和三等奖，张印堂教授的《滇缅铁路沿线经济地理》获1942年度社会科学类三等奖，杨钟健教授的《许氏禄丰龙》获1943年度自然科学类一等奖。

李宪之、赵九章等在西南联大任教期间，还参与创办清华地学会的学术期刊—《地学集刊》的相关工作，承担纂稿与审稿工作，指导西南联大毕业生在该刊发表了有关气象学、地理学方面的研究论文。1948年，清华编纂《国立清华大学科学报告 丙刊：地质、地理、气象》，刊发地学类论文。

· 结语

西南联大地质地理气象学系气象组在滇9年，在教学、科研和生活条件异常艰苦的条件下，在李宪之、赵九章，刘好治、谢光道、高仕功等教师们的精心努力下，开设了气象学、气候学、理论气象、高空气象、大气物理、气象观测、天气预报、海洋气象、农业气象等课程，教师们在条件艰苦和繁忙的教学工作之余仍致力于气象科研，发表了多篇论文，培养了硕士研究生顾震潮以及叶笃正、谢义炳等本科生33人，为现代气象学和新中国气象事业奠定了重要的人才基础。

本文发表于《气象科技进展》2019年第1期

云南近代气象台站创建历史述略

云南近代气象观测始于清光绪十九年（1893年）的蒙自海关。1899年，云南府法国交涉委员署创建云南府（昆明）测候所。在此后的50年间，外国传教士、海关、滇越铁路公司、民间人士、民国“中央政府”、民国“云南地方政府”、民国空军、“中国航空公司”等先后在滇设置过多个测候站所，初步建立了云南近代气象测候站网。

云南地处西南边陲，交通闭塞，地理气候复杂，虽然近代气象事业起步相对较晚，但可供挖掘整理的气象史料丰富。本文拟对云南近代气象测候站网的创建进行综述，以期提高对云南近代气象史的认识。

· 近代云南气象台站概况

1849年，俄国教会建立北京地磁气象台；1872年，法国教会建立上海徐家汇观象台，标志着中国开始进入近代气象观测时代。云南近代气象观测始于清光绪十九年（1893年）的蒙自海关。1899年，云南府法国交涉委员署创建云南府（昆明）测候所。在此后的50年间，各类机构先后在滇设置过多个测候站所，初步建立了云南近代气象测候站网，积累了宝贵的气象资料，丰富了对云南天气气候规律的认识。截至1950年3月云南和平解放时，全省仅存9个气象台站，即昆明太华山气象站、昆明巫家坝机场气象站、沾益机场气象站、昭通机场气象站、蒙自机场气象站、保山机场气象站、大理气象站、玉溪气象站、丽江气象站，气象测候员仅有39人。

近代外国列强、民国政府等在滇设置的气象测候站所，按其行政隶属关系，大致可归纳为四类。

第一类为外国人测候所，包括法国交涉委员署为上海徐家汇观象台设置云南府测候所、法国教会测候所、法国滇越铁路建设公司测候所、英法海关测候所、美国志愿航空队驼峰航线测候站等。

第二类为云南地方测候所，包括私立气象测候所、省立气象测候所、教育与建设部门测候所、农业部门测候所等。

第三类为民国“中央”部门测候站，包括“中央研究院”气象研究所测候站、民国“中央气象局”测候站、“中国航空公司”测候站、西南联大测候站等。

第四类为民国空军测候站，包括民国云南空军测候站、民国“中央空军”测候站等。

· 外国人测候所

由于云南特殊的地理位置、丰富多样的自然资源和民族文化资源、神秘独特的宗教习俗，在近代是西方传教士、外交官、商人、科学家、探险家喜欢游历、探险、考察的重要地区之一，其中地质地理学、动植物学、气象学是外国人赴滇科学考察的重点领域。

开设领事馆。1887年法国在蒙自设领事馆，1895年开思茅、河口为对外商埠。1899年，法国以办理滇越铁路事务为由，派总领事方苏雅（奥古斯特·弗朗索瓦，Auguste Francois）“暂住”省城昆明，办理一切外交事务。1910年法国在昆明设立“法国外交部驻云南府交涉员公署”，法国驻滇总领事改为交涉委员，1932年法国驻蒙自领事馆迁往昆明。1901年英国在腾越（腾冲）设领事馆，1902年英国以商量滇缅铁路边界事宜为由，派领事常驻昆明。1912年英国驻滇总领事馆开馆。1942年日军占领腾冲前夕，英国驻腾冲领事馆关闭。1899年法国传教士开始在云南府天主堂（昆明平正街天主教堂）设立气象观测点，1901年7月改为上海徐家汇观象台所托进行气象观测，是近代云南气象测候的开端。1906年法国人在蒙自天主教堂观测降雨量。1906年法国传教士Pkuline在昆明设气象观测所进行测候6年。2006年2月，旅法云南人王益群女士向云南省气象档案馆提供了一份由法国驻滇总领事方苏雅整理的昆明气象资料复印件，记载了昆明1899～1903年的月平均气温、最低最高气温等记录，佐证了法国传教士在昆明的最早测候记录始于1899年。另据1944年陈一得先生参与编纂的《续云南通志长编（上册）卷十二至二十四》记载：昆明、蒙自气温记录始于1907年，蒙自雨量记录始于1897年，昆明雨量记录始于1902年。

孟连国家气象观测站（苏晓力 摄）

开办海关。1889年设蒙自（Mengtsz）海关。1909年4月滇越铁路通车至蒙自碧色寨，蒙自关在碧色寨设分关。1910年4月滇越铁路全线通车，蒙自关在昆明设云南府分关。蒙自关包括河口、云南府、碧色寨分关和蛮耗、马白分卡。1902年设腾越（Tengyuen）海关，含蛮允、弄璋街分关。1897年设立思茅（Szemao）海关，设猛烈（江城）、易武（勐腊）分关。海关气象观测是在近代中国半殖民地半封建社会背景下创建的，它是外国殖民者为其商贸和航运需要，在中国建立的第一个气象观测站网体系。1853年清政府海关总税务司成立，1863年，清政府任命赫德（Robert Hart）为海关总税务司，形成了名义上隶属清政府，实际上由洋人掌控的海关机构。为了获取我国重要口岸的气象情报，1869年11月，赫德颁发总税务司通札，要求通商口岸的海关开展气象观测。据海关总署1905年出版的《海关气象工作须知》，全国海关气象观测站自1869年小规模创建，至1905年有41个站进行观测并寄送观测记录至远东5个观象台，云南有3个海关气象观测站名列其中。即腾越（Tengyuen），具体建站时间不详，中国气象档案馆馆存档案记录为1911年1月～1942年3月，疑为1905年以前就有观测。思茅（Szemao），现无存档记录，疑为1905年以前就有观测。蒙自（Mengtsz），现无存档记录，疑为1905年以前就有观测。《海关医报》（Medical Reports）是晚清中国海关将各通商口岸海关医务官撰写的当地医疗卫生报告汇集印发的半年刊。《海关医报》除包括居住城市的卫生概况、疾病流行及居民死亡情况外，还包括与疾病，特别是流行病密切相关的气温、降水信息。《海关医报》为研究清末云南腾越、思茅、蒙自海关气象观测提供了有力的佐证。佳宏伟根据《海关医报》提供的气象信息，整理得出了1902～1910年腾越逐月降水量和最低最高气温，1896～1900年思茅逐月降水日数和1902～1910年逐月最低最高气温，1893年蒙自逐月降水日数和最低最高气温。1893年成为云南目前有据可查的近代气象测候最早开始的年份。

修筑铁路。1895年法国迫使清政府承认其具有滇越铁路的修筑权。1898年根据《中法滇越铁路章程》，法国获得自越南边界修筑铁路到云南昆明的权利，1901年9月在蒙自成立“滇越铁路建设公司”。1903年开始动工修建，至1910年4月1日通车。滇越铁路从越南海防开始，经河内、老街，进入中国云南境内的河口，经蒙自、开远、华宁、宜良、呈贡至昆明，全长855千米，其中云南段为466千米。为满足滇越铁路运行需要，法国滇越铁路建设公司从1906年滇越铁路铺轨入境起，陆续在云南境内铁路沿线建立了8个气象观测站（其中5个为雨量站），即蒙自测候所、河口测候所、昆明测候所、宜良雨量站、华宁婆兮（盘溪）雨量站、开远雨量站、蒙自芷村雨量站、屏边腊哈底雨量站。气象观测从建站一直持续到1929年或1936 年，前后达二十余年，非常遗憾，如今这些宝贵的气象资料已大多失传。表1为清末外国人在滇设置的气象测候所简表。

表1　清末外国人在滇设置的气象测候所简表

序号	站　名	隶属机构	建立时间
1	云南府（昆明）测候所	云南府法国交涉委员署	1899～1903
2	云南府（昆明）气象观测所	法国传教士Pkuline	1906.1～1911.12
3	云南府（昆明）气象观测所	不祥	1902～1936
4	蒙自测候所	法国滇越铁路建设公司	1906.1～1932.12
5	河口测候所	法国滇越铁路建设公司	1907.1～1929.12
6	昆明测候所	法国滇越铁路建设公司	1907.1～1929.12
7	宜良雨量站	法国滇越铁路建设公司	1912～1936
8	华宁婆兮雨量站	法国滇越铁路建设公司	1912～1936
9	开远雨量站	法国滇越铁路建设公司	1912～1936
10	屏边腊哈底雨量站	法国滇越铁路建设公司	1918～1936
11	蒙自芷村雨量站	法国滇越铁路建设公司	1918～1936
12	腾越海关测候所（英）	海关总署海岸稽查处	1911～1942（1902年）
13	蒙自海关测候所（法）	海关总署海岸稽查处	1905年前（1893年）
14	思茅海关测候所（法）	海关总署海岸稽查处	1905年前（1896年）

注：括号内年份根据《海关医报》推算而得。

• 云南地方测候所

按照北洋政府农商部要求，杨文清、张祖荫、陈葆仁等于1915年5～12月在云南省甲种农业学校（东陆大学旧贡院，今云南大学会泽楼后边）创办了“云南气象测候所”，是云南人从事气象测候工作的最早记录。该所于1920年1月正式观测，可惜因战乱和经费原因，测候仅坚持了4年，于1923年底停办。

20世纪20～30年代，“云南省县级地方政府”教育局、建设局、棉业推广所等机构在各地相继设立气象测候所。这些观测记录短暂或断断续续，缺乏连续性和完整性。据云南省气象档案馆提供的资料，民国期间“云南省地方政府”所设置的气象测候所大致情况如下。

1. 私立一得测候所

陈一得（1886～1958年），原名陈秉仁，字彝德，号一得，是云南近代气象、天文、地震事业的先驱。1927年7月，陈一得先生在昆明创办了中国第二个私人测候所——“昆明私立一得测候所”，又称“昆明市代用气象测候所”，是云南人自己办气象的开始。一得测候所位于昆明市钱局街83号（东经102°42′，北纬25°03′，海拔1922.1米）。每日3次观测，观测时间为东经105°时区标准时的06、14、21时，观测项目有气压、气温、湿度、蒸发量、能见度、云量云状云向、风向风速、降水量、天气现象等。从1930年开始，一得测候所每年定期编发《昆明市气象年报》《昆明市代用测候所概览》等并呈报“昆明市政府”、“中央研究院”气象研究所、上海徐家汇观象台等。1936年6月，云南省教育厅主持成立“省立昆明气象测候所”，聘陈一得为首任所长。鉴于省立昆明气象测候所当时建筑工程及设备尚未竣工，故仍在一得测候所原址继续进行气象观测。1938年5月，省立昆明气象测候所迁至新址昆明太华山，一得测候所停止观测。

2. 省立昆明气象测候所

1936年6月1日，成立省立昆明气象测候所，隶属省教育厅，位于昆明西郊太华山顶（东经102°37′，北纬24°57′，海拔2358.3米），正式气象观测始于1938年5月。所长陈一得、测算员2人、电报员1人、书记员（兼事务员、仪器管理员）2人，建立了昆明气象测候所的组织简章、观测凡例、办事细则等。地面气象观测项目完整，每天24次观测记录和发报，编制气象记录月报、季报、年报。1945年6月，陈一得先生辞职后，昆明气象测候所移交昆明科学馆管理，测候业务持续到1950年3月中国人民解放军西南军区昆明军事管制委员会接管并保持至今。现为太华山国家基准气候站，是云南连续气象观测时间最长的气象台站，在昆明气象测候所旧址建成了“云南气象博物馆”。

3. 云南省地方教育部门设置的测候所

除1936年设立的省立昆明气象测候所外，1915～1938年，民国“云南省地方政府”教育部门先后设置的气象测候所还有19个。各县教育局所属气象测候所主要观测项目有气温、风向风力、天气或只有气温、降水，每日一般观测2次（07时、14时），观测时制不明。

4. 云南省地方建设部门设置的测候所

1932～1941年民国“云南省地方政府”建设部门先后设置的气象测候所有27个。

各县建设局所属气象测候所主要观测项目有温度、湿度、降水、云、能见度、风、天气概况等，每日07时、14时2次观测，观测时制不明。

5. 云南省地方棉业推广所设置的测候站

1933年，云南省实业厅拟定“发展云南棉业计划”，开始在部分地区设立棉业试验场和棉业推广所，并在试验场和推广所附设气象测候站，共计8个（宾川、弥勒、弥渡、华宁、建水曲溪、建水、元谋、开远）。各测站主要观测项目有气温、湿度、云量云状、降水量、能见度、风、天气概况等。观测时间为东经105°时区标准时的06、14、21时3次，或06、14时2次。除宾川站观测时间达7年外，其余站点均不足1年。

6. 云南省其他地方机构设置的测候站

1920～1948年，云南省其他地方机构还设置了32个气象测候站，进行短暂和简易的气象观测，其中会泽（东川府）、元江、大理喜洲等站观测时间超过10年。

· 民国“中央部门”测候所

1927年4月南京国民政府成立，1928年6月成立“中央研究院”，1929年1月“中央研究院”气象研究所成立，1941年10月民国“中央气象局”成立。1942年，气象研究所将建立和管理全国气象台站的任务和天气预报移交“中央气象局”。1947年，民国“中央气象局”对全国气象台站网的设置进行了调整和布局，将气象台站分为气象台、气象站、测候所、雨量站四级。1939年12月～1950年3月，民国“中央气象局”“中国航空公司”、西南联合大学等先后在滇设置气象测候所8个（表2）。

表2 民国“中央部门”在滇设置的气象测候所简表

序号	站　名	建立时间
1	大理气象测候所	1939.12～1950.3
2	保山气象测候所	1941.1～1942.4
3	丽江气象测候所	1942.5～1950.3
4	玉溪气象测候所	1943.12～1950.3
5	昆明气象站	1945.10～1946.8（中美合作所）
		1946.9～1947.5（民国国防部二厅）
		1947.6～1948.1（民国中央气象局）
	昆明气象台	1948.2～1949.12（民国中央气象局）
6	中国航空公司昆明航站气象站	1943.3～1945.8
7	云龙导航台测候所	1944～1945.8
8	清华大学高空气象台观测站（嵩明）	1939.10～1944.4

大理测候所1939年12月由气象研究所与国民政府经济部水利司合作创办，1942年1月移交民国“中央气象局”管辖，其气象观测延续到建国后。保山测候所1941年1月由气象研究所与国民政府经济部水利司合作创办，1942年1月移交民国“中央气象局”

管辖，1942年5月撤迁至丽江，另建“丽江测候所”，保山测候所的气象观测记录止于1942年4月。丽江测候所1942年5月由保山测候所迁至丽江后设立，1943年1月开始气象观测，观测记录延续到建国后。玉溪测候所1943年12月由民国“中央气象局”建立，其观测记录延续到建国后。

在中国大陆组建气象站网，是二战时期美军与军统局开办“中美合作所”的主要目的之一。1944年5月，气象训练班第一期学员毕业后就开始到重要城市建立气象站，首批5个站中就有昆明。“中美合作所”气象站业务直接由“中美合作所”气象组指挥，行政上隶属当地的军统特务组领导。1946年3月“中美合作所”解散。8月“中美合作所”上海气象总站及所属气象台站改隶国防部二厅管辖，经调整改编后，所属气象台站41处，其中昆明属于二等测候站，每日4次地面观测、2次高空风观测。1947年6月，根据国民政府行政院训令，国防部二厅所属41个台站的气象人员归属民国“中央气象局”，通讯人员归并到民用航空局电讯总台。

1929年5月“中国航空公司”成立，1930年8月与美国飞运公司联合成立新的“中国航空公司”。抗日战争爆发后，中航相继开辟昆明—仰光、昆明—河内、重庆—昆明—汀江（印度）—加尔各答（印度）等国际航线，其中汀江—昆明、汀江—叙府（宜宾）、汀江—泸州三条航线的“驼峰空运”，是中航在抗日战争后期担负的主要航空运输任务。1942年5月—1945年9月中航公司飞机飞越“驼峰航线”共8万多架次，运输物资5万余吨。为保障航线的飞行安全，中航在航线上设有电台（昆明、云南驿、丽江、云龙、保山、印度汀江、缅甸葡萄等），重要机场派驻专职气象员进行航空气象保障，其他机场均由受过短期训练的报务员兼任。设立昆明巫家坝（1943年3月）、印度汀江（1942年4月）、印度加尔各答（1943年3月）、缅甸葡萄（1945年1月）、缅甸八莫（1945年10月）等机场气象观测站。驼峰航线上云南境内的主要备降机场有呈贡、昆阳、羊街、陆良、沾益、昭通、云南驿、腾冲、保山、丽江。汀江机场气象站提供汀江到昆明沿线半小时一次的天气报告、驼峰航线天气预报以及汀江、昆明航站的天气实况及预报。

1939年秋，赵九章先生作为西南联合大学所属的清华大学航空研究所高空气象组的负责人，在昆明嵩明县城西的灵应山建立了“清华大学航空研究所高空气象台”，开展地面气象观测和高空气象探测试验，为美国航空队提供气象服务。派人协助盟军举办无线电探空仪训练班，为驻昆“中国空军”培训了5批气象员。赵九章等更是想方设法，成功自行设计制造了水银气压表，并代制国内紧缺的水银气压表数十具，使各地的气象台站得以继续观测，赢得了国内气象界的好评。

• 民国空军测候所

1922～1950年，民国云南空军、民国“中央空军”和美国航空队先后在滇设置气象测候所11个（表3）。

表3 民国空军及美国航空队在滇设置的气象测候所简表

序号	站　名	建立时间
1	昆明航空站测候台（巫家坝）	1922～1939（云南空军）
	昆明机场气象区台（巫家坝）	1939～1947.1（民国空军第5总站）
	昆明机场气象台（巫家坝）	1947.2～1950.3（民国空军第5气象大队）
2	蒙自航空站测候台	1925.8～1939（云南空军）
		1939～1947.1（民国空军第5总站）
		1947.2～1950.3（民国空军第5气象大队）
3	保山航空站测候台	1939～1950
4	会泽航空站观测站	1939.11～1949
5	陆良航空站观测站	1939.11～1949
6	沾益航空站测候台	1939～1950.3
7	丽江航空站测候台	1943～1950
8	云南驿机场气象台	1944～1950
9	昭通航空站测候台	1945.1～1950.3
10	美国航空队昆明航空站气象台	1944.5～1945.8
11	美国航空队沾益航空天气预报台	1944.5～1945.8

1922年，唐继尧主持滇政后着手创建云南空军，设立云南航空处、修筑昆明巫家坝机场、创办云南航空学校，云南航校是继1913年北京“南苑航校”之后创办的全国第二所航校。云南空军自1922年建立以后直到1937年抗战爆发，云南航空队仅有20余架飞机。1937年，“中央航校”迁到昆明巫家坝机场接管云南航空队。据有关资料统计，抗战前云南建有27个机场（或飞行跑道），抗战爆发后，云南因军事需要修建了40个机场，民国期间云南共建有67个机场，著名机场有昆明巫家坝、云南驿（祥云）、昭通、沾益、陆良、蒙自、保山、丽江等。昆明巫家坝机场因其重要的战略位置成为最主要的空军基地之一，1941年后，美国陈纳德将军率领的“飞虎队”总部就驻扎在巫家坝机场，是当时全球最繁忙的国际机场之一。

据王宪钊、张丙辰两位前辈回忆，被称为“飞虎队”的美国援华志愿航空队（1943年扩编为美国陆军第14航空队）在抗战中后期也是“驼峰航线”的主要经营者，美军在印度、缅甸设有少量的机场气象台，在国内10个机场设有无线电探空和高空测风站（聘有少量中方雇员），印度汀江机场和昆明巫家坝机场设立的气象台与中航公司机场气象台相互交换气象情报，美军重点提供密支那、新背洋、汀江附近备降机场天气报告，昆明、汀江的高空测风和无线电探空。在昆明成立的中美空军混合团司令部由人事、情报、作战、后勤4个科和通信、气象2个室组成，其中气象室由5人构成（美方2人、中方3人），具体负责绘制地面和高空天气图并提供未来36小时预报。1943～1944年“中国航空公司”和美国航空队先后在昆明巫家坝建立机场气象站并开展腾冲、保山、云龙、丽江、云南驿、昭通、沾益、陆良、羊街、呈贡、昆阳等备用机场的航线、航站气象保障工作。

弥勒国家气象观测站（张涛 摄）

1937年8月，“中央航空学校”西迁昆明，更名为昆明空军军官学校，昆明空军军官学校设有测候训练班和气象台。1939年1月，航空委员会迁至重庆，成立航空委员会气象总台，负责向航空委员会及有关部门提供气象情报和气象预报并综管全国各地空军气象台的技术督导工作。为了配合美英盟军对日作战，航空委员会在全国各军事重镇设立了16个空军总站，总站设有测候区台，测候区台下设若干机场测候台，并在中国西南地区建立了较为密集的测候站网，以便开展气象观测和空军飞行气象保障服务。其中，在云南相继设立的空军总站测候区台有空军第四总站（沾益）、空军第五总站（昆明）。1944年底，昆明空军军官学校测候训练班迁成都凤凰山并入成都空军通信学校，设立凤凰山实习气象台。抗战胜利后，航空委员会重庆气象总台迁回南京。1946年，国民政府航空委员会改组成立空军总司令部并将全国划分为5个空军军区。1947年2月，空军总司令部所属气象总台、测候区台、测候台，分别改编为气象总队、气象大队，云南所属的重庆空军军区设置为第五气象大队，仿照美军建制，更名为505气象大队。

据邓士英先生回忆，1944年，昆明空军气象台（巫家坝）有台长1人，测候员2人（1人做预报，1人管测报）。测候士5人，担任航空报的测报，每日8次补助绘图的测报和报表制作，1日2次经纬仪小球测风等。另有填图员1人、事务员1人、文书1人、测候兵2人、炊事兵1人。台站设置方面，除有昆明航空军官学校气象台、美空军气象台外，还有沾益、昭通、陆良、云南驿、保山等测候台站。

• 结语

云南近代气象观测始于清光绪十九年（1893年）的蒙自海关，1899年云南府法国交涉委员署创建云南府（昆明）测候所。1927年，陈一得先生创建的“昆明私立一得测候所”是中国第二个私人测候所，1936年设立的昆明气象测候所（太华山）是目前云南省连续气象观测时间和保留站址最长的气象站。清末至民国时期，外国传教士、领事、海关、滇越铁路公司、陈一得、民国“中央政府”、民国“云南省地方政府”、民国空军、美国盟军、中航公司、西南联大等先后在滇设置过多个测候站所，几乎涵盖滇省全境，形成了云南近代气象测候站网的基本雏形。

本文发表于《气象科技进展》2019年第5期

云南气象先驱：陈一得

陈一得（1886～1958年），原名陈秉仁，字彝德，号一得，云南昭通盐津人。因其创办全国第二个、云南第一个私人测候所——“昆明私立一得测候所”，取《史记》中“愚者千虑，必有一得”之意，遂号一得。陈一得先生是云南近代气象、天文、地震科学研究的先驱。他一生在气象、天文、地震、铁路、考古、国防、科普、地方志编纂、保护滇池等领域均有建树，构筑了云南近代气象、天文、地震事业的基础，更为后人留下了宝贵的“一得精神”——爱国爱家的情怀、献身科学的精神、求真务实的作风、志存高远的境界、艰苦创业的风范。

鉴于陈一得先生在云南近代自然科学上的突出贡献，2015年，中共云南省委宣传部将其列为“云南百位历史名人传记丛书”人选，由云南大学历史与档案学院耿金先生执笔编纂出版了《气象先驱：陈一得》。2016年，昆明太华山气象站（云南气象博物馆）刘金福先生主笔编纂出版了《陈一得：云南近代气象、天文、地震事业先驱》。两本专著是对陈一得先生精彩人生的最好诠释，书中回放了诸多历史细节，娓娓道来，读后让我们对这位具有君子风骨的云南科学老人肃然起敬。陈一得先生在云南气象学、天文学、地震学方面的不朽业绩还列入了《云南百科全书》（1999年）和《云南科学技术史稿》（2016年）两本专著。同时，陈一得先生1927年亲手创立的“一得测候所”（今昆明太华山国家基准气候站）列入《中国气象百科全书》的“著名气象台站”名录，2018年获中国气象局“中国百年气象站”（七十五站）认定保护。

自1947年石青农先生在民国《人物杂志》第11期上撰文《气象学家陈一得》起，截至2020年，经笔者收集整理后发现，介绍陈一得先生生平事迹的文章（专著）多达30余篇（部），因历史资料和专业所限，内容迥异，在所难免。由于陈一得先生是气象学科（部门）唯一遴选入省志的重要历史人物，为了使后辈们既能原汁原味又简明扼要地回眸陈一得先生的精彩人生，体味这位非科班出身的滇籍科学家的创业风范。笔者特收集、整理、推荐了方树梅、刘恭德、马曜三位先生从不同角度、不同风格撰写的“陈一得传记”，这三个版本的传记分别代表了民国云南省志、现代云南省志、云南地方史等三个不同版本，是对云南近代自然科学人物陈一得先生的真实写照。三位撰稿人分别是云南在文献学、气象学、历史学方面的著名专家学者，方树梅先生甚至还与陈一得先生同为20世纪30年代的“云南通志馆”馆员（编纂员），可谓同辈同事，共同参与了《新纂云南通志》《续云南通志长编》两本民国云南省志的编纂。20世纪60年代初，方树梅先生已届80余岁高龄，欣然提笔为昔日同窗好友陈一得作传。现在就让我们一起慢慢品味三位先生编纂的陈一得传记吧！

始建于1936年的昆明气象测候所（李振荣 摄）

• 人物传略一：陈秉仁

清季学部令各省从优级师范学堂造就中学及初级师范教员。吾滇遵令调各厅、州县二三人入省肄业，初习预科，后考分理、化二班，博物、史地、文学、教育各一班，总二百五十余人。毕业后服务全省教育，卓著成效者，不乏其人，而笃钻研天文气象、开演新纪元以成名者，陈一得一人而已。一得原名秉仁，字彝德，因创办“一得测候所”遂以一得行。生一八八六年丙戌十月二十六日，卒一九五八年十月十七日，年七十有六。弟葆仁以事状请为传，余与一得同学，交深数十年，不辞而为之传。

按状，祖籍四川金堂县，父思贤四岁失怙。值蓝大顺之乱。曾祖际虞携家避乱自流井，课童蒙以糊口。祖母徐，纺织抚四子成立，使各习一艺。伯习倾销艺，操业盐津老鸦滩，迎母及诸弟同居，遂家焉。母赵，一得年七岁，临终时瞩望发奋读书。一得体亲心，勤学苦读。家在肆中，屋狭市嚣，夜读至鸡鸣，邻不以为扰，反奖其勤学。十六应童子试，厅府皆前列，院试额满见遗。停科举，兴学堂，遂申送入省高等学堂肄法文。以第一名取录送比利时学铁路，为滇督锡良畏留学生皆革命阻送，终身引以为憾。高等学堂改两级师范，入优级理化选科，毕业最优等。任省各中学校教员四十年，教法谨严，各校争延之。生平无嗜好，烟、酒、博、戏皆远之，惟爱好自然科学。节约储蓄，以备研究所需。由高等数学演习我国之天算，深研天体之运行。无观测天象之仪器，无间寒暑，每夜终宵坐观星象之升没转移。积多年观察，制步天规，便于观视，究天文者纷索之。袁树五太史尝于天清星朗夜执步天规同登观测小楼，询使用法，仰观天顶与所阅我国天文图书对照相符合，叹前人难继绝学未坠，举藏天文图书借以参考，更得精算星座运行缠度之差。一九四一年中国天文学会成立，赴甘肃临洮观日全食，一得请加入视察团，团长，天文研究所所长任之。团员十余人，皆各大学天文学教授及各天文台专员、东西洋留学博士，惟一得资浅，分预备工作，予以清闲之纪录。团中预备观测角度、安置仪器觅一星座，三夜不得。以一得亦天文学会变星观测员。询以此星座近有无变动，答“无变动，试为诸君觅之”。当夜众仍工作，一得则仰卧，佥以为逛。及工毕众寝，浸将天明，乃呼众起出观，说明此星在本季今月此时方出地平升天顶，众乃重之。此后学校团体请本团讲演亦推之往。滇陇相距甚遥，旅费不赀，请教所，吝之，仅予微末补助，不敷往返车费，为科学研究，乃自筹川资。同往团员皆公费，一得节约至川境，资罄，弟葆仁在重庆，乃接济返昆。

一得由物理结合自然气象学，从实际观测出发，晴雨、温度、湿度、风向、云形等逐日按时观测纪录。其助手乃继室刘德芳，三十年无缺。刘病故，将手写之《昆明气象观测纪录》印出，分送研究气象之参考，以为纪念。一九二六年以任教十余年之积累，自备赴南京气象台进修。半年后由南京、上海、南通、武汉、北京、天津、青岛，绕日本东京、横滨，经香港、越南海防、河内，遍历东亚有名各天文、气象、地震台所参观，购置气象观测仪器返昆明，创设私立测候所，以为科学研究。科学虽无国界，但各地气象与军事航空有关，以事关国际将来，函呈前省政府，当轴漠然置之。虑外人侵扰，商得昆明市政同意，改名“昆明代用私立一得测候所”，对外由市府处理，知外人已注视及之。当赴日本参观东京中央气象台时，台长出收藏一得编印《云南雨量之分布》相质，此刊物已覆瓿，乃收藏于日本中央气象台图书馆矣。日人前侵据我东三省后，曾由日本天津租界测候出面，向一得购历年观测记录，一得峻拒之。后闻于省府，大引起其重视。而航空学校请讲气候学，讲武学校请指示夜行军对北极星及其他容易辨识之星座，校中诸生获益不浅。

一得于地震之研究颇感必要，发觉云南历次地震多在月之上、下弦，认为与月之运行有关。锐意钻研，南至建水、石屏，西至永仁、丽江，东至陆良、弥勒，循小道、涉急湍、攀险径、登危峰，在各地震区域考察地质，探寻震源，分析研究，有详细之记录。

《新纂云南通志》任天文、气象各门，尽去谶纬、符瑞、迷信、附会诸旧说，一本科学，为修志新创一格。其编纂《盐津县志》不循旧例，特重民生各门。巧家、路南、晋宁天文气象各门皆为修纂。

平昔研究心得，有劝汇编付梓，仅将《水灾与天气》《云南雨量之分布》二三编印出，已不胫而至日本矣。奥地利科学游历者莅昆明，往测候所参观，见记录精确，惊为奇迹。美国驻昆明领事参观，重视其工作。农林、水利、航空、建筑各专家莅昆，每听取其汇报。林业部林部长称为旧社会自然科学之鲁殿灵光，我国自然科学界知云南有一得一人。

一得一生苦学，任北京中国科学技术协会委员，每开会，无间寒暑，必赴听取经验交流，接受决议精神，归作传达，促进工作。任省自然科学联合会分会主任、省科学普及协会主席、博物馆馆长，皆竭尽心力，踊跃争先。临终前参加青岛全国气象会议及北京中国科协会议，返昆明后抱病，进医院前草拟参加工作报告，至死而后已。党争取为省人委会委员，冀多所贡献于建设社会主义，而不意遂永与世别。遐迩闻者咸悼之。一得两娶皆无出，继室死即以侄永民兼祧。夫妇生前决定同葬昆明市西郊石咀林则山。

方树梅曰：天文气象，中国早已发明，然未有今日之精确。一得以一介微寒之士，苦心孤诣，购置仪器，设立测候所，钻研有得，复出游各地参究深造，其所表现为中外天文学家所重视。形骸虽死，而精神则永存不朽。呜呼！如一得者可为后学模范矣。

——方树梅撰，载于《续云南通志长编·人物》（云南人民出版社，1986年）

· 人物传略二：陈一得

陈一得（1886.11.21～1958.10.17），原名陈秉仁，字彝德。因创私立一得测候所，取“愚者千虑，必有一得”意，遂号一得。祖籍四川金堂，父辈到云南盐津盐井渡开杂货店落籍，是云南近代天文、气象、地震学的先驱者。

陈一得幼年好学，有志留洋，到昆明高等学堂专修法语，清末应考公费留学生，以第一名录取赴比利时。因反对清王朝出卖云南七府矿权，被取消留学资格，改为自费留学。取道上海，适逢辛亥革命事起，随黎天才等人攻打南京。清亡返滇，考入优级师范数理化专科，毕业后以优等生受聘在省会中学、师范任教，与刘德芳志同道合结为伉俪。同执教鞭数年，历任市五小校长、市教育课督导，选为省教育经费委员会委员。执教时期他多次往来盐津昆明之间，观察山川气候，考于旧志，多有心得，于民国8年（1919年）发表《昭通等八县图说》，将昭通8县划为4种气候型，并如实记入他在两年前考察的大关地震、盐津袁滋摩崖等资料。1927年，受命考察江苏、河北等省教育事业，顺道参观了南京天文台，有感于云南天文、气象的落后，使他决心转向天文、气象的自然科学研究。同年7月，尽历年积蓄千余元，购置简要仪表，在家中屋顶上安装仪器，办起私立一得测候所，成为当时中国第二个私人办的测候所，他与夫人轮流于每天6、14、21时测量气压、气温、降水等气象要素达10年之久，有《最近十年昆明气象统计册》存世。又择晴夜观星象，创步天规，由刘德芳将云南第一幅《昆明恒星图》绣在一方1.5米×2.0米大的蓝缎面上。南京中央大学地理系调查团Dr.Hermann等人参观后，称赞一得测候所为“科学化之家庭，硬干苦干的机关”。为实现另建新台，完成云南天气预报事业的愿望，同全文晟历经数年，仿上海徐家汇气象台设计施工，在海拔2300余米的太华山顶建造太华山气象站，1936年4月6日竣工。台长陈一得5月25日到职，6月1日开始观测。他亲拟了气象站的组织简章、办事细则、观测凡例等规章制度，严格执行，又按时出版发行气象月、季、年报，为社会服务。他的工作成果得到世界重视，1928年、1932年、1943年有法、日、美三国先后来商以重金收买全部气象资料，均遭到他拒绝，显示了一个爱国的自然科学工作者的气节。

1980年代的太华山国家气象观测站（太华山气象站供图）

陈一得重视科学动态，不断吸收新知识，研究新问题。1930年7月，他通过定量分析昆明实测雨量资料，发表《昆明之雨量》文章，继又发现台风能西抵云南等新现象。1934年12月，他与沈文候等人合作，在云南大学球场实测真子午线成功，并立石“云南大学天文点”为志。经两年观察，撰写《昆明气象与天文观测》一文，提出“昆明气象，适宜于天文观测，实较优于南京”的论点，为凤凰山天文台选址提供了科学依据。又2年，协助由云龙在全国首次使用实测气象资料创近代方志——气候志，完成《高峣志·气候》。1941年6月，远赴甘肃临洮，在中国日食观测西北队主持并首次用气象仪表实测日全食气象效应，完成《日全食气象观测报告》。同时，他设想了人工控制局部天气的两个方案：造林，设晴雨炮台。又倡导人工降雨、市政防震等减灾防灾事业。在《新纂云南通志·天文考》中，以科学观测的结果，分为“星象、授时”两门编写；气象考又引入“云南之云”等研究，增加科学性。1945年受聘《盐津县志》主编，创立了用简易气象仪表实测两年入志资料的先例，纂辑《盐津县志》一部。另撰《叙昆铁路线一瞥》，为改善云南交通献策；写专文，列十罪，斥“尽泄滇池，可得田300万顷”谬论，至今更见其科学性。他还将历年记录的气象资料及《云南气象谚语》编入《续云南通志长编》中。

1950年8月，陈一得与张永立等人代表云南出席中华全国自然科学工作者代表大会，归来任昆明科协理事长、省科普协会主席，领导两会工作。1951年元月建中国气象学会云南分会，任主席。并被选为省人民政府监察委员会委员。1953年任省博物馆馆长。此时期，他精神焕发，亲自带队赴丽江等地考察地震，到安宁研究恐龙化石，到东川等建设工地，出谋献策，被誉为“中国自然科学界的鲁殿灵光”！

1958年9月，他赴北京出席全国第一次职工科学普及工作积极分子大会，当选为中华全国科协第一届委员会委员。10月，因病去世。

——刘恭德撰，载于《云南省志·人物志》（云南人民出版社，2002年）

- 人物传略三：陈一得

陈一得（公元1886～1958年），原名陈秉仁，云南盐津县人，爱国科学家。清末在云南高等学堂、云南优级师范学堂读书。他曾以优秀成绩考取留学生，准备赴欧洲比利时留学，因参加反帝爱国的示威游行，被云南提学使取消留学资格。辛亥革命时，他在上海参加以黎天才（云南人）为首的反清起义，并参加进攻南京的战役。清帝退位后，他回到昆明。此后，长期在昆明中等学校当教师，业余时间钻研天文学、气象学、地震学，取得了卓越成绩。他根据对星象的长期观察，与夫人刘德芳合作，用丝线刺绣，制成“云南恒星图”。他还制成天文仪器“步天规”，可以测算出星宿运行规律，与实际观测基本一致。他测算出云南各县的标准时、各县二十四节令中太阳出没时分及昼长夜长时分。为了进行气象观测，他购买简易仪器，在昆明钱局街住宅建立私立“一得测候所”，逐日进行气象观测，数十年不间断，并把观测记录编印出来，成为昆明宝贵的气象资料。他筹备建立了云南第一个公立测候所于昆明西山之太华山顶。他根据观测资料进行气象理论研究，论证了天气异变与日斑有密切关系，日斑与木星运动有密切关系，据此科学地解释了我国1931年雨水特多、发生空前大水灾的原因。他对云南历史上的大地震进行研究之后，认为地震与月球运动和流星群运动有密切关系。陈一得在天文、气象、地震学上的成就受到国内外科学界的重视，获得很高评价。他的著作很多，主要的有《云南气象》《云南气象要素之分布》《云南之云》《云南气流的运行》《云南雨量之分布》《民国二十年水灾与天气》《民国二十年十一月天气奇遇》《云南地震史之考察》《道光十三年云南大地震之研究》《云南恒星图》《步天规及其附表》《新纂云南通志》中的《天文考》《气象考》等。建国初期，他虽已高龄，仍孜孜不倦地工作，被选为云南省科学技术协会主席、全国科学技术协会常委。

——马曜撰，载于《云南简史》（云南人民出版社，2009年）

气象前辈的云南记忆

为了探索云南气象事业的历史渊源，赓续边陲之地的气象血脉，观澜索源，以史为鉴，更好地为气象现代化建设服务。近年来，笔者喜欢收集整理近代有价值的历史文献，有幸拜读了许多民国时期曾在滇从事气象工作的前辈们的回忆录。他们有的是耄耋老人，有的早已过世，但却给后人留下了珍贵的口述史或文字记载，这是一种气象文化的传承。往事如烟，前辈们原汁原味地回眸，记录下了他们筚路蓝缕、跌宕起伏的气象生涯，读后令后人敬仰。有关樊平、朱云鹤两位气象前辈的回忆记述已载入中国气象局《气象史料挖掘与研究工程》（第四期），这里不再赘述。本文素材取自《中国近代气象史资料》《远征印度》等资料。

王宪钊回忆录

王宪钊先生在《二战期间驼峰飞行的气象保障》一文中回忆到：1944年和1945年间，我曾先后在昆明巫家坝机场和印度汀江机场气象台工作。当时中国航空公司在驼峰航线设有电台，如昆明、云南驿（今祥云）、丽江、云龙、保山、葡萄（现属缅甸）和汀江。除昆明、汀江外，其它各站（葡萄曾一度设有气象员）均由受过短期训练的报务员兼任。气象设备也极为简陋，只有手摇温度表和高度表，没有水银气压表、百叶箱和风速风向仪。就是与飞行有密切关系的云幕灯、云幕气球、测风气球也没有，甚至能见度目标物的距离也未能精确测量。每半小时观测天气一次，观测项目有云高度、天空状况、能见度、天气和视程障碍、干湿球温度表、风向风速（蒲福风级）、高度表拨正值和附注，其中云幕高度及能见度最为重要。昆明、汀江机场是飞机起飞降落地点，设有气象台，配有专业气象员，业务繁忙。1944年夏秋之交，我在昆明巫家坝机场工作时，只见郭鉴伦等4人（其它3人是抗战时期归国华侨）。当年10月我又被调到汀江时，只有何明经和我二人担任繁重的气象服务工作，不久又调来姚宜民和盛承禹。我就调到印度加尔各答的达姆达姆机场气象台去了。1945年5月，德国投降了，二次世界大战结束，我又调回昆明，再次投入驼峰飞行气象保障工作。这时又邀请了西南联大毕业同学王式中、贺德骏、韩德馨、周振堡和吴家华5人。这是当时气象员最多的气象台，不久他们也分别调到芷江、桂林和贵阳等机场去了。1945年8月抗日战争胜利，不久驼峰航线飞行任务结束。

张丙辰回忆录

张丙辰先生在《中美空军联合组织的气象保障工作》一文中回忆到：抗日战争时期，我在中美空军混合团司令部气象室工作过约三年。中美空军混合团司令部的气象室是该司令部的一个组成部分，这个司令部是由人事、情报、作战、后勤四个科和通讯、气象两个室构成，下属四个战斗大队。这个司令部中，上至司令官下至各科室的人员，大体上是中美对等的，比如司令官中美各一人，气象室共四人，中方是魏元恒少校和我，美方是Norton少校和一个测候士，后来我方又增一测候士龙克钧。这是1944年初的事。气象室的任务就是向司令官提供气象情报和预报，以供作战任务决策之用。这个室当时拥有一些新出版的气象书籍，如佩特森的《Weather Analysis and Forecasting》、美军内部出版的《Weather and Climate of China》等等，它没有自己的大气观探系统，所有资料都要通过通讯部门与当地气象台以及美军气象台去获得，包括所需的当时美军在我国设立的十个无线电探空和测风资料，这在当时非常宝贵，因为我们自己还没有这样的日常业务。资料获得之后由我和美方测候士填图，除地面图外，有高空等高面（1944年末改为等压面）图，温度对数压力图以及航线剖面图，供 Norton和魏元恒分析绘制作出天气预报。这个司令部由于作战之需，在1944年末迁湖南芷江，次年夏秋日本侵略军投降，不久美军撤出回国，司令部改组为国民党第四军空军司令部，气象室成为该司令部的一个科，工作范围和工作任务仍如改组前。在双十节前夕由芷江迁汉口，该年冬，美军把十个无线电探空和测风站交国民党空军，从此，我国开始了该项日常的业务探测，后来这些资料便成了我的《昆明准静止锋》《中国气团之分析》《中国气团之交绥与中国天气》《巴山夜雨》《中国天气》和高由禧同志的《东亚低空大气环流》等论文的原始材料的一部分。

昆明滇池晚霞（琚建华 摄）

邓士英回忆录

邓士英先生在《云南近代气象简史回忆片断》一文中谈到：1943年冬，国民党空军先后在昆明招收了两个测候训练班，一个是属航空委员会的测候员训练班，毕业后有的任测候台台长，有的是测候员。测候员学习班班长是刘衍淮，学习时间半年左右。另一个是国民党空军军官学校气象台招收的测候士训练班，学员30名，文化程度初中毕业到高中都有，1944年，2月1日入学，同年8月14日毕业，班长是气象台台长高振华。教官有气象台的测候员彭究成、严正清等。1944年，昆明旧空军气象台的组成人员有台长1人，任行政业务管理。测候员2人，1人做预报，1人管测报。测候士5人，担任航空报的测报和每日八次绘图补助绘图的测报、报表制作，一日二次经纬仪小球测风等。另有填图员1人，事务员1人，文书1人，测候兵2人，炊事兵1人。仪器设备有：干湿球温度表、最高温度表、最低温度表、百叶箱、水银气压表、压温湿自记仪器、雨量器、风向器、经纬仪小球测风等。在台站设置方面，除昆明有官校气象台外，尚有美空军气象台互相配合工作。此外还有太华山陈一得的私人气象台，各地飞机场的测候区台、测候台等，计有沾益的测候区台及昭通、陆良、蒙自、楚雄、祥云、保山等测候台。仪器设备除无小球测风外，其余各地测候台，与昆明旧空军官校气象台相同。工作主要是航空报对空天气绘图和补助绘图报，制作报表等，人员4～6人……我在昆明测候士训练班毕业后，调往贵州毕节空军第七测候台工作，由于工作较勤苦，日本投降后，即奉调哈尔滨空军第34地勤中队工作，因哈尔滨为苏军占领，于1946年春才到沈阳。后到公主岭、长春、丹东等气象台工作二年后，于1948年调回云南沾益空军515气象台工作。那时的空军云南气象机构，只剩下沾益、昆明、蒙自三个台了。每日只作五次绘图观测，编报八次记录统计工作，仪器设备和抗日时期相同。1949年4月，我调往昆明机场空军524气象台工作，当时台的组成人员有台长1人，气象员1人，气象士5人，文书1人，事务员1人，事务士1人，气象兵2人，炊事兵1人，共计13人。仪器设备除美军气象台撤走时留下的九灯风向风速器外，无大变化。工作有航空报，对空情报，7次绘图和补绘报，两次经纬仪小球测风，制作月报表等，这是旧空军在云南留下唯一的一个台了。它在云南起义和昆明保卫战中观测记录未中断。新中国建立后，它保留在库房的仪器支持了新中国的气象事业。

• 赵恕回忆录

赵恕先生在《重庆解放到昆明起义的十天》一文中回忆到：1949年12月2日，国民党空军第五军区副司令沈延世，奉命率领我们有关作战、情报、后勤、气象、通讯等方面负责人共9人，去昆明建立作战指挥部。当时，昆明巫家坝空军气象区台以及昭通、蒙自、沾益、丽江、保山、腾冲、祥云等地的空军气象台的业务，未受战局影响，尚在照常进行。巫家坝气象区台为川康方面飞往海南岛或台湾的过境运输机提供天气情报和预报服务，工作非常繁忙。我到昆明不久，曾接到地下党寄给我的一封告诫信，要我负责保护昆明气象仓库内储藏的大量气象和通讯器材，希望我看清大势，弃暗投明。12月9日下午，我驾吉普车送沈延世去卢汉公馆开会，返回巫家坝机场时，见到当天从新津飞来的9架运输机，均被云南省保安部队派兵看守。当晚，我从昆明空军中队长蒋绍禹家中返回宿舍时，见到保安部队官兵，臂缠红布，反戴军帽，才明白昆明起义事件的发生。第二天上午，曾任兰州国民党空军第四路司令的张有谷同志来到机场，动员我们参加了起义。当国民党第8军和第26军进攻昆明被平息之后，成立云南军政委员会和昆明机场司令部，我被留任机场司令部气象队长。从此开始加入了建设新中国气象事业的行列，走上了新生的道路。

• 杜香回忆录

杜香先生在《远征印度》一文中回忆到：1943年8月14日，我从昆明巫家坝空军军官学校测候班毕业成为测候士，测候士分3等18级，我是下士3级。我被宣布分配在拉合尔。我不知道拉合尔在那里，便问教官，教官告诉我在印度！当时，印度是英国的殖民地，巴基斯坦属印度。拉合尔是巴基斯坦的首府，也是印度皇家空军驻地、中国空军军官学校驻印度分校的所在地。我是随中国空军军官学校一起，从昆明到印度的。当时，学校有来自全国各地的飞行学员400名，分乘13架C46空军运输机到印度。1943年10月11日上午，我与飞行学员、测候班的两位湖南同学和气象教官万宝康，一起从昆明巫家坝机场起飞，飞机上堆放了许多锡砖，没有座位，我们就坐在行李上。飞越驼峰航线，下午5点降落在印度汀江机场。我们从汀江机场坐汽车到高哈蒂，然后又乘火车到蓝姆伽远征军接待站。几天后，我们又乘火车经达卡、加尔各答、旁渡，几经辗转，于10月25日左右到达拉合尔。我在拉合尔的空军军官学校气象室工作，主要任务是为飞行教学作气象保障。我们每天每隔3个小时进行一次气象观测（夜间不观测），制作发布当地的天气预报，将卡拉奇、加尔各答、新德里、孟买、阿拉巴哈等地发来的气象电报，抄写在黑扳上，供飞行训练参考。1945年日军投降，中国空军80多架小型教练机先后从拉合尔机场起飞，飞回祖国，场面十分壮观。中国空军地勤人员从印度西北部的拉合尔，经过腊河，到达东南部的海港城市——马德拉斯。1946年5月，我们在马德拉斯与华侨、印度人一起共3000多人，乘英国人的“伊后二号”邮轮踏上了回国的征途。回国后，我在国民党空军贵州毕节气象台任气象士（待遇相当于陆军排长），后又调到国民党空军重庆气象大队工作。

1949年6月，我被调到昆明巫家坝机场（当时余昌龙任气象台长）。1949年12月9日，我参加了云南卢汉起义。当时新中国已经成立，西南也面临解放，国民党政府的国防部二厅由成都撤至昆明，从成都新津机场飞来18架飞机，准备经昆明飞往台湾，龙泽汇派起义部队（保安团）进驻机场，保护机场。那天机场气象台只有我一个人在值班，保安团进驻机场后，我协助他们找来几百只空汽油桶挡在飞机跑道上，有效地防止了国民党反动派飞机强行起飞。云南解放后，1950年，我参与建立保山机场气象台，以后曾到昆明太华山气象站工作。1953年，省气象局派我与梁大光等同志一道到澜沧建站。1957年我来到了美丽富饶的西双版纳，先后在勐龙气象站和州气象局工作。转眼60多年，我亲眼目睹了新旧社会气象事业的发展变化，深深地为新中国气象事业的快速发展而感到自豪。

云南现代气象事业发展简史

云南现代气象事业始于1950年3月。中华人民共和国成立，为云南气象事业发展开辟了广阔前景。70年来，云南气象事业几经探索、几经曲折、砥砺前行、谱写新篇。云南气象部门管理体制不断优化，财政保障机制进一步完善，人才队伍不断壮大，依法行政取得进展，为云南气象事业发展提供了坚强保障。

云南省气象局是云南省行政区域内气象工作的管理机构，实行中国气象局与云南省人民政府双重领导，以中国气象局领导为主的管理体制。根据授权，承担本行政区域内气象工作的政府行政管理职能，依法履行气象主管机构的各项职责。

· 机构沿革

1949年12月2日，国民党中央空军第5军区司令部从重庆迁到昆明，在昆明巫家坝空军气象区台建立作战指挥部气象科；12月10日上午，昆明巫家坝空军气象区台赵恕等工作人员参加卢汉昆明起义，脱离国民党空军；12月21日，昆明保卫战胜利结束后，成立云南人民临时军政委员会昆明空军司令部航空站气象大队（赵恕为气象队长）。1950年3月5日，中国人民解放军西南军区昆明军事管制委员会（军代表郭佩珊，联络员樊平、邓传芝）接管云南人民临时军政委员会昆明空军司令部航空站气象大队，接着又派人接管蒙自、沾益、保山、昭通等空军航空气象站；5月，中央军委气象局明确西南区域内气象站属部队建制，主要为军事服务，特别是为空军服务。接管后，云南全省的气象管理工作主要由云南军区司令部负责，气象业务工作统归西南军区空军司令部气象管理处领导。8月1日，成立中国人民解放军昆明空军司令部航空站气象站（昆明气象站）。1952年6月1日，成立云南军区司令部气象科，隶属云南军区司令部建制和领导。1953年11月1日，云南军区司令部气象科改称云南省人民政府气象科，隶属云南省人民政府建制和领导。12月1日，各地气象站改隶当地人民政府建制和领导，称“云南省XXX人民政府气象站”，归口当地人民政府建设科管理，分属云南省人民政府气象科业务领导。各级气象部门执行“既为国防建设服务，同时又要为经济建设服务”的气象工作方针。1954年10月30日，云南省人民政府气象科改为云南省气象局（首任局长秦新法），隶属云南省人民政府建制和领导，归口省政府财政经济委员会管理，分属中央气象局业务领导，负责全省气象事业管理。

1966年3月，云南省气象局与云南省农业厅合并，改称云南省农业厅气象局。1971年1月，云南省农业厅气象局改为云南省气象局，实行军队领导，建制属云南省革命委员会。1973年6月，改属云南省革命委员会建制和领导。1980年9月，云南省气象局隶属云南省人民政府建制和领导。1983年7月开始，云南省气象局实行国家气象局（1993年更名为中国气象局）与云南省人民政府双重领导，以国家气象局领导为主的管理体制，直至现在。1996年5月，中国气象局批准《云南省气象部门机构编制方案》，省局机关内设机构10个，直属事业单位8个。2005年进行业务技术体制改革，内设机构和直属事业单位相应调整。1995年《云南省志·天文气候志》出版，2018年《云南省志·气象志》出版。

1951年1月14日，在云南省中苏友好协会成立中国气象学会云南省分会（云南省气象学会），主席陈一得，理事陈一得、赵恕、王钟山、樊平、陈鸿仁，会员46人。1954年云南省气象局成立时编制27人，管理体制改革前，1981年末全省气象部门共有职工2169人。到2019年末，全省气象部门在职在编职工2081人，其中参照公务员法管理的机关工作人员777人，事业单位工作人员1304人。

• 气象观测

1950年2月云南和平解放时，全省仅有9个测候所39人。中华人民共和国成立后的云南气象台站网，是自1950年3月接收旧测候所（气象站）和1950年8月1日建立昆明气象站后逐步发展起来的。1950 ~ 1952年经济建设恢复时期，接管、恢复、扩建、新建气象台站12个，初步建立了全省天气情报服务网，满足了当时人民空军建设的需要。第一个五年计划（1953 ~ 1957年）期间，完成了80个气象台站的建设任务（含探空站4个、测风站9个、日射站2个），至1960年全省气象台站发展到170个。1961 ~ 1963年调整气象台站网，共撤减气象台站36个，调整后全省气象台站数量为134个，基本保持"一专一台、一县一站"的布局，各项气象业务工作逐步开展。至2005年，全省有地面气象站125个，其中国家基准气候站6个、国家基本气象站26个、国家气象观测站（一般站）93个。2002年10月26日，云南省第一个自动气象站在昆明国家基准气候站建成。1980年昆明太华山气象站711型雷达更换为713型雷达，连同其他13部711雷达组成天气雷达监测网。2000年12月16日，中国首部C波段多普勒天气雷达落户昆明太华山（后搬迁至昆明祺盘山）。2020年4月，全省实现地面气象观测自动化。

截至2019年底，全省共有125个地面气象观测站，其中国家基准气候站10个，国家基本气象站24个，国家气象观测站（一般站）91个；无人基准气候站1个（龙陵碧寨），高山无人自动站16个；区域自动站3029个；高空气象探测站5个，L波段探空雷达5部，风廓线雷达1部；GCOS站3个（昆明、腾冲、蒙自）；农业气象试验站4个，农业气象观测站22个；辐射观测站5个；酸雨观测站6个；大气成分站2个；GNSSMET站14个；三维闪电定位站24个，大气电场监测站56个；自动土壤水分站37个；交通自动气象站22个；农业自动气象站182个；激光雨滴谱站35个；多普勒天气雷达站11个；气象卫星接收站2个（呈贡、祥云）；气候观象台1个（大理）；大气本底站1个（香格里拉）。初步建成了云南较为完善的综合气象观测站网。

• 通信网络

云南气象通信先后经历了手工莫尔斯收发报、有（无）线电传自动传报、气象图文传真、计算机程控联网、卫星通信时代和以高速宽带网为主的计算机互联信息化快速发展阶段。功能上由单一的报文传输，发展到报话复用电路、数字电路程控联网、高速宽带计算机互联网络，并向数据、图像、视频综合传输方向发展。云南气象通信业务最早在20世纪50年代采用莫尔斯收发气象电报，1964年建成有线电传电路。1974年建成无线气象传真广播。1978年以前，云南气象部门没有一台计算机，气象业务均采用传统手工方法。1985年云南省气象局开始计算机接收气象信息情报的探索，1986年在全省气象台站推广应用PC-1500计算机，结束了手工编报的历史。1989年开通电子计算机转报系统。1993年计算机网络技术引入云南省气象通信业务，开通Novell网络远程通信，建立省—州（市）广域网络，开始了以计算机网络为基础的云南气象信息网络系统建设。1998年云南省气象卫星综合应用业务系统（"9210"工程）基本建成，形成由卫星通信、计算机广域网络、有线通讯和无线通讯网组成的现代气象通信系统，云南气象通信进入网络化时代。2005年建成全省气象宽带网络系统，建立省—州（市）网络视频会商系统，实现省气象科技大楼主干千兆、百兆交换到桌面。2011年完成省、州（市）、县三级中国气象局卫星广播系统（CMAcast）建设并投入业务应用。2012年完成全省气象宽带网升级，实现省—州（市）8M，州（市）—县 4 M的通信带宽。2014年建成省—州（市）高清视频会商系统，实现省气象科技大楼主干万兆、千兆交换到桌面。2014年建成通信双链路并对带宽扩容，实现省—州（市）20M，州（市）—县10M的通信带宽。2019年云南气象大数据云平台建成投入应用，气象数据实现集约化综合应用。气象信息网络支撑能力显著增强，数据传输和处理时效由分钟级提升到秒级。

移动应急气象服务（云南省气象局供图）

- 气象预报

云南现代天气预报业务始于20世纪50年代初，1950年11月，昆明气象站设置预报室开展天气预报业务。1953年11月，建立昆明气象台（云南省气象台前身）。1956年6月1日，昆明气象台通过云南人民广播电台向社会公开广播天气预报。1956年9月，建立个旧市气象台。1957年镇雄气象站率先制作24小时补充天气预报，成为全国首个制作单站预报的县级气象站，打破了“气象站只作观测，不作预报”的常规。1958年在桂林召开的全国气象工作会议确立地区须有气象台的要求，各专区（州）气象中心站相继建立气象台16个。1959年1月，昆明气象台改为云南省气象科学研究所，开始制作和发布长期预报。1962年11月，成立云南省气象台，采用天气模式和指标相结合的方式制作天气预报。1973年云南省气象台配备711天气雷达和卫星云图接收设备，观测资料在预报中开始得到应用。之后云南省气象部门开始制作和发布中期趋势预报、长期天气预报，形成了省、地两级气象台长、中、短期预报体系。进入20世纪80年代后期，气象预报预测业务有了新发展，先后建立了初夏大雨与汛期暴雨预报、强冷空气预报和长期预报等业务系统，天气预报实时业务系统基本建成，自主研发了云南分县雨量气温预报系统、分县 5 天滚动多要素预报等系统。1998年云南省气象台和70%的州市气象台以MICAPS1.0平台制作预报，建立预报流程，实现了现代化的人机交互式气象信息处理。逐步形成以数值预报为基础，以MICAPS为平台，多种预报方法并存的中短期天气预报业务流程和平台。2003年云南省气象台视频会商系统投入应用。到2014年底，建立了云南省精细化预报业务流程，发布全省0～168小时的县级城镇天气预报，开展了数值预报产品解释应用及云南中尺度WRF数值模式本地化应用，建立了短时临近预报预警、气象灾害预警信号发布、大城市精细化气象要素预报等业务，初步建立了省、州（市）、县中小河流及山洪地质灾害气象风险等级预报业务。建立了未来10～30天延伸期天气预报业务，实现了云南中短期预报与短期气候预测的“无缝隙”对接。基本形成了多种预测方式并举的短期气候预测业务系统，建成了多时间尺度旱涝和低温冷害气候预测业务系统、动力气候模式降尺度预测系统等。2019年云南省气象台第三代视频会商系统投入使用。2020年全省24小时晴雨预报准确率84.1%，全省暴雨预警准确率88.8%，强对流天气预警提前时间为33分钟。

· 气象服务

云南气象服务工作从中华人民共和国建立之初主要为军事服务，逐渐转变为地方经济社会发展服务。1956年云南广播电台向社会公开广播昆明气象台制作的天气预报。1987年通过报纸、电台、电视台发布天气预报。1997年有主持人的电视天气预报节目在云南卫视播出。1999年“气象信息决策服务系统”进入省人民政府网络。从20世纪80年代开始，云南气象部门逐步全面开展气象服务。2002年成立云南省气象科技服务中心（2011年更名为云南省气象服务中心），从事专业气象服务工作。目前基本形成了为各级领导和决策部门提供服务的决策气象服务、为广大人民群众服务的公共气象服务、为相关行业和专业部门提供专业专项气象服务的气象服务体系。2019年云南省突发事件预警信息发布中心成立。气象服务为防灾减灾、地方经济发展、生态文明建设、脱贫攻坚、乡村振兴等做出了贡献，全省气象服务满意度从2016年的88.4分提高到2020年的92.9分。

防灾减灾服务：云南每年因气象灾害造成的损失占全部自然灾害损失的70%以上，防灾减灾气象服务是云南气象服务工作的重点。气象部门通过对气象灾害及衍生灾害的系统化监测、预报、预警服务，为重大社会活动、突发公共事件、重大灾害事件及防灾、减灾、救灾、赈灾和灾后重建过程提供气象保障服务，在各级党委政府指挥防灾减灾决策中发挥了重要的作用。如2006年安宁“3·29”重大森林火灾，2007年2月滇中及以北大范围降雪天气过程，2008年楚雄“11·02”特大滑坡泥石流灾害，2014年“8·03”昭通鲁甸6.5级地震和“10·07”普洱景谷6.6级地震，2009～2014年全省历史罕见特大旱灾，历年局地特大暴雨、泥石流滑坡灾害等重大自然灾害中，气象保障服务发挥了积极作用，为减少人民生命财产损失做出了重大贡献。特别是2012年9月7日彝良5.7级地震救灾中，云南气象部门准确预报昭通地震灾区暴雨天气过程，指挥部及时将在河滩上搭建帐篷的3000多人转移到安全地带，成功避免了重大人员伤亡。

人工影响天气作业（云南省气象局供图）

为农气象服务：云南是农业大省，也是农业气象灾害较严重的省份之一。1996年成立云南省农业气象中心（2004年更名为云南省气候中心），专门承担农业气象情报预报，作物产量预报，农业气象灾害监测、预报、评估业务，农业气候适应性区划等工作。云南省为农气象服务工作已从原来的为粮食生产服务逐步拓展到了烤烟、甘蔗、橡胶、花卉、高原特色农业及生态环境、林业等领域，同时积极开展气候资源开发、农业气象适用技术推广、特色农业气象服务。自2012年开始，以中央财政“三农”气象服务专项为抓手，为农气象服务体系和农村气象灾害防御体系初步建立，省市县三级气象灾害预警信息发布平台逐渐建立并运行。

人工影响天气：云南是全国开展人影工作最早的省份之一。1959年全国人工消雹经验交流会在大理鹤庆召开，拉开了云南开展人工增雨防雹作业的序幕，并且坚持了60余年从未间断。1979年首创人工增雨扑灭森林火灾。1990年云南省人民政府成立省人工降雨防雹领导小组，2010年改称省人工影响天气工作领导小组，下设办公室。全省常年开展人工防雹、增雨抗旱、增雨蓄水、预防和扑救森林火灾等人工影响天气作业，在减少灾害损失、保护生态环境等方面取得显著成效。2012年首次开展飞机增雨作业，自2013年开始常态化飞机增雨作业服务。

防雷气象服务：云南气象部门1996年正式成立云南省防雷中心，开展雷电防护服务，2006年更名为云南省雷电中心（2018年改为云南省气象灾害防御技术中心）。全省16个州（市）气象局都成立了防雷技术服务机构，开展防雷装置设计技术评价、防雷装置检测、雷电灾害风险评估、防雷工程设计与施工、雷电灾害鉴定与评估等工作。云南省雷电中心先后开展了如昆明长水国际机场、烟草系统、昆钢系统、中缅油气管道项目等重点建设项目防雷工作，以及云南中小学校、农村防雷示范工程等社会公益防雷服务，并将防雷技术服务推进到老挝、缅甸。到2014年，全省建成由22个闪电定位仪和33个大气电场仪组成的雷电监测网，开展了雷电监测预警服务。2010年地方标准《古树名木防雷技术规范》发布实施，2014年上升为气象行业标准。2015年地方标准《农村民居防雷技术规范》《旅游景区防雷技术规范》《环境自动监测站防雷技术规范》等发布实施。

旅游交通气象服务：云南是旅游大省，1987年气象部门在云南电视台发布省内风景区天气预报，为云南旅游提供气象服务。之后逐步发展为通过报刊、电视、电台、网站、微信公众号等发布旅游气象服务信息，内容包含旅游气象指数、旅游交通线路气象预报、假日旅游气象服务、旅游气象安全预警等。2006年气象部门开始提供交通气象服务，逐步发展为通过手机短信、传真等方式向公路交通、铁路、交警等部门提供天气预报、气象灾害预警信息。2018年云南旅游交通气象服务平台投入应用。

气候资源评价：云南是我国较早开展气候资源评价的省份之一，1964年，云南省气象局组织编写了《云南省农业气候区划》，开展了农业气候资源调查。20世纪80年代组织科技人员开展风能资源调查。2004起，气象部门先后编制了《云南省风能资源评价报告》《云南省太阳能资源评价报告》《云南省风能资源详查和评价报告》，编制了3个云南省风能资源评价技术规范地方标准，完成了200余个风电场风能资源评价报告和十余个光伏电站太阳能资源评价报告。2012年，开展大理者磨山风电场风功率预测预报，参与研发光伏太阳能预报系统。近年来，积极开展农产品气候品质认证及溯源系统建设、气候容量评价、国家气候标志认证、“中国天然氧吧”创建、区域气候可行性论证、气候好产品创建等工作，成效显著。

云南气象科研四十年回眸

云南现代气象科研工作始于1959年前后，筚路蓝缕，略有起色，后经“文革”十年的摧残，几近凋零。1978年12月恢复成立云南省气象科学研究所；1979年云南省气象学会恢复学术活动；1979年编印《云南气象文选》；1980年成立云南省气象局第一届学术委员会；1981年《云南气象》创刊；1997年《低纬高原天气气候》出版；2011年《云南省天气预报员手册》出版；2017年《云南省气候图集》《昆明准静止锋》出版；2018年《云南气象研究概览》出版。2021年5月，中国气象局横断山区（低纬高原）灾害性天气研究中心在昆明授牌成立，云南气象部门开始搭建一中心两基地（大理、弥勒）的科研运作模式。

1978年12月，中国实行改革开放政策和工作重点转移后，云南气象事业真正迎来了科学的春天。科技进步日新月异，科研成果层出不穷，科技对气象业务的支撑作用和影响力不断显现。

• 科研项目

改革开放以来，云南省气象部门主持承担了《农业气候资源调查与区划》《云南灾害性天气预测预报的研究》《中国热带亚热带西部丘陵山区农业气候资源及合理利用研究》《云南短期气候预测系统的研究》《滇中中尺度灾害性天气监测预警系统科学试验及应用研究》《亚澳“大陆桥”对东亚夏季风建立的影响及其机制》《云南重大气候灾害形成机理研究》《云南省精细化天气预报技术研究》《云南滑坡泥石流灾害气象监测预警系统的研究》《西南地区气候变化基本事实及极端气候事件研究》《水汽输送异常对低纬高原地区旱涝灾害的影响研究》《低纬高原雷电自动预警预报方法的研究和应用》《未来10～30天云南省灾害性天气预报应用技术研究及示范》《云南省人工防雹作业条件预报研究与应用》《昆明准静止锋进退机理研究》《孟加拉湾风暴对高原天气的影响》《我国西南非绝热加热敏感区综合观测试验》《云南极端干旱气候的形成机理研究》《西南地区旱涝延伸期天气与短期气候预测的新方法与应用》《MJO异常对东亚季风涌的作用及其对我国东部延伸期天气影响的研究》《特色林果农业气象灾害监测预警关键技术》《云南未来10～30年气候变化预估及其影响》《云南气候容量定量评估研究》《气候变化背景下云南水资源承载力评估研究》《我国低纬高原夏半年重大旱涝灾害与印太水汽输送异常》《云南强对流灾害性天气短时临近预警系统研究》《高原涡影响下的云南大雨暴雨分布特征及其形成机理研究》《西行台风影响下云南强降水天气过程的机理研究》等多项国家级和省部级课题研究。2003～2019年，云南省气象部门累计主持国家自然科学基金项目29项，公益性行业（气象）科研专项4项。

大理者磨山风电场（水电十四局供图）

- 学术专著

改革开放以来，云南省气象部门正式出版了《云南气候图册》《全国热带夏季风学术会议文集》《云南省农业气候资源及区划》《中国热带亚热带西部山区农业气候》《云南省志·天文气候志》《云南气候变化概论》《低纬高原天气气候》《云南气象灾害总论》《云南气候异常物理过程及预测信号的研究》《云南短期气候预测方法与模型》《烤烟气象》《低纬高原地区中尺度天气分析与预报》《云南山地气候》《中国气象灾害大典·云南卷》《云南重大气候灾害特征和成因分析》《云南水电气象》《云南省天气预报员手册》《云南省风能资源及其开发利用》《低纬高原地区雷电监测预警方法研究与应用》《云南未来10～30年气候变化预估及其影响评估报告》《气候变化背景下云南低纬高原地区水资源的分布及其变化》《孟加拉湾风暴对高原地区的影响》《印度洋海温异常的特征及其影响》《气象服务业务概论》《大理国家气候观象台科研论文汇编》《云南气象防灾减灾手册》《云南省气候图集》《澜沧江中上游流域强降水特征与天气成因》《昆明准静止锋》《云南省人工防雹作业条件技术研究与应用》《云南气象研究概览》《低纬度高海拔复杂地形风电功率预测预报技术》《云南省气象干旱图集》《大理国家气候观象台风廓线雷达探测及初步应用》《云南省气候业务技术手册》《气象与湖泊水环境——以洱海为例》《云南短时强降水及其诱发山洪灾害预报预警技术研究》《新中国气象事业70周年·云南卷》《云南强对流冰雹天气活动特征和识别》等80余部学术专著（图集）。

腾冲北海湿地（段玮 摄）

改革开放以来，云南省气象部门编辑印刷了《云南气象文选》《云南气象灾害史料》《云南重大灾害性天气气候技术总结文集》《云南省气象监测与信息网络技术总结文集》《云南省风能资源区划》《云南省太阳能资源区划》等多部技术总结文集（图集、报告）。创办了《云南气象》《低纬高原天气》两本学术性期刊，《云南气象》自1981年创刊以来，连续出刊，从未中断。

改革开放以来，云南气象科技工作者在Quarterly Journal of the Royal Meteorological Society、Climate Dynamics、Atmosphere、Atmospheric Research、Advances in Atmospheric Sciences、SCIENCE CHINA-EARTH SCIENCES、JOURNAL OF TROPICAL METEOROLOGY和《科学通报》《气象学报》《地球物理学报》《地理学报》《海洋学报》《大气科学》《高原气象》《热带气象学报》《应用气象学报》《自然灾害学报》《气候变化研究进展》《气象》《气象科技》《气象科技进展》《气候与环境研究》《大气科学学报》《干旱气象》《气象科学》《中国农业气象》《灾害学》《云南气象》等国内外地球科学（大气科学）学术期刊以及《云南大学学报》等高等院校学术期刊发表研究论文5000余篇。在《气象知识》发表科普文章100余篇。

· 科技奖励

改革开放以来，云南气象科研工作在天气气候、应用气象、大气物理、大气探测、计算机应用、气象仪器和通信网络等方面取得了一批重要的科研成果，有力地支撑了气象业务发展和气象现代化建设。《夏半年青藏高原500mb层低涡切变线活动规律的研究》《单站补充天气预报方法》《青藏高原气候学研究》《近500年旱涝研究及超长期天气预报的试验》《丘陵山区农业气候资源调查分析和利用的研究》《云南省小麦夏秋播的气象问题研究》《红河河谷横断剖面气候考察》等7个项目，获1978年全国科技大会奖。

1979～2019年，全省气象部门主持的研究课题累计有101项科研成果获省部级科技奖励，其中《云南省农业气候资源及区划》《云南干湿、冷暖气候变化趋势的分析与预测》《哀牢山气候考察及气候资源合理利用研究》《云南气候灾害评估、咨询、服务系统的研究》《云南省气象灾情实时收集业务系统（省地县版）》《云南省精细化天气预报技术研究》《新农村气象信息服务体系建设研究及推广应用》《云南极端天气气候演变规律及其在气候变化预测中的应用》《未来10～30天云南省灾害性天气预报应用技术研究及示范》等项目获云南省科技进步二等奖。《我国热带、亚热带西部山区农业气候资源及其合理利用研究》《云南季风区中尺度天气系统特征及预报方法研究》《中尺度数值模式及同化技术在云南地区的应用研究》等项目获中国气象局科技进步二等奖。2020年6月，云南省气象科学研究所参与完成的《印太暖池海气相互作用及其在低纬高原区的灾害效应》项目，获2019年度云南省自然科学奖一等奖。2022年7月，《青藏高原东南侧（云南）地区季节性干旱变化特征及其成因》项目，获2021年度云南省自然科学奖二等奖。

云南气象谚语

气象谚语是我国民间流传的反映天气变化和一些自然现象的关系的成语或歌谣，是中国先民几千年来观云测天经验的规律性总结，是劳动人民智慧的结晶。它以通俗的语言来概括变化万千的气象现象，言简意赅，表述形式稳定，富于口语化，便于记忆和口耳相传，又因似诗似歌而在气象领域和社会各界中广为流传。

气象谚语最早见于殷商的甲骨文和先秦典籍《诗经》。真正将民间天气谚语汇集成书的是东汉崔实编纂的《农家谚》、唐朝黄子发的《相雨书》、元代娄元礼的《田家五行》、明朝徐光启的《农政全书》、清朝梁章钜的《农候杂占》等。近代气象学家朱炳海先生1943年编著了《中国天气俚语汇解》，并于1952年、1987年在1943年原书的基础上2次修订，收录了8类606条气象谚语，从现代气象学的角度对部分谚语进行了诠释，再版时更名为《天气谚语》。

气象谚语常常用简练的语言，把气候规律浓缩成一两句话，便于记忆，朗朗上口，在人民群众中广为传诵，也有相当一部分谚语反映了中国气候的多样性特点。气象谚语在认知气候的过程中，起到了非常重要的作用，许多气候谚语都蕴含着现代科学原理，对我们认知气候具有参考意义。

气象谚语是中国气象文化中的一块瑰宝，也是华夏民族文化中的一朵奇葩，其内容蕴含着丰富的气象学知识，在几千年先民朴素原始的天气预报和气候预测实践中发挥了重要的作用。即使在今天，很多气象谚语仍然不失为老百姓预测天气气候的一种工具。气象谚语虽然是劳动人民经过反复观察与实践而总结出来的，但它也有一定的局限性：一是地域的局限性，大部分气象谚语都是本地的经验总结，拿到别的地方就不一定适用；二是科学的局限性，因为大多数气象谚语形成时，气象科学知识并不发达，又缺乏科学求解方法，只是对现象做出描述，而没有做出科学解释，缺少气象科学理论支持；三是古代气象谚语中也有一些带有迷信的色彩。

随着现代气象科学技术的发展，气象谚语在天气气候预报预测中逐渐被现代气象科技手段和方法所代替，但它作为华夏文化的一部分，仍然具有重要的地位。云南气象谚语丰富，系统性的收集整理工作始于民国时期的云南气象先驱陈一得先生。在云南，先后有四个版本的《气象谚语》公开发表过，现简要陈述其概要并辑录部分气象谚语如下。

· 陈一得：《云南气象谚语集》

云南地处高原，气候类型丰富多样，有北热带、南亚热带、中亚热带、北亚热带、暖温带、中温带、高原气候区7种温度带的气候类型，兼具低纬气候、季风气候、山原气候的特点。在没有引入现代气象学以前，古人生产农作，只能“靠天吃饭”，但也有不少凝结了前人智慧的“气象谚语”代代相传，也不失为对气象研究的一种参考。云南气象先驱陈一得先生在《续云南通志长编》中讲过：

> 云南气候，变化急速，特异于全国各省区。考察研究，欲得多年完整数字纪载，颇非一时所能。而各县地势峻复，山高谷深，疆域辽阔，风土互异，洵为气象万千。从前志乘纪载，文多浑括，实况难稽。现代求切要可供参考者，实测纪录而外，惟各地民间流行之谚语歌谣。盖谚谣之成，全凭经验。年代久远，几经淘汰、改良，虽其中不无迷信俚俗、假想错误、缺乏科学常识之处，然多合于理论，乃为可贵资料。本编调查征集，缺漏县区尚多。但谚语流行，附近地方，恒大同小异，由此亦可窥全省气候之概况。将来继续搜求，冀成完璧。

为此，陈一得先生搜集调查多年，在张服真、饶继昌、褚守庄等同事朋友及昆明市政日刊社、民国日报社、昆华民众教育馆、昆华师范学校，昆华农业学校等机构和学校的协助下，在全省范围内征集与气象有关的谚语，根据搜集资料“字句皆照原录，不加修饰，以存本真，音义注明，亦循原稿，略加解释，每条附记流行县区，及调查者姓名”的要求，共整理出云南气象谚语300条。

陈氏气象谚语共分为七类，即风雨类、云雾类、光象类、时节类、物候类、农事类、不分类。《云南气象谚语集》最初发表于1939年第5期《教育与科学》杂志上，1941年辑入《续云南通志长编》（云南人民出版社，1985年）。

三月西风四月雨，五月西风干河底。（昆明县）
八月凉风下大雨，五月凉风大天晴。（元江县）
立冬西北风，来年哭天公。（巧家县）
过了冬吹大风，过了年吹板田。（通海县）
云跑东，有雨下一盅；云跑南，有雨下成团。（昭通等县）
云跑西，有雨一滴滴；云跑北，有雨下不得。（昭通等县）
云彩跑东，越跑越空；云彩跑西，骑马披簑衣。（祥云县）
天上起瓦渣，晒死老妈妈。（石屏县）
有雨天边亮，无雨顶上光。（昆明、呈贡、安宁、石屏等县）
天干三年吃白米，水涝三年吃粗糠。（昆明湖滨各乡）

丽江高山草甸（金振辉 摄）

· 云南省气象局：《云南天气谚语》

观察气象，知天时、明地利，是人类一开始和自然斗争中就注意到了的问题，特别是在农业生产上掌握气象变化，更是广大群众的迫切要求。几千年来，我国广大的劳动人民在长期的生活和生产实践中积累了不少天气和气候变化规律的经验，以“顺口溜”的形式，一直保存到现在并在生产实践中发挥了重要作用。1959年3月，云南省气象局对全省各地的天气谚语进行了广泛的收集整理，汇编成册，由云南人民出版社公开出版发行。将云南天气谚语分为三类，即天气现象类、气候类（包括节气部分）、物象类，共辑录天气谚语223条，其中天气现象类69条，气候类122条、物象类32条。每条谚语均给出了谚语的流行地区并进行了简要的科学注释，使读者能一目了然地了解谚语所包含的气象科学原理，既促进了气象业务的发展，又向大众普及了气象知识。

久旱西风更不雨，久雨东风更不晴。（云县）
夜里东风掀，明日雨绵绵。（昆明）
云跑东，有雨变成风；云跑西，出门带蓑衣。（昆明）
火烧乌云盖，大雨来得快。（凤庆、镇雄）
东虹晴，西虹雨；朝虹雨，夕虹晴。（沧源、罗平、玉溪等）
天上起了老鳞斑，明天晒场不用翻。（凤庆）
隔里不同天，雨绕山转圈。（嵩明）
春雷响得早，雨水来得早。（丽江）
早栽三日谷子好，迟栽一日穗子小。（昆明）
老鹰树梢叫，三天雨来浇。（陆良）

• 刘恭德：《气象谣谚》

现代大型中国方志丛书《云南省志》纂修于1981年，完成于2003年。全套丛书横陈百业，纵贯古今，篇幅长达7000多万字，内容涵盖云南的自然地理、民族风情、农工商贸、党政群团等方面。《云南省志》的问世，充分体现了“盛世修志，功在当代，惠泽千秋”的深刻内涵。全书共计八十卷，天文气候志属《云南省志》第二卷，1995年云南人民出版社出版发行，其中气候部分由云南省气象局资深气候专家刘恭德先生执笔编纂。《云南省志·天文气候志·气候》上限追溯到地质时代，下限至1985年。着重记述了云南气候的特点规律、气候资源开发、气象灾害防御以及气候科学面向经济建设等方面。其中在附录中收录了气象谣谚467条，共分为歌谣、天象测天歌谣、地象测天歌谣、物象测天歌谣、看天测天歌谣、节气测天歌谣、民族气象谣谚等七大部分。

朝霞不出市，暮霞走千里。（明代 杨慎）
云贵无寒土，一雨便成冬。（清代 丁大训）
星星稀，披蓑衣；星星密，晒脱皮。（腾冲）
炸雷下不久，闷雷雨淋淋。（巧家）
雾露下坝，有雨不下。（澜沧）
蛤蟆哇哇叫，大雨就要到。（玉溪）
云打架，冰雹下。（鹤庆）
三月下大雨，八月打早霜。（禄丰）
土黄有雨，来年有米。（大姚）
烟囱不出烟，大雨下三天。（开远）

• 贺升华：《农业气象谚语》

农业气象谚语来源于生产实践，就是在科学技术高度发展的今天，它也是我们研究气候，顺应天时、趋利避害、防灾减灾，实现农业优质、高产、高效的宝贵财富。《农业气象谚语》一书由云南省楚雄州气象局资深农业气象专家贺升华先生主笔编纂，共收集整理了云南省楚雄彝族自治州气候、天气、物候、节令、农事等方面的农业气象谚语近1500条，歌谣6首。该书内容丰富，寓意真切，比拟形象，喜闻乐见，对发掘农谚宝藏，探索气候规律，指导农业生产有较高的参考价值。该书1995年由气象出版社第一次出版发行，2013年第二次修订再版发行。

十里不同天，晴雨隔丘田。
久晴大雾阴，久阴大雾晴。
秋雨不过沟，淋死憨丫头。
春雷打得早，收成一定好。
天上扫帚云，地上雨淋淋。
鸭子潜水快，天气要变坏。
清明不撒谷，秋后谷不熟。
端阳不涨水，种田难糊嘴。
蟑螂室内飞，风雨如虎威。

旱刮西风不下雨，涝刮东风天不晴。

另外，在云南省气象局所辖的部分州（市）气象局，如大理、德宏、文山、保山、临沧、玉溪等编纂的地方气象志中，均收集整理了在该地区流行的气象谚语，对了解当地的天气气候具有一定的参考价值。更为难得的是，就连部分县气象局，如禄劝、凤庆等在编纂出版的县级气象志中已收录整理了气象谚语的内容，值得借鉴。

会泽念湖风光（李雷 摄）

· 二十四节气

中国二十四节气自秦汉以来已沿用了两千多年，是中国历法的独特创造，充分体现了中华民族祖先在长期生产实践中对季节更替等气候规律的认识，对农业生产和日常生活有非常实际的指导意义，其影响也由黄河流域扩展到整个华夏大地。2016年，联合国教科文组织正式将“二十四节气”列入人类非物质文化遗产代表作名录。

中国古人将太阳周年视运动轨迹划分为二十四等份，每一份划为一个节气，每个节气有三候，每候有五天。可以看出，节气的划分充分考虑了季节、天气和气候、物候等自然现象的变化以及农事活动等诸多方面。其中，立春、立夏、立秋、立冬反映了季节的开始；春分、秋分、夏至、冬至反映了太阳高度变化的转折点；小暑、大暑、处暑、小寒、大寒反映了气温的变化；雨水、谷雨、小雪、大雪反映了降水现象；白露、寒露、霜降反映了气温逐渐下降的过程和程度；小满、芒种反映了农作物的成熟情况；惊蛰、清明则反映了自然物候现象。“春雨惊春清谷天，夏满芒夏暑相连，秋处露秋寒霜降，冬雪雪冬小大寒”，这是我国民间为便于记忆而编成的二十四节气歌。

二十四节气是中国古人以黄河中下游地区的自然气候条件为基准而制定的，对中国其他地区来说，同一节气所描绘的情况会有很大的不同。此外，二十四节气是以固定节点划分的，中国又是一个典型的大陆性季风气候国家，逐年间气温高低、降水多寡都会有很大差异，因此，二十四节气所对应的天气气候和物候也会有差别，特别是随着全球气候变暖，人们发现桃花往往在惊蛰节气到来前就开了，清明节后气温飙升一日便入夏，鹅毛大雪成了大雪节气的稀客，小寒、大寒节气也没有那么冷了。人们的感知和科学数据都反映出二十四节气所对应的天气气候发生了一定的变化。作为中国传统文化的重要组成部分，两千多年来二十四节气一直深受民间认可和喜爱。

一年有多少天，似乎没有节气重要。古人将一年分为二十四节气、七十二候，五日为候，三候为气，六气为时，四时为岁，周而复始。由于节气与物候线条粗细适中，在表达人文情感方面，我们比西方人细腻，西方人只知道春夏秋冬，而我们则在二十四节气中体会人间冷暖，知晓世间转换。

随着社会进步和科技发展，百姓的生产生活不再如以前一样依赖于二十四节气，但二十四节气仍是安排农事活动和民俗活动的重要参考。对于地处低纬高原地区的云南而言，二十四节气具有一定的适用性，但也有特殊性和差异性，值得我们加强探究。

第十章

Chapter

10 气象随笔

风云之道，博大精深，从业感悟，闳识孤怀。边疆气象异于他省，优劣势并存，做精做强业务，实现弯道超车，争创全国一流。服务防灾减灾，服务美丽云南、服务国家战略。“一花独放不是春，百花齐放春满园”。情系气象，共担风雨。

人才：气象现代化建设和管理的关键

中国改革开放和现代化建设的总设计师邓小平曾就人才与科技问题多次指出："尊重知识、尊重人才""科学技术是第一生产力""中国必须在世界高科技领域占有一席之地"。

当今世界范围的经济竞争、军事竞争乃至综合国力的竞争，愈来愈集中于科学技术的竞争。而科技的竞争，归根到底是人才的竞争。因此，世界各国比过去任何时候都更加重视人才。能不能造就人才和发挥人才优势，已成为我们民族和国家兴衰存亡的关键。邓小平同志在《总结经验，使用人才》一文中说："的确是人才难得啊""一个人才可以顶很大的事，没有人才什么事也搞不好""我们现在不是人才多了，而是真正的人才没有很好地发现，发现了没有果断地起用"。与全国各行各业一样，对于知识文化层次相对较高，高科技含量较大的气象部门而言，发现人才、培养人才、珍惜人才、起用人才，成了能否进行气象现代化建设和加速现代化建设进程，能否提高现代化管理水平的关键。同时，也成了能否提高气象部门自身造血功能，在市场经济冲击下能否占有一席之地的关键。

· 科学识才

当今世界科技日新月异，知识更新周期缩短。一方面各种新学科、新技术不断涌现，专业不断细化；另一方面各学科、各部门间的相互渗透和综合化更趋突出。显然，作为领导者，现在对人才的依靠性愈来愈强了。渴才、求才、爱才、用才，已成为当今领导者的战略对策。人才资源是最宝贵的资源，古今中外，许多杰出的政治家、军事家、科学家，已为我们做出了求才爱才用才的典范。实践证明，如果一个部门或单位不注意人才资源的挖掘，不注意人才资源的合理配置，甚至浪费人才资源，那么，必将导致"死水"一潭，事业萎缩，人才流失，特别在市场经济体制下问题更显突出。对于单位决策者而言，选错人是过错、埋没人才、耽误人才同样是过错。邓小平同志曾说过："人都是有缺点的，对每个人都会有不同意见，不会完全一致，有缺点可以跟他说清楚，要放手用人"。对于人才的长处、短处和优缺点，要进行全面客观地分析，用其所长。"用人之长，天下无不用之人；用人之短，天下无可用之人"。对那些主流好，有发展前途，虽有某些缺点、毛病的人才，要敢于使用，而不要求全责备，专挑“刺”。即领导要有用人之胆、容人之量，那么，我们的气象事业就会人丁兴旺，充满朝气。针对气象部门实际，我们认为主要有两类人才：一类是科技人才，具有较强的单项或综合的专业知识和实践经验，在科研、业务和经济活动中能独当一面的能人，谓之高手，是将才，对这类人主要使用他们的“才”与“睿智”。另一类是管理人才，具有较高的理论修养和政策水平，精通各项气象业务，具有较好的群众基础和策划、协调、综合及组织能力，德才兼备，谓之谋士，是帅才，对这类人主要使用他们的“德”与“谋略”。

昆明轿子雪山日出（刘海燕 摄）

· 人才与现代化

气象现代化建设是气象部门的生命线工程，是气象事业发展的核心，是一项复杂的系统工程。既有硬件建设，也有软件建设。硬件建设主要靠资金，而软件建设及现代化管理则靠技术、靠人才，硬件只是一个外壳，它必须有丰富的内涵——“软件”，才能正常运转，才能真正发挥现代化建设的作用。省级的现代化建设项目不能与国家中心、区域中心比，而省内的州市级、县级的现代化建设也不能跟省级中心比。现代化建设必须有宏观规划，有层次、有梯度，而不是上下一般粗，小而全，重复建设，必须具有地方特色。这个特色只能靠自身的人才，靠本单位的精兵强将来解决，靠别人、靠资金是解决不了的。而现代化系统装备起来后，更要加强管理，若管理不善，就会造成设备的闲置，搞“花架子”，不进行深层次的再开发完善，就没有真正发挥或正常发挥现代化手段应有的功能，解决这些管理问题，也得依靠本单位的人才去完成或监督执行。

现代化建设中如何宏观调控有限的人才资源很重要。目前，国内各部门间、地区之间、部门内部各单位间相互封锁、相互拆台、相互扯皮的“麻将”精神依然存在一定的势力，而不是站在事业发展全局的高度来考虑发展壮大，来合理安排人才，造成人、财、物的白白浪费。对于大的现代化建设项目，搞“游击队”“地方军”“诸侯割据”的小打小闹是成不了大气候的，而必须组建正规的“野战军”，集中优势兵力打“歼灭战”，才能真正加速我们的现代化建设进程。气象部门结构调整中，进行现代化建设和管理，增大科技服务的辐射能力以及综合经营，都需要各方面各学科的人才。因此，加速培养跨世纪能担当重任的优秀中青年干部，是我省气象部门全局性的重大问题。我们要重视使用人才，更重要的是我们要重视培养人才，特别是“潜人才”的培养，重使用轻育才的观念是短视的。

· 善待人才

气象是一门既古老又年轻的科学，它既是基础科学又是应用科学。同过去传统的气象学相比，当今大气科学有更深的内涵，是诸多学科的大融合。因此，气象部门的人才概念，应该是全方位的、开放式的，只要是气象部门各行各业的“千里马”，都是“人才”。目前，一方面我们气象部门的人才缺乏，青黄不接，特别是中青年学科带头人和新技术领域的人才。另一方面，我们却又在浪费人才，学非所用，用非所长的现象，还不同程度地存在。特别近年来，人才流失的现象值得我们深思，这里面有外因和内因的关系。外因是随着市场经济的建立，人才市场也日趋完善，人才竞争只会日趋激烈，人才的正常流动，真正发挥用武之地，是社会进步的标志，对国家和民族是有利的。故，人才流动是客观存在的，不单单是某个部门或某个地区的问题，而是一个全社会人才资源动态分配的问题，得人才者得财富。内因则是我们的某些领导，还对人才问题没有引起足够的重视，说得多、做的少。论资排辈、平衡照顾、求全责备的观念，在某些领导者中还普遍存在。看不到本单位人才的存在，往往是“墙内开花墙外香”，临到人才外流时，方才感到这人的确是个“人才”，好象是一夜间就变成了人才似的。单位里没有创造一个为优秀人才脱颖而出的舆论和工作环境，没有建立“人才”的公平竞争和激励机制。领导深入实际体察人才的疾苦和深入基层调研不够，优秀人才得不到应有的精神鼓励和物质待遇，必然导致消极徘徊情绪，最后在外因的推动下离“家”出走。因此，我觉得要减少或防止人才外流，关键在领导、关键在内因、关键在落实，要大力改革和破除实际工作中，诸多不利于人才稳定成长的“怪圈”和“杂音”。广栽梧桐，引凤来栖，济济多士，乃成大业；创新之道，唯在得人，聚天下英才而用之。

正如邓小平同志所讲的：“现在我们国家面临的一个严重问题，不是四个现代化的路线、方针对不对，而是缺少一大批实现这个路线、方针的人才”。道理很简单，任何事情都是人干出来的，没有大批的人才，我们的事业就不能成功，所以现在我们搞四个现代化，急需培养选拔一大批合格的人才。“人才，只有大胆使用，才能培养出来”。因此，在改革开放，建立社会主义市场经济的今天，气象部门面临着严峻的挑战，其中人才是我们迎接各种挑战与机遇的焦点与关键。只有尊重知识、尊重人才、事业留人、待遇留人、感情留人、真抓实干，我们的气象事业才会充满生机、充满活力，这样，我们就能在各种困难和竞争中经受住严峻的考验，为国家、为社会、为人民、为事业作出应有的贡献。

本文发表于《云南气象》1995年第2期

发挥好气象服务世界一流“三张牌”的作用

云南地处古代南方丝绸之路要道，拥有面向南亚、东南亚，通达长江、珠江、澜沧江—湄公河，北上连接丝绸之路经济带，南下连接海上丝绸之路的独特区位优势，是我国“一带一路”建设的重要交汇点。2018年，云南省委省政府为贯彻落实“把云南建设成为我国面向南亚东南亚辐射中心”的战略定位，结合自身优势和特点，提出了全力打造世界一流“三张牌”，大力发展8大重点产业的发展思路。多措并举，提供更加优质的投资和营商环境，鼓励和引导社会资本向重点产业投入，培育和壮大云南经济实力，开放的云南将迎来更大更好的发展机遇。

作为工作和生活在滇的气象部门，在云南打造世界一流“三张牌”活动中，如何发挥气象行业部门的优势，助推云南实现高质量跨越式发展，谈谈我们的肤浅思考与认识。

· 打造世界一流“三张牌”

打造世界一流的“绿色能源牌”。云南水电资源可开发量居全国第3位，电力绿色能源装机占比超过80%，2017年全省能源工业实现增加值863.7亿元，成为云南第二大支柱产业。全省市场化交易电量突破700亿千瓦时，清洁能源交易占比居全国首位，非化石能源占一次能源消费总量的比重居全国首位，降低企业用电成本近百亿元，绿色能源优势转换为经济发展优势的潜力十分巨大。云南将进一步做强做优绿色能源产业，加快建设干流水电基地，加强省内电网、西电东送通道、境外输电项目建设，拓展省内外和境外电力市场。在保护好环境的前提下，推进水电铝材、水电硅材一体化发展，培育和引进行业领军企业，着力发展新材料、改性材料和材料深加工，延长产业链。加快发展新能源汽车产业，大力引进新能源汽车整车和电池、电机、电控等零配件企业。

打造世界一流的“绿色食品牌”。云南有纯净的高原生长环境，有多样的立体地形地貌及立体气候，有丰富而独特的各类生物资源，比如以生物制药为代表的现代生物制品研发及制造，在云南具有得天独厚的发展条件。此外，云南鲜花远销海内外，云南高原特色农产品绿色、健康且美味，云南中药材地道无污染，凡此种种生物及特色农业资源，期盼着世界各地投资商的慧眼青睐，在产业化生产、产业链打造、品牌建设、营销平台等方面深度合作。云南把高起点发展高原特色现代农业作为战略重点

之一，用工业化理念推动高质量发展，突出绿色化、优质化、特色化、品牌化，走质量兴农、绿色兴农之路，在确保粮食生产能力稳中提质和粮食安全的基础上，力争形成若干个过千亿元的产业。大力打造名优产品，围绕茶叶、花卉、水果、蔬菜、坚果、咖啡、中药材、肉牛等产业，集中力量培育，做好“特色”文章，加快形成品牌集群效应，形成一批具有云南特色、高品质、有口碑的“云南名品”。

澜沧江沿岸山地风光（杨植惟 摄）

打造世界一流的“健康生活目的地牌”。按照“世界一流”的标准，在昆明等有条件的地方建设大健康产业示范区，打造国际医疗健康城，引进国际一流高端资源和管理模式，建设集医疗、研发、教育、康养为一体的医疗产业综合体，使云南成为国际先进的医学中心、诊疗中心、康复中心、医疗旅游目的地、医疗产业集聚地，促进生物医药和大健康产业跨越发展。旅游业是“七彩云南”的“第一形象产业”，以“云南只有一个景区，这个景区叫云南”的理念打造“全域旅游”；以“一部手机游云南”为平台，打造“智慧旅游”；以“游客旅游自由自在”“政府管理服务无处不在”为目标，建设“一流旅游”；坚持以“零容忍”的态度整治旅游市场秩序，推动旅游产业全面转型升级。强化以“健康”为主题的康养小镇建设，为想健康的人来云南提供全方位服务。围绕“国际化、高端化、特色化、智慧化”目标，加快特色小镇、半山酒店和大滇西旅游环线建设。紧扣“特色、产业、生态、易达、宜居、智慧、成网”七大要素，高质量、高标准建设，使云南的蓝天白云、青山绿水、特色文化转化为发展优势，成为世人健康生活的向往之地。让云南人更健康起来，让想更健康的人到云南来。

围绕打造世界一流“三张牌”，云南将做强做大8大重点产业：即生物医药和大健康产业、旅游文化产业、信息产业、物流产业、高原特色现代农业产业、新材料产业、先进装备制造业、食品与消费品加工制造业。

· 气象服务存在的薄弱环节

1. 专业气象观测网不健全，气象监测精密程度有待强化。农业、交通、旅游等专业气象观测站网建设滞后，生态气象观测缺乏统一规划，观测站网的代表性及区域分布不尽合理。监测要素单一，仍以气象要素为主。卫星遥感产品的分析应用能力有待加强。

2. 预报预测技术尚存在瓶颈，气象预报精准程度有待突破。面向无缝隙、精准化、智能型预报业务发展趋势，云南预报预测技术水平和业务能力还存在一定差距。一是对气候变化背景下，云南复杂山地极端性、灾害性、高影响天气以及重大气候事件的形成机理认识不足，尤其对强对流、局地暴雨的突发性发展机制认识不足，气象干旱发生发展规律的认识尚浅；二是核心业务关键技术方面，考虑气候背景、地理信息、复杂下垫面以及气象要素日变化等降尺度精细分析技术欠缺，不同时效无缝隙融合，多要素空间一致性、单要素时间一致性和格点—站点空间一致性协调技术的瓶颈依然存在；三是在新技术应用和系统平台方面，海量大数据挖掘和融合技术研发尚未开展，基于气象灾害风险评估的影响预报技术还处于探索之中。业务系统的技术集成、并发协同以及客观化、自动化、数字化、智能化水平低，尚不适应无缝隙、精准化、智能型预报业务发展的新要求；四是预报业务能力方面，气象要素预报时空精细化水平、灾害性天气预报的精准度和可用时效、气候灾害预测的准确率等，尚不能满足气象公共服务和气象防灾减灾救灾服务的需要，对生态、环境、水文、高原特色农业、航空等各行业的基于影响的预报和基于风险的预警支撑能力仍有待提升。

3. 气象服务产品尚不能满足需求，气象服务精细程度有待提高。新时代随着人民对美好生活需求的快速提升，传统意义的气象服务，难以适应公众精细化、个性化服务的需求；单纯的气象信息服务，难以适应防灾减灾综合决策的需求；单向推送的气象服务，难以适应互动智能的服务需求。同时以量取胜、低水平重复的服务模式，也阻碍了气象服务现代化的发展。“十三五”期间，云南虽新建了高原特色农业、智慧旅游交通、突发预警信息等专业气象服务系统，其系统运行还需要不断调整和完善，其产品应用还需要不断打磨和优化，还需进一步提高气象服务产品的针对性和精细度，以期提高气象服务与社会经济发展的适配度。

4. 气象信息化能力不足，智慧气象建设有待加强。气象信息化支撑能力和网络安全保障能力还存在短板。现有业务产品标准化不足，业务系统数据源、流程等改造难度较大，气象信息集约化管理和保障存在困难。大数据、云平台等新型信息技术应用能力和水平仍较薄弱。

· 做好世界一流“三张牌”气象服务

服务好“绿色能源牌”。开展云南水力资源科学调度与电网通道安全保障气象服务能力建设，为云南打造“绿色能源牌”及“澜湄合作”国家发展战略提供气象保障服务。充分发挥气象在水电站、水库、电网等各生产环节中的增产增效和安全保障作用，提高防灾减灾能力。充分发挥好风能、太阳能资源评估的作用，为在滇东地区及金沙江流域的适宜地区适度开发利用新能源（风电及光伏发电）提供科技支撑。以澜沧江—湄公河流域和金沙江流域为重点，开展全流域水电行业气象服务。增强在国家能源战略中的气象科技水平，有效促进我省气象服务产业在服务能力、产业融合、国际化水平等方面实力的提升。

服务好“绿色食品牌”。继续提升高原特色现代农业精细化、智慧化气象服务能力。借助全国开展自然灾害调查普查评估的机遇，开展大宗、特色粮经作物冰雹、暴雨洪涝、低温寒害等重大农业气象灾害风险区划技术研究，搞清成灾原因，得出风险区划。深入研究“云”字牌特色农产品产量、品质和成熟采收期预报技术与方法。开发农业气象智能网格业务服务产品。加强烤烟业务服务及试验研究，构建烤烟等作物生长模拟模型，建设烤烟气象业务服务支撑平台，提升国家级烤烟气象服务中心能力。聚焦云南花卉产业，服务云南现代花卉产业园建设，提升花卉产业抵御气象灾害和减少损失能力，促进花卉产业的提质增效和稳健发展，为云南“世界花园”品牌保驾护航。拓展特色农产品气候品质认证和质量溯源，在普洱茶气候品质认证模型、指标研究基础上，建立特色作物气候品质认证及质量溯源技术指标体系。优化气候品质认证技术，针对云南茶叶、咖啡、苹果、核桃、雪桃、芒果等主要特色作物，开展气候品质认证、质量溯源技术、智能芯片、卡片、证书等研发，实现农产品气候品质认证及质量溯源分析智能化、自动化。

西双版纳勐仑植物园（杨植惟 摄）

服务好“健康生活目的地牌”。拓展康养产业气象服务，围绕云南旅游文化产业发展，聚焦健康旅游、养生养老、康复疗养等需求，结合云南气候多样、生态良好、宜居宜业宜游宜养的独特优势，开展康养气候资源普查，加强天然氧吧、避暑避寒胜地等气候宜居评价服务。在云南认定推出若干个“中国生态气候康养宜居地”、国家气候标志县、“中国天然氧吧”县。针对云南低纬高原气候对疾病预防、人体保健、疾病治疗的独特作用，建立负氧离子、紫外线、臭氧等有特色的气象观测网，研发气象服务模型，开展宜居气候、康养气候、度假气候等指标研发及监测评估，为气候康养、空气疗养、温泉疗养等康养旅游产品提供服务支撑。提升云南智慧旅游和交通气象服务能力，按照全域旅游发展理念，基于5G技术、AI技术和气象大数据云平台，升级完善现有的智慧旅游交通气象服务系统，构建“云+端”智慧全域旅游气象服务体系，为游客提供高体验度的智慧旅游气象产品，为景区提供精准优质的气象服务，提升“一部手机游云南”中旅游气象服务产品的智慧化程度和体验度。融合公路、铁路、航空等行业信息，构建基于影响的智慧交通气象风险预报预警业务，建立跨行业预警发布、规范有序的智慧旅游交通气象服务系统，全面提升智慧交通气象服务能力。

精准天气预报仍需努力

天气预报属于预测科学，从科学规律讲，预测科学不可能完全准确或者永远准确，天气预报也同样如此。基于人类所掌握的科技水平以及对大气圈，甚至对整个气候系统的认识和了解程度，决定了我们的天气预报不可能完全准确。这是目前的科学技术水平所决定的，包括对整个大气运动规律的认知程度、科研水平、技术水平、装备水平等。还需要有更大更快的超级计算机，气象观测站网还需要更加密集，同时还需要更先进的天气雷达、气象卫星、无人机等特种观测手段来进行探测，当然也还需要更多更广泛的国际合作。大气运动是无国界的，所以需要全球的气象工作者，共同努力来提高气象预报的准确率。

天气预报看似简单，实际上是一项复杂的系统工程，涉及方方面面和诸多环节，每个环节的发展水平，都会直接和间接影响预报精准度。随着科技发展和人类认识的进步，天气预报准确率会在不断提高，但永远也不可能百分之百准确，预报时长和准确率是有限度的。

· 如何正确理解天气预报

天气的阴晴冷暖与人们的日常生活密切相关，了解天气变化已逐渐成为人们日常生活的重要组成部分。但您如果不能对天气预报进行正确的理解，将会误导您的活动安排，有时甚至把您的误解，会片面地说成是天气预报的不准。

目前气象台进行的天气预报有长期、中期、短期、短时和临近预报五种。长期预报做月、季、年的预测，预测未来的气候变化趋势，不做具体的气象要素预报，如下个月的雨量偏多还是偏少，气温偏高还是偏低，今年是丰水年还是枯水年等，故长期预报又称短期气候预测。中期预报做未来3～7天的预报，即未来3～7天主要受什么天气过程影响，有无降水或降温天气过程出现，强调对大范围灾害性天气的预测。短期预报指未来2天（48小时）内的具体气象要素预报。短时预报指未来12小时内的预报。临近预报指未来2小时内的预报。

目前在电视、广播、报纸、手机等媒体发布的均是24小时的短期预报。短期预报中指的明天是从今天20时～明天20时（北京时），与平时人们习惯上讲的明天（0～24时）提前了4小时。一般天气预报由两部分组成，即区域预报和城市预报，区域预报是较大范围的面预报，而城市预报则是固定的点预报。由于降水，特别是阵性降水，具有极大的随机性和局地性，因此，点预报比面预报要困难得多。比如预报明天昆明有小雨，很可能城北城东下雨，而城南城西却滴雨未降；同样，预报昆明地区有雨，呈贡、石林、安宁确实下雨了，而昆明主城却可能无雨，您能说预报不准吗？故，在天气预报中使用频率较高的一个词汇，便是“局部”两字。

天气预报中降水（降雪）的大小，是按24小时降水量（或雪化为水的量）的等级划分的，分为小雨（24小时雨量0.1～9.9毫米）、小—中雨（5～16.9毫米）、中雨（10～24.9毫米）、中—大雨（17～37.9毫米）、大雨（25～49.9毫米）、大—暴雨（38～74.9毫米）、暴雨（50～99.9毫米）、暴雨—大暴雨（75～174.9毫米）、大暴雨（100～249.9毫米）、大暴雨—特大暴雨（175～300毫米）、特大暴雨（≥250毫米）。降雪则分为小雪（0.1～2.4毫米）、中雪（2.5～4.9毫米）、大雪（5.0～9.9毫米）、暴雪（≥10毫米）。天气预报中天空状况有阴、阴间多云、多云、多云间晴、晴间多云、晴等多种描述，是把天空分成10等分，看云层覆盖天空状况的多少来决定的。

昆明晚霞（张涛 摄）

人们对天气的关注，除降水的变化外，还关心气温的高低，有时会遇到有的朋友说：“今天的最高温度肯定不止28℃，我亲自测量过了，有32℃”。事实上，天气预报中的最高、最低温度，不是纯的室外温度，更不是室内温度。气象学上的温度测量是有严格要求的，是指离地面1.5米高处百叶箱内的温度，是使用专用温度计测得的，故在高温时，比直接在阳光暴晒下的温度要低一些，在低温时，则比直接在露天下测量的要高一些。在室内测得的温度，不是气象学意义上的大气自然温度，不具有代表性，这跟你所处的室内小气候环境有很大的关系。

另外，天气预报中的风向是指风的来向。一般按8个方位预报，大小则采用国际上通行的蒲氏风力等级，指的是一天中的最多风向和最大风力。日常生活中说的刮大风，在气象学上，风力要在6级以上，风速达10.7米/秒以上，一般预报风力为2～3级，相当于风速为2～4米/秒。

• 人类尚未完全掌握大气运动规律

大气运动的每一个环节都存在某些不确定性，不可能每一次的预报结果都与实况相一致。提高天气预报准确率，现在仍是一个世界性的难题。大气运动是混沌的、非线性的，很小的波动也可能产生巨大的湍流，正如美国麻省理工学院洛伦兹教授所做的形象比喻："一只小小的蝴蝶在巴西上空煽动翅膀，可能在2周后的美国得克萨斯州会引起一场风暴"，这就是著名的"蝴蝶效应"。这说明了气象的复杂性和不确定性，正是由于大气的千变万化，人类至今尚未完全认识和掌握大气运动的规律。数值天气预报是理论，是科技，甚至是工艺，它是基于数学物理方程推演的理论预报，大尺度预报尚有一般性规律和好的预报结果，但至今关于云的刻画、降雨过程和许多中尺度以及灾害过程的机理，尚未有很好的理论解决办法。故要在天气预报中不断增加预报时效和提高短时临近预报准确率，永远是一道不可逾越的"鸿沟"。

天气预报属于"诊断+预测"的科学，原理同医生诊断看病相类似。目前，我们对天气情况进行诊断预测，其准确率已接近世界先进水平。2018年全国24小时晴雨预报准确率为87%，暴雨预警准确率为88%，强对流预警提前量为38分钟，台风路径预报水平保持世界领先水平。一般而言，大范围的预报好于对固定站点的预报，如何提高"灾害性、关键性、转折性"三性天气和"定点、定时、定量"三定预报的准确率，是气象预报员必须面对的永恒主题和难题。

• 监测预报预警能力仍相对薄弱

总体上看，目前云南的气象监测预报预警能力有了较大进步但仍相对薄弱。气象监测能力还未完全适应预报预测和气象服务的业务需求，一些局地性、突发性的灾害性天气，由于监测站网的时空密度不够，往往捕捉不到，以至于漏测漏报，犹如"大网捕小鱼，漏网之鱼多"。对一些灾害性天气的客观预报，目前还没有非常有效有用的方法和手段，对一些重大天气气候事件形成机理的认识还很有限，深层次原因还有待探索，特别是短时临近的灾害性天气预报预警能力还较薄弱。

云南位于低纬高原，处于南亚季风和东亚季风交叉影响区，天气气候复杂多变，影响天气气候的因素独特。天气现象和灾害种类多，存在着难以全面准确预报的客观因素；一些突发性气象灾害如暴雨、雷电、大风、冰雹、短时强降雨等，其发生发展规律复杂，我省在这些方面的监测预报预警能力相对薄弱；数值预报产品解释应用和各类新型气象探测资料的应用能力，还有待进一步提高，在一定程度上也制约了天气预报准确率和精细化水平的提高。

昆明晚霞（唐跃军 摄）

• 预报员素质决定天气预报准确率

在现有的科技水平下，天气预报不可能百分之百准确，在气象业界确实存在预报的“天花板”极限，但这不能阻挡预报员探索与突破的步伐。预报预测准确率的提高，主要依靠科技进步，依靠数值预报模式和大数据的应用，但同时也要重视发挥气象预报员的主观能动性。应采取多种方式，努力提高预报员的综合技能与素质。美国国家大气研究中心（NCAR）的评估报告指出，优秀的预报员在天气预报中所起的作用，相当于数值预报模式10～12年改进的效果。培养高素质的预报员并在预报中充分发挥作用，对于预报准确率的提高，具有举足轻重的意义。

有人说，现在的天气预报，80%是靠数值预报、气象学知识和技术装备，20%是靠预报员的经验、胆识和辛勤工作。我们认为，目前各级预报员能看到的图表甚多，数值预报、卫星、雷达、高空、地面资料很全，有时可谓“眼花缭乱”，差异就在于各位预报员“看图识字”“指标凝练”的功底及判识能力如何？能否摸透数值预报模式的性能、偏差及适用性，分辨出产品的“真假”；能否及时发现图表中隐藏的“奥秘”和“关键”，并提出分析依据和预测意见，这就是一个有经验预报员或“老道”预报员的本领和诀窍。预报员拥有“一技之长”，方能“拿云捉月”，切不可当“半瓶子醋”乃至“黔驴技孤”。说实话，在预报决策的关键时刻，还是人起主要的决定作用，还是需要有“真才”、敢“担当”的领班预报员来把关的。一位有丰富经验的气象预报员，就像一名老中医一样，对疑难杂症，有独到的治疗偏方、良方，治愈率肯定高。在实际气象预报工作中，预报员应“藏器待时”，才会“大显身手”。需要注重培养具有扎实理论基础、系统分析、规律识别、经验总结能力的预报首席专家、预报工匠、预报科学家。

· 精准天气预报任重道远

云南是我国受气象灾害影响较为严重的地区之一，每年的自然灾害都会造成数以亿计的经济财产损失。为有效防御干旱、暴雨、强对流天气、台风等各类气象灾害以及次生灾害，减轻人民生命财产损失，云南气象工作者开展了许多卓有成效的预报服务工作，努力践行“监测精密、预报精准、服务精细”。

作为云南的气象工作者，如何有效地提高天气预报准确率？我们认为主要应抓好以下五点：一是要大力发展先进的预报预测技术，加强综合观测技术、区域数值预报技术的研发与应用，加强数值预报产品释用技术方法的开发研究与改进；二是要着力推进先进的预报预测业务系统建设，建立有针对性的区域灾害性天气短时临近预报预警业务系统和面向用户需求的专业化预报业务系统；三是要扎实构建现代化的智能预报预测体系，改进预报预测业务流程，加快建立研究型业务，主动适应预报员角色的转变；四是要推进预报员向综合型预报员转型发展，省级强化预报员技术应用能力，打造专项攻关团队，稳步推进全省预报能力提升。市县预报员强化对卫星、雷达等新型资料的理解和应用，不断提升灾害性天气监测预警能力；五是要建立重要天气过程预报技术总结分析机制，高影响天气个例复盘研讨是认识大气及其在模式和观测数据中的表现的重要途径。提高预报员资料分析、影响预报、风险预警、集合预报的应用能力，实现从天气预报到风险预警和影响预报的延伸。总之，精准的天气预报，任重道远，现代预报员仍需继续努力。

原载1999年11月15日《春城晚报》第21版《科学天地》，本文有删改

夯实云南气象防灾减灾基础

气象灾害是人类社会生存发展面临的主要自然灾害之一。云南是我国气象灾害影响较为严重的地区之一，不断增强气象灾害防御能力，最大限度减少人员伤亡和最大限度减轻灾害损失，已成为当前经济社会发展中亟待解决的重大问题。

云南仍是后发展和欠发达地区，实现高质量跨越式发展是云南最鲜明的主题和最大的任务。云南由于其独特的地理环境、气候、民族风情和风俗习惯，产生了许多不

同于其他地方的奇异现象，就连气象灾害也有其独特之处。加强云南气象防灾减灾能力建设，对于提高气象防灾减灾救灾综合能力，更好地服务于云南经济社会又好又快发展，具有重大的现实意义。防灾减灾，气象先行。

• 地理环境和气象灾害的特殊性

云南毗邻南亚次大陆与中南半岛，邻近孟加拉湾和南海两大热带海洋，属全球最著名的热带季风——南亚季风和东亚季风的影响范畴。地处低纬度、高原地形、邻近热带海洋的地理特征，形成了云南气象灾害的复杂性与多样性。

云南地形地貌复杂，山地面积占94%，坝子（盆地）仅为6%；省内最高点德钦县梅里雪山卡瓦格博峰，海拔6740米，最低点滇东南河口县红河出境处，海拔76.4米，高差6664米，全国乃至世界罕见，地势呈西北高东南低的阶梯状倾斜下降。全省坡度大于25度的山地占全省的39.3%，滇西北与滇东北地区则高达60%～90%，山多、山高、坡陡、植被少、降雨集中，地质构造复杂，断裂和断块差异运动，导致云南因暴雨引发的滑坡泥石流灾害频发，山区旱灾严重。云南地势南低北高，雨量南多北少，滇南旱灾少于滇北。云南由于受横断山、哀牢山、乌蒙山等南北向山脉地形阻挡影响，与西南季风气流几乎成正交，东西向气流的焚风效应显著，山脉的西侧地区降水和暴雨较多，洪涝灾害频繁而少旱灾，使得金沙江流域、三江并流地区、哀牢山东部旱灾频繁。从小范围看，同一地区迎风坡较背风坡（或盆地）产生大雨和暴雨的几率大，干旱几率小，云南河谷地区干旱少雨，旱灾较为严重。滇中及以东地区为全国著名的喀斯特地貌区、土层薄、渗漏严重、保水性差，一雨就洪，一晴就旱的特点突出。云南是全国著名的多地震带活动区，易造成江河湖泊地层断陷，山地地质结构破坏，使宝贵的水资源流失且易导致山洪暴发，产生滑坡泥石流灾害。云南土壤以山地土壤为主，由于坡度大，土层浅薄，土壤蓄水量少，加之山洪侵蚀不断发生，极易形成干旱。

迪庆高原的降水云系（和春荣 摄）

云南介于我国东部季风区与青藏高原高寒区两大自然区的过渡带，是多种季风（南亚季风、东亚季风、高原季风）环流影响的过渡交叉地带，属我国典型的季风气候区。干湿季分明，季风的强弱和雨季开始的迟早，是决定云南旱涝的主要气候背景。干季（11～次年4月）降水稀少，易形成冬旱和春旱，严重时出现冬春夏连旱。雨季开始特晚的年份，易形成重旱。雨季（5～10月）降水集中，加之受地形影响，多单点大雨、暴雨，易出现洪涝。夏季风爆发偏迟和夏季风间歇期，是形成云南初夏干旱和盛夏干旱的关键因子。云南降水天气系统复杂多样，受局地地形作用后，常产生强度大、历时短、范围小的局地暴雨、大暴雨甚至特大暴雨，这种暴雨随机性大，可以出现在坝区、丘陵区、半山区、山区和河谷地区，一定强度的暴雨就会形成超过其流域泄洪能力的洪水，从而导致洪涝灾害的发生。云南98%的是短时间降大雨或暴雨形成的洪灾，云南洪灾远多于涝灾。

云南属典型的高原内陆山区省份，地处6大水系的上中游或源头区，云南地质环境复杂，新构造运动活跃，受其影响，形成云南群山起伏、江河深嵌、斜坡高陡的地貌特点。大多数斜坡常处于准稳定状态，一经触发，极易失稳，为滑坡、泥石流灾害频发提供了地形条件。水分是滑坡、泥石流发生的必要条件，连绵的阴雨易引起滑坡的发生，强度大的暴雨或大暴雨，则是绝大多数泥石流灾害发生的水动力条件。强降水是诱发滑坡、泥石流灾害发生的最直接因素。云南滑坡、泥石流等地质灾害的80%发生在主汛期的6～8月和后汛期的9～10月。

气象灾害无论是全球、中国，还是云南，都是主要的自然灾害。据统计，气象灾害的频次占全球自然灾害的74%，死亡人数占81%，受灾人数占96%，直接经济损失占70%。在联合国国际减灾十年统计的四大自然灾害中（热带风暴、地震、水灾、旱灾），有三种是气象灾害。在云南各种自然灾害造成的经济损失中，气象灾害造成的损失超过70%，是云南因灾损失最大的一种自然灾害。

• 云南气象灾害防御的短板与弱项

1. 气象综合观测体系尚不完善。观测属性较为单一，以大气圈观测为主，气候系统其他圈层的观测严重不足；观测的时空尺度以天气尺度为主，尚不能满足中小尺度灾害性天气观测对高时效和高密度资料的要求，也不能适应气候观测所需的大尺度代表性观测和长时间稳定可靠观测的要求。现有地面和高空气象观测站网的时空密度和探测能力尚不能完全满足精细化监测预警需求。

2. 气象监测预警能力建设中存在明显短板。主要表现在：一是大量乡镇自动气象站超期服役；二是部分地区存在气象监测空白；三是垂直观测时空分辨率不足；四是天气雷达观测网覆盖面不够；五是大气廓线观测站点偏少；六是气候系统观测相对薄弱，地气交换、水分循环、碳源碳汇等领域观测极其稀少；七是生态、交通等专业气象观测能力亟待加强；八是多源观测资料的数据应用能力不足。

3. 站网布局和观测技术水平亟待提升。地基、空基、天基观测缺乏有效联系，观测要素和站网布局综合设计不足，观测台站的集约化程度有待改善。观测技术的自动化程度亟待提升，观测精度和稳定性不足，机动观测业务尚未完全建立，不能满足突发灾害事件的应急观测需要。

4. 新型探测系统的产品和应用技术开发缺位。探测方法、探测产品研发及其应用技术开发严重不足，探测产品开发人才奇缺，技术储备不足。数据共享与支撑能力亟待提升。

5. 精准预报能力亟需提高。云南地区遥感遥测反演产品的精度受限，精准反映天气实况的能力不足；多普勒天气雷达系统在短临预报中应用不充分；模式产品适用性不强，GRAPES区域模式对低纬高原天气预报支撑能力不足；灾害性天气预报预警准确率低、时间提前量短，预报质量与全国其他省区相比，仍处于较低水平。

6. 低纬高原地区气象灾害和高影响天气形成机理研究还有待深入。尤其是中小尺度灾害性天气成因和规律，短临预报和气候预测准确率有待进一步提高。

7. 气象服务能力与需求差距较大。目前云南气象服务的有效供给能力不足，气象服务产品个性化水平不高、针对性不强，尤其是山洪地质灾害气象风险预警服务和重点工程建设气象保障能力与用户需求存在差距，气象趋利避害的保障作用发挥不够充分。

8. 气象灾害预警的公众覆盖率不够高。公众获得气象灾害预警的渠道虽呈现多样化趋势，但权威性不够，尤其是对山区、农村和弱势群体的气象灾害预报预警服务有待加强。气象灾害预警信息发布渠道不畅，对相关部门预警信号传递和刊播缺乏有效监督和约束。

9. 气象灾害应急响应体制机制尚待完善。特别是针对与气象相关的突发公共事件的气象应急响应能力仍较薄弱，亟待巩固、提升和加强。

10. 气象防灾减灾服务能力和水平与经济社会发展要求还不相适应。气象服务的针对性、及时性、有效性不够，信息覆盖面还不够宽。

11. 人工影响天气作业能力仍然不足，人影作业基础设施建设亟待加强。

12. 科技创新支撑能力不足。气象科技创新体系整体效能不高，创新平台示范引领作用发挥不够，科研成果转化率不高，关键领域科技支撑业务的能力不足。

13. 气象科普宣传存在短板。气象知识普及和气象灾害防御的科普宣传不足、渠道单一、内容呆板，气象科普基地的效益发挥不够充分。

· 云南气象防灾减灾的挑战与措施

当前，随着全球气候变暖，极端天气气候事件的突发性、极端性、致灾性增强，气象防灾减灾面临新的挑战。云南气象现代化水平与全国发达地区相比，仍还存在明显差距。同时，气象部门存在的科技创新能力不强、人才队伍薄弱、基础设施落后、保障能力不足等困难和问题，对云南气象事业的改革发展带来了挑战和考验，为此《加强云南气象防灾减灾能力建设研究》软科学课题进行了深入研究。

存在困难和问题方面，主要表现在：①应对气象灾害的责任感和紧迫感亟待增强；②气象防灾减灾体制机制有待健全；③气象防灾减灾观测能力有待提高；④气象灾害预测预报准确率有待提升；⑤气象防灾减灾服务能力有待提高；⑥气象防灾减灾投入和设施建设有待加强；⑦气象防灾减灾保障体系有待完善。

面临挑战方面，主要表现在：①云南气象灾害频发损失严重，加强气象防灾减灾能力建设形势严峻；②天气气候变化影响明显，加强气象防灾减灾能力建设刻不容缓；③经济社会发展层次较低，加强气象防灾减灾能力建设任务艰巨；④公共气象服务能力不强，加强气象防灾减灾能力建设极为迫切；⑤发展面临的不确定因素增多，加强气象防灾减灾能力建设异常繁杂。

面对任重道远的气象防灾减灾挑战，要加强经验凝练和对策措施研究。要牢固树立“减灾也是生产力、减灾就是增效、防灾就是维稳”的发展理念，不断创新气象防灾减灾工作方式，为保增长、保民生、保稳定提供重要支撑。努力做到：①切实提高气象防灾减灾重要性认识；②切实加强气象防灾减灾组织领导；③切实加大气象防灾减灾资金投入；④切实加强气象防灾减灾科技支撑；⑤切实加强气象防灾减灾协作合作；⑥切实加强气象防灾减灾法制化建设；⑦切实加快气象事业高质量发展。

做好云南气象防灾减灾工作，要以研究型业务建设为抓手，贯彻新发展理念，坚持系统观念，加快科技创新，聚焦监测精密、预报精准、服务精细战略任务，全面推进新时代气象强省建设。通过改革创新体制机制、优化业务布局流程、建设联合科技创新平台、加强业务核心技术攻关、强化信息基础支撑、培养研究型人才队伍等措施，构建科研业务深度融合、科技创新充满活力、业务发展统筹集约、体制机制保障有力的研究型业务格局，全面推进云南气象事业的高质量发展。

未来气象科技的发展趋势

科技创新是引领气象事业高质量发展的第一动力，是做到监测精密、预报精准、服务精细，提高气象服务保障能力的根本途径，是发挥气象防灾减灾第一道防线作用的必然要求。因此，必须牢牢把握加快科技创新的战略举措，把科技创新摆在气象现代化建设的核心位置，科学谋划好未来气象科技的发展。

· 气象科技发展的历史机遇

目前，我国在全球气象监测、预报、服务方面取得了长足进展，具备了一定的业务基础，成为全球九大世界气象中心之一。100多位中国科学家在世界气象组织（WMO）、政府间气候变化专门委员会（IPCC）等国际组织中担任技术职务。我国气象科技创新由以跟踪为主，发展到跟踪和并跑并存的新阶段。现在，新一轮科技革命和产业变革蓬勃兴起，科技创新进入密集活跃期。以云计算、大数据、人工智能、量子信息、移动通信、物联网、区块链等为代表的新一代信息技术加速突破应用，学科之间、科学和技术之间、技术之间、自然科学和人文社会科学之间，日益呈现交叉融合趋势，为气象科技的发展提供了更多的创新源泉。

全球气象科技正孕育着革命性的突破，各气象强国正加快科技创新部署。世界气象组织通过了建立更综合的地球系统方法的战略计划；美国启动了下一代全球预报系统研发；欧洲中期天气预报中心（ECMWF）提出到2030年发展无缝隙地球系统模式和利用高性能计算、大数据、人工智能技术，创造数字孪生地球的战略目标。加快发展地球系统科学，实现自动化、智能型、无缝隙气象预报，已成为国际气象发展的新趋势。

面对新时代新任务新要求，目前我国气象科技发展仍面临一些问题。主要表现在：气象科技自主创新能力不强，对气象现代化的支撑引领不足；一些重要领域关键核心技术受制于人的局面尚未根本改变；气象观测智能化存在技术瓶颈，高精度观测仪器自主研发能力不强，空基、海基气象观测能力尤为薄弱；中小尺度灾害天气学发展滞后，对气象灾害机理的理解尚待深入；地球系统科学尚处于起步阶段，气象数值预报模式与国际先进水平存在明显差距，资料同化技术仍然落后，无缝隙预报体系亟待发展；人工影响天气科技水平不高，作业能力尚难以满足需求；气候变化科技支撑不足，保障国家气候安全能力有待提高；气象服务精细化程度不高，生态文明气象保障能力不强；现代信息技术与人工智能的气象应用有限等。

德钦梅里雪山风光（段玮 摄）

在新的历史时期，气象科技创新既面临大有作为的战略机遇，也面临前所未有的重大挑战。国家实施创新驱动发展战略，为加快气象科技创新提供了更好条件，新时代经济社会发展对气象科技供给提出了更高要求和更多需求，推动气象事业高质量发展，实现从气象大国向气象强国迈进，必须转变发展方式，加快形成以创新为主要引领和支撑的发展模式。

- 未来气象科技发展的重点领域

围绕制约气象事业可持续发展的核心科技问题，持续加强基础研究和应用基础研究，以气象数据的观测采集、融合分析和加工应用为主线，确定重点发展领域。未来气象科技发展的重点领域将集中体现在以下九个方面。

1. 综合气象观测技术。开展地基、空基、天基和海基新型探测设备和观测方法研究，加强智能观测技术和高端观测仪器、关键传感器的自主研发，实现核心元器件自主可控；研究面向地球系统的协同气象观测关键技术，实现对大气的高时空分辨率观测，提升对典型灾害性天气系统的实时、立体、精密观测的技术能力；突破星载风场测量激光雷达和静止轨道微波观测关键技术，改进完善定位技术与辐射定标方法；开展非传统观测应用技术研究。主要涵盖地基气象观测、空基气象观测、天基气象观测、海基气象观测、协同气象观测等五个方面。

2. 气象数据分析技术。研究多圈层观测数据融合技术；研发大气、大气化学、陆地和海洋耦合再分析系统；集成应用新兴通信技术，建立智能化数据传输和海量数据存储体系，实现“云”与“端”的数据高效共享。主要包括气象数据融合分析、气候数据均一化、气象数据一体化再分析、气象数据云存储与云计算等四个方面。

3. 天气气候机理研究与科学试验。开展高影响天气、极端天气气候事件、关键物理过程科学试验，深入认识局地、区域到全球尺度、天气到气候尺度灾害性、极端性天气气候事件形成、演变机理及可预报性，为提高极端气象灾害监测预测预警能力提供理论依据。主要包括极端天气过程精细化特征及演变机理、气候过程特征及演变机理、青藏高原科学试验、极地气象研究、中层大气综合观测与研究、综合科学试验等六个方面。

4. 地球系统模式。建成多尺度、多圈层耦合的地球系统模式，支撑全球高分辨率的数值模拟和预报预测，建立数字孪生地球。主要涵盖新一代大气模式、地球系统各分量模式及其耦合、高分辨率区域数值模式、多圈层数据同化、超大规模并行计算和支撑平台等五个方面。

5. 气象预报技术。突破突发灾害性天气的定量化、概率化预报关键技术，有效支撑短临到分钟级和百米级，短中期到小时和1千米，12小时到延伸期和5千米的预报能力建设，显著提升预报准确率和精细化水平；建立覆盖全球和重点区域的次季节—年代际气候灾害和极端气候事件精细化预测技术体系。主要包括突发灾害性天气短临预报、精细化气象要素预报、多尺度气象预报检验评估与订正技术、基于多灾种的影响预报、智能气象预报平台等五个方面。

6. 气象服务技术。围绕生命安全、生产发展、生活富裕、生态良好，发展智慧公共气象服务技术；提升农业气象、环境气象、海洋气象、空间天气等专业气象服务能力；针对水文、地质、交通、航空、旅游、健康、能源等行业的气象服务需求，发展多源多尺度融合监测技术、气象条件分析技术、气象灾害预报技术及灾害风险评估技术。主要涵盖公共气象、农业气象、环境气象、海洋气象、空间天气、健康气象、行业气象服务等七个方面。

7. 人工影响天气技术。开展人工影响天气机理研究；研发人工催化过程与其他气象数值模式系统耦合的人工影响天气数值模式系统；发展人工影响天气监测分析技术、作业指挥技术、催化技术、装备技术和效果检验评估技术。主要包括人工影响天气机理、人工影响天气作业技术、综合外场试验与效果检验技术等三个方面。

8. 应对气候变化与生态气象保障。提高对气候变化规律、机理和影响的认识；强化灾害风险管理，开展面向重点行业和领域的影响评估；开展生态环境保护与修复气象保障服务，增强我国应对气候变化战略科技支撑，保障国家气候安全。主要涵盖气候变化的检测归因与气候环境效应、气候变化风险评估、生态—环境气象监测预警评估、环境保护和生态修复的气象服务、我国应对气候变化国家战略科技支撑等五个方面。

9. 人工智能气象应用技术。开展面向气象科学的关键人工智能算法研发，促进大数据驱动的大气领域科学发现；发展气象数据分析和同化的人工智能技术，促进机器学习算法在数值模式中的应用；开展基于人工智能的天气预报和气候预测研究，发展人工智能在各专业气象领域的应用和服务技术。主要包括人工智能气象大数据、人工智能气象算法、人工智能气象应用等三个方面。

· 重大气象科技创新工程

1. 地球系统模式工程。研制多圈层耦合的地球系统模式，构建地球系统资料同化体系，设计超大规模并行计算方案和新型计算架构下的数值模式研发、运行方案，建立无缝隙地球系统数值预报流程，提高全球多尺度天气—气候—环境智能网格预报能力。

2. 气象大数据工程。构建与数值天气预报、气象防灾减灾和气候变化监测相适应的全球天气气候监测网，研究气象要素自动化观测技术，实施多圈层协同观测，尤其是对全球高影响区域大气三维立体垂直气象观测；攻关多载体观测数据质量控制、偏差订正技术，推进社会化观测数据应用；研发多源数据融合、多元知识融合和人工智能分析等技术，构建多源数据融合分析系统，提高全球天气气候实况分析能力；与国产数值模式对接，研制“全球—区域”一体化的大气、大气化学、陆地和海洋耦合再分析系统及长序列再分析产品，实现业务科研源头数据安全自主可控；集成应用新型信息技术，建立与完善数据获取、海量数据存储体系，实现“云+端”高效数据共享，实现气象大数据在各领域的智慧应用。

3. 中小尺度灾害天气应对能力提升工程。研发针对龙卷风、下击暴流、冰雹、雷暴、晴空湍流等中小尺度灾害性天气的高分辨率探测装备和技术；开展龙卷风、下击暴流、冰雹、雷暴、晴空湍流等中小尺度灾害性天气综合观测试验，揭示其发生发展机理；研发龙卷风、下击暴流、冰雹、雷暴、晴空湍流等预报预警系统。

4. 气象观测专用技术装备国产化工程。研发地面、高空和大气成分高精度国产化传感器；研制基于国产芯片、具备超低功耗、声光电物理信号一体化测量处理能力的气象专用系统级模组；研究双偏振相控阵天气雷达及相关扫描技术、观测模式和定标技术；研制基于拉曼散射、差分吸收、多普勒效应等原理的激光雷达，突破激光器等核心部件国产化难题；研究基于毫米波、地波、太赫兹和量子技术的新制式气象雷达；研制基于北斗导航的探空、水汽及反演应用的观测系统；研制基于机载平台的空基气象载荷；研制大气成分、生态环境高精度观测装备、在线监测技术和标定技术；研究高海拔、酷热、台风、强辐射、重污染等极端恶劣环境的装备适应性技术和工艺；研制适应特殊自然环境和特殊用途的特种气象观测装备。

弄懂人工影响天气

人工影响天气是指基于云和降水物理学的基本原理，应用工程技术手段，直接影响云雾微物理过程、热力和动力结构，达到增加降水、消减云雾和降水、减小冰雹灾害等为目的的人类干预活动。

云雾物理学在20世纪60年代得到迅速发展并成为人工影响天气的科学基础，现在人工影响天气活动和研究，已进入了以野外作业为主的阶段，并在局部地区和特定条件下取得了成功。实践表明，人类在一定程度上可以影响甚至改造天气，这是20世纪大气科学的一个重大进展。人工影响天气是人类改造自然的一种重要手段和途径，尤其是在干旱少雨和森林火灾高发的时候更显突出。

随着人工影响天气越来越为人们所熟知，许多人担心人影作业会产生一些负面的影响。比如，人影作业中使用的催化剂会造成环境污染吗？人影作业会把雨“打跑”了，使下游地区的降雨量减少了？人工增雨是想增就能增的吗？诸如此类的问题，有必要进行一些澄清和解释。

· 人工影响天气的科学原理

人工影响云雾和降水的原理，因影响对象和目的不同，而有所差异，目前主要分为五个方面。

1. 人工影响冷云降水。其科学原理是依据著名的贝吉龙理论，即在冰水共存环境下，由于冰面饱和水汽压小于水面饱和水汽压，当水面处于饱和状态时，冰面就处于过饱和状态，从而冰晶会出现快速增长过程，此过程使水滴不断蒸发减小，冰晶不断长大，最后形成大的冰晶粒子，然后再启动重力碰并增长过程，产生更大的冰粒子，冰粒子下落形成雪（霰）或融化后形成雨水。冷云人工增雨的科学原理就是利用了这一理论，在云中有过冷液态水环境中播撒人工冰晶，造成冰水共存环境，促进人工冰晶的快速长大，最后形成降水。冷云播撒原理也称为冰剂播云原理。由此可见，冷云人工增雨作业有两个很重要的条件，一个是云中存在过冷水，另一个是自然冰晶不足。碘化银和干冰是目前发现的最好成冰核物质，在一定的条件下可形成大量冰晶。

2. 人工影响暖云降水。其科学原理是依据自然暖云降水形成理论，即凝结和碰并理论。在水汽饱和条件下，云凝结核凝结水汽形成云滴，云滴通过湍流碰并等过程形成较大云滴，然后启动重力碰并形成雨滴和降雨。暖云人工增雨是人工增加云凝结核，促进暖云降水形成过程。一般而言，播撒较大尺度的成核物质可以有效促进这一过程。最好的暖云催化剂是氯化钠（食盐）。暖云播撒原理也称吸湿剂播云原理。

3. 人工防雹。是指通过人工方法阻止或减小冰雹在强对流云中的形成，达到减小冰雹灾害的目的。其科学原理是利益竞争理论，即在冰雹形成区大量播撒成冰剂，大量人工冰晶的形成会争夺过冷水，使冰雹形成区的冰粒子都不能增长为冰雹或只能长成小尺度冰雹，在下降过程中可以融化成雨滴，达到消除或减轻冰雹灾害的目的。可见，人工防雹的关键是判别冰雹云及云中冰雹形成区，是开展有效防雹作业的依据。我国高炮人工防雹作业，还有另外一个依据就是爆炸原理，一般是在冰雹云形成的初期，进行大量作业，促使冰雹云发生消散或减弱，从而达到保护农作物和经济作物的目的。作业的关键，是需提前判别作业对象是否为潜在的冰雹云。

4. 人工消雾。依据雾的冷暖性质，人工消雾分为人工消冷雾和人工消暖雾两种。人工消冷雾的科学原理也是贝吉龙理论，即在过冷雾滴存在的环境下，播撒成冰物质（干冰、液氮、液态二氧化碳等）促使过冷雾滴冰晶化，长大后以雪粒子的形式下降到地面，达到消冷雾的目的。由于冷雾的温度不会太低，播撒碘化银催化剂很难核化成冰，播撒制冷剂的同质核化过程所获得的效果更好。人工消暖雾的科学原理与采用的方法有关，如果采用加热消雾的方法，其原理是通过加热促使雾滴蒸发，达到消雾的目的。如果采用播撒吸湿性催化剂的方法，其原理与暖云的人工增雨原理类似，一般采用较大尺度的吸湿性颗粒物，以启动重力碰并过程，达到消雾目的。加热方法效果最明显，但消耗燃料多，一般用在机场等区域范围。

5. 人工消雨。采用人工干预手段改变降水发生的时间、地域或强度，避免或减轻降水天气的影响，其蕴含的科学原理主要有以下几个方面：一是提前降水原理，一般在保护区上游对于适合增雨的云实施增雨作业，由于降雨会使云的强度减弱，甚至消散，使保护区的降水减弱或不产生降雨；二是过量播撒原理，一般在云中大剂量播撒催化剂，争食水分，使降水形成滞后，经过保护区后再产生降水。但这种作业方法，不适合水分充足，发展强大的云，对于这类云，即使过量播撒也会显著增加降水；三是上升气流破坏原理，对于刚形成的云或一些单体云，直接通过破坏其上升气流的方法，形成下沉气流，促使云提前消散。因此，人工消雨是一项很复杂的工作，要依据当时云的状况决定采取的手段，实时监测非常重要。由于人工可影响的范围和强度毕竟有限，对于大范围降水性云系，实施人工消雨的技术难度非常大。

• 催化剂会对环境造成污染吗？

目前人工影响天气的主要作业手段有飞机、高炮、火箭、烟炉等。人影作业采用的催化剂主要是干冰（固体二氧化碳）、液氮、碘化银等，这些催化剂具有很高的成冰能力，每次作业只需要少量就行。一发人影炮弹中，碘化银的含量仅为几克到数十克不等。作业时，1克碘化银催化剂在-15℃环境下可形成10的13次方到10的14次方个冰晶核，播撒少量的碘化银催化剂就可以达到作业要求。每次作业时，即使全部碘化银均降落到地面上，每平方公里也仅有0.21克碘化银。按照降水量折合成银离子浓度，银离子含量约为0.000035毫克/升，远低于世界卫生组织标准和我国国家生活饮用水卫生标准（均为0.05毫克/升），不会对生态环境造成污染，不会危害人体健康。以常用的冷云催化剂来说，干冰、液氮汽化后成为二氧化碳和氮气，都是空气的主要组成部分，因此它们都是“生态安全的催化剂”，当然不会污染环境。

云南夏季的空中之云（李道贵 摄）

国际上早在20世纪60年代，就开始研究和评估碘化银催化剂对环境的影响问题。美国、西班牙、希腊、澳大利亚、俄罗斯等国家对人工增雨（雪）作业后，降水和土壤的检测数据显示，银离子的平均浓度很低，因此认为人工影响天气使用催化剂碘化银，对生态环境的不利影响可以忽略不计。另外，长期监测发现，飞机人影作业、高炮和火箭人影作业等使用的碘化银用量非常小，作业区域水体和土壤中积累的银离子浓度远低于世界卫生组织规定的浓度标准。所以，正确使用人影催化剂，不会造成环境污染。总体上讲，人工影响天气作业是局部的，使用催化剂是微量的，作业时间和影响范围是有限的。国内外科学研究表明，人工影响天气作业对生态环境和人类健康不会产生负面影响。

· 人影作业会把下游的雨“打跑”吗？

空中的水汽和云，不是像地面的河水那样可以直接利用的水资源，在大范围降水过程中，水汽不断补充，上升气流不断变化，云不断形成和发展。遇到大范围降水过程，云中所含的水汽是不断补充的，云系随上升气流的变化而不断更新。在每次降雨过程中，云中的水汽都是充足的，人工催化增雨量只相当于降水的一小部分，所以，人工催化作业对水汽通量的影响非常小。国内外人工增雨科学实验表明，正确运用人工催化技术，可增加的降水量一般为自然降水量的6%～25%。

实际上，在一定距离之外，下游降水的云体往往不是上游催化的云体。云带是由较小的云体组成，云体会不断生消更新的，不会像河水那样，上游截留，下游就会减少。为了检验上游人工增雨作业对下游降雨量的影响，科学家先后在澳大利亚、美国、以色列、瑞士等地开展了人工增雨试验。结果表明，在催化区的下风向地区，降水量同催化区一样是增加的。目前，尚未有证据表明上游地区的人工增雨会减少下游地区的降雨量。

• 人工增雨是想增就能增的吗?

现代人类的人工增雨雪活动始于1946年。我国自1958年开始有组织地开展人工影响天气工作，云南于1959年在大理州鹤庆县率先开展人影作业。简单地讲，人工影响天气就是在适当天气条件下，通过工程技术手段对局部大气的物理过程进行人工干预，实现增雨雪、防冰雹、消云雾的目的。

社会上有人认为，天上有云即为云水资源，便可进行人工增雨，作业就会有效果，事实并非完全如此。不同的云，其降水效率差异很大。一般而言，地形性云、低空雨带、小雷暴云、孤立冰雹云的降水效率都比较低，其中大量云水不能及时转变成有效的降水，而在空中流失或蒸发掉；锋面云系和高空雨带的降水效率则相对较高，可分别达60%和75%左右。空中云系中已经凝结（华）但未形成降水的这一部分称为云水，云中的云水量不能全部转化为降水，通常的云体中，可能转化为降水的约为20%~80%。云水通过自然过程所不能转化为降水而通过人工增雨作业，能够人为地降到地面可被人所用的云水，才能够称为云水资源。开发云水资源的人工增雨，其静力催化主要着眼于提高云的降水效率以增加降水，而动力催化则主要着眼于增加云的水汽通量。

人工影响天气作业是有前提条件的。首先要有云，有云才可能有降雨，但不是所有的云都有降水潜力的，只有那些云水资源丰富的云系，才有开发利用的价值。一般来说，云层厚度要大于2千米，对冷云而言，云中要有过冷水含量较丰厚的区域。其次要有降水天气过程，有水汽输送和上升气流区。人工影响天气主要对地形云、对流云、层状云、积状云和层积混合云进行催化剂播撒作业，要选择合适的作业时机、合适的作业部位、合适的催化剂量，作业才会有实际效果。同时，人影作业还须遵循飞机空域管制部门的管理，有时具备作业条件，但空域申请受限，也无法作业。另外，云南处于季风气候区，干湿季分明，农作物及自然生态保护的节令性强，干季和雨季的水汽条件差异大，人影作业的季节性和时效性强，不可能做到全年全天候作业。云南人工增雨作业主要集中在春夏秋三季，人工防雹作业主要在夏秋两季，部分地区（如丽江、迪庆）则在冬季开展高山人工增雪作业。因此，人工增雨并不是想增就能增的，得找准时机和条件具备才行。

气象灾害损失已不到GDP的1%

中国是气象服务经济社会发展和人民安全福祉的典范。特别是我国始终坚持公共气象的发展方向，坚定不移推进气象现代化建设，积极践行公共气象、安全气象、资源气象的发展理念，健全完善政府领导、部门联动、社会参与的气象灾害防御体系，全面发展决策服务、公众服务和专业服务，防灾减灾效益突出，为各国气象防灾减灾服务树立了一个成功典范。

· 中国气象灾害的简要特征

气象灾害是指由于气象原因直接或间接引起的，给人类和社会经济造成生命伤亡或财产损失的自然灾害。中国是世界上受气象灾害影响最为严重的国家之一，每年造成的直接经济损失占全部自然灾害的70%以上。受地理位置、地形地貌、季风气候、大气环流等自然因素，以及人类社会经济的综合影响，中国气象灾害有五个特征：一是种类繁多；二是发生频率高，阶段性、季节性和区域性明显；三是群发性突出，连锁反应显著；四是损失重、影响范围广；五是气候灾害及风险不断变化。

在气候变化背景下，不同种类的天气气候事件会呈现出复杂多样的变化趋势和新的规律特征，一些天气气候事件致灾因子强度、频率、持续时间、时空分布和涉及范围，均会呈现明显的不利变化，极端性、危险性增强，从而增加气象灾害风险。1951年以来，中国年降水日数减少，但大雨、暴雨日数呈显著增加趋势；高温日数呈增加趋势，21世纪以来高温日数持续偏多；极端低温频次明显下降；北方和西南干旱化趋势加剧；台风登陆比例增高，登陆强度增强；霾日增加。

气象灾害自然属性和社会属性两方面的变化，通过不同组合配置，紧密交织，往往会导致灾害性天气气候和气象灾害的变化既有联系又存在差异，产生新的风险及风险程度的增加。随着社会经济不断发展，其暴露于危害的承灾体数量、价值量及脆弱性也在不断变化，对气象灾害时空分布格局、损失程度都会产生较大影响。

· 气象灾害风险管理的转变

在全球气候变化背景下，随着我国国民经济快速发展，生产规模日趋扩大，社会财富不断积累，气象灾害造成的损失和损害趋多趋重，已成为制约经济社会持续稳定发展的重要因素之一。面对日益严峻的防灾减灾形势，迫切需要采取主动措施来减少气象灾害带来的影响，而灾害风险管理正是达到这一目的的最佳途径。

昆明晨曦（李道贵 摄）

气候变化对灾害风险管理提出了新的挑战。天气气候灾害风险取决于致灾因子以及承灾体的暴露度和脆弱性，是气候安全的主要内容之一。暴露度是指承灾体受到致灾因子不利影响的范围或数量，范围越大或数量越多，暴露度越大。脆弱性指承灾体的内在属性，其大小取决于承灾体对致灾因子不利影响的敏感程度及其自身的应对能力，敏感程度越高或应对能力越弱，脆弱性就越大。

我国气象灾害占自然灾害的70%以上，气象灾害造成的直接经济损失约占国内生产总值（GDP）的1%～3%。1984～2013年，我国年均气象灾害造成的直接经济损失达1888亿元，占同期GDP的2.05%，损失最严重的1991年达到6.3%。在各类天气气候灾害中，暴雨洪涝和干旱造成的直接经济损失分别占总损失的39.7%和21.3%；台风占比为18.7%；风雹为10.2%；低温冷害为10.1%。暴雨洪涝造成的死亡人数最多，占总死亡人数的54%。中国是农业生产大国，气象灾害对农业生产造成的影响不容忽视，粮食安全存在较大风险。1951～2015年，我国气象灾害年均造成农业受灾面积达3876.5万公顷，年均受灾率（占全国总播种面积的比例）为26%。气象灾害不仅对基础设施造成严重破坏，而且对人民群众的生命财产构成极大的损害和威胁。随着气候灾害影响范围扩大和人口、经济总量增长，我国各类承灾体的暴露度不断增大。中国人口老龄化、高密度化和高流动性，社会财富的快速积累和防灾减灾基础薄弱，使各类气候灾害的承灾体脆弱性也趋于增大。根据温室气体的中等排放和高排放情景，预估到21世纪末我国高温、洪涝和干旱灾害风险加大，城市化、老龄化和财富积聚对气候灾害风险有叠加和放大效应。因此，我国灾害风险管理正面临着气候变化带来的新挑战。

近年来，我国灾害管理工作的重点已由应急防御、灾后救助和恢复为主，向灾害风险防范转变，强调变被动防灾为主动应对，使防灾减灾工作由减轻灾害损失，向降低灾害风险转换。尽管目前极端天气气候事件变得越来越强和更加频繁，但随着灾害管理理念的转变和防灾减灾能力的提高，我国因天气气候灾害造成的死亡人数呈逐年下降的趋势，气象灾害造成的经济损失却仍然不容忽视。2001～2013年，我国天气气候灾害直接经济损失与同期年均GDP的比值为1.07%，而同期全球灾害的经济损失与各国GDP总和的比值为0.14%，美国为0.36%，我国天气气候灾害的直接经济损失相当于GDP的比重，为全球平均水平的近8倍，为美国的3倍。积极应对极端天气气候事件，有效管理灾害风险，是我国实现可持续发展的重要内容。气候变化及由此带来的极端天气气候事件和灾害，已成为全球可持续发展的重要威胁，而中国是受气候变化影响最大的国家之一，适应和减缓气候变化、减轻天气气候灾害风险，是保障我国经济社会发展和人民生活的基本选择。

· 基层气象防灾减灾救灾能力稳步提升

气象部门始终将防灾减灾作为气象工作的核心任务和战略重点，高度重视基层气象防灾减灾能力建设和气象灾害风险管理工作，充分发挥气象防灾减灾第一道防线作用，为保障生命安全、生产发展、生活富裕、生态良好贡献气象力量。在“两个坚持、三个转变”的综合防灾减灾救灾理念指导下，积极推进基层气象防灾减灾标准化建设。截至2020年，全国1027个县全面实施基层气象防灾减灾“强基行动”，2090个县制定了气象灾害防御规划，地面气象观测站覆盖99.6%的乡镇，7.8万个气象信息服务站投入使用，76.7万名气象信息员奔走在乡村一线，覆盖99.7%的村屯，15.47万个村屯制定气象灾害应急行动计划，建成1009个标准化气象灾害防御乡镇，1422个防灾减灾标准化社区，基层气象防灾减灾标准化建设成效初显，应急能力稳步提升。气象部门的气象防灾减灾体系基本形成，涵盖气象灾害监测预报预警、气象灾害预警信息发布、气象灾害风险防范、气象灾害防御管理、气象灾害防御法律法规等5大系统。气象灾害防御正在从注重灾后救助向注重灾前预防转变，从应对单一灾种向综合减灾转变，从减少灾害损失向减轻灾害风险转变，气象防灾减灾取得了显著的经济和社会效益。

在复杂交织的灾害链条中，自然灾害的防、抗、救均与气象密切相关，气象部门主动融入国家应急管理体系建设，在监测精密、预报精准、服务精细上下功夫，气象防灾减灾救灾能力稳步提升。越织越密的“海—陆—空—天”四位一体气象监测站网，基本扫除气象灾害监测“盲区”；全国智能网格预报空间分辨率精细至5公里，灾害性天气短临预报精细到乡镇；持续拓展的气象灾害预警信息发布渠道，逐步解决信息发布“最后一公里”问题，公众预警信息覆盖率达87.3%；不断健全的气象灾害防御机制，实现5.73万个重点单位或村屯的气象灾害应急评估；推动增强全民主动防范应对能力，全国气象科学知识普及率接近80%。

气象部门切实发挥了防灾减灾第一道防线作用，我国气象灾害造成的经济损失占GDP比重，从20世纪90年代（1991～2000年）的3.3%降至本世纪头10年（2001～2010年）的1.1%，再到2011～2019年的0.6%。云南2008～2015年为2%，2016～2021年降为0.5%。近几十年来，我国因气象灾害造成的直接经济损失，绝对值虽呈上升趋势，但直接经济损失占GDP的比重却是在减小和下降的。这些枯燥数据的背后，至少说明了这样几个事实：一是气候变化，极端天气气候事件频发，气象灾害趋多增强；二是国家社会经济发展快，经济总量大，底子雄厚；三是应急防灾能力得到了提升，工程性和非工程性减灾措施发挥了明显效益；四是人们的灾害风险防控意识得到增强，科学防灾的理念正在逐渐形成；五是气象防灾减灾第一道防线作用和效益得到初步凸显。

让彩云之南更加美丽

生态文明建设是关乎人民福祉、关乎民族未来的千年大计。气候是影响自然生态系统的活跃因素，是自然生态系统状况的综合反映，是人类社会赖以生存和发展的基础。气象工作关系生态良好，在生态文明建设总体布局中发挥着基础性科技保障作用。

云南面临的生态环境风险

云南是我国西南生态安全屏障，承担着维护区域、国家乃至国际生态安全的重大职责。云南生态地位十分重要，又是生态环境敏感脆弱区，生态环境保护任务艰巨，压力大。云南面临着诸多生态环境风险。一是九大高原湖泊水质下降和反弹的风险。入湖污染负荷控制仍未得到全面控制，治理成果尚未巩固，水质仍不稳定。部分地区水资源匮乏、水环境污染问题仍然存在；二是重金属污染及土壤污染隐患。云南是全国14个重金属污染防控重点省份，农业面源污染治理有待加强；三是生物多样性丧失的风险。云南特有植物2721种，特有动物351种，重点保护物种总数占50%以上，物种濒危程度加剧，381种物种处于“极危”状态，847种处于“濒危”状态；四是自然灾害风险加剧。除台风、海啸和沙尘暴外，几乎地球上的所有自然灾害云南都有，地震、地质灾害、极端天气频繁发生，森林火灾、农作物和林业病虫害时有发生，防灾抗灾救灾任务艰巨；五是外来物种入侵风险加大。云南是全国陆地边境线最长的省份之一，边境沿线防控外来物种入侵的任务十分繁重；六是退化生态系统修复的任务仍然艰巨，尤其是石漠化、干热河谷、水土流失地区的治理难度加大，仍有部分地区存在边治理边破坏的现象；七是资源利用方式依然粗放。环境承载力吃紧，“先污染后治理”的情况时有出现，粗放式和掠夺式开采尚未杜绝，绿色低碳循环的生产方式有待建立和完善；八是生态资源环境对经济发展的约束作用在加剧，开发与保护的矛盾进一步凸显，“绿水青山就是金山银山”的理念还须更加强化。

云南自然生态禀赋

边疆、民族、山区、美丽，是云南新时代的新省情。云南是典型的山地高原省份，因山而绿、因山而富、因山而美，自然资源丰富，环境质量优良，生态地位重要。覆盖率高达65.04%的森林植被和类型多样的生态系统，不仅奠定了云南“植物王国、动物王国、世界花园”的显著地位，而且在生物多样性保护方面具有全球价值、重要影响；因扼守伊洛瓦底江、怒江、澜沧江、长江、珠江、红河等河流上游或源头地区，云南以水、土、气等为重点的生态环境状况，直接影响乃至决定着我国南方地区和中南半岛国家的用水安全、生态安全；以水电为代表的丰富绿色能源资源，对保障国家能源安全、优化国家能源结构具有重大意义。近年来，全省各级妥善处理保护与发展的关系，积极探索具有云南特色的生态文明建设实践，绿色能源开发利用、蓝天碧水净土“三大保卫战”、绿色发展“三张牌”打造、长江上游“共抓大保护不搞大开发”、九大高原湖泊“一湖一策”治理、城乡人居环境整治等力度空前，一些领域工作走在了全国前列，云南生态地位及优势持续巩固，生态服务功能及作用得到更好发挥，蓝天白云、绿水青山，越来越成为支撑云南高质量跨越式发展的突出优势和厚重基础。

大理南涧无量山冬樱花（郭荣芬 摄）

· 积极推进生态文明建设

生态环境是云南的宝贵财富，也是全国的宝贵财富，一定要世世代代保护好，决不能在我们这一代人手里弄没了，搞坏了！云南要牢记总书记的嘱托，深刻认识在国家生态安全战略和国际生态安全格局中的重要地位，坚持以习近平生态文明思想为指导，树牢“绿水青山就是金山银山”的理念，驰而不息打好蓝天、碧水、净土三大保卫战。牢固树立生态红线的观念，坚持绿色发展，努力成为生态文明建设排头兵。一是坚决打好污染防治攻坚战。全面实施清水、净土、蓝天、国土绿化、城乡人居环境提升行动，以更有力的举措，控制污染源头，狠抓末端排放治理，确保主要污染物排放总量大幅减少。坚决打好污染防治攻坚战，建设好美丽云南，使生态环境质量走在和保持在全国前列，让人民群众切实感受到环境改善的好成果；二是着力推进绿色发展。坚持把绿色发展作为推进生态文明建设的重要着力点抓紧抓实，不断提升生态文明建设水平。建立绿色生产和消费的法规制度，培育绿色消费的理念，完善生态文明保护的法律体系，壮大节能环保、清洁生产和清洁能源产业，推进资源节约和循环利用；三是加大生态系统保护和修复力度。推进“森林云南”建设，推进生物多样性保护，加强以国家公园为主体的自然保护地体系建设，全面统筹山水林田湖草沙系统治理，建立健全生态空间规划布局，构筑“三屏两带一区多点”生态安全屏障，推进跨境生态共同体建设；四是强化生态文明制度体系建设。以建立健全生态文明制度体系为重点，深化改革创新和模式探索，不断加快推进生态文明制度建设。建立健全生态文明建设的评价体系和目标考核体系，建立生态环境损害责任终身追究制度，建立健全国土空间开发保护制度，完善自然资源资产产权评估和产权制度，完善自然资源资产有偿使用制度，建立市场化、多元化生态补偿机制，完善环境监管制度；五是把握生态优先、绿色低碳发展的深刻内涵，瞄准生态环境质量、生态环境治理体系和治理能力现代化建设短板，构建绿色发展、污染防治、环境风险防控、生态环境治理体

系，坚持用最严格的制度最严密的法治保护生态环境；六是擦亮“七彩云南”这张名片。坚决扛起筑牢国家西南生态安全屏障，像保护眼睛一样保护生态环境，像对待生命一样对待生态环境，守护好七彩云南的蓝天白云、绿水青山、良田沃土。

· 提升生态文明气象保障水平

环境就是民生，青山就是美丽，蓝天就是幸福。近年来，气象部门付诸坚强有力行动，逐渐搭建起省地两级生态气象服务体系，以生动实践做注脚，气象服务保障生态文明建设能力逐步跃升。从迪庆的普达措国家公园、到大理的苍山洱海、到昆明的滇池、再到版纳、普洱、临沧的普洱茶山等，气象保障成效显著。

全面提升生态文明气象保障水平，要坚持系统观念，以战略思维谋划长远。生态环境有其整体性、系统性及其内在发展规律，大气圈、水圈、冰冻圈、岩石圈、生物圈和人类社会相互影响。坚持系统观念，要善于从整体和全局上认识问题，在普遍联系中处理具体问题，从复杂局面中把握重点、抓住要害。气象服务保障生态文明要从服务国家战略高度找准定位、做好顶层设计，既有“生态兴则文明兴”的历史纵深理解，又有“山水林田湖草沙是生命共同体”的系统思维，还要有全国乃至全球的视野，坚持全省气象部门一盘棋，把握好气象服务生态文明建设全链条的系统性、整体性和协同性，进一步为完善体制机制集聚力量与智慧。

全面提升生态文明气象保障水平，需要气象工作者积极行动，真抓实干。要加强应对气候变化和承载力脆弱区气候变化监测，做优做强香格里拉大气本底站和大理国家气候观象台，服务支撑碳达峰、碳中和，加强区域气候变化研究，为云南应对气候变化提供科技支撑；要加强生态气象服务保障，建立天气气候对生态系统影响评估和预测业务，开展生态系统气象灾害风险预警，提供更多优质的生态气象服务产品；要推进人工影响天气工作高质量发展，为农业生产、生态环境保护和修复等提供强有力保障。

站在历史与未来的交汇点上，担负起气象部门服务保障生态文明建设和筑牢西南生态安全屏障的时代责任。让云南“动物王国、植物王国、世界花园”的美誉更加响亮，让生态美、环境美、城市美、乡村美、山水美、人文美成为普遍形态，早日把云南建设成为我国生态文明建设排头兵和中国最美丽省份。

积极发展气象研究型业务

气象研究型业务是指经过科学验证不确定性约小于40%，并通过边研究、边降低不确定性、边开展业务服务的气象活动，这里既考虑了不确定性，又同时考虑了降低不确定性的问题。发展研究型业务更多需要服务性、指导性和非权威性的管理。所谓服务性，是指上级管理机构要为研究型业务单位提供人才、资金、场所、装备和政策方面的服务保障；指导性，是指上级管理机构要为研究型业务发展把握方向、参与咨询和提供参考建议；非权威性，是指上级管理机构不能简单运用指令方式、行政命令、目标管理、权威要求等管理研究型业务。

发展研究型业务，大致包括五个方面的内容：一是以既有研究型业务为切入点，升级扩模；二是以现有应用气象研究为切入点，促转形成研究型业务；三是以业务布局调整为切入点，指导建立研究型业务；四是以现有气象科研或气象业务机构转型为切入点，发展研究型业务；五是以地方或行业服务需求为切入点，创建研究型业务。

昆明西郊三家村水库风光（唐跃军 摄）

• 气象研究型业务的渊源

发展气象研究型业务的主要目的，是提高业务服务的科技含量和科技研发对业务水平提升的贡献率。早在20世纪50年代，中央气象局首任局长涂长望先生就以面向国家需求的前瞻意识，组织推动了气象业务和服务领域的建立与拓展，他曾说“气象事业的中心任务就是服务，脱离了服务来谈气象工作是没有意义的”；他在《关于气象事业12年发展远景规划》中指出：“气象事业是一种新的事业，气象科学也还是一门年轻的科学，而所谓年轻，就是说它无论在理论上或方法上都还有许多问题没有解决，因此要提高业务水平就必须开展科学研究工作”；他还强调指出：“研究工作必须结合业务工作来做，要善于利用时间，密切地围绕业务工作来进行”。可以说，涂长望先生是推动新中国气象事业研究型业务发展的先驱。2006年，中国气象局提出了“多轨道、集约化、研究型、开放式”的业务技术体制改革思路并积极实践探索。2019年，中国气象局提出，发展研究型业务是推动新时期现代气象业务发展、科技创新和气象业务深度融合，是实现关键技术重大突破的最佳途径。研究型业务已成为中国气象业务技术工作的基本形态。

· 气象研究型业务如何开展

如何开展好省级以下气象部门的研究型业务，值得气象科技工作者思考和探索。省级以下气象部门的研究型业务，主要是指气象业务机构结合自身特点而以科研、研发和成果转化为基础所形成的气象业务，也指应用类气象研究机构结合自身特点，把科研成果通过研发、转化而形成的气象业务。其中自身特点和特色气象业务是关键，省级层次既要研究或研发面向气象部门内需要的特色气象业务，又应研究或研发面向社会和市场提出的气象服务业务，地县级则可重点研究或研发面向当地经济社会发展需要的气象服务业务。

省级以下气象研究型业务，是相对传统的以值班型、执行型和经验型业务而言的，也是相对过去单纯的气象研究而言的。在传统技术条件下，省级以下气象部门多为值班型、执行型和经验型业务单位，相对气象工作人员多以业务值班为主，气象业务研究的任务较少，涉及的核心技术寥寥无几，特别在地县级气象业务研究则更少。而气象科研单位则很少承担或参与气象业务，一般而言，结题既是一项研究任务的终结，也是寻找一项新研究项目的开始，因缺乏业务应用的硬指标，成果无法业务转化。气象研究型业务的提出，就是要求省级以下气象业务单位由值班型、执行型和经验型业务为主，转变为研究型业务为主，对一般性值班型业务要加快推进自动化、智能化、无人化或社会化，但仍然会适当保留必要的执行性业务或少量值班型业务；对传统的单纯性科研转变为业务型科研，对省级以下业务和服务无需求或不能转化为业务服务能力的研究应大大缩减，其研究机构长期没有研究成果转化为业务服务能力的，则应对其机构进行重组调整。气象信息技术发展不仅为值班型业务转变为研究型业务创造了条件，更提出了客观的内在要求，而且也是必然选择。长期以来，气象部门一直强调业务服务产品的“四性”，即针对性、适用性、融合性和特色性，但如果没有建立形成研究型业务，这个“四性”只能是一个空泛概念，永远不可能变为现实。气象业务服务产品的“四性”，就是对值班型业务向研究型业务转型的内在要求，也是实现气象高质量发展的主要特征。

省级以下气象业务服务朝哪个方向发展的问题，如果继续选择一般性值班型业务，基层气象业务服务就可能大部分被省级以上气象业务服务取代，或被自动化、智能化取代，业务岗位将大为减少，专业人员事简事少或隐性失业。如果选择研究型业务，基层气象业务服务就可能大有可为，因为全省各地和各行各业，面临的气象问题与气象服务千差万别，需要研究和研发的适用特色气象业务服务产品，存在较大的发展空间和开发潜力，也是气象实现高质量发展的客观要求。由于这类研究型业务服务的特色性和时空性，不可能被信息化、智能化所取代，因此省级以下气象业务机构转型发展是一种必然选择，也是经济社会发展的期待。

总而言之，我们要推动气象研究型业务建设持续深入，从业务需求出发，进一步推进人工智能、云计算、大数据等新技术的业务应用，强化检验评估，不断提高业务技术科技内涵；加强基础设施建设，逐步提升业务信息化支撑能力；因地制宜持续优化分工布局和岗位设置，构建集约贯通的业务流程；强化研究型业务培训，完善体制机制建设，为业务发展提供政策支持和人员保障；充分调动基层发展研究型业务的能动性，推进研究型业务向纵深发展。

昭通鸡公山风光（段玮 摄）

· 云南气象研究型业务的重点

积极推进“一中心两基地”建设，以中国气象局横断山区（低纬高原）灾害性天气研究中心挂牌成立为契机，创建集约攻关平台，启动云南关键科学问题的研究攻关及成果应用；进一步建设完善大理国家气候观象台综合观测体系，提升精密监测业务能力，加强机制建设，围绕山地气象和洱海生态保护提升研究能力；推进昆明准静止锋基地（弥勒）建设，启动基地科研业务工作；提升香格里拉区域大气本底站监测业务保障能力，开展大气成分研究及应用。

针对提高云南精准预报能力，分析云南复杂地形区强降水精细化特征；对业务应用的高分辨率业务模式在云南复杂地形区强降水的预报偏差进行评估，研究适用于云南区域的强降水短时预报的预报偏差订正方法并应用于业务；推进云南智能预报业务平台建设并投入应用，结合平台建设，开展实况融合、模式释用和客观订正等核心技术研发、引进及成果应用。

以智慧气象为抓手，推进精细服务，建立县级短时强降水精准“靶向”预警业务，开展暴雨洪涝气象灾害风险评估和预警业务；推进旅游交通气象服务提质增效，强化高原特色农业气象服务；加强人工影响天气业务，提升地面和飞机人影作业科技含量和效益评估水平；提升气象信息化支撑能力，建设大数据云平台，建立集约化业务形态；在州市级和县级建设基层研究型服务业务，打造各具特色，集聚精细服务的研究型业务；注重县级综合业务人才培养，提升装备保障和资料应用能力；注重加强研究型业务知识更新学习和培训，组建研究型业务创新团队。

走实服务云南绿色发展之路

生态文明建设和绿色发展气象服务保障工作，无疑是当前和今后气象部门的重点工作之一。现行体制下，云南气象部门机构和编制已趋于饱和状态，新增编制成立专门机构，负责生态文明建设和绿色发展气象服务保障工作几乎是不可能的。解决当前人少事多，特别是能够胜任研究型业务的人才严重不足的矛盾和困难，唯一可行的路径是推进业务体制机制改革，调整业务布局，以“生态+”理念，融合现有高原特色现代农业、防灾减灾、乡村振兴、绿色能源、绿色食品、健康生活目的地等气象业务服务，形成生态文明建设和绿色发展气象服务保障新格局，确保生态气象服务的准确、及时、精细、高效。尤其要注重加强国土空间开发格局的生态气象评价技术研究、资源高效利用的生态气象评价关键技术研发、生态气象脆弱性评价与适应技术研究等工作。

• 业务调整与平台构建设想

在调整和改革气象业务布局中，要特别重视和处理好三个方面的结合：一是顶层设计与基层探索的结合。顶层设计突出政治站位、总体要求、业务布局、保障措施等，形成全省气象业务新格局“一张图”战略。鼓励各地、各单位因地制宜，对接地方需求，突出特色，先行先试，形成一批可复制、可推广的经验，发挥试点的示范、突破、带动作用；二是优化存量与精准增量结合。构建统一的基础信息平台，建设生态气象综合监测网，充分利用现有气象观测站网，通过调整布局、设备更新、系统改造、功能扩建等方式，不断提升生态气象监测能力和产品应用水平。突破基层人才的瓶颈，更加需要走优化存量和精准增量相结合的路子。随着地面气象观测实现自动化，高度重视台站观测员的转岗培训，提高适应新岗位的技能。同时，引进关键岗位急需人才，补齐短板；三是注重现有业务与研究型业务的结合。进入新时代，现代气象业务在大数据、云计算、互联网、物联网、智能化技术支持下将继续升级转型，气象业务发展已呈现集约化、一体化、智能化、共享化趋势。因此，可以预见，新时代就是气象现代化进入研究型业务发展的时代。只有研究型业务，才是未来气象发展存在的核心能力，才可能应对和适应信息化时代的挑战。

在现代气象信息技术、智能技术、数值预报技术支撑条件下，地县二级传统值班型岗位将逐步被自动化、智能化、预报数值化和保障社会化所取代。使气象业务值守班工作量大为减少，值班技术难度大为简化，需要业务值守班人员大量减少，使地县二级包括省级部分传统气象业务值班岗位，可以转移较多业务人员转型承担相应的业务科研任务。过去长期以来限于人力不足或基础不牢，而以公众气象服务产品代替各类专业气象服务产品的状况有可能完全改变，让省地县三级气象业务人员，有更多精力研发本地适用的业务和服务产品，这是信息化时代气象事业发展转型的一种必然选择。

努力构建目标导向、多平台有机聚合，资源由单位分割转向平台集约的业务布局，重点应抓好四类平台的创建与集约发展：一是融合的基础业务平台（由各类观测站上传和国家气象信息中心下传数据支撑的监测信息和大数据平台，各州市气象台协同的智能型精细化的天气预报预警平台）；二是动态的预测评估平台（气候预测、气候可行性评估、气候变化影响评价、卫星遥感监测评估平台）；三是智慧的灾害风险预警平台；四是安全的人工影响天气业务平台。

· 重点关注的拓展领域

1. 推进服务保障建设中国最美丽省份三维立体观测“数算一体”的“气象大数据云平台”建设。提供除数值预报以外，各类数据产品加工、挖掘分析的平台计算服务，直接支撑应用，助力“云+端”业务模式的全面发展，构成集约化、标准化、开放式的气象新业态。

2. 推进以卫星遥感监测技术支撑的资源环境承载能力评估和国土空间开发适宜性评价等研究型业务发展，建设动态的监测预测评估平台。重点加强植被生态质量评估、高原湖泊水温反演、水质监测评估、农业干旱、生态气象灾害监测评估等。

3. 围绕云南打造“开放型、创新型、高端化、信息化、绿色化”现代产业体系目标，按照“大产业+新主体+新平台”发展模式，聚焦茶叶、花卉、水果、蔬菜、坚果、咖啡、中药材、肉牛8个优势产业，兼顾其他特色产业，全面落实“抓有机、创名牌、育龙头、占市场、建平台、解难题”6个方面的举措，全省择优创建若干个规模化、专业化、绿色化、组织化、市场化水平高的“一县一业”示范县目标，进一步推进为农气象服务供给侧结构改革，推进实施乡村振兴战略，为加快打造世界一流“绿色食品牌”的气象服务保障提质增效。

4. 推进生态修复型人工影响天气研究型业务体系建设。降低森林草原火险、乡村植被恢复、高原湖泊水生态保护与修复、水源涵养、水土流失治理、石漠化综合治理等生态保护、修复和灾害防治成本。发挥好人影作业在水源涵养、水土保持、植被恢复、生物多样性保护、水库增蓄水、粮食安全、应急保障等方面的积极作用。

· 统筹协调创新发展

制订和完善生态文明建设和绿色发展气象服务保障专项规划和规划约束制度。以主体功能区规划为空间性约束条件，统筹生态环境气象服务、旅游气象服务、为农气象服务、气象防灾减灾服务保障等工作目标，形成系统综合的生态文明建设和绿色发展气象服务保障专项规划。规划编制要体现战略性和前瞻性，落实国家战略和云南省委省政府的决策部署，明确目标、优化布局；要提高科学性，科学有序统筹部署相关业务布局，完善基础设施和公共服务设施，延续历史，突出特色；要加强协调性，统筹和综合平衡相关领域的气象服务需求；注重操作性，明确规划约束性指标和刚性管控要求，同时提出指导性要求，使其具有可行性。

昆明滇池晚霞（杨植惟 摄）

积极努力改善支撑气象服务能力提升的外部环境。在生态文明建设和绿色发展进程中，政府这只“看得见的手”和市场这只“看不见的手”，“两只手”形成合力、共同推进，起着决定性的作用。作为科技型、基础性、先导性社会公益事业的气象部门，肩负着为政府和市场这“两只手”形成合力服务的职责使命。担当起这个职责和使命，首当其冲的就是要主动融入，在发挥政府作用的创新体制机制，强化生态文明建设和绿色发展制度性供给方面，如规划、示范、项目、政策等，有生态文明建设和绿色发展气象服务保障的一席之地。

实现云南气象事业的美好蓝图，最终要靠抓落实。要争做改革发展的实干家和实践者，不当改革发展的旁观者，更不做评论家，以“咬定青山不放松”的韧劲和“不达目的不罢休”的狠劲，团结一心埋头干，风雨无阻向前进，服务好云南的生态文明建设和绿色发展，为人与自然和谐共生注入气象智慧。气象让生命更安全，气象让生产更发展，气象让生活更富裕，气象让生态更良好。

参考文献

[1]（法）奥古斯特·弗朗索瓦（方苏雅）著，罗顺江，胡宗荣译. 晚清纪事：一个法国外交官的手记（1886–1904）[M]. 昆明：云南美术出版社，2001.

[2] 毕家顺，秦剑. 云南城市环境气象[M]. 北京：气象出版社，2006.

[3] 陈隆勋，朱乾根，罗会邦等. 东亚季风[M]. 北京：气象出版社，1991.

[4] 陈宗瑜. 云南气候总论[M]. 北京：气象出版社，2001.

[5]《大气科学词典》编委会. 大气科学词典[M]. 北京：气象出版社，1994.

[6] 达月珍，琚婷婷. 季风文化—云南与东南亚的生态和水[M]. 昆明：云南人民出版社，2014.

[7] 达月珍，孙绩华，黄中艳. 云南气象防灾减灾手册[M]. 昆明：云南人民出版社，2015.

[8] 丁一汇. 中国气候[M]. 北京：科学出版社，2013.

[9] 丁一汇，朱定真. 中国自然灾害要览[M]. 北京：北京大学出版社，2013.

[10] 段旭，王曼，林志强等. 孟加拉湾风暴对高原地区的影响[M]. 北京：气象出版社，2014.

[11] 段旭，段玮，王曼等. 昆明准静止锋[M]. 北京：气象出版社，2017.

[12] 段玮，林芸，刘阳容. 澜沧江中上游流域强降水特征与天气成因[M]. 北京：气象出版社，2017.

[13] 耿金. 气象先驱：陈一得[M]. 昆明：云南人民出版社，2015.

[14] 郭世昌，琚建华，常有礼等. 大气臭氧变化及其气候生态效应[M]. 北京：气象出版社，2002.

[15] 国家自然科学基金委员会. 大气科学[M]. 北京：科学出版社，1994.

[16] 海男. 新昆明传[M]. 广州：花城出版社，2011.

[17] 贺升华，杨永胜，石有彪. 农业气象谚语[M]. 北京：气象出版社，2013.

[18] 何大明，汤奇成. 中国国际河流[M]. 北京：科学出版社，2000.

[19] 黄玉仁，王宇等. 云南气候风光[C]. 昆明：云南科技出版社，2002.

[20] 金幼和等. 文化昆明·综合卷[M]. 昆明：云南人民出版社，2019.

[21] 昆明市政协. 昆明读本[M]. 昆明：云南人民出版社，2019.

[22] 李灿光等. 云南资源大全[M]. 昆明：云南人民出版社，2006.

[23] 李栓科等. 云南如此多样[J]. 北京：《中国国家地理》杂志社，2002年第10期.

[24] 李栓科等. 给中国最美的地方划个圈[J]. 北京：《中国国家地理》杂志社，2004年第7期.

[25] 李栓科等. 大横断专辑[J]. 北京：《中国国家地理》杂志社，2018年第10期
[26] 李国平. 低涡降水学[M]. 北京：气象出版社，2016.
[27] 林之光. 气候风光集[M]. 北京：气象出版社，1984.
[28] 林之光. 气象与公众[M]. 南京：江苏教育出版社，1997.
[29] 刘金福. 陈一得:云南近代气象、天文、地震事业先驱[M]. 昆明：云南人民出版社，2016.
[30] 马曜. 云南简史[M]. 昆明：云南人民出版社，2009.
[31] 明庆忠. 三江并流地貌与环境效应[M]. 北京：科学出版社，2007.
[32] 明庆忠，童绍玉. 云南地理[M]. 北京：北京师范大学出版社，2016.
[33] 秦大河，孙鸿烈，孙枢等. 中国气象事业发展战略研究[M]. 北京：气象出版社，2004.
[34] 秦剑，琚建华，解明恩. 低纬高原天气气候[M]. 北京：气象出版社，1997.
[35] 秦剑，解明恩，刘瑜等. 云南气象灾害总论[M]. 北京：气象出版社，2000.
[36] 秦剑等. 气象服务业务概论[M]. 北京：气象出版社，2016.
[37] 冉隆中. 昆明读城记[M]. 昆明：云南人民出版社，2014.
[38] 唐川，朱静等. 云南滑坡泥石流研究[M]. 北京：商务印书馆，2003.
[39] 王宇等. 云南省农业气候资源及区划[M]. 北京：气象出版社，1990.
[40] 王宇. 云南山地气候[M]. 昆明：云南科技出版社，2006.
[41] 王景来，杨子汉. 云南自然灾害与减灾研究[M]. 昆明：云南大学出版社，1998.
[42] 王建彬，王凯. 气象景观与云南特色旅游策划[M]. 昆明：云南科技出版社，2011.
[43] 王声跃，张文. 云南地理[M]. 昆明：云南民族出版社，2002.
[44] 吴增祥. 中国近代气象台站[M]. 北京：气象出版社，2007.
[45] 夏光辅. 云南科学技术史稿[M]. 昆明：云南人民出版社，2016.
[46] 谢应齐. 自然灾害与减灾防灾[M]. 北京：中国农业出版社，1995.
[47] 解明恩，张万诚. 云南气象研究概览[M]. 昆明：云南科技出版社，2018.
[48] 许小峰等. 中国气象百科全书（气象科学基础卷）[M]. 北京：气象出版社，2016.
[49] 许小峰等. 气象科学技术历史与文明[C]. 北京：气象出版社，2019.
[50] 许美玲，段旭，杞明辉等. 云南省天气预报员手册[M]. 北京：气象出版社，2011.
[51] 徐裕华等. 西南气候[M]. 北京：气象出版社，1991.
[52] 于坚. 老昆明：金马碧鸡[M]. 南京：江苏美术出版社，2000.
[53] 于坚. 昆明记：我的故乡，我的城市[M]. 重庆：重庆大学出版社，2015.
[54] 云南百科全书编纂委员会. 云南百科全书[M]. 北京：中国大百科全书出版社，1999.
[55] 云南日报社. 云南气象纵横谈[C]. 昆明：云南人民出版社，1965.
[56] 云南省科学技术委员会. 云南100种自然景观[C]. 昆明：云南科技出版社，2000.
[57] 云南省气象学会. 云南气象文选[C]. 昆明：云南省气象局（内部印刷），1980.
[58] 云南省气象局. 云南天气谚语[M]. 昆明：云南人民出版社，1959.
[59] 云南省气象局. 云南气候[R]. 昆明：云南省气象局（内部印刷），1963.
[60] 云南省气象局. 云南天气灾害史料[R]. 昆明：云南省气象局（内部印刷），1980.
[61] 云南省气象局. 气象知识（云南专辑）[J]. 北京：《气象知识》杂志社，1999.

[62] 云南省气象局. 中国气象灾害大典·云南卷[M]. 北京：气象出版社，2006.
[63] 云南省气象局. 云南省基层气象台站简史[M]. 北京：气象出版社，2013.
[64] 云南省气象局，国家气候中心. 云南未来10～30年气候变化预估及其影响评估报告[M]. 北京：气象出版社，2014.
[65] 云南省气象局. 云南省气候图集[M]. 北京：气象出版社，2017.
[66] 云南省气象局. 云南气象（科普专辑）[J]. 昆明：云南省气象局（内部印刷），2019.
[67] 云南省气象局. 云南省太阳能资源区划[R]. 昆明：云南省气象局（内部印刷），2016.
[68] 云南省图书馆. 云南地方文献概说[M]. 昆明：云南美术出版社，2005.
[69] 云南省志编纂委员会办公室. 续云南通志长编（上册）[M]. 昆明：云南人民出版社，1985.
[70] 云南省地方志编纂委员会. 云南省志·气象志[M]. 昆明：云南人民出版社，2018.
[71] 云南省社会科学院文献研究所. 新纂云南通志（二）[M]. 昆明：云南人民出版社，2007.
[72] 云南天文台，云南省气象局. 云南省志·天文气候志[M]. 昆明：云南人民出版社，1995.
[73] 杨杨. 昆明往事[M]. 广州：花城出版社，2010.
[74] 中国近代气象史资料编委会. 中国近代气象史资料[M]. 北京：气象出版社，1995.
[75] 张宝三，杨云宝，杨晓林等. 奇境云南[M]. 昆明：云南人民出版社，1999.
[76] 张承源.流放状元：杨升庵[M]. 昆明：云南人民出版社，2016.
[77] 张荣祖等.横断山区干旱河谷[M]. 北京：科学出版社，1992.
[78] 周跃，吕喜玺，许建初等. 云南省气候变化影响评估报告[M]. 北京：气象出版社，2011.
[79] 周文林.名儒总督：阮元[M]. 昆明：云南人民出版社，2016.
[80] 郑国光，矫梅燕，丁一汇等. 中国气候[M]. 北京：气象出版社，2019.
[81] 郑国光，许小峰，刘英金等. 中国气象百科全书（综合卷）[M]. 北京：气象出版社，2016.
[82] 朱炳海，王鹏飞，束家鑫. 气象学词典[M]. 上海：上海辞书出版社，1985.
[83] 朱净宇. 云南知识读本（上）[M]. 昆明：云南美术出版社，2013.
[84] 朱勇，王学锋，范立张等. 云南省风能资源及其开发利用[M]. 北京：气象出版社，2013.
[85] 宋英杰. 二十四节气志[M]. 北京：中信出版社，2017.
[86]蔡云等. 云南珍贵气象档案[M]. 昆明：云南科技出版社，2022.